県都物語

西村幸夫

47都心空間の近代をあるく

有斐閣

目次

序論——県都都心の物語をあるきながら考える

あらゆる都市には物語がある

本書で私がいいたいのは「あらゆる都市には物語がある」ということに尽きる。だからその物語の続きを私たちの時代なりに描いていけばよいのだと。

これまで、多くの場合、日本の都市は無個性だと揶揄されてきた。大都市の駅前はどこも無性格で、金太郎飴のようにどこを見ても同じ、これといって特徴のない駅前ビルや似たような看板が続く……。

たしかに、ここには個性的な物語は見出しにくい。このところ、駅前広場のデザインも個性的にはなってきているものの、駅前周辺の建物群までデザインしなおすことはできないので、駅を降りたときに地域の個性に乏しいといった批判はあたっているように思えてしまう。

しかし、建物単体だけではなく、まちのでき方から地形、都市の骨格となる幹線道路の構成などをじっくり見ていくと、それぞれの都市はかなり個性的で、類型化することすら難しいほどであると感じるようになってきた。

たとえば同じ城下町だからといってひとくくりできるものではない。徳川御三家の城下町である水戸、名古屋、和歌山という三都市を比べてみても、立地にしても、町人地の配置にしても、街区のかたちや寸法にしても、その後の明治以降の近代化の受容プロセスにしても、あまり類似性がない。いやむしろ違いの方が大きい。いわんや他の城下町との間にはさらに差異が広がる。そのうえ、戦災を受けたか否か、その復興過程がいかなるものであったかによって、現代都市の構造は大きく異なっている。

ましてや、浦和のような宿場町、青森のような港町では都市の構造そのものがそれぞれに異なっているので差違はさらに大きくなる。いっきょに計画された新潟とコアの部分から徐々に市街化が周辺に及んでいった長崎とでは、同じ港町とは思えないほど、都市の骨格は異なっている。

こうした都市のいわば「骨相」とでもいえるものをよく見つめることで都市の個性というものを新しい角度からあぶり出せるのではないかと考えるに至った。

表層の建物が似通っているために、日本の都市は無個性に見えてしまう。しかし、骨相まで深掘りして考えると、そこには豊かな個性が見えてくる。一見無個性に見える風景の背後に手がかりとなる個性がにじみ出しているのを見出すことができれば、そこを手がかりに今後、日本の都市の表層もまた、個性を取り戻していけるに違いない。

その具体的な実相を、実際にまちをあるきながら、歴史資料の助けも借りて、明らかにしていきたい。地図や古写真を手がかりに、じっくり観察しながら都市をあるき、歴史を振り返りながら、現代を旅したい。本書を通じて読者と一緒に、あらゆる都市にはそれぞれ固有の物語があるのだということを実感する旅に出たいと思う。

序論では、都市が持っている物語を発見する手だてについて簡単に紹介したい。なにしろ、あるきながら考えるのだから、系統立って論が展開されていくというのからはほど遠いといわざるをえない。序論というよりも試論だとして、この点は了解願いたい。その後、各章において、それぞれの県都を題材により具体的に物語を語っていくことにする。

物語の背後にある「意図」を読む

私たちのものの見方の中でなかなか自由になれない視点の一つに、現在ある都市を当たり前のものとして、あるがままに受け入れてしまう傾向があるということが挙げられる。このこと自体は取り立てて非難されるべきことではないが、こうした見方しかしないと、都市があたかも自然発生的に生まれて、現在に至っているように思ってしまうのではないか。都市の現在について、「なぜ？」と疑問を抱くことはないだろう。それぞれの都市がもっている生成と変化の物語を読み取る目そのものが培われないのである。

たしかに自然発生的に生まれた集落は少なくないが、都市は何らかの意図をもって造られてきた部分の集合体でもある。ある程度の規模以上になると、こうした計画的企図の部分はさらに大きくなる。お城や駅の位置を何も考えずに造成したはずがない。道路だってほかならぬその位置に道が通されたことには何らかの理由があるだろう。近代の各種都市施設にしてもその立地には理由がある。

何らかの意図をもって都市の変化を生み出している主体があり、その意図が成功する場合もあるし、失敗した場合もあるだろうが、想いをもって都市に関与し続けた主体がいつの時代にもいたのである。その意味で、都市は都市共同体が造り上げてきた作品であるということができる。たとえば鉄道の路線一つとっても、その鉄路のルートを選び、駅舎の位置を決定するための決断は、それにかかわってきた人々によってなされたのであって、自然発生的にできたわけではないことは明らかだ。

ただ、難しいのは、都市は建物単体とは違って、最初から最後まで単一の計画者の意図が完結して一時期に造られたというわけではないので、作品の意図が単一で明快ということにはならないという点である。長い時間をかけて、それぞれの時代にそれぞれの寄与をしつつ、都市は形成されてきている。

そして、往々にして異なった時期には異なった思惑で都市に手が加えられてきている。ちょうど異なった建築家が一つの建物に何度も何度も増改築を重ねてきているようなものである。

それぞれの都市の計画的意図、あるいは物語といったものの全体を理解しようとするのは、そもそも無理な話である。しかしだからといって、日本の都市にまったく計画的な意図がないということにはならない。多様な意図が歴史のなかでしばしば相矛盾するかたちで積層し、結果として現代都市を形づくっているために、とても読み取りにくくなっているだけなのである。

日本の都市の特徴

ただし、日本の都市には他の国にはない大きな特徴がある。

それは日本の都市、それも中規模以上の少なからぬ数の都市が城下町や宿場町といった計画都市を起源にもっているということである。それもそのほとんどが一六世紀後半から一七世紀初頭、戦国時代末から江戸時代初期に建設されている。つまり、日本の都市、とりわけ中規模以上の都市は、ほぼ四〇〇年前に建設された計画都市がほとんどであるというユニークな特色をもっている。

もちろん日本には、港町や在郷町のようにそれ以前から存在して、徐々に都市の様相を整えていったまちもあれば、奈良や京都のように古代中国の都城をモデルとした都市もある。これらを含めて、日本の多くの都市には「原型」というものがある点で、他の国にはあまりない個性をもっている。

都市の起源だけではなく、その後の変遷についても物語はある。

日本の都市は、近代においてもインフラの近代化による都市の変容という世界共通の課題に直面したのみならず、明治維新による社会制度の激変や震災・戦災といった災害、戦後における急速な都市化など、日本固有の都市問題にも直面してきた。

これらの影響をもろにかぶりながら、それぞれの都市は現在に至っているのである。そこにも物語がないはずがない。都市の「原型」が、いかに変容してきたかという物語である。

県都を例に取り上げる

あらゆる都市に物語があるのであれば、どんな都市を取り上げても一書をなすことができるということになる。ただし、取り上げることのできる都市には限度があるので、おのずと代表的な事例に限らざるをえない。取り上げられる都市にある程度のなじみがあれば、都市そのものが身近に感じられ、語られる物語も共感しやすいものになるだろう。

そこで本書では四七の都道府県庁所在地、つまり県都（都や府、道もあるがここでは県都とひとくくりに呼ぶこととする）を対象にして、四七の物語を綴ることにする。県都を取り上げる理由は、地域の中心的な都市であるために、比較的なじみ深い都市が多いことのほか、県庁舎がどのような場所に、どのような意図で建てられたかを見ることによって、明治の近代国家の統治のスタイルを目に見える形で語ることができると考えたからである。

県都がすべて有力観光都市というわけでもないので、観光目線ではない、生活都市としてのまちの物語が描けるのではないだろうか。読者は身近な県都から読み始めて、徐々に都市の物語を見出す着眼点を実感していただければと思う。

ただし、対象が比較的大都市に偏ってしまうため、小都市や農村集落などの記述が欠けているということは否めない。複雑な様相を呈する大都市や中都市で明快な物語が描けるとしたら、それより規模の小さな都市ではより的を絞った物語を語ることは、それほど難しくはないだろう。自然発生的な小集落についてはまた別のアプローチも求められるだろうが、それは本書の範疇を超えている。こうした小都市・小集落に関しては別の機会にあらためて論じたいと思う。

また、それぞれの都市の物語が都心部中心になっている点もあらかじめお断りしておきたい。都市の固有性に光をあてるという観点から、どうしても都市の核とその周辺の記述が多くなるのはやむをえない。都心には長い歴史があり、多くの拠点施設が集中し、祭礼が行われ、老舗が残っている。都心にこそ、その都市のエッセンスがあるというのはだれしも実感していることだと思う。中心市街地が重要なのは、たんに商業活動の理由からだけではない。

都市の読み解き方・あるき方

都市計画という仕事柄、都市を訪ねあるくことが多いが、そのたびに、不思議な都市空間を見つけたり、構想力あふれる都心の空間構成に感心したりする。つい、どうしてこうした都市空間が発想されたのだろうと思ってしまう。いったいこの都市は、なぜ今あるような姿になってきたのだろうとプランナーの目でそれぞれの都市を眺めてしまうのだ。その関心が都市の読み解き方やあるき方の出発点となっている。

都市をいかに読み解くかということは、どれだけよくその都市をじっくり見るか、という点にかかっている。しかし、それはただやみくもにあるき回ることを意味しているわけではない。都市の成り立ちやその後の経緯をよく知ること、各時代の地図を穴があくほど眺めること、そうした情報をもって実際にあるくことが欠かせない。

ただし、こうした情報はすべて過去の学問的な蓄積に依(よ)っている。その一端は巻末の参考文献に示している。問題はそれを過去のものとせず、そこから何を手がかりとして、現実の都市空間の中で見通すかというところである。あるきながら考えるということはそういうことだ。

では実際に都市を読み解くためにプランナーとして実践している私なりの手順を簡単に紹介したい。

(1) 自分の住むまちを旅する

なじみのない都市であれば当然のことであるが、よく知っているまちの場合でも、もう一度じっくり見直すためにまちあるきをすること。中心となる駅まで列車でアプローチし、駅を降りて、都心まであるくこと。都心が移動しているような場合には、かつての都市の核となるところへもあるいていくこと。

その際に、「なぜここはこうなっているのだろう？」と目に入るもの一つひとつにそのものがほかならぬその場所に存在している理由を考えることが大切である。列車でまちへ近づいていくときの車窓の風景から、線路がそこに敷かれている理由を想像し、駅を降りたら、何が見えるのか、駅前通りがどこを向いて走っているのか、なぜそこに駅ができているのかを問い、周囲の山や川との位置関係を考え、市庁舎などの主要なランドマークや繁華街との位置関係を自問するのである。地形も大きな手がかりとなる。

自分はここに長年住んでいるので当然よく知っている。したがって、こうした作業は不要だ、などとは考えずに、そのまちに初めて降り立った旅人の目線でまちを見直してみることに、意味がある。――「自分のまちを旅する」のだ。

なぜなら、旅人は訪れたまちでは目を皿のようにしてその都市をあるき回るわけだが、同じような好奇心をもって自分のまちを見てみるといろんなことが見えてくるはずだからである。知っているつもりだと思うことによって、見えていても気づかないことは意外に多いものである。そのとき、先述したように都市を先人たちが残してくれた作品、創造物としてとらえて見直すと、見えてくるものも少し違ってくるだろう。

最近はいわゆる地形本が人気で、テレビでも歴史探訪番組や地形探索番組が放送され、こうしたまちあるきに関心をもつ層も幅広くなってきたことはありがたい。

(2) 都市の成り立ちを知る

ついで、都市の成り立ちやここまでの発展の経過を概観するための情報収集である。

手始めに手もとにある『共武政表』（全二巻、柳原書店、一九七八年）を見ることにしよう。明治初期のこの統計書は、陸軍参謀本部によって作製された軍事用地誌で、復刻されている明治一二（一八七九）年版は、人口一〇〇人以上の輻輳地の町村ごとの戸数、人口以外に産物や牛馬の頭数、荷車や人力車の車両数まで書き上げており、当時の都市の様子を知ることができる。

明治初年の日本の都市の様子を知ることができる史料としては『共武政表』のほか、『日本地誌提要』（太政官正院地誌課編、一八七二～七七年）や未完に終わった『皇国地誌』の部分的な原稿などが知られているが、これらは地形地物など地誌的記述が中心となっており、『共武政表』のように都市や集落にスポットライトをあてたものにはなっていない。その意味で『共武政表』が描いてくれる明治初期段階の日本のまちの姿は貴重である。

この統計書からのちに県都となる都市の枢要な統計数値を抜き出したのが表1である。産物からも現在とはまったく異なる都市の様子がうかがえる。この表だけでも多くの物語を語ることができそうだ。

たとえば、宮崎の戸数三〇八戸、人口一四〇九人という少なさである。これは宮崎の章で述べているようにこの県都の立地が美々津県と都城県のちょうど境界である大淀川沿いに選ばれたからである。明治生まれの都市として宮崎には、ほかでは見ることのできないおもしろい物語が秘められている。また、薩摩藩や水戸藩、高知藩では廃仏毀釈が激しかったことが知られているが、それが水戸や高知、鹿児島、都城の寺院数の極端な少なさとなって表れていることがわかる。

なお表にある「区」の表記は一八七八年の郡区町村編制法のもとに置かれた大都市の区のことで、東京・大阪・京都の三都には複数の区が、それ以外の大都市には一つの区が置かれた。つまり区と呼ばれているところが当時の大都市と考えられていたと考えて大きな間違いはない。それらは北から函館、新潟、金沢、和歌山、神戸、岡山、広島、長崎である。

本格的にその都市と取り組むにあたっては、『共武政表』やこのあと紹介する『市史』や近代的な測図によって描かれた古地図のような史料をもとに、それぞれの都市にとって近代化の出発点とはどのようなものであったのかをあらかじめ理解しておくことはとても重要である。

さて、そうした準備を整えて、いざ出発である。

まずは現地に赴いて、その都市に「博物館」がある場合は必ず立ち寄るべきである。県都を対象としたものとして、たとえば山形県立博物館や江戸東京博物館、横浜開港資料館、新潟市歴史博物館、名古屋市博物館、滋賀県立琵琶湖博物館、福岡市博物館、長崎歴史文化博物館など、近年、歴史展示が充実した博物館が増えてきた。常設展示のほか、これまでに博物館で実施された企画展のカタログなども参考になるものが多い。

また、戦災復興に絞った仙台市戦災復興記念館、東京都復興記念館、横浜都市発展記念館なども参考になる。

城下町の場合、富山城、岐阜城、名古屋城、大阪城、和歌山城、松江城、岡山城、広島城、松山城、高知城、熊本城など、天守やその周辺に歴史展示をした施設をもつお城が多い。展示規模に大小はあるが、いずれも城下町の形成史を正面から扱っていて興味深い。なかにはコンクリートで復元されたお城もあるので、これらはなんとなく敬遠しがちであるが、博物館施設として重要であり、そのうえ、実際のお城の立地を知ることができるのでぜひ訪れるべきである。

『市史』や郷土史などの歴史書をひもとくことも必要である。お薦めは市立図書館や県立図書館の郷土資料のコーナーで資料探しをすること。そうするとその都市がもっている固有のテーマや抱えている問題をはじめとして、これまでの都市形成の様子がよくわかる。

なかでも、『市史』や『戦災復興誌』の都市建設にかかわる部分を通読することははずせない。正史における都市建設の考え方がよくわかる。こうした記録をとどめることに尽力されてきた各地の歴史家や行政担当者の努力に敬意を表したい。ただし、『市史』のなかには政治史や経済史が中心で都市空間の物的建設に関心が薄いものも少なくない。とくに古い時代の『市史』にはその傾向が強い。また、庶民の生活史に対するまなざしにも温度差がある。

『市史』を読み込んでいくと、とくに昭和後半、戦災復興の次のステージからの記載の内容が都心から離れていってしまう場合がほとんどであることに気づく。膨張する都市にいかに対処するかだけが課

表1 『共武政表』に見る1879年現在の都市の様子

国名[1]	郵便局等[2]	都市	戸数	人口	官庁	寺院	学校	産物（備考）
石狩国	2電	札幌	919	2,910	3	1	3	大麦，小麦，蕎麦，粟，稗，麦酒，清酒，濁酒，葡萄酒，味噌，醬油，薪炭，麦粉，酢，焼酎，麴，麻雑織物類，牧草，種油
渡島国	2電	函館区	4,682	21,104	50	10	5	鯡，鱒，鮑，蛸，鱈，鮃，煎海鼠
陸奥国	2電	青森町	2,411	11,374	3	7	3	鱈，鰯，鯖
	3	弘前町	6,747	32,566	4	63	19	酒，味噌，酢，醬油，生糸，織物，韓塗，梅漬
陸中国	2電	盛岡駅	6,207	28,978	6	21	14	米，麦，大豆，小豆，大根
陸前国	2電	仙台	12,151	55,151	12	110	8	
羽後国	2電	秋田	7,309	31,174	6	64	19	酒，真綿，絹，鉄，銅器，木材
羽前国	2電	山形	4,170	21,828	7	81	18	米，大豆，麦
	2電	米沢	5,422	29,960	4	64	12	米，大豆
岩代国	2電	福島町	1,889	7,825	0	15	1	米．麦
	3	若松	4,997	22,502	4	82	6	輪篩，櫛，鋸，銅器，合羽，尺度秤，鉋，木地，米穀，染引火柴，畳表，剝胡桃，陶器，木綿，素麵，水油，太物，蠟燭，烟筒，漆器，煙草，金箔，蒔絵，酒造
常陸国	2電	上市	2,039	8,334	4	0	6	（水戸は台地上の上市と
	2	下市	1,837	7,560	2	0	0	台地下の下市から成る）
下野国	3電	宇都宮町	3,956	18,536	5	17	2	米，麦，大豆
上野国	2電	前橋町	4,022	16,868	6	14	5	牛乳，鯉，鮎
下総国	2電	千葉町	1,295	6,751	6	16	4	米，麦，魚類，貝類　（寒川村を含む）
	4	銚子	3,968	18,318	0	13	3	米，麦，雑穀，魚類，鰹節，醬油，味噌，酢，干醬，甘薯
武蔵国	2電	浦和宿	778	3,407	4	1	3	米，麦，雑穀，薪，蔬菜，木材
	2電	熊谷駅	1,776	7,878	3	6	1	米
	電	麴町区	7,369	24,889	53	3	54	（東京15区）
		神田区	21,207	79,696	9	0	96	
	電	日本橋区	21,734	70,892	8	1	106	
	電	京橋区	20,456	70,742	13	56	74	
	電	芝区	14,757	58,864	19	191	104	
		麻布区	9,281	21,008	4	95	36	
	電	赤坂区	4,722	19,353	9	31	29	
		四谷区	4,829	16,539	2	55	19	
		牛込区	7,519	25,835	9	93	56	
		小石川区	7,114	25,642	6	92	40	
	電	本郷区	11,426	37,656	3	71	51	
		下谷区	13,256	43,976	6	106	71	
	電	浅草区	26,208	84,519	8	306	88	
		本所区	14,531	43,952	9	48	63	
		深川区	14,980	47,323	10	87	37	
		横浜	11,414	41,556	6	3	9	米，麦
越後国	1電	新潟区	10,249	37,076	6	49	7	鮭，八目鰻，鯛，鰯，蕪青
越中国	2電	富山町	10,039	42,895	5	105	10	製薬，香魚，乾香魚
加賀国	2電	金沢区	24,531	107,979	8	265	25	陶器，瓦，釜，鍋，靴，銅器，合薬，菅笠
越前国	3電	福井駅	9,754	41,190	4	149	20	奉書紬
甲斐国	2電	甲府	4,594	18,394	11	26	9	
信濃国	2電	長野町	2,417	8,330	4	48	1	
	3	松本	3,667	14,502	3	12	3	干饂飩，素麵，足袋，竹籠
美濃国	2電	岐阜町	3,039	13,960	4	54	7	縮緬，提灯，傘，団扇，醋，筏，鮠，鉄器，刃物，鮎，粕漬，鱇腸
駿河国	2電	静岡	7,582	39,921	6	56	19	茶，酒，醬油，乾魚
尾張国	1電	名古屋	36,065	114,898	8	259	31	米，大豆，麦，黍，粟，湯葉，雑穀
伊勢国	2電	津町	2,606	10,590	3	11	3	蔬菜
近江国	2電	大津市街	4,853	18,099	8	61	8	算盤，縫針，近江蕪青
山城国	1	上京区	28,104	106,763	7	362	36	生糸，鴨川木綿，西陣織，箔類，楽器，墨，筆，刷毛，香具，指物類，寒天，諸薬品，ニーケル，シカー，ルレトルト，ビルトリューム，綿タンツウ，莫大小西洋紙，和紙，血紅，玻璃，マンカン，和洋服地，硝石，靴，帽，炭酸泉曹達水

	電	下京区	34,809	127,769	2	468	32	茶，染物，漆器，紙類，陶器，金銀鍍金細工，金銀銅器，錫細工，銅，鉄，鋳物，象嵌細工，小道具彫物，時計，眼鏡，扇団，扇，煙管，算盤，竜吐水彫刻物，竹細工，味噌，祇園香煎，蠟燭，鯨細工，化粧具，諸菓子，磁毘，蒸留灌，坩堝，導気管，撮影玻璃細工，押絵，繍高福剪綵網，銕細工，刃物，縄酒，ビール，リモナーテ油
摂津国	1,4 電	東区	20,967	64,802	9	64	25	
	5 電	南区	27,783	84,705	5	34	14	
		北区	17,070	51,539	8	38	20	
	電	西区	26,502	86,938	11	38	25	
	1,5 電	神戸区	19,297	47,434	16	47	15	米，麦，甘藷，牛肉，麵包，魚，馬鈴薯
大和国	2	奈良	5,568	22,695	3	86	8	米，麦，綿，茶，材木，薪
紀伊国	2 電	和歌山区	17,825	60,492	13	83	19	フラネル，足袋，紋羽織，木綿，靴，滑革
因幡国	2	鳥取	9,207	38,503	16	39	12	縞木綿，鎌，鍬，豆，胡瓜，茄子，南瓜，牛蒡，米，麦，藍
出雲国	2 電	松江	8,710	37,611	7	44	20	白魚，鰻，鱸，人参，綿打，弓弦
備前国	2 電	岡山区	8,961	32,383	7	65	8	
安芸国	2 電	広島区	19,671	76,848	5	128	17	米，麦，雑穀，蔬菜
周防国	2	山口町	2,887	9,265	3	13	5	
長門国	3	萩	4,558	18,159	1	41	8	米，麦，大根，蓮根，畠稲
阿波国	2 電	徳島	9,686	36,507	4	37	9	染地，毛綿，白木綿，荏油，胡麻油，藍玉，菜種油
讃岐国	2 電	高松	12,374	44,029	3	59	20	米，麦，蘿蔔，酒，蔬菜，醬油，鰆子，傘，紙，砂糖，瓦
伊予国	2 電	松山市街	7,606	27,456	2	55	8	高機縞，素麵
土佐国	2 電	高知	8,695	31,199	6	4	7	米，麦
筑前国	2 電	福岡	4,566	21,579	5	38	10	鯛，鱸，鱵，章魚，鰆，海鶏魚，鯡魚
	3	博多	4,808	24,133	0	45	7	
肥前国	2 電	佐賀	3,229	15,048	0	21	4	
	1 電	長崎区	6,690	32,876	15	20	14	
肥後国	2 電	熊本	13,568	41,163	4	145	10	
豊後国	2 電	大分町	1,593	6,844	8	19	4	米，糯，大麦，小麦，粟，蔬菜
日向国	2 電	宮崎	308	1,409	15	3	0	
	3	都城	1,270	5,176	3	0	3	米，雑穀，茶，蕃薯，梅干，大根，西瓜
薩摩国	2 電	鹿児島	5,267	20,171	0	3	2	
琉球国		那覇	4,303	14,905	8	5	4	豚，煙草，漆器，野菜，海魚，塩
		首里	4,983	22,542	10	14	15	野羊，豚，焼酎．野菜，蕃薯

(注)(1) 『共武政表』における都市の配列は，五畿，東海道，東山道，北陸道，山陰道，山陽道，南海道，西海道，二島（壱岐・対馬），琉球国，北海道の順であるが，ここでは北から順に並べ替えた。また，参考のために，現在の県域で当時人口が最大であった県都以外の都市も含めた。なお，琉球国のみ，首里は真和志平等・南風平等・西平等の合計値，那覇は西村・東村・泉崎村・若狭町の合計値。

(2) 1：1 等郵便局，2：2 等郵便局，3：3 等郵便局，4：4 等郵便局，5：5 等郵便局，電：電信局

題となって、都心の問題が語られなくなるのである。戦後長い間、都市問題とは郊外問題だった。ようやく話題が都心に回帰するのは近年なので、『市史』で取り上げるに至らない、ということになってしまう。

また、『市史』によっては、文献資料中心で、その施設がどこに立地していたのかといった地理的情報に無頓着なものも散見される。

『市史』を補強してくれるのが、『図説』や『写真帖』などの書籍である。これらの書籍は地図や絵図、古写真が記述の軸となっているため、庶民の生活史や土地・建物の歴史に対する記述が中心となっており、都市の物語を描こうとするここでの試みには心強い援軍となる。こうした貴重な情報を出版のかたちで後世に残してくれている各地の出版社と歴史家の方々、地域のNPOのみなさんに感謝したい。表2と表3におもな書籍を挙げているが、より網羅的なリストは巻末の県都別の参考文献をご覧いただきたい。

(3) 地図や古写真をよく見る

表2や表3で挙げた県都絵図や地図、古写真などの刊行物によって、たんに都市や地区の発展過程を物理的に跡付けられるだけでなく、これらの図像データを目を凝らして見ることによって、都市の骨格とその

表 2　県都の絵図や古地図，古写真に関するおもな刊行物

『さっぽろ文庫別冊札幌歴史地図＜明治編＞』札幌市教育委員会編，北海道新聞社，1978 年
『さっぽろ文庫別冊札幌歴史地図＜大正編＞』札幌市教育委員会編，北海道新聞社，1980 年
『地図の中の札幌――街の歴史を読み解く』堀淳一，亜璃西社，2012 年
『秋田市歴史地図』渡部景一編著，無明舎出版，1984 年
『昔日の宇都宮』塙静夫・石川健解説，随想舎編，随想舎，1997 年
『絵図が語るみなと新潟――開館５周年事業・新潟開港 140 周年記念特別展』新潟市歴史博物館編，2008 年
『富山探検ガイドマップ』富山インターネット市民塾推進協議会編，桂書房，2014 年
『企画展街道を歩く――近世富山町と北陸道』富山市郷土博物館，2001 年
『写真と地図でみる金沢のいまむかし』田中喜男監修，国書刊行会，1991 年
『古地図で楽しむ金沢』本康宏史編，風媒社，2017 年
『福井城下町名ガイドブック』歴史のみえるまちづくり協会，2001 年
『まちミューガイドブック』シリーズ（甲府市），つなぐ NPO まちミュー友の会，ほんほん堂，2007 年
『江戸期なごやアトラス』溝口常俊編，名古屋市総務局，1998 年
『古地図で楽しむなごや今昔』溝口常俊編，風媒社，2014 年
『明治・大正・昭和 名古屋地図さんぽ』溝口常俊監修，風媒社，2015 年
『名古屋を古地図で歩く本』ロムインターナショナル編，河出書房新社，2016 年
『京都古地図めぐり』伊東宗裕，京都創文社，2011 年
『京都市史 地図編』，京都市役所編，1947 年
『京都歴史アトラス』足利健亮編，中央公論社，1994 年
『地図に見る京都の歴史』京都市史編さん委員会編，1976 年
『大阪古地図物語』原田伴彦・矢守一彦・矢内昭，毎日新聞社，1980 年
『古地図で見る神戸――昔の風景と地名散歩』大国正美，神戸新聞総合出版センター，2013 年
『絵図で歩く岡山城下町』岡山大学附属図書館編，吉備人出版，2009 年
『広島城下町絵図集成』広島市立中央図書館，1990 年
『図録徳島城下町絵図』徳島市立徳島城博物館，2000 年
『古地図で歩く香川の歴史』井上正夫，2008 年
『描かれた高知市――高知市史絵図地図編』高知市史編さん委員会絵図地図部会編，2012 年
『図録高知市史 考古～幕末・維新編』，高知市文化振興事業団編，1989 年
『古地図の中の福岡・博多』宮崎克則・福岡アーカイブ研究会編，海鳥社，2005 年
『御城下絵図に見る佐賀のまち』久我秀樹・富田紘次写真，鍋島報效会，2009
『御城下繪圖を読み解く』鍋島報效会，2010 年
『復元！　江戸時代の長崎』布袋厚，長崎文献社，2009 年
『出島図――その景観と変遷』長崎市出島史跡整備審議会編，1987 年
『熊本都市形成史図集』吉丸良治監修，熊本都市政策研究所編，2014 年
『地図からみた宮崎市街成立史』田代学，江跡庵，1996 年
『鹿児島城下絵図散歩――新たな発見に出会う』塩満郁夫・友野春久編，高城書房，2004 年
『かごしま文庫 30 古地図に見るかごしまの町』豊増哲雄，春苑堂出版，1996 年
郷土出版社による『目で見る○○市の 100 年』シリーズ
国書刊行会による『ふるさとの想い出写真集明治・大正・昭和○○』シリーズ

表 3　県都に関するおもな『図説』

『図説盛岡四百年』（全３巻），吉田義昭・及川和哉編，郷土文化研究会，1983～1992 年
『図説久保田城下町の歴史』渡部景一，無明舎出版，1983 年
『図説秋田市の歴史』秋田市編，2005 年
『図説山形の歴史と文化』山形市教育委員会，2004 年
『図説福島市史』福島市教育委員会，1978 年
『図説・前橋の歴史』近藤義雄，あかぎ出版，1986 年
『図説浦和のあゆみ』浦和市総務部行政資料室編，1993 年
『絵にみる図でよむ千葉市図誌』千葉市史編纂委員会，1993 年
『目で見る千代田区の歴史』千代田区立四番町歴史民俗資料館編，1993 年
『図説横浜の歴史――市政 100 周年開港 130 周年』「図説・横浜の歴史」編集委員会編，横浜市市民局市民情報室広報センター，1989 年
『港町・横浜の都市形成史』横浜市企画調整局編，1981 年
『目で見る「都市横浜」のあゆみ』横浜市都市発展記念館，2003 年
『横浜絵地図』岩壁義光編，有隣堂，1989 年
『図説新潟市史』新潟市総務部市史編さん室編，1989 年
『図説金沢の歴史』東四柳史明ほか編，金沢市，2013 年
『図説大津の歴史』（全２巻）大津市歴史博物館市史編さん室編，1999 年
『図説広島市史』広島市公文書館編，1989 年
『図説広島市の歴史』土井作治監修，郷土出版社，2001 年
『熊本市制 100 周年記念図説熊本・わが街』熊本日日新聞社，1988 年
『図説長崎歴史散歩――大航海時代にひらかれた国際都市』原田博二，河出書房新社，1999 年
郷土出版社による『図説○○の歴史』シリーズ

変遷の物語がよく読み取れることになる。

本書では古地図の代表例として、多くの場合、近代地形図の出発点として整備された二万分一の国土基本図を各章の最初に掲載している。

これらの基本図は、関東平野においては一八八〇年から八六年にかけて陸軍参謀本部測量課によって測量された二万分一迅速測図（いわゆる迅速図）、京阪神地域においては一八八四年から九〇年にかけて測図された仮製二万分一地形図（いわゆる仮製図）のほか、一八八五年から開始され一九一二年まで続けられた三角測量による全国の地形図、正式二万分一地形図（いわゆる正式図）である。迅速図と仮製図は徐々に正式図に置き換えられていった（本書では適宜、縮小・拡大・トリミングを行っているので、縮尺は原図のとおりではない）。正式図が作製されなかったいくつかの都市については、その後に作られた五万分一地形図を掲げている。

明治中期に遡るこれらの地図をじっくりと見ることによって、各県都が産業革命以前にはどのような状況にあったのか、さらには江戸時代の市街地の広がりとほぼ変わらない当時の様子を読み取ることができる。市街地の広がりや道路ネットワークの様子、官公庁施設の立地がわかるだけでなく、等高線を読むことによって背景となる地形が推測され、その後整備されることになる河川のもとの姿も読み取ることができる。

同時に、古くからの街道筋がくっきりと描き出され、どの通りが都市の本来の背骨だったのかがよくわかる。現在では、より幅員（ふくいん）（道や橋などの幅のこと）の広い道路の陰に隠れて目立たなくなってしまった旧街道が、時代を遡ってみると、じつはかつての幹線道路だったということを知ることができる。その目で現在の道路を見直してみると、いろんな気づきがあるはずだ。

地図には歴史的な地区と新開地の違いが表現されないので、べったりと周辺すべてが市街化してしまった現代の地図を見ても、都市の骨格を読み取ることは難しい。歴史的な地図と見比べることによってようやく、都市の変化を実感できる。

同様な気づきは古写真や古い絵葉書にもある。また近年、古地図でまちあるきをするためのガイドブックも増えてきているのがうれしい。

ただし、こうした古地図では都市のハードな変遷は見ることができても、都市の賑わいの変遷を見ることは困難である。地図では人の動きやその場所での活動など、都市のソフトな特性を表現することができない。それが得意なのが写真だ。古写真に写っている商店街の賑わいや祭りの様子、街路の情景によって、私たちは都市生活の変化を実感することができる。

(4) 地名を手がかりにする

都市の地名を見ていくと、都市の核といったものを暗示する地名があることに気づく。数多くの都市に今も残されている「本町」（新潟、東京、名古屋、鳥取、高知、ほか多数）という呼称がそうであるし、伝馬会所があった伝馬町（名古屋）や近世最大のハイテク商品であった呉服を扱う呉服町（福岡、佐賀）が核となるまちも多い。かつての呼称も含めると、たとえば京都へのアクセスを表す京町（大津、大阪、和歌山、岡山、熊本）のほか、城下町では城郭の中心部を意味する内山下（うちさんげ）という古風の呼び方が岡山、鳥取、松江で残っているのをはじめとして、郭中（かちゅう）（高知）や郭内（鳥取）といった呼称も見える。港を有する都市には、当然ながら「浜」の地名（青森、横浜、福井、大津、長崎）が目立つ。

さらに古町（新潟、高知、松山、熊本）、外町や新町との対比が使われることが多い内町（秋田、岐阜、徳島、高松、長崎）もある。岡山には表町が、福島には本通り七ヶ町がある。こうした地名からは都市形成の大まかな流れをつかむことができる。

また、都市全体を上町と下町（水戸、鹿児島）、内町と外町（秋田、岐阜、長崎）、上構と下構（鳥取）、上通と下通（熊本）、橋北と橋南（松江）、河北と河南（盛岡）、江北と江南（宮崎）、川内と川外（鹿児島）などに分ける二分法や、橋北と橋内と橋南（津）、上町と郭中と下町（高知）に分ける三分法もある。地名には時として差別的意識もついてまわる。

こうした地名と地形との対応関係を見ていくと、どのように都市建設が構想されていったかを垣間見ることができる。

都市の「骨相」を読む

では次に、都市の物語といってもそれはどのようなものなのか、について。とくに、物語の出発点ともいうべき「骨相」にみる日本の都市の個性とはどういうことなのかについて考えてみたい。

「骨相」という比喩は、表層の皮膚ではなく、そのもととなる骨格の特徴を見ようということだった。つまり個々の建築物ではなく、都市の依って立つ地形やそれを反映した都市の構造を見ようということである。そこで一番に問われるべきは、なぜこの都市はほかならぬこの場所に立地しているのか、ということである。

古来、都市の立地に関しては、防衛上の拠点や交通の要衝、災害の少ない安全な土地や水などの得やすい場所、開発余地の大きな地形や周辺の都市ネットワークとの関係といった一般的な理由がさまざまに述べられてきた。

たしかにそれぞれの都市の立地をこうした一般論で処理することもできなくはない。しかし、より具体的に個々の都市の立地を詳細に見ていくと、一般論では片づけられない都市の多様性が随所に現れてくる。そこにこそ、都市の物語のおもしろさがあるのではないか。

県都でもっとも数の多い類型は城下町であるが、それぞれの城下町の立地を見ると、たんに山城型の戦国城下町から平城型の近世城下町への移行、防御から交易へという流れだけでは表せない多様性に気づく。

たとえば、県都のうち近世初頭の城下町で、城が築かれた場所を見ると、舌状台地の突端部がもっとも多いが（秋田、仙台、水戸、東京、金沢、名古屋、大阪、和歌山、鳥取、松江、福岡、熊本など）、それ以外にも山城のふもと（岐阜、鹿児島）、単独丘陵（盛岡、松山、高知）、大河を背にした平地（福島、前橋、富山、岡山）、大河の河口（広島、徳島）、海辺（高松、大分）、それ以外の平地（宇都宮、福井、佐賀）、と多様である。

おそらくは細かな地形的な変化が大きいという日本の国土の特徴が、こうした多様な城下町の立地をもたらしたのだろう。

ただし、都市は地形上の理由からだけで特定の場所に立地しているわけではない。たとえば、県都でいうと印旛県と木更津県のちょうど中間に統合してできた千葉県の県庁が設けられたように、地政学上の理由で都市が建設される場合もある。先述した宮崎も同様である。

しかし、その場合でも具体的な都市の立地選定となると、周辺の地形との関係や既存の都市や集落との関係、公共用地の取得状況などといった個別の事情が大きな要因となる。

都市全体がどのように構想されたのかを考える

一つの都市がどのような姿をして造られてきたのかを問うことは、とくに計画都市が多い日本の都市の場合には重要な手がかりとなる。

(1) 城下町を例に

また例を城下町の県都にとることにする。たとえば広島と徳島は、いずれも一六世紀末に大河の河口に建設された城下町であるが、両者の都市の骨格はまったく異なっている。徳島は一つひとつの中洲が独自の軸線をもち、自立した島の集まりとして構成されているのに対して、広島はいくつもの中洲をとりまとめて一つの大きな都市を構成するように造られている。

同様に、平城である山形と名古屋・静岡の城下町を比べると、山形が丁字路や食違いを多用して、都市を閉じようとしているのに対して、名古屋・静岡は町家地区が見事に格子状の街路で構成されていて、都市全体が開かれている。

都市の立地する地形的な要因がそれほど変わらないのに、ここまで都市のかたちに差異があるというのは、どのような都市を構想しようとしたかという根本のところに違いがあるからだとしか思えない。

こうした構想の違いは、都市建設の出発点のみならず、近代化の過程でもみることができる。

たとえば、山形と米沢は城下町の形態はよく似ているが、駅をどこに造ったかでその後の都市の発展形態がまったく異なったものになってしまった。米沢が駅を市街地の東端に設置したのに対して、山形は鉄道を内堀沿いに通すこととして城と東側に広がる武家地・町人地との間に駅を造っている。駅の位置選定は鉄道がどこに通せるかという技術的な課題を解いていった結果だともいえるが、近代都市の構想が両都市で異なっていたためだともいうことができる。

こんにち、米沢や山形を訪れて、もしも駅の位置が今と異なっていたら、このまちはいったいどんな姿になっていただろうかなどと考える人はまずいないだろうが、こうした近代化の構想が二つの都市のその後に決定的な影響を与えたことは疑いない。

(2) 港町を例に

同様のことは港町の県都である青森、横浜、新潟、神戸、長崎にもあてはまる。湾や浜、河口など立地する土地の形状が大きく異なっているだけでなく、港町をどのように造っていくのかという構想の部分で顕著な差異があるのだ。

たとえば、江戸時代からの港町である青森と新潟を比べると、水際に平行した複数の街路が都市の骨格を形成し、もっともかみの部分に青森では善知鳥(うとう)神社、新潟では白山神社が陣取り、都市全体が神社の参道とも見える点は同じであるものの、新潟では主要街路に水路が通り、あたかも東洋のアムステルダムといった都市が造られているのに対して、青森では浜を向く都市が造られている。近世において、新潟では内側に広がる港が構想されているのに対して、青森では外に広がる港が構想されてきたということができる。

残念ながら現在では、新潟の堀も青森の浜も埋め立てられ、かつての都市の構想を実感することは難しい。しかし、そうした現実をもって、かつて都市を構想したビジョンがあったということの意義を否定することにはならない。むしろ、現代の大都市としての新潟や青森では実感しにくくなっている都市の起源における構想を、現代的に意味づけて再生させる手立てを探ることが、都市の今後を考えることにつながるのだと思う。

幕末の開港場である横浜と神戸を比べても、都市のビジョンには共通する部分も多いが、異なっている部分もそれ以上に多いといえる。たとえば、開港場の最大の特徴である外国人居留地の構成を見ても、両者には違いがある。

横浜では日本大通りをはさんで外国人居留地と日本人町が対になるように計画されているが、神戸では外国人居留地だけが計画され、日本人の住むところを新規に計画することはされていない。

おそらく、兵庫津という古くからの港町が近くにあったことが横浜とは異なったプランをとらせることにつながったのだろう。また、地先の埋立てが比較的容易だった横浜と困難だった神戸の違いが出ているともいえる。

横浜では日本大通りが港に突き当たるところに運上所（のちの税関）が位置するという象徴的なプランがとられているが、神戸の場合、中心軸となる京町筋の浜への突当りにシンボルが配されることはなかった。

むしろもう一つの開港場である函館の方が、基坂と突当りの税関という位置関係において横浜との類似性が高い。横浜と函館は地形はまったく異なっているが、都市の構想には似ている部分が多いといえる。

異国との窓口であった長崎は、より古くから交易の港であった分、小さな港市から自然発生的に都市が膨張していったさまが読み取れる。これまた横浜とも神戸とも、さらには函館とも異なる開港場の姿をしている。

(3) 近代都市を例に

県都のなかで、それ以前の歴史のしがらみがなく、純粋に近代都市として構想されたのは札幌と宮崎のみである。しかし両都市の姿はまったく対照的である。

札幌が全体をグリッドで区画された街区を古代都城と近世城下町とアメリカの西部都市を足して三で割ったようなかたちで都市の全体像を描き出していくことから出発しているのに対して、宮崎では県庁舎周辺から徐々に都市を築いており、部分から始まる都市のあり方を示している。

ただし、現在の宮崎を歩くと、幅広い幹線道路が十文字に交差し、いかにも全体から構想された都市のような印象を受ける。しかし、子細に見ると、幹線道路の背後に細くてやや軸のずれた以前の道路の骨格が浮き上がってくる。これこそかつての宮崎の姿なのだ。

都市の構想はその後の都市変容のなかで読みにくくなっている例が多いことに気をつけなければならない。だからこそ古地図が重要になる。

都市が取り組むテーマから考える

もう一つ、都市の物語を考える際に手がかりとなるのは、その都市がその時々にどのような課題を抱えていたのか、何を目標に都市づくりをしてきたのかを考えるということである。

(1) 川のつけ替え

一番よく知られた例として、都市防衛や交易のために川をつけ替えてきた城下町の造り方がある。盛岡の北上川、秋田の旭川、水戸の桜川、東京の利根川、富山の神通川、福井の足羽川、大阪の淀川や大和川、和歌山の市堀川、岡山の旭川、鳥取の袋川、佐賀の嘉瀬川、熊本の白川、鹿児島の甲突川など枚挙にいとまがない。城下町以外でも札幌の創成川、新潟の信濃川、長野の裾花川、京都の鴨川、神戸の生田川や湊川など、多くの都市には河川に手を加えてきた歴史がある。

こんにちではごく当たり前の自然河川に見えるこれらの河川が、過去の大土木工事のたまものだと知って見直すと、都市の見え方も変わってくるだろう。城下町は軍事都市のちには商業都市としての側面があるので、こうしたテーマは当然であるが、そこまで時代を遡らなくても、都市が取り組んできたテーマはいくつもある。

(2) 公共施設用地の確保

たとえば、近代化のなかでのもっともわかりやすい例として、明治初期における公共用地をいかに融通してきたかということがある。

廃藩置県以降、各県には県庁舎をはじめとして、師範学校（一八七二年）や中学校など、府県裁判所（一八七五年～のち始審裁判所、地方裁判所）、郵便役所（一八七一年～のち郵便局、とりわけ中央郵便局の場所が重要）、郡役所（一八七八年～）、集治監・監獄（一八七九年～）、警察署、消防署などの公共施設が次々と建設されることになるが、問題はそのための用地をいかに確保するかということであった。用地だけでなく、そこに建てられる建物が新しい時代の象徴であるような見え方をする必要があっただろう。とくに県庁舎をどこに建てるかということは、近代の統治スタイルをどのように表現するかという重要な意味を持っていたはずである。

よく知られているように、城下町の場合、中心部の大規模武家地のほとんどが新政府に収容されたため、多くの場合、これらの公共用地には事欠かなかった。

問題は、都市としては古くから存在しているものの、現役の城下町ではないために公共用地に転用できる旧武家地がない都市、つまりかつての港町や宿場町、門前町などの県都の対応である。よく見るとこれらの県都、すなわち青森、千葉、浦和、新潟、長野、岐阜などでは、都心部に公共用地を確保することが難しかったために、県庁舎などの公共施設はほとんど旧市街の縁辺部に立地していることがわかる。

現在では周囲一帯が市街化してしまっているため、これらの公共施設が市街地周縁部に立地していることは実感しにくいが、明治時代の地図を見るとそのことは一目瞭然である。その意味でも、古地図はじつにありがたい手がかりを与えてくれる。

上記の公共施設以外にも、地方銀行の本店や日本銀行の支店が置かれた場所、百貨店や公会堂、港町では税関、明治初期では殖産興業のための博物館や博覧会場、城址公園や中央公園なども、都市の物語を語るうえでは欠かせない役者たちである。しかもそのほとんどが堂々たる洋風建築であった。近代の施設には近代の建築様式が必要だったのだろう。

(3) 鉄道の敷設

近代の施設のなかでも駅舎の位置はとりわけその後の市街地の変化に大きな影響を与えている。それぞれの都市が、どのように鉄道を受容し、どこに駅を配置したかを検討すると、都市の近代化戦略が透けて見えることになる。ただし、駅舎は時代とともに建て替えられたり、移動したりすることが多いので、注意を要する。

西洋の都市とは異なって、日本の場合、ほとんどはじめからターミナル型の駅ではなく、鉄道の延伸を前提とした通過型の駅を計画した。ただし、開設当初は延長を計画しながらも当面は終着駅として開業したところが多かった。

電車とは異なり蒸気機関車を対象とした初期の駅施設は、車庫のほか石炭台や石炭庫、転車台、給水塔などのために大規模な敷地を必要とするうえに、列車組成や車両の留置や洗浄、機関車の留置スペースが必要なほか、近接地には客車操車場や貨物取扱いのスペースが必要だった。さらに、当然ながら勾配やカーブの曲率を計算しながら鉄路を敷設しなければならないため、数多くの屋敷を破壊して都心部に駅を設けることはほとんど不可能に近かった。

したがって、都市の縁辺部に、都市を取り囲むように鉄道が走ることになる。また、駅と旧都心とを結ぶ駅前通りが造られ、反対側には駅裏が発生する。日本の都市は計画都市発祥のものが多いというのが特徴だと先に述べたが、駅周辺に関するかぎり、建設時の計画性が高いとはいいがたい例が多い。日本の駅前が計画性を発揮するのは戦災復興などの整備まで待たなければならない。ただ、駅裏があったことは駅周辺のその後の新しい開発余地を受け止めることを可能としたという側面もある。

表4　戦前のおもな軍施設（内地14師団）

第一師団	東京（旧東京鎮台）
第二師団	仙台（旧仙台鎮台）
第三師団	名古屋（旧名古屋鎮台）
第四師団	大阪（旧大阪鎮台）
第五師団	広島（旧広島鎮台）
第六師団	熊本（旧鎮西鎮台，のち熊本鎮台）
第七師団	旭川
第八師団	弘前
第九師団	金沢
第十師団	姫路
第十一師団	善通寺
第十二師団	小倉→久留米
第十四師団	宇都宮
第十六師団	京都

（注）　第十三師団，第十五師団，第十七師団，第十八師団は1925年に廃止された。

一方で、日本の県都の中央駅のなかには既成市街地の内側の、都心に比較的近いところに立地する例外的な駅がないわけではない。たとえば、県都でいうと、山形、東京、甲府、福井、神戸、徳島などの都市である。これらの都市を見比べると、ほとんどが城下町の堀を埋めて鉄道を敷設し、空いた旧武家地に駅を建設したものであることがわかる。この例にあてはまらないのは神戸のみである。ただし、港町神戸の場合、三宮駅は当初の中央駅ではない。

(4) 線から面への市街地の展開

浦和のような街道筋に立地したリニア（線的）な都市の場合、徒歩がいまだ移動の主要な手段であった明治初年においては街道に面して町家が櫛比し、近代の施設が入り込む余地はない。そのため新しい公共施設は必然的に街道の裏側に立地することになる。つまり、宿場町のようなリニアな都市は、いかにまちを面的に展開するかということが近代初期の主要な課題となっていた。その目でたとえば浦和の町を見ると、中山道の一本裏側をどのように都市に取り込むかということについて、継続した努力の物語を読み取ることができる。

線から面への展開という同じテーマは門前町である長野にもあてはまる。他方、長野の場合、善光寺との距離関係が都市構造を決める重要な要因となっている。これは宿場町の本陣などとは性格の異なるという意味では、また別のテーマを抱えているともいえる。

また、もとの都市形態がその後の発展の課題となることがある。たとえば城下町の場合、堀や見附で地区ごとに区切られた空間の造り方は近代化の妨げとなったため、いかに都市を開くかが大きな課題となった。他方、札幌のようなグリッド都市は、いかに都市の中心性を高めるかが課題となった。

(5) 軍施設の立地とその後

軍都と呼ばれる都市においては、軍施設が都市の骨格形成にどのような影響を与えてきたのか、さらに戦後では旧軍用地をどのように転用してきたのかという固有のテーマをもっている。

内地に展開した一四師団（表4）のうち、仙台、名古屋、大阪、金沢、広島、熊本では終戦まで都心部に広大な軍用地が存在していた。その後、それらの土地は公園や官公庁街に変わっている。終戦まで都心部の土地利用が制約を受けていたことが、かえって戦後の大規模な都市改造を可能にしたのである。なにが吉となるかわからない、皮肉なものだ。

一個師団とは約一万二〇〇〇人の兵士からなり、標準的にはその半数が各都市に常時駐屯していたといわれているので、巨大な消費組織としても都市における軍の役割も大きかった。

(6) 複数の核の取扱い

都市によっては福岡と博多のように同一の都市のなかに二つの核をもっているものがある。県都ではほかに、古府中と甲斐府中（甲府）、岐阜と加納、大津と膳所（ぜぜ）、神戸と兵庫津、中世山口と近世山口、松山と道後などが挙げられる。こうした都市では両者をいかにバランスさせるか、隔離しつつつなげるか、といったテーマがはずせないが、両者間の力関係は都市によってさまざまであり、したがって対応も都市によって多様である。

一方で、中世城下町や寺内町を破却して、近世城下町を新たに造成した都市もある。県都では名古屋、金沢、福井、大阪、大分などがそうである。また、都市が拡大していく過程で上市と下市という二つの核をもつに至った水戸のような都市もある。さらには熊本や鹿児島のように中世以来の城郭を徐々に移転、拡大しながら近世城下町を形成した都市は、より複雑な様相を示すことになる。ここにも見逃せない都市の物語がある。

これに弘前と青森、秋田と土崎港、仙台と塩竈、水戸と那珂湊、長岡と新潟、名古屋と熱田湊、福井と三国湊、和歌山と加太（かだ）、松山と三津浜、熊本と川尻などの内陸都市とその外港を加えるとさらに物語はふくらむ。

(7) 都市が抱えるその他の課題

このほか、街道を都市内にどのように取り込むか、水運をどう導くか、災害から都市をどう守るか、飲み水をいかに確保するかといった実際的なテーマから、祈りの空間や聖なる山への信仰の軸をどう通すかといった宗教的なテーマ、天守や県庁舎といった統治のシンボルをどう見せるかといった政治的なテーマ、周辺の有力都市とどのような関係を結ぶのかといった地政学的なテーマまで、都市が抱えているテーマは幅広い。こうした課題からそれぞれの都市を見ると、それぞれの都市がみずからに課せられたテーマをどのように解決しようとしてきたかという物語が見えてくる。

戦災と戦後復興の物語

明治維新による政治的な変化、インフラ整備など近代化にともなう機能的な変化と並び、近代以降、日本の都市が被った最大の変化として戦災とその後の復興を挙げなければならない。日本の県都が被った主要な空襲を振り返ると（表5）、その被害のすさまじさに暗然となる。つくづく都市にとって最大の敵は戦争だということを思う。

那覇への空襲は一九四四年一〇月一〇日ととびぬけて早いが、それ以降、日本本土における連合軍による空襲は三期に分かれている。第一期は一九四四年一一月二四日から四五年三月九日までの軍需工場を主要な目標とした精密爆撃の時期である。第二期は四五年三月一〇日の東京大空襲から四五年六月一五日まで。大都市の市街地に対する焼夷（しょうい）弾爆撃の時期で、いわば大都市への無差別空襲の時期である。この段階で指定工業集中地区の破壊を完了している。第三期は四五年六月一六日から敗戦までの中小都市への焼夷弾爆撃の時期である。

せめて一九四五年の六月半ばまでに日本軍が降伏していれば、救われた都市は県都だけでもなんと二七都市にのぼっている。北から順に青森、仙台、宇都宮、前橋、水戸、千葉、甲府、長野、静岡、富山、福井、岐阜、和歌山、津、岡山、広島、高松、徳島、松山、高知、福岡、佐賀、長崎、大分、熊本、宮崎、鹿児島。これらの都市が、金沢や松江のような歴史かおる非戦災都市として戦後を迎えることができていたとしたなら、日本は驚くべき歴史の列島となっていただろうと思うと、じつに無念だ。

無差別攻撃した連合軍のやり方は強く非難されなければならないが、日本の軍部もこの国の都市が戦災に弱いことは戦争を始める前から十分知っていたわけなので、その罪は限りなく重い。

なお、戦災を免れた、もしくは比較的軽微な被害で済んだ県都は、札幌、盛岡、秋田、山形、福島、浦和、新潟、金沢、長野、京都、奈良、大津、鳥取、松江、山口、佐賀の計一六都市である。北海道と日本海側の都市の多くは、爆撃機のルートと航続距離の問題から空襲を免れている。

戦後、戦災復興院によって一一五都市が戦災都市に指定された（一九四六年一〇月、うち七都市は事業実施に至っていないので、戦災復興事業実施都市は一〇八都市）。県都のうち戦災復興都市に指定されたものは、青森、盛岡、仙台、水戸、宇都宮、前橋、東京、横浜、千葉、甲府、富山、福井、岐阜、静岡、名古屋、津、大阪、神戸、和歌山、岡山、広島、高松、徳島、松山、高知、福岡、長崎、熊本、大分、宮崎、鹿児島のじつに三一都市にのぼっている。なお、戦災都市指定の対象外であった那覇はこのなかには含まれていない。

これらの都市では戦災復興都市計画が立てられ、街路事業や土地区画整理事業が進められた。これらの事業を通して、こんにちに至る都心の顔の多くが形づくられていった。たとえば、駅前大通りのうち、仙台の青葉通、千葉の駅前大通り、甲府の平和通り、富山の城址大通り、福井の中央大通り、岐阜の金華橋通り、名古屋の桜通、和歌山のけやき大通り、岡山の桃太郎大通り、徳島の新町橋通り、高知の電車通り、大分の中央通り、宮崎の高千穂通り、鹿児島のナポリ通りといった街路が現在のかたちとなったのは戦災復興の事業による。

また、「平和通り」と名づけられた大通りのほとんどが戦災復興のなかで造られていることもおもしろい。

二本の幹線街路によって都市を十文字に開いていくという都市整備の手法が、仙台（東二番丁通と定禅寺通）、富山（城址大通りと平和通り）、福井（中央大通りとフェニックス通り）、津（フェニックス通りと国道二

表5　県都に甚大な被害を与えたおもな空襲一覧

月　日	都　市	被災面積 (ha)	被災戸数	被災者数	死　者	重軽傷	行方不明
1944年							
10. 10	那　覇	全市街の90%	11,125		260	358	
1945年							
3. 10	東　京	1,320	268,358	1,000,805	82,790	41,950	
3. 12	名古屋		25,734		519	734	
3. 13/14	大　阪	21.0	136,107	501,578	3,987	8,500	678
3. 17	神　戸		236,000	2,598	8,558	8,560	
3. 19	名古屋		39,893		826	2,728	
4. 8	鹿児島		2,593	12,372	587	424	
4. 15	東　京	827	160,539	547,640		135	
4. 20	東　京	365	55,151	224,367	841	1,620	
5. 14	名古屋		21,905		338	781	
5. 17	名古屋		23,695		511	1,107	
5. 24	東　京	263	43,446	224,601	762	4,130	
5. 25	東　京	632	157,039	624,277	3,242	13,706	
5. 29	横　浜		30,000	323,000	3,787	12,391	
6. 1	大　阪		65,183	218,682	3,112	10,095	877
6. 5	神　戸			223,033	3,184	5,824	
6. 7	大　阪		58,165	199,105	2,759	6,682	73
6. 15	大　阪		53,112	176,451	477	2,385	67
6. 17	鹿児島		11,649	66,134	2,316	3,500	
6. 19/20	福　岡	354.8	12,693	60,599	902		
6. 19/20	静　岡	590.5	30,045	127,119	1,952		
6. 26	大　阪		10,423	43,339	681	983	63
6. 29	岡　山	759	25,032	100,579	1,737	6,026	
7. 1/2	熊　本	259	11,000	43,000	469	552	
7. 4	高　松	385	18,913	86,400	927	1,034	186
7. 4	徳　島	462.0	16,288	70,295	900	2,000	
7. 4	高　知	417.9	11,912	40,937	401	289	22
7. 6/7	千　葉	204.6	8,489		1,204（死傷者）		
7. 6/7	甲　府	336.7	17,920	78,952	826	1,244	42
7. 9	和歌山	543.9	31,137	113,548	1,208	1,560	216
7. 9	岐　阜	499.9	20,476	86,197	863	520	
7. 10	大　阪	2.6	16,488	65,825	1,394	1,574	9
7. 10	仙　台	500	11,933	57,321	1,066	1,689	
7. 12	宇都宮	320.5	9,173	47,976	521	1,128	
7. 16/17	大　分	142.5	2,488	10,730	49	122	
7. 19	福　井	417	21,992	85,603	1,576	6,527	
7. 24	大　阪		893	3,503	214	329	79
7. 26/27	松　山	316	14,300	62,200	251		8
7. 27	鹿児島		1,783	8,905	420	650	
7. 28	青　森	189.1	18,045	70,166	1,767		
7. 28/29	津	253.8	10,294	40,431	約550		
7. 31	鹿児島		3,251	16,541			
8. 1	東　京	99.6	5,362	75,216	225	221	
8. 1	水　戸	440.3		50,605	242	1,293	
8. 2	富　山	484.3	24,914	109,592	2,737	7,900	
8. 5	前　橋	265	11,460	60,738	535	600	
8. 6	広　島		69,844	176,987	78,150	37,425	13,983*
8. 9	長　崎		18,400		73,884	74,909	
7. 1/8. 10	熊　本	363.9	11,906	47,598	617	1,317	13
8. 10/11/12	宮　崎	204.6	4,527	20,860	26	17	
8. 14	大　阪		1,843	2,967	359	33	79

＊　即死した者と推定される。

出典：主として『戦災復興誌』（全10巻），建設省編，都市計画協会，1957-1967年を元に筆者作成。そのほかに『広島原爆戦災誌』第1巻，広島市役所編，広島市，1971年，『広島・長崎の原爆災害』広島市・長崎市原爆災害誌編集委員会編，岩波書店，1979年，『中小都市空襲』奥住喜重，三省堂，1988年などを参照した。集計値は報告により異なる場合も少なくない。また，東京・大阪・名古屋などの大都市には上記以外も多数の空襲があった。

三号（伊勢街道））、和歌山（けやき大通りと中央通り）、岡山（桃太郎大通りと柳川筋）、広島（平和大通りと鯉城通り）、大分（中央通りと昭和通り）などで用いられている。このほか高知や宮崎においても、十文字の幹線街路の構成は戦前からあったものの、現在の幅員で整備されたのは戦災復興事業による。

つまり、戦災都市が現在のかたちとなるにあたって、戦災復興都市計画は決定的に重要な役割を果たしており、こんにち私たちが見慣れている幹線街路の都市風景はこの時期にいっせいに形づくられているのだ。

主要幹線街路の計画にあたっては、街路幅員を中小都市においては三六メートル以上、大都市では五〇メートル以上、その他の幹線街路は中小都市で二五メートル以上、大都市で三六メートル以上と定めている（戦災復興院・復興計画基本方針、一九四五年一〇月）。

一方、従来の旧都市計画法（一九一九年）による街路計画ではもっとも広幅員の街路である広路でも幅員二四間以上、ついで一等大路第一類が幅員二〇間以上で、それ以下は幅員一六間、一二間、一〇間となっていた（一間＝約一・八メートル）。これと比較しても、ワンランク上の街路が求められていたことがわかる。敗戦直後の被災と窮乏のただなかで、もと通りに戻すだけでも苦しいときに、さらに上をめざしたのである。まさしく復旧計画ではなく復興計画とした意図が表れている。

主要街路の構想

これ以前にも日本の主要街路は明治以降、何度も拡幅されてきた。当初、広くても四間程度であった街道筋が、多くの都市で主要幹線が二〇間程度にまで広げられてきた。その契機としての大火と大火後の復興もあった。たとえば、青森（一八七二年、一九一〇年）、山形（一八九四年、一九一一年）、福島（一八八一年）、水戸（一八八六年）、横浜（一八六六年）、新潟（一九五五年）、静岡（一九四〇年）などである。

どの道をどこまで広げるかという判断も、当時の人々によってなされてきたのであり、それを受け容れてきた市民がいた。ここにも多くの物語が秘められているに違いない。

また、駅前大通りがどこに向けて通されているのかを見てみるのもおもしろい。お城や城跡へ向かうのか（仙台、東京、岡山、松山、佐賀など）、県庁舎へ向かうのか（鳥取や山口、かつての千葉や名古屋など）、堀端を通るのか（秋田、静岡、富山、和歌山など）、港をめざすのか（高知、福岡など）、旧街道などと直交させるのか（山形、大津、津、山口、徳島、高知、宮崎など）にも計画者の意図を読み取ることができる。

戦災復興計画によって実現した駅前大通りを中心としたブールバールは、造られた時期も比較的近年であり、こんにちの目で見るとあまりに当たり前に感じられる風景であるため、ほとんど何も都市計画上の評価を受けていないのが実情である。しかし、これらの駅前大通りは現代都市が機能を十全に果たすために必要不可欠の構成要素であるだけでなく、こんにちの都市の風景を生み出し、都市形成の歴史をも物語る重要な要素のはずである。

戦争の影響はじつは、戦災後だけではなく、戦前の計画にも見られる。延焼防止と円滑な消火活動支援のための建物疎開によって造られた空地帯がのちに幹線街路として転用されている例である。

たとえば福島の主要幹線はほとんどすべてこの疎開道路である。このほか、青森の柳町通り、名古屋の桜通、京都の五条通と御池通、広島の平和大通り、徳島の新町橋通り、松山の花園町通り、長崎の桜町通りなども一九四三年に改正された防空法による疎開空地の指定によって現在の広幅員街路が生まれることとなった。

一見普通に見える都市内の幹線道路にもさまざまな物語が込められているのだ。

複数の都市を比較する

一つの都市をじっと見つめていただけではその都市の個性や特徴がなかなか把握しづらいといった場合でも、似た環境にある他の都市と比べてみることによって、両者の違いがはっきりと見えてくるという例は多い。

御三家の城下町の水戸と名古屋と和歌山、河口に位置する城下町としての広島と徳島、駅とまちとの関係における山形と米沢、幕末の開港都市の横浜と神戸・函館、純粋近代都市としての札幌と宮崎、近世港町としての青森と新潟などは、ここまでにも対比しながら述べてきた。

こうした比較法をさらに広げて、県都だけに限っても、たとえば三島通庸県令が改造したまちとしての宇都宮と山形と福島、二つの川にはさまれた城下町としての津と高知、平山城と四周に広がる城下町としての松山と熊本、複眼都市としての大津と岐阜と福岡、水が豊かだった城下町の福井と松江と佐賀のその後、線的な都市としての浦和と長野、グリッド都市としての札幌と仙台、静岡と名古屋、対照的に不定形の自然発生的都市のように見える前橋と千葉と那覇など、興味深い組合せはいくらでも考えられる。その組合せの数だけ物語が増えていく。

これとは別の見方で、たとえば四国の県都、四城下町を比較するということや、東北の県都である五城下町と一港町それぞれを比べる、といった地域別の比較もおもしろい。四国も東北も、同じ時期に生まれた城下町出自の都市だけを見ても、立地や形態などほとんど同じところがないほどに異なっていることがわかるだろう。日本の都市はどこも無性格で特徴がない、という冒頭の揶揄がいかに表層的なものかがよくわかるに違いない。

古代都市である奈良と京都を見比べても、違いがある。御所があったことから幕末に急速に政治都市化した京都、つまり藩邸が多く集まっていた京都と、変わらぬ仏都として明治を迎えた奈良とでは、その後の変転が大きく異なる。

京都では各所に点在していた武家地がそのまま公共施設用地となったので、公共施設も点在することとなったが、奈良では公共施設用地は興福寺の旧境内などに限られていたため、現在も公共施設が一カ所に集中する結果となっている。奈良が現在ホテル不足に悩まされているのも、武家地などのような転用可能な大規模敷地が乏しかったところに遠因があるといえる。

具体的な手がかりから都市の物語を考える

ここまで都市の物語をどのようにとらえるかということに関して巨視的な視点から順に例示してきた。最後に物語の手がかりとして、都市空間の具体的な細部に目を向けてみたい。

(1) 都市のへそとしての里程元標・道路元標

何をもって都市の核、芯あるいはへそと見なすかは、立場によってまちまちだろうが、行政の中心としての県庁舎、信仰の中心としての社寺などと並んで、道路ネットワークの中心としての高札場や里程元標、道路元標も都市のへその一つといっていいだろう。

よく知られているように、高札場とは、江戸時代にもっともさかんに用いられた禁制等の伝達手段で、通常、橋詰や辻（いわゆる札の辻）などの繁華な場所に立てられる掲示板である。規模の大きな都市には複数設置されたが、いずれも都市のへそといえるような場所だった。

このうち、静岡の札の辻（静岡伊勢丹角）や高松の常磐橋南詰（高松三越横）、東京の日本橋北詰（日本橋三越近く）などは現在も都市の賑わいの中心といえるが、これはむしろ例外で、ほとんどの都市では繁昌地はすでに別の場所に移っている。たとえば、大阪では高麗橋詰が、名古屋では本町と伝馬町の辻が、仙台では芭蕉の辻がよく知られた高札場だったが、いずれも過去の面影を見出すことは難しい。

明治に入って高札の制度は廃止されるが、かわって一八七三年一二月二〇日、里程元標樹立の太政官布達第四一三号が出され、「府県庁所在地の交通枢要の地に木標を建て、管内諸街道の起程とする」とされた。したがって府県に一つずつ建てられた里程元標はまさしく、府県の道路ネットワークの基軸といえる。

現在でもいくつかは現存しているが、ほとんどがレプリカの石標に置き換えられている。たとえば、札幌は創成橋東詰、福井は九十九（つくも）橋北詰（かつての高札場）、奈良はもちいどの商店街北端近く（かつての高札場、ただし、現在地はやや移動している）、岡山は京橋西詰、高松は常磐橋南詰（かつての高札場）、熊本は京町台地の西端のお城への上り口（かつての高札場）、鹿児島は旧県庁舎跡である中央公園の北東角といったところである。

さらに、一九一九年一一月四日、道路法施行令において「道路元標ハ各市町村ニ一箇ヲ置ク」（第九条の二）と定められ、各府県は一九二〇年から一九二二年にかけて告示で道路元標の位置を定めた。また、一九二二年八月一八日の内務省令第二〇号「道路元標ニ関スル件」において、道路元標の形式が定められた。こんにち多くの都市に遺存している位牌型の高さ三〇センチメートルほどの小型石柱がそれである（京都・写真6、大分・写真7）。

これによって県都のみならず市町村に至るまで道路ネットワーク上のへそが明記された。現在まで、この道路元標の写真コレクションはネット上にも複数見られるが、都市のへそ論として学術的に深めた論文は見たことがない。おもしろい論文ができそうなのにと思う。

県都に限って、これまでわかった範囲で分類すると、当時の県庁前がもっとも多く（札幌、仙台、甲府、岐阜、高知、松山、福岡、佐賀、長崎、熊本、大分、宮崎、鹿児島、那覇など）、ついで町人の繁華地（秋田、山形、福島、浦和、東京、新潟、富山、金沢、静岡、名古屋、奈良、高松など）および橋詰や辻などの交通の結節点（宇都宮、福井、名古屋、京都、大阪、和歌山、神戸、岡山、広島、徳島、宮崎など）となっている。そのほか青森は核となる善知鳥（うとう）神社前、長野は善光寺の門前に道路元標が設置されている。

道路ネットワークが都市のなかでどのように構成されているかにもよるが、道路元標の建てられた場所というのは都市のへそがそれぞれの都市においてどのように考えられてきたかを示しており、とても興味深い。へそを県庁前という官側の視点からとらえている都市と人通りの多いところという民側の視点からとらえている都市とに明確に二分されるところもおもしろい。

逆にいうと、当時は県庁舎がお城のなかなど、へそと考えられるような都心に位置していた都市が意外に多かったこともわかる。橋詰はかつて人の滞留空間としても物資の流通空間としても重要であったが、大正時代においてもへそと考えられているところが少なくないことも興味をそそられる。また、札の辻や里程元標と道路元標の置かれた場所がどの程度一致しているのかも気になるところだ。

県都で唯一、江戸時代の高札場と明治の里程元標と大正の道路元標とが同一の場所に置かれている都市がある。奈良である。オリジナルの位置からは若干移動されているというが、見事に三世代の道標類が復元されている（奈良・写真6）。この場所は、かつての興福寺境内と門前郷との境界にあたり、聖と俗の境目だった。ただ、こんにち、この場所は奈良のへそとしての役割を果たしているとはいいがたい。大正以降の変化がまた、それまで以上に大きかったからである。都市の変化とはつかみがたいものなのだ。

道路元標に見る都市のへそ考というのは魅力的なテーマであるが、これ以上の分析は序論の範囲を越えるのであらためて行いたい。

(2) アーケード街が物語るもの

各都市を歩きまわっていると、都市の中心部に全蓋型のアーケードが、古くからの商業地を中心に、かなりの確率で設けられていることに気づく。都心部周辺に全蓋型アーケードがない県都は、青森、山形、福島、浦和、千葉、静岡、松江（かつては大橋商店街にあったが、今はない）などである。また、水戸、東京、横浜、名古屋などでは、全蓋型アーケードはあっても、宮下銀座（水戸）、浅草（東京）、横浜橋（横浜）、大須（名古屋）などのように、ごく局所的であり、東日本に多いことがわかる。

全蓋型のアーケード街は福岡県北九州市小倉の魚（うお）町銀天街（まちぎんてんがい）が最初だといわれている。一九五一年のことだから、それほど歴史の古いものではない。大半のアーケードは商店街振興組合法（一九六二年）が制定されたのちに、商店街近代化の名の下に国庫補助を得て造られたものである。百貨店に対抗するために横に延びた百貨店として商店街、とりわけアーケードをもった商店街が生まれてきた。考えてみると、道路を屋内化してしまう天蓋型のアーケードの発想はこうした危機感（とそれに対応した補助金制度）によって生まれたのである。

このような発想はある意味で日本独自のものだった。こんにちではシャッター街として不人気なアーケード街にも、ひとつの物語がある。

ただ、じっさいに各地のアーケード街を歩いてみると、その多様さに目を奪われる。たとえば、形態上も大阪の心斎橋筋に代表されるような一本道の一字型が圧倒的多数派で基本ではあるが、そのほかにもL字型（津、岡山、松山）やY字型（徳島）もある。さらには面的に広がった岐阜の柳ヶ瀬や高松の丸亀町周辺などもあるほか、前橋の弁天通りや神戸の元町や三宮周辺、山口の上市および下市、鹿児島の天文館通りなどのようにアーケード街自体がゆるやかにカーブしているものもある。

これらの形態がなぜ生まれてきたのかを考えるだけでも新たな物語が見出せる。たとえば、湾曲しているアーケード街のほとんどがかつての街道筋であることがわかると、アーケード街が突然現れたわけではなく、街道が戦後に屋内化されて、アーケード街となっていったという経緯が見えてくる。

たとえば、仙台駅前から青葉通に並行してお城の方角へまっすぐ通っている大町通の長く賑やかなアーケード街は、奥州街道と直角に交差して広瀬川にかかる大橋へと直線でつながる城下町の幹線である。

また、岡山の表町商店街の延々と続くアーケードを歩くと、ここがかつての西国街道筋であること、つまり都市のゆるぎないへその一つであることを実感する。岡山にとって烏城（うじょう）と呼ばれるお城が大切なのと同様に都市形成の芯となった西国街道は大切なはずである。

広島にも本通り商店街という名前のこれまた長いアーケード街がある。これもかつての西国街道筋である。広島は原爆ですべての都市インフラが破壊されてしまったにもかかわらず、戦後にかつての西国街道筋がアーケードをもった商店街として賑わいの再生を果たしている。都市がもつ記憶が復興を導いたということができる。戦後のアーケード街ではあるけれども、そこに都市形成の物語を見ることもできるのだ。

西洋の同類の都市空間はパッサージュやガレリアなどと呼ばれているが、そのほとんどは建築空間が巨大化して建物内部の通路が街路のような都市的様相をもつに至ったといえるが、対する日本のアーケード街は都市的空間が徐々に屋内空間化していったようなものである。空間生成の方向性がまったく異なっている。

また、こんにちアーケード街の多くはシャッター街化して、都心衰退の象徴のようにいわれるが、県都の都心のアーケード街には、札幌、仙台、大阪、広島、高松、松山、高知、福岡、長崎、熊本、鹿児島、那覇などのように、まだまだ元気なところも少なくない。人口規模が七、八〇万人を超える大都市が多いので、地域間の顧客争奪戦の結果という側面も否めないが、四国の県都のいずれも元気なアーケード街は必ずしもそれに該当しない。都心を大切にしてきた広域の都市計画のたまものなのではないだろうか。学ぶところが多いように思う。

一見不可思議なのは長野の権堂のアーケード街である。長野は門前町なので、当然ながら動線は表参道（中央通り）に沿って、南から北へ、善光寺に近づくようにあらゆる部分が構成されているはずなのに、権堂のアーケード街は北へ向かう表参道から右折して、東へ向かっているのだ。

これはいったいどうしたことなのか。歴史をたどれば明らかなことなのだが、権堂の通り周辺は東、現在の権堂駅あたりにできた花街へのアプローチとして賑わったところだった。これがアーケードが生まれる一つの重要な要因となったといえる。岐阜の柳ヶ瀬や和歌山のぶらくり丁のアーケード街も同様の来歴をもっている。

異質なのは那覇のアーケード街である。狭い道から広い道まで、アップダウンや枝分かれしながら延びていき、公設市場の場内空間までつながっている。自然発生的で迷路的なアーケード街がアジア的な魅力をふりまいている。アーケード街の固定的な観念を打ち破ってくれるという意味でも、さらには新しいアーケード街の可能性をみせてくれるという意味でも、那覇のアーケード街には考えさせられることが多い。

こうやってみてくると、戦後生まれのアーケード街にも、それ以前からのまちの賑わいの歴史の物語が刻まれていることがわかる。

(3) ことがらの場としての都市

都市の物語の手がかりとなりえるのは物理的なものだけではない。ことがらの集積として都市をとらえると、より広い手がかりがみえてくる。

なかでも、いちばんわかりやすいのは都市の祭礼だろう。

都市の祭礼にも、念仏踊りに端を発するといわれる各地の盆踊りをはじめとして、禊祓い（みそぎばらい）や疫病送りのためのまつり、祖霊信仰、眠り流しに起源をもつといわれるねぶたまつりなど、じつに多様である。

詳細は民俗学の手を借りなければならないが、都市の物語を考えるという見方からは、神社の祭礼において、山のカミが年に一度、サトを訪れ、その機会に都市の人々は山車を曳航したり、芸能を披露したりするようになったいわゆる山・鉾・屋台行事において、都市の空間がどのように舞台となり、ハレの場でどのように活かされるのか、といったことがとてもおもしろい。

とくに、祭礼のクライマックスにおいて、都市そのものが劇場となり、街路がステージとなる様子を子細に観察すると、都市のなかの広場空間や通り空間をいかに効果的に演出して、見せ場を造り上げているのかが見えてくる。また、都市空間の変化にともなって、祭礼の側も舞台のしつらえを変えるということも往々にして起こる。演出される空間としての都市、という見方も興味深い。

本書は都市の物理的空間を扱うことを主眼としており、祭礼と都市との関係には十分言及できてはいない。この点は今後の課題としたい。

特別なハレの場としての天皇の行幸のほか、オリンピックやアジア大会、国体の開催などが都市の姿を変えることもありえる。たとえば、明治天皇は一八七二年から八五年にかけていわゆる六大巡行を行っている。行幸を機に都市の近代化が進められた。大正天皇は皇太子時代の一九〇〇年から一二年にかけて沖縄県以外のすべての道府県を訪れている。

また、一九一五年の大正大礼（大典）は大正天皇の即位のための一連の儀式が京都で挙行されたものであるが、そのために皇居から東京駅に至る行幸通りが整備され、中央に貴賓のための出入り口と専用コンコースをもった現在の東京駅が建設され、さらには京都駅前が整備され、烏丸通から京都御所に至る道路が拡幅されている。東京と京都の都心は昭和の大典を挙行するためにその姿が整えられたといえる。

県そのものもじつに多様である

本書はあらゆる都市には固有の物語というものがあるということを、読者に比較的なじみのある県都を取り上げることによって示したものであるが、都道府県それ自体、おのおの異なっており、県都といってもひとくくりに語れないところがあることをことわっておきたい。

一八七一年七月一四日に出された廃藩置県の詔書によって、国土は三府三〇二県に区画されることとなり、明治政府に任命された国家の官僚が知県事（のち県令、さらに一八八六年より知事）として派遣され、新しい地方統治のシステムが整備されていった。その後、県の統廃合が進められ、都道府県のかたちがほぼ現在の四七に固まるのは一八九〇年のことである。

当然のことながら、府県の数だけ県都（あるいは府都）があったわけであるから、当初の県都もまた荒海のような統廃合を経験することになった。

たとえば、一時は島根県に併合されていた鳥取県が再置されるのが一八八一年、一八八三年には富山県が石川県から、佐賀県が長崎県から分離独立し、一時は鹿児島県に併合されていた宮崎県が再置されている。また、奈良県が併合されていた大阪府から分離して再置されるのが一八八七年、香川県が愛媛県、一部徳島県から分かれるのが一八八八年というように、県によっては明治初期の政治の混乱を反映しているかのような変遷をたどっている。こうしたことと、旧藩の明治新政府との距離感が県都の選択にも微妙に影響しているといえる。

一八七一年に設置された筑摩県（県都は松本）は、信濃国の中部以南と飛騨国に広がっていたが、一八七六年、不審火により県庁舎が焼失したため、同年のうちに信濃国部分が長野県に編入されて、現在に至っている。当時の松本人の無念さは容易に想像できる。

また、埼玉県は県庁が置かれる予定だった岩槻の郡名からつけられた県名であるが、結局岩槻に県庁舎が築かれることはなかった。また、埼玉県の西半分は入間県（県庁は川越）、熊谷県（現・群馬県のほぼ全域を含む、県庁は熊谷）と変遷し、現在の県域が確定したのは一八七六年だった。同様のことは三重にも言える。三重という県名も、もともと県都を置いた四日市の郡名だった。津に県都が移ったのちも県名は変更されなかった。

千葉県は印旛県と木更津県の合併の結果、一八七三年に両者の中間地にあった千葉の地が県都に選ばれたことによって生まれた。前述したように、美々津県と都城県が合併してできた宮崎県の県都には両県の境であった大淀川畔の上別府村が選ばれて、一八七三年に新都市の建設が始まっている。都市名としての宮崎が生まれるのは下って一八八九年の四町二村の合併からである。

とくに関東圏の都県は、県域が定まるのに時間を要しているほか、県境が古代からの令国制と一致していないところが多いのをはじめとして、多数あったかつての小藩の領と幕府領、旗本領とが入り乱れていたため、合併による県域の確定に手間取った。かつての小城下町や陣屋町にしても、江戸の安全確保の理由からか、領主が頻繁に入れ替わり、都市に武家文化が根づくことが少なかった。

それだけでなく、近代になってからも、県としてのアイデンティティを造り上げるにあたっては、旧藩がすんなりと県となったところからすれば想像もできないような苦労があっただろう。

県都が多様なだけでなく、県そのもののあり方も多様なのである。このことが都市の物語の背景に大きく影を落としていることを知っておく必要がある。

なお、本書で埼玉の県都を「さいたま」とせずに、「浦和」としているのも、こうしたことに理由がある。

最後に——地名の読み方と表記法

序論の最後に一つことわっておかなければならないことがある。それは地名の読み方と表記法についてである。

「本町」という地名は中心的な都心の町人町を表わす町名として全国至るところにある。ただこれをどう読むかは、当然ながら、土地によって異なっている。県都に限ると、「ほんまち」派は前橋、金沢、岐阜、名古屋、津、大阪、神戸、鳥取、岡山、山口、高松、松山、高知。これに対して青森、山形、水戸、宇都宮、千葉、横浜、新潟は「ほんちょう」である。「ほんまち」が西日本に多く、「ほんちょう」は東日本に偏っている。ただし、福島では「もとまち」となる。

また、やはり由緒のある町名である「上町」も大阪や鳥取では「うえまち」で、山形や水戸、福島、和歌山、長崎では「うわまち」、鹿児島では「かんまち」である。下町も水戸では「しもまち」という。「古町」は、新潟や高知、熊本では「ふるまち」だが、松山では「こまち」である。

それだけではない。現代の通り名はさらに頭が痛い。たとえば、大阪は本町通（ほんまちどおり）、新潟は本町通（ほんちょうどおり）であるが、現在の横浜では本町通り（ほんちょうどおり）と「り」をおくる。京都は三条通であるが、奈良は三条通りである。また同じ都市でも地図によって「通」と「通り」の両方の表記が用いられているところもある。さらに時代によって表記や呼び方が変化しているものもある。

大阪では商家が正面を向けているメインの街路を「通」と呼び、これと直交する横丁の道を「筋」と呼ぶが、岡山では柳川筋のように大通りを「筋」と呼ぶ。神戸の居留地では中央の通りは京町筋だが、横浜では中央の通りは日本大通りである。日本の地名の呼び方にはあまりに一貫性がなさすぎるように思う。これはばかりは日本文化をうらみたくなる。しかし、これも歴史の一部であるとすると、尊重しないわけにはいかない。

本書ではそれぞれの地元での表記を採用しているため、「通り」と「通」が混在するという紛らわしい結果となっている。また、地名の読み方にも細心の注意を払い、ルビをふるようにしたものの、思わぬ誤りもあるかもしれない。それだけではない。都市形成にかかわる構想などに関しても、一歩踏み込んで議論した箇所も少なくないため、見当外れもあるに違いない。読者の叱正を待ちたい。

また、近世に関しては、東京は江戸、静岡は駿府、大阪は大坂といった具合に表記するのが正確かもしれないが、現代都市を歩きながら都市の物語を考えるという本書の趣向から、いずれも現代の地名を用いている箇所もある。これもご理解いただきたいと思う。

なお、本文中の現況写真はすべて筆者が撮影したものである。県都の都心空間をあるくということの実践のあかしでもある。

1 札幌——殖民都市のつくり方

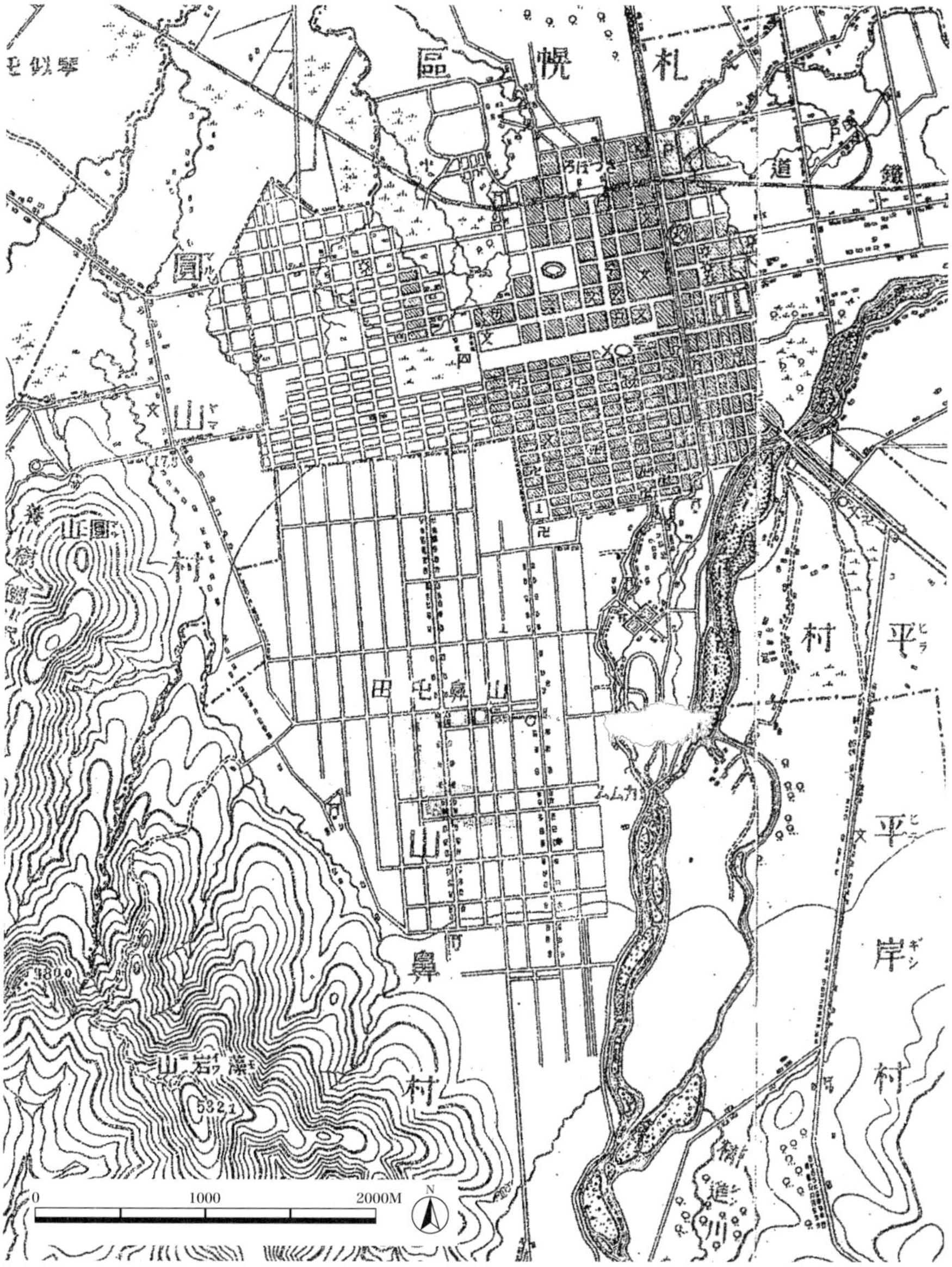

図1　五万分一地形図「札幌」（部分），1896 年測図，発行年記載なし。本府の西南にやや軸線をずらして入殖がはじまっているのは山鼻屯田兵村。

北海道最初のグリッド都市

北海道の殖民都市のほとんどが格子状の道路から成り立っていること、そしてそれらの殖民地でよく見られるグリッドがアメリカ西部のものによく似ていることはだれでも知っている。また、グリッドが選択された理由が、手っ取り早く都市が建設できることや、方位がわかりやすいこと、各敷地が同じような方位・形態・接道条件なので土地取引が容易であること、周辺への拡大が無理なくできることなどにあることは容易に想像がつく。

しかし、実際に都市を建設しようとすると、グリッドの方位や街区の規模をどうするのか、主軸となる基線をどう引くのか、どのくらいの広さまでグリッドの道を計画するのか、主要施設をどう配置するのかなど、実務的に決めなければならないことは数多い。さらにいうと、グリッド都市はどの敷地も平等であるという理念を表現するのには向いているが、反対に中心性を高めるのには不向きなので、都心をどのように表現するのかといった問題や、どこまでも拡散する傾向のあるグリッドのエッジをどのように扱うのか——都市の範囲を区切るのか、それとも拡散を放置するのか、といった問題もある。そもそも広い国土のどこに都市を計画するのかという根本的な問題もある。

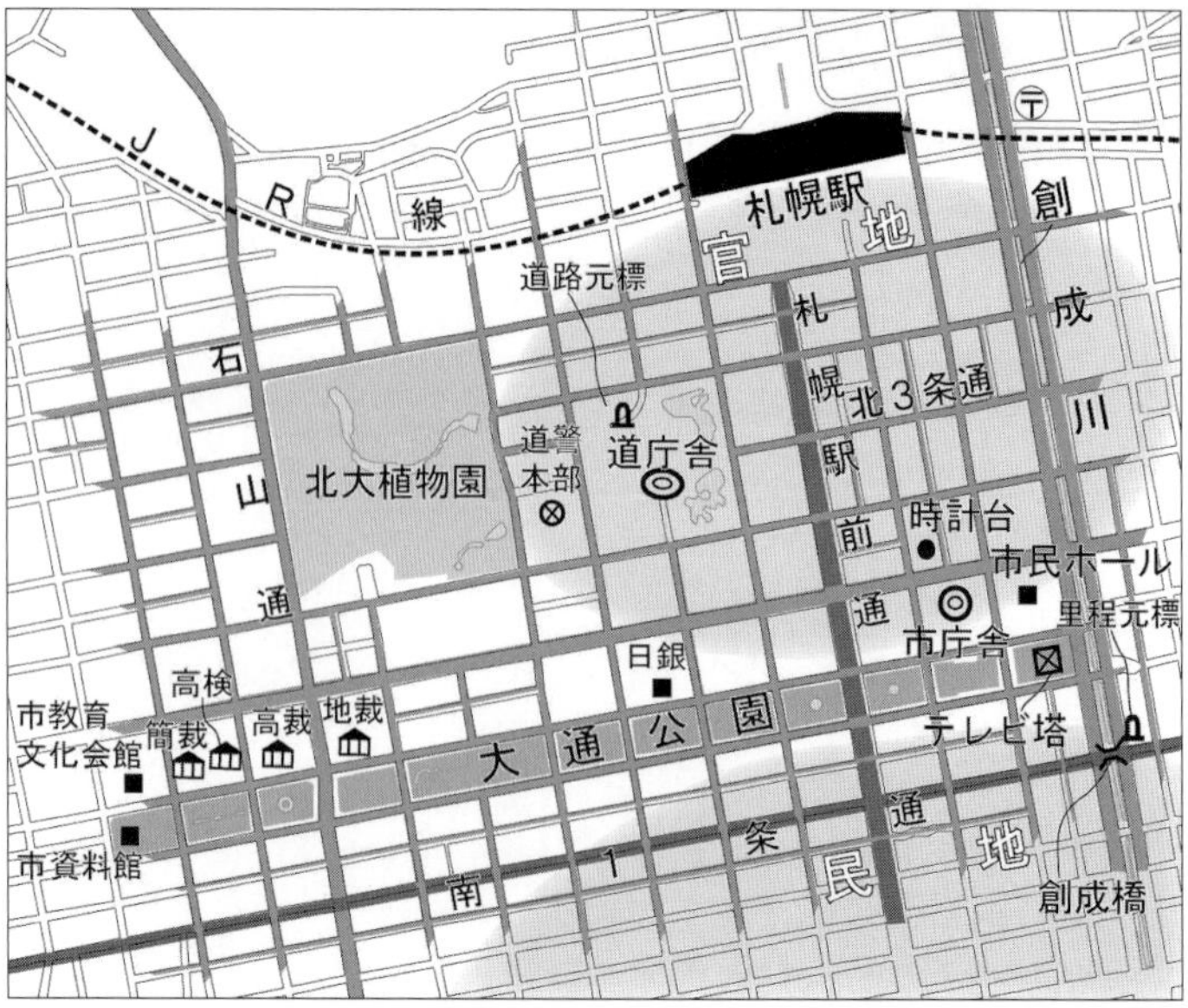

図２　札幌の都心模式図。このまちのグリッドはけっして単調な殖民グリッドではない。近世城下町とアメリカ西部のフロンティア都市とをたして２で割ったような都市。

古来グリッド都市は数多く造られてきたが、いずれもこのような実務的な課題に対してそれぞれ何らかの回答を出してきた。たとえば、都心の表現ということをみると、スペインの殖民都市はいずれも中心に広場を設け、この広場に面して巨大なカトリック教会を置くことによって都心を造っている。一方、アメリカの殖民グリッドでは、交差点の中央に塔のようなモニュメントを置いたり（フィラデルフィア）、中心から放射状に伸びる道路をグリッドと併用したり（インディアナポリス）して、中心性を高める工夫を施している。ローマの殖民都市のグリッドの中心にはフォーラムと呼ばれる広場があった。

一八六九年、新たに設置された北海道開拓使の本府として札幌は、ほとんどなにもない原野に北海道で最初に建設が開始された殖民都市である。主要な行政機関をどのように布置し、中心都市らしさをどのように表現するのかといった課題は他国の殖民都市と共通していたのである。

では、札幌はグリッドをどのように扱い、グリッド都市がもつ上記の課題にどのような答えを出していったのか、現場を歩きながら考えてみたい。

県庁所在地の流儀

明治になって新しい政治体制のもと、県庁舎や裁判所、学校や病院、郵便局や警察など新しい行政施設のための土地を手当てし、近代都市の姿を整えていかなければならないという局面で、ほとんどすべての県庁所在都市は既存の市街地の姿に依拠しながら、都市更新を進めていった。これに対して、札幌は（やや似た状況下にあった宮崎を別にすると）唯一の明治以降に建設されたまっさらな新都市だった。

またここは開港場のような特定の用途に特化したまちでもなかったので、新しい中心都市の姿を思うように描き出せるといえばそのとおりではあった。しかし逆にいうと、手がかりとなるべき既成市街地がないなかで、手探りでゼロから都市を建設していかなければならないという課題も背負っていた。

一八六七年段階で描かれた開拓使の指令センターとしての札幌の計画図が残されている（図３）。これを見ると、方三〇〇間の巨大な本府は南面し、正面の幅一二間の道には行政機関が序列に沿って北か

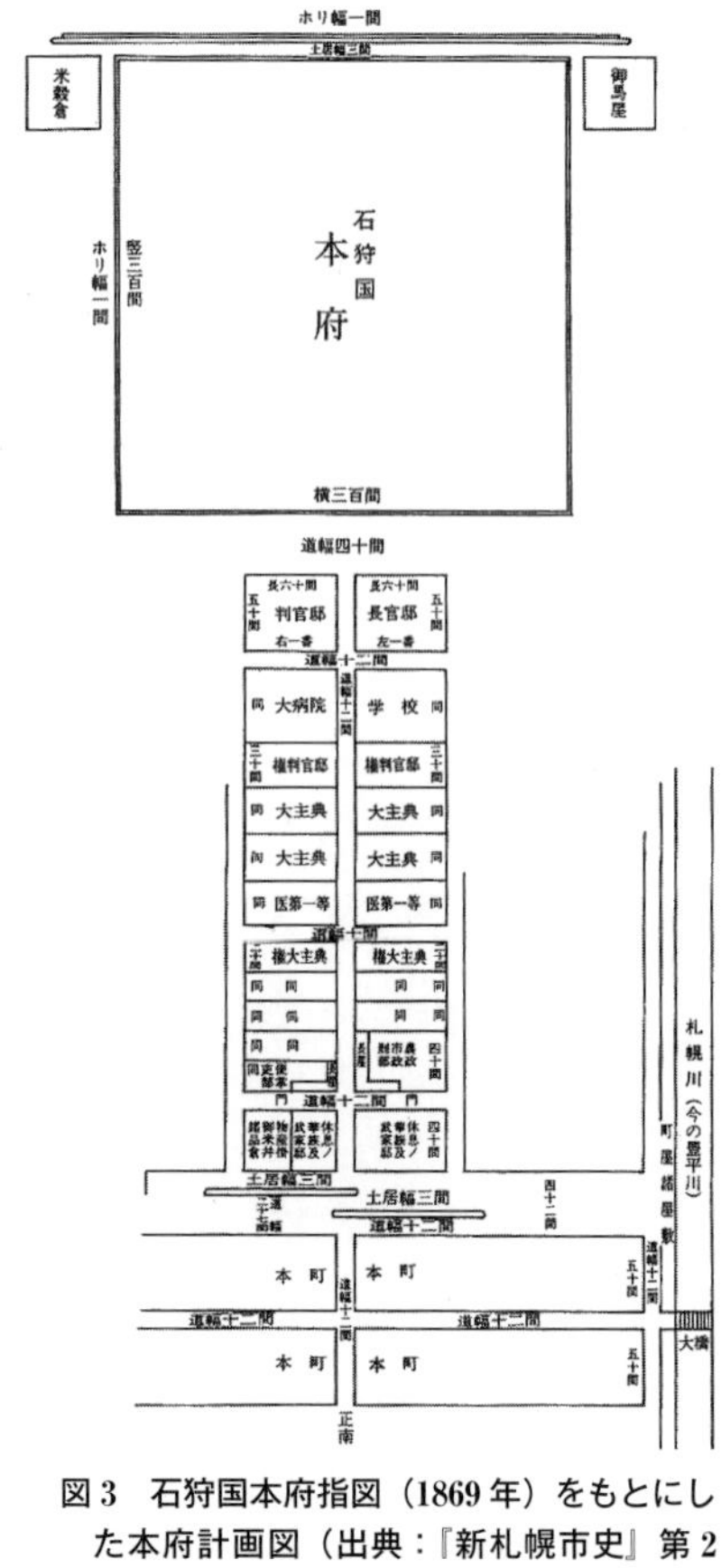

図３　石狩国本府指図（1869年）をもとにした本府計画図（出典：『新札幌市史』第２巻通史２，札幌市教育委員会編，1991年，34頁）。

ら順に並べられ、土居を隔てて南側に庶民の町、本町が東西に描かれている。

近代のシビックセンターとしてみると、本府があまりに巨大であることを除くと、県庁舎が南面し正面にT字路をもち、南へ下る通り沿いに各種の近代的な都市施設が並ぶ山形や宇都宮の県庁舎周辺の配置にとてもよく似ている（このことについては一つの推測が成り立つが、それは山形の章で紹介することにしよう）。

開拓使という新しい権威を正面に据え、そこへ至る参道沿いに近代の新しい支配を表現する諸施設を序列に沿って並べるという新秩序を表現する一つのかたちとなっている。統治の構造を可視化した都市の姿だということができる。

明治の新秩序を表現するときに、後述するように、古代と近世の空間構成の文法を混ぜて援用しているというところがいかにも何もかもが新しくなる明治初期の雰囲気を表しているようでおもしろい。

図4　北海道札幌市之図（1878年）をもとに宮本雅明氏作図。札幌停車場は，小樽通と北6条通の交差点あたりにあった（出典：『都市空間の近世史的研究』宮本雅明，中央公論美術出版，2005年，50頁）

城下町と都城を下敷きにした実験都市

南からアプローチし、T字路に突き当たり、正面に中心となる行政センターがあるという構成は、朱雀大路を軸とした京都のような古代の都城の造り方に似ている。東に創成川が流れているというのも鴨川を東に有する京都に似ている。

他方、北側の本府に至る通り沿いに官有地を配し、南側にまとめて民地を配置するという土地利用区分の考え方は城下町にも似ている。本府に近いほど位の高い人物の居宅になるというのも城下町と似ているといえる。初期札幌の構想は古代の都城と近世の城下町から来ているようだ。

しかし、実際の札幌はこのようには建設されなかった。図4に示すように、本府（本庁）は南向きから東向きに九〇度方向が変わり、規模も縮小された。一八七一年、都市建設の実質的な責任者である開拓使判官が島義勇（よしたけ）から岩村通俊（みちとし）に交替した段階で設計変更されたのである。

なぜメインの軸線が途中から直角に折れ曲がるような変更が行われたのだろうか。その理由は書き記されているわけではないので、想像するしかないのだが、計画どおりに造成するとじつに長い南北路ができあがることになり、中間部の背後を埋めるような施設が十分に用意できないということがあったの

写真1　北3条通，札幌駅前通交差点から西を見る。正面に北海道庁旧本庁舎。図3で示した石狩国本府へのアプローチをほうふつとさせる並木道。ただし，図3が北向きのアクセスであるのに対して，写真は西向きのアクセス。

写真2　写真1と同じ交差点から北を見る。札幌駅前通。正面に見えるのが札幌駅ビル。かつては小樽通，のちに西4丁目と呼ばれた。当初は主たる都市軸ではなかったが，北辺に札幌駅が設けられたことで，こんにちのような目抜き通りとなった。

ではないだろうか。また、都市として間延びしてしまうという心配をしたのかもしれない。

軸線は折れ曲がることになったが、行政中心に正面から丁字路でぶつかるという空間の構成法はこんにちまで維持されている。現在の名称でいうと、北3条通を東から西に進んでいくと北海道庁に突き当たるという道路の造り方は変わっていないことになる。

最近、道庁にいちばん近い北3条通の一ブロック分が歩行者専用となり、道庁への正面性をいっそう強化するような都市デザインがほどこされている（写真1）。この場所に力を入れて歩行者空間化することは、札幌の都市形成史からみても納得がいく。

札幌のグリッドを条や丁目と呼ぶことも岩村判官のアイディアといわれている。とすると、彼によって札幌のグリッド都市は構えが固まったということになる。

写真3　創成川。南を見る。見えている橋が創成橋。かつて大友堀と呼ばれた頃の名残はなかなか見出だせない。

一方で、グリッドは周囲へ広がり、行政中心を造るプランから都市そのものを造るプランへと構想が広がっていることがわかる。ここでのグリッドは六〇間四方で、道幅は一一間。火除け地である大通から北は官地、南は民地で、民地はさらに街区の中心に幅六間の中道（裏道）が東西に通り（ただし西1条通以東はなぜかおおむね南北に中道が通る）、街区は二七間×六〇間となり、これがさらに標準間口五間の宅地に分割されていった。ちなみにこの民地の街区の寸法は旭川と同じである（ただし旭川の宅地の間口は六間）。

この間の経緯をみると、市庁周辺市街地の区画割りが決まるのが上述のとおり一八七一年、学校や病院などの公共施設の建設は七二年頃から始まり、七九年に南側新市街地の区画が固まっている。以降、市街地は急速に周辺に拡大していった。

図4では本庁のまわりを官地が取り囲み、主要な官吏やお雇い外国人の役宅が本庁に近接した官地にとられているほか、火除け地をはさんでその外に民地が配されるというところなど、あたかも城下町のような配置をとっていることがわかる。

また、札幌本府から離れたところには本府による官営宿舎として和風の本陣と脇本陣が設置されている。これも街道を引き込んだ城下町の姿に似ているようにみえる。

北海道開拓全般を指導したホーレス・ケプロンは一八七一年五月に来日しているので、グリッド都市のイメージはアメリカ西部の都市開発の方法からも智恵をもらっているはずではあるが、丁字路で突き当たる中心部の造り方は都城から、都市全体の土地利用の構成や街区の寸法は、近世城下町から想を得ているといえそうである。

ただし、一八七六年に官地が払下げになり、城下町的様相は急速に姿を消していくことになる。たとえばかつての官地（おおむね北は札幌駅から南は大通まで、東は創成川から西は北海道庁旧本庁舎まで）の半数近くの街区にはその後中道が突き抜け、民地と同様の長方形のブロックの姿となっていった。

もう一つ図4では、鉄道が描かれている。これは一八八〇年に小樽の手宮と札幌間に開通した官営幌内鉄道の札幌停車場である。手宮—幌内間の全通は一八八二年、新橋—横浜間、大阪—神戸間に続く日本で三番目に古い鉄道路線である。この鉄道も北海道開拓使が運営に携わっていた。鉄道は市街地に沿って北6条通に敷かれ、駅前からまっすぐ南に向けて、かつての大府前の大道のかわりに太い通り（小樽通、現在の西4丁目、なお条丁目への全域での町名変更は一八八一年に実施）が南へ向かって延びている。

本庁中心のまちから駅中心のまちへ

行政府ではなく鉄道駅が主要道路のT字型のアイトップを占め、都市の姿を決めるという都市に札幌はずいぶん早い段階で転身したといえる。それとも鉄道が将来これほどまでに都市に影響を与えるとは思っていなかったのかもしれない。

ただ、結果的にみると、北海道開拓使本庁、のちの北海道庁が東向きに建って、その前面の道路がちょうど駅前大通に直交するようになっていることにみられるように、駅を都市軸の起点に据えることを可能にするような都市施設の配置をうまく都市プランのなかに組み込むことにこのまちは成功した。今もってこの札幌駅前通は大通と並んで札幌の背骨として機能している（写真2）。

写真4　南1条通。かつての銭函道。西2丁目との交差点から西を見る。札幌を代表する繁華街のひとつ。この通りには市電も走っている。

都市の立地選定――創成橋から始まった

殖民グリッドの意味やその後の変遷はわかったとして（さらに札幌の地の戦略的な重要性もわかったとして）、ではなぜ札幌のまちはほかならぬ現在の姿形をとったのか――その答えはグリッドそのものからは出てこない。都市づくりの構想を振り返る必要がある。

基軸となったのは南北に流れる創成川（かつての大友堀、一八六六年開削、写真3）と東西に走る銭函道（ぜにばこ）（のち渡島通、現在の南1条通、写真4）であった。創成川は同年に開削されたかつての大友堀で、これが札幌の東西を分かつ基線となっただけでなく、札幌中心部のグリッドの方位を決定づけることとなった。

一方、この川と直交しているのが、銭函道である。当時、札幌へアクセスするためには海路銭函に到着し、ここから陸路で向かうのが一般的だった。島義勇開拓使判官も都市建設のため一八六九年一一月にこの道を通って札幌へ入っている。

銭函道は、一八六九年にこれから市街地となるべきあたりが直線道路として改良された。これが図1の南側の民地を東西に貫いている道路（南1条通）である。この道が川を越えるところに同年に架けられたのが現在の創成橋の前身だった（ただし場所は少し動いている）。一八七一年に創成橋と名づけられた。こののち川も創成川と呼ばれるようになった。ここでは橋の名前が川の名前のもととなっている。人の手で造った都市の痕跡がここにも残されている。

創成橋の東詰に一八七三年、北海道の里程元標が置かれた（写真5）。かつては木柱であったが、現在は同じ位置に石柱で復元されている。ここここそ札幌のへそであり、北海道開拓の出発点であった。

その後、一九一九年に道路元標は北海道庁舎の北

写真5　創成橋東詰に復元された北海道里程元標。柵の向こうは創成川，右奥にさっぽろテレビ塔がわずかに見える。

入り口である北三条西六丁目に移動している。札幌開発の原点だった創成橋から、北海道統治の本丸である北海道庁の建物へ道路の起点が変更されていることは時代の変化を象徴しているようだ。また、都市の起点としての機能の方は創成橋界隈から一八八〇年の札幌駅開設以降、札幌駅周辺へと移っていった。

　思えば橋のたもとがまちのへそとなる事例は、江戸の日本橋にはじまり、大阪高麗橋、福井九十九（つくも）橋、和歌山京橋、広島元吉橋、岡山京橋、鳥取若桜（わかさ）橋、高松常盤（ときわ）橋、徳島新町橋、高知播磨屋橋など、内地の県都でも珍しいことではない。ここにも内地の都市をモデルにした都市空間の構成手法を読み取ることができる。

写真 6　狸小路のアーケード街，東端の入り口から西を見る。南 2 条と南 3 条の境のいわゆる中道に東西に伸びる繁華街。1960 年にアーケードが建設された。

　現在、創成川に沿った両側の南北路が東1丁目と西1丁目の通りと呼ばれている。創成川が東西を分ける中心軸であることは札幌の市民であればだれでも知っている。対する南北は官地と民地の境界である大通が南北を分ける基線となった。

　札幌の南北路は北北西に傾いており、真北を向いているわけではない。これは創成川の流れの向きだった。これと直交するように銭函道が整備され、銭函道を西に向かうと、ちょうど正面に円山が見え、そのふもとに札幌神社（のち北海道神宮）が一八七一年に置かれた。

写真 7　さっぽろテレビ塔から見た大通公園。かつての火防線。幅員 58 間（105 メートル）。北の官地と南の民地を分断する空閑地として計画されたのが，今では南北をつなぐ中心軸となっている。

　銭函道が創成川を越えるところに架けられた小さな橋のささやかな空間から、こんにちの二〇〇万都市の空間ビジョンが広がっていったとすると、なんと意味深い都市の出発点なのだろうか。

　こんにち、創成橋のあたりを歩くと、一九一〇年に架け替えられた石造アーチ橋が近年復元されて、周囲が小公園となっているなど、貴重な遺産として大切にされているのは感じられるが、人影はまばらである。本来ならば、札幌時計台に勝るとも劣らない歴史の証人なのに、残念なことだ。

　銭函道、のちの南1条にしても、この通りがその後も賑やかな目抜き通りとなっていることも、市電が今も健在であることも、南1条のすぐ南側にアーケードのある狸小路商店街があることも（写真6）、さらにその南にすすきのの繁華街が広がることも（一八七一年から一九二〇年までの間、薄野遊郭の所在地だった）、じつはこの南1条の通りが札幌という都市の歴史の基軸にあったことを物語っているのである。

火防線から大通公園へ

　現在の札幌の都市としての特徴をあげると、何といっても大通だろう（写真7）。日本には幅一〇〇メートルの大通りは三都市に四路線しかない。名古屋の若宮大通と久屋（ひさや）大通、広島の平和大通り、そして札幌の大通公園である。このうち札幌以外の三路線は、建物疎開やその後の戦災復興計画によって戦後に生み出された道路であり、札幌だけが飛び抜けて古い歴史をもっている。

さらに、札幌では大通がもともと火防線（火除け地）として計画された。おそらくはかつての城下町の武家地が堀で守られていたように、北側の官地を守るためのオープンスペースだったのだろう。

ところがおもしろいことに、当初北と南を分断するために造られた広幅員の後志通（しりべし）（当初はそう呼ばれていた）が次第に警察署や裁判所、郵便局や電話局、区役所そしてその後身たる市庁舎など主要な都市施設を沿道に吸引するようになり、都市を結びつける装置としての大通公園（一九〇九年）となっていったのである。逆にいうとその後に造られた三本の一〇〇メートル道路はいずれも残念ながら都市の分断要素としてとどまっているのと比較して、札幌では都市を結びつける役目も幾分かは果たしているところが異なっている。近代初期に一〇〇メートル道路が建設されたため、都市そのものの形成の歴史と一体化することになったためかもしれない。

写真 8　大通に正面を向けるかつての札幌控訴院（現・札幌市資料館）。大通公園の西のエッジを形成している。かつてこの奥には陸軍の練兵場がひろがっていた。

きわめつけは大通の端部の扱いである。東端は古くから創成川に面した敷地であり、ここには当初、開拓使の迎賓施設である豊平館（一八八〇年、のち一九五八年に中島公園内に移築され、現在に至る）が立地していた。札幌を訪れた賓客がすべからく逗留した館である。

対する西端はもとはオープンエンドの空閑地であったものがのちに陸軍練兵場となり一八九六年まで練兵場として使われた。ついで札幌控訴院（のち札幌高等裁判所、現・札幌市資料館）が一九二六年に建設された（写真8）。この建物は大通を正面に、東向きに造られている。

こうして大通公園はそこに正面を向ける建物に対していずれもすばらしい前庭を提供すると同時に、これらの建物が大通りに向けて建ち並ぶ町並みが生まれることになった。

大通公園は都市を分け隔てる空閑地から、都市をつなぐ公園へと変貌していった。現在ではこの公園は、冬にはホワイトイルミネーションや雪祭り、春にはよさこいソーラン祭りと花フェスタ、夏には夏まつりの巨大ビアガーデンやバザール、秋には食の祭典オータムフェストなど数多くのイベントに舞台を提供し、まちの顔となっている。

そして現在では、豊平館の跡地のあたりにさっぽろテレビ塔が建てられ（一九五七年竣工、写真9）、この塔と札幌市資料館の建物とが一・五キロメートルを隔てて向かい合っている。

写真 9　さっぽろテレビ塔。巨大なタワーは周囲と不調和になりがちだが，こうした都市レベルのオープンスペースと組み合わせられることによってプラスの相乗効果を発揮する。

大通の端部にテレビ塔を配置するというアイディアは一九五四年に建設された名古屋テレビ塔にならったものであるが、札幌の場合、テレビ塔と市資料館の歴史的建造物が正面から向き合うことによって、散漫になりがちな長大な帯状公園をぐっと引き締めている。

しかし、欲をいうならば西の押さえが旧・札幌控訴院ならば東の押さえは豊平館であってほしかった。豊平館がかつての場所に陣取って、札幌控訴院と向きあっているとすると、札幌の品格はさらに高まっていたに違いない。将来テレビ塔が耐用年数がきて撤去されるような日がくるのかどうか知らないが、もしもそのようなことが起きるとしたら、その時には跡地に豊平館を再移築してもらいたいと思う。そんな遠い日がくるのを想像することは愉しいことだ。

大通公園に関しては、もう一つ思うことがある。——なぜこの火除け地は南北でなく、東西に長く造られたのだろうか。創成川に沿って南北に火除け地をとれば、防火用水の確保も容易だったはずだ。

大府を南面させるためだとか、卓越風の向きだとか、東西の銭函道に平行させたとか、さまざまな理由づけが可能ではある。ただ、都市を計画したプランナーが設計過程で考えたことがそのまま記録として残されるものでもないので、根拠は想像するしかない。こんな憶測をはばたかせる中で、都市というものは人間がつくった作品だということを実感することができる。

基準からはずれたグリッド都市

こうしてみてくると札幌のまちは他の北海道のグリッド都市とはまるで異なった求心的な構造をもっていることがわかる。駅を降りてまっすぐ歩き出すだけだとどのまちも同じような直線街路と直交するグリッドでできているような印象をもってしまうが、札幌のグリッドがもつ意味はほかと同じではない。

通常、殖民グリッドは平等で公平な世界を造り出すための技法であると考えられているが、札幌では、開拓使の拠点という性格上、逆に地区を区別し、差異を明らかにするためにグリッドが用いられた。通常のグリッド都市は無機質な印象を与えがちであるが、都市プランを見る限り、札幌はむしろ地区それぞれの個性を感じさせる。

札幌という殖民都市の近代化とは、官地を払い下げることによって、こうしたマーキングされた空間の固有性を徐々に無菌化し、権威としての札幌の都市空間を民に開いていく過程だったといえるのではないだろうか。その結果、札幌の都心は、その後数多くできた北海道のよそのグリッド都市の都心と区別がつかなくなってきたように思える。

しかし、いかにグリッドには普遍性があるといっても、札幌が受け継いできた殖民都市の拠点としてのインテグリティを脇に置いて、グリッドの均質性にばかり目を向けるのでは何か重要なものを取りこぼしてしまうように感じる。札幌のまちがさらなる個性を発揮するためには、この都市が背負ってきた近世的な想いのこもったグリッドをいかに現代の文脈のなかで翻案できるかが大切なように思う。

そして、そのスタートラインは創成橋でありたい。かつて一五〇年前の為政者たちが思い描いた都市空間のビジョンをこの小さな石橋から辿ること、巨大になった現代都市においても、そのビジョンが曲折を経ながらもなんとか受け継がれていることを確認するところから始めるのがいちばん札幌らしいと思うからである。

2 青森 ——拡張と反転のバランス都市

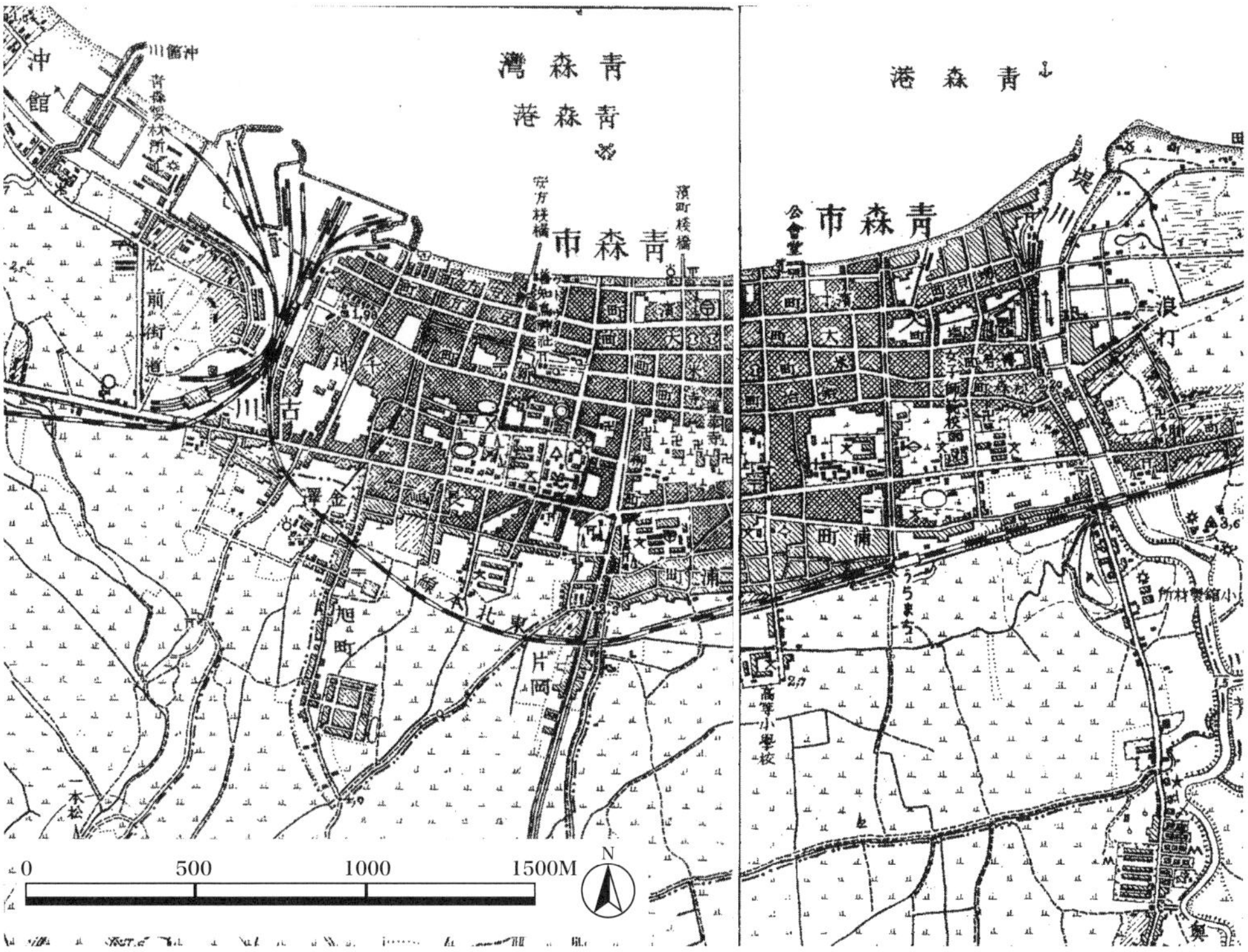

図1　二万五千分一地形図「青森東部」（部分）；「青森西部」（部分），いずれも1912年測図，1913年発行。

写真1　旧・上米町から見た善知鳥神社。西を見る。奥州街道はここで善知鳥神社に突き当たる。右手の灯籠の足もとに道路元標が建っている。

写真2　善知鳥神社境内の池。青森開港以前の中世の潟の名残をとどめている。

青森のへそは善知鳥神社？

青森のへそはどこかとたずねるとそれはまちがいなく善知鳥(うとう)神社である（写真1）。

青森は弘前(ひろさき)藩によって弘前の商業港として一六二四（寛永元）年に善知鳥村に建設された計画的な港町である。城米を東廻り航路で江戸へ輸送するための港であった。開港にあたって青森と命名された。都市は善知鳥神社を起点に計画されている。善知鳥神社の鳥居前に制札場が置かれ、札の辻となったし、奥州街道の終点の碑もこの神社の前にある。奥州街道の終点がどこであるかについては諸説があるが、少なくとも青森の人にとってここは終点であった。

善知鳥神社周辺を取り囲むように残る池も、かつて善知鳥沼や安潟と呼ばれた干潟の名残であるという。安潟は安方(やすかた)という地名に残されているが、それもこれも善知鳥神社に残る中世の名残である。たし

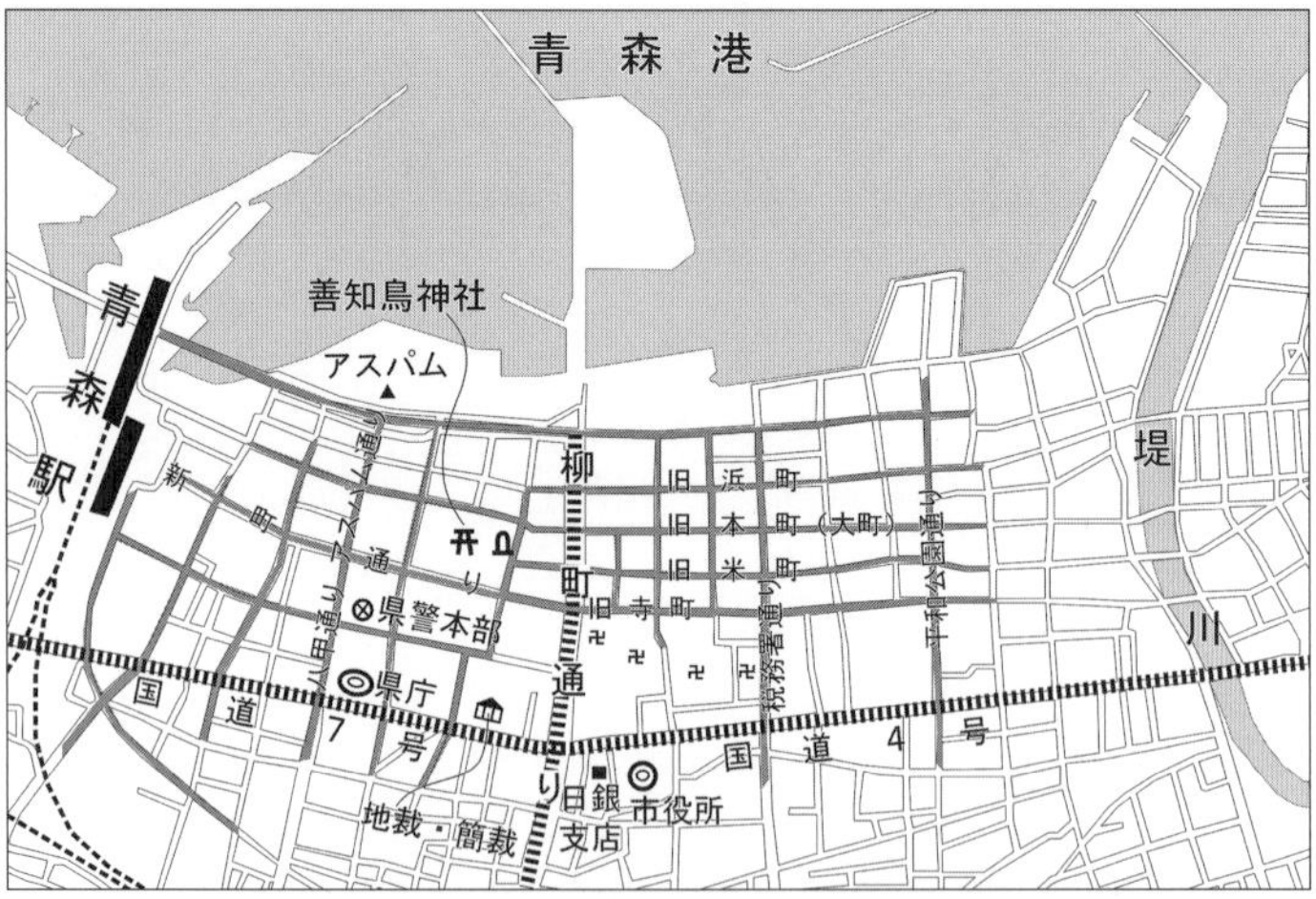

図2　青森の都心模式図。かつての近世港町がその後の拡張の中で包み込まれているのがわかる。現在の幹線は南北の柳町通りと東西の国道4号・7号。

かにその気になって神社の池を眺めてみると、港町建設以前の入り江の面影を感じることもできそうだ（写真2）。

明治に入っても青森戸長（こちょう）役場（一八八〇年）やその後の町役場（一八八九年）、青森警察署や青森郵便局もまずは善知鳥神社内に置かれた。明治の里程元標も大正の道路元標も善知鳥神社の鳥居前に設置された。

しかし、こんにち青森の表玄関である青森駅からまちへ入っていくと、まずは正面に東向きに延びている一番の繁華街、新町通りを歩くことになる（写真3）。ところが新町通りをどこまで歩いても善知鳥神社の入り口は見えてこない。それどころか神社の参道を思わせるものがまったくない。善知鳥神社の方も青森駅におしりを向けている。つまり、現代都市の中心軸である新町通りはまちのへそであるべき善知鳥神社に対する配慮に欠けているのである。どうしてこのようなことが起きたのか。

写真3　青森いちばんの繁華街，新町通り。西を見る。正面突当りが青森駅。図3では善知鳥神社の裏に延びる一本道として描かれているのが新町通りの前身。

青森は善知鳥神社を西の起点として、東に向けて三本の街道を平行して配置する形式で東の境界、堤川までの間に造られた東西に細長い都市だった。江戸時代の絵図にこの様子が描かれている。三本の街路とは海に近い側から浜町、本町（中町ともいう。のち大町、写真4）、米町。いずれも善知鳥神社に近い側が上（かみ）で、堤川側が下（しも）と称される。のち、一六四〇年代から一六七〇年代にかけて、米町の一本南側に新町の筋が整い、まちも堤川まで延びていった。

近代以降、さらに南側に国道ができたり、北側に埋立てが進んだり、戦災復興の土地区画整理が行われたりしたものの、合計四本の東西路が都市の中心部の骨格となっているという基本的な構造は変わっていない。その証拠に、東西路はどこも交差点での食違いはほとんどないのに対して、南北の横町は（のちにできた広幅員道路は除いて）しばしば四つ角で食い違っている。東西路が優勢な証拠である。江戸時代、青森は東西路を縦町、南北路を横町と呼んでいた。これも東西路を優先した呼び名である。道幅も縦町は八間、横町は六間と一八七三年には定められたりもしている。

写真4　旧・本町の西端，西を見る。善知鳥神社近くの角地。奥の安方町へ向かう通りは食い違い，さらに道幅も異なっている。奥の道が後からつくられたことが実感できる。

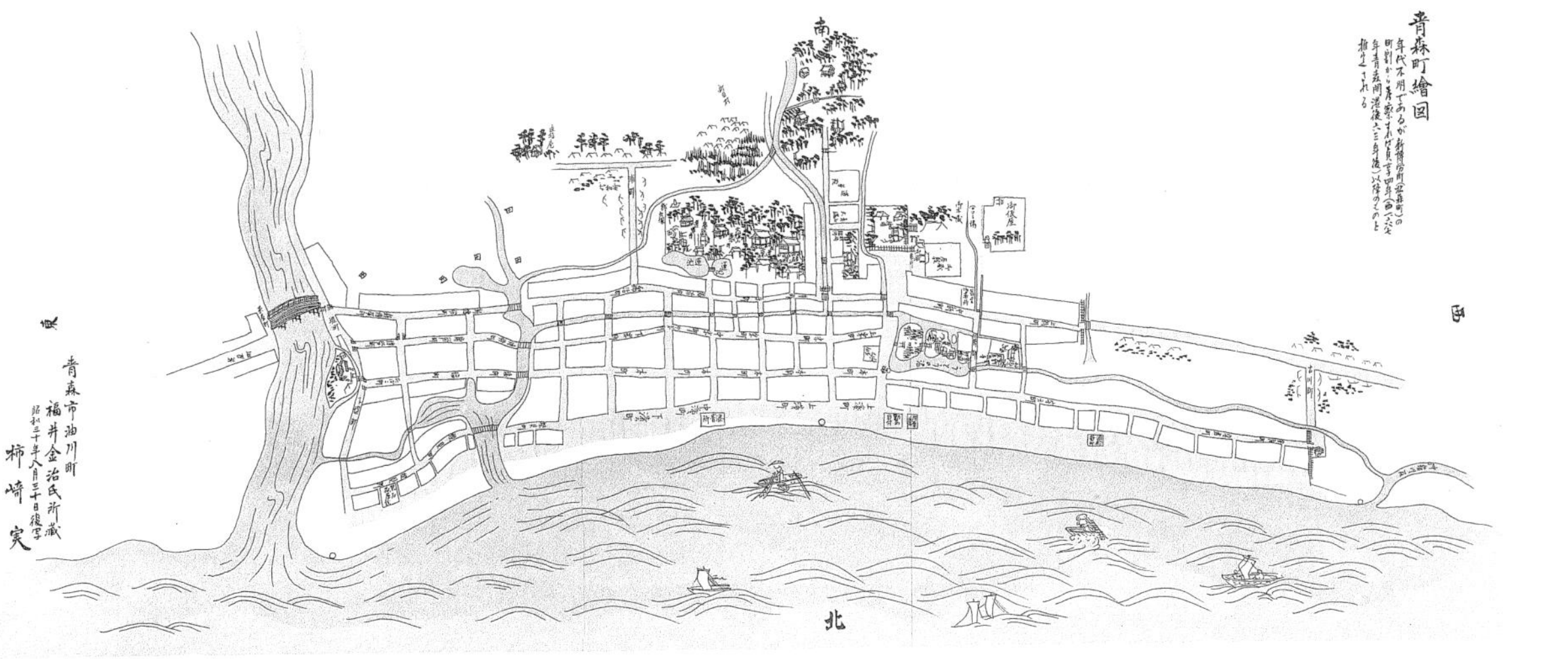

図3　1826（文政9）年の青森町絵図。近世までの絵図はほとんど浜側（北側）から描かれている（出典：『青森市史』資料編3，青森市史編さん委員会編1968年，付図）。

なお、東西路の唯一の明白な食違いは善知鳥神社の北東の隅近く、かつての本町（大町、青森県立郷土館の前の通り）が西に延びているあたりに見ることができる（写真4）。この食違いは、本町がその後西へ延伸され、越前町や安方町が生まれた歴史を物語っている都市史の証人でもある。

まちの背後にできた駅

ただし、近代以降まちの様子が変わってしまったところも少なくない。その要因の最たるものの一つが鉄道駅の建設だった。

東北本線の終着駅を青森とすることは以前からの既定路線だったようである。だとすると、通過して敷設すべき線路がないわけなので、地形的な条件さえ合えば、駅の位置は割合自由に決められることになる。北海道へ渡る船への乗換えに便利で、まちから遠くなく、かといってまちに近すぎて市街地を分断することはないようにして、などと考えていくと、候補地がいくつかあがってくる。

昔の人も同様に考えたようで、候補地としてあがったのは川に鉄橋を架けなくてすむ堤川の東側や当時の既成市街地の中央近く、つまり柳町の近くで現在市役所のあるあたり（当時は青森監獄があった場所）などであった。ところが今と同様に昔から利権にたけた人もいたようで、これらの候補地の地価が急騰し、土地の買占めや他の土地の売込みなどもあり、一方で駅用地が定まらないと終着駅が別の都市にもっていかれるといったうわさも流れ、青森駅開設は緊急を要する課題となった。

この結果、当時の青森のまちにとってはまったくの裏側である隣村との中間である現在地に青森駅が設けられたのである。一八九一年のことである。

これによって東京まで直通の列車が走ることになった。青森駅は都市の表玄関となり、後発の新町が随一の繁華街となっていった。都市構造の反転が起こったのである。善知鳥神社が青森駅におしりを向けているのはそうした事情による。

しかし、見方を変えると、善知鳥神社は東向きに建っており、青森駅も東向きに建っている。江戸時代の都市構造をそのままひとまわり拡張してまち全体を包み込むように展開したと考えられなくもない。その証拠に善知鳥神社とかつての三本の通りの関係は変わっていないのである。青森が拡張と反転のバランス都市であるという所以である。

南北路で切り裂く

もう一つ、都市の構造を変化させてしまったものに幅広い南北路の導入がある。

東西に細長く、冬の西からの強い季節風もあって、青森には古くから大火が絶えなかった。明治になってからも一八七一年（一五〇戸焼失）、七二年三月（四七五戸焼失）、同一〇月（一〇〇〇余戸焼失）、一九一〇年（五二四六戸焼失）と立て続けに大火に見舞われている。延焼防止のために防火路線帯を建設することは、かねてより青森の都市づくりの重要な課題であった。とくに一九一〇年の大火はほぼ全市を焼き尽くすものだったため、復興計画のなかで三本の防火路線帯が計画され、うち二本が実現している。

これが南北に通る今の柳町通り（写真５）と浦町停車場線（現在の平和公園通り）である。

柳町は江戸時代から唯一横町が形成されていた通りであったので、ここが火除け地になったのはよくわかる。また、柳町通りは地理的にも都市の中央に位置しており、この通りが都市の南北の中心軸であることはかねてより確立していた。一方、現・平和公園通りはかつては浦町駅の駅前通りであったので、これも拡幅される十分な理由があった。

青森のまちを南北路で分節するのはこれにとどまらなかった。次の契機は空襲に対する建物疎開であった。一九四五年の五月に実施された。これによって都心部に四本の防火線が造られた。先にできていた柳町通りと平和公園通りのさらなる拡幅と八甲通り／アスパム通り、旧・税務署通りの新設である。

写真５　柳町通り。北を見る。現在の南北の大幹線である。正面はむつ湾の海面。1910 年の大火のあと，火除け地として拡幅された。

しかし、これほどの努力も空襲の威力の前には無力だった。一九四五年七月二八日の大空襲をはじめとして都合五回の空襲で市街地の七割強が灰燼に帰した。そしてその後の戦災復興土地区画整理によってふたたび南北路の導入と旧市街周辺の街路の強化がなされることになった。

その中心となったのが幅員五〇メートルの柳町通り（南北路）と幅員三六メートルの国道四号・七号（東西路）であった。こうして柳町通りと国道筋による十文字の新都市構造が固まったが、これは他の都市の近代化と異なって、まず縦横十字形の幹線道路が先にあったのではなく、横に長いかつての港町を南北に切り裂く道と港町の南に接する幹線とが結果的に十文字をつくったものだった。

これほどまでに近代において青森のまちに南北路を入れることは重要だった。そのせいか、現在の青森のまちでも主要な南北路には名前がついているのに、東西路は駅前の新町通り以外にはあまり本格的な道路名称がつけられていない。町建ての骨格となった本町にしても浜町にしても通りの名前にはなっていないのである。――東西路からグリッド都市へ、これは青森の都市構造が反転したという第二の論点である。

しかし、青森のグリッドは通常のグリッドとは趣を異にする。通常のグリッド都市では、まず幹線街路の間隔をたとえばおよそ五〇〇メートルというように決めて、その間の土地を小割りして街区を造っていくものである。しかし、青森では、近世以来の東西路に防火帯として南北路を入れたという歴史から、幹線道路の入り方が密になっているのだ。ここにも青森の個性がある。

忘れてならないのは、この都市は確実に近世の港町の構造を核にしているということである。善知鳥神社の参道としても位置づけられるかつての米町の通りは、現在でもゆるやかに蛇行して、かつての面影をとどめているし（戦災復興の区画整理も都心部の道路を大きくいじることはしなかったようだ）、旧市街の中央南側に計画的に異なる宗派の四寺院（西から曹洞宗・常光寺、浄土宗・正覚寺、浄土真宗・蓮心寺、日蓮宗・蓮華寺）を配置した旧寺町に向かう北からの通りはよく見ると今でも参道の面影をとどめている（写真６）。それに何といっても四カ寺とも現代の幹線、国道四号にはおしりを向けている。

また、この四カ寺の前を通る道、かつて寺町と呼

写真６　かつて正覚寺への参道も兼ねていた南北路。南を見る。正面のお寺に突き当たっていた道が，現在では左へクランクし，奥へ延びている。

んだあたりは、その後、西へ延伸され、現在の目抜き通りである新町通りを生んだ。今では新町通りの先に東側の道（かつての寺町・鍛冶町・大工町）が延長してできたように感じられるが、実際の都市形成はその逆だった（写真7）。

グリッドは東西路を否定しているわけではない。その意味でも近世の核は残されてきたといえる。これは反転というよりも新展開といった方がよい。青森のバランスがここにも感じられる。

戦災で多くの建物が失われたので、多くの人は青森には歴史が感じられないとばかり思い込んでいる。しかし、都市をよく読み込んでみると、青森は近世から近代にかけてバランスを保ちつつ都市構造を少しずつ変化させてきた都市、近世を背負った都市であることがわかる。

写真7　かつての寺町から鍛冶町にかけての通り。現在では拡幅されて，新町通りの延伸に見えるが，実際はこちらの通りの方が古い。橋本1丁目の交差点から西を見る。

どうも一般に青森の人の想いは近世よりもはるかに縄文に対して強く、その次は一足飛びに太宰治や棟方志功という風になってしまうようだ。

意識の反転

図3などの、江戸時代に青森の市街地を描いた絵図を見ていると、一つの共通点に気づく。いずれも海を手前に港を奥に、つまり南を上に描いているのだ。おそらくは、港から見る都市青森が重要なのだろう。かつて汀線（ていせん）であった浜町の海側には一軒の民家も建てることは許されていなかった。港に正面を向ける都市の構造が重要だったからだろう。

そもそも青森という地名そのものが、漁師がかつて善知鳥神社あたりにあった蒼々（あおあお）とした小山の森を「あおもり」と呼んでいたものを港の名として選んだことに由来するという。つまり、「あおもり」という表現自体、海からの目線で表現された土地の姿なのである。

ところが近代の地図は一貫して陸側から見たものとなっている。もちろん北を上にするという図法上の制約にもよるのだろうが、海からの視線が陸からの視線に反転したせいであるともいえそうである。閑散とした中央埠頭の様子と賑わう青森駅前の情景とを比べると視線の反転にも故なしとしないことが実感できる。

それにしてもそもそも県庁の場所がなぜ弘前ではなく、青森だったのか。だれもが知っているように県内最大の都市は城下町弘前であり、県下で最初に市制を敷いたのも弘前市だった。当時青森は町だった。一八七九年版の『共武政表』によると当時の弘前は六七四七戸、人口三万二五六六人、対する青森は二四一一戸、一万一三七四人だった。そのうえ、弘前には遊休の武家地が数多くあり、公共施設用地にも事欠かなかったはずである。

当時のだれもがごく自然のなりゆきだと考えていたように、弘前藩が独立して一つの県をつくっていたとするとその県庁は当然、弘前に置かれることになっただろう。その時、南部は岩手県と一緒になっていたはずである。ところが永遠のライバルだった津軽と南部はこともあろうに合体することとなり、小県は合体させられ、弘前県となり、最終的には弘前から青森に県庁が移され、青森県となった。津軽と南部をバランスさせるには弘前はあまりに津軽に寄りすぎだからである。

つまり、青森は東回り航路という海を向いた都市から、陸とりわけ西の津軽と東の南部をバランスさせる都市へと期待される役割が変わったのである。ここにも青森が反転都市であるという一つの理由がある。

しかし、このことも青森が海に向かって開かれた都市であることを変質させてしまったわけではない。海沿いは今でも市民の憩いの場であるし、アスパムという観光拠点施設も現代青森の顔としてむつ湾に面して三角形の特異な姿をそそり立たせている。海に開かれつつ、陸をも意識するといった新展開が図られている。青森のバランスはここでも発揮されているのである。

3 盛岡

——都市発展を軸線に読み取る

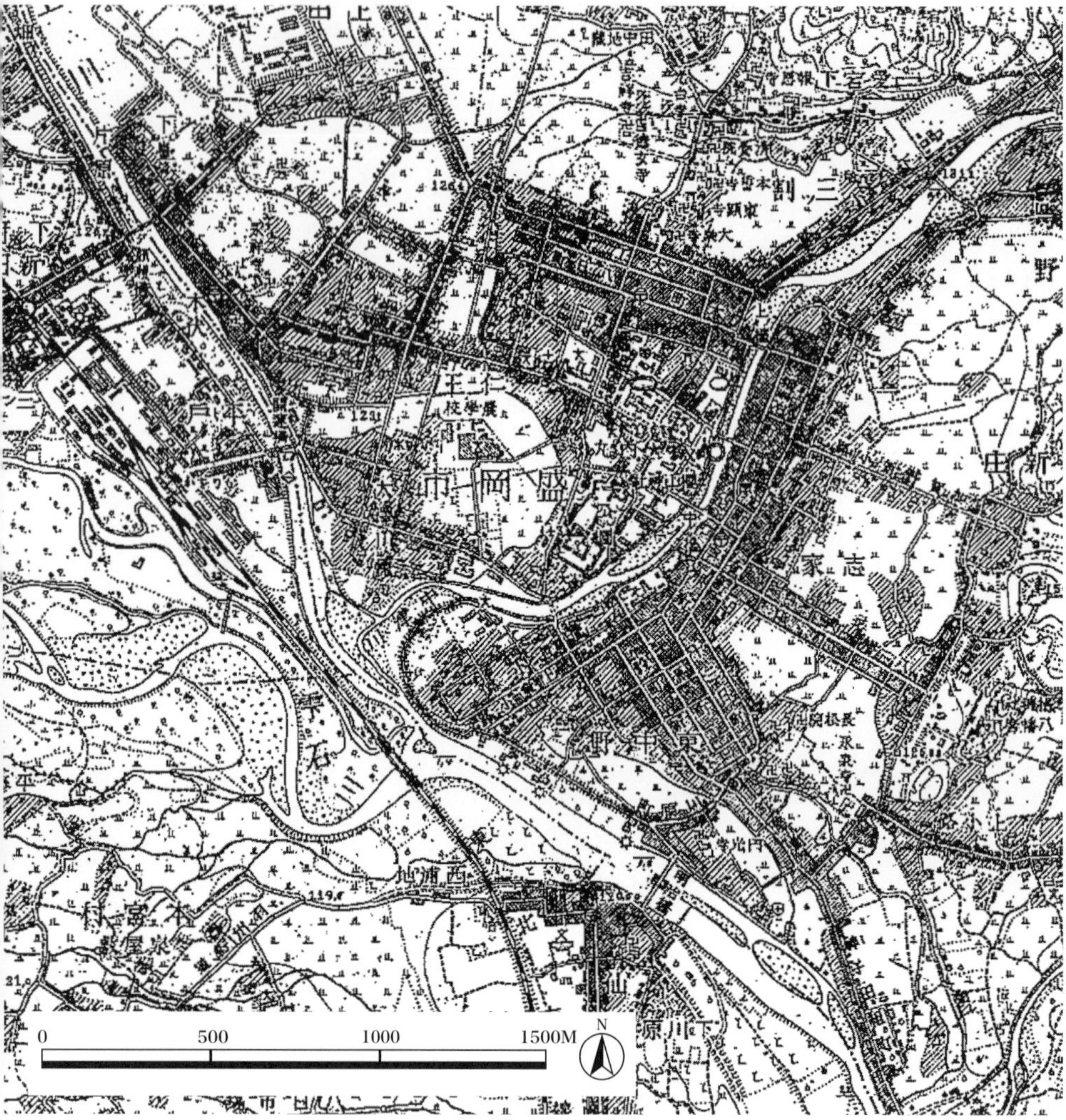

図1　二万五千分一地形図「盛岡」(部分)，1911 年測図，1912 年発行。

写真1　大通三丁目の横断歩道橋あたりから反対に駅の方を望む。遠くに開運橋のトラスが見える。道が左に右に屈曲しているのがわかる。これは旧道に昭和初期の開発による新道をななめに接合したためである。

盛岡駅を降りてまちに向かう

おおかたの都市の場合、玄関口の駅を降りてまちの中心部に向かって進む道はいわゆる駅前通りとして広幅員で直線的に造られているものである。仮に途中で道が曲がることがあるとしても、たいていは屈曲部はわかりやすく、中心部へ誘われるのにそれほどの違和感がない。もちろんそのような場所に駅を造っているのだから当然といえば当然の話ではある。

ところが、盛岡の場合どうも勝手が違う。

盛岡駅の東口正面に降り立つと、駅前の通りがやや右なめ前方へ向かって延びている。道づたいに歩いていくと北上川に出る。古風で雰囲気のある開運橋（一八九〇年、盛岡駅の開設にともない初代の橋が架かる。現在のトラス橋は四代目で一九五三年竣工）にさしかかる。橋を越えると、メインの道は少し左へ曲がりその先で今度は少し右へ曲がり（写真1）、商店街の一方通行の出口に突き当たり（写真2）、そこを左へその先を右へとクランクして、ようやくメインストリートである中央通へ出ることになる。

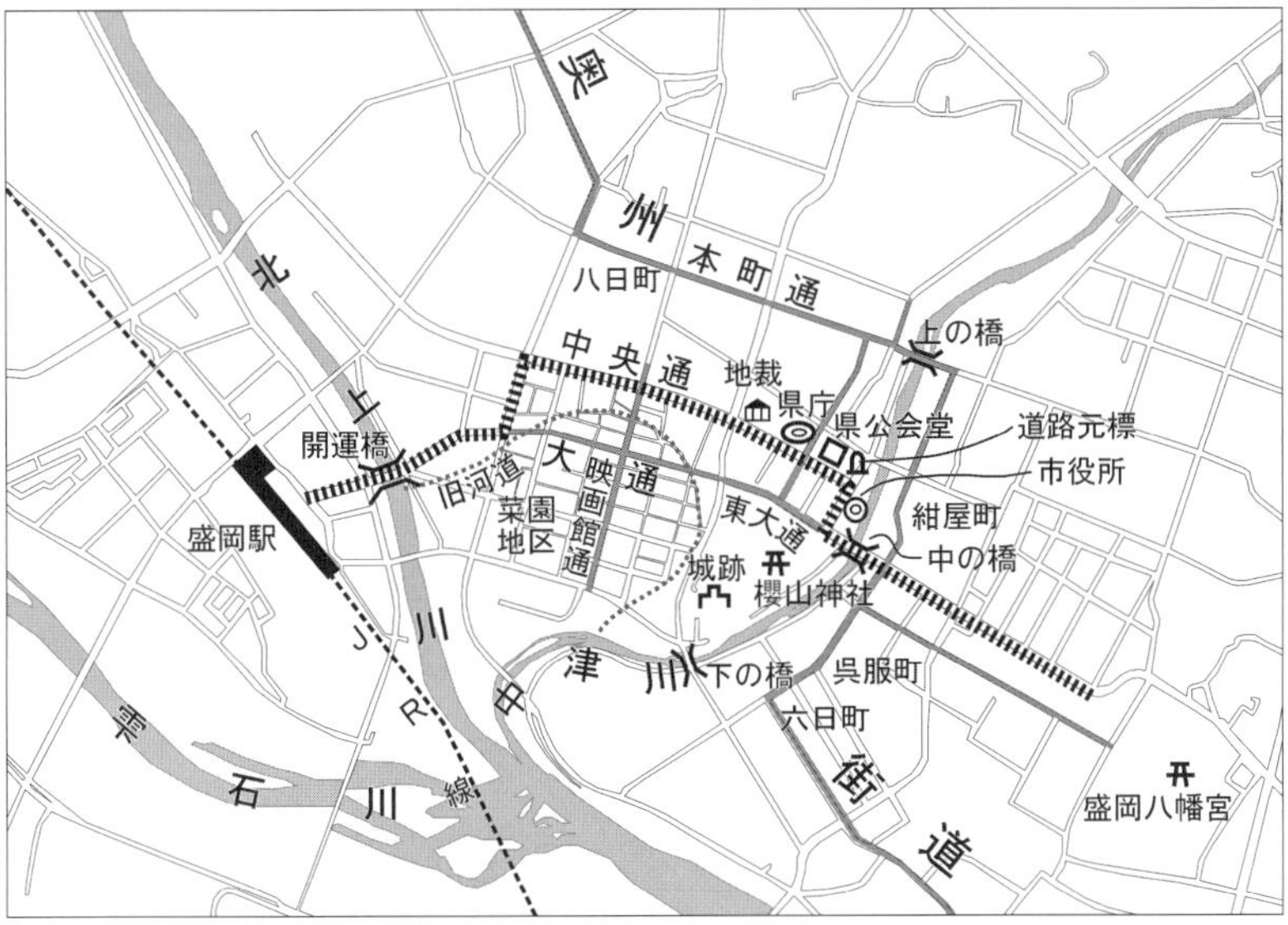

図2　盛岡の都心模式図。市街地が旧城下町から駅に向かって延びていった様子がよくわかる。

この中央通にしても幾何学的に直線だというわけではなく、途中でゆるやかに右に曲がっているが（かつての中堀の外側だった仁王小路の部分と内側だった内丸の部分との軸線がずれているため）、かまわずこの道を右に曲がり、そのまままっすぐ歩いていくと市庁舎のビルが屏風のように正面に建っているのが見えてくる（写真3）。

メインストリートの突当りがお城ではなく、はたまた神社でも県庁舎でもなく、市庁舎なのである。県庁舎は中央通を歩いていくと左側に地方裁判所や県公会堂と並んで建っている。反対側には地方検察庁や警察署の建物が並んでいる。市庁舎が県庁舎をはじめとする県の施設を従えて中央に仁王立ちしているように見える。盛岡は県都としてはほとんどほかに例がない構図をもっているということになる。

各地の県庁所在地を歩いてきた身としては、駅から都心に至る大通りの歩かせ方も、終点の演出もいかにも腑に落ちない。いったいどのような経緯でこうした駅前の通りと都市の配置が生まれてきたのだろうか。

写真2　大通を写真1と反対方向，駅から都心へ向かう向きに見たところ。大通商店街の一方通行の出口が正面に見える。ここから先が南部土地会社による昭和初期の面開発である。

城下町の構造

盛岡城は小高い花崗岩の丘の上に建っているが、東に中津川、西に北上川（写真4）の合流地点にあたり、とりわけ西側には古くからの北上川の旧河道があり、低湿地だったので、都市としての発展は城の北側、さらに中津川を越えて東側（河南と呼ばれ

写真3　中央通の正面に市庁舎が見える。東を見る。左手手前が県庁舎、その奥が県公会堂。右手に城山がある。中央通は戦後の土地区画整理によって整えられた道。

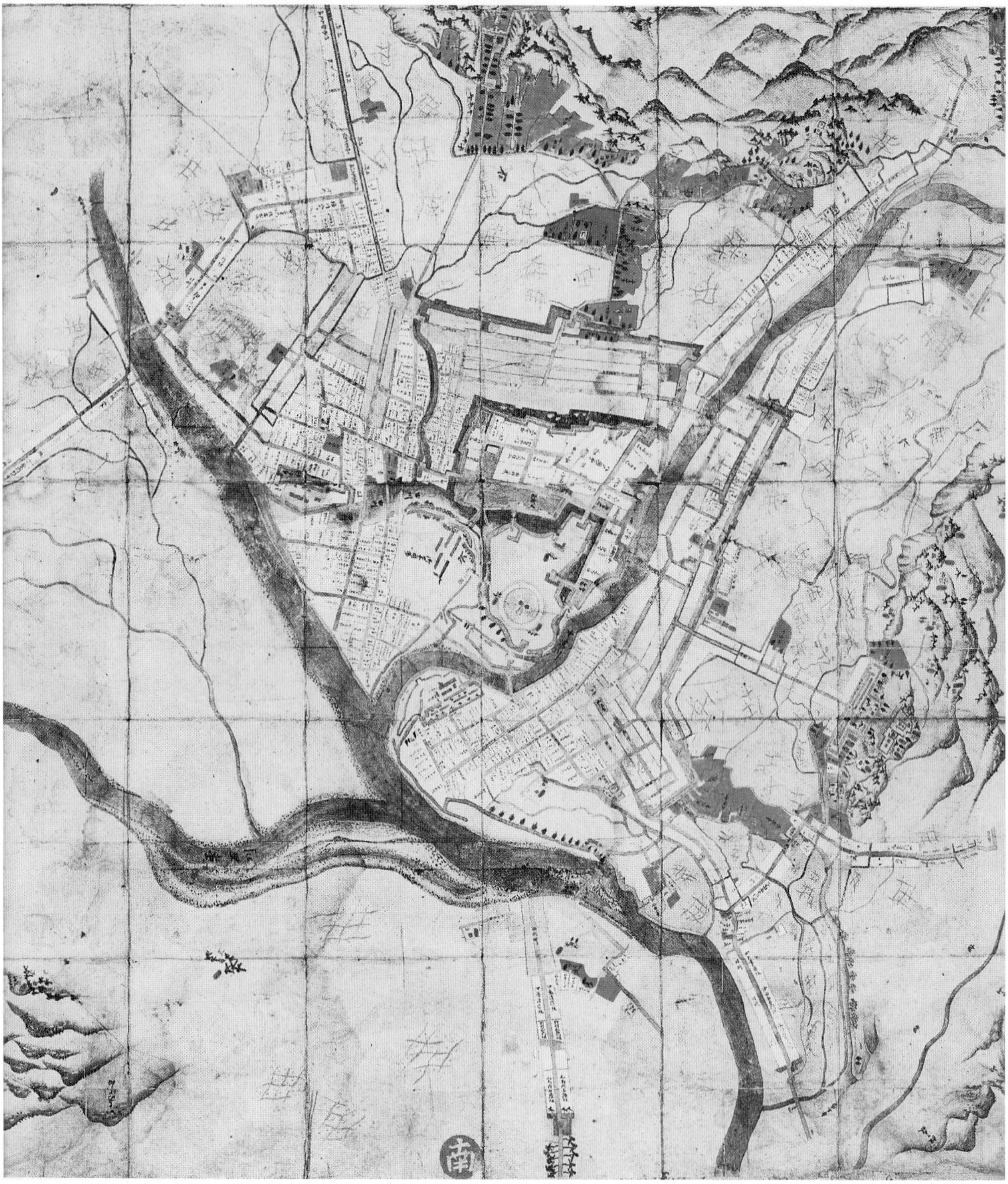

図3　元文盛岡城下図（部分），1736年（出典：『盛岡古地図 古地図で知る盛岡のうつりかわり』盛岡タイムズ，1984年）。

る）に集中した。一六一五年頃までには城下町としての都市の骨格が完成したといわれている。東側には北上川水運最北端の河岸も設けられた。官道奥州街道も中津川東岸を六日町、呉服町、紺屋町と北上し、上の橋で川を渡り、本町、八日町と城下北側（河北と呼ばれる）を東から西へ向かい、その後北上するというルートをとっていた。

とくに中津川東岸には古い町家の茣蓙九（ござく）（現・森九商店）から木造洋風望楼つきの紺屋町番屋（一八九一年）、そして赤煉瓦造の岩手銀行本店（一九一一年、現・岩手銀行中ノ橋支店）、中の橋の木造欄干と擬宝珠（ぎぼし）など、歴史的な建造物が続き、かつての街道筋の雰囲気を伝えている。

図1や図3のような盛岡の古い地図をじっと眺めていると、このまちが街道の迂回路に沿って、いくつかの異なった軸線からできているのがわかる。奥州街道に沿って南東から北西へ向かうと、中津川の東岸は南部（穀町（こくちょう）と平行する馬町、十三日町（とみかまち）、これらの町と直交する六日町）と中部（呉服町と平行する肴町（アーケード街になっている））、そして北部（紺屋町や鍛冶町）とはそれぞれお互いの軸

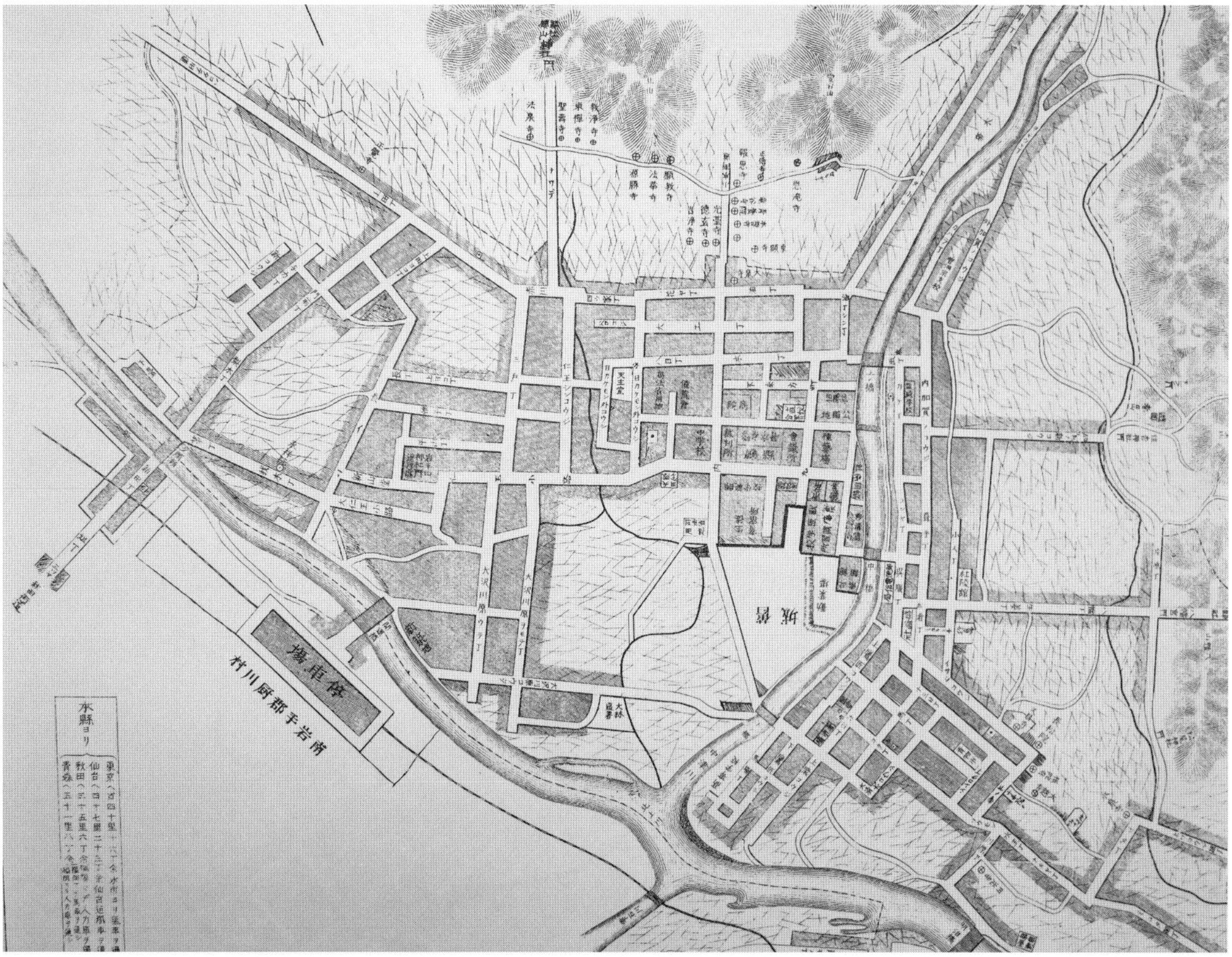

図4　盛岡市明細図（部分），1887年発行（出典：『明治大正 日本都市地図集成』地図資料編纂会編，柏書房，1986年）。

線がずれている。

　左折して上の橋を渡った先の本町と八日町（平行して大工町）が続き、その先はまたななめに折れて北西に向かって街道が伸びている。

　佐藤滋氏らによると、これらの通りは南の箱ヶ森、東の岩山などへ向かう山あての軸で構成されているという[1]。これにお城や八幡宮へ向かう軸線や川の湾曲に沿わせた町の造成などが入り混じり、大城下町の風情をもった盛岡のまちが形づくられている。

　複雑に折れ曲がり結果的に五角形のような市街地を構成している盛岡のまちは、周囲の自然地形のたまものだといえそうである。

　今では名残が少ないが、本町はその名のとおり古くはもっとも格式の高い町人町だった。ここから南へ武家地を通り、県庁舎と県公会堂の間を抜けて、櫻山神社へ向かう道こそ、大手先（大手道）と呼ばれるお城へ向かう主要な道であった。この先に大手門があった。県庁舎は一八七一年に城郭内からここへ移り、そのまま現在地に居続けている。

　一八八七年発行の「盛岡市明細図」（図4）を見ると、県庁舎の周囲に裁判所、師範学校、勧業場、中学校、病院、種芸場、郡役所（のち市役所）、工業試験場所、知事官舎、女子師範学校などの公共施設が集中している様子がよくわかる。

　なかでも岩手県公会堂は県庁舎とともにお城へ向かう大手道というもっとも枢要な道に接して一九二七年に建てられた。今も愛される県都盛岡のシンボルである。設計は日比谷公会堂や大隈講堂を設計し

写真4　開運橋から見た北上川。上流側を望む。晴れた日には岩手山が左手奥に遠望できる。

た佐藤功一である。そういえばこの県公会堂は同じく佐藤功一が設計した日比谷公会堂の裏面、すなわち市政会館側のシルエットと似ている。県庁舎と県公会堂の間を抜けてお城へ向かう南北の道、かつての大手道が登城のための主軸だった。

　こんにちでは、駅の方から東西に走る幅の広い中央通がメインの道となったために、その突当りにある市庁舎がアイストップの位置を占めることとなっている。道路元標も市役所前に置かれている。しかし、市庁舎へ突き当たる中央通がもともとの都市の主軸であったわけではない。時代が下り、都市の主軸がかつての奥州街道や大手道から、駅から中心街へのアクセス路へと大きく変化してしまったために、私たちの方向感覚がずれてしまったのである。

　このち中央通は一九五九年から一九七一年にかけて行われた仁王地区土地区画整理事業によって拡幅され、現在の姿になっている。これで都心のメインストリートが完成したことになる。

城西の面開発

　お城の西側、北上川までの地区を歩くと、そこだけ碁盤の目のように街路が整った地区がある（写真5）。真ん中を大通の商店街が東西に貫くこの地は菜園地区と呼ばれている。かつて南部家の菜園があったところからその名がついている。地図を片手にさらに周囲を歩き回ると、この格子状道路の広がりのいちばんの縁辺部には不思議に曲がりくねった小径が続いているのがわかる。

　これこそ北上川の旧河道の名残である。この旧河道に沿ってかつての下流から上流に向かって歩いていくと、この細道の右手側はどこも少し坂を上るかたちになっており、左手側（つまり菜園側）はここから碁盤の目状道路が始まっていることに気づく（写真6）。菜園地区側は少し低くなっており、だからこそここが宅地化されず菜園となり、のちには田んぼとなっていた。

　菜園地区の面開発は一九二七年、旧藩主の南部家から約七・六ヘクタールの払下げを受け、南部土地会社が設立されるところから始まっている。計画はお城の内堀の一部であった亀ヶ池のあたりから北上川に架かる開運橋とを結ぶような幅員七間の幹線である大通を基線として、これに直交するもう一つの幹線である映画館通を南北に通し、これを十文字にして残りの街区を格子状に組み立てるというものである。

　造成工事は一九三〇年に完成し、三五年頃には分譲もあらかた終了し、盛岡の新しい顔が整った。大通と映画館通という十文字の幹線街路沿いは商店街として、その背後は高級住宅地として計画されたこの大事業は、盛岡に新しい顔をもたらす画期的な面開発だった。とくに大通は岩手県初のアスファルト舗装の道路であり、街路樹が配され、沿道には街灯がともり、側溝がつくという、当時としてはモダンな装いであった。

　また、一九三五年に映画館第一号がこの地に建てられたのち、戦後の映画全盛期には、一時一〇館以上の映画館が立地するなど、映画館通の名の由来と

写真5　菜園地区。北端から南を見る。この通り沿いにはかつて映画館が軒を連ねていたことから現在も映画館通と呼ばれている。

写真6　菜園地区開発の北辺。手前から奥へ見える曲がった細道がかつての北上川の河道を表している。道路が左から右へ坂になっているのがわかる。左手側が菜園地区。

なった。テレビ出現以前、映画はまさに最新VRを大画面で楽しめる最先端の大衆娯楽であり、地域イメージの先導役でもあった。

大通商店街は現在もなお、盛岡でも一、二を争う繁華街として賑わっているし(写真7)、菜園地区自体は盛岡のまちの一部としてなじんでいる。

のちにこの大通は東へ延伸され、内堀の一部を埋め立てて、櫻山神社の境内を横切り、中の橋まで直線で結ばれた(東大通と呼ばれる)。一九五四年のことである。

こうして、北上川に架かる開運橋と中津川に架かる中の橋とが曲がりなりにもスムーズに結ばれることになった。江戸時代の繁華街と昭和戦前の繁華街とを結ぶ新しい軸が都心に生まれたのである。

写真7　1927年に始まる菜園地区の面開発によって生まれた大通商店街。初代のアーケードは1960年に架けられた。近代が生み出した繁華街。

ただし、大通は幅員が約一三メートルと商店街としては適切であったものの、自動車の通行を前提とした都市軸としては規模が不足していたため、現在ではこの通りは西行きの一方通行となっている。このため、駅からのメインストリートは菜園地区の面開発の西の縁をなぞるように北側へ迂回し、中央通へとつながっている。

明治中期以降、東、北、西へ向かって市街地が拡大し始める。とくに西側は土地が開けており、なおかつ駅ができたため、急速に開けていった。駅から都心へ至るメインストリートが曲がりくねっているのは、お城周辺から駅前に至る各時代の都市開発が時代ごとに狙いが異なり、曲折を経ているからである。道筋の曲がり具合そのものに盛岡の都市発展の歴史を垣間見ることができる。

そもそも盛岡城下町が造られるときから、城下の各部分はぶどうの粒のように、それぞれ独自のまとまりをもちながら、相互に連関してぶどうの房を形づくるというスタイルをとってきた。これが近代の都市開発においても繰り返されて、駅前から都心に至る折れ曲がった駅前通を造ることに結果的になっている。これが都市の遺伝子とでもいうべきものなのだろう。

それにしても盛岡駅の場所が、もう少し都心に近ければこのようなことは起きなかったかもしれないが、盛岡城周辺は北上川、雫石川(しずくいし)、中津川、簗川(やな)の四川合流地であり、洪水が頻発する低湿地であった。このあたりを避けて線路を敷設し、駅を造ろうとすると、選択肢は限られてくる。

そのうえ、鉄道は既成市街地との関係だけで成り立っているわけではなく、都市間を結ぶより広域のニーズとそれを鉄路の線形として整合させる作業が必須である。橋を架けるのに難儀をする雫石川の西側ではなく、雫石川の東側で北上川の西側ということになるのは自然である。

盛岡駅が現在地に設けられたことが、都心と駅を結ぼうとする都市開発の方向を決定づけたということができる。歴史のその時どきの判断が蓄積されて都市という作品が形成されてきたのである。

注

(1) 『新版図説城下町都市』佐藤滋+城下町都市研究体、鹿島出版会、二〇一五年。

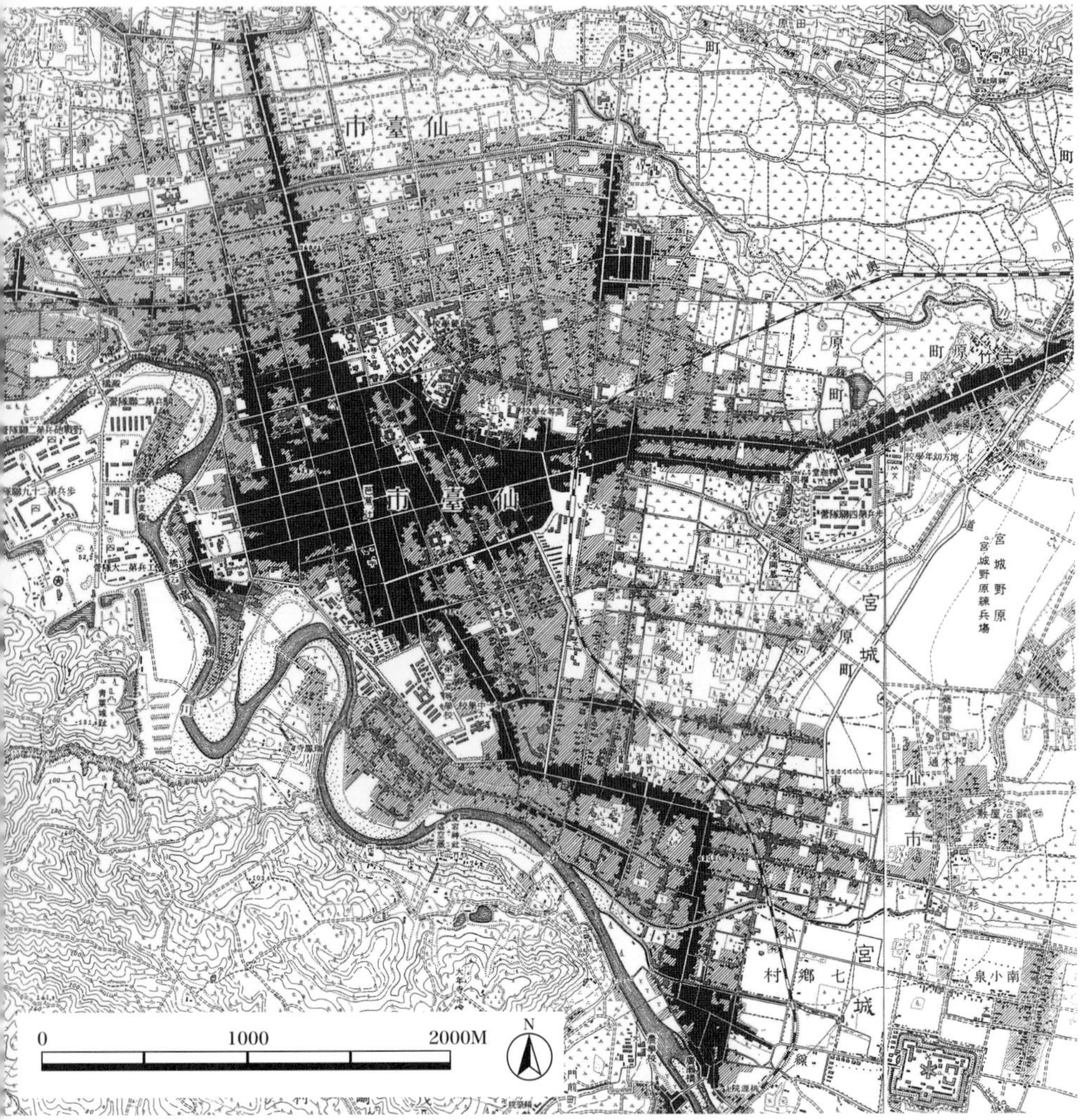

図１　二万分一正式図「仙臺北部」（部分）1905 年測図，1907 年発行；「仙臺南部」（部分）1905 年測図，1907 年発行；「岩切」（部分）1904 年測図，1907 年発行；「原町」（部分）1905 年測図，1907 年発行；地図上にも「芭蕉ノ辻」が明記されている。

4 仙台

——有芯のグリッド都市が導く近代

異形の城下町？

仙台はもちろん伊達氏六二万石の大城下町である。一六〇〇年一二月に縄張始の儀式が行われ、翌年から建設が始まったまったくの計画都市である。一六〇二年には町割りも一段落し、この年のうちに伊達政宗らは岩出山城下町（宮城県大崎市）から家臣団や町人、寺院とともに集団的に移転してきた。

しかし同時に、このまちはかなり風変わりな、むしろ異形といっていい城下町であった。

城を構えた青葉山一帯は川内（かわうち）と呼ばれ、広瀬川の西岸の段丘の上であり、北・東・南の三方は谷底のように低いところを流れる広瀬川によって、西は険しい奥山によって隔てられた要害であった。対する市街地は、広瀬川東岸の河岸段丘の複数の台地上に立地し、両岸はわずかに大橋（一六〇一年建設）によって結ばれているだけだった。

城と城下町とがこれだけ隔絶している例は、山城以外では珍しい。その山城ですら、ふもとには御殿が置かれ、城下町とつながっていることが通例であり、仙台のように川の東岸には仙台城の施設がほとんど何もないという城下町はきわめて数少ない。

また、広瀬川が無敵の堀の役割を果たしているせいだろうか、城下町サイドには堀というものが存在しない。これには段丘上という地形的な制約から多量の堀用水を確保することが難しいという事情もあっただろう。

通常、城下町は川や堀によって内と外とが幾重にも分けられ、それが武家地や町人地の面的な構成の基盤となっているのであるが、仙台のまちにはそれがほとんどない。もちろん、広瀬川に面した城下町西縁の下町台地上には上級武士の住宅が並ぶ（それがたとえば現在の東北大学片平キャンパスや仙台高裁をはじめとする裁判所用地となっている）ということや、街道の入り口に寺町が配置されるといった計画的配慮はあったが、明快な土地利用の段階構成という考え方は仙台城下町にはほとんど感じられない。

対照的に、このまちでは、直線的な街路が都市を構造づける軸となっている（図1）。城郭の中枢部（二の丸一帯、明治以降は陸軍第二師団司令部）から東へ向かい、大橋を渡って直線状の大町通が都市の基軸として敷かれ、これに直交して中世の幹道である奥大道（おくのたいどう）を都市内に引き込み奥州街道としている（現・国分町（こくぶんちょう）通）。

奥州街道もほかに例を見ないほど直線的で、遠見遮断などの防衛上の配慮は非常に薄い。巨大な堀の役割を果たす広瀬川の東岸には防衛上の気がかりがなかったのだろうか。

さらに町人地を大町通と奥州街道の沿道に配するように計画されている。幹線沿いに町人地を配置して、残りの土地を武家地としたかのような構成なのである。これもまた異形の構成といえるだろう。通常ならば城を守るように武家地を配し、その外側に街道を迂回させながら回すものだが、仙台にはそうした意図はみじんも感じられない。

大町通と奥州街道の交差点に高札場を設け、芭蕉の辻と呼び、都市のへそとして格別に取り扱った。芭蕉の辻に面した四隅の建物はほかの町家と異なり、瓦葺き二階建ての楼閣風建築で、大棟には巨大な竜が踊り、降棟には唐獅子や兎を飾るという派手なデザインで統一され（写真1）、その建築には藩からの助成があったといわれている。

芭蕉の辻は藩政時代から明治大正期を通じて一貫して都市の核とみなされてきた。江戸時代中期以降は主要な町人地である二四カ町には町列（まちれつ）と呼ばれる

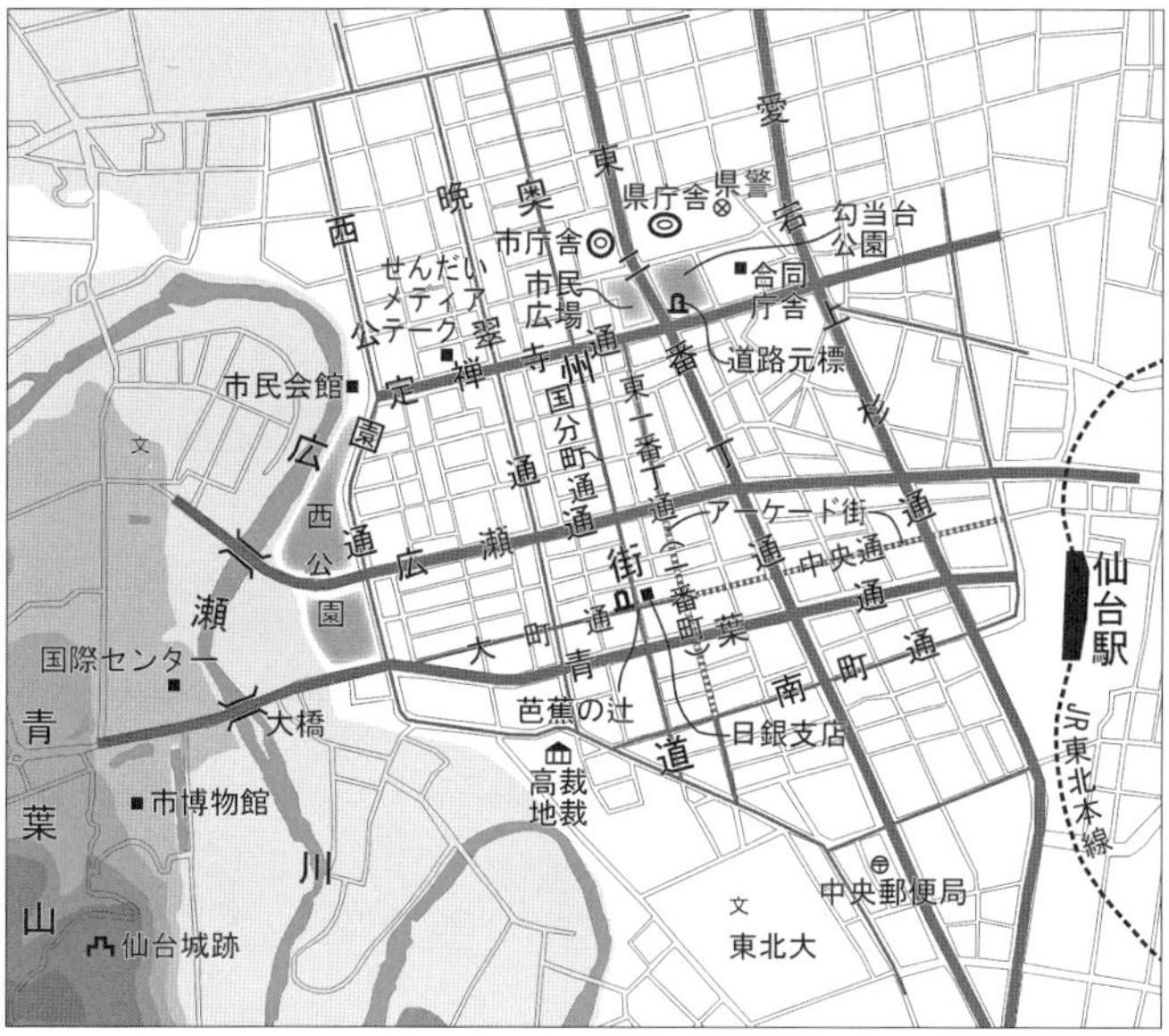

図2　仙台の都心模式図。

写真1　明治末頃の芭蕉の辻。いまだ四つ角の楼閣風町家は健在だった。手前から奥に延びる道は大町通り（出典：『目で見る仙台の100年』渡辺信夫監修，郷土出版社，2001年，28頁）。

写真2　大町通のアーケード，マーブルロードおおまち。すっかりモダンな装いとなっているが，江戸時代以来の賑わいが保たれていることも表している。

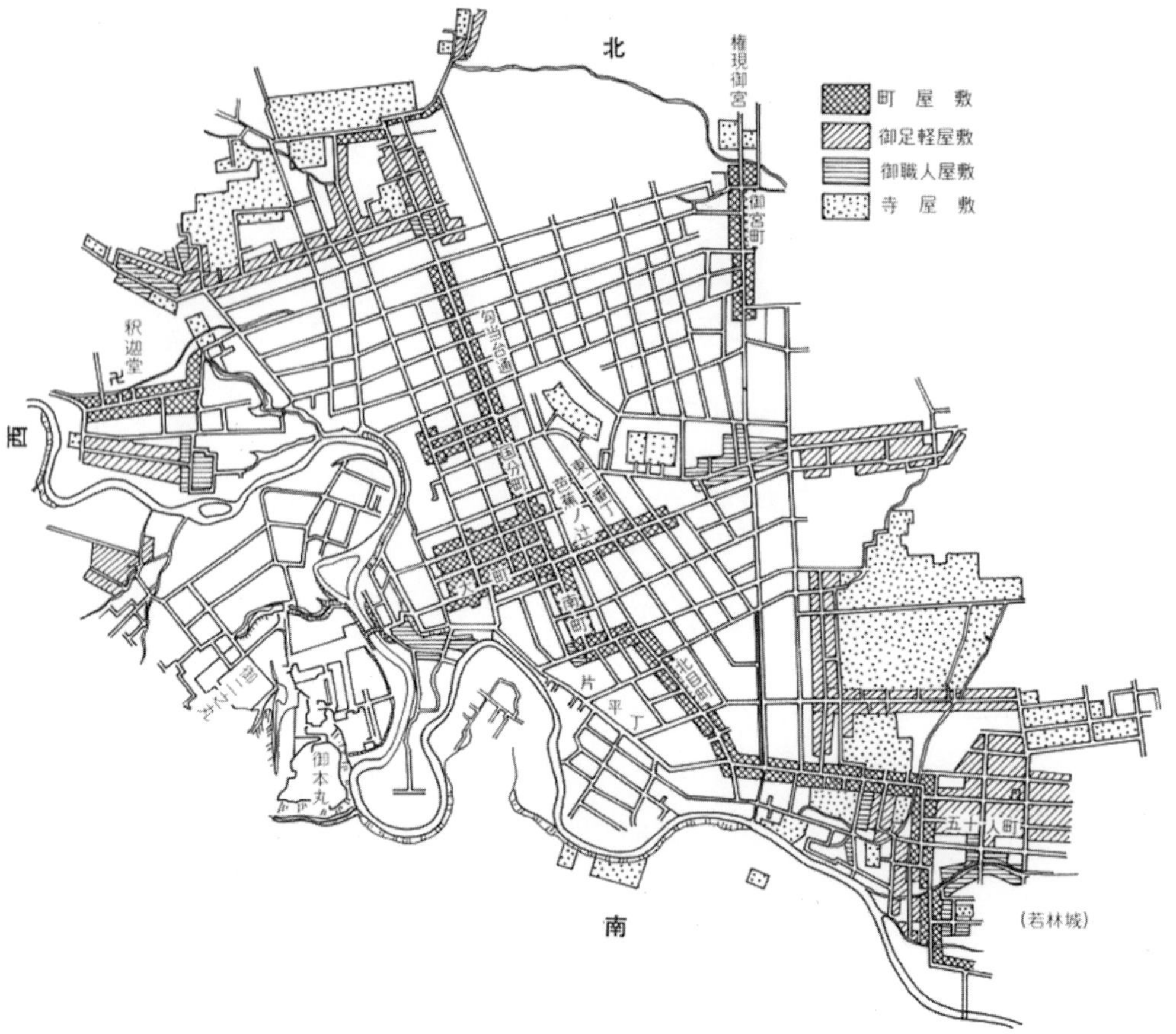

図3　仙台城下町（寛文8・9年を基図とする）1660年代後半の仙台城下。十文字の東部へ市街地が拡張している（出典：『城下町とその変貌』藤岡謙二郎編，柳原書店，1983年，272頁）。

確固とした序列がつけられていたが、そのトップは常に芭蕉の辻があるあたりの大町三、四、五丁目だった。ついで、肴町、南町、立町と米沢以来伊達氏に従って仙台へ移り住んだ御譜代町と呼ばれる町人地が続く（町名も米沢とほぼ同一である）。そしてこれらの町はいずれも芭蕉の辻の近接地である。

街区を基礎とした面的な町割りというよりも、街路を軸とした線状の城下町計画というのも異色であるが、その街路の交点を都市のシンボリックな頂点として政策的にも立てていった城下町というのも異色である（図3）。平城京や平安京をまねたともいわれているが（『仙臺市史』別篇1、三八三頁）、道はいずれも細く、広路が存在せず、中央にメインの交差点があるなど、差異が大きい。むしろ、近代の都市計画を先取りしたともいえる。

伊達政宗はかつて米沢城下町で生まれ、その地に住んでいたので、通常の城下町のスタイルを知らないわけではなかった。仙台の場合、お城は広瀬川の西岸にあり、川の東岸の城下町による防御を考慮しなくてもよかったのかもしれない。

十文字をなす二本の街路に面した宅地以外は（御譜代町を例外として）ほとんどすべて武家地となっている。つまり、仙台は武家地が宅地の八割を占めるという武家地偏重の城下町でもある。杜の都と呼ばれるようになる素地はこうした武家地の緑にあったといえる。

さらにいうと、これら武家地のうち、芭蕉の辻から東の南北路は東一番丁から東十番丁まで順に並び、東番丁と総称されていた。同様に芭蕉の辻の北側には北一番丁から北十番丁までの北番丁が配された。札幌のグリッド都市を彷彿とさせる町割りではないか。これが札幌を遡ること二五〇年以上も前に生み出されているのである。

東二番丁や北四番丁など、これらの街路名のいくつかは、街路や商店街、駅の名前として現在も生きている。なかでも大町通は、（大橋に近い部分を除いて）こんにちも現代都市仙台の歩行者軸として健在である。

仙台駅を降りて多くの人はハピナ名掛丁、クリスロード、マーブルロードおおまちと続く中央通のアーケード街を歩くことになる（写真2）。ここはまた、仙台名物七夕まつりの舞台でもある。これこそ、一七世紀初頭以来の大町通の軸線なのである。伊達政宗の都市構想は、少なくともこの通りでは、今もなお受け継がれているのだ。

ただし、残念なことにかつての都市の象徴ポイントであった芭蕉の辻の賑わいは今はない。周辺を銀行や証券会社、保険会社のオフィスビルが占めるようになっては往年の喧噪は望むべくもない（写真3）。交差点の角に復元された道標と芭蕉の辻の解説板が淋しく建っているだけである。銀行や証券会社の地価負担力が高いのはわかるが、こうした近代的なオフィスが建つべき場所というものはほかにもあるはずだ。オフィスはオフィス街に建ってこそ真価を発揮するのではないだろうか。このあたりは歩く人のためのまちであったはずなのだ。

写真3　こんにちの芭蕉の辻。西を見る。中央奥の建物の足もとに道標が石で復元されている。右手前は日本銀行仙台支店。残念ながら往時の賑わいは今はないが，日本銀行支店の存在そのものがかねて金融の中心であったことを物語っている。

まわりからの「近代化」

これだけこの都市の城下町としての「異形さ」を言挙（ことあ）げしたところで、じっさい歩いてみると、この大都市がかつて城下町であったことは、広瀬川の西側にでも渡らない限りなかなか体感できない。城下町時代の都市の骨格の大半は今ではとても読みにくくなっているからである。

現在、杜の都のシンボルとなっている広幅員のけやき並木の道路はすべて戦後のものである。明治以降の近代化が大きくまちを変えたようにみえる。

しかし、仙台のまちを子細に眺め、じっくりと歩くとそこには一つのストーリーがみえてくる。それは、過去を切断した近代の歴史というよりも、むしろ近世の城下町が近代化し、さらに現代都市へ至るという連続した物語なのである。

その証拠に、かつての大町通は今もなお賑わいを保っている。このまちは、むしろ大町通や国分町通（かつての奥州街道）などの古くからの都心を積極的に改変することなく、これに大正時代以降は一本東側の東一番丁通（現在では一番町と一般に呼ばれている）に賑わいの中心を徐々に移動させつつ、都心の回遊動線を保持してきたといえる（写真4）。

明治以降の近代化はこの動線のまわりを取り囲むように起きてきた。

たとえば、図1を見ると、都心の北東側には県庁舎（一八七〇年、ここには藩校養賢堂があった）、市庁舎（一八七八年、区役所として）、師範学校（一八七三年）などが立地し、都心の南西側には、仙台区裁判所（一八七七年）と宮城控訴裁判所（一八七九年）と第二高等学校（一八八九年、のち東北帝国大学）が立地している。都心の、広瀬川の対岸には陸軍第二師団（一八七一年、東北鎮台のちに仙台鎮台と改称）が、東側には仙台駅（一八八七年）が設けられているのがわかる。

いずれも江戸時代以来の既成市街地（これをかつては仙台輪中（わのうち）と呼んだ）のフリンジのところに造られている。

つまり、それまでの都心を中心とした既成市街地内部は商業地が明治以降も活発に機能しており、郵便局や銀行、勧工場などであればまだしも、近代の

写真4　東一番丁通のアーケード。ぶらんどーむ一番町。この通りは1933年に東一番丁通の北端に進出してきた三越とこれに対抗して前年に藤崎百貨店と改名して近代的なデパートビルを大町通との角地に改築した地元資本との競争によって，結果的に仙台を代表するショッピング街に成長した。

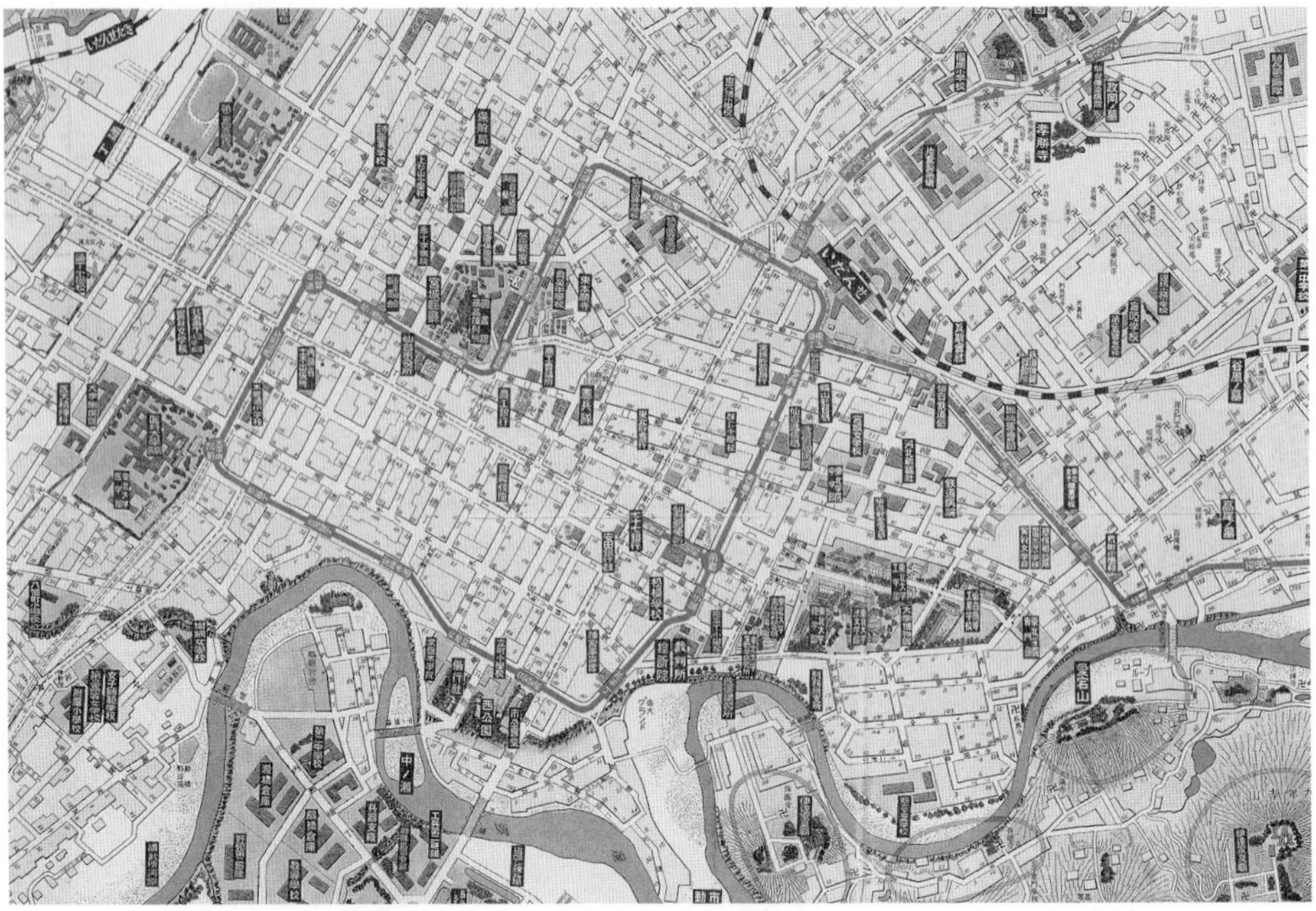

図4　最新刊地番入仙台市地図中央部（1936年，部分），既成市街地を取り囲むように公共公益施設が立地し，それをめぐるように市電循環線が走っている。仙台駅から西に向かって市電が走っているのは，現在の南町通（出典：『昭和11年，18年，27年の仙台と現在の仙台』塔文社，2005年）。

大規模な公共公益施設は都心に大規模な旧武家地を見出すこともできず、既成市街地の周辺に立地せざるをえなかったのである。

むしろこうした立地が都市機能の継続には好都合だったのだろう。たとえば、仙台駅は当初、現在の駅舎の位置から一キロメートル以上も東の宮城野原周辺に計画されていたものを仙台市民の強い要望によって大町通の東端に近い現在地に変更されたものである（図1の奥州線（のち東北本線）の路線を見ると仙台駅のところで西に不自然に迂回しているのがわかる）。

一九二六年に営業開始した市電は二八年に市電循環線を完成させているが、そのルートは都心部分の周囲を一周しながら、これらの公共施設をつなぐような線形をしていた（図4）。電車道として南町通が整備されるが、他方、大町通そのものに電車が通ることはなかった。芭蕉の辻を核とした歩行者動線は戦前戦後の近代化のなかで大規模な外科手術をほどこされることなく、温存されてきたのだった。

写真5　定禅寺通の中央部分の緑地，東の勾当台公園と西の西公園を結ぶパークウェイとしても貴重である。ここがかつて写真8のような姿であったことを思うと，これこそ戦災からの都市再生だと実感する。

戦災復興の構想

現在、仙台のまちは青葉通や広瀬通、東二番丁通、晩翠通、愛宕上杉通など、見事な街路樹をもった幹線が縦横に走り、杜の都をたしかに実感できる。とりわけ定禅寺通の中央植樹帯の遊歩道のみどりのトンネルは印象深い（写真5）。ここはジャズフェスティバルや冬季の光のページェントの舞台ともなっている。

これらの街路はすべて戦災復興事業のたまものである。

仙台都心部は一九四五年七月一〇日の大空襲によって全町焼失が東一番丁ほか六六町、部分焼失が名掛丁ほか四一町という壊滅的な被害を受けた。しかし同時に、仙台は戦災復興土地区画整理事業で見事に生まれ変わった都市なのである。とりわけ中央分

図5　戦災復興土地区画整理事業の施工区域図（左：整理前，右：整理後。出典：『仙台市戦災復興誌』仙台市開発局編，仙台市開発局，1981年，2-3頁）。

離帯が細長い遊歩道状の緑地になっている定禅寺通などは、通りそのものが公園化している。戦後復興がたんなる復旧を超えて新しい価値を生み出していった好例といえる。

戦災復興における新しい幹線道路の構想は次のようなものだった（カッコ内は計画策定時の路線名称、現在用いられている道路名は一九四七年に河北新報社が実施した新街路、緑地帯（公園）の愛称募集によるもの）。

まず基幹となる南北の幹線街路を東二番丁通（広路1号東二番丁線）とし、その幅員を五〇メートルとする。同じく東西の幹線街路を定禅寺通（広路2号定禅寺通錦丁線）とし、その幅員を四六メートル（うち中央に幅一〇メートルほどの植樹帯を設ける）とする。これによって十文字に都市を開くことになる。

次に準幹線街路を広瀬通（元寺小路川内線）と青葉通（仙台駅川内線）とし、その幅員を三六メートルとする（のち、中心部においては愛宕上杉通（長町堤町線）も幅員三六メートルとし、準幹線相当としている）。

その後、戦災復興院の意向を汲み入れて、青葉通の仙台駅前から東二番丁通までを幅員五〇メートルとすることとし、ここを仙台の表玄関とした（図5）。

ここに至るまでにも、広瀬通を東西の基幹道路として駅東との連絡をよくする案や、晩翠通（細横丁線）を南北の幹線とする案なども検討されていたようだ。

いずれにしても現在私たちが目にするような見事な並木道をもった広幅員道路が縦横に通る現代都市として仙台は再生したのである（写真6）。

それにしても興味が尽きないのは、いずれの案をとったとしても、大町通や国分町通、東一番丁などの歩行者の幹線を避けて、広幅員道路が計画されている点である。とくに、青葉通などは、大町通と戦前の電車道として造られた南町通の間に新規に、大町通に沿うように東西路を貫通させている点は注目に値する。

写真6　青葉通。晩翠通との交差点から東を見る。青葉通の幅員はこのあたりでは36メートル。

なぜこのような広範囲の土地区画整理とかつての歩行者系の道路ネットワークとを共存させるような計画が可能だったのか。なぜ広幅員道路がまちを切り裂くことにならず、逆にまちに新しい魅力をもたらすことになったのか。なぜ他の多くの土地区画整理事業が生み出せないでいたものを仙台は生み出すことができたのか。

――これはまったくの推論だが、仙台城下町がもともと線状都市としてグリッド状にできあがっていたからではないだろうか。歩行者系のグリッドに近代的な広幅員街路のグリッドを少しずらして重ねることによって、両者を干渉させない工夫ができたと推量できる。どの道も等価なので、空間がフラットで、代替案の提案が比較的やりやすいのである。

たとえば青葉通と大町通は広瀬川に架かる大橋の手前で一つに合流するように造られている（写真7）。青葉通は仙台駅と大橋経由で青葉城と向き合うかたちで計画されているわけだが、この計画は従来の大町通がやはり大橋を通ってお城へ向かう道であったという歴史を消し去ってはいない。クルマ中心の道と歩行者中心の道という二つの街路が一つになることによって自然に大橋へ下っていけるようにデザインされている。ここにも広幅員道路と歴史の共生が見て取れる。

もちろんクルマの道と人の道が平行して共生している例は他の城下町でもあるが、二つの道が一本に合流するようなところはほかにはない。

異形のグリッド状城下町であったからこそ、仙台は戦災復興のグリッドという別のシステムと深刻な摩擦を起こすことなく、無理なく受容することが可能だったのではないか。青葉通や東二番丁通などの広幅員道路に沿ってオフィス街が形成され、一方で大町通や東一番丁通の明るくのびやかなアーケード街が活気あふれた歩行者の道となっており、両者が共存しているのを見るとそのことを実感する。

写真7　大町通（左）と青葉通（右）との合流点。東の仙台駅の方角を見る。この先，手前に進むと，坂を下って広瀬川にかかる大橋へ向かうことになる。

近世の異形ともいえるグリッドに現代の標準的なグリッドがずれて重ねられたことによって、両者が共存していける方途が開かれた。異形の城下町であったことがかえって、見事な幹線道路を擁する現代都市を生み出すことに寄与したのだ。

町並みの変化は続く

ただし、こうしたかたちでの近代受容が一朝一夕で達成されたわけではないことは記憶にとどめておく必要がある。広幅員道路のアスファルト舗装は一九五四年に開始されたが、それまでは風が吹くと砂塵が舞い、仙台砂漠と呼ばれていたという。街路樹の植栽は一九四九年からスタートし、完成したのは六六年だった。

写真8　ケヤキが植えられたばかりの定禅寺通，1960年代。定禅寺通も建設時に無電柱化が計画されたが，家屋移転に手間取り，当初計画からは外された。道路幅員は46メートル，うち中央部分の緑地帯は12メートル（出典：『仙台市戦災復興誌』仙台市開発局編，仙台市開発局，1981年，18頁）。

植樹完了といっても細い街路樹がまばらに植わっているだけで（写真8）、これからこんにちの緑陰を思い浮かべるにはよほどの想像力が必要だろう。都市にも熟成というものが必要なのである。街路樹がこれだけ熱心に植えられたのは、戦前からいわれていた「杜の都」を取り戻したいという願いがプランナーの間にも強かったからである。

今では仙台のショッピングストリートがアーケード街であることは当たり前のように思われているが、このアーケード街も一九五四年に東一番丁に設けられ、現在のように駅から一続きになったのは六五年のことだった。

さらに驚くべきことは、北は定禅寺通から南は南町通まで、東は愛宕上杉通（当時の名称は長町堤町線）から西は国分町通までの都心部で、青葉通、広瀬通、東二番丁通、東一番丁通、愛宕上杉通の五本の幹線の無電柱化工事が、早くも一九四九年から並行してスタートし、五三年度までに完了していることである。これでケヤキがのびのびと枝をのばすことができるようになり、「杜の都」のキャッチコピーはゆるがぬものとなった。のちにアーケード街になる中央通の無電柱化も六一年に完了している。

戦災復興の大きな構想だけでなく、こうした足もとの細かな努力の積重ねが杜の都を支えている。

写真9　仙台駅前の歩行者デッキから見た駅前広場と仙台駅舎。残念ながら駅舎正面にまっすぐ突き当たっているはずの仙台のシンボル，青葉通は残念ながら実感できない。

しかし、仙台の戦後を賞賛ばかりしているわけではない。課題も残されている。

たとえば、こんにち仙台駅を降りて、広大な駅前のデッキに出ると、一瞬どちら向きに歩けばいいのか迷ってしまう。この日本最大の歩行者デッキは一九七七年に建設され、その後増設を続けてこんにちに至ったものである（写真9）。

たしかに一〇〇万都市の玄関口で膨大な数の乗降客をスムーズにさばくためには地上レベルだけではスペースが不足していたのだろう。これには一九四六年の区画整理段階では駅を東へ一六〇メートルほど移動させる予定だったものが、鉄道建設の主体が国鉄という独立した企業体になったこともあり、最終的にはわずか九メートルの後退で決着したといういきさつがあった。このため、十分な駅前広場がとれなかった。デッキはのち（一九七一年）新幹線建設の際に、必要に迫られてできたものだった。

しかし、やはり駅前も含めてまちなかではなるべく地面を歩きたいと思う気持ちは抑えられない。仙台駅前でとくに残念なのは、せっかく駅正面に突き当たるようにデザインされた青葉通がなかなか実感できない点である。駅舎から歩行者デッキの上に出てきたときに私たちは青葉通をすぐには見つけることができない。

逆に、青葉通を駅に向かって進んできたとしても、手前のデッキに邪魔されて駅舎や駅前広場がよく見えない。青葉通はわざわざ駅の正面に向けて街路を突き当たらせるために駅前の一ブロックだけ少し南側へ折れ曲がらせているうえ（こうした道路の法線に結着するまでには、一直線か折れ曲がるかで、大きな議論があった）、東二番丁通以東では、当初計画を変更して幅員を五〇メートルにしているが、その意図もなかなか伝わってこないのである。

さらにいうと、大町通と青葉通とは西端で合流して大橋へ向かうと先に書いたが、同様に東端である仙台駅前は、アーケード街とけやき並木という二つのルートに分岐していくところでもある。こうしたことが実感できるような空間的な仕掛けが欲しいと思う。そうすれば、その分岐点で私たちは江戸の城下町の構想を明治の人々がどのように受け止めて駅を設け、昭和の人々がいかに新しくみどりあふれる街路を通していったのかを体感できることになる。仙台駅前はそのまたとない機会を提供してくれる貴重な場所となりうるのだ。

「杜の都」を復活させた仙台の戦災復興計画は、戦後日本の都市計画史に燦然と輝く記念碑的偉業である。異形の城下町が戦後の計画の成功を支えている。一つの都市がどのような想いでいかに形成されてきたかを知ることによって、これからの都市づくりの方向性というものもおのずと明らかになるといえる。

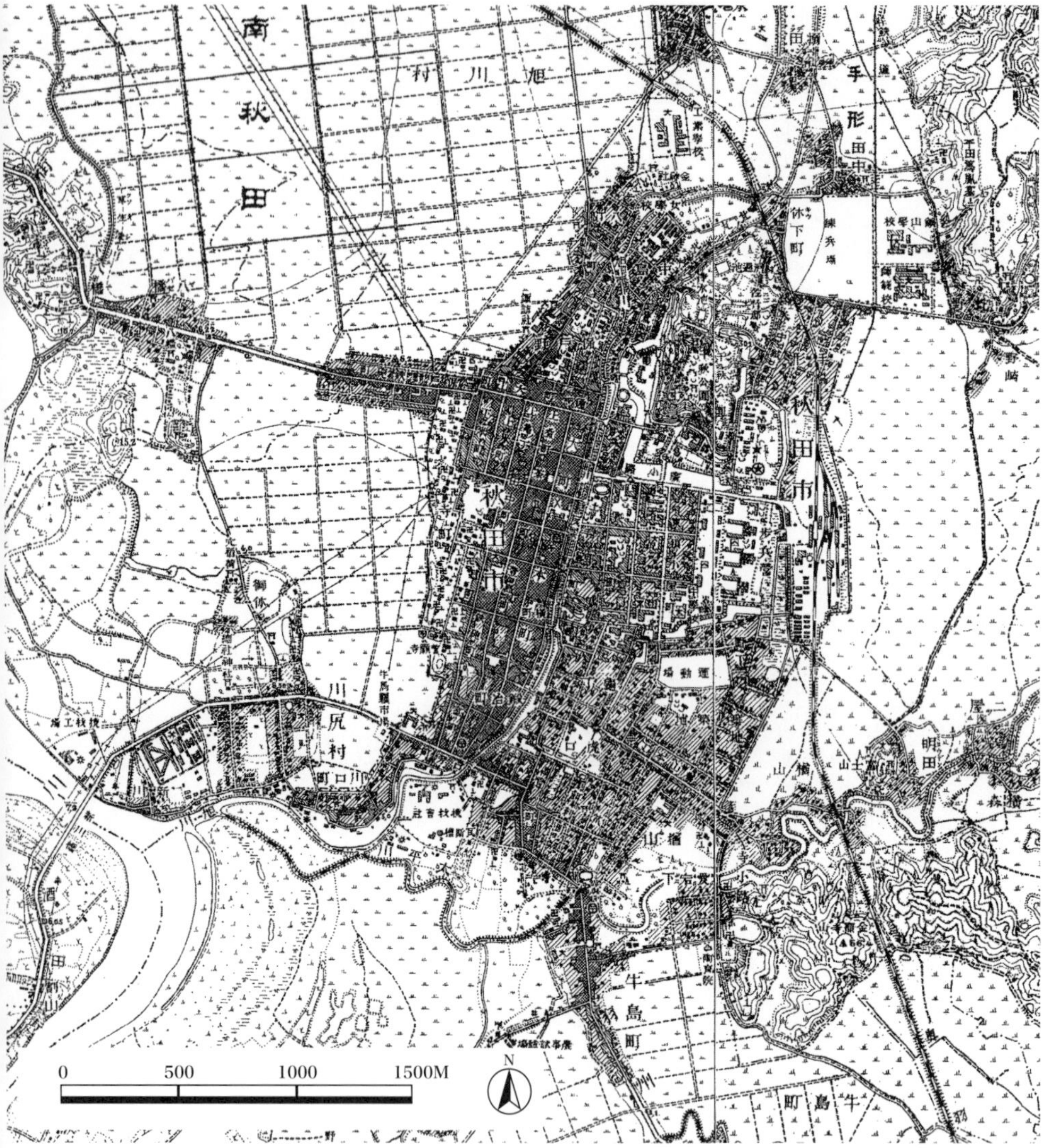

図1　二万五千分一地形図「秋田」（部分）；「目長崎」（部分），いずれも1912年測図，1913年発行。

5　秋田――入れ子のコントラスト都市

非戦災都市？

秋田は戦災にあっていない城下町である。戦災にあっていない城下町というと、金沢や松江のような都市をイメージする向きが多いと思う。東北でいえば弘前（ひろさき）や米沢といったところだろう。ただし、その延長のつもりで秋田駅を降りると駅前の近代的な風情にやや拍子抜けすることになる。個々の建物だけでなく、駅前から再開発地域の「エリアなかいち」に至る仲小路のモダンな商店街など、都市構造そのものが城下町らしくないのだ。それも駅の位置がまったくの新市街であれば話は別だが、ここは城下町の東のエッジで、本丸（現・千秋（せんしゅう）公園）も程近い場所なのである。

しかしそこにもれっきとしたわけがある。それ自体が秋田の個性を造り出しているような理由があるのだ。

広小路から竿燈大通りを歩く

秋田の個性を実感するためには駅前からまっすぐ西に延びる広小路を歩いてみるといい。

秋田駅前の広場北側からまっすぐ西へ延びるのが広小路、江戸時代からの由緒ある通り名である（写真1）。ホテルやデパート、飲食店が建ち並ぶ都市の表通りをしばらく歩いていくと、突然右手に堀が

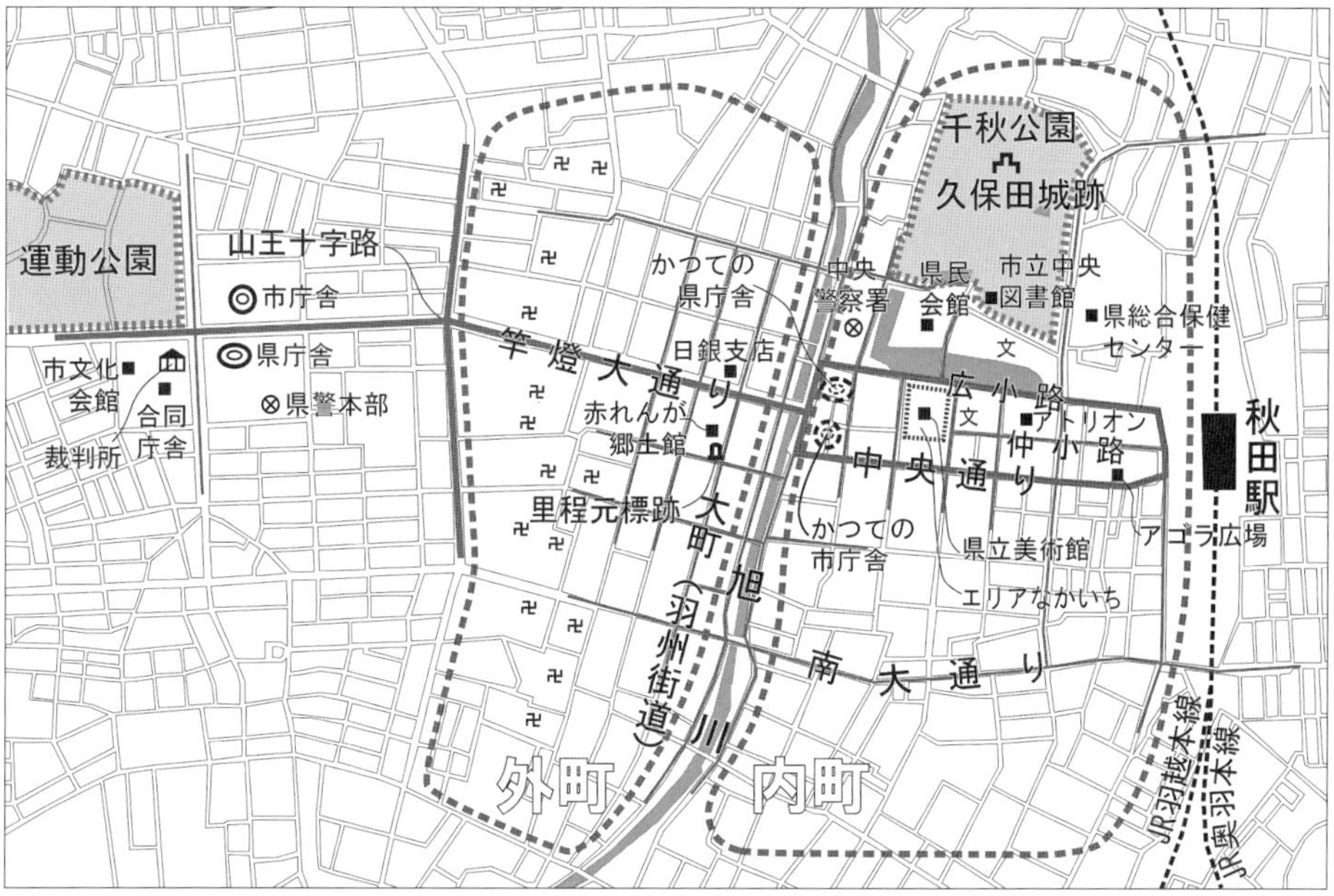

図２　秋田の都心模式図。

写真１　秋田駅前から広小路を西へ進む。

写真２　さらに広小路を西に進む。右手（北側）に久保田城の外堀が広がる。

見える（写真２）。久保田城の外堀である。堀の北側には立派な並木と敷地際の生け垣が続き、奥まったところに県民会館や中央図書館などの公共施設が並んでいる。

　さらにその北の坂道を上ると千秋公園、かつての本丸である。圧倒的にみどりが多い、静かなオアシス空間となっている。秋田は一六〇三年に佐竹義宣（よしのぶ）がここ神明山（しんめいやま）の上に城を築き始めたことからその歴史が始まる。城下町は城の南から南西部に配置された。広小路に沿って残る外堀のさらに外側にあと二重の堀があったが、埋め立てられてしまった（図３）。

　対照的に堀の南側には通りに面して大型のビルが並び、都心のシビックセンターという趣である。ここに第一のコントラストがある。この都心のシビックセンターはかつては武家地であったところである。そのため個々の敷地規模が大きく、間口も規模も大きなビルが建ち並ぶことになった。

　さらに広小路を西へ進むと、昔から秋田のまちなかの象徴的存在である木内デパートを過ぎて、通りはT字路に突き当たる。ここでメインストリートは左へ折れて、すぐまた右に折れるというクランク状に進み、小さな川を渡る。旭川である（写真３）。

　これは一六〇三年の築城時に仁別川（にべつ）（旧・旭川）をやや西に付け替え、物流の幹線としたもので、この川を越えると町人町に入る。直線的な川の姿が、人工的な河道整備の歴史をうかがわせる。ここからは通りが縦横ともにこれも直線的に続いている。旭川の東側はかつての武家地で内町と呼ばれていたところであるのに対し、旭川の西側の町人地は古くから外町と呼ばれていた。

内町と外町、ここに第二のコントラストがある。

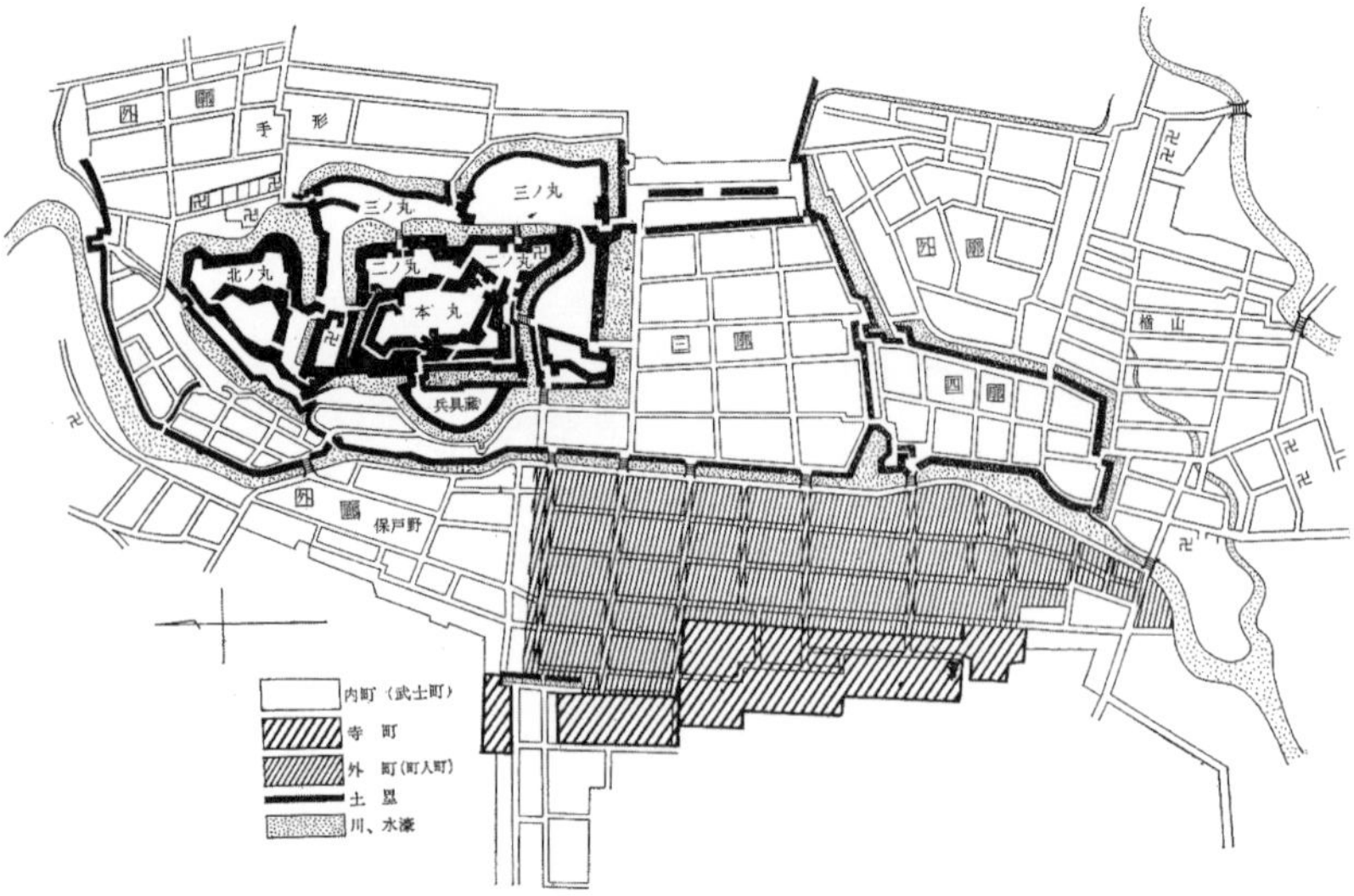

図3　久保田御城下略図。享保前後の絵図より（出典：『秋田県史』第2巻，131頁）。

両町は古くから旭川に架かる多くの橋（現在も一丁目橋から五丁目橋まである）で結ばれてはいたが、いずれも通りは内町の川沿いで突き当たり、クランクしていた。町人地は機能的なグリッドとするが、武家地との接続部は遠見遮断のために例外なく矩折りにするという明快な城下の計画がある。

写真3　さらに西に歩くと旭川に出る。三丁目橋から上流側を見る。直線的な旭川の流路は，この川が人工的に付け替えられたことを物語っている。

進んできた街路は中央分離帯にケヤキの列植、両サイドにイチョウの並木という三列の並木道、竿燈大通りである（写真4）。その名のとおり、夏の竿燈まつりの舞台である。片道四車線、人間が歩く道としてはオーバースケールのこの道をもう少し西へ歩くとほどなく山王十字路というこれまた大きな交差点に出る。

ここから先は道が少し曲がって、新市街が始まる。この先には県庁舎、市庁舎、市文化会館、裁判所、地方法務局、運動公園、中央郵便局などが集中する現在のシビックセンターがある。この官公庁団地の計画は早くも一九五四年に総合都市計画において構想されていたものだったが、一九五七年の県庁舎の火災によって急速に現実のものとなり、一九五八年に建設省告示によって定められたものである。一九五九年の県庁舎移転、一九六四年の市庁舎移転に始まり、こんにちに至っている。

写真4　旭川を渡ってさらに西に進むと竿燈大通りに出る。西を見る。秋田の夏の風物詩である秋田竿燈まつりの舞台でもある。

旧市街と新市街とが計画的に分かたれており、その境に四〇カ寺以上を集めて造られた寺町がある。ここにも秋田の明快なコントラストがある。第三のコントラストである。

新旧市街地の西の境界として寺町があるのと呼応するかのように新旧市街地の東の境に秋田駅と奥羽

本線がある。もともと城下町の東側に低湿地が広がっていたため、市街地の東縁を通るように計画された鉄道がコントラストの境になるのは当然でもあった。

　このように秋田のまちはコントラストの内容が歩くにつれて入れ子になって都市全体にまで広がっているのである。さらにいうと、これに秋田城下町とその外港である土崎港とのコントラスト（両都市は一八九〇年の鉄道馬車開業から一九六五年末の市電廃止まで公共交通で結ばれていた）も加えることができる。

内町の変貌

　もう一つ秋田のおもしろいところは、内町にあった官公庁舎が移転していった跡地に、新たな公的施設立地の計画が次々となされていったことである。

写真５　秋田県立美術館。背後ににぎわい交流館 AU などの再開発ビルが L 字型に取り囲む。「エリアなかいち」と呼ばれるこの土地には５代以上にわたって異なる公共施設が建ってきた。

　たとえば、県立美術館の土地（写真５）は以前は地方検察庁、その前は女子師範学校、その前は師範学校、その前は一時的に県庁舎の用地であり、さらにその前は藩校明徳館だった。また、中央警察署の敷地は以前には市庁舎が建っており、その前には監獄があった。県総合保健センターの土地は陸軍司令部だった。もちろん、いずれの土地もさらに遡れば武家地となる。

　その結果、官公庁が西の山王地区などの新開地に移転した後も、新しい形の公共施設が中心市街地に計画され、再開発が実施され、都心の機能がそれなりに維持されてきたといえる。これほど都市計画が貫徹している都市も珍しい。

　なかでも出色なのは、アゴラ広場から仲小路にいたる駅前のあたりだ。このあたりは今でこそ駅前の一等地だが、駅が市街地の東の端に開設されたことでもわかるように、明治にあっては一番の繁華街であった大町からはもっとも遠いところであった。

　市の誘致が成功し、二〇〇〇人ちかい陸軍歩兵第十七連隊の兵員が仙台より移転してきたのは一八九八年のことだった。秋田駅開業の四年前のことである。のちに駅前となるこのあたりには北は広小路から南は南大通り（当時はまだ堀だった）まで、東は駅前から西はアゴラ広場を通り過ぎて仲小路を現在の秋田明徳館高校の手前の四つ角のところまで、南北約五六〇メートル、東西約三六〇メートルの広大な敷地に兵営が設けられた。

　戦後、ここにヤミ市が立ち、その後は金座街や市民市場へと次第に整理されていった。その後、一九六一年の秋田国体までにまちの体裁を整えるための市街地改造が進められることになり、一九五九年より二五ヘクタール近い駅前の土地区画整理事業が始まり、駅ビルや駅前広場、中央通りなどが次々と生まれていった。

　さらに広小路に面した敷地に立地していた裁判所や法務局が西の新市街へ移転するのを機に、一九六八年から秋田駅前から二丁目橋に至る中央街区の再開発がスタートしている。これによって駅前に複数の再開発ビルが建ち並び、背後に立体駐車場とアゴラ広場をもち、さらにその通りが西へ向かって仲小路として延びていくという近代的な歩行者軸が整備されていった（写真６）。

　秋田駅を降りて、非戦災都市とは思えない近代都市という印象を抱いてしまう背景にはこうした計画

写真６　仲小路。1959 年に開始された駅前土地区画整理によって生まれた駅前からまっすぐ続く都心の歩行者軸。駅に向かい，東を見る。

的な都市整備が継続して進められたことが理由としてある。

そのことはまた、新たなコントラストをこのまちにもたらしている。

たとえば、城下町建設の当初から存在している広小路と戦後に造られたモダンな中央通り（写真7）が内町を代表する幹線の東西路として対をなしているというコントラストである。この二路線は、広小路が西向きの一方通行で、中央通りが東向きの一方通行という対になっている。そもそも県都の中心部に反時計回りの一方通行の強固なループが形成されているところなど、ほかには例がない。強い計画的な意図を読み取ることができる。

また、広小路と中央通りという広幅員道路にはさまれて両者の中間に仲小路という強い発信力をもった歩行者中心の東西路が造られたというコントラストもある。

写真7　中央通り。1961年の秋田国体に向けて整備された。駅に向かい，東を見る。中央通りと広小路の2本の東西路でループを形成し，その中央に仲小路が東西に通っている。

明治以降これほど大きな変貌を経験してきた内町であるが、不思議にも一つ一貫していることがある。——それは、行政が内町に対して常に積極的に関与してきたということである。公的セクターのこうした前向きの姿勢によって、大きな改変にもかかわらず、内町は変わらず都市の核として生き続けることができた。

これは外町と比較してみるとよくわかる。

外町、とりわけ大町は羽州街道が貫通する目抜き通りであり、近世を通じて殷賑（いんしん）をきわめた土地である。その面影は赤れんが郷土館（かつての秋田銀行本店。重要文化財、一九一二年）に見ることができる（写真8）。また、この建物の前が明治初年に秋田県里程元標が据えられた場所であった。大町と竿燈大通りの角には日本銀行秋田支店も建っているし、北東北では最初の日銀支店（一九一七年、当初は出張所）も大町にできている。そこここに重厚なビルも建っている。外町には昔ながらの道路構成も残されている。

写真8　旭川を渡った西側の外町，その中軸となる大町の通り（旧・羽州街道）と赤れんが郷土館（旧・秋田銀行本店）。北を見る。

にもかかわらず、ここにかつての繁華街の面影を感じることは容易ではない。おおやけの関与も内町ほどには強いとは思えない。内町が官のまちであるのに対して、外町は民のまちなのだろう。ここにも一つのコントラストを垣間見ることができる。

おおやけの立ち位置

秋田は都市計画が貫徹し、官の思い入れが強い都市だといえる。なかでも興味深いのが、県庁舎と市庁舎の場所である。

両者は現在、旧市街の西に隣接した新市街地に向かい合って建っているが、現在地に移ってくる前にも両者は並んで建っていた時期がある。県庁舎は一八七一年の秋田県設置後もしばらく仮住まいが続いたが、八〇年に土手長町（どてながまち）（旭川に面した内町で一番外町に近い場所）の現在ではちょうど竿燈大通りの突当り、二丁目橋を渡った正面に洋館を新築して落ち着き、この地に一九五七年まで居た。市庁舎は市制が敷かれた一八八九年に県庁舎の南隣にあった南秋田郡役所を借りて執務を開始し、一九〇五年の火災で全焼するまで当地にとどまっていた。現在の北都銀行本店の敷地である。このあと市庁舎は同じ通りではあるがやや北に移るが、一九六四年にふたたび

写真 9　竿燈大通りの東の突当り，二丁目橋を渡ったこの場所に県庁舎が 1880 年から現在地に移転する 1957 年まで建っていた。現在は県有の空き地となっている。

新市街で県庁舎の向かいに新築移転して現在に至っている。

県庁舎と市庁舎が二度も、別の場所で隣接して立地するように計画されることも他に例がないが、そこには強い官の計画的意図を感じる。

なかでも象徴的なのはかつての県庁舎の立地である。二丁目橋に向かって敷地は内町だが正面は外町の方を向いている（写真9）。学校や図書館、裁判所など多くの公的施設を広小路の堀に正面を向けて競って建てていた時代にあって、県庁舎と市庁舎は内町の西端に、しかし顔は外町に向けて建てられたのだ。とくに県庁舎の敷地は正面は二丁目橋からのちに竿燈大通りと呼ばれることになる通りに向いて、敷地側面は広小路に接するという絶妙な位置が選ばれている。

おおやけの立場というものを地図の上で表現するとしたら、こうした立地を選ぶことがその答えだったのだろう。また、山王の現在地も、いってみれば、西に展開する新市街地や七号線バイパス、さらにはその先の土崎港などと旧市街地との接点にあたる場所でもある。

それにしても県庁舎前の県道（のちに竿燈大通りと命名された）を拡幅して西へ向かう新しい都市軸としたという発想は、いかにも秋田らしい。つまり、現在あるものをもとに次の世代の都市を構想していくという秋田のまちづくりのエッセンスをここに見ることができる。考えてみると、広小路の東の突当り近くに駅を設けるという明治の構想も、今ある資産に次世代をプラスしていくという都市計画の考え方もこれとよく似ている。

奇をてらうことなく着実に、現在の手持ち資産の上に次の世代の都市を積み重ねていくというこの都市の生き方が、さまざまな階層で展開のコントラストを生み出してきた。こうしたコントラストが、着実に漸進的に入れ子細工のように都市を改造してきたこの都市らしい近代化のスタイルを表している。

ただ一つ懸念点は、こうして生まれた都市計画的な空間は空間の指向性が時代の精神を反映しているために、のちの時代の変化に対応するにはやや融通がききにくい空間になりかねない、という点である。再開発にしても実現には時間がかかるので、竣工したときには時代の方がもっと先に行ってしまっていたということにもなりかねない。都市計画がそうした空間しか造りえなかったとしたら、それは秋田の問題というよりも、都市計画そのものの敗北なのではないか。

このところ秋田の都心の各所に空地が目立ってきている。地区レベルでの革新がきめこまやかな都市の再生につながる新時代の、都市計画を超えた工夫がほしいと感じるのは私だけではないだろう。

興味深いことに、秋田が推し進めてきた都市全体としては漸進的な、しかし部分の地区では革新的な都市近代化のやり方は、お隣りの山形のまちづくりの方法とは対照的である。同じ非戦災都市でありながら、山形は都市全体としては大胆な構想で、しかし細かい部分では繊細に近代化を推し進めてきた。同じ東北の近世城下町でありながら、対照的なやり方で近代化を進めてきた県都が二つ隣り合って存在しているのも不思議なものだ。

いずれにしても戦災にあわなかったからこそ、こうしたディープな比較が可能になったといえる。また、秋田のようなじつに緻密な計画的意図を貫徹してきた都市を訪れると、これもまた一つの見事な非戦災都市の生き方だと感慨を新たにする。

都市というものは本当に、歩けば歩くほど、いろいろな面を私たちに見せてくれる。だからまちあるきは終わらないのだ。

6 山形
——三島通庸が見た近代都市の姿

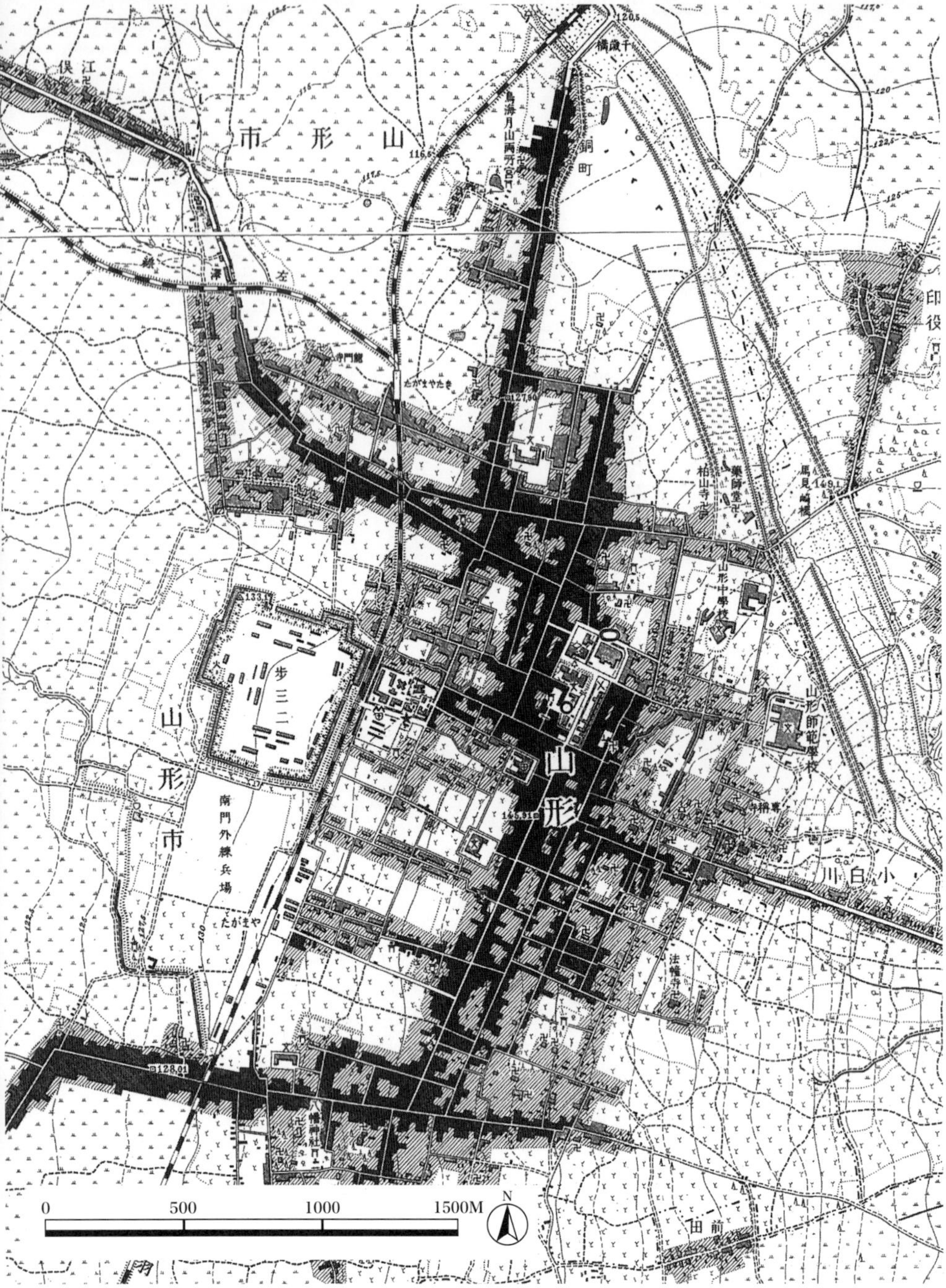

図1　二万分一正式図「山形」（部分）1901 年測図，1929 年鉄補，1931 年発行；「漆山」（部分）1901 年測図，1930 年鉄補，1931 年発行。羽州街道が南北に通る。旧武家地の大半が桑畑になっているのがわかる。

山形と米沢

一八七六年に山形、置賜（おきたま）、鶴岡の三県を統合して、現在の山形県が生まれたとき、山形の人口は米沢、鶴岡についで県下第三位でしかなかった。おそらくは県のほぼ中央に位置していたことから県庁が置かれることになったのだろう。

県の各施設が置かれることになったため、山形の人口は急速に伸び、一八八五年には鶴岡の人口を追い抜くが、米沢の人口規模に達するにはようやく一九〇〇年のことであった。最上川流域の最大都市は一七世紀初頭以来ずっと米沢だった。米沢は一八九八年二月の市制施行の当初から市制を敷いていたが、これは内陸部の都市としては県都以外では弘前と並んでわずか二都市のみだった。

その米沢と山形とは城下町としての構造がとてもよく似ている（図1、図2）。いずれも平城で東を正面とし、堀が三重にめぐり、一番外の三の丸の堀の東の外側を羽州街道が南北に屈曲しながら通っている。

　両都市とも戦災にあわなかったので、とりわけ内郭と町家地区はかつての城下町の面影を残している。武家地の印象が薄いのも共通している。これはおそらく戊辰戦争で東軍として戦った都市の共通した特徴だろう。

　ところが山形と米沢の近代のあり方は際だって対照的である。お城の部分が公園となっている点は両都市に共通しているが、米沢では駅や市庁舎などの公共施設が東側の市街地のフリンジに立地したのに対して、山形ではこれらの近代的な公共公益施設の多くは旧武家地とその周辺の土地を転用して造成されている。

　そのもっとも典型的な例が奥羽本線のルートである。奥羽南線は南から鉄路の敷設が進められ、一八九九年に福島から米沢まで、一九〇一年に山形まで、そして〇三年には新庄まで、〇四年には横手まで達し、青森から南下してきた奥羽北線とつながり、福島から青森に至る東北を縦貫する幹線が整備された。

　奥羽本線の米沢駅は、他の都市と同様に市街地の縁辺部（米沢では東縁）に造られた。これと対照的に、山形では鉄道路線がお城のすぐそば、二の丸の堀沿いを南北に走り、都市を東西に分断するように建設されている（写真1）。こうした立地は奥羽本線のルートのなかでも特異で、まさしく異彩を放っている。

　米沢の駅前通りはお城の方へと向かっているのに対して、山形の駅前大通りはお城から遠ざかる向きに町人町をめざして延びている。

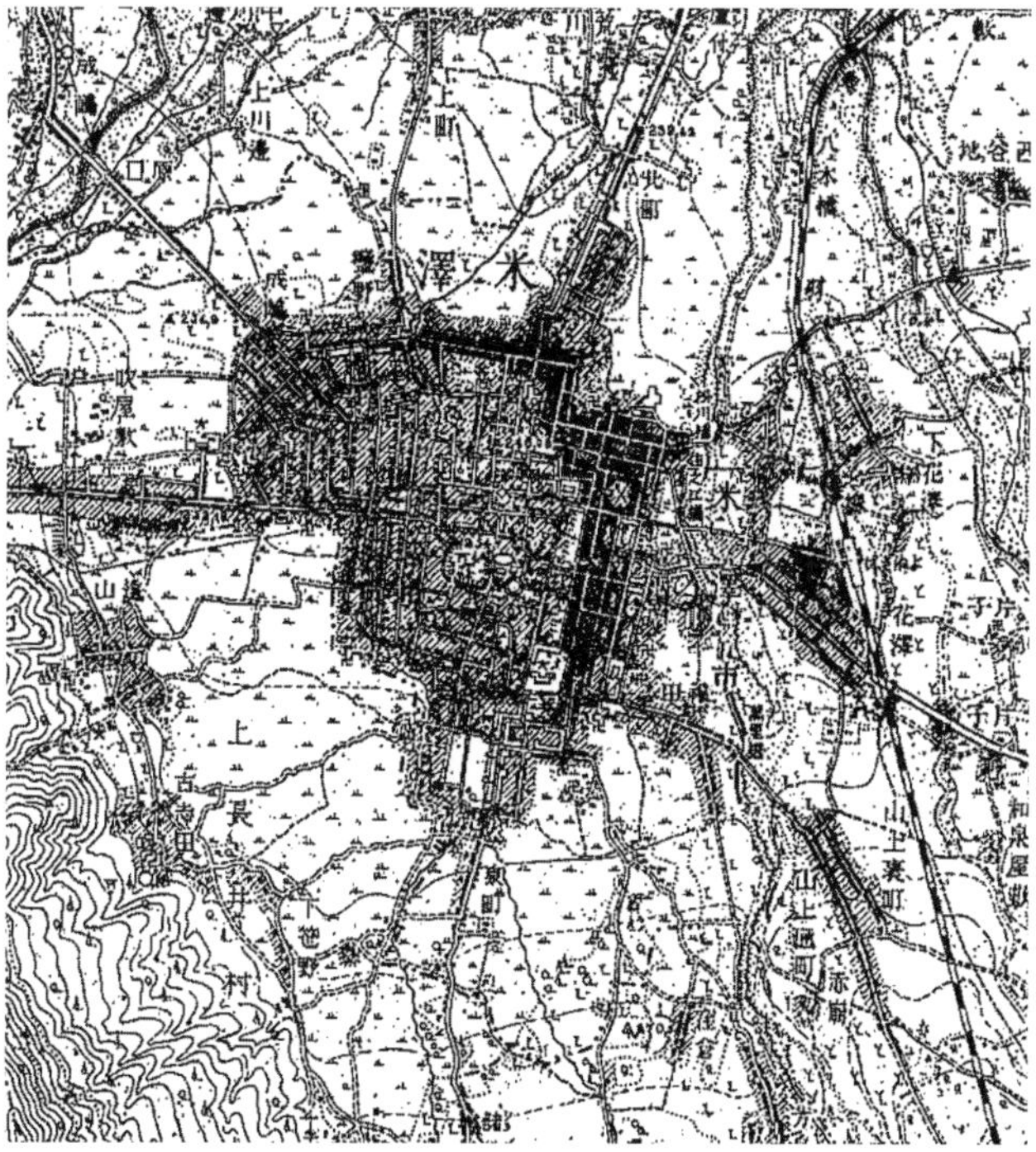

図2　五万分一地形図「米澤」（部分）1908年測図，発行年未記載。山形と同様に羽州街道が市街地の東側を通っている。

図3　山形の都心模式図。

市街地を二分するように敷設された奥羽本線

　なぜこのような鉄道建設が構想されたのか。そしてなぜそれが実際に可能だったのだろうか。おそらくは、幕末に

図4　最上百万石城下図面（出典：『山形市の町』山形市役所，1954 年，4-5 頁）。

武家地の空き地化が他の都市よりも進んでいたからだろう。

山形の城下町の基礎を築いたのは一六世紀末、最上義光（よしあき）の時代だったといわれているが（図4）、一六二二年の最上氏改易以降は頻繁に譜代大名の転封が繰り返され、石高も最大五七万石だったものが幕末には五万石にまで減封されている。

義光によって築かれた巨大な三の丸はその後も維持されたため、家臣団の規模と比べて城下の武家地が過大だった。武家地の住人の変遷も多かった。こうした藩では武家文化は育ちにくい。そういえば紅花やサクランボなどの山形名物はいずれも武家とは縁が薄い。くわえて戊辰

写真1　二の丸の堀のなかに通された奥羽本線の鉄道。東大手門の橋から南を見る。右手の森が霞城公園。

戦争がある。

　こうした経緯から武家地に鉄道を通し、駅を敷設することへのハードルが低かったことが山形の特徴だったといえそうである。また、堀沿いの低地を鉄道に利用するというのは東京の外濠沿いを中央線が走るのと同じ理屈である。

　こうして山形駅はお城のすぐ南側のかつての武家地のまっただなかに造られた。ここから東を南北に通る羽州街道へ向かって駅前大通りが東向きにまっすぐ造られた。向かった先は当時もっとも賑やかだった十日町だった。むしろ十日町と交差をするように駅前大通り、ひいては駅舎の位置が決められたのではないだろうか。

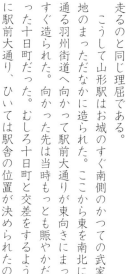

写真２　山形市街図（高橋由一，1881年）。三島通庸県令の依頼により描かれた。正面が初代の山形県庁舎。高橋由一（1828-1894年）は日本で最初の洋画家として名高い。

　なお、駅前周辺はかつては武家地であったが駅舎選定の頃には桑畑になっていた。また、山形城内は陸軍歩兵第三二連隊営地となり、駅の西側は練兵場となった。

猛スピードで建設された官庁街

　駅の西側、お城周辺が軍用地となったのとは対照的に、駅の東側は中軸となる羽州街道が南北に走る七日町・十日町を文字どおり軸として、周辺に公共施設が張りつくかたちで近代都市が形成されていった。羽州街道が七日町から西へクランクするところを北に道路を延伸させ、突当りの寺地を県庁舎用地として、前面の道路の左右の武家地を師範学校や警察署、博物館、郡役所などの用地に転用し、見事なシビックセンターを造り上げた（写真２）。県下第三の都市を一挙に県政の中心都市とするための都市改造だったのだろう。

　これらの施設の多くはのちに他所に移転しているが、跡地の多くは県民会館など公共公益的な施設用地に転用され、こんにちもなお都心の顔を保っている。

　こうしたシビックセンターの建設は一八七六年から七年間、初代山形県令として辣腕をふるった三島通庸によって実行されたことは有名である。三島は「自ら筆を採られ縦横罫線を区画し」てこれらの施設について「其位置整然として確定」したという（『山形市史』下巻、一六〇頁）。

　三島は山形県令ののち、福島県令、栃木県令としてそれぞれの県都の改造に大きな実績を残しているが、山形での在任期間が最も長く、それだけやれたことも多かったといえる。それまでの県庁は二の丸大手前の旧藩庁（新御殿）が用いられていた。現在の霞城公園の前、県立中央病院跡地ならびに至誠堂病院などのあたりである。お城に近い、武家色の強い場所から一挙に街道の突当り、町人地の背後、寺院の境内だったところに県庁舎をもってきて、これを正面突当りに据えたのだった。

　北に延伸された七日町通りの突当りに県庁舎が配置されるという山形の構図と、メインの駅前通りのアイストップにお城があるという米沢の構図——両都市の近代化は見事に対照的だった。

　ところで、こうした新都心の形成はおどろくべき速度で行われたことも特筆に値する。三島通庸が山形県令に就いたのが一八七六年、同年に県庁舎が起工、翌年には竣工しているのである。続く公共建築も、師範学校（七八年、現・山形商工会議所ほかの場所）、同附属小学校（七八年、現在のやまぎんホールほかの場所）、済生館病院本館（七八年、現在は霞城公園内に移築され、山形市郷土館となる）、警察本署（七八年、現・山形銀行本店の場所）、山形警察署（七八年、山形銀行本店の道をはさんで西側）、南村山郡役所（七八年、のち山形市庁舎となる）、勧業博物館（七八年、現在の山形市庁舎の敷地の一部）と、県令就任三年のうちに主要施設の大半が完成している。

　一八八一年に描かれた絵画（写真３）にはこれらの西洋建築群がすべて描かれており、羽州街道の突当りに忽然と広幅員の洋風街が生み出されたことが

写真 3　山形県新築之図（長谷川竹葉，1881 年。出典：『山形市史』下巻 近代編，1975 年，口絵）。明治天皇の巡幸を記念して発行された錦絵。本文で紹介した建物のほか，勧業製糸場が中心部に描かれている。

よくわかる。

一八七八年七月に山形を訪れたイザベラ・バードは著書『日本奥地紀行』のなかで、「山形は県都で、人口二万一千の繁昌している町である。少し高まったところにしっかり位置しており、大通りの奥の正面に堂々と県庁があるので、日本の都会には珍しく重量感がある。……新しい県庁の高くて白い建物が低い灰色の家並の上に聳えて見えるのは、大きな驚きを与える。山形の街路は広くて清潔である」と述べている。

広くてまっすぐな街路の正面に白くて大きな木造洋風建築が建っているという三島が新しく生み出した都市の風景に、四六歳の英国人女性旅行家は（軽快感ではなく）「重量感」を感じたのである。封建都市が近代を受け入れるということの重さだろうか。

三島通庸が構想したもの

なぜこのようなことを短時日のうちに実施することが可能だったのだろうか。

鬼県令、土木県令などと称される三島通庸は県庁舎用地を強引に供出させ、広く県民に地価割・戸数割で建設費を献納させ、この壮麗な都心を造ったといわれている。明治初年の激動の時期を生きた、公共空間に関心をもった豪腕の権力者であれば、地元での不協和音を別とすれば、なるほどこうした構想を実現することもまったく不可能ではなかったということだろう。そのうえ、三島は山形へおもむく以前に、東京・銀座の煉瓦街計画に関与した経験があった。

そうだとしても、だれも見たこともない近代都市の官庁街の姿を、三島はどのようにして思い描くことができたのだろうか。三島には洋行の経験はない。さらに官庁街をお城とは無縁の場所に新たに造るというアイディアはどこからきたのだろうか。

三島通庸は、のちに栃木県令として赴任した宇都宮でも、同じように南面した県庁をアイストップとしてほかの公共施設を両翼に従えるというバロック的な南北路の構図を実現している。宇都宮でも行政府の中心地にお城とは無縁の場所を選んでいる。

また、両都市ともに奥州街道と羽州街道という江戸時代の目抜き通りをそのまま近代の繁華街として活用している。その後に赴任した福島でも積極的な面開発を行っている。三島は山形でも宇都宮・福島でも、任地におもむくと同時にこうした都市空間をわずか数年のうちに実現している。

こうした発想はどこからきたのか。

廃藩置県は、武士という階級を廃し、もとの藩主（藩知事）を地元から追い出して、明治政府が任命する県令（のちの県知事）が県全域を支配するという近代の統治機構を生み出しただけでなく、城郭や御殿を中心とした近世の支配空間のあり方を変革し、県庁舎を中心とした新しい統治機関の姿を物理的に示す巨大な実験場でもあった。

洋風の公共建築が建ち並ぶ都心、その中心となる県庁舎――という姿は、近代の統治のあり方を空間の構成法として指し示すものであり、まったく未知の近代都市の姿であった。

興味深いことに山形の行政中心地の空間構成は、札幌に想を得ているのではないかという指摘がある。筑波大学の野中勝利教授は、明治初年の山形の都市改造は札幌の本府計画を模倣しているらしいという[1]。現在の山形と札幌の姿を見比べても似てもにつかないが、かつて札幌にあった本府計画と山形の近代の都市改造とが似ているというものである。

札幌の本府計画については札幌の章でも述べたとおりであるが、北の中央に本府が鎮座し、ここから真南に一本の道が通り、その左右に公共の建物が並ぶ、という計画だった（二二頁の図3）。たしかにこれは山形の県庁舎周辺とよく似ている。

野中教授によると、さらに中央の通りの計画幅員が当初一二間であること、学校が政庁の東南側に配置されていることという共通点もあるという。島義勇開拓使判官による札幌の本府計画と山形の県庁舎周辺整備計画という二つの計画を知ることができた人物が山形県のナンバーツーであった薄井龍之参事だった。薄井は一八七二年から六年間山形県の要職にあったが、その直前の七〇年から二年間、開拓使の権監事（のち監事）として、島の構想に立ち会う立場にあったと推測できるという。

真偽のほどは不明だが、札幌と山形という一見無縁にみえる二つの都市の都心空間が、あるいは一つの構想でつながっているのかもしれないと考えるだけで心躍るではないか。

都心空間以外にも公共施設は建てられ続けるが、裁判所や監獄、小学校、女子師範学校などほとんどの場合、七日町通りから距離を置いていたとしても、七日町通りの方に正面を向けて建てられていった。七日町通り側からすると、横丁の奥の突当りに新しい洋風建築の公共施設が増えていくことになる。これらの公共施設は、おのずとお城側におしりを向けることになる。

つくづく山形は武家地の印象が薄いといわざるをえない。

その後、多くの建物は建て替えられていったが、都心が維持され、戦災にあわなかったこともあり、山形は今日でも二代目の県庁舎（一九一六年）である文翔館（重要文化財、写真4）をはじめとして、旧山形師範学校本館（〇一年、現・教育資料館、重要文化財、写真5）、旧・済生館本館（一八七八年、現・山形市郷土館、重要文化財、移築）、第一小学校旧校舎（一九二七年、現・山形まなび館、国登録文化財）など多くの歴史的な洋風建築を擁する都市としてこんにちを迎えている。

写真4　七日町通りから北を見る。正面に旧・県庁舎（現・文翔館）が建っている。毎年8月に催される花笠まつりのパレードもこの通りが舞台となる。

七日町通りの背後への展開

こうして七日町通りを軸とした都市改造を実現した山形だったが、次なる課題は、一本の街路にあまりに依存しないまち、すなわち都市を外側に対して開き、面的に拡大していくことだったといえる。それはいわばポスト三島時代の都市構想だった。

七日町通りの東側は江戸時代からの町人町であったため、成熟したモダンな繁華街へと変化していく

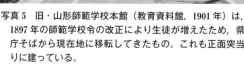

写真5　旧・山形師範学校本館（教育資料館, 1901年）は, 1897年の師範学校令の改正により生徒が増えたため, 県庁そばから現在地に移転してきたもの。これも正面突当りに建っている。

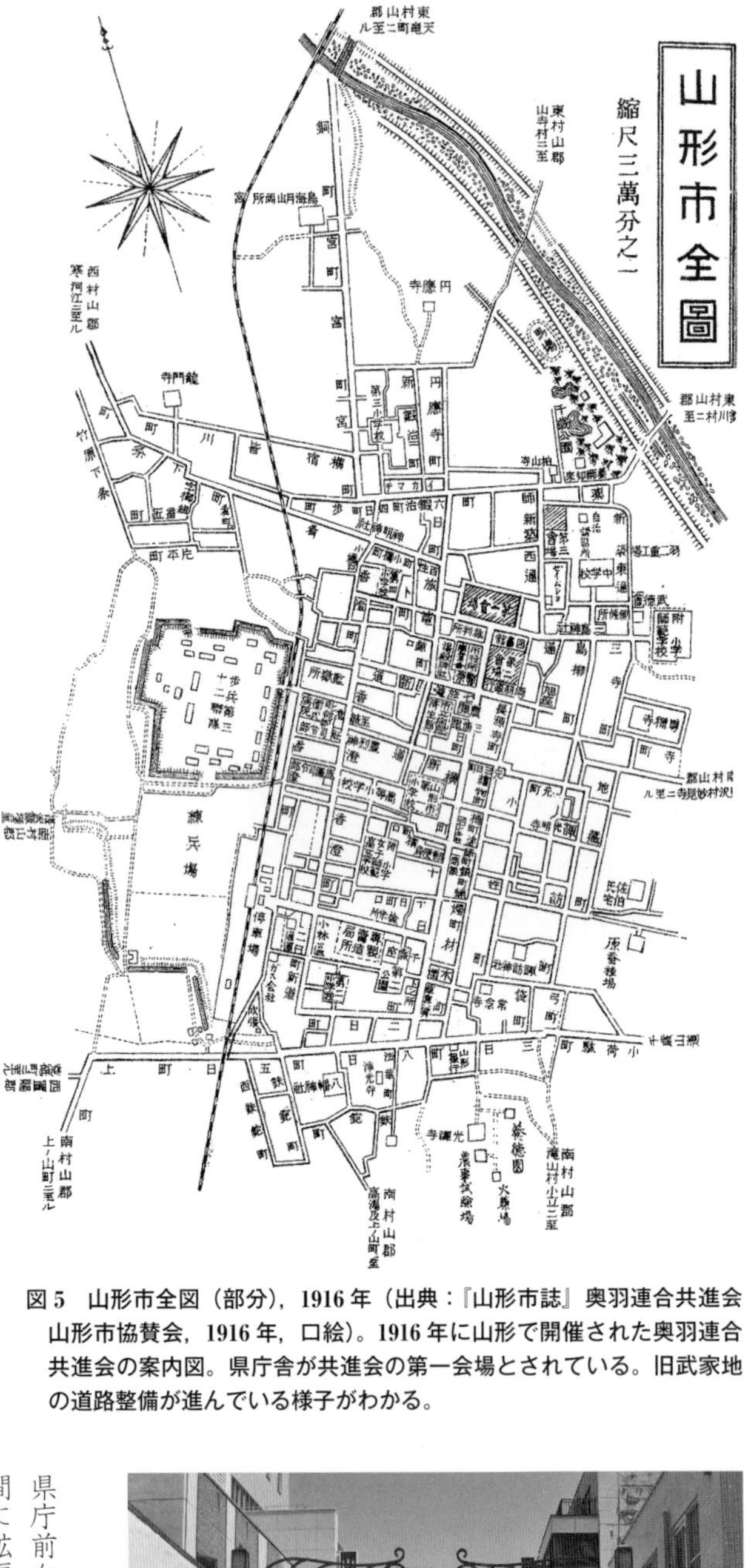

図 5　山形市全図（部分），1916 年（出典：『山形市誌』奥羽連合共進会山形市協賛会，1916 年，口絵）。1916 年に山形で開催された奥羽連合共進会の案内図。県庁舎が共進会の第一会場とされている。旧武家地の道路整備が進んでいる様子がわかる。

のは比較的容易だった。現在の山形銀行本店の角を東へ曲がったところの旭銀座通りには戦前から映画館や料亭などが建ち並び、モダンな盛り場として繁華をきわめていたし、仙台へ向かう笹谷街道沿い（かつての元三日町界隈）は現在もファッショナブルな七日町一番街として元気だ（写真6）。また、七日町通りに平行した一本東の仲通り（かつての長源寺町界隈）も雰囲気のある通りである。

課題は七日町通りの西側である。かつては七日町通りのすぐ東の裏には堀と土塁がめぐり、その西側はかつての武家地だった。そして武家地の大半が図1にあるように、早い段階から桑畑になっていたのである。武家地の一部は明治初年から病院（済生館）や学校（第一小学校）、監獄などとして使われてはきたが、転用には限界がある。線を面に拡げる何らかの抜本的な手立てが必要だった。——そして、その機会は災害という形でやってきた。

山形には市街地の大半を焼き尽くす大火が近代になって二度起こっている。一八九四年の南大火（焼失戸数一二八四戸）と一九一一年の北大火（焼失戸数一三一三戸）である。

二度の大火を機に、防火道路の必要性が主張され、

写真 6　現在の七日町一番街。七日町通りから東に入る入り口あたり。東を見る。旧・笹谷街道の筋。こうした通りがまちに奥行きを与えてくれる。

県庁前から七日町にかけての中心部の街路が幅員八間に拡幅されたのをはじめ、とくに市街地西部から南部にかけての旧武家地の道路整備が進められた。

その後も継続的に道路整備が実施されていった。前述したように一九〇一年に山形駅が開業し、さらに駅東の開発が進むことになる。また、当初の駅前通りは七日町通りの南に延びる十日町通りで突き当たり、T字路を形づくっていたものが、一九三〇年代後半には東へ延伸して、現在の十日町交差点が生まれた。

また、第二次世界大戦末期に建物疎開が広範に実施され、その跡地の多くは道路とすることが一九四六年に決められた。山形は戦災にはあわなかったが、戦争を契機に都市改造が計画的に進んだのである。

戦後も山形駅に近い香澄町（かすみちょう）大通りでは商業集積が進み、すずらん型の街灯からすずらん街と呼ばれるようになり、一九六七年の山形駅の駅ビル化と並行して街路整備と防火建築帯の建設が進み、その姿は現在では昭和レトロ風の魅力的な通りとして多くの人を引きつけている（写真7）。

こうした面的な市街地の展開の総仕上げともいえるのが、一九七五年の県庁移転だった。

三島通庸によって一八七七年に建設された初代の県庁舎は一九一一年の北大火で焼失した。その後、一六年に竣工したのが現存する二代目の県庁舎、現在の文翔館（山形県郷土館）である。大火後、県庁正面の道路も現在の幅に拡げられているので、今、私たちが見ているこのあたりの風景は大正初年の都市計画が造り上げた姿である（写真8）。

写真 7　すずらん街（香澄町大通り）の防火路線帯の建築群。駅前に近い南北路，北を見る。三階建てが連続する整然とした再開発建物群。戦後の都市開発の成果でもある。

多くの歴史的建造物と同様、二代目県庁舎も手狭になり、老朽化による改修も必要となったことから、新しい県庁舎をどのように建てるかということが問題となってくる。県庁舎はいずれの県においても沽券にかけて立派なものを建造しているので、当然その保存が課題となってくる。選択肢はまわりに増築するか、移転して新築するか、はたまた取り壊して新築するか、ということになる。

山形県庁舎の場合、周辺に余地があったので、ちょうど前橋や宇都宮、富山、京都、和歌山、宮崎などの県庁舎で採用された古い庁舎を本館として残し、まわりに増築する案も有力だったと思われるが、実際はそうはならなかった。山形県の場合、県庁は新しい敷地へ移転し、旧県庁舎の建物は歴史的建造物として周辺のオープンスペースとともに残すことにしたのである。

写真 8　十日町交差点のやや北から北を見る。正面には小さく旧県庁舎が見える。1911 年の北大火後に現在の幅員に拡げられた。

そして興味深いことに、新しい県庁舎は駅前大通りを東へ直進して、十日町交差点を過ぎ、さらに東進した先に移転したのである。

これまでの県庁舎は南からアクセスしていたが、今度は九〇度回転して、西からアクセスすることになり、旧アクセス路（つまり七日町通り）と新アクセス路（つまり駅前大通り）とが十文字に交差する、という新しい都市のかたちを生み出したのだ。そしてこうした県庁の移転（すなわち主軸の転回）が、新山形県が生まれた一八七六年からおよそ一〇〇年後の一九七五年に実施されたのである。

写真 9　現在の山形駅東口駅前広場と東へ延びる大通り。

写真 10　霞城公園内に移築されている旧・済生館本館（現・山形市郷土館）。

歴史の周回路

こんにち、山形駅東口を出て（写真9）、平成の駅周辺開発を通り抜け、駅前大通りを東に歩いていくと、戦後の土地区画整理と防火路線帯の通りを過ぎ、十日町交差点を左折すると、かつての羽州街道（現・国道一一二号）を北上することになる。江戸時代からの繁華街の雰囲気が残っているこの通りはまた、山形花笠まつりの行列の舞台でもある。

さらに北へ進むと、明治期に骨格が整えられ大正期に現在の基盤が整った旧県庁舎界隈に至る。このあたりをさらに左折して西へ向かい、旧武家地を抜けて、大手門前の見事な桜並木を通り、堀と奥羽本線の線路をまたぐと、二の丸東大手門から山形城跡である霞城公園に入ることになる。

城内では本丸跡などの復原工事が進められているほか、明治期の象徴でもある旧・済生館本館が移築されて保存されている（写真10）。公園内を南に歩くと、南門に至る。

ここから山形駅西口はすぐである。

こうした歴史の周回路をたどると、それぞれの時代の都市づくりの構想が重なり合って、それが一つの現代都市を造り上げていることを実感する。山形は大規模な都市改変を経験していない分だけ、こうした歴史の層を目に見えるかたちで蓄積してきている。

三島通庸が明治初期に大胆に構想した山形の都市は、その後も彼の後継者たちによって、先達の業績を尊重しながらも時代の要請に応えるべく、徐々に付加と改造を繰り返し、それがその時々の街区となって今日を迎えている。その意味で、三島が見た近代都市の姿は、変化しながらもこんにちにも引き継がれているといえるだろう。

それはこの都市をひとわたりめぐるだけでも実感できる。これこそ都市というものの本来のありようなのだと思う。

注

（1）野中勝利「三島通庸による明治初期の山形・官庁街建設における計画意図」『日本建築学計画系論文集』第五八九号、一二九―一三六頁、二〇〇五年。同「山形・官庁街における薄井龍之を介した札幌本府計画の影響の可能性」『同上』第五九七号、一〇一―一〇八頁、二〇〇五年。なお、山形県庁舎の建設の具体的な経緯に関しては、『都道府県庁舎――その建築史的考察』（石田潤一郎、思文閣出版、一九九三年）一五七―六二頁に詳しい。

7 福島
——骨格を徐々に付加する自然体都市

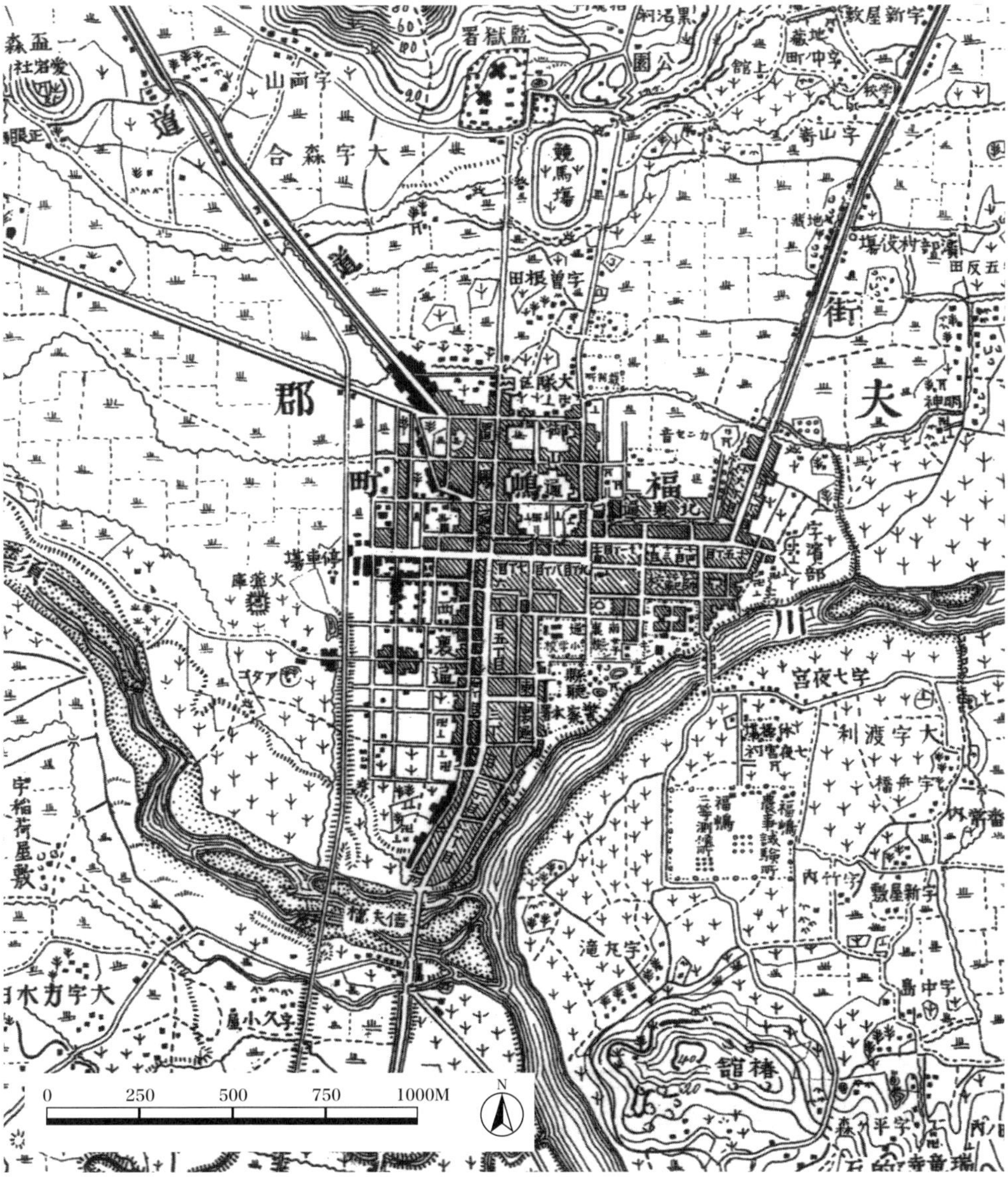

図1　二万分一迅速図「福島」（部分），1891年測図，発行年記載なし。鉄道の敷設が始まっている。

不思議な県都

福島のまちは奥州街道の先、陸奥へ向かう街道（一八七三年以降、陸羽街道と呼ばれた。近年では白河先まで含めて奥州街道と呼ばれることが多い。ここでも奥州街道と呼ぶことにする）が通る、板倉氏三万石の小城下町であった。しかし、城下町の風情を求めて歩き回っても、天守も堀も残されているわけではないうえ、武家地を感じさせてくれる建物もない。駅を降りて歩き始めても、直線的なグリッドが目立ち、とても大きな戦災にあわなかった城下町とは思えない。福島市自身、小城下町であったことをそれほど喧伝しているようにも見えない。

そもそも福島県は浜通り・中通り・会津と歴史的にも地理的にも分かれており、会津若松やいわきなどそれぞれの地域に個性的な中心都市がある。さらに福島市が位置する中通りにも郡山のように、歴史は新しいものの活力のある中核市があり、県都とはいえ福島市の存在感はあまり強くないように見える。

しかし、実際に福島の歴史をひもとき、まちを歩いてみるとまったく異なった印象をもつことになる。じつはこのまちは城下町時代の都市構造を保持しながら、少しずつ自然体で近代化を遂げていった日本には珍しい漸進型の都市なのだ。——実際のまちあるきを通してそのことを見てみよう。

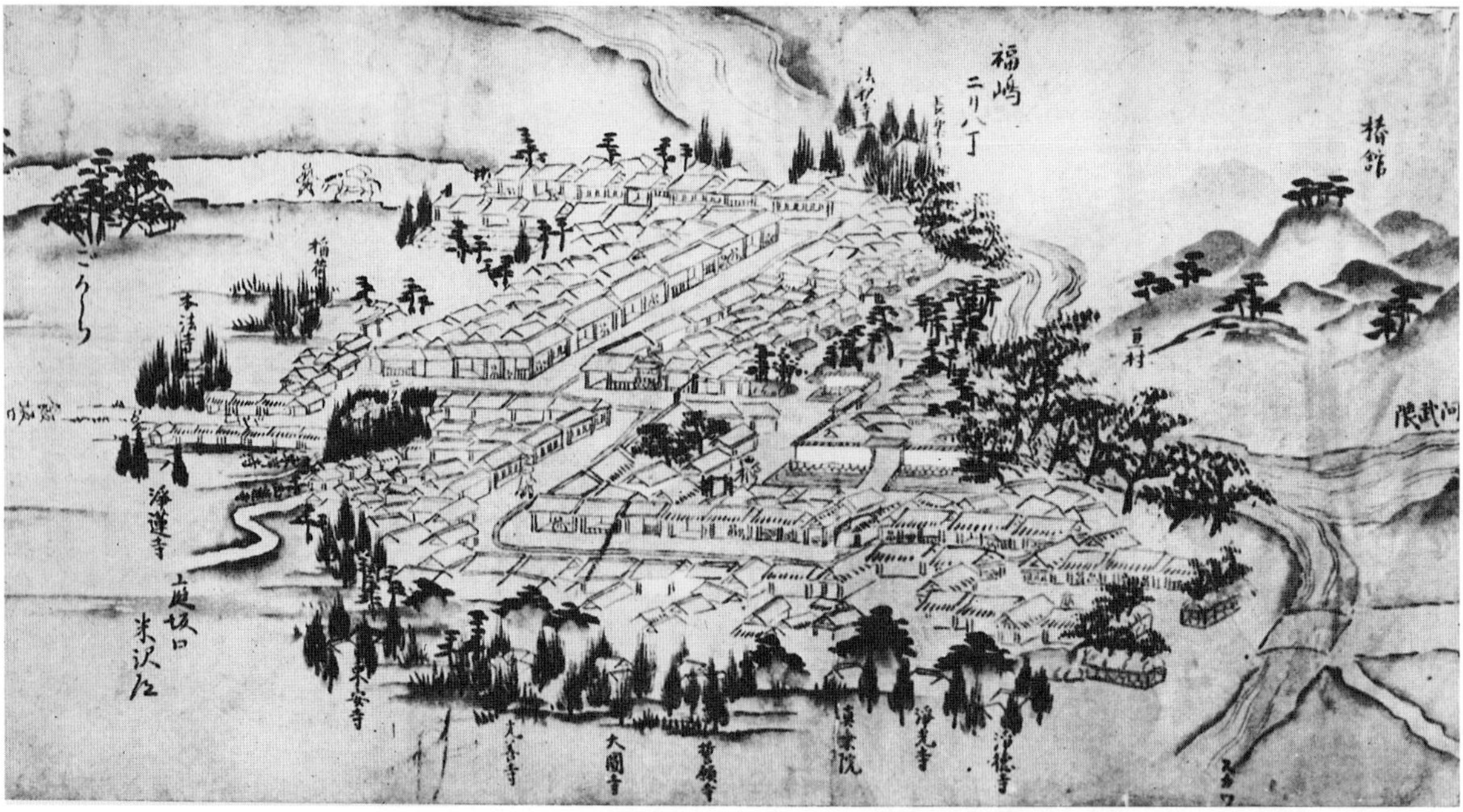

図 2　福島城下絵図，「奥州街道絵図」（部分），年不詳（出典：『福島市史 2』福島市史編纂委員会編，福島市教育委員会，1972 年，口絵）。

図 4　福島の都心模式図。

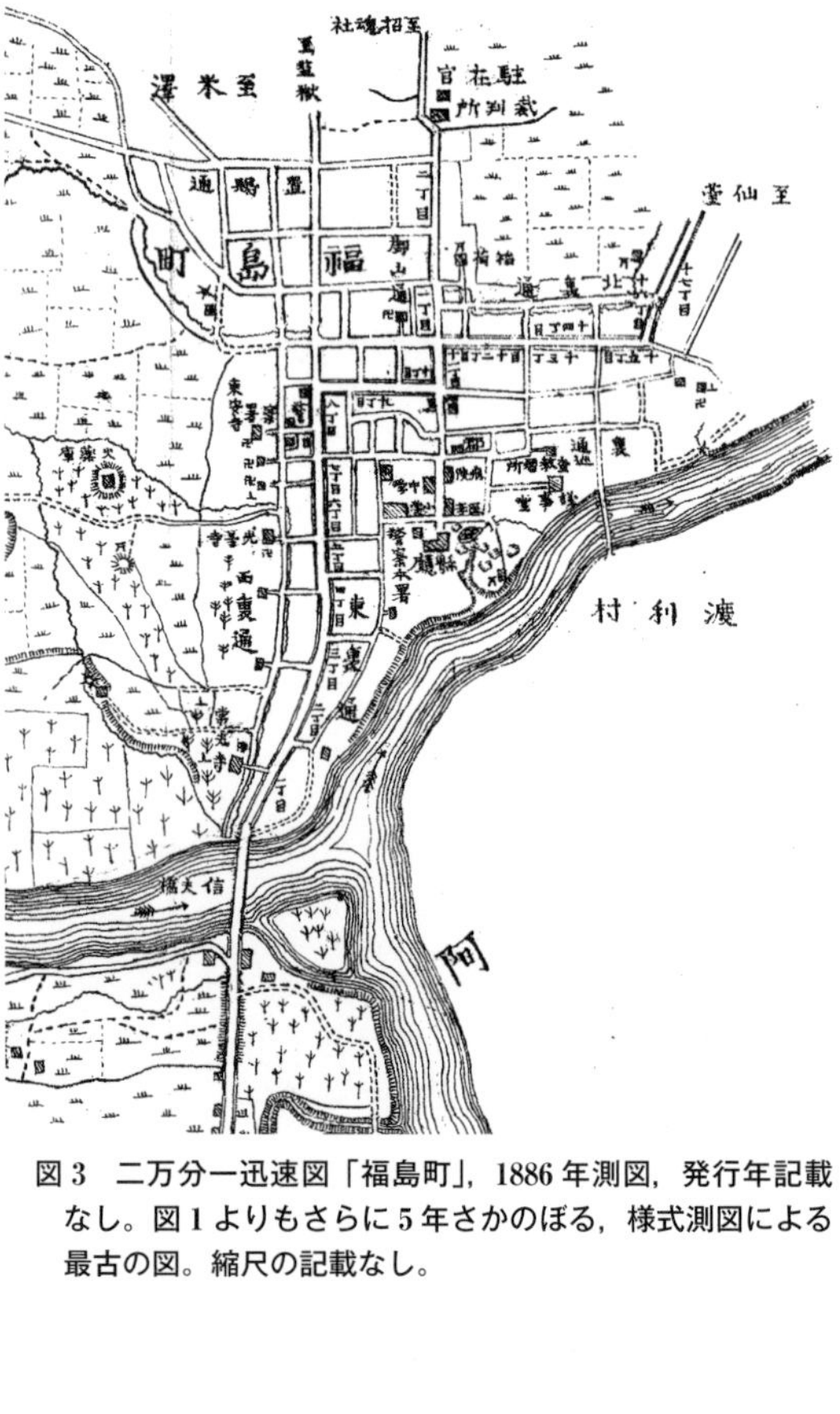

図 3　二万分一迅速図「福島町」，1886 年測図，発行年記載なし。図 1 よりもさらに 5 年さかのぼる，様式測図による最古の図。縮尺の記載なし。

福島駅の東口に降り立つと、駅前広場の先に駅前通りがまっすぐに東に延びている（写真1）。通りに誘われるように歩き出すと、いくつかの通りを横切って、ほどなく信夫（しのぶ）通りという南北の大通りに出る。この通りを横切って、さらに東へ歩くと、次の四つ角から先は道が狭くなっている。それだけではなく、三方向どちらに向かう道も狭い割には歩道が広くとってあり、一方通行の車道もカーブして、いかにもデザインされた大切な道という風情を漂わせている。

それもそのはず、この四つ角こそ、江戸時代から明治、大正、そして戦後の高度成長期まで一貫してこのまちの賑わいの中心となったまちかど「本町四つ角」である。

写真1　駅前通り，東を見る。この先に「本町四つ角」がある。福島駅から都心へ向かうメインストリート。

図2を見てみよう。これは福島の城下町を西から、すなわち現在の駅の方から見た絵図で、右手から中央奥に向かって阿武隈川が流れている。もともと天守をもたない城だったうえ、堀も規模が小さかったため、川沿いの城郭の様子は印象が薄い。対照的に奥州街道は折れ曲がりも正確に描かれている。街道筋が全体としてL字型にお城を取り囲み、通り抜けている、というのが福島城下の姿だった。古くから本通り七ヶ町(1)がまちの中心だった。

図2の左下の折曲り、人が描かれているあたりがのちに本町四つ角と呼ばれることになる場所である。まさにこの角地に福島宿の本陣と脇本陣があった。まさにこの宿（しゅく）のへそだったのである。

ではなぜ、このクランクがのちに四つ角になったのか。——そこにこのまちの近代化の個性を垣間見ることができる。

気負わない近代化

福島は一八八一年四月に全戸数二一五五戸の八割強を焼失するという大火（いわゆる甚兵衛火事、福島大火とも）に見舞われている。その復興に中心的にあたったのが山形と宇都宮で辣腕をふるった鬼県令、三島通庸（みちつね）（一八三五年一月-八四年一一月）だった。

『福島市史』によると、災害からわずか二年のうちに新道延べ一三七九間、両側拡幅延べ七八九間、片側拡幅延べ九八二間を完成している。日本近代における最初のアーバンデザイナーともいえる三島通庸にとって、大火直後に赴任してきたことは千載一遇の好機といえるものだったのかもしれない。

この間に、福島のまちは街道筋ばかりが目立つ線的な都市から、面的な都市へと変貌したといえる。

ここで重要なのは、従来の都市構造を無視して面開発をしたのではなく、折れ曲がった街道筋をうまく活用して、都市を開いていったことである。

たとえば、それまで直角に折れ曲がっていただけの街道筋を、突当りのところを突き抜けて通りを延ばし、さらに裏道（福島には街道筋の裏側に北裏・西裏・東裏と呼ばれる裏通りがあった。図1にもこれらの通り名が表示してある）を延長して、まちを北と西に向けて拡大していったのである。このように従来の都市構造を受け継ぎながら、そこに近代の道路を付加して、新たな都市の意匠とするという三島県令の都市改造手法は、前任地である山形県令時代にも、またこの後の赴任地である栃木県令の時代にも十分に発揮されている。山形・福島・宇都宮のまちはい

写真2　パセオ470，かつては置賜通り。その後スズラン通りと呼ばれた。近代福島で最も賑やかだった通り。明治初年に本町からの街道筋を北へ延長して造られた道である。奥にわずかにのぞいているのが福島のシンボル，信夫山。

写真 3　本町四つ角，北西から見る。右手（本町）から奥（大町）へ折れ曲がって進むのが奥州街道。正面の角地に勧工場が建っていた。写真 4 とは交差点（本町四つ角）をはさんで対角線の位置にある。

ずれも城下町の都市構造をうまく発展させた近代化の好例として都市計画の教科書に載るべき都市なのである。

さて、話題を福島に戻すと、従来のへそであった本町の矩折り（かねお）も、南北路を北へ向けて突き抜けて通りを造り（置賜（おきたま）通り、のちにスズラン通り、現・パセオ470、旧・国道一三号でもある、写真2）、その突当り、やや離れた信夫山の麓には監獄署（一八八二年、現・地方検察庁）が造られた。スズラン通りは戦前から戦後にかけて、市内最大の繁華街に育っていった。

一方、東西路の方は、この通りを西に向けて延長した先に、一八八七年一二月に日本鉄道東北線の郡山―仙台間が開通した際、福島駅が開設され、その

写真 4　街なか広場。本町四つ角を南東から見たところ。かつてこのあたりには本陣・脇本陣が構えていた。1927 年に建てられた福ビルは福島のモダン文化の発信基地だった。近年はこうした暫定利用がなされている。

前面の停車場通り（現・駅前通り）が同年完成している。こうして、まちのへそは十字路となった。本町四つ角と呼ばれ、この四つ角を制したものが福島を制するといわれるほどの商業の中心地となった。

この四つ角には警察署が立地し（当初西側に一八七五―八六年まで、その後北西隅に一八八六―一九〇四年まで）、警察署が移転した後は市が音頭を取って市内唯一のRC造三階建ての福島ビルヂング（通称福ビル、一九二七―七三年、商店・食堂のほか、市立図書館などの公共施設も入居していた）を建て、その跡地にはスーパー、のちにファッションビルが立地（一九七四―二〇〇二年）していた。そのはす向かいの南東隅の角地にはモダン文化の発信基地である勧工場（一八九八年）が建っていた。このあたりは江戸時代か

写真 5　レンガ通り，かつての奥州街道，大町の通り。東を見る。このあたりは江戸時代は上町と呼ばれ，大店（おおだな）のまちだった。現在は金融街となっている。

ら一貫して最近まで、福島の賑わいの文字どおり核だったのである（写真3）。

この四つ角の北西隅は現在街なか広場としてまるまる一ブロックが空地となっている（写真4）。この土地の戦略的な位置とかつての繁栄の歴史を知るにつけ、この場所がふたたび賑わうための仕掛けづくりは福島のまちにとって急務であると痛感する。

この十字路に向けて走っている駅前通りはこの四つ角から先は道幅が急に狭くなり、名称もレンガ通りと呼ばれる。ここそ奥州街道そのものである（写真5、旧・国道四号でもある）。現在は金融街の雰囲気が強くなっているが、かつては蔵造りの町家が並んでいた通りである。旧街道が実感できる道路構成となっているところにも、過去と未来とを無理な

くつなげていこうとした先人たちの想いを感じることができる。

さらにレンガ通りを東へ進むとT字路に突き当たる。この東側突当りに江戸時代には高札場があった。そして現在、同じ場所に一九二〇年設置の道路元標が残っている。このT字路の南北路が県庁通りである。レンガ通りを右折して南下すると、県庁に突き当たる。ここはかつての追手門で、正面に藩庁があった。その同じ場所に、同じ方位で、同じアプローチの道路に正面を向けて、一八六九年以来、五代にわたって県庁舎が建っている（写真6）。つまり、福島県庁舎は福島城以来の都市構造をしっかりと受け継いでいるのである。

写真6　県庁通り，南を見る。突当りに県庁舎が見える。県庁舎は明治初年から一貫して旧・福島城内にある。

城内にあった殿中の庭は現在も紅葉山公園として健在であるし、そばには知事公館もある。城そのものの近代化の例としてもじつに自然体である。

しかし、ここには堀も立派な石垣もないため、来訪者はこの地がお城そのものであったことにほとんど気づかない。もともと城自体が簡素な造りだったということもあるが、近代化があまりに自然体だったために気づきにくいという面もあるだろう。

追手門の通り（県庁通り）は奥州街道のクランクをうまく利用してお城へ誘導する構成になっていたのであるが、現在の県庁通りも同じ構成をとっている。さらに県庁通りは明治初年に北に向かって延長され、県庁舎と対峙するように地方裁判所が南面して建てられた（一八七七年、現・新浜公園）。これも近世の都市構造に近代をはめ込むという福島らしい近代化の例である。

写真7　1880年に新築された福島県庁舎，木造2階建ての簡素な造りだった。この庁舎は1907年まで使われ，同じ場所に洋風の県庁舎に建て替えられた。現在の庁舎はさらにその後，1954年に建てられたもの（出典：『図説福島市史』〔「福島市史」別巻1〕福島市史編纂委員会編，福島市教育委員会，1978年，191頁）。

もう一つ、気負わない近代化という点では県庁舎の建築をあげることができる。

明治の当初から、県庁舎は旧・福島城の二の丸御殿を転用してしのいでいた。この建物が一八八〇年二月に火災で焼失したのち、ようやく和洋折衷の県庁舎をほぼ同じ位置に建設することになるが、同年一〇月に竣工した建物も簡素なものだった（写真7）。建坪はわずかに三〇坪弱と見られている。[2] 壮大な洋風建築で明治政府の近代的な統治の姿を表現するといった気負いはまったくみることができない。ここにも福島の気負わない近代化の姿勢がある。一八八二年に県令として赴任した三島通庸がこの県庁舎と議事堂が不満で、そのことから郡山への県庁移転計

写真8　阿武隈川と川沿いに建つ県庁舎（中央）。かつての城内のこの立地は福島城時代と変わっていない。利根川を背に旧・前橋城内に建つ群馬県庁舎と立地がよく似ている。

画を主張することになったといわれている。
その後、一九〇七年に洋風の新県庁舎、さらに五四年に現存するモダニズムの本庁を建てているが、いずれも以前の県庁舎とほぼ同じ位置に新築されている。一途な福島人気質なのかもしれないが、都市の姿を受け継ごうとする一つの明快な姿勢を見る思いがする（写真8）。

戦後の都市改造

現代の福島をみると、南北に仙台・盛岡・八戸・青森に至る国道四号、東西に平和通り（写真9）、さらには信夫通り（米沢・山形・秋田へ至る国道一三号）(3)という広幅員の幹線道路が都市内を縦横に走り、通過交通をうまくさばいているとみることができるが、じつはこの道路はどれも戦中に急遽造成された防空のための空地帯がもとになっている。いわゆる建物の強制疎開による疎開道路である。

そしてよく見ると、平和通りにしても信夫通り、国道四号にしても、これらの道路のほとんどはかつての歴史的街路に平行して、その裏道を大幅に拡張することによって幅員四〇メートル級の大幹線を通していることがわかる。

もちろん、建物疎開にあたっては当時の目抜き通りに線引きすることは考えられないので、当然のルート選択ではある。しかし、結果的にこれによって歴史的街路を全面的に破壊することを回避できたのみならず、近世から近代初期にかけて漸進的に実施されてきた道路パターンの裏側への展開を促すことにもなった。

写真9　平和通り（国道13号）。西を見る。戦中の防空法による空地帯を戦後に幹線道路に転用したもの。この通りをはじめ5本の空地帯が道路となった。奥に吾妻連峰が見える。

たとえば、国道四号が阿武隈川を越すところに架かる大仏橋（一九七二、七五年）は、かつての街道筋に架かる松齢橋（一九二五年）のすぐ隣にやや角度を変えて並んで架けられている（写真10）。時代もデザインも異なる二つのトラス橋が阿武隈川に仲よく架かっている様子はたんに絵になるだけではなく、時代の進歩というものが必ずしも過去を破壊することだけにつながるわけではないことも雄弁に語ってくれる。近代化に向けた異なった解法がここにある。

また、福島駅前の細長い帯状の駅前広場も鉄道沿線を守る空地帯から生まれている。戦争のつめあとを気負わずに戦後の都市改造につなげ、同時に戦前までの都市づくりに接続させる工夫をしている。

その結果、近世都市の街道を軸とした線的な構造をもとに、明治から昭和戦前までかけて面的に拡げ、

写真10　松齢橋（中央，1925年）を南から見る。左手奥には上下2本の大仏橋（左，1972年，1975年）が見える。2世代にわたる橋が共存している例は珍しい。ここにも自然体の都市づくりが感じられる。

さらにそれらとは少しずらして戦後の幹線道路が重ねられて、都市構造が立体的に形成されてきている。過去のまちの骨格を否定することなく、これに新たな要素を加えて、漸進的に都市を改造してきているのである。

近年では、これに駅前への商業の集中が加わり、新しい様相を呈してきている。もとからのまちのへそであった本町四つ角の再生がうまく進めば、駅周辺と旧市街との均衡のとれた二極化が実現することも夢ではない。

駅の立地を振り返る

それにしても、ここで駅が現在地にできたことの奇縁を思い返すことは無駄ではないだろう。

『福島市史』によると、日本鉄道は鉄道敷設にあ

たって、当初市街地の東側を通る案を提示したようである。しかしこれだと、阿武隈川に架かる鉄道橋の一つを地元で負担しなければならないため、当時の福島町はことわったようである。ついで、市街地の西に接して、現在の駅前通りと信夫通りの交差する、栄町交差点あたりに駅を造る案が示されたようである。

たしかに鉄道事業者側からすると、既成市街地になるべく近接したところに駅を造ることは営業上は有利だといえる。しかし、この案もあまりに市街地に近いという理由で地元には受け入れられなかった。その結果、駅舎を四〇〇メートルほど西にずらし、現在地に建設することが決まったといわれている。

この結果をどう理解すればよいのだろうか。

駅と既成市街地との間にできた四〇〇メートルの空間は、駅前の近代化を受け入れる空間であると同時に本町四つ角を中心とするこれまでの繁華街と駅前とを結びつける空間として、さらにいうと、新都市と旧都市とをうまくバランスさせる緩衝地帯として、それなりに機能してきたといえるのではないか。

たしかに、もしも駅が日本鉄道の提案どおりに栄町交差点のあたりにできていたとすると、旧市街地の都市構造はかなりの改変を受けていたことだろう。

もちろん、それはそれでその都市の選択だということではあるが、各時代の変化を自然体で受け止め、各時代の都市の骨格を活かしつつ、各時代ごとに都市の構造を徐々に整えてきたことが福島のまちとしての個性だとすると、既成市街地にあまりに近すぎる福島駅が誕生していたら、この個性はつぶされただろうと思う。

既成市街地と四〇〇メートル、つまり軽便鉄道（のち電車）一駅分という微妙な距離感が、新開発地とのつかず離れずの共存共栄関係を、少なくとも近年まで一世紀以上にわたり保持することにつながったといえる。

しかしこんにち、駅前に商業活動が一極化し、旧市街との間で軋轢が生じているようにみえる。各時代の都市骨格が共存するということが福島の最大の個性であるとするならば、本町四つ角を現代なりに再生し、ここと駅前とをバランスさせることこそ、福島の最大の課題である。

それにしても福島駅がちょうど本町四つ角を西へ延長した場所にはじめから開設されていたということは示唆的だ。先人たちは現代人のチャレンジを見通していたわけではないだろうが、駅と本町四つ角とを結びつけやすいように歩ける距離に、それも一直線上に置いてくれているのである。福島がこれまで実践してきた、都市づくりにおける「自然体の工夫」の現代版が試されている。

注

（1）奥州街道は南の信夫橋をわたったところから、柳町・荒町・中町・本町・上町（現・大町および上町）・北南町（現・北町）・馬喰町（現・豊田町）までが城下で、これを本通り七ヶ町と呼んだ。これらの町名は現在もほぼそのまま使われている。

（2）石田潤一郎『都道府県庁舎その建築史的考察』思文閣出版、一九九三年、一九一-九三頁。

（3）信夫通りは現在「万世大路」とも呼ばれている。この大時代的な通り名は明治天皇の命名。元来は福島と米沢を結ぶ新道の名称で、栗小山隧道の開通（一八八一年）によって山岳地帯を車で通行することが可能となった。「信夫通り」は戦後の公募による名称。

8 水戸——台地をめぐる分節都市

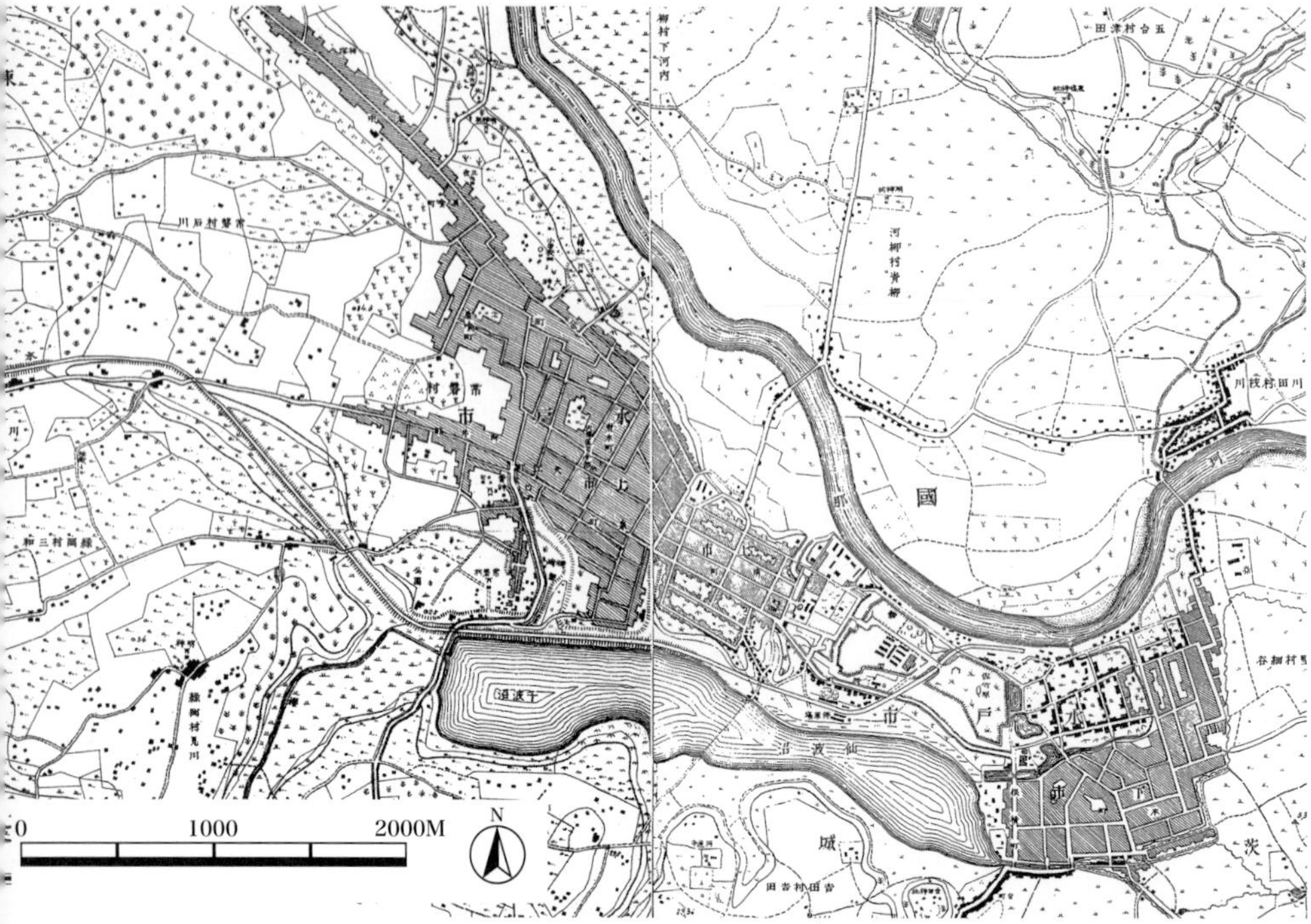

図1　二万分一迅速図「水戸上市」（部分）；「水戸下市」（部分），いずれも1892年測図，1892年発行。

二つの核をもつ城下町

江戸時代の水戸城下町の絵図を見ると、お城を中心にして西と東に別々に町人地をかかえているという不思議な姿に目を奪われてしまう（図2）。その様子は明治になってからもさほど変わらない（図1）。そのうえ、実際は西は丘の上で、東は低地となっている。いったいなぜ、このような城下町ができたのか。

台地の上だけを見ると、水戸の立地はじつにわかりやすい。北に那珂川、南に千波湖とそこから流れる桜川——この二つの河川が浸食した台地、西から東に張り出した二〇メートル強の台地の先端部に立地したのが水戸のまちである。偕楽園はこの台地の南縁、千波湖を見下ろせる位置に造成された。しかし、そこの東側の低地にもう一つの城下町がある。

『水戸市史』によると、台地の周辺一帯は水江であり、その出入り口を「水戸」と呼んだことからこのまちが始まるという。このような地形の要衝であったため、すでに平安末期には台地の先に居館が立地していたらしい。

その後、この位置には常に戦略拠点が居続ける。室町初期には江戸氏によって砦が建設され、文禄年間（一五九〇年代）には佐竹氏の手によって城下町の建設が行われている。江戸時代を通して尖端部には水戸城本丸が置かれていた。このあたりは中世以来、さまざまな軍事施設が台地の端を拠点としてきたため、歴史の痕跡が輻輳し、城郭の遺構としてはなかなか複雑になっている。

現在に至る水戸の都市としての骨格が形づくられたのは一六二五年のことで、このときに台地の一部を切り崩して東方の湿地帯を埋め立て、初めて下町（当初は田町と呼ばれた、のちの下市）部分が建設された。こうしてもともとの洪積台地の上に古くから開かれていた上町（のちの上市）から、多くの町人地と武家地が沖積低地の上に新たに建設されたニュータウンである下町へと移された結果、二つの核をもった珍しい城下町が誕生したのである。上町、下町ともに武家地と町人地とが等しく配置され、規模もほぼ同じ、お城を挟んで東西に分断されたかたちで市街地があるという特異な姿の城下町が生まれた。

舌状台地の尖端部に城郭が建設された比較的大規模な城下町として、江戸や金沢、和歌山などがある

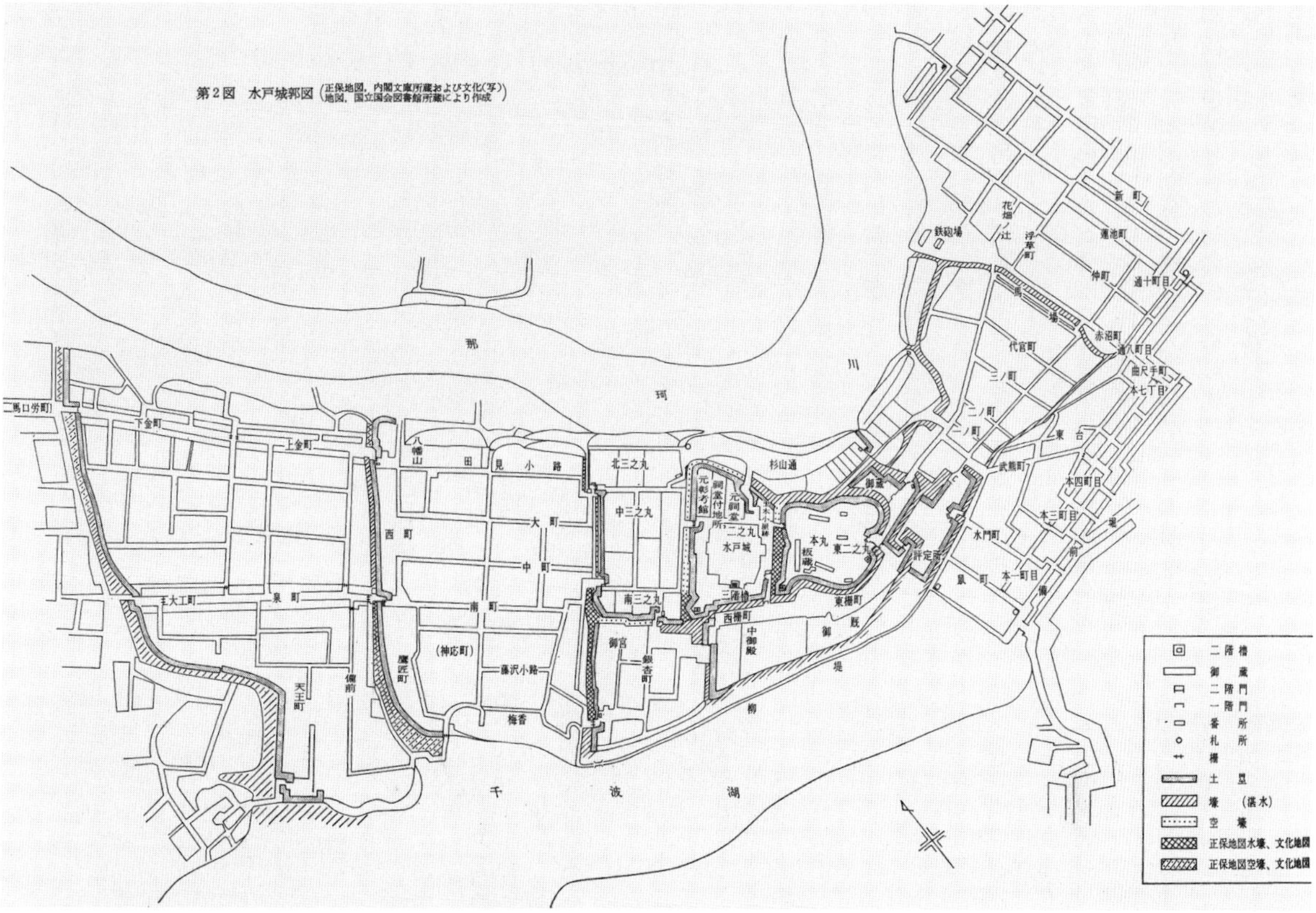

図2　正保の水戸城郭図（出典：『水戸市史』中巻（一），水戸市史編さん委員会編，1968 年，293-294 頁）1640 年代半ばの様子。本丸東側の下町が建設されて 20 年ほど経過した頃の姿。

が、いずれも町人地は下町にある。水戸だけが上町と下町に町人地が分かれるという構造をとっている。水戸の場合、台地上には古くからまちができており、その台地上のまちをそのまま拡張するのではなく、わざわざ低地を埋め立てて都市を拡張しているのだ。

しかしなぜ、台地の上を拡張せずに、低地を開発したのだろうか。

水戸の下町は江戸と奥州を結ぶ陸前浜街道のルート上にあり、参勤交代の経由地としての宿場町でもあり、那珂川の水運の拠点でもあった。そのためか、江戸中期以降の下町には本町通りを頂点に繁華な通りが少なくなかったようだ。つまり、低地開発は理にかなっていたのだ。水害に悩まされた低湿地ではあったが、「水戸」の名前が示すように水とのつながりは深いのである。

これに対して台地の上には町家筋が大町と中町の二本しかなく、大半は武家地だった。台地上は西に拡張できる余地があったが、それではあまりにお城から離れてしまうこと、そして主要幹線からも離れてしまうことから、この選択肢はとられなかったのだろう。

現在の水戸の台地の上の商業地にかつての町家筋のような雰囲気が乏しいのは、一八八四年と八六年の二度の大火や戦災復興の土地区画整理によって市街地が改変されたことが大きいが、それ以外にもか

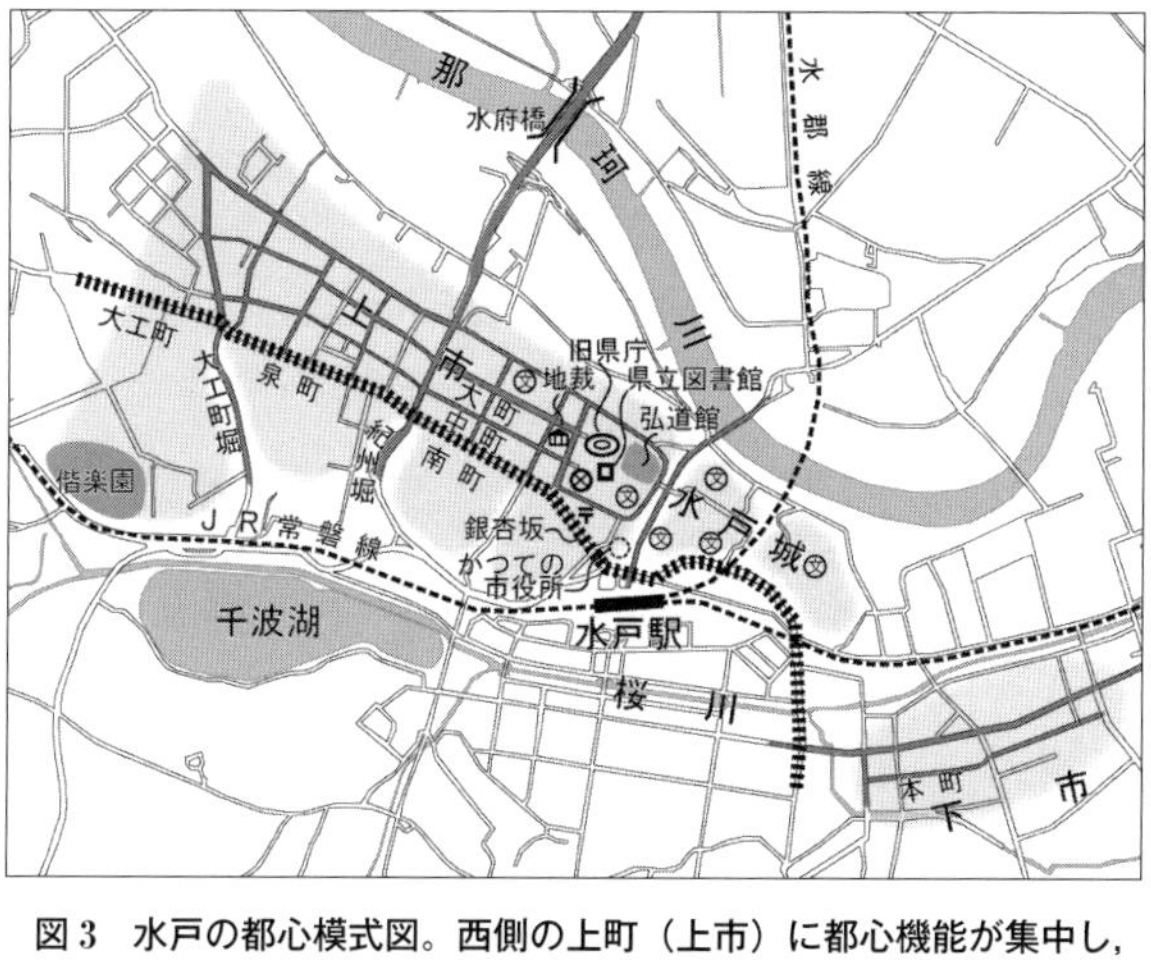

図3　水戸の都心模式図。西側の上町（上市）に都心機能が集中し，堀によって分節された台地の様子がわかる。街区は城から離れるほど規則性が弱まっている。

つての武家地が商業地に変わったところが多いことも影響を与えているのかもしれない。たとえば、泉町はかつての町人地だったが南町は武家地だった。

　台地の上に寺社が少ないというのも、台地の上が手狭になったため都市を拡張する際に、寺社が外縁部に移転され、跡地が武家地に転用されたからである。さらに水戸は鹿児島と並んで廃仏毀釈が幕末より徹底して実施された都市だった。

　防衛といえば、台地の東端の本丸から西に本丸西側、本丸と二の丸の間、三の丸の西側、紀州堀、大工町堀と五重の堀が南北に掘削され、これがその後、台地上を特徴を異にするいくつかの地区に区分けすることになっていく。

二つの核のその後

　近代に入っても水戸の二つの核はそのまま維持され続けた。一八八九年、水戸鉄道の水戸停車場(現・JR水戸駅)が下市と上市の中間に開設されている。両者の運命を分けたのは戦災だった。それも皮肉なことに、以後、中心的な商店街として発展することになったのは戦災の被害が少なかった下市ではなく、戦災の被害が大きかった上市だった。

　戦後、下市は、被害にあった上市を尻目に順調に業績を維持していたが、しばらくたって広幅員の道路が駅前から上市に向かって整備され、台地の上の南町や泉町、大工町の復興が戦前を上回る姿で実現してくると、情勢は逆転してしまう。大規模な商業施設や公共施設はほとんど台地上に再建され、下市は城下随一の繁華街という地位をあけわたすことになった。

　しかしその後、下市の本町商店街は、広幅員道路が平行してすぐとなりのブロックにできたこともあって、都心の中核商業地というよりも歴史を感じさせるおしゃれな個店が集まるヒューマンスケールのストリートとして生きながらえることとなった(写真1)。皮肉なことに目抜き通りの位置を上市にうばわれてしまったために、かつての繁昌地の芳香をいいかたちで現代に再生させることができたのである。

　一方の上市はどうだったか。――表通りを歩く限り、城下町のにおいを感じさせないまちとして戦後を生き延びてきたといえそうである。

　水戸駅を降り、駅前の広い坂道、銀杏坂を登り、南町から泉町へと続く水戸の目抜き通りを歩くと、たしかにここはあまり城下町らしくないと感じる。駅前すぐのところにあるはずのお城は実感できないし、城下町だと数多いはずのお寺や神社も見当らない。水戸駅前から大工町に至る国道五〇号線沿いは片側二車線以上の立派な道路だが、右に左にわずかだが湾曲し、計画街路らしくない(写真2)。

　この道に限らず、水戸の道路は少しずつカーブしているものが多く、城下町の計画性があまり感じられない。商店街にしても、下市の旧・本町の筋に見られるようなかつての町人地独特の賑わいや風情というものが感じられないのである。

　これが御三家の一つ、石高でみても三五万石という全国一一番目の大城下町とは思えない。何よりも計画都市としての意図といったものをほとんど感じないのである。いったいどうしたことだろうか。

写真1　下市，本町の通り。東を見る。大規模な拡幅を免れたため，いまは静かな商店街という印象が強いが，かつての文化の中心地を感じさせる洒落た構えの店が並んでいる。

写真2　銀杏坂を登りきった南町3丁目のあたり。銀杏坂は戦災復興土地区画整理事業でできた水戸市街地の幹線。このあたりが目抜き通りだが，通りの幅が広く，ゆっくりと湾曲しており，ふつうの城下町のたたずまいとは異なっている。

たしかに、明治時代、一八八四年と八六年の二度の大火にあい、その後、安田定則知事による市区改正（これは八八年の東京の市区改正条例に先行するもので、日本人の手による最初の都市計画といっていいものだった）によって堀の埋立てが加速し、道路の拡幅が行われたことや、一九四五年八月二日の空襲によって旧城下町地区のほとんどが罹災したということの影響はある。

ただし、城下町の面影があまり感じられないとはいっても、弘道館の周辺（写真3）や県庁の三の丸庁舎（旧県庁本庁舎）の前の空堀などにお城の雰囲気は十分残っているので、歴史の面影がまったくなくなってしまっているわけではないのだが、少なくとも駅から上市の繁華街へ向かう道の周辺に関しては、城下町らしさが見られない。何か山の手ばかりを歩いているようなのだ。

また、大通りに平行した北側の中町や大町の通りはかつての武家地だが、その面影も少ない。お城一帯を除けば、概して武家文化が感じられない。

じつはこのことは御三家の他の2都市、名古屋と和歌山にも当てはまる。徳川家は日本全体を相手にしていたから、武家の人々の地元へのこだわりが他の藩よりも乏しかったのだろうか。さらに水戸徳川家の場合、定府といって参勤交代をせず、江戸に定住していたので、地元に武家文化が花ひらく契機も少なかったのかもしれない。

台地上の計画

そのうえ、こんにち台地上を歩いても、かつての堀の跡はにわかには判別できない。五つの堀のうち、現在も全体が残っているのは東側の二つだけである。一番東側の本丸（現・水戸一高）と二の丸（現・水戸三高、水戸市立第二中学校、茨城大学付属小学校などの敷地）間の堀（ここには現在、JR水郡線が通っている）と次の二の丸と三の丸（現・弘道館、三の丸小学校など）の間の堀（ここには現在、駅前から水府橋に至る道路となっている。写真4）である。

三の丸の空堀は、現在、旧県庁・県立図書館と水戸地方裁判所の間に見事に保存されているが（写真5）、それ以外は埋め立てられてしまった。西側の二つの堀、紀州堀と大工町堀はかつて堀であったことさえ今日では実感しにくい（写真6）。

ただし、かつての堀を越すあたりでほとんどの道路が突き当たり、あるいは軸線がずれ、四つ角が奇妙に食い違っているので、想像をたくましくすると、

写真3　三の丸歴史ロードと呼ばれている弘道館前の道。南を見る。右手が弘道館。この道をこのさき降りていくとそのまま水戸駅に出る。

写真4　大手橋の下の道路。北を見る。第二の堀の現在の姿。かつての堀の様子がよくわかる。右手が二の丸，左手が三の丸。

写真5　桜並木の右手に現在も残る三の丸の空堀。北を見る。堀のさらに右手には県庁舎，道路の左手には裁判所があるという風格のあるシビックセンターの風景。

堀の名残は感じることができる。

そしてかつての堀にはさまれた台地上の市街地はお城から離れるほど徐々に構成がルーズになっていく。道路が定規で引いたような直線から、ゆるやかなカーブとなり、最後は軸線もまっすぐには通らなくなる。この台地は馬の背とはいうものの、実際は西に行くほどカバのお尻のように次第に広がっている。街路を通す制約条件が緩くなっているのである。

県庁は一九九九年に千波湖の南の現在地に移ってしまったが、旧庁舎の主要部は茨城県三の丸庁舎として今も西側の台地上の市街地を向いて建っている。庁舎は西側の大町の直線的な通りのちょうど突当りに建物正面エントランスとその上に載るどっしりとした塔屋が来るようにデザインされている。さほど広くない江戸時代の通りの正面に近代統治機構を象徴する建物を配するという明治の造形を感じることができる数少ないビスタの一つとなっている（写真7）。

写真 6　かつての紀州堀を埋め立ててできた南北の通り。ここもゆるやかにカーブしている。もとの堀がそのような形をしていたからである。

このブロックは大町と平行して、中町、南町の通りが東西に直線的に延びており、街区の強い計画性を感じる（写真8）。これに対して、紀州堀をわたって一つ西側のブロックでは、街区がやや不整形になり、大工町堀を越えたさらに西のブロックでは不整形の度合いはいっそう大きくなっている。

中心に近いほどまちのかたちが整形なのである。それが格式の高さを表していたのだろう。その厳格さは堀を越えて西へ向かうたびに少しずつ弱まっていく。これはそのまま台地上の土地の余裕と比例しているようだ。余裕がある土地は街区形状のしばりも緩くなる。

写真 7　大町の通りを西から東を見る。突当りは，かつての県庁舎（1930，現三の丸庁舎）の正面入り口。塔屋は東日本大震災の被害が大きく，いったん撤去され，のちに復元された。同時に 4 階の増築部分が撤去された。

水戸は、台地の地形に即応してできたまちであるが、同時に堀によってまちのかたちは分節されている。お城から遠ざかるほど、かたちの自由さが増し、道路は曲がる。お城に近いほど、矩形の街区となり、公共施設が多くなる。水戸はそのようにして近代を包容してきた。

水戸のまちは上市と下市に分節され、上市はさらにかつての五つの堀によって六つの地区に分節され、お城との距離関係によって街路構成も変わってくる。そんな分節都市なのである。

写真 8　大町の一本南側，中町の通り。東を見る。このあたりの街区は正確な矩形をしている。写真には見えないが，突当りには県立図書館（旧・県会議事堂）がある。ここにはかつて県庁舎が 1882 年から 1930 年まで建っていた。

9 宇都宮——二つの都市軸を持つコンパクト都市

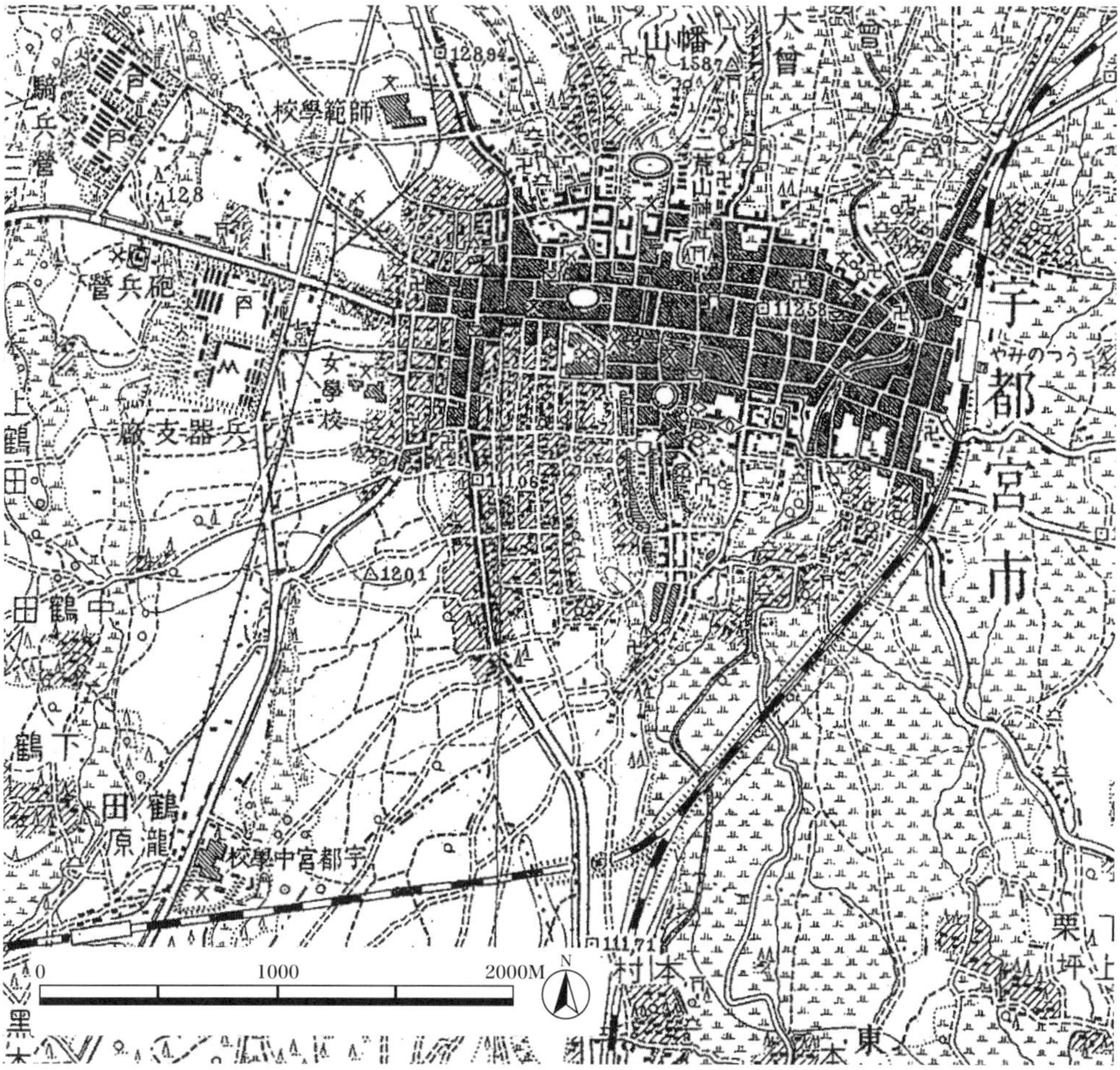

図1　五万分一地形図「宇都宮」（部分），1907 年測図，1909 年補測，1909 年発行。

見事な「骨相」

宇都宮のまちは類い稀な見事な「骨相」をしている。

いったい何のことかと思われるかもしれないが、序論にも書いたとおり、私は都市にはその都市なりの「骨相」があると考えている。通常、まちを見る際には、そこに建っている特徴的な建物や町並みによって、その個性をはかるという傾向が強い。しかし、より掘り下げてそのまちの姿を考えると、主要な都市施設の配置や道路の構成、川や丘陵などの自然環境との関係にもそのまちの個性が現れるということに気づく。

建築物を表層的なスキンと考えると建築家には叱られるかもしれないが、それぞれのまちなりの骨格にこそ、より根源的なそのまちの個性があるのではないかと考える。それをまちの「骨相」と私は呼びたい。

このような意味で、宇都宮の「骨相」はすばらしい。別のいい方をすると、宇都宮の重層した都市構造は、それぞれにそれ以前の都市構造を尊重しつつ付加されたもので、各時代の熟考された寄与が現在でも目に見えるかたちで遺されている。いや、いまだに現役の大都市として機能しているのである。

こうした大げさともとられるような私見としての

評価を、残念ながら、おそらく宇都宮在住の人はあまり実感をもって受け止めてはいないと思う。たしかにこのまちは戊辰戦争と第二次大戦時の空襲によって二度も壊滅的な被害を受けており、建物に歴史の手がかりを求めるのは難しい。駅前の大谷石製の餃子像を見ていると、何か別のところに宇都宮の個性を見出そうとする努力を感じる。

しかし、私としては、餃子もいいけれど、その前に宇都宮のまち自体をもっと顕彰してもらいたいと思わずにはいられない。

では、なぜこのように宇都宮はいい「骨相」をもっているのか――それを確かめるためには、宇都宮の歴史を検証する必要がある。

中世―近世の軸

現在の宇都宮のまちの骨格のもとになっているのは、一六世紀末から一六二〇年代にかけて都市改造された近世城下町としての宇都宮である（図2）。ただ、宇都宮城の位置をよく見ると、通常小高いところに位置するはずの城が南下がりのゆるやかな土地の南側、つまり低地側に建てられているという不思議に気づく。ここは城下でも土地の条件があまりよくない低地である。北側には日光から連なっている山地の南端が位置しており、なぜそこを避けて南側の条件のよくない土地にわざわざ城を配置したのか。

それは北側台地の南端部に位置する二荒山神社（日光の二荒山神社とは読みが異なる）のほうが古来、都市の核だったからである。中世の宇都宮はもともと二荒山神社（当時は宇都宮大明神）の神領に築かれ

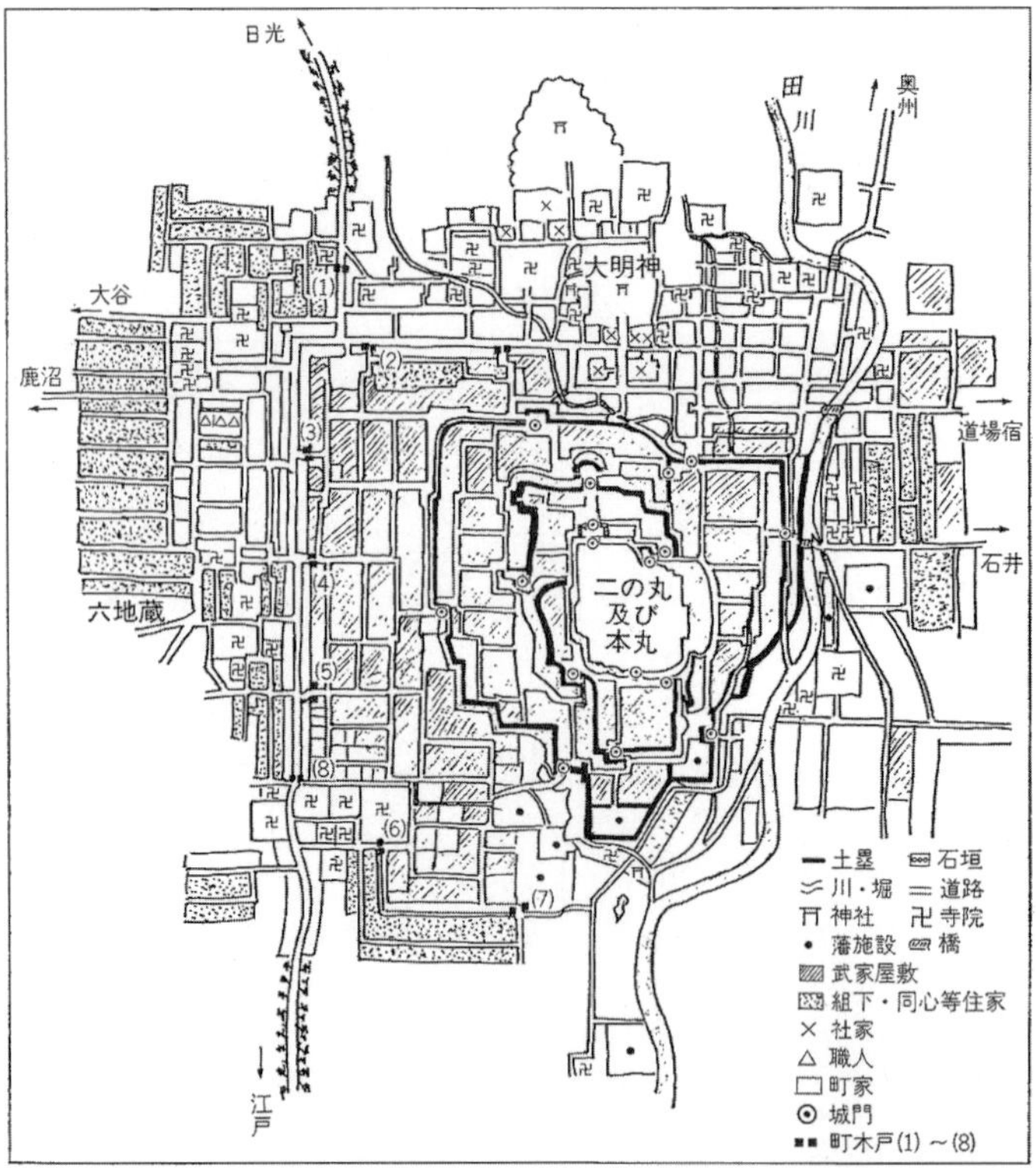

図2　松平忠弘時代（1668-1681）の宇都宮城下（出典：『栃木県史』通史編4，近世1，栃木県史編さん委員会編，1981年，422頁）

図3　宇都宮の都心模式図。奥州街道を現在の大通りとして活かし，これに県庁舎と市庁舎をつなぐ近代の軸が直交するように計画された。

た宇都宮氏による宗教都市であった。これは鎌倉の都市軸の中心が幕府の建物ではなく鶴岡八幡宮であるのと似ている。また、いずれの神社も小高い丘に南面して建っている。

二荒山神社の門前町として発祥したこのまちは、当然、神社から南へ向かう参道沿いに都市の軸があったに違いない。それはおそらく今のバンバ通り―みはし通りである。

ここには古くから奥州街道も通っていたが、おそらくは神社の東側ややはなれたところを流れている田川に沿って、南から北へ向かっていたものと考えられている。

このあたりに近世城下町を建設するにあたって、城郭を二荒山神社南側の門前町をはさんでさらに南側に北向きに正面がくるように計画したのだろう（実際に大手は北側にある）。それにしてもお城があたり一帯のなかで低地にあるというのは珍しい。北には台地の先端部に二荒山神社が構えていたからだろうか。

城下町を建設する際に、南北に延びる参道に直交する形で東西に奥州街道を迂回させたと考えられる。かつてより宇都宮は日光例幣使街道（日光街道）と奥州街道の分岐点であったが、分岐点を従来の南からお城の西北部に移動し、奥州街道の道筋を改め、お城の西を北上し、西北の角を右折して東へ向かい、二荒山神社とお城の間を西から東へ抜けるようにしている。

ここでできた東西路が現在の「大通り」（もちろんその後拡幅されている）である。宇都宮は奥州街道と日光例幣使街道の追分の宿場町としても栄えることになった。

かつてのお城は、現在、城址公園として整備され、往事の櫓や堀などが部分的に復元されている。この公園と二荒山神社を結ぶのが現在のバンバ通り―みはし通りである。バンバは二荒山神社の馬場、みはしとは、「御橋」つまり宇都宮城主しか渡れなかった橋に由来するいずれも歴史を感じさせる通り名である。現在の通りは狭く、屈曲しているが、これこそ中世に由来する宇都宮の大切な南北軸なのである（写真1）。

そしてこの南北軸に直交して新たに造られたのが、近世の東西軸、奥州街道である。この道はまぎれもなく宇都宮の近世を規定する東西軸であるが、現在も大通りという名前が示すように宇都宮の背骨として機能している。

写真 1　御橋のうえから北に，バンバ通りを見る。正面の小高い丘の上は二荒山神社。この通りが中世の二荒山神社と近世の宇都宮城を結ぶかつての都市軸だった。

こんにち、JRで宇都宮駅に到着すると西口からまっすぐ西へ延びる大通りへ出る。つまり、奥州街道が南から北上し、右折してそのまま東へ延びてきた先の突当りのところに鉄道駅を造ることによって（宇都宮駅は一八八五年開設）、旧・奥州街道を新時代の駅前大通りとしてよみがえらせたのである（写真2）。

奥州街道の方は駅の手前で左折し、北へ向かって行くことになる（奥州街道が北上するこのあたり、宇都宮の都心からすると北東方面のここからの街道が、近世城下町建設以前の古くからの奥州街道だった）。

近代の都市改造の構想

旧街道を明治の時代に新たに拡幅して、クランク

写真 2　宇都宮駅西口の駅前デッキから見た大通り。西を見る。かつての奥州街道。都心を東西に貫く幹線。駅と都心とを結ぶ都市の東西軸は，かつての街道を拡幅することでつくられた。

図4　1884年に新築された栃木県庁とその周辺。（出典：銅版画「日本名所圖會」，『昔日の宇都宮』1997年，22頁）

して突き当たるあたりに鉄道駅を配置するというのは、じつに秀逸なアイディアではないか。これによって旧街道はそのまま近代の駅前通りとして賑わいを維持することとなった。このような都市計画を構想し、現実のものとした人はただ者ではないはずだ。

じっさいのところ、このアイディアは発想するのは割合簡単にみえるが、実施するのは並大抵ではない。なにしろ、げんにもっとも繁栄している目抜き通りの町家筋を、当事者の都合は聞かずに、都市全体の構想にしたがって手を加え、拡幅するというのである。地価の安い裏通りを拡幅して表通りに仕立てあげる、というのとはわけが違う。従来の目抜き通りには地元に影響力のある大店が並んでいて、そうした大店は前面道路の拡幅などといった現状の大幅な変更にはおいそれとは賛成しないものである。また、まち全体が市区改正で変化のただなかにあるので、奥州街道沿いも拡幅を承諾して欲しいとでもいえるのであればまだしも、そうした状況ではなかった。

この計画を実行したのは時の県令、三島通庸（みちつね）（一八八三年一〇月—一八八五年一月）だった。三島の構想は道路拡幅にとどまらないので、後述する。

宇都宮駅ができ、駅前に大通りができて、大通りが二荒山神社の参道に直交して西へ延びた先に、東武宇都宮線が敷設され、一九三一年に東武宇都宮駅が造られた。旧市街地をはさんで東西両側に鉄道駅が設置され、東西の駅はいずれも大通りを十分意識した配置となっている。こうして、二つの鉄道駅の間に商業地区がはさみ込まれるようにして、こんにちの宇都宮の中心市街地の姿が完成したのである。

県庁舎が造る近代の軸

明治に入り、もう一つの新しい構想が宇都宮の地に描かれる。県庁舎の配置である。一八八四年に県庁が栃木市から宇都宮市に移される際に、選ばれたのが、二荒山神社の西側であり、そこに南向きに西洋館が建てられた。土地と建物の建設費用は宇都宮に県庁を誘致しようとしていた市民の寄付によって大半がまかなわれた。この地の周囲には、師範学校や商工奨励館、郵便局、警察署など、さらには戦後に市庁舎が集積し、それらが県庁舎から南に延びる並木道沿いに並ぶ近代都市の軸が造られた（図4）。これが現在の中央通り、通称マロニエの並木道である（写真3）。その名のとおり、今では栃の木の美しい通りとなっている。

写真3　近代の都市軸である中央通り，別名マロニエの並木道から県庁舎を見る。

県庁舎を突当りに配して南に延びる街路沿いにシビックセンターを形成し、駅からアプローチする道路がこれに直交するという近代都市の造り方は山形市とよく似ている。それもそのはず、両市とも鬼県令として君臨した三島通庸が造りあげた都心だからである。

つまり、近代都市としての宇都宮の構想は三島によって練りあげられ、ほぼその形で実現された。県庁を栃木から迎え入れたいという市民の熱い希望をうまく梃子として、シビックセンターの整備がおこなわれた。

ただし、山形の場合は既往の街道筋が南北に走り、新規に駅前の通りが東西に抜けている。これで十字が形成されるのであるが、対する宇都宮は既存の道路が東西路で、ここに近代の南北軸が直交するように挿入されている。他方、県庁舎はいずれの場合も北の端に南面して建っている点は同じである（ただし、山形では県庁舎はその後東郊へ移転してしまった）。

宇都宮の場合、近代の新しい南北軸は、一九四六年に始まる戦災復興土地区画整理事業により、さらに強化されることになる。この事業によって主として幹線道路の拡幅が行われたが、なかでも県庁前から南に延びる中央通りの並木道がさらに南へ延伸され、その突当りに一九八六年に市庁舎が県庁舎のすぐ脇から移転してきたことによって県庁舎と市庁舎が北と南から向かい合う見事な近代の軸が成立した。

のち、県庁舎もほぼ原位置で建て替えられ（二〇〇七年）、北の要の位置を守り続けることになった。

その際、旧本庁舎も敷地内で曳き家して、九〇度回転して残されている。これによって本館（新館）と昭和館（旧館）が新館前の空間を取り囲むようにして、一つの入り隅が形成されている。中央通り（マロニエ通り）の北の押さえは広場の奥に本館のタワーが南に正対して建つという明治以来の都市構造を巧妙に受け継いでいる。

さらにいうと、新しい県庁舎本館と南の市庁舎はいずれもほぼ同じ高さで、対面するような平面プランで造られているのである。

宇都宮は二荒山神社―城址公園という中世から近世にかけての軸に対抗するように、県庁舎―市庁舎という近代の新しい軸をおよそ一〇〇年かけて実現してきたのだ。

こうした近代の軸を造り出すことは、当時はそれほどふつうの都市施設の立地方法ではなかった。通常であれば、お城周辺に空いた武家地を公共施設用地として転用することによって容易に土地を手当てすることができたのだから、無理をして近代化の軸を新たに造り出す必要性は高くなかったはずである。

むしろこうした近代化の軸を造り出したいという強い意向が、お城を取り巻く公共施設群という一般的な城下町の近代化の路線をとらせなかったのだろう。

その結果、宇都宮の城址公園周辺は（後に移ってきた市庁舎を除いて）静かな住宅地となっている。こうした宇都宮の現在の姿にこそ、このまちの都市近代化の際だった特色をみることができる。

二つの軸をつなぐ道

二つの平行な南北の軸に対して直交する東西の道路もおもしろい。一つは先にも紹介した大通りで、これはこんにちの都市の背骨を形成する大動脈であり、クルマの幹線でもある。県のへそにあたる栃木県道路元標はこの大通りと近代の南北軸（中央通り）

写真 4　大通りの中央分離帯にある栃木県道路元標。東京街道（東武宇都宮駅の西側の南北路）が大通りに突き当たる T 字路のところにある。たて長の定型とは異なる形をしている。

写真 5　都心のアーケード街，オリオン通り。都心の主軸である東西路，大通り（旧・奥州街道）の南側の東西路。城下町時代から曲師町と呼ばれる繁華地だった。

写真6　都心を北西から南東に向かって流れる釜川。グリッド状の街路を縫ってカーブしながら流れ下る。1991年までに二層式河川として整備された。

が交差する本町交差点からやや西に行った中央分離帯のなかにある（写真4）。

この大通りに平行した東西路がアーケードの架かる中心商店街、オリオン通りである（写真5）。そしてこれら二つの東西軸はわずか二街区しか離れていない。オリオン通りも江戸時代からの長い歴史を持つ通りである。

また、こうした東西路・南北路の間を縫って、不規則に蛇行しながら都市内の小河川である釜川が都市の北西から南東へ向けて流れている（写真6）。

かつては集中豪雨のたびに氾濫する川であったのを一九七四年から河川改修が始まり、とくに都心部に関しては日本初の二層式河川として九一年に整備されたものである。やや過剰気味のデザインではあるが、格子状に整理された均質的な街路を縦横に縫うように自然の曲線と動きのある水路がつないでいる様子は、散策するものに思いがけない発見を提供してくれる。

写真7　市庁舎側と城址公園間の緑道。市庁舎側から東を見る。城址公園の整備にともなって近年設けられた。二荒山神社―宇都宮城と県庁舎―市庁舎というふたつの軸をつないでいる。

直線的な街路の背後を縫うような曲線で流れる小河川と川沿いの小径、そこに立地している種々の飲食店――これが宇都宮のまちの背後の意外な風貌を垣間見させてくれる格好の装置となっている。

さらに近年、整備された城跡と市役所間が広い幅の緑道でつながった（写真7）。これによって東西二つの南北軸はつなぎ合わされることになった。都市に新しい回遊性が生まれたのである。

コンパクトシティ宇都宮

このように宇都宮の都心部には中世から近代までの都市づくりの意図がそれぞれに影響を及ぼし合いながら重なり、散策する者にドラマチックな印象を与えてくれる。そして何よりも、これらの通りや拠点がすべて徒歩で回遊できる範囲にあるのがいい。

さらに、都市全体を宇都宮環状道路（通称「宮環」）が取り囲み、不要な通過交通を迂回させてくれている（ただし、その環状線がロードサイドショップだらけになっているのは皮肉だが）。

このように歴史を知って歩いてみると、宇都宮は都市づくりの構想が都心に凝縮した、文字どおりのコンパクトシティなのである。

宇都宮駅の駅前広場には、こうした立派な骨相をうまく表現した見ごたえのある地図こそがふさわしいと思う。

10 前橋——生糸商人の心意気都市

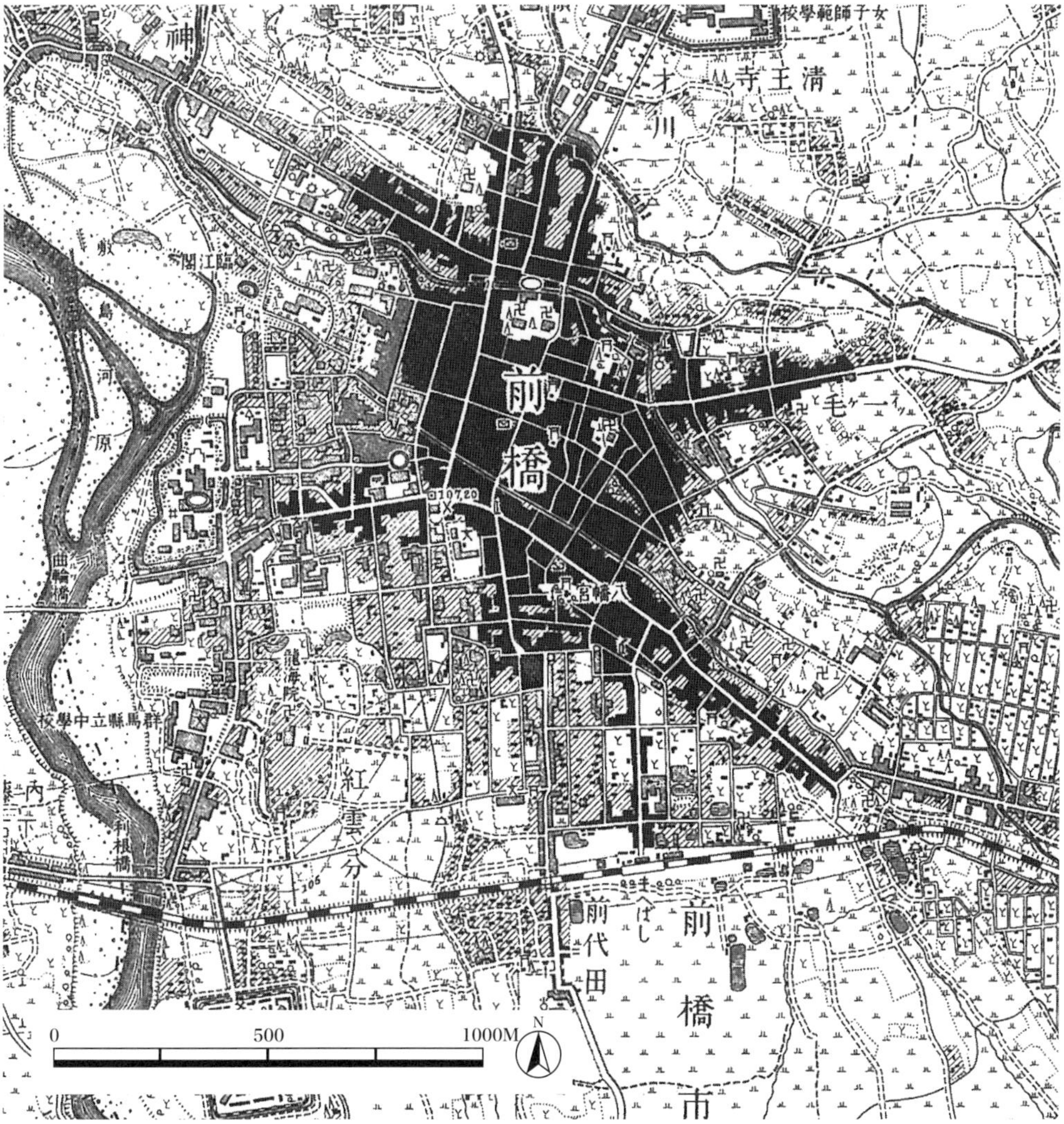

図1　二万分一正式図「前橋」（部分）1907年測図，1910年発行。

「ゆるい」城下町

図1は一九〇七年の前橋の市街地の様子を表した二万分の一の地形図である。市街地の西を利根川が北から南へ流れ、曲輪橋北東の岸辺に県庁舎が建っている。県庁舎があるあたりから東に少し離れたあたりに家並みが重なっている。一見してとまどうのは、この城下町にどのような計画性があったのか、ということである。

明治維新から二〇年も経過しているので、お城の建物や堀、そして武家地が大きく変わっていることは他の城下町と変わりはない。しかし、通常の城下町であれば、町人地のしっかりした直線的な街路、そして町人地を貫く街道筋などに表される都市の軸線が地図からはっきりと読み取れるものである。

ところが、前橋の地形図から読み取れるものといえば、どこをとってもゆるやかに湾曲した市街地の道路や計画の意図があまり感じられない街区など、いかにも自然発生的に生まれたかのような都市の姿である。——これはいったいどうしたものなのか。前橋はほかの城下町となぜこのように異なっているのか。

こうした明治初期の都市のあり方は、千葉に少し似ているようにもみえる。千葉のまちも道路が湾曲しながら都市を通過しており、いかにも自然発生的な道路のようにみえるからだ。ただし、千葉の砦は一五世紀半ばには滅ぼされ、そののちは妙見宮（みょうけんぐう）の小さな門前町として命脈をつないできたまちである。集落の歴史は近世以前に遡るとはいえ、一六〇一年の酒井重忠の入封以降、城下町としての体裁が整えられてきた前橋と比べるべくもない。前橋は、それまで現在地にあった城郭を厩橋（まやばし）藩（前橋藩の旧名）三万三千石の城と城下町として整備した都市である。

さらにいうと、近世前橋城の本丸があったあたりに県庁舎が位置し、現在も堂々たるシビックセンターが形成されている。城郭の再利用としてはじつに秀逸な都市なのだが、まちを歩いているだけでは、堀もなければ櫓（やぐら）や城門も残されていないので、県庁舎のあたりがかつての本丸であったということはなかなか実感できない。

前橋は不思議な近世城下町である。計画性が実感されにくいという意味ではじつに「ゆるい」城下町なのである。どうしてこうした都市が生まれてきたのだろうか。そこには何かかくれた意図があるに違いない。

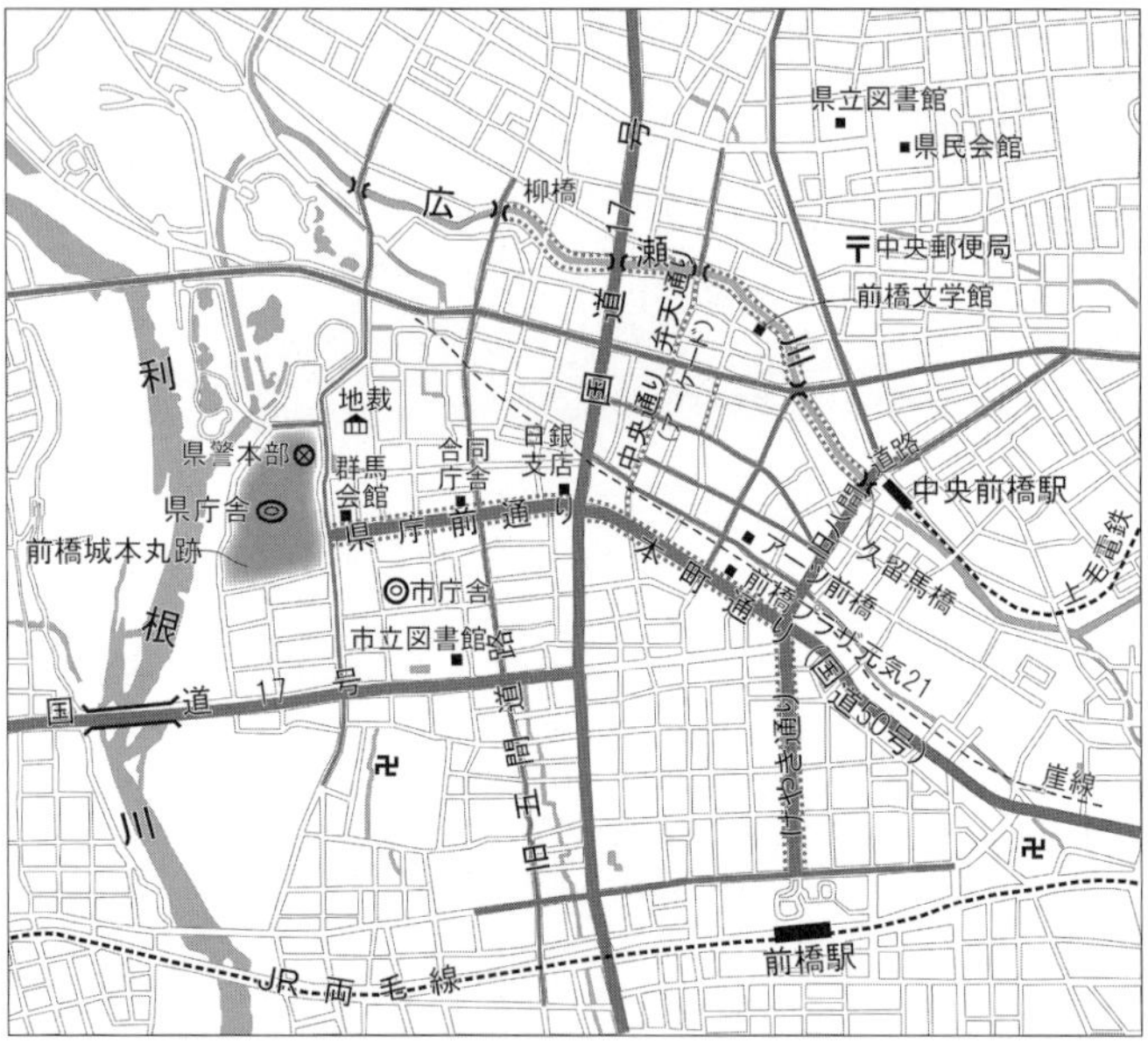

図2　前橋の都心模式図。

まちの背骨としての本町

前橋の長い都市形成の歴史のなかで確実にいえることは、本町通り（現・国道五〇号）こそが都市の背骨であったということである。南東側、つまり江戸の側から前橋に接近し、お城へ向かう道に沿って本町、すなわち中心街が成立している。これはいわゆるタテ型の城下町の定型で、中世に遡る防御を中心とした都市の姿を表しているとされる。

ここで興味深いのは、都市の背骨である本町通りはゆるやかにカーブを描いているということである。その理由は本町通りを歩いてみると一目瞭然である。

かつての街道筋、そしてその後の城下町の基盤となった本町通りは、現在は見事なけやき並木と広い歩道をもった幹線道路である（写真1）。しかし、一歩北側の横丁に入ると、なだらかな下り坂となっている。その先は、広瀬川までふたたび平坦である。そして本町通りから広瀬川までが、基本的に前橋城下町の町人地だった。現在は両岸に風雅な柳並木が続く緑豊かな広瀬川は、昔をたどるとかつては利根川の本流だったという。

つまり、本町通りは、利根川の旧河道が生み出した小さな河岸段丘上の縁に沿って通っている（写真2）。自然地形がゆるやかなカーブを描いているので、本町通りもそれに従ってゆるやかに湾曲している。北関東に広がる利根川洪積平野は一見平坦で変化に乏しいようにみえるが、こうして細かく見ると、

写真1　本町通り，現在の国道50号。前橋駅前から延びるけやき通りの交差点から西を見る。昔も今も，この都市の背骨である。

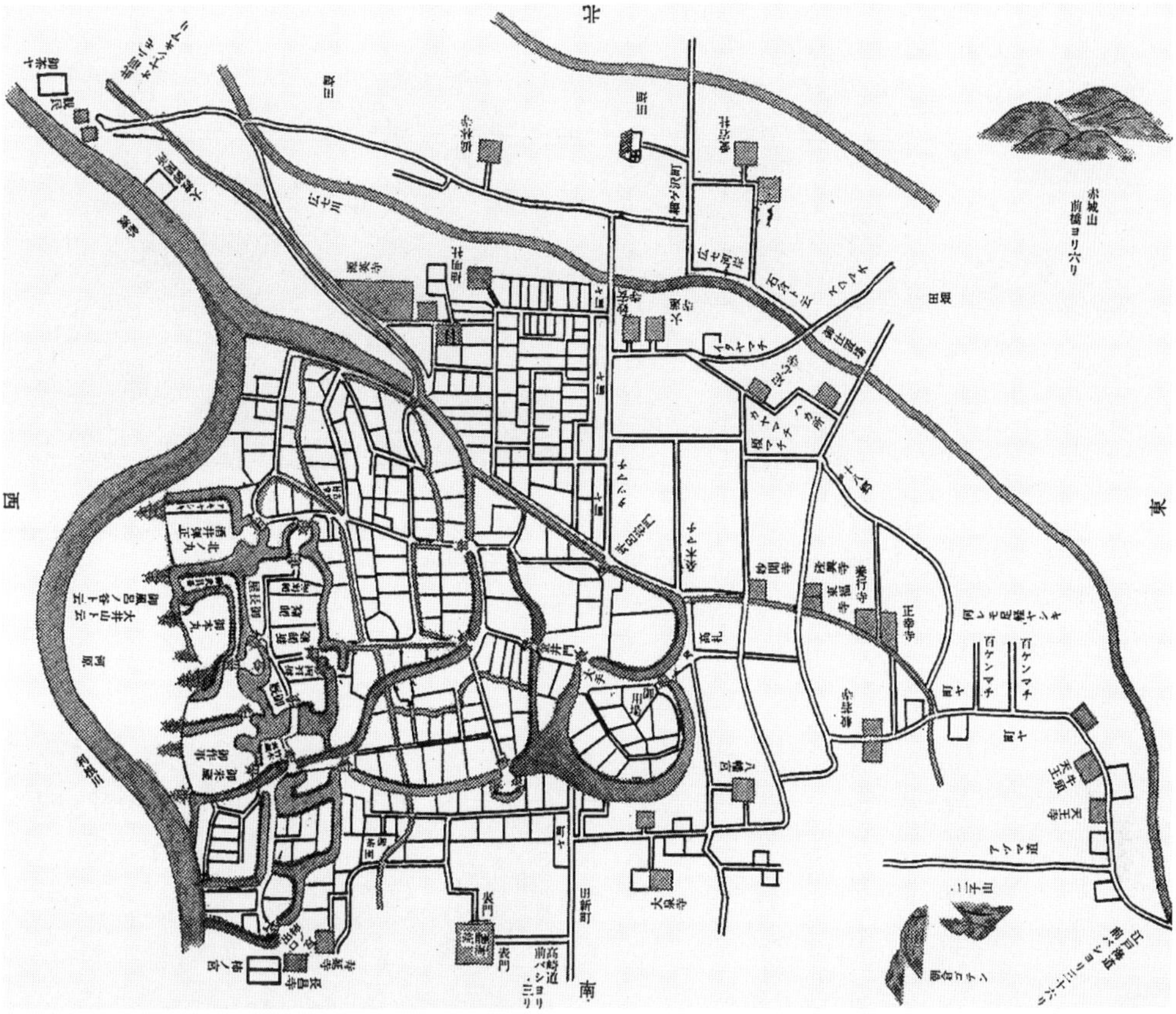

図3　近世前期の前橋城の図，町人地の部分は正確には描かれていないが，西側に堀が幾重にもめぐらされ，堀内の武家地が大半を占める様子はわかる（出典：『前橋市史』第2巻，前橋市史編さん委員会編，1973年，200頁）。

地形に個性が見えてくる。

また、広瀬川もゆるやかに湾曲して流れているので、それに沿ってできたまちも当然ながら湾曲したものになる。前橋の城下町が「ゆるい」のは、自然地形のゆるさそのものなのだ。そしてそれをもたらしたのは、利根川自体だった。

写真2　本町通り北側の段差。奥の段差の上が本町通り。利根川の旧河道である広瀬川の河岸段丘に沿って本町の通りができたことがわかる。

前橋の都市構造は利根川のたまものである。

お城へ達する本町通り

もちろん本町通りはかつての町人の通りだったので、武家地とはお堀や門で画然と区別されていたはずである。図3を見ても堀の内側と外側とでは道路パターンが異なっているのがわかる。ところがこんにち、本町通りは東から町人地を貫通してそのまま西へ進み、やや左に折れ曲がりながらさらに延長して県庁前通りとなり（この屈曲が町人地と武家地の境を表している）、そのまままっすぐ進み、かつての本丸のところに建つ県庁舎正面に突き当たる。これほど見事に、都市の唯一無二の背骨を県庁舎がきちんと受け止めている都市はほかに思いつかない。まさしく前橋の最大の特長となっている。

図1では、県庁舎の正面に突き当たる道は建設されていないが（この道が開かれるのは一九二〇年代）、本町通りが西へ延長された周辺に厩橋学校、師範学校、女学校、病院、製糸場、紡績所、始審裁判所、県庁舎、監獄支所などの公共公益施設がずらりと建ち並んでいる。何よりも、県庁舎のまわりにぐるっと堀がめぐっているのがわかる。

現在でも、堀のあったあ

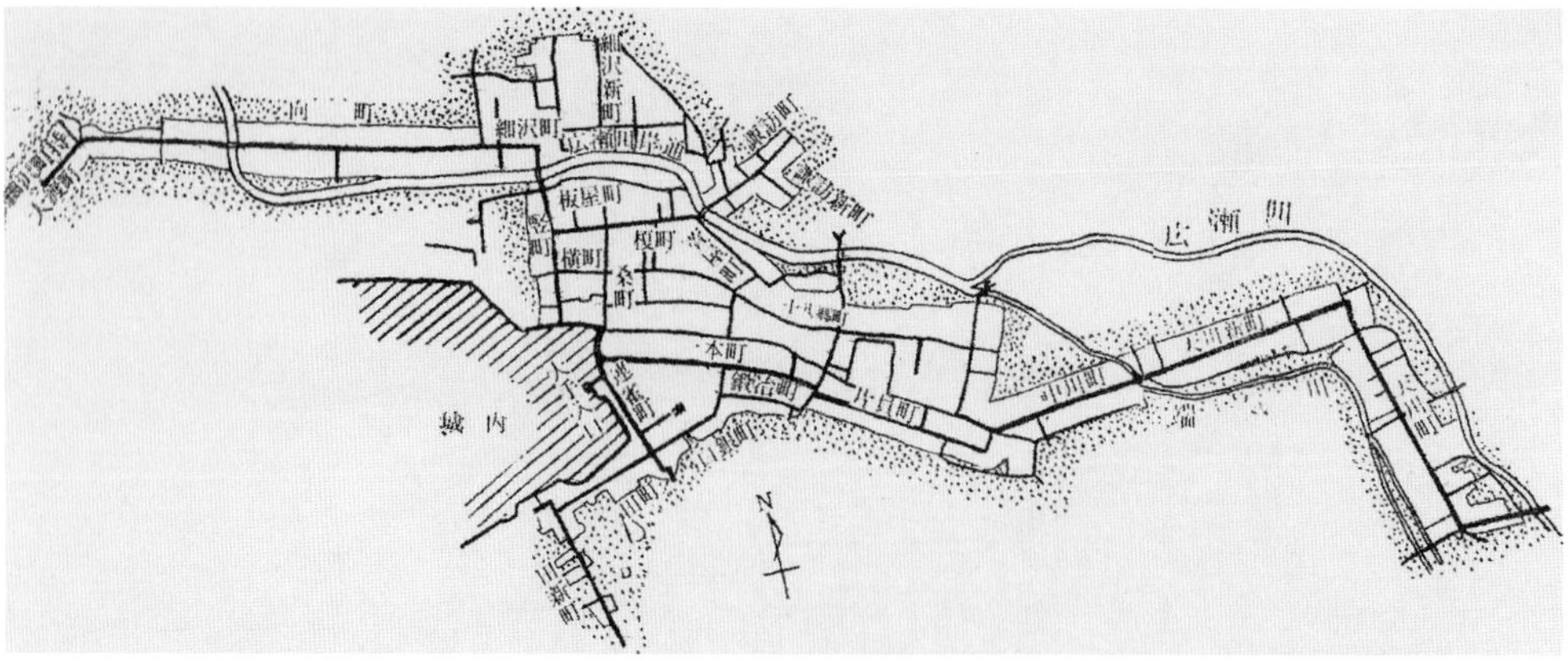

図4　1821（文政4）年の前橋町の図、本町を軸に町人地が形成されていた様子がわかる。武家地部分は描かれていない（出典：『前橋市史』第3巻，前橋市，前橋市史編さん委員会編，1975年，38-39頁）。

たりには広々とした道路が通っており、周辺には市庁舎や地方裁判所、地方法務局、群馬会館、日銀支店、銀行協会などの施設が並び、堂々たるシビックセンターを形成している。

前橋では近世の本丸を中心とした城郭が近代の官庁街へと転身し、並行して近世の有力商家街は近代の幹線道路へと見事な変身を遂げているのだ。

じつはこのことはほかの都市ではほとんどみられない。なぜならば、本丸を中心とした一帯は、当初県庁舎が置かれることはあっても、その後公園もしくは軍用地とされることがほとんどであるし、本町の通りも老舗の商売が続いているところなので、大胆に拡幅するということはなかなか同意が得られないのが通例であるからだ。近代の幹線道路の建設はそれまでの目抜き通りを避けて、一本裏の通りを拡幅することのほうが普通である。

なぜ前橋では、近世と近代とが見事に一本道で接続しているのだろうか。――この疑問を解くためには、前橋の歴史を振り返る必要がある。

県都を守った生糸の力

前橋は城下町とはいうものの、明治維新の前年までの九九年間、藩主は川越に居城を移し、前橋は廃城となっていた。移転の理由は前橋城の本丸が利根川の氾濫によって破壊されたためだった。前橋の人々にとってお城の復興、藩主の帰還は悲願だったのである。それが実現したのが一八六七年――ということは、明治維新の段階で新品の藩庁が残されており、これを県庁舎に転用することはごく自然のなりゆきだった。そして、こうしたお城の建物を自力で建設して、城主を迎え入れたのが、生糸で栄えた前橋の商人たちだったのである。

本丸の建物は一八七一年七月、前橋県の県庁舎として転用された。しかし、問題はここで終りではなかった。同年一〇月の第一次群馬県成立にあたっては県庁は旧・高崎城に置かれた。翌七二年六月には県庁が旧・前橋城に戻されたが、その翌年の六月には群馬県が入間（いるま）県と統合して熊谷県となると、県庁は熊谷へ移された。

一八七六年八月の第二次群馬県成立にあたっては県庁は高崎の安国寺に置かれた。その後、県庁を前橋へ移す運動が盛んになり、八一年二月に正式に県庁を前橋に移す太政官布告が出されている。

このように前橋と高崎は県庁争奪戦を繰り広げたが、最終的には前橋の生糸商人の力で、医学校や師範学校を地元負担で建設することによって県庁舎の前橋誘致を成功させている。

有力町人たちの多額の寄付によって本丸周辺が整備され、堂々たる行政中心が造られていった。和風の旧藩庁舎はその後、大正末まで県庁舎として使用され、洋風の新庁舎（現・昭和庁舎）が一九二八年に完成している。その後、昭和庁舎の横に九九年に議会棟と高層の新庁舎が建てられ、こんにちに至っている（写真3）。

いってみれば、前橋のまちは町人の心意気で、県都の面目を保ってきたのである。その意味で、城下町の芯である本丸とその周辺を、市民の公園ではなく県庁舎をはじめとする貫禄のある官庁街として使い続けることは、県庁誘致の根幹をなしていたのだろう。

同様に、本町通りを都市の幹線として拡幅整備することに、地元の大店の商人たちも同意したのではないだろうか。つまり、県庁所在地としての面目を保つための努力を地元の町人たちが続けてきたからこそ、近世に齟齬なく接続する近代都市が生まれたのではないだろうか。その意味で、前橋は町人の心意気都市なのである。

ヨコの歴史軸に対するタテの近代軸

こんにち前橋を訪れる多くの人は、高崎駅でＪＲ両毛線に乗り換えて前橋駅をめざすことになる。駅を降りると、見事な並木のけやき通りが迎えてくれる（写真4）。前橋駅はかつて上野駅と結ぶ日本鉄道の最初の路線として一八八四年に全通している（ただし、この時の前橋駅は利根川の西岸にあり、既成市街地の東南縁の現在の駅は八九年に開設）。

駅前から北に延びるこのけやき通りこそ、近代前橋初の広幅員道路だった。前橋駅から北上して本町通りと交差し、久留馬橋を越えてさらに北東へ延びるこの街路は一九二四年に造られた。当初幅員が八間（部分的に六間）であったことから八間道路もしくは久留馬橋通りと呼ばれていた。この通りに接するように上毛電鉄の中央前橋駅が開設されたのは一九二八年だった。

冒頭に述べたようにこの都市は本町通りに始まって、広瀬川や古くからの繁華街である銀座通り（写真5）、さらには旧・利根川の河岸段丘をなしている東西の崖線など、いずれもヨコ軸が卓越しており、ヨコの東西軸が歴史の中心をなしてきた。その分、南北をつなぐ通りの存在が希薄だった。

これを解消しようとして計画されたのが、この八間道路であり、同時期に市街地西部を南北に貫通する新設道路である五間道路だった。五間道路は広瀬川に架かる柳橋から南下していることから、柳橋通りとも呼ばれた。

前橋駅前のけやき通りはその後、一九二五年に幅員を一五間に拡げている。さらに、戦災復興の街路事業において幅員五〇メートルの広路1号（前橋駅通線）として計画され、のち幅員三六メートルに変更されて現在に至っている。

タテの近代軸として現在もっとも交通量が多いのは、国道一七号である。これは、かつての街道筋の南北部分が戦災復興の土地区画整理事業のなかで都

写真 3　現在の県庁舎周辺。左手手前に県庁の昭和庁舎（1928 年），奥の高層が本館（1999 年）。左手は群馬会館（1930 年）。群馬会館の敷地にはかつて群馬県医学校（1878 年）や群馬県女学校（1882 年）があった。

写真 4　前橋駅前から北に延びるけやき通り。北を見る。かつて 8 間道路と呼ばれた。1925 年に幅員 15 間となり，戦災後 36 メートルに拡げられた。

写真 5　古くからの繁華街，銀座通り。北の広瀬川と南の本町通りにはさまれた地区がかつての町人町。東西路がメインだった。

市間の幹線として整備されたもの。この一本東側の同じく近世からの街道筋の部分が中央通り（rose avenue）——弁天通り商店街のアーケード街となっているのと対照的である（写真6）。このアーケード街は、前橋のなかで唯一南北に通る歴史的な街路である。

前橋という都市は、このようにヨコの歴史軸とタテの近代軸とでみると、その構造がよくみえてくる。ただ興味深いのはヨコの歴史軸の本命である本町通りが現在は広幅員のけやき通りとして駅前から連続する幹線となっていることである。県庁舎を誘致した有力町人たちの心意気が、目抜き通りの拡幅という力技を実現させたのだろう。

写真6 弁天通りのアーケードから中央通りのアーケードを見る。中央を左右に横切っているのは立川町通りの東西路。このアーケード街は江戸時代からの通りだった。

広瀬川沿いの緑道

ここで特筆すべきなのは、広瀬川沿いの両岸に広がる約一・二キロメートルの遊歩道である（写真7）。都会の中のオアシスのようなこの緑道は、じつは、戦災復興の公園事業として、土地区画整理で生み出されたオープンスペースを広瀬川沿いに集め、幅員八−一五メートル、約八ヘクタールの広瀬川沿いの公園遊歩道（広瀬川河畔緑地）としたものである。焼け跡の混乱も十分に収まらないなかで、このようなゆとりある空間を構想できた当時の計画者たちに敬意を表したい。

前橋は「水と緑と詩のまち」を標榜しているが、このうち水と緑のメインのイメージはこの広瀬川沿いの風景と駅前から本町通りにかけてつづくけやき並木が生み出しているといっても過言ではない。そのいずれもが、既成市街地の八割を焼き尽くした悲惨な空襲（一九四五年八月五日）のあとの復興事業のなかで生み出されている。

写真7 戦災復興で生まれた広瀬川の遊歩道。柳を主に桜やけやきなどが植えられている。広瀬川の豊かな水量と相まって前橋を代表する風景となっている。

あと一つの「詩のまち」は、もちろん、萩原朔太郎を生んだ土地だということであるが、文学者は土地を選んで生まれてくるわけではないので、前橋で育った朔太郎がその文学的な人格形成にあたってこの都市がある一定の寄与をした、ということをいいたいのだろう。朔太郎には一連の「郷土望景詩」がある。

その一つ、「廣瀬川」という題の詩碑が川沿いに建っている。

廣瀬川

廣瀬川白く流れたり
時さればみな幻影は消えゆかん。
われの生涯(らいふ)を釣らんとして
過去の日川辺に糸をたれしが
ああかの幸福は遠きにすぎさり
ちいさき魚は眼(め)にもとまらず。

（『純情小曲集』〈一九二五年〉のうち郷土望景詩より）

朔太郎は愛憎入り混じる感情で彼が生まれ育った「利根川に近き田舎の小都市」（『純情小曲集』序文より）を見ていたが、想像力をめいっぱい発揮して、現在の広瀬川の風景のなかに朔太郎のような感性を読み取ろうとするだけでも、都市はその懐から新しい風貌をのぞかせてくれる。——それもまちあるきの奥深い愉しみの一つなのである。

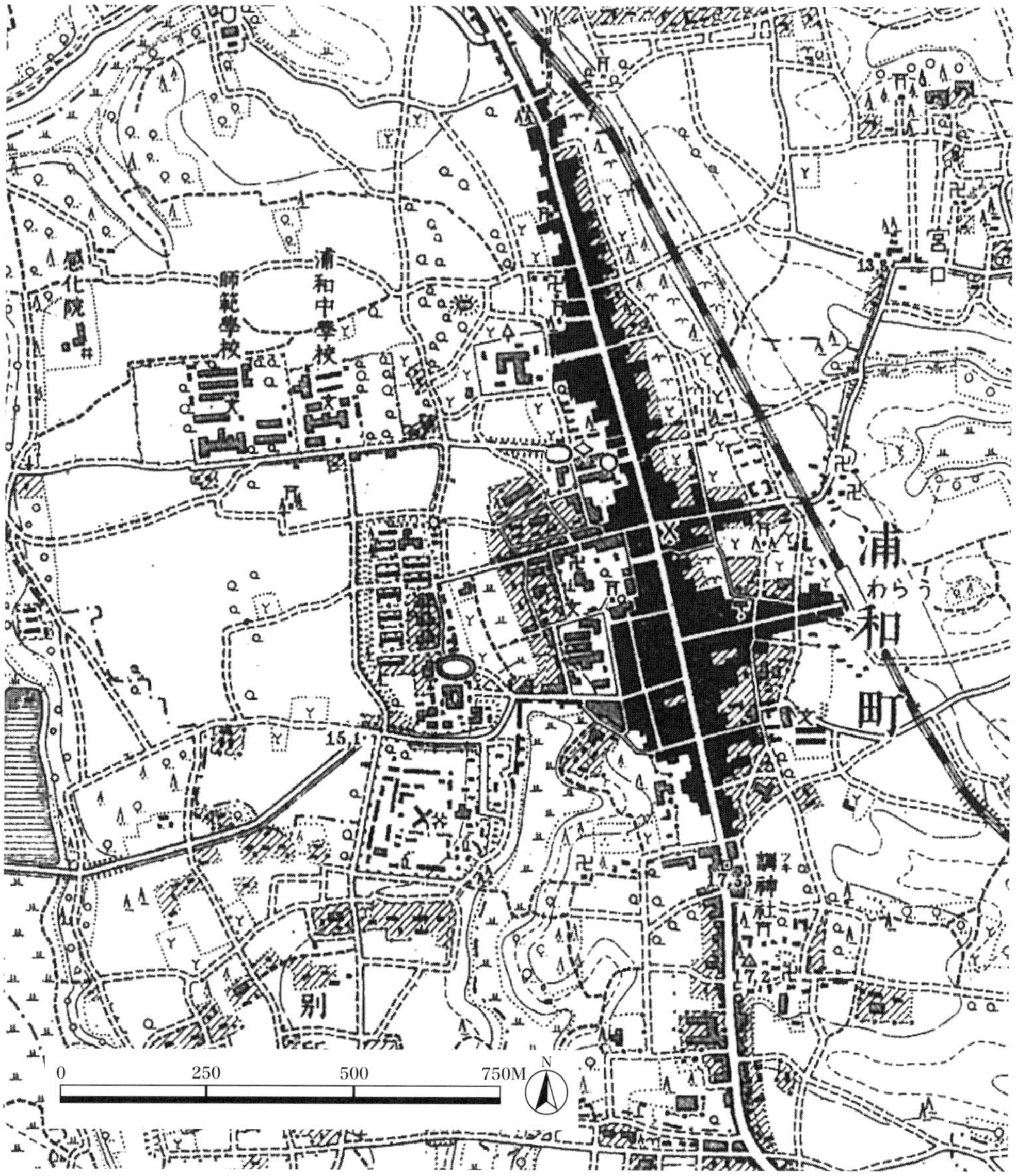

図１　二万分一正式図「浦和」（部分），1906 年測図，1909 年発行。

11 浦和
——線から面への転換都市

宿場町の近代とは

浦和市は二〇〇一年に大宮市、与野市と合併し、今はさいたま市となっている（二〇〇五年に岩槻市を編入）。県庁所在都市のうち平成の合併で地名が消えた唯一の例ということになる。しかし考えてみると、浦和宿より規模がやや大きい中山道の宿場町である蕨宿や鴻巣宿があり、大宮宿もあった。このほか日光道中にはより大きな草加宿や越谷宿があった。こうしたなか、目立たない浦和宿に県庁舎が置かれたことの方が不思議だともいえる。いずれの都市に県庁が置かれたとしても、県庁所在都市が宿場町というのは全国でここだけである。

　さらにいうと近隣には岩槻や熊谷、川越といった、人口規模でいうと浦和の倍ほどある都市が控えていた。しかし、これらの都市との関係は、武蔵国がいかに分けられて現在の埼玉県が成立するかという物語になる。その話はあとでみることにして、まずは浦和宿周辺の中山道に的を絞りたい。

　じつは、宿場町の近代化は城下町の近代化とはまったく異なった課題をかかえている。城下町の場合、いずれの都市においても城郭そのものをはじめとして膨大な規模の武家地が明治のはじめにいっきょに空き地となって公有化されたので、官庁や学校、軍の施設などに容易に転用できた。これが都市のすみ

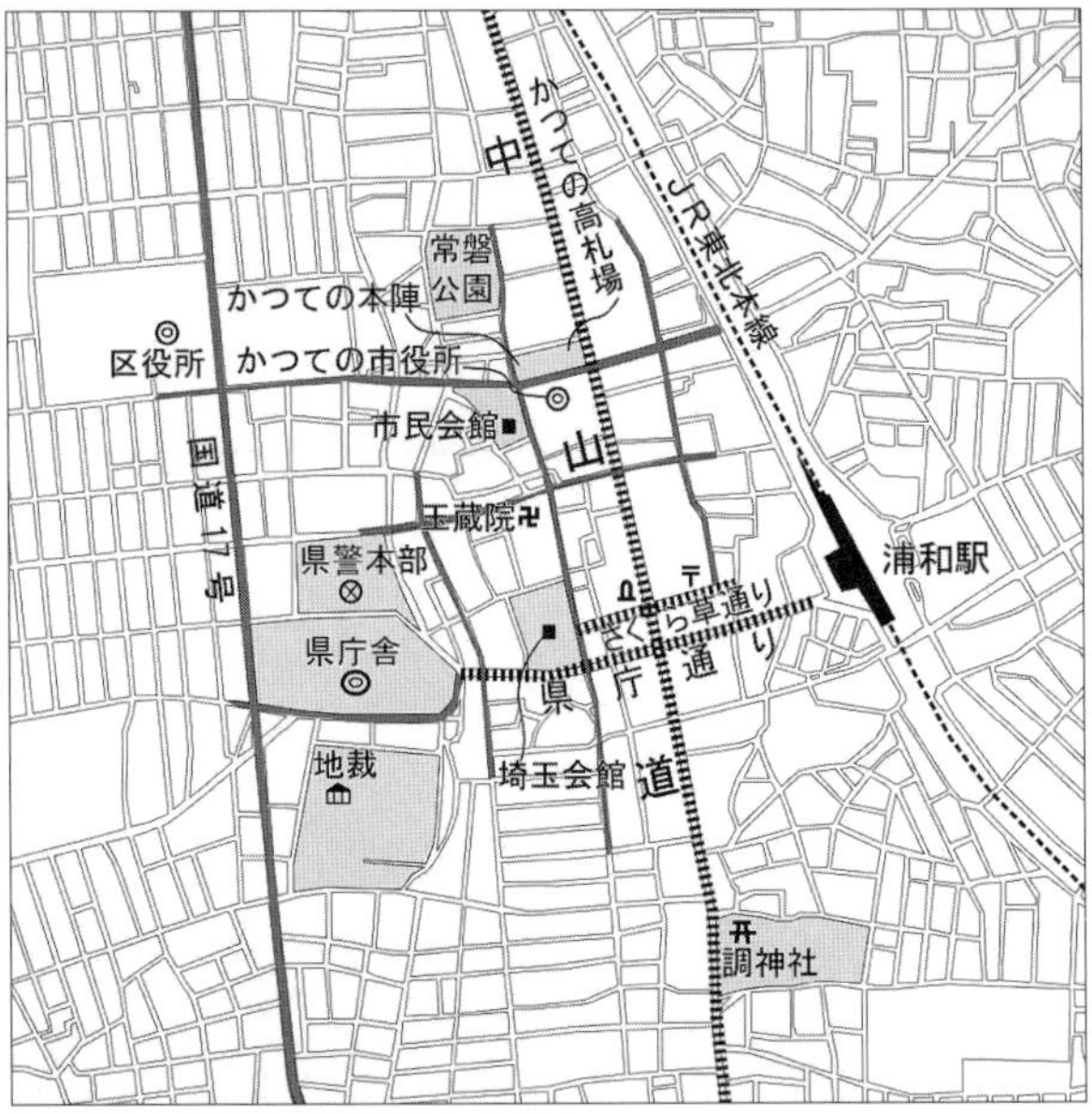

図2　浦和の都心模式図。

やかな近代化に大きく貢献した。

一方、宿場町の場合、そうはいかない。表通りに面して町家がびっしりと建っているうえ、宿駅の機能は明治になっても急に衰えるわけではない。明治維新後も徒歩が主要な交通手段であったことに変わりはなかった。お寺や神社ですら街道裏側の土地に甘んじていることが多い。公共用地を供給してくれる旧武家地もない。街道裏の畑地は表通りの町家の地所の延長で、短冊状に土地が細切れになっており、大規模な施設用地には不向きだ。

こうした状況なので、宿場町に県庁舎用地のための大規模な未利用地を見出すのはたやすいことではない。港町でも宿場町と同様の近代化の課題をかかえているが、宿場町ほど一本の道に依存するということが少ない分、まだ対応の余地があるといえるが、宿場町にはマージンがじつに乏しい。

写真1　中山道，県庁通りの交差点から北を見る。左右に延びる県庁通りは，浦和駅（右）と県庁舎（左）を結ぶ近代のヨコ軸といえる。近世のタテ軸である中山道との交差点は文字どおり，近世と近代が交差するところなのである。

浦和の都市骨格

ではなぜさほど大きくもない浦和の宿場町がどのようにして近代化を達成してきたのか、とくに課題となる大規模用地をどのように確保してきたのか。それにもまして、どうして他のより大規模な都市ではなく、浦和が県庁を迎えることができたのか。それらを理解するためには浦和の歴史と都市構造をよくみてみる必要がある。

ＪＲ浦和駅の西口を降りて、駅前広場南側の方から西にまっすぐ延びているのが県庁通りである。この道を歩くと、しばらくして交通量の多い道路を横切る。これが中山道である（写真1）。その先しばらく行くと下り坂にさしかかり（写真2）、坂を下りきった先のゆるやかに登りはじめる向かい側の傾斜地に県庁舎が建っている。埼玉県の県庁は一八六九年以来ずっとこの位置である。これほど県庁舎の場所が動いていない例も珍しい。周囲には県警本部や地方裁判所などが並び、現在では一大官庁街を形成している。

写真2　県庁通りの下り坂。中山道から西を見る。この坂を下りきった先の向かい側の丘の斜面に県庁舎が建っている。県庁舎の位置は1869年以来変わっていない。

浦和宿が立地しているあたりは南北に長いゆるやかな舌状台地を形成しており、中山道はその尾根の中央を南北に走っている。ＪＲ浦和駅は台地の東の端であり、近代建築の傑作、埼玉会館（旧・師範学校用地、現在の建物は一九六六年、設計は前川國男）のあたりが西の端である。駅を降りて、県庁通りを西へ中山道へと向かうとき、注意して歩いていると、かすかな上り坂を感じることができるだろう。そして中山道と交わった先は今度ははっきりとした下り坂である。

埼玉会館の西側にはかつては小川が流れ、その先は別の台地（鹿島台）である。ここに県庁舎は建っている。つまり、閉じられた宿場町の向かいの台地に広大な土地を見つけたのである。このあたりはかつて飛び地の社寺領地だったため、公有化されたのだろう。途中の小川は今はないが、曲がりくねった道路の様子が、かつての流れを暗に示している。中山道から県庁の方へ向かうと、下り坂が終わって、その先はまた上り坂である。この一番低いところに小川が流れていたのである。いや、今も暗渠で流れているのかもしれない。

写真 3　中山道の一本東側の裏道。現在は飲食店が多い。賑やかで魅力的な路地となっている。表側の中山道とは異なった都市の様相がまちあるきに誘ってくれる。

南に向かって張り出している舌状台地の尖端部に式内社調神社が位置している。南の方からここまでゆるやかにカーブしてゆるい上り坂を上ってきた中山道は、この神社の先から平坦に直進し、宿場町へと入る。宿内の道路幅員は六間だったようである。

浦和宿はそれ以前からあった集落を中山道の宿駅として整備したものであるが（対する大宮宿・蕨宿は江戸初期に計画的に建設された）、計画的に造られた表通りの街道筋とは対照的に、裏側にはすでに江戸時代から自然発生的な細い道が奥行き約五〇間のところに街道に平行して通っている。現在では、東側の裏道は飲食店街へ（写真3）、西側の裏道は静かな住宅地へ（写真4）と変貌しているが、車の通行量が少なく安心して歩ける道として魅力的なしつらえがなされている。

写真 4　中山道の一本西側の裏道。現在はマンションの多い住宅地になっている。緑地が多く，静けさが感じられる。東側の裏道とのコントラストがおもしろい。

浦和の公共施設はいずれも中山道の西側、一ブロックか二ブロック奥まったところに立地し、建物は移転したとしてもまた別の公共施設として受け継がれ（たとえば御殿山→裁判所→常磐公園、あるいは刑務所→裁判所、稲荷大神社→師範学校→女子師範→埼玉会館・県立図書館（二〇一五年廃止）、郡役所→市民会館、師範学校→埼玉大学→市役所→区役所のように）、こんにちに至っている。これに対して、中山道の東側は商業地域になっている。

線状都市を面に拡げる

宿場町のような線状都市のその後の展開における課題は、先述した用地取得の問題のほかに二つある。いかに線から面へと都市を拡げていけるかということと、線として延びている都市の中心核をどうやって造っていくかということである。この相矛盾するような二つの課題に浦和ではどう取り組んだのか。

第一の課題には、裏道の活用という方法がある。中山道の裏道が東西にそれぞれあるので、これを活かすことである。すでに自然発生的に活かされているというのが事実であろうが、魅力的な道路舗装など、公共事業にも力を入れている。

そのほかに、一八八三年の浦和駅開設と同時に駅前から街道筋へまっすぐ突き当たる通りが新たに造られた。まだ大宮に駅ができてない頃の話である。最初は停車場道と呼ばれ、ついで郵便局通り、そして現在では公募によって「さくら草通り」と名付けられている通りである（写真5）。さくら草は浦和市

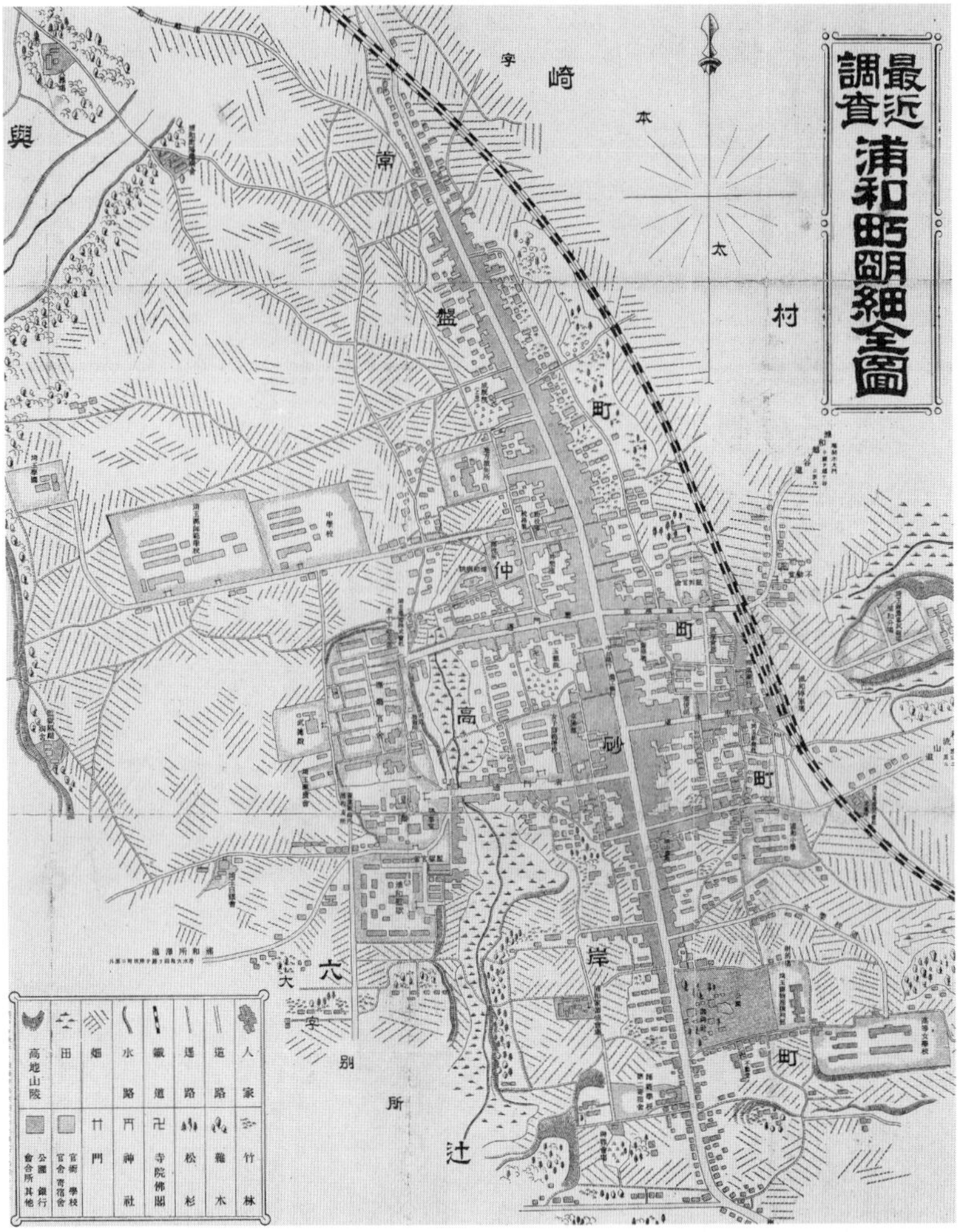

図3 「大正3年最新調査浦和町明細全図」（部分）。中山道の背後に公共施設や学校が建てられているのが読み取れる（出典：『浦和市史』通史編Ⅲ，付録，同編纂会編，1990年）。

の花で、同時に埼玉県の県花でもある。一九四〇年代には中山道を越えて延伸し、埼玉会館に至る道となった。一九八一年には全国でも最初期の歩行車専用道となって現在に至っている。

今となっては県庁通りが東西の都市軸のように感じられるが、元来の県庁通りは中山道から西だけで（もとの表門通り）、東側はのち一九三〇年代に延長されたものである。もともとは旧・停車場道こそ宿場町浦和を近代にひらく最初の計画的な仕掛けだった。だからその後、歩行者天国にもなった。中央郵便局もこの通りに立地している。そしてこの通りと中山道の交点が埼玉県における道路元標の位置、すなわち都市の起点と見なされた。都市に中心性をもたせるという演出がここに実現した。これが第二の課題への解答なのである。

現在、浦和駅西口駅前広場に面して再開発ビルが建ち並び、駅から中山道へ直線的に敷かれた旧・停車場通り、現在のさくら草通りは埼玉県下で最初の再開発で建てられた建物（浦和コルソ、一九八一年）によってふさがれたかたちになっている。しかし、建物を貫通して公共の通路が造られている。望むらくは、再開発ビルのなかに取り込まれたさくら草通りが、（商品をあふれさせるのではなく）、もっと街路のような雰囲気であればなおよいと思う。そうすることによって、都市をひらく思いが駅前の再開発ビルまでも貫いているということをはっきりとしたかたちとして示すことができることになる。

そもそも浦和駅はなぜ現在地に造られたのだろうか。当時の中山道の中心はもう少し北の、かつて本

写真5 さくら草通り，中山道側から東を見る。1981年に現在のような歩行者専用道になった。かつては浦和駅と中山道とを結ぶメインの駅前通りだった。その後，中山道を越えて西の埼玉会館に突き当たる道となった。

陣や高札場があった場所、そして下って明治時代には旧市役所（現・浦和センチュリーシティ）のあるあたりだった（図3参照）。おそらくは県庁舎へのアクセスに配慮したのではないだろうか。

ではなぜ、県庁舎と駅とを一直線に結ぶような道として当初から計画しなかったのか。確証はないが、あらゆる施設はまずは巨大な幹線である中山道まで出る道を造ることが最優先であり、そのアクセス路が向かい側のアクセス路とつながって一つの交差点を生み出すような発想をする余裕は当時はなかったのではないだろうか。せめて中山道にまで至る道を造ること、これが近代初頭の都市改造の目一杯のねらいだったのだろう。

なお、現在は、県庁舎から中山道へ向かうアクセス路がそのまま東へ延長され、駅前に通じる通り（県庁通り）となっている。

一方、西側には耕地整理によって県庁舎裏に中山道のバイパス、新国道（のちに国道一七号）が一九三三年に生まれている。これによって東はJR線から西は国道一七号まで、東西に面的に広がる都心が完結することになった。

このバイパスのお陰で、本来の中山道はそれほど拡幅されることなく、都心の街道筋として受け入れられている。中山道は今もなお浦和の背骨であり、見た目にはすっかり近代化してしまったとしても、依然として古来の幹線の存在感をもっている。中山道沿道には今も公的施設がほとんどない。公の権威を表に出すことなく、中心軸が純粋に民の通りでありつづけること、これが宿場町の心意気であり、個性なのである。

県庁がやってきた

ここまで浦和宿の変容をみてきたが、これだけからは、なぜ浦和に県庁舎が建てられたのかを答えることはできない。

この問いは、そもそも埼玉県がどのようにして成立していったかということとも関連している。他の多くの県が旧藩やさらに古い律令制時代の令制国をもとに編成・成立していったのと比べると、南関東の都県のなりたちはやや趣を異にしている。

たとえば現在埼玉県となっている地域は、江戸時代には藩領（川越藩、岩槻藩、忍（おし）藩、前橋藩ほか）、旗本領、天領がそれぞれ石高でほぼ三分の一ずつを占めていた。浦和の地は明治になって、一八六九年一月に大宮県の一部となる。大宮に県庁舎を建てる予定で、大宮県としたのである。当初、仮庁舎が大宮宿名主宅に置かれたが、八カ月後には県庁の場所として浦和宿が選ばれ、六九年九月、浦和県と改称されている。

なぜ大宮から浦和へと県庁舎の位置が変更になったのかに関しては、理由が明らかではないが、おそらく浦和宿の西に近接した現在の県庁舎とその周辺の広大な土地が確保できたことが一番の理由だっただろう。また、浦和宿が江戸時代を通してずっと幕府直轄領（すなわち新政府によって没収）であったことも関係しているのかもしれない。新政府の直轄地となった旧天領・旗本領には、維新直後に県が置かれた。廃藩置県以前の話である。

対して、大宮や岩槻（埼玉県庁は当初、岩槻に置かれることが一八七一年の太政官布告には明記されていた）には適地が見つからなかったようである。

廃藩置県後の一八七一年一一月に、それまでの岩槻県、忍県、浦和県が整理統合され、旧・埼玉県が成立した。この時も、埼玉の名前の由来となった埼玉郡の中心地、岩槻に県庁が置かれる予定だったものが、一カ月後の同年一二月には旧・浦和県庁舎を使うことが決まっている。旧・埼玉県の設置と同時に県西部がまとまって入間（いるま）県（県庁は川越）が生まれている。こののちいくつかの曲折があって一八七六年に旧・埼玉県と入間県の後身である熊谷県の武蔵国部分が統合され、現在の埼玉県が成立した。

じつはこのときも、浦和の位置が県の東南に偏っているということから、県央の熊谷への県庁移転が取りざたされた。熊谷移転問題はその後もくすぶり続けることになる。

しかし現実は、浦和は現在まで（市の名前は変わってしまったものの）、県庁所在地であり続けている。東京に程近い宿場町、という浦和の立地そのものが助けになっているのかもしれない。浦和はある意味で近代の荒波をうまく切り抜けて宿場町の近代化を成し遂げた好例だということができる。

12 千葉——鉄道が導く成長の連鎖都市

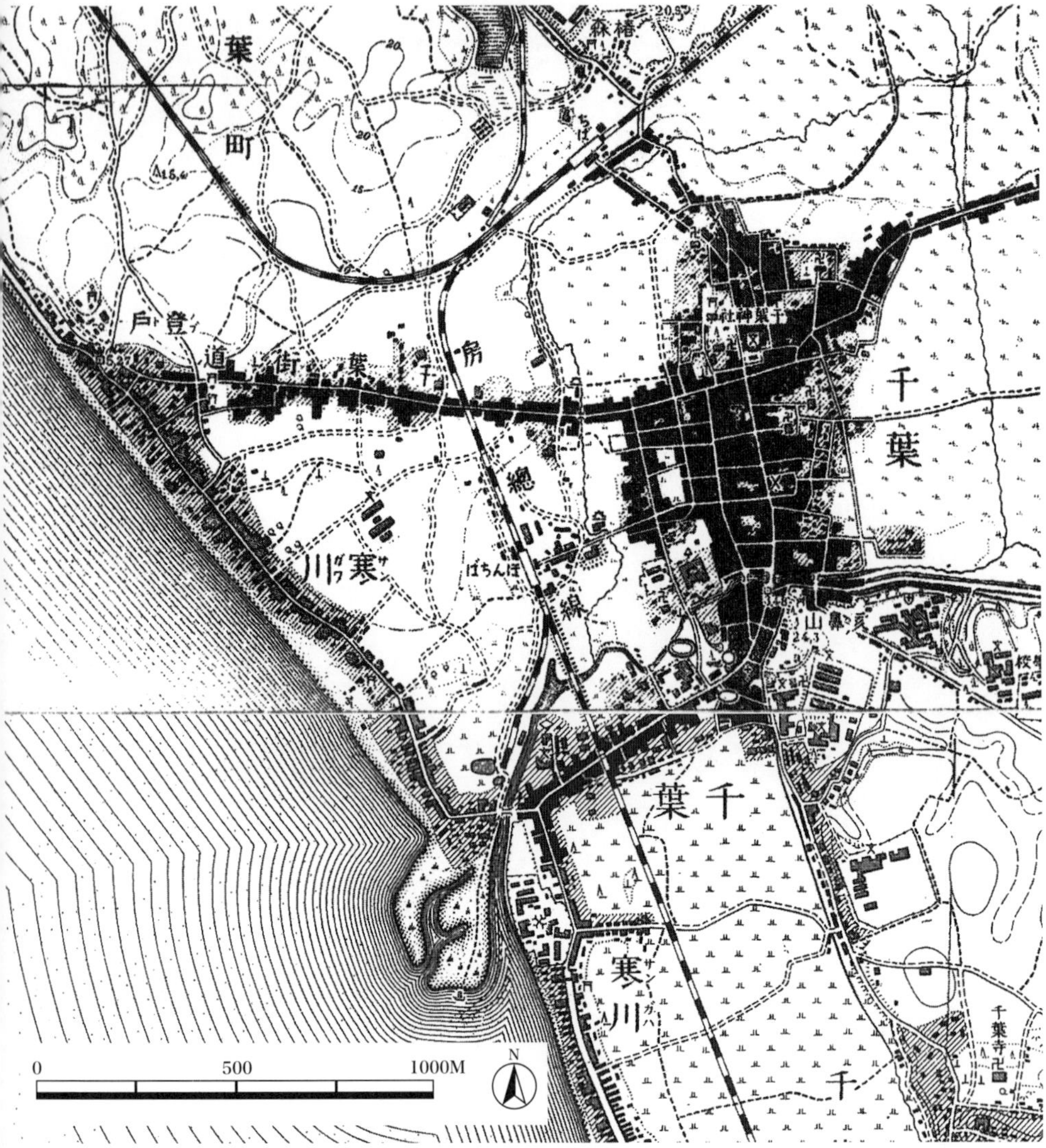

図1　二万分一正式図。「千葉」（部分），1897年測図，1909年修正，1910年発行；「曾我野」（部分），1903年測図，1907年発行。千葉駅（1894年）の位置は現在地（1963年）とは異なっている。

県境に県庁がやってきた

現在の県都はいずれも多かれ少なかれ県都として選ばれる確固とした理由があるといえる。理由の多くは近代以前にすでに地域の経済や政治の中心となっていたというものであるが、なかには千葉や宮崎のように近代以前にその理由を求めることができない都市の例もある。そのおもな理由は、二つの県が合併して一つになるにあたって地理的中心に位置していたということだった。逆にいうと、それまでのいずれの県にとっても辺境に県庁を置くことで両県痛み分けということだったのだろう。

千葉と宮崎に県都としての必然性がなかったといいたいわけではない。ましてやみるべきものがないといっているわけではけっしてない。むしろ千葉と宮崎には、前近代の制約抜きに、純粋に近代という時代が政治都市を造ろうとした際に、どのようなことを行ってきたのか、その結果は意図にどの程度沿うことになったのかといったことを知るという点ではほかにはない貴重さがあるのだ。

ただし、千葉と宮崎を同じように考えるわけにはいかない。宮崎がまったくあらたに築かれた近代都市であるのに対して、千葉には中世の城（というより砦か）という歴史がある。中世の城がその後、地域の交通結節点として生き延び、それなりに自然発生的な集落が形成されてきていたところに近代がやってきたのである。この物語を振り返るなかで、近代の構想というものをどのようにこのまちが受容してきたのかをみてみたい。

戦国から近世へ

千葉の歴史は一一二六年に下総台地に猪鼻城（千葉城）が築かれたことに始まるので、奈良・京都という古代都城、善光寺の門前町である長野を除けばほとんどの県都よりも歴史が古いということになる。猪鼻城は、現在四層から成るコンクリートの近世城郭風の郷土資料館が建っているあたり、現在の亥鼻公園、かつてより千葉堀内と呼ばれている周辺にあったと考えられている。もちろん平屋の砦のようなものだっただろうから、現在の天守風建物は、地点の重要性は示しているものの、まったく根拠がない。丘のふもとに小規模の集落が形成されたと考えられるが、推測の域を出ない（写真1）。

また、この館は一四五四年に攻め滅ぼされたので、その後は地域交通の結節点として、また江戸時代には佐倉藩の港として小規模な商業集積をもった集落として生きながらえてきた。

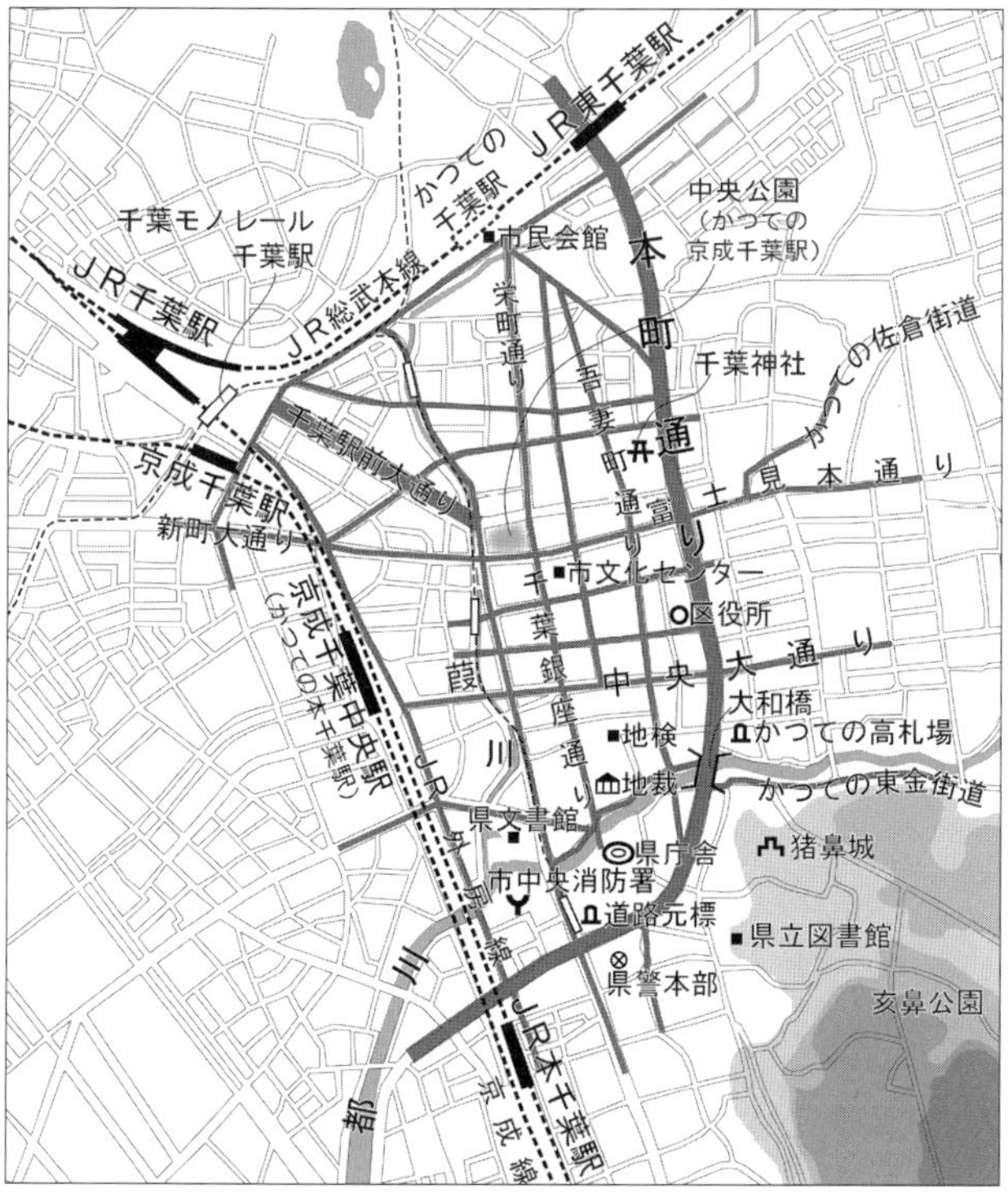

図2　千葉の都心模式図。戦災復興土地区画整理事業で街路は大きく改変された。図1と比べても都市の拡大は明らかではあるが，かつての都市構造の大枠は受け継がれているのがわかる。

江戸時代を通して千葉のまちは、いくつかの街道が交差する小さな結節点であった。北東へ向かう佐倉街道、南東へ向かう東金街道、南へ向かう房州街道、そして北西へは江戸へ向かう江戸街道（千葉街道）である。これら街道の交点あたりに妙見宮（現在の千葉神社）が位置していた。妙見宮の鳥居は現在は南北路の本町通りに向かって建てられているが、かつては本町通りの突当りに南向きに建っていた（本町通りがここでクランクしていた）。もともと本町通りはかつての砂嘴と考えられる微高地を縦貫する街路で、この砂嘴の尖端に妙見宮が位置していた。その意味でも本町通りは妙見宮の門前町という性格もあったようだ。

また、西には東京湾に面した港町であった登戸があった。かつての城跡はすでに自然の丘陵地に戻っていたようだ。いわば自然発生的なまちとして千葉は近代を迎えたのである。

県庁がやってきた

関八州にはどこも共通して、江戸を脅かすような大都市は（御三家の一つである水戸を除いて）造られなかった。また、東京湾沿岸部にも大きな港町は建設されなかった。千葉においても、小藩の領地が入り乱れ、飛び地が多く、幕府領や旗本領もあるという分立状態だった。それがそのまま廃藩置県によっ

写真1　都川に架かる大和橋のたもとから見た猪鼻城。本町通り，南を見る。写真に写る大和橋北詰のあたりに江戸時代は高札が立っていた。このあたりは老舗が並ぶ繁昌地だった。

て、佐倉県（かつての佐倉藩）や生実県（かつての生実藩）など合計二六もの県が林立する事態となった。これが府県統合（一八七一年一一月）によって木更津県と印旛県（中心地は佐倉）、新治県（現在の千葉県東部と茨城県南部、中心地は土浦）とにまとめられ、さらに一八七三年に木更津県と印旛県が合併して千葉県ができ、その県庁舎の場所として両県の中央に位置し、県境の交通要衝の地である千葉が選ばれたのである。一八七五年に新治県の利根川以南が千葉県に編入され、現在の千葉県の大枠がほぼ固まった。

図3　復興土地区画整理の図。国鉄千葉駅を総武本線と外房線が合流する現在地へ移すことも、戦災復興計画のなかで決められた（出典：『千葉市史』現代編，同編纂委員会編，千葉市，1974年，8頁）。

つまり千葉のまちは、自然発生的に成立した小集落が県都として選ばれたのちの急速な近代化をいかに受け止めてきたかという物語を如実に語ってくれているのである。事実、千葉町が千葉市となるのは一九二一年であり、他の県都と比較すると、浦和市（一九三四年）、山口市（二九年）、宮崎市（二四年）、札幌市（二二年）などと並んで一番遅いグループに入る。これも当初のスタートが小集落だったことによる。

近代化の物語はまず、どこに県庁舎をはじめとした公共施設を建てるか、というところから始まる。

県庁は当初の仮住まいを経て一八七四年、現在地に県庁舎を建設して本格的に始動した。この地が選ばれた理由は市街地の南西端に近く、近くの都川から建設資材などの物資の搬入が容易なところだったからと考えられる。また、このあたりの水田はかつて近くにあった宗胤寺（戦後、北二キロメートルのところに移転した）の土地で、おそらくは社寺上知令によって公有化されていた土地だったことも理由としてあげられるのではないだろうか。このあたりに宗胤寺は一三ヘクタール近くの寺領地をもっていたといわれている（『千葉市史』近世近代編）。多くの公共施設を収容するのに十分な土地があったのだろう。

またここは当時の繁昌地である大和橋界隈とも近い。下総台地上のかつての猪鼻城とも近く（ここには空閑地があった）、北の妙見宮（現・千葉神社）と南北から市街地をはさみ込むようなかたちとなっている点も考慮されたのかもしれない。

写真2　中心市街地南部の官庁街。千葉銀座通り，南を見る。正面突当りは県庁舎。明治前期に県庁のまわりに多くの公共施設が集中することによって形成された。この通りの南端に県庁舎，北端に旧・千葉駅というのがこの都市の構図だった。

県庁舎に続いてこのあたりには地方裁判所、師範学校、郡役所、町役場、消防署、警察署などが立地し、一大官庁街を形成することになった。なかには他地区へ移転した例もなくはないが（たとえば師範学校は一八九七年に亥鼻公園内に転出、市役所は一九七〇年に千葉みなと駅近くの現在地へ移転）、移転跡地にも公共公益施設（県自治会館や県教育会館）が立地し、県庁舎周辺は現在も風格のある官庁街として受け継がれている（写真2）。千葉のまちは戦災やその後の復興土地区画整理などで大きく都市の姿を変えてはいるものの、官庁街の全体としての立地は変わらない。道路元標も今なお、県庁前に建っている。

図1は、一九〇五年前後のちょうど主要な公共施設の立地が一段落した頃の千葉の様子を表している。県庁舎と市庁舎（当時）の間をゆっくり湾曲しながら北へ向かう本町通りが当時の目抜き通りだった。戦災復興によって現在は中央分離帯のある片道三車線の広大な道路になってしまい、かつての繁昌地の様子はうかがいしれない（写真3）。

江戸時代から本町通りの一本西に平行した裏町（のち吾妻町通り）があり、ここも繁華街として賑わっていたようだ。都市が面として広がっていることから、たんなる一本道の街道街ではなかったことがわかる。

おもしろいことに、図1と図2、図3を見比べると、戦後の土地区画整理で街路はすっかり変わってしまったものの、本町と裏町の関係や道路のパターンなどは今でもかつてを想像することができるくらいには残っている。区画整理がまちの記憶をまったくぬぐい去ったわけではないことがわかる。

写真3　現在の本町通り。かつて，まちの背骨をなしていた。そのことはこの通りが微高地を通っていることからもわかる。戦災復興によってクルマの幹線となった。

鉄道の時代

図1はもう一つ、このまちが鉄道の時代に入った頃の様子を示している。

もちろん明治三〇年代はどのまちも鉄道によってまちが大きく変わる時代ではあったが、千葉の場合いくつか固有の条件が重なって、それがこの後のまちの変化を決定的に規定していくことになる。千葉はまことに鉄道が導く都市ということができる。

私鉄二社が北からと西からとで張り合った。また、既成市街地の西側に広がる葭川（よしかわ）の低湿地を避けてややまちと距離を取って駅ができたことも大きかった。これによって駅前通りが整備され、まちの今後の成長の方向性が規定され、また成長を保証する空閑地が確保されたうえに、鉄道によってまちのエッジも規定されることになった。

じつは、千葉には駅名に「千葉」とつく駅がなんと一一駅もある。千葉、西千葉、東千葉、本千葉、千葉中央、京成千葉、新千葉、千葉寺、千葉公園、千葉みなと、そして千葉都市モノレールの千葉駅。県都としてはダントツに最多である。これらは、首都圏という人口密集地で、各鉄道事業者が乗降客を競い合った結果でもある。それ以外に、千葉がかつて小都市であったために、千葉という地名がそれほど大きな地域を指す地名でなかったことに加え、周辺に他の有力な地名がなかったこと、その後急速に千葉が大都市に成長していったこと、そもそも鉄道路線の密度が高い地域であることなどの複合的な結果だと思う。千葉と名のつく駅の多さもそれなりに理由があるのだ（ちなみに、似た立場にあるのが「浦和」で、浦和、北浦和、中浦和、南浦和、東浦和、西浦和、武蔵浦和、浦和美園の計八駅がある。いずれも大都市近傍の小都市由来である点が共通している）。

一八九四年、総武鉄道の佐倉―市川間がまず開業し、千葉駅（千葉停車場）が開設した。この駅は現在はなく、その場所に千葉市民会館が建っているので、当時の賑わいを想像することは難しい。千葉神社から駅前までの間に栄町商店街が次第に発達し、まちが北へ延びていくことになる。

一方、一八九六年一月に蘇我（そが）―大網間で開業した房総鉄道は、翌月に蘇我から千葉まで延伸し、あいだに寒川停車場（のちの旧・本千葉駅、現在の千葉中央駅）がオープンしている。本町通りから西に向かう通り（正面横町）をそのまま延伸して駅前に至る目抜き通り（現・中央大通り、きぼーる通り）が抜けたのが、駅開業の一年後、一八九七年のことだった。こうしてまちは西へ向けても膨張していくことになった。当時、市街地とその後本千葉駅と呼ばれることになる駅の間には都川の支川である葭川が流れ、周囲は蓮田だったが、明治後期から次第に繁華街となっていく。

都市の中心市街地が北へ西へと拡大していくに従って、一八九〇年代より、おもに大火の後のタイミングで、新通町通り（現・千葉銀座通り）や蓮池通りなどの街路の新設が徐々に進められていった。また、一九一一年に県庁舎が新築されたのを記念し、旧・千葉駅と新通町とをつなぐ直線道路（のちの栄町通り、ハミングロードパルサ）が造られ、旧・千葉駅と県庁舎は正面で向かい合うようなかたちになった。

こうして千葉のまちは新しい鉄道駅に向かって徐々に計画的な道路建設を継続させていった。このように近代初期から漸進的にしかし計画的にまちを造っていくという方式はこの国では珍しい。武家地も寺町もない千葉だったからこそ、こうした純粋に計画論理に則ったプランが実現できたのだろう。

さて、話を鉄道に戻すと、その後両私鉄は国有化され、現在ではＪＲ線の一部となってしまっているので想像しがたいが、当時は競い合いがあったのだろう。これらの鉄道は蒸気機関車だったが、一九二一年に京成電気軌道の船橋―千葉間が開通し、東京方面から千葉まで電車が通ることになると、競争はさらに激化した。とりわけ、開業当時の京成千葉駅は現在の中央公園のところに終着駅が立地し、市街地とより近かったので、競争には有利だった。電車の駅は過大な施設やスペースを取らないので、より都心近くへ立地することができた。一九三三年には青砥（あおと）から分岐して上野線が全線開通し、上野公園駅（現・京成上野駅）がオープンした。これは山手線の内側を通った初めての私鉄線であった。

他方、一九〇七年に国有化されたのちの鉄道院線（一九二〇年鉄道省創設により以降は省線）の方は東京都心への延伸を続け、一九〇四年に両国橋駅（のち三一年に両国駅と改称）まで延び、〇七年に両国―千葉間が複線化され、三二年に両国から秋葉原を経由して御茶ノ水までの線路が開通し、さらに三五年にはこの路線が電化され、千葉と東京都心とを結ぶパイプはさらに太くなった。

ただし、こうした鉄道網の発達とともに、首都圏の郊外化が一挙に進み、千葉の中継商業地としての役割も終わりを告げることになった。

戦災復興による変化と継続

千葉は一九四五年六月一〇日と七月六日から七日にかけての二回、大きな空襲を受け、北は千葉駅裏の丘陵から南は都川までの都心のほとんどの地域が罹災している。

しかし、戦災復興の計画立案は迅速だった。都川の南岸に位置した県庁舎と市庁舎が戦火にあわなかったのも幸いしたかもしれない。計画の骨子は鉄道駅の再配置と土地区画整理だった。

本千葉駅を南へずらし、もとの場所を京成千葉駅（現・千葉中央駅）とすること（一九五八年）、それまで京成千葉駅だった場所を中央公園として整備すること、千葉駅を当時の場所から西へ移動し、総武本線と外房線の分岐点である現在地へ移すこと（一九六三年）、新しい千葉駅と新しい中央公園との間を幅員五〇メートルの大通り（広路1号千葉駅富士見町線、現在の千葉駅前大通り）で結ぶことが実施された。この大通りは防災道路としても機能することになる（写真4）。

写真4　幅員50メートルの千葉駅前大通りから南東の中央公園を見る。都心ではもっとも広い。戦災復興計画が生み出した都市風景。

また、市街地の中心部において土地区画整理事業を実施し、街区の形態および道路線形を整備し、道路を拡幅することが計画された。本町通りは幅員三六メートルに拡幅されたほか、かつての新通町通りは千葉銀座通りとして、歩行者中心の通りとすべく、拡幅は抑えるかわりに歩道を両側に六メートルずつとるという計画が実施された（写真5）。

こんにち、戦災復興をやりとげた千葉のまちを歩くとふしぎな感懐におそわれる。一見過去と断絶しているようにみえるものの、じつは少しずつ変化しながらも過去とつながっているという感覚である。

二〇一七年にエキナカが新装となったＪＲ千葉駅ビルから駅前広場に出ると、緑のパーゴラのあるバス停、高層の駅ビル、懸垂型のモノレールが目の前に迫り、正面に広幅員の千葉駅前大通り、その先に中央公園が見える。中央公園の手前にあたかもアーチのゲートとなるようにモノレールの湾曲した橋脚がデザインされている。——これらはまさしく戦災復興計画が描いた未来都市の姿に近い（写真6）。

かたや旧・千葉駅が去ってしまった栄町周辺は閑古鳥が鳴いている。それどころか中央公園とそこに至る千葉駅前大通りにあった二つの百貨店も二〇一六年に店じまいしている。これも少し前までは想像だにできなかった光景である。道幅が広がった本町通りは繁華街からビジネス街へと変貌し、賑わいは西へ西へと移っている。まちは戦後大きく変貌した。千葉のまちが千葉駅周辺と中央公園周辺という二つの核に分裂しているようにみえるのも、新旧の賑わいの変化そのものを表している。

しかしそれでもなお、大局的にみると千葉のまちの骨格は根本のところでゆるぎないようにみえる。たとえば——中世の猪鼻城は、まったく姿を変えてしまってはいるが、下総台地上の亥鼻公園からこの都市の盛衰を睥睨（へいげい）していることには変わりない。県庁舎は明治のはじめにやってきた場所にとどまり、あたりにできた官庁街も変わっていない。むしろ官庁街として成熟してきている。南の行政拠点に対して、千葉神社を核とした北の信仰拠点という構造も維持されている。本町通りという南北軸やこれと平行して西に続く複数の南北路による構成と次第に西に移っていく賑わいの中心には共通性がある。駅が中央公園に変わっても人があつまる場となっている点では機能は続いているといえる。千葉駅前と中央公園周辺という二つの核も次第にひとつながりになりつつあるが、これも都市の成長の成果だろう。区画整理そのものも、タテヨコの直線街路を機械的に通すのではなく、かつての通りの線形の記憶を随所にとどめる工夫をしている（図3、写真7）。

一つの変化が次の変化の土台となり、それらが次々に連続して、都市自体が徐々に変容していく。しかしそこには因果関係があり、無理がない。こうしたことがいえるのは、このまちがおしなべて近代の論理で動いているからだ。ここには隠れた近世の不可思議な磁場などといったものがない。よい意味でフラットかつアカウンタブルなのである。

このまちでは近代のエネルギーが都市をどのようなものとして自然発生的な集落から計画された大都市へと連続的に変えてきたのかを見ることができる。つながりながら変化する連鎖都市と呼びたいという理由がここにある。

写真5　千葉銀座通り，中央区役所通りとの交差点から南を見る。かつての新通町通り。戦災復興計画において，将来は歩行者専用道にすることを想定して通りがデザインされた。

写真6　中央公園からJR千葉駅の方を見る。モノレールの橋脚が公園への入り口のアーチとしてデザインされている。この公園はかつて京成千葉駅だったところ。終着駅の賑わいは新しいかたちで受け継がれている。

写真7　かつての千葉街道，現在の富士見本通り。姿は変わっても，古くからの街道筋に人通りが絶えない。

13 東京——首都の顔をつくる鉄道網

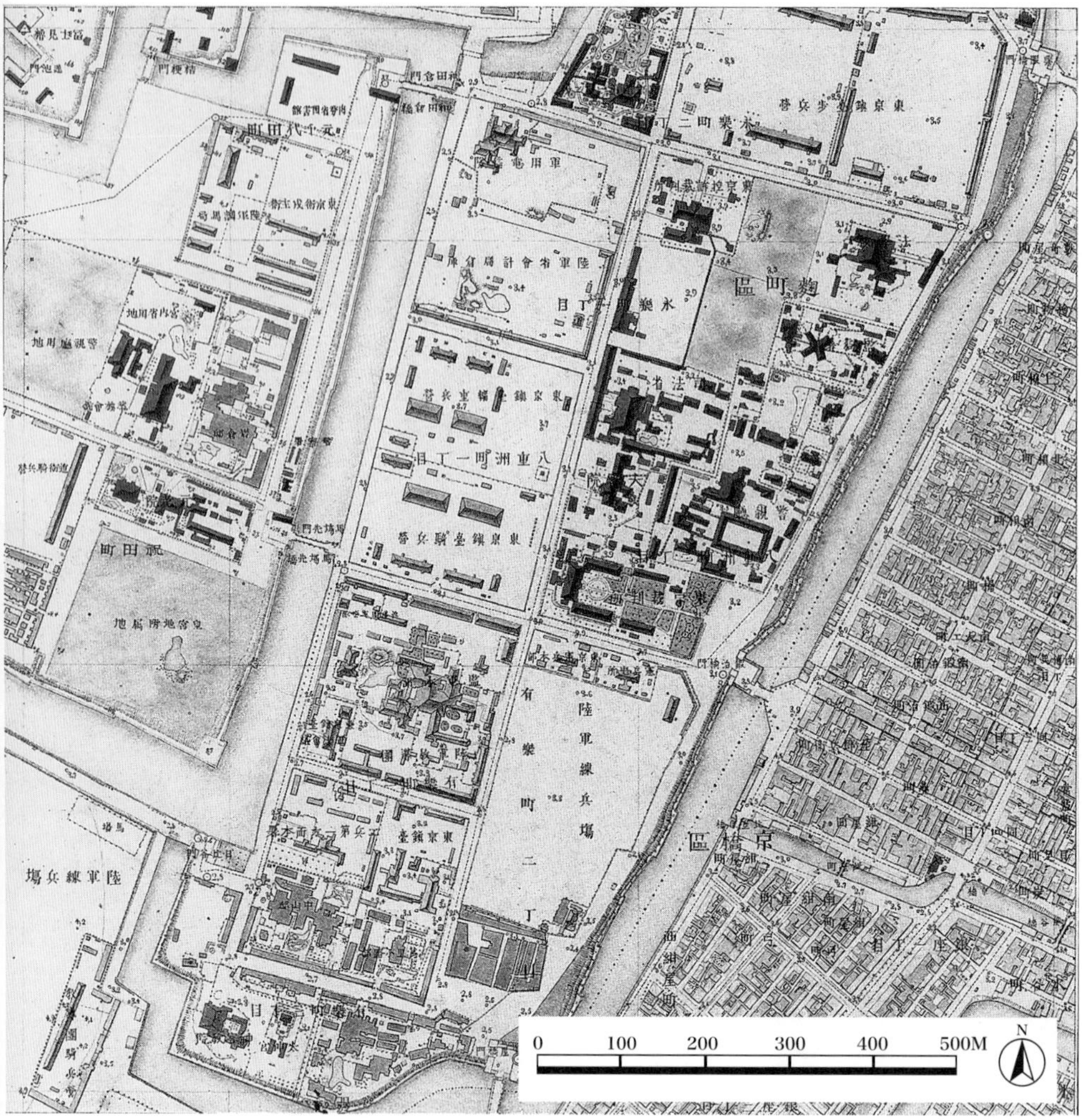

図1　五千分一東京図測量原図「東京府武蔵国麹町区八重洲町近傍」，1883 年，参謀本部陸軍部測量局（1984 年，日本地図センター複製・発行。原図は国土地理院所蔵）。

首都の顔とは

巨大都市の中央駅の周辺というところは、意外とごちゃごちゃしているものである。たとえば、大阪の梅田周辺。阪神や阪急のデパートがあってオシャレなところではあるが、道はてんでばらばらの方向に延びており、まるで自家用車向けの迷路とでもいえそうなところである。そして名古屋駅前。とくに名鉄と近鉄の名古屋駅から歩いて一、二分のところにある柳橋中央市場界隈など、巨大なオフィスビルとのミスマッチがまたおもしろい。そのうえ人の流れは地下に吸い取られ、中央駅から徒歩数分といったところの地上の存在感が薄いのである。広島駅前も仙台駅前も、モダンにはなったもののある種、巨大迷路的雰囲気をいまだに漂わせている。

グリッド状の札幌駅前と広大な区画整理を行った博多駅前はまた少し事情が違うものの、なんといっても一番様子が異なっているのが、東京駅前である。なにしろ宮城が近く、鉄道路線の方位と周囲の道路の方位が見事にあっているので、皇居の森に向かって駅が正面を向いて建っている。また道も整然としており、かつ幅員がとても広い。

こうした東京駅前の風景は、見慣れた目にはごく当たり前の首都の風景に見えるが、じつはそうでもないのである。

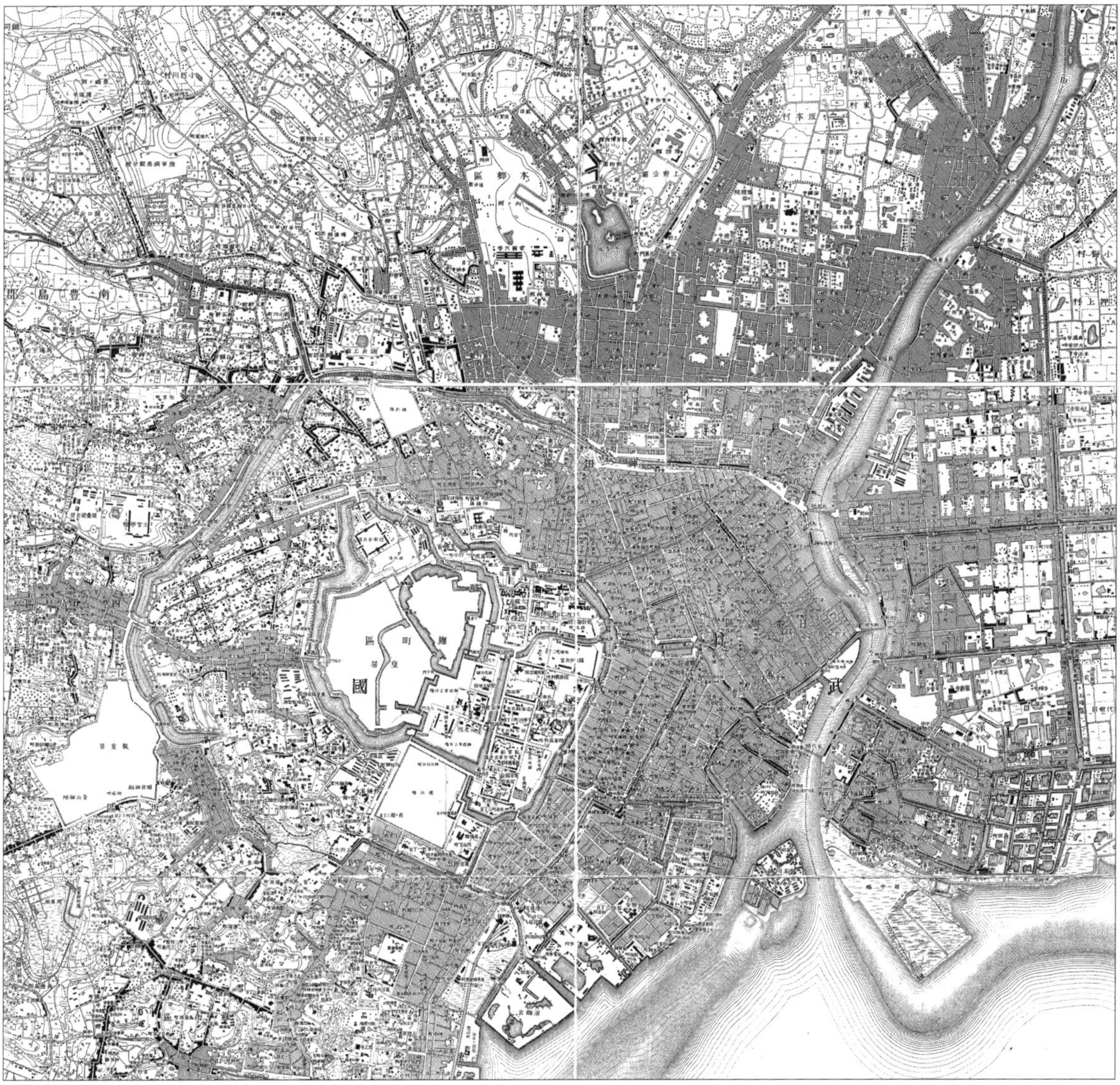

図2　国土地理院所蔵 二万分一迅速図，「麴町區」（部分），1880 年測図，1887 年発行；「下谷區」（部分）1880 年測図，1887 年発行。

冒頭に挙げたとおり、大都市の中央駅のまわりは雑然としている方が一般的だといえる。

それは日本の大都市だけではない。首都だけをみても、パリやロンドン、ローマやマドリッドなどヨーロッパの中央駅周辺は、物騒だとはいわないまでも、雑踏と喧噪など、あまり居心地の良いところではない。アジアの首都も例外ではない。ソウルにしても北京にしても、台北、バンコク、ジャカルタ、ニューデリー、おしなべて中央駅の周辺は道が錯綜し、わかりにくい。

なぜか。――理由は簡単である。中央駅というものはそうそう都心の目玉のようなところには設置できないからである。駅舎だけであれば、都心にある程度の広さの敷地を見つけることは無理をすればまったくできない話ではないだろう。しかし、駅舎だけで鉄道が成立するわけではない。蒸気機関車の時代、終着駅には広大なヤードが必要だった。そのうえ、終着駅に至るまでの鉄道を敷設しなければならない。それも道路のようにクランクしたり、急な坂を上り下りさせることはできない。鉄路の勾配にもカーブの回転半径にも制約がある。こうした制約のもとで、既成市街地の内部に延々と立派な建物をなぎ倒して鉄道を導き入れることは至難の業である。

したがって多くの都市において、とりわけ大都市においては、鉄道を都心まで引っ張ってくることは、地下にでも入れないかぎり、難しいことだった。いきおい、駅は都市の目抜き通りからは離れた場所に立地することになる。

ヨーロッパにおいても鉄道は、都市のフリンジにターミナル型の頭端（とうたん）駅のかたちでようやく都市内に挿入されるというのが通例だった。たとえば、鉄道発祥の国、イギリスを見ると、ロンドンのウォータールー駅やリバプールストリート駅、パディントン駅やヴィクトリア駅などいずれもそうしたスタイルの駅である。そのほか、首都の中央駅を取り上げると、パリでもローマでもマドリッドでも事情はほぼ同じ。通過駅型をとっているのはベルリン中心部の諸駅（高架）のほか、アムステルダム中央駅（海側を埋立て）やブリュッセル中央駅（地下）など、ごく少数である。

もちろん、どの中央駅も、立派なターミナル駅建築を競い合ったし、頭端駅の前には整備された駅前広場が造られることが通例だったので、それなりに見事な都心の演出ではあっただろう。しかし、駅前とシンボリックな都心のモニュメントとのつながりは一般的にほとんどない。地理的に離れているからだ。また、駅前から一歩、まちなかに繰り出そうとすると、わかりにくいというところが多い。

そのうえ、頭端型の駅では、通過車両はスイッチバックのために進行方向を変える必要があったし、蒸気機関車の時代には機関車を先頭へつけ替えることも必要だった。また、頭端駅が終着の場合、郊外の操車場まで列車を折り返さなければならないため、不便が多かった。

そのため、一八八〇年代から鉄道の敷設が全国規模で急速に広がった日本では、一部の路線を除いて、ネットワークで駅を結んでいく通過型の駅を早い時期から想定していたようであるが、それであればなおさら、都心を貫通して鉄道を敷くことはほぼ不可能で、よくて既成市街地に接して線路を通し、駅を造るということとなった。

写真1　新橋ステーション。現在，汐留の再開発ビルの間に停車場が復元されている。のち鉄道は駅舎の西側（写真では右手側）を北，有楽町の方へ延伸した（出典：『明治・大正・昭和 東京写真大集成』石黒敬章編・解説，新潮社，2001年，228頁）。

例外的な東京駅の事情

ではなぜ、東京駅は例外的に、宮城の目の前に整然と造ることができたのか。――いくつかの理由が積み重なって、今の風景が実現したのである。

首都東京に初めて鉄道駅ができたのは、よく知られているように一八七二年の新橋―横浜間正式開業からだった。当初の新橋駅は小振りの頭端駅だった（写真1、一九一四年、東京駅の開業にともない、現在の新橋駅を烏森駅から改称した際に、旧・新橋駅は貨物を扱う汐留駅となる。その後一九八六年に廃止）。その姿は現在、旧・新橋停車場として復元されている。

この先には銀座から日本橋にかけての繁華な町人地が続き、東海道沿いに、これらの土地に接続するような場所として、新橋の地に駅が造られた。当初、これ以上の線路の延長は想定されていなかったので、頭端駅としている。

このの ち、私設の日本鉄道による上野―熊谷間が一八八三年に、総武鉄道の本所（現・錦糸町）―佐倉間が一八九四年に開通した。甲武鉄道の新宿―八王子間は一八八九年に開業、のち一八九五年に飯田町駅（その後貨物駅となり、一九九九年に廃止）まで延伸された。これらの私設鉄道はのちに国有化されるが、いずれも都心をめざして鉄路を建設してきた。

ところが鉄道延伸の動きはその後しばらくすると停滞してしまう。当時のターミナル駅から内側には神田や日本橋、銀座など人家が密集した町家地区が広がり、前進したくても鉄道を割り込ませる隙間がなかなかなかったからである。

もちろん経費の面でも課題があった。

つながっていない駅間は馬車鉄道（一八八二年より）、のちには路面電車（一九〇三年より）が行き来し、のちその路線はさらに市街地へ広く広がっていくことになる。

もしも、この段階で延伸を断念してしまっていたとしたら、東京は欧米の大都市のように東西南北にターミナル駅が分散したままとなり、その後の都市の姿も大きく変わっていたことだろう。都心に堅固な建物が建ち並び、ターミナル駅間を結ぶのが困難になっていたとしたら、あるいはそうした選択肢もありえなかったわけではないかもしれない。

しかし、そうはならなかった。いくつかの要因が重なり、現在の都心鉄道網、そして東京の中央駅が実現したのである。

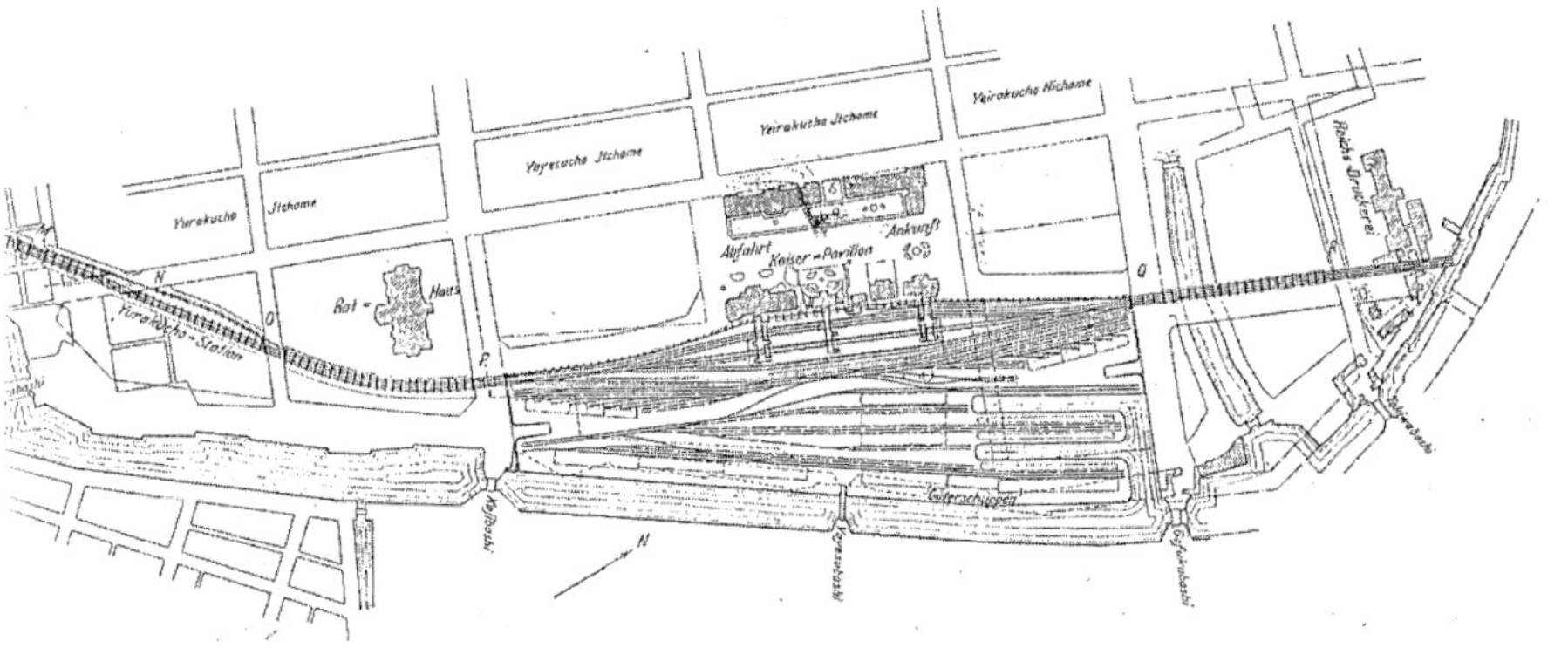
図3　バルツァーの東京駅プラン（部分）。八重洲側には広大なヤードが広がり，堀割りを利用した舟運と連結される計画だったことがわかる（出典：『図説 駅の歴史——東京のターミナル』交通博物館編，河出書房新社，2006年，74頁）

当時の東京はまだ木造二階建ての建物がほとんどであり、立派な洋風建築が密集しているという姿にはなっていなかったので、市街地改変の余地もあったといえるが、一番大きいのは、都心とつなぎたいという強い思いだったに違いない。

各私設鉄道にも、すでに営業を始めていた官設鉄道（東海道方面）と接続したいという強い希望があった。そのためには既成市街地を貫通して鉄路を通すことを可能にする諸条件を整えなければならない。

まず第一歩は計画のなかに中央駅案が位置づけられることである。一八八四年の市区改正計画構想段階から、オープンして間もない鉄道の終着駅であった新橋駅と上野駅とを結び、ほぼ現在の東京駅の位置に中央ステーションを設ける案が示されている。この案は、八九年に正式に認められ、日本初の法定都市計画である東京市区改正計画の設計プランのなかに入れられた。

密集した既成市街地内部を貫通するこの路線は、全線高架で建設する計画とされ、具体的なプランはドイツから招聘されたプロシア国有鉄道機械監督であったヘルマン・ルムシュッテル（日本滞在一八八七–九四年）に委嘱された。

中央停車場の設置は一八九六年の帝国議会によって議決され、設計が進められることになる。駅舎および路線全体の具体的な計画は、同じドイツの土木技術者で、日本の逓信省に顧問として招聘されたフランツ・バルツァー（日本滞在一八九八–一九〇三年）の指導による。

バルツァーの東京駅というと、採用されなかった和風の駅舎デザインがしばしば指摘され、幻の案であったように思われがちであるが、プラットフォームなど鉄道路線の設計はのちの東京駅設計者の辰野金吾案にもバルツァーの考え方が継承され、駅舎の基本的な構成や動線計画、皇室専用口が中央に位置する駅舎の考え方もすべて受け継がれている。その意味ではバルツァー案の骨格はそのまま実現しているといえる。

また、ターミナル駅として、八重洲側に広大な貨物ヤード（のちに車両基地）を計画した点もバルツァーの大きな貢献として挙げられる。このスペースは将来の拡張用地としても計画されたが、のちに新幹線のホームや戦後に開設された八重洲口の駅舎用地として、存分に活用されることになった。こうした余地があったために、東京駅はこんにちまで、日本の中央駅として機能し続けることが可能であったといえる（図3）。

思えば一〇〇年以上前に計画された大都市の中央駅が、その後の技術革新や土地利用の変化に対応して、東京駅のようにそのまま存続し続ける例は日本では稀である。大阪や名古屋の中央駅も、新潟や福岡の中央駅も、時代とともに位置を変えている。これに対して、東京駅は周知のように位置を変えていないだけでなく、建物自体も、大方が当初のままなのである。いかに当初計画の許容量が大きかったかがわかる。皇居の前という特別な土地である点を差し引いたとしても、東京駅の規模は現代でも十分通用するほどに巨大である。

もちろん、東京駅の開業は他の主要なターミナル

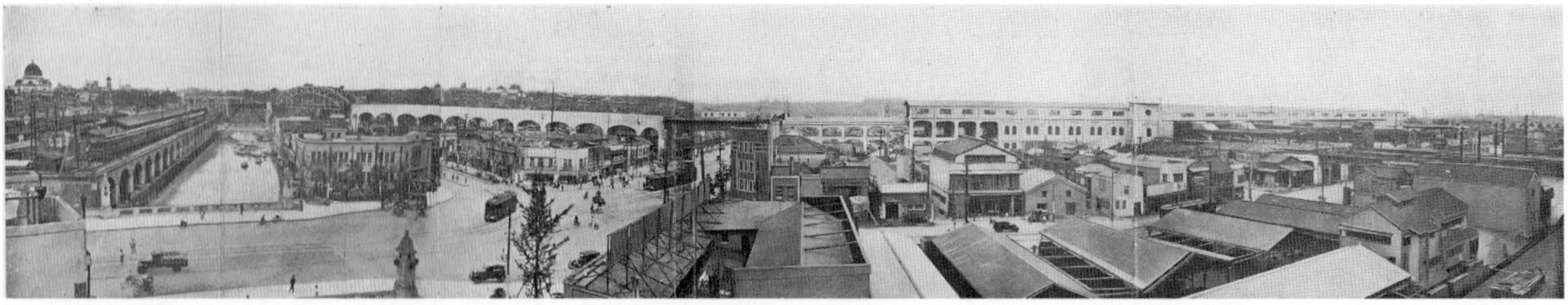

写真２　秋葉原ー御茶ノ水間の総武線高架工事の様子，左手手前に万世橋駅のプラットフォームが見える（出典：『御茶ノ水両国間高架線建設概要』鉄道省，1932年）。

駅よりもおよそ三〇年ほど遅いため、大規模な駅舎を求めるような時代の雰囲気があったということもあるだろう。一〇〇歳を超えた歴史的建造物である東京駅の歴史が比較的新しいということは意外に思えるが、山手線の駅のなかで東京駅より開設が遅いのは神田（一九一九年）、御徒町（おかちまち）（一九二五年）、西日暮里（にしにっぽり）（七一年）の三駅のみとなっている。

　さて、東京駅計画時には東京駅以北は鉄路建設のめどが立たず、東京駅は暫定的に終着駅として設計されることになったが、駅舎は、将来北へ路線が延びることを前提に、市区改正計画どおり通過型の駅として設計された。

　このため、将来、東京駅は遠距離列車の発着駅であるだけでなく、近距離列車が頻繁に通過する複々線の通過駅としても機能することが可能となった。また、駅舎自体が線路に沿った延長一八四間（約三三五メートル）、鉄骨赤煉瓦造三階建てというおそろしく長大でシンボリックな建築物となった。

　東京駅は一九一四年一二月二〇日に開業した。翌一五年一一月一〇日に京都で挙行される大正天皇の即位の儀式、大正大礼（大典）に間に合わせるための工事だったのだろう。東京駅の中央車寄せからのアプローチは現在も一般には公開されない皇室用の玄関である。

　これと丸の内の面的なオフィス街の実現とが相まって、一国の中央駅が皇居に正面を向けて相対するという独特の首都の顔が生まれた。

　東京駅は、首都の顔であり、同時に活力ある中央駅として現在も機能している。

鉄道の延伸とバルツァー構想の実現

バルツァーの日本滞在時には、北は上野駅、南は新橋駅まで、東は本所駅（現・錦糸町（きんしちょう）駅）、西は飯田町駅までであった鉄路を、南北だけでなく東西にもつなぎ、都心に鉄道の十文字を形成すること、さらには本所・飯田町の両駅からそれぞれ東京駅へ直接乗り入れる短絡線を造ること（図４）を構想した点は特筆に値する。この計画は長い時間をかけて実現した。

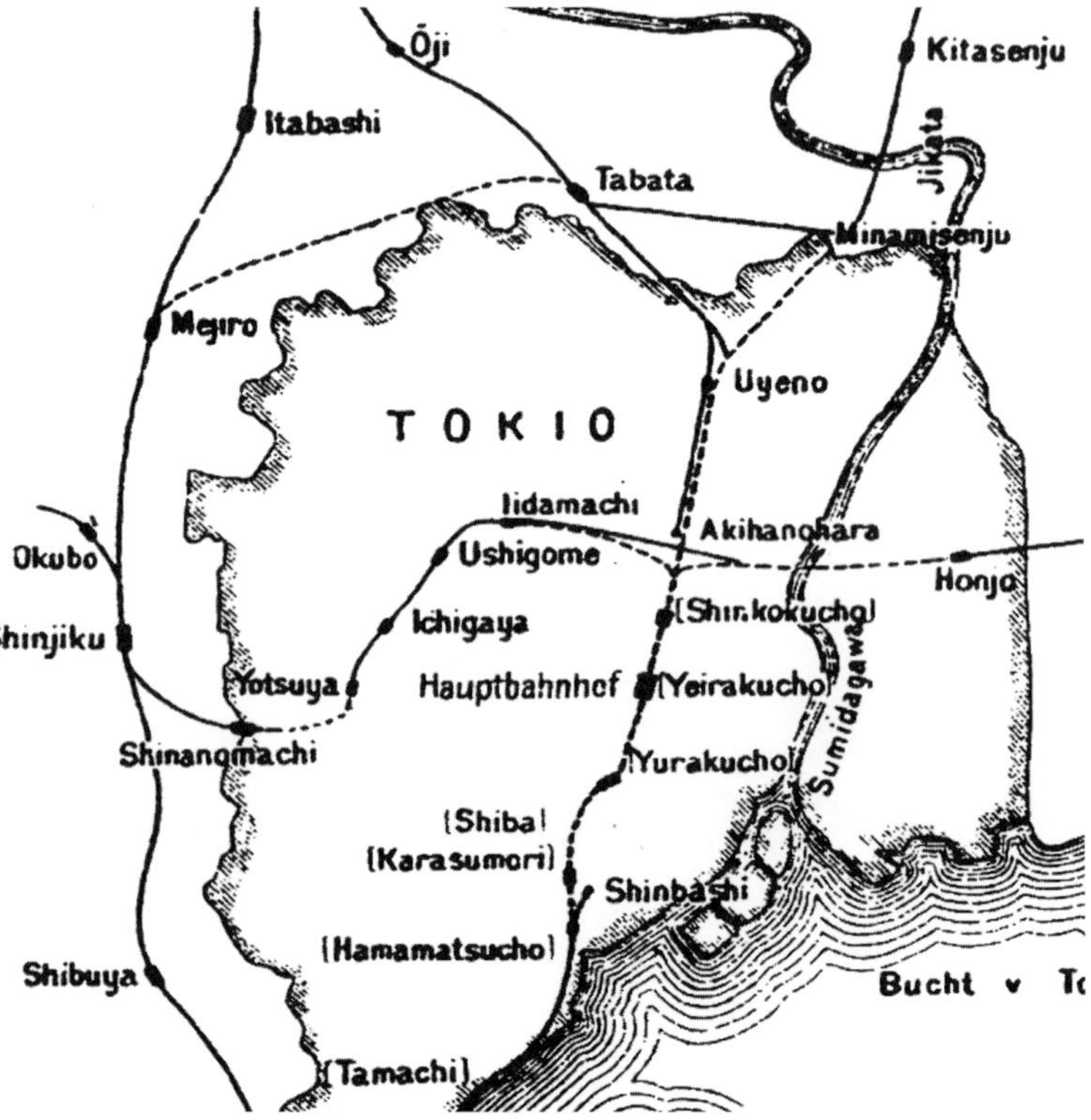

図４　バルツァーの東京首都圏鉄道網想定図（部分，出典：『東京駅誕生――お雇い外国人バルツァーの論文発見』島秀雄編，鹿島出版会，1990年〔2012年復刻〕，４頁）

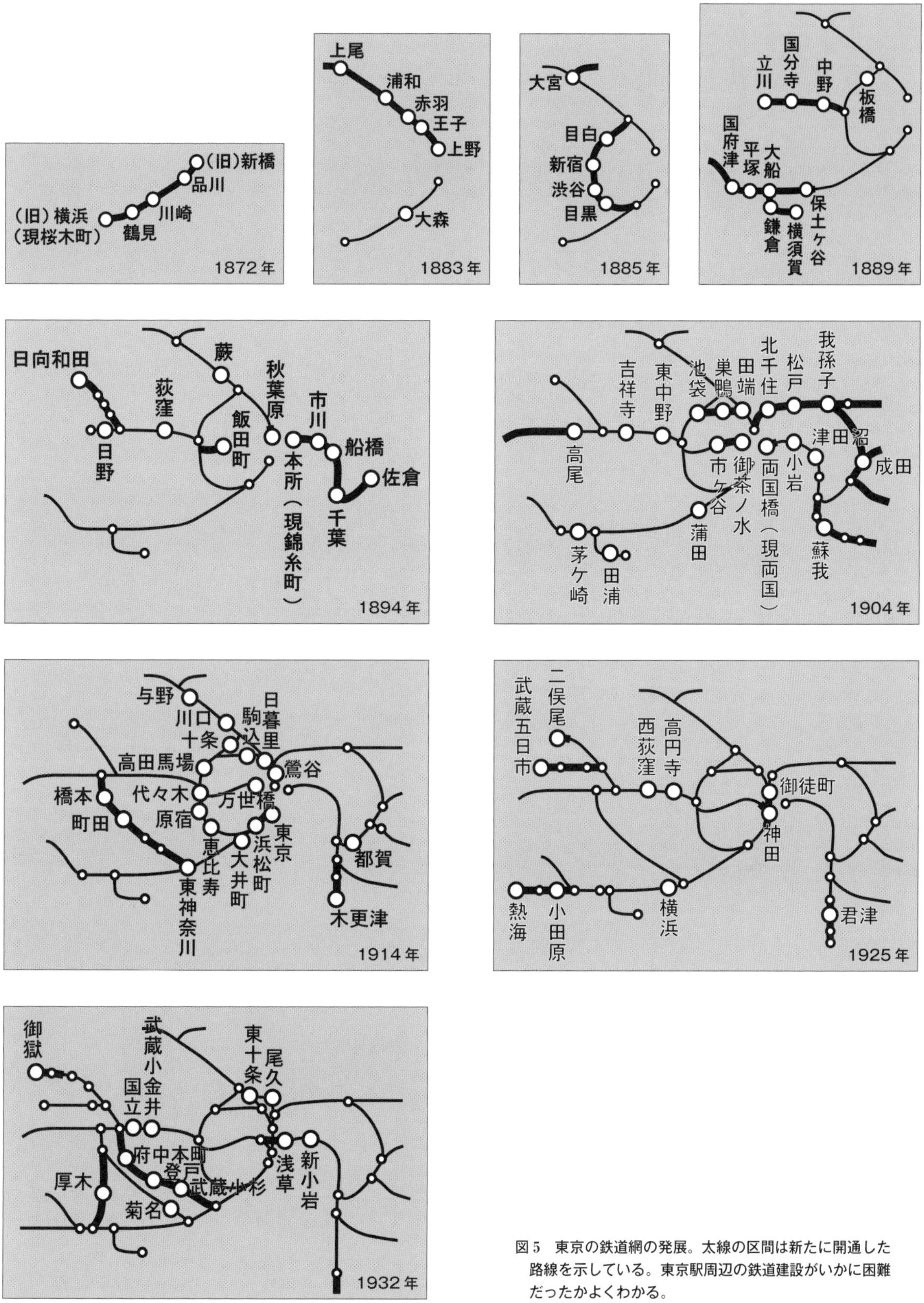

図5　東京の鉄道網の発展。太線の区間は新たに開通した路線を示している。東京駅周辺の鉄道建設がいかに困難だったかよくわかる。

中央線の終着駅は、飯田町駅（一八九五年、のち貨物駅となり、一九九九年に廃止）から御茶ノ水駅（一九〇四年、現在の駅より西側）、万世橋（まんせいばし）駅（一九一二年、のち一九四三年に廃止）と都心をめざして延びてゆき、ついに一九一九年に万世橋—東京間が開通した。

上野—青森間の東北本線はすでに一八九一年に全通していた。ただし、上野から南下する方面は、秋葉原駅（一八九〇年）まではよかったが、それから東京駅に至る区間は神田の市街地を斜めに通過しなければならず、ずっと停滞していた。秋葉原—東京間は、ようやく一九二五年、高架が完成している。これによって東京を南北に縦断する鉄路線がつながった。さらに、山手線の環状運転も可能となった。

総武線は、本所駅（一八九四年）から両国橋駅（一九〇四年、現・両国駅）に延長され、三二年に御茶ノ水駅までつながった（写真2、当初は両国線と呼ばれた）。これによって東京を東西に横断する鉄道路線がつながった。

人家が密集したこの地でこうした大工事を完遂できたのは、都市が固い建物でおおい尽くされる前に鉄道を敷設することができたことをはじめとして、駅舎が頭端駅で固められなかったこと、関東大震災後の復興土地区画整理事業のなかで、両国—御茶ノ水間の鉄道用地が確保されたことなどの要因が重なったからだといえる。総武線の両国—御茶ノ水間は震災復興事業の最大の成果の一つといえよう。

十文字+東京駅短絡路線というバルツァー構想に話を戻すと、一九七二年に総武線から東京駅へ直接乗り入れる総武快速線が開業した。そして、上野駅止まりになっていた常磐線・宇都宮線（東北本線）と東京駅止まりの東海道線を相互乗り入れできるようにする東北縦貫線（上野東京ライン）が二〇一五年に完成した。これでようやくバルツァーが一一〇年以上前に構想した東京都心部の鉄道路線網が完成したのである（図4、5）。

写真3　初代万世橋駅。建設当時は堂々たる終着駅の姿をしているが，駅舎は線路わきに平行して建てられている。鉄道の延伸がはじめから予定されていたことがわかる（出典：『帝国鉄道協会会報』第13巻第2号，1912年）。

都心の鉄道遺産

こうした鉄道延伸は当時としては革新的な建設技術とともに行われた。それが生きた鉄道遺産としてこんにちも活用されていることにわれわれはあまり気づかないでいる。たとえば、鉄道が生み出した郊外やそこからの電車通勤という生活スタイル、待合室をもたない通勤駅のあり方や高架の鉄道路線、各駅停車と快速線のセットなどである。

それらは具体的な場所に刻印として刻まれている。以下はいずれも日本初の試みである。飯田町—中野間から始まった電車の運行（一九〇四年、それまではすべて蒸気機関車だった）、独立した駅舎をもたない高架下スタイルの駅としての有楽町駅（一九一〇年）、新橋—東京間での当初からの複々線による近郊路線と長距離路線の分離（一九一四年）、外濠（そとぼり）にかかる大径間の鉄道橋である鉄骨鉄筋コンクリート橋の外濠橋（中央線、一九一九年）、純然たる鉄筋コンクリー

写真4　絵葉書「丸の内高架鉄道」，新橋から有楽町にかけての風景。手前の水面は外濠。現在の帝国ホテルの裏のあたり，堀は埋め立てられ，現在は道路と首都高速八重洲線の一部となっている（出典：『明治・大正・昭和　東京写真大集成』石黒敬章編・解説，新潮社，2001年，226頁）。

ト鉄道橋である神田川橋梁（東京─上野間、一九二五年）、秋葉原駅構内のエスカレータ（一九三二年）などなど。

そして何よりも市街地内を高架で連続して走る鉄道そのものが日本初の試みであった。赤煉瓦アーチの高架橋も日本では前例がなく、地震国の軟弱地盤に煉瓦アーチ造の高架鉄道を建設するということそのものが、おそらく世界初だったのではないか。

もちろん東京駅（一九一四年）自体も都心の鉄道遺産の筆頭といえる。当時建設された国家を代表する駅舎としては二代目大阪駅（一九〇一年）、初代万世橋駅（一九一二年、写真3）、二代目京都駅（一九一四年）などがあるが、いずれも現存しない。いちばん変化の圧力が高かったはずの首都の中央駅が生き延びたのである。それだけ東京駅の設計には空間的な余裕があったことになる。

写真5　現在のベルリンの高架鉄道。周辺の町並み風景はまったく異なるものの，高架鉄道の姿は日本ととてもよく似ている。

一方、なくなったとはいえかつての頭端駅の面影は今でも上野駅や両国駅に見ることができる。万世橋駅のプラットフォームは、マーチエキュート神田万世橋という赤煉瓦の高架アーチの雰囲気を取り戻した商業施設として二〇一三年九月にオープンした。この高架アーチを北側から見ると、手前に神田川が流れ、そこに二〇連のアーチが連なる見事な風景である。かつて、外濠の縁であった東京─有楽町間の高架鉄道の景色もこのようなものだった（写真4）。

一九三二年の総武線直通にともなって更新された現在の御茶ノ水駅は、モダニズムのデザインのみならず、待合室やホールなどに乗客を滞留させることなく、外部へ直接誘導するという、大量輸送の電車時代に合わせた通勤駅のスタイルを確立した駅舎として名高い。

こんにち、鉄道の路線図を眺めると、現在の駅の配置が当然のものだと考えがちだが、さまざまな計画意図を汲みながら、徐々に形成されてきたものなのである。日々の都市生活のなかで当たり前となっている駅内外のいろんな光景は、じつは各時代の創意工夫の結果でもあるのだ。そしてできた駅が今度はその後の都市の姿の変化の起点ともなる。

たとえば、山手線は最初から環状鉄道を造ろうと意図したものではなかった。上野─熊谷間から開業した日本鉄道が東海道側の官営鉄道と接続を果たすために人家の少ない山側の新宿や渋谷を通るルートを迂回路として造ったことが出発点だった。

ところが、環状線ができてみると、山手線の内側は東京市による路面電車の独壇場となり、一九一〇年代から広がった民間の郊外電車路線の山手線内への乗入れも市電側の抵抗にあって、実現できない状況が続いた。

しかし、これが結果的に新宿、渋谷、池袋、上野といった副都心の発展に結びつくことになる。副都心が環状に並び、相互に官営鉄道によって結ばれるという世界でも例のない首都のかたちを結果的に生み出すことになった。

モデルとしてのベルリン

ところで、首都東京の都心を走る鉄道の姿にはモデルがあった。――ベルリンである。

当時、ヨーロッパの大都市ではベルリンだけが例外的に近郊鉄道のターミナル駅を延伸し、都心で相互に結ぶための高架鉄道と通過型の駅を建設していた。一八八二年にこの路線は開業しているが、ルムシュッテルもバルツァーもいずれもベルリン市街鉄道、いわゆるSバーン東西線の高架路線の建設にたずさわった経験があった。ベルリン市街鉄道は都心部を赤煉瓦のアーチによる高架で通過している（写真5）。この風景が二人のドイツ人技術者の手によって東京の都心に移植されたのである。

なぜ東京駅は丸の内側に正面を向けたか

東京の最大の特色の一つに城と中央駅とが近接していることが挙げられると冒頭に述べた。お城に向かって駅舎が建てられているのは、今となっては至極当然に思えるが、中央停車場（のちの東京駅）が

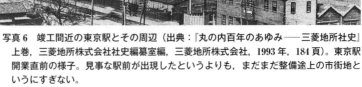

写真6　竣工間近の東京駅とその周辺（出典：『丸の内百年のあゆみ――三菱地所社史』上巻，三菱地所株式会社社史編纂室編，三菱地所株式会社，1993年，184頁）。東京駅開業直前の様子。見事な駅前が出現したというよりも，まだまだ整備途上の市街地というにすぎない。

構想されていた一八八〇年代半ばは、まだ丸の内の軍用地は三菱に払い下げられておらず（払下げは一八八九年）、一方で、東京駅が想定されていた土地は日本橋にも近く、舟運との連携も期待できるので、なぜいわゆる八重洲側にも駅舎が造られなかったのか、いかにも不思議である。

事実、実業界からは当初、八重洲側に駅を設けてほしいという要望が強かったようである。ところが実際はほとんどゼロ回答だった。駅どころか、改札口も、新たな橋も架けられることはなかった（当時、八重洲側は図1にあるように外堀で完全に区切られていた）。

写真7　絵葉書「丸の内ビルディング全景」。一丁紐育あたりの大正後期の様子がよくわかる（出典：『明治の東京写真――丸の内・神田・日本橋』石黒敬章，角川学芸出版，2011年，58頁）。

バルツァーが和風の東京駅を設計したのは、彼が日本に滞在していた一八九八年から一九〇三年にかけての時期であるが、その頃の丸の内はようやく馬場先通りに沿って三菱第一号館（ほぼ同じ位置に再建された）から第二号館（現・明治生命館の敷地）、第三号館（第一号館の向かい）が建ち、平行して東京府庁舎（のちの東京都庁舎、現在の東京国際フォーラムの敷地）と東京商工会議所（三菱第二号館の向かい、現在も東京商工会議所が占めている）がぱらぱらと建っているにすぎず、東京駅の予定地周辺はまだ都心の様相を呈していなかった（写真6）。

それにしても三菱に一括払下げられる前、丸の内から大手町あたりを占拠していたのは軍用地が大半であったが、これがよくよその土地へ動いてくれたものだと今更ながら思う。皇居防護の必要性が薄らいだという理由もあっただろうが、実際のところは手狭になったということだろう。ただ、ほかの都市

写真8　1930年の馬場先通り。帝都復興祭の飾りつけが華やかな一丁倫敦の様子（出典：『丸の内百年のあゆみ――三菱地所社史』上巻，三菱地所株式会社社史編纂室編，1993年，316頁）。

写真 9　行幸通りの変化。1950 年代後半（左上），1999 年（右上），2008 年（左下），2013 年（右下）。2008 年と 2013 年で変わっているのは，東京駅丸の内駅舎背後の八重洲側の駅ビルが建て替えられたこと（左上の出典：絵葉書「（東京）行幸道路」他は筆者撮影）。

の場合は城内にいくらでも土地があるのだが、首都東京の場合はお城の内は皇居であり、皇居側に軍用地を膨張させることができないという問題があった。天皇の住まいが結果的に軍部の移転を推し進めることになったともいえる。

軍用地を転用して生まれた丸の内のオフィス街は首都の模範的な市街地を造るというミッションのもとに進められたこともあり、こちらへ向けて中央駅が顔を向けるのは至極当然だったのだろう。駅舎は一九一五年に京都で行われた大正天皇の即位の大礼に間に合うように造られた。駅舎の中央部分に皇室専用の出入り口が計画され、行幸通りから一直線にプラットフォームに到達するというシークエンスの演出にも慎重な配慮がなされた。即位大礼のための京都行幸が当然、念頭にあった。

内濠から東京駅舎の正面に向かってまっすぐ突き当たる幅四〇間（約七二メートル）の格式の高い道は、一九〇三年に改訂された市区改正の新設計の際に新たに計画され、東京駅が開業した一四年に供用開始している。これも大正大礼の際の隊列の行進の舞台として整えられたのだろう。

こののち、このあたりは大きく変貌する。明治時代に構想された東京の都市計画のなかでもっともめざましい進展を示したのが三菱による丸の内のオフィス街であった。震災復興計画のなかで、駅前広場に向かうこの儀式的な道は現在の内堀通りまで延長された。一国の首都の相貌がこのようにして徐々に整えられていく。

首都の顔をつくる

こんにち、行幸通りと呼ばれる壮麗なブールバールは、延長わずかに四〇〇メートル余りにすぎないが、この通りが（煉瓦造ではなく）鉄筋コンクリート造と鉄骨造の建物で埋まり、いわゆる「一丁紐育（ニューヨーク）」の街路景観が完成するのはかつての新丸ビルが竣工する一九五二年だった（写真7）。対する馬場先通りがいわゆる「一丁倫敦（ロンドン）」と称する煉瓦街としてすべての建物が建て揃うのが一九一一年、三菱一三号館の竣工時だったので（写真8）、それから数えても四〇年余の歳月が経過している。

市区改正で構想された首都の中央停車場とそこへ至る皇居からのブールバール、道路に面してじかに高層のオフィスビルが建ち並ぶ（当時の発想では、建物は門構えの内側に建ち、屋敷を構えるというスタイルをとるもので、欧州の街路のように大建築物が壁面を道路に接して連続して建つということは常識を超えていた）

という構図が現実のものとなるまでにじつに六〇年以上の年月がかかっている。

そしてそこから東京駅丸の内駅舎の復原再生までにさらに六〇年が経過している。

その間に外濠が埋め立てられ、八重洲側の駅舎ができ、新幹線が導入され、地下駅が生まれ、八重洲側駅舎が建て替えられ、丸ビルや新丸ビル、東京中央郵便局をはじめとして多くのオフィスビルの更新が進んだが、東京駅周辺は依然として首都の顔としての地位を保ち続けている(写真9)。

東京駅とその前面に広がる丸の内オフィス街の町並みは、別々の時期に、それぞれ別の担当者たちが、別々の構想のもとに造形したものだった。それら個別のプロジェクトが累積して、結果的に首都の中央駅と王宮とがブールバールを介して向き合い、その間にCBD(中心業務地区)が同じ軸線上にはまるという一つのまとまった空間としての脈絡を造り出すことに成功している。

このことはほぼ同時期に最初の駅舎が完成した有楽町の駅周辺と比較してみるとよくわかる。

有楽町から日比谷にかけては、賑わいという面では丸の内よりも先行したものの、道路網や駅前のあり方など、繁華街特有の迷路性がある。現在の有楽町周辺は震災復興の事業の一つとして土地区画整理が行われているが、区画整理後の現在ですら、この界隈には迷路性を感じる。

その一つの理由として、鉄道路線の軸と道路の軸とがずれていることがある。駅を降りて、方向感覚が惑わされるのである。同様のことは神田駅にもいうことができる。東京駅をはさんで南北それぞれの隣の駅は東京駅周辺とは対照的に迷路的なのだ。南は新橋まで北上してきた鉄路と、北は秋葉原まで南下してきた鉄路を結んでいるものの、東京駅のところで皇居に正面を向くためにはそのすぐ北の神田と、すぐ南の有楽町のところでは既存の道路軸とずれてしまうという若干の無理をしなければならなかったのである。

神田と有楽町とは裏腹に、対する丸の内は、王宮と中央駅とビジネス街とが軸線を合わせて、整然とアンサンブルをなし、緊密な首都の顔を生み出している。こうした事実は、じつは世界の主要国の首都にもあまり例がない。王宮という旧秩序の象徴と中央駅やオフィス街という新秩序の象徴が一つの都市のなかで近接して存在し、おまけに都市デザイン的に呼応し合っているという事実自体、なかなか考えられないことなのである。

おまけにこのあたりは一六世紀末までは入り江だった。埋立地が首都の顔となったという点だけを取り出しても、東京はアムステルダムと並び世界の双璧をなすといえる。

東京駅頭に立つと、駅舎・鉄道網・道路網・オフィス街のいずれの面においても、近世から近代にかけて都市を造り替えるために描かれてきた大きな構想とそれを実現するための粘り強い実践の両方を実感することができる。それを可能にする条件が、好運にも、明治の東京にはそろっていた。それが今の首都の顔をつくっている。

14　横浜——不動の都市軸都市

図1　国土地理院所蔵 二万分一迅速図「横濱區」（部分）；「本牧本郷村」（部分），いずれも1882年測図，発行年記載なし。

もとの都市軸としての本町通り

横浜の発祥が関内の外国人居留地にあることはよく知られている。一八五九年の開港からまたたく間に日本を代表する貿易港となったため、まちは爆発的に周辺に拡大したが、不思議なことに都心部はかつての居留地時代の骨格をよくとどめている。

横浜の都心に向かう人はだれでも日本大通りがこのまちの芯であると感じるだろう。横浜公園からまっすぐ港へ向かう幅員三六メートルのブールバールはまさしく都心軸というにふさわしい姿をしている（写真1）。

何よりも「日本」と命名した気宇の壮大さは世界に開かれた日本初の港町の心意気を表しているようだ。おそらくは一八七五年に居留地に町名をつけた際、薩摩町や加賀町、尾張町、駿河町、豊後町、蝦夷町などと命名した勢いで、日本と名づけたのではないだろうか。

しかし、少し歴史をひもとけばわかることだが、日本大通りは都市の基軸として当初から造られた道ではない。この通りが波止場から公園（当時は予定地）まで貫通してそのかたちを成したのは一八七〇年頃のことであり、日本大通りと命名されたのは七五年のことだった。日本大通りが現在の規模で概成したのは一八七九年である。開港からはや二〇年が過ぎている。この頃すでに横浜の在留外国人の数は二五〇〇人を数えており、全国での外国人総数の約六割の人口が横浜に集中していたのである。

　では、日本大通り建設以前の横浜はどのような姿をしていたのだろうか。――ある程度の規模を誇るどこの港町でもいえることなのだが、通常、まちは港の汀線に平行して形づくられるものであり、日本大通りのように汀線に直交している道路が中心となることのほうが珍しい。横浜も例外ではなかった。

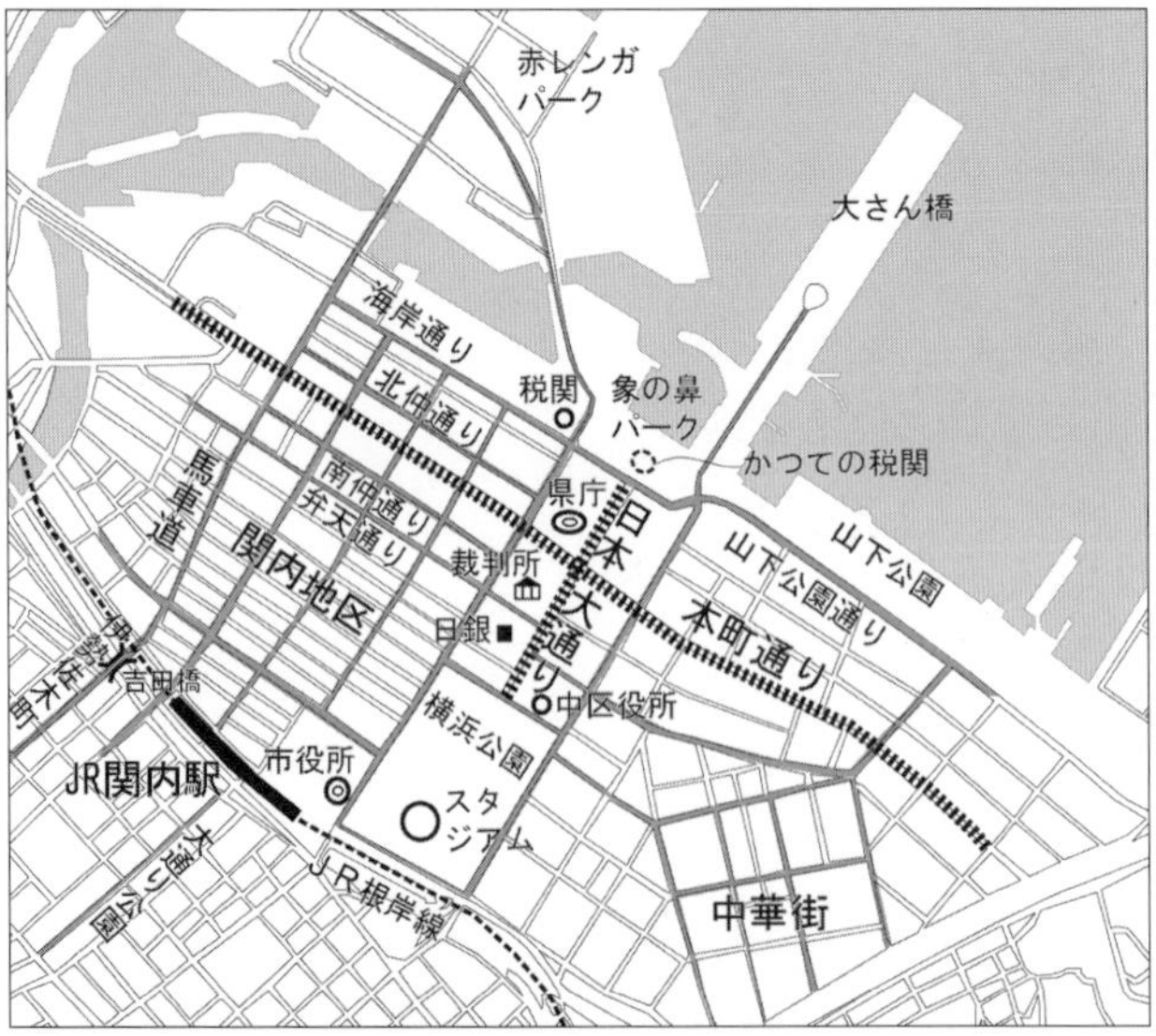

図2　横浜の都心模式図。

　開港以前の横浜村は現在の地下鉄みなとみらい線の馬車道駅から元町・中華街駅にかけてひとすじに延びた砂州の上に立地していた寒村だった。砂州の内陸側はすべて湿地で、のちに新田開発が行われたところである。砂州のわずかに盛り上がった尾根筋が現在の本町（ほんちょう）通りあたりの筋だった。砂州の先は西側、ちょうど現在の馬車道駅のあたりで、ここにかつて州干（しゅうかん）（州乾）弁天社があった。現在の弁天通りはそのころの参道に由来する。

　一八五九年の開港を目前にして横浜のまちの整備が急速に進められる。中央部の波止場とその前面に税関の役割を果たす運上所、そして運上所を境に西の日本人町と東の外国人居留地が配された。

　日本人町にはもちろん町家や洋風の商家が建ち並んだが、居留地側は周囲に柵をめぐらした屋敷型の邸宅が造られていった（のちには建物が街路に面するスタイルの洋館となるが、当初は異なっていた）。西と東ではまちのできかたがまったく異なっていたので、道路パターンも東西では異なっている。東の外国人居留地側には大きな道路は少ない。ちなみに中華街の道路軸がずれているのは、以前の新田開発の時期が異なっていたからで、そこに華人が住み着くようになったのが理由ではない。

写真1　現在の日本大通り。海岸通りから南を見る。正面が横浜公園。右手にわずかに県庁舎の建物の一部が見えている。昔から変らぬ政治・行政の中心。

　こうしたなか、唯一、本町通りだけは港町を一本に貫く幹線として造られている（写真2）。運上所の山側正面の少し先に幅の広い通りができたのだ。このときできた日本人町内の幹線は、現在の名前で海側から、元浜町（もとはまちょう）、北仲通り、本町通り、南仲通り、弁天通り、太田町通りの六本であり、これらは現在も関内地区の幹線として生きている（ただし当時とは幅員、通りの役割などはまったく異なっている）。

写真2　日本大通りとの交差点から西側に向いて，本町通りを見る。本町通りは港町開設からの東西の幹線。海岸線と平行して東西に貫通する横浜の事業活動の軸。南側（左手）奥に横浜市開港記念会館（1917年，旧・開港記念横浜会館）の塔（通称，ジャックの塔）が見える。

　こんにちでも関内地区を東西まっすぐに貫通して

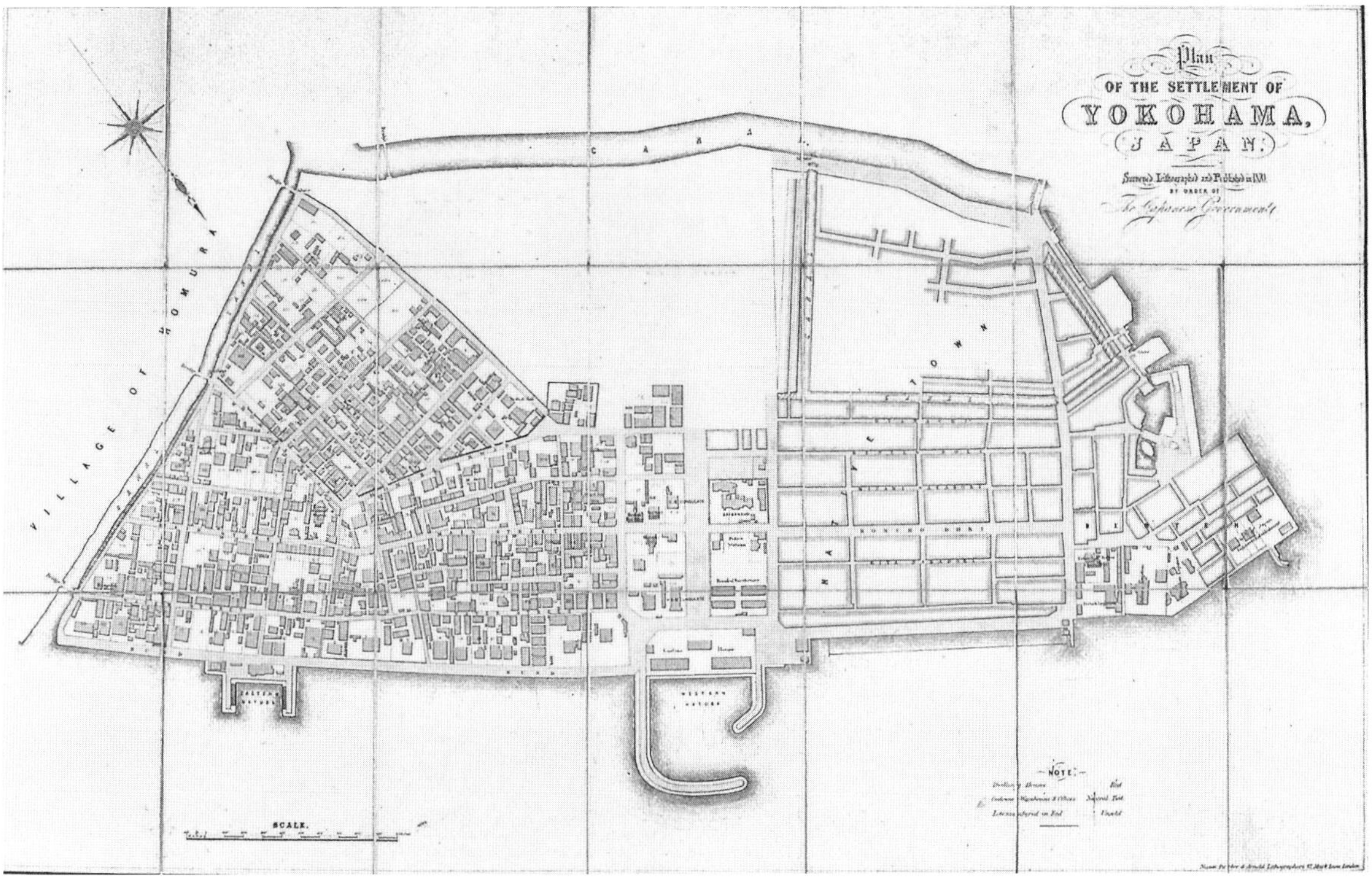

図 3　横浜居留地地図（1870 年）。ブラントンが下水道敷設のために作成した測量図。中央下に二本並んでいるのが，後に象の鼻と呼ばれることになる波止。左が東波止場（イギリス波止場），右が西波止場（税関波止場）。生まれたての日本大通りが描かれている（出典：『神戸・横浜・“開化物語”図録』神戸市立博物館，1999 年，38 頁）。

いるのは本町通りだけである。本町通りの地下にはみなとみらい線が走っており、今日まで関内の背骨の役割を果たしてきたことがわかる。現在の本町通りを歩くと、広々と拡幅され、銀行を中心とした業務街という印象が強く、かつての商家の賑わいを感じることは難しいが、ここが都市横浜を貫く幹線であり続けているという実感はわいてくる。

政治・行政の軸としての日本大通り

一八六六年に関内の三分の二を焼き尽くす大火（豚屋火事）があった後、焼失した港崎（みよざき）遊郭跡地を外国人と日本人が同じように利用できる、避難場所を兼ねた公園とし、ここから波止場に向かって幅員一二〇フィート（約三六メートル、車道四〇フィート、歩道十フィート・植樹帯三十フィート、計左右各四〇フィート）の防火帯の機能をもった中央大通りが計画（一八六七年）された。これがこんにちの横浜公園（一八七六年、当初は彼我（ひが）公園と呼ばれた）と日本大通りである。一八七七年までに完成、「日本大通」という名称は一八七五年。

山手公園（一八七〇年）と並ぶ日本初の近代公園と側溝や下水管を持つ近代の大街路がここに生まれた。日本大通りの設計を担当したのは「日本灯台の父」として名高い英国の土木技師リチャード・ブラントンであった。

興味深いことに明治維新の荒波の影響を都市横浜はほとんど受けていない。ここが外国人による自治地区だったこともあるだろう。

写真 3　現在の県庁舎。1928 年。震災後に公募案をもとに建設。威厳のある中央の塔は五重塔をモチーフにしたといわれている。日本大通りに面したこの場所には，当初から，行政施設が建てられ続けている。

図4　絵はがき「神奈川県庁と日本大通」。都市軸としての日本大通りが表現されている。日本大通りの正面に建っていた税関の上部から撮った写真。(1875年頃)。

横浜の都市づくりはその後、明治新政府が引き続き実施することとなり、日本大通り沿いには県庁舎や市庁舎、郵便局、電話局といった当時の代表的機関が軒を並べることになる。日本大通りは居留地でもほかにはない街路樹をもつ大通りであった。

なかでも開港都市らしいのは、税関が運上所に取って代わって、波止場（そのころには象の鼻という愛称にふさわしい姿になっていた）の正面に設けられたことである（運上所の跡地には県庁舎が一八七三年に建てられた。ただし建物は現在の県庁舎の前の時代のもの）。日本大通りは税関と公園とが向き合うかたちで両端を占めるかたちとなった（図3）。

その後、こんにちに至るまで、一貫して日本大通りは横浜の顔として機能してきた。現在でも当初とは若干位置は変わっていても、県庁舎のほか地方裁判所、郵便局、日本銀行横浜支店、横浜開港資料館などの建物が軒を連ねている。

写真4　横浜情報文化センター。日本大通りに面した前面部分は横浜商工奨励館（1929年）の建物を保存し，背後に高層部分を新築し，2000年にオープンした。本町通り側は商工奨励館の建物の高さに合わせた低層棟としている。

しかし日本大通りは総延長が約三〇〇メートルと短く、かつての本町通りや弁天通りがもっていたような人の行き交う賑やかな商業地区の表情はない。ここにあるのは港に向かう権威に満ちあふれた政治の顔である。

つまり横浜の都心は、東西の商業の軸がまず造られ、それに直交する南北の政治の軸ができあがることによってかたちづくられたのである。

そしてこうしたまちの中心部の構成はその後の鉄道開通（一八七二年、初代横浜駅、現・桜木町駅）や横浜駅の現在地への移転（一九二八年）といった交通事情の変化や関東大震災、さらには戦災と戦後の都心部の接収という大災難を経ても大きく変わることはなかった。

写真5　日本大通りの歩道と植樹帯。当初は歩道と植樹帯で左右各40フィートだった。震災後，両者合わせて左右各7メートルとなっていたが，2002年に左右各13.5メートルとほぼ当初の姿に戻された。

たとえば震災後、瓦礫で海面を埋め立てて山下公園を設営しているが、これによって横浜は変貌したというよりも、日本初の臨海臨港公園という新しい魅力を都心隣接地に生み出すことに成功したといえる。災いを福と転じたのである。また、県庁舎も郵便局もともに常に日本大通りと本町通りの交点あたりに建ち続けている（写真3）。

そのうえ、港湾機能は新港埠頭の建設によって神奈川寄りに移動し、日本大通り地先の海はそれ以上埋め立てられることもなかった。したがって、波止場と公園とが大通りをはさんで対峙するという明治初年の都市計画の企図が幸運にもそのまま保たれることになった。

　十分に余裕のある街路幅員が当初からとられていたことや後背地（伊勢佐木町界隈などいわゆる関外、かつての新田開発地）に十分な開発余地があったこと、現在の横浜駅（かつての神奈川駅）周辺から京浜地帯にかけて埋め立てて、港湾機能や工業地帯の発展が誘導できたことなどから、もとからの都心部はそのままの機能を保持することができた。

　こうして横浜の都心は一八七〇年頃の日本初の近代都市計画の姿ほぼそのままに、現代に至るまで風格を保って生きているのである。いやむしろ、近年になってさらにその風格を増すような努力が続けられている。たとえば、日本大通りに面する建物は歴史的な洋館を保存する工夫がこらされているうえ（写真4）、大通りの歩道は二〇〇二年に再整備され、オリジナルに近い幅員に拡げられた（写真5）。

　さらには、日本大通りの突当り、かつて税関が海と陸地とを隔てていた場所に建っていた民間建物は市によって買収され、二〇〇九年、海に開かれたモダンな象の鼻パークとしてオープンした。日本大通りの先に海が見えるという、開港直後のごくわずかな時期を除いて横浜の歴史のなかではなかった風景が実現した（写真6）。

　現場に立ってみると、これまでになかった風景に対する違和感などまったくない。むしろ、港町が海に開かれているのは至極当然であって、これまでそれが実現していなかったことこそ不自然だったとまで思ってしまうできばえとなっている（写真7）。

函館とよく似た構造

　じつは日本大通りのように海にまっすぐに向かっていく幹線街路をもった港町は日本には数少ない。多くの港町は古くから港に対して横に広がるような市街地をつくり出していたからであり、近代港湾になると、逆に港湾部分は独立した物流空間となり、人間が生活する都市部とは接点が少なく、両者を結ぶ街路は要請されなかったからである。

写真6　象の鼻パークが実現されたことによって，海への視線が抜けた日本大通り。こうした機会をねらい続けることが都市デザインの役目である。

写真7　象の鼻パーク。開港150周年事業として，若手デザイナーを対象としたコンペによってデザインが選ばれ（設計：小泉雅生氏），2009年にオープンした。正面のタワーは横浜税関（1934年）の通称クイーンの塔。

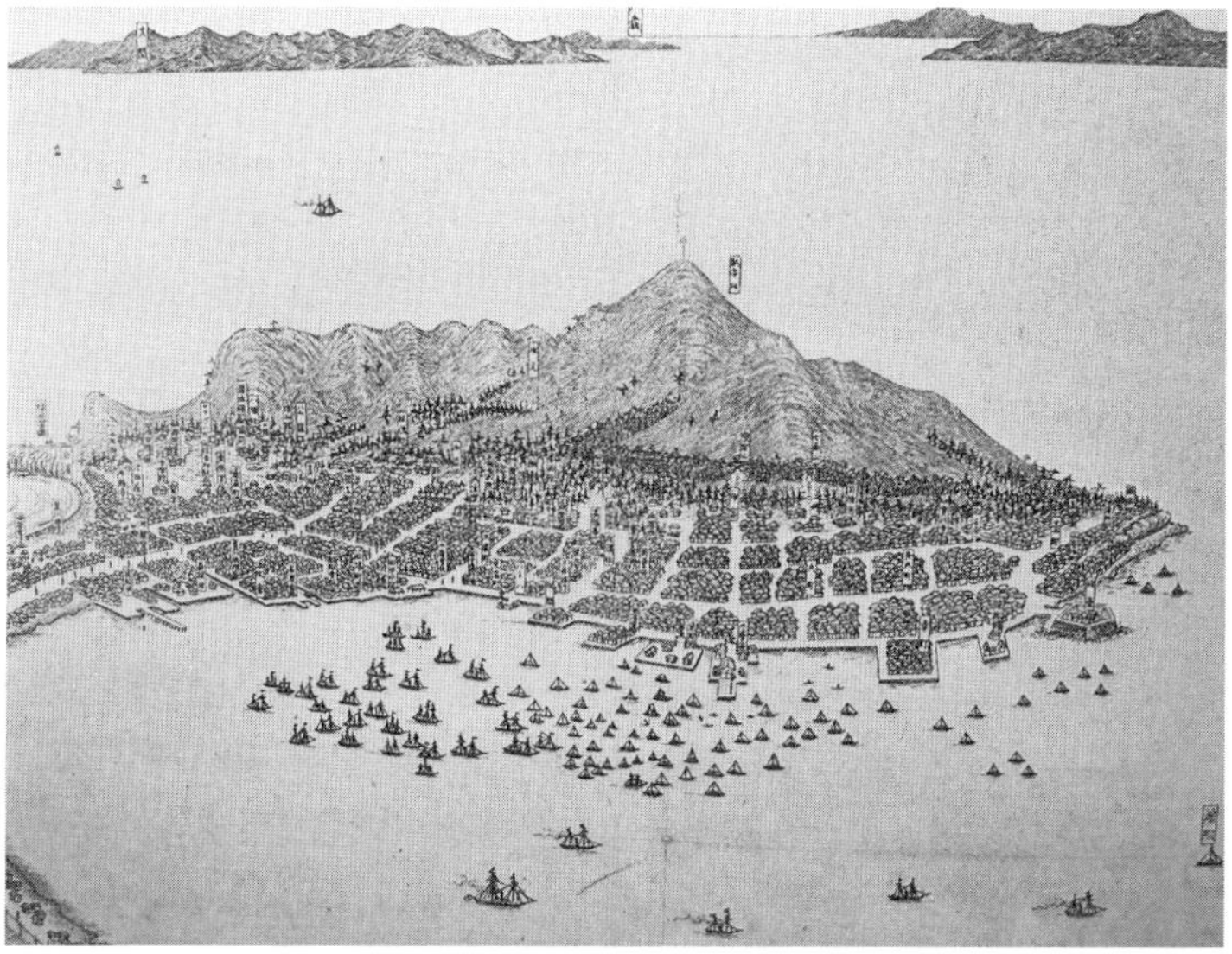

図5　函館港心真景（部分，1880年頃）。海岸から二本目が弁天通り，一番太い坂道が基坂（出典：『市立函館図書館蔵 函館の古地図と絵図』吉村博道編，道映写真，1988年）。

その数少ない類似都市として横浜と同じ幕末の開港都市、函館がある（図5）。

日本大通りにあたるのは函館では基坂（もといざか）である。坂のいちばん上部の、かつての箱館奉行所の場所はのちに元町公園となり、海に一番近い正面に税関が建っていたところも横浜と一緒である。また、基坂は政治の軸であり、これと直交する電車道である弁天町から大町、末広町にかけての通りがさらに古くからの商業の軸であったことも横浜と共通している。

さらに函館旧市街西端、一八世紀初頭にまで遡ることのできる箱館村発祥の地にも弁天社が祀られ、その門前が弁天町として賑わった点まで共通している。弁才天（弁財天）はもともとインドの河の神様であるから、水辺に立地するのは不思議ではないが、その門前町がその後都市の軸を形成し、かつ社（やしろ）自体も神仏分離令によっていずれも厳島神社と名前を変えて、現在も当時の場所近くに鎮座しているということは偶然の一致とも思えない。

函館の場合も一八七八年、七九年の大火の後の近代的都市計画が今まで生きているまちである。そういえば一九七五年に横浜関内に新たにつけられた町名には函館町のほか、神戸町や長崎町もあった。幕末の開港都市はこうしたところにも想いがつながっていたのだろうか。

もちろん函館と横浜ではいろいろな点で異なっている。そもそも地形がまったく異なっているので、歩きながら見えてくる景色はまるで別物である。それに、横浜では日本大通りがその後も都市の芯として機能を続け、今日に至っているのに対して、函館の場合は都心は基坂から駅前へ、そして五稜郭の近くへと移っていった。しかし、神戸・長崎・新潟という他の開港都市と比較してみると、横浜の都市の骨格のつくられ方は函館に近いことは明らかである。

不動の都心としての日本大通り

開港五都市に限らず、どの都市と比較したとしても横浜がユニークなのは、日本大通りが明治のはじめから現在まで政治の中心地として不動の地位を占め続けてきたことである。近代化の初期段階では道路の開削や駅の開設などによっていずれの都市もその姿を大きく変容させていくことを余儀なくされる。

いっきょに西洋の文明が流入してくることになる開港都市の場合はなおさらである。周辺を巻き込んで急速な市街化が進み、賑わいの中心はさまざまに変転してもおかしくないが、横浜の場合、県庁舎に代表される政治軸として日本大通りの位置づけは変わらないのである。

周辺に依拠すべき母都市が存在せず、横浜の都市計画自体も時代の変化を受容できるだけの懐の深いものであったこと、地先の海が埋め立てられて工業港化することがなかったこと、公共施設が都心に踏みとどまったこと、隣接地が永らく米軍用地だったため、周辺への都心の展開ができなかったことなど、さまざまな要因が日本大通りを生きたブールバールとして機能させ続けることに寄与してきたといえる。

なかでもいちばん大きいのは、関内の土地がすべて開港にともなう浅瀬の埋め立てによって十分な広さで確保できたことがある。ここが前面の海を埋め立てることが難しかった幕末の神戸居留地との一番の違いだろう。日本大通りという不動の都市軸をもつことができたのも、都市全体としてこうした余裕のある土地利用ができたからではないだろうか。

そういえば、伊勢佐木町を中心とした関外の土地も、もとはといえば一六五六年から一六六七年にかけての埋め立てによって生まれた吉田新田だった。埋め立て面積は一二〇ヘクタールにも及んでいる。つまり、北の大岡川から南の中村川（堀川）にいたる現在の都市横浜の主要部分は、かつて海だったところを全面的に埋め立てて造成された土地の上にある。これは東京や大阪、福岡にも部分的には当てはまることではあるが、日本の大都市には海に張り出した土地に築かれたところが少なくない。周到な計画がなければ、干拓事業はうまくいかない。横浜が日本大通りという都市軸を一五〇年以上保持してこられたのも、こうした強い計画性に裏付けられていたからだろう。

15 新潟——閉じられた水網都市をひらく

図1　二万五千分一地形図「新潟北部」（部分）；「新潟南部」（部分），いずれも 1911 年測図，1912 年発行。大河津分水が 1924 年に開削され，旧河道幅が埋立てによって縮小される前の信濃川の姿。

開港都市？

幕末に徳川幕府が外国に対して開いた港が五つあることはどの歴史教科書にも載っている。横浜、兵庫（神戸）、長崎、函館、新潟の五つである。しかしよくよく考えると、新潟以外の四都市は港湾の姿が一目瞭然なのに、新潟だけは港がぴんとこない。地形も港らしくないし、そもそも船の姿が見えない。なぜか。——答えは簡単である。新潟だけが河口の湊だったからである。現在の新潟市街地も一七世紀中葉に遡る歴史をもった河口の湊町である。新潟は長岡藩の外港として造成された。その意味では、新潟は他の開港都市よりも弘前藩の外港として同じ頃（一七世紀半ば）に造られた青森に性格が近いということができる。新潟の場合、湊は河口近くの全体にひらけた平野のなかに造られたので、山あいの海岸に立地している通常の港町の景色とはおのずと異なっている。

河口の湊では通常、川に沿った自然堤防上に都市ができるので、おのずと線状に長くなり、奥行きの広がりに欠けることになる。こうした欠陥を補うために新潟で実施されたのが、川湊の筋に沿って堀割を造り、都市を帯状に幅をもたせて、横に拡げることだった。そうして掘られたのが物流の幹線として南北に掘られた六間幅（約一一メートル）の寺町川

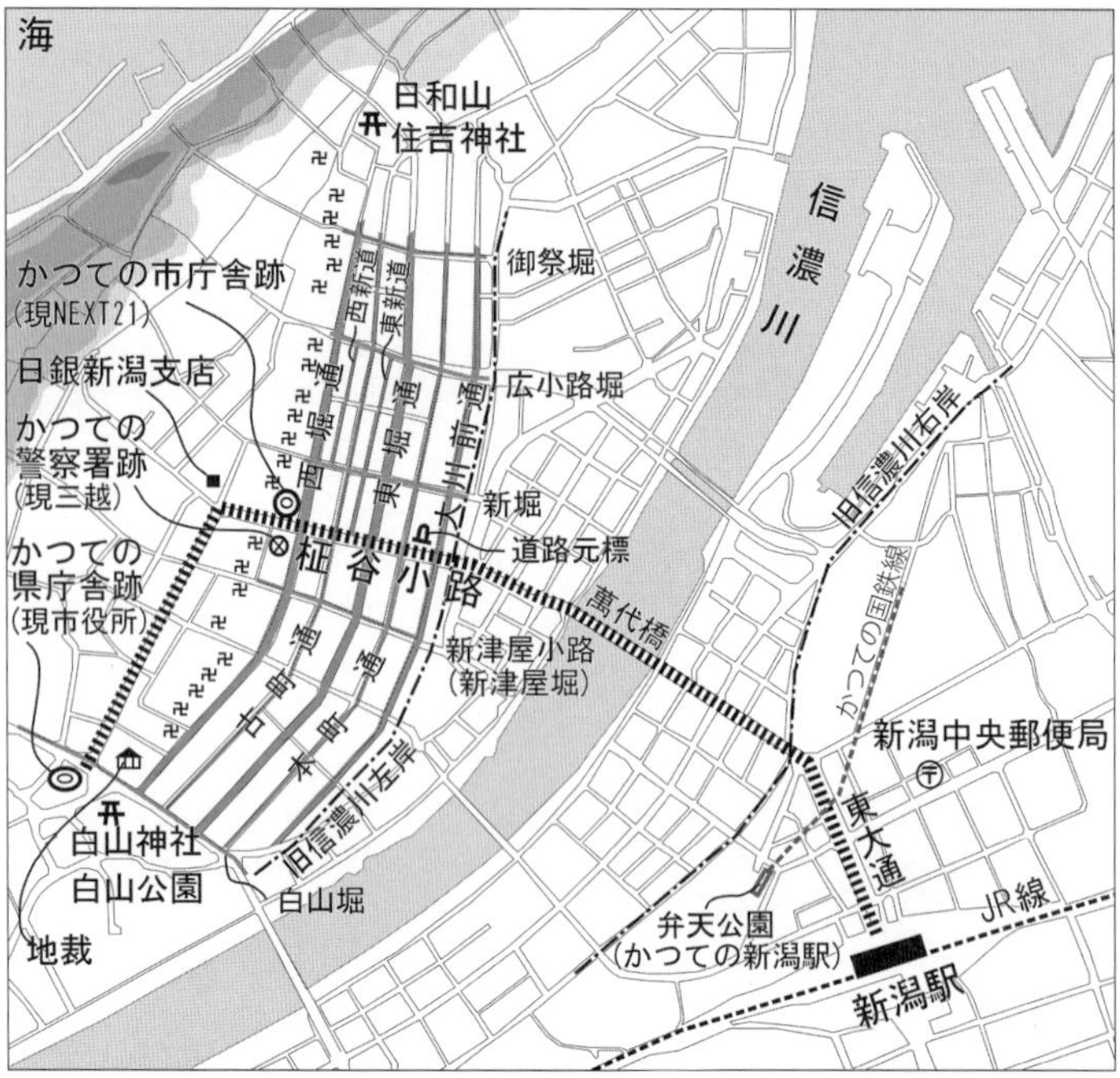

図2 新潟の都心模式図。この湊町は全体としてゆるやかなカーブを描いているが，おもしろいことに，道路が曲線になっているのではなく，直線の道と堀とが交差点で少しずつ角度を変え，結果として扇形のまちを形づくっている。

（西堀）と片原川（東堀）、現在の西堀通（写真1）と東堀通である。これと信濃川とを結ぶために川筋に直交した四間幅の東西の堀割が五本（白山堀・新津屋堀・新堀・広小路堀・御祭堀）、計画的に掘られた。これによってタテとヨコの堀割が縦横につながる巨大な湊町が造られたのである。まちの一番かみのところに白山神社が配され、一番しもが日和山（ひよりやま）だった。

移転が開始されたのは一六五五年のことだった。それまでの湊が土砂で浅くなってしまったため、古新潟の街路パターンをそっくり写し取って計画的に新都市を建設したのである。古新潟は一六一七年にそれまでのさらに古い新潟から計画的に移転されたものである。計画都市のこれまた計画的な集団移転であるから、コピーのように同じものを造り、そっくりそのまま移転することがいちばん不満の出にくいやり方だったのだろう。信濃川の流れはそれほどに変化してきた。

写真1 現在の西堀通。西堀通6番町あたり，北を見る。このあたりは昔風の柳並木となっている。かつてここに立派な堀があり，物流の幹線となっていたことを想像するのはむずかしい。

計画的経済都市

西堀と東堀の間に古町通が、東堀とかつての信濃川の間に本町通が、信濃川（大川）沿いにはのちに大川前通がひかれた。こうして五本の街路筋が整然と走り、これに直交して四〇本ちかい小路（今でもほとんどの名称が生きている）が配されるという湊町としては空前の計画性を誇る新潟の都心が造られたのである（図2）。それぞれ堀の両側に並木道が設置された。この様子は、幕末に新潟を訪れた旅行家イザベラ・バードの『日本奥地紀行』に描かれた挿絵からもうかがえる（図4）。堀には多数の橋が架かり、米や野菜を満載した船が頻繁に行き交う様を、イザベラ・バードは「私が今まで見た町の中でもっとも整然として清潔であり、最も居心地の良さそうな町である」（同書）と絶賛している。

この川湊全体を守るように西の端には三〇を超える寺院群が配置され、都市のエッジを造り出している。寺院群が建ち並ぶといっても通りに沿って山門が建ち並び、寺の塀が続くといった寺町ではなく、お寺はいずれも通りから奥まったところに位置し、西堀（のちの西堀通）沿いには商家が建ち並んでいる。商家と商家の間に細い参道が奥に延び、突当りに寺院が建っているという配置である。寺院がそれぞれの論理で境内地を展開するのではなく、通りの商業活動を損なわないかたちで境内が配置されている。寺町の都市全体のなかでの配置がまず定められ、その枠内で前面の通りに面して町家を配し、奥に寺院の境内が計画されているのである。

通りに沿って立地するそれぞれの町も、当初は町ごとに商うことができる商売が定められていた。信

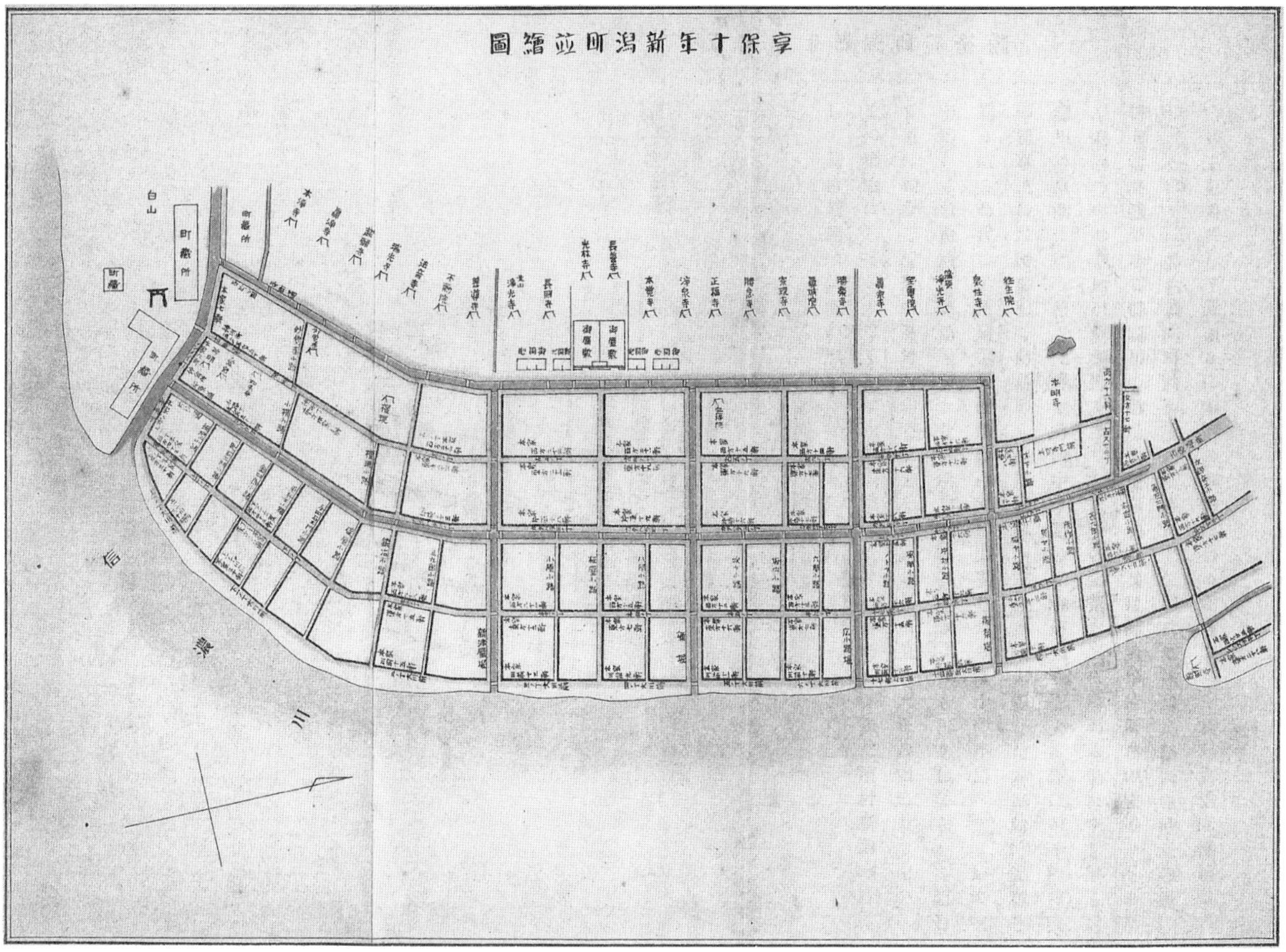

図 3　享保十年新潟町並絵図。計画的移転から 70 年が経過した 1725（享保 10）年時点での新潟の様子を表している（出典：『新潟市史』通史編 I 原始古代中世近世（上）1995 年，付図）。

濃川とこれに並行して西堀、東堀が軸を造り出し、その間に古町通と本町通が設けられ、さらにその裏には裏道（東新道、西新道）が造られる。花街などはこの新道に面して造られた。信濃川と直交する向きには小路と呼ばれる横町が連続し、ほぼ等間隔で五本の堀と堀端の道が副軸を造り出している。

　じつに計算された堀と道路の段階構成である。計画のよりどころはスムーズな物流ということだった。

　このように、新潟は堀を軸に、米の流通を中心とした機能面を前面に押し出して合理的に計画された経済都市だった。信濃川の水深が十分であるかぎり、新潟は北前船の寄港地、日本海側のハブとして繁栄をきわめることになる。堀の形態も都市の経済的な役割においても、この都市はアムステルダムによく似ている。

図 4　新潟の堀，1878 年の様子。イザベラ・バード『日本奥地紀行』（高梨健吉訳，平凡社東洋文庫，1973 年，134 頁）。

閉じられた水網都市をひらくという「近代化」

新潟の町は、一七世紀半ばの計画的移転の当初から、水路のネットワークが都市の骨格となる閉じられた水網都市であった。「閉じられた」というのは、水路のネットワークは簡単には拡張できないうえに、現在の水路網を途中で部分的に埋めることもなかなかできないという意味で、拡張や変更といった融通がきかないからである。その証拠に、明治に入って作製された地図を見ても、いわゆる古町地区の道路パターンにはほとんど変化がない。

　この完結した閉鎖都市を外に向けて開いていくことが近代の課題となった。そして新潟のまちは町人が造ったまちだったために近代施設を導入する際の武家地の空き地がなかった。新潟の町場はびっしりと家が建て詰まったまま近代を迎えたのである。こうした事態を打開するために、新潟では何が行われたのか。

最大の施策は駅を信濃川の対岸側、沼垂町に設け、一九〇四年に新規に開設された旧・新潟駅と旧市街とを結ぶ道を開いたことである。駅から信濃川を渡るところに萬代橋（もともとの呼び名は「よろずよばし」）が架けられた。新潟市街地で信濃川を渡って最初に架けられたのがこの橋である。

現在の橋は一八八六年竣工の初代から数えて三代目で、はじめての鉄筋コンクリート橋として一九二九年に完成した。萬代橋は新潟の都市拡張の象徴だった。そのぶん橋のデザインに力が入っているのもうなずける（写真2）。二〇〇四年に国の重要文化財に指定されている。

一方、まちの姿を考えると、この橋がどの地点で信濃川を横断し、旧市街に入ってくるかが思案のしどころだっただろう。実際は柾谷小路を一九〇八年から始まる市区改正によって拡幅しかつ西へ延伸し、ついで一九二八年の都市計画決定によってさらに一五間に拡幅することによって、殻に閉じこもったように完成していた新潟のまちをひらいていったのである（写真3）。それまでの都市軸はいずれも信濃川の流れに平行した通りだったが、それを九〇度回転して、川に直交する都市軸を投入することによって、新潟のまちを「近代化」しようとしたのだろう。

ではなぜ柾谷小路だったのか。おそらく、柾谷小路が五本の東西の堀のほぼ中央に位置すること、そしてかつて江戸時代末期に小路の突当りに奉行所があったことから、中心性を演出するのに十分な筋として選ばれたのだろう。

その結果、柾谷小路が槍のようにまちを東西に貫き、外へ開くことになった。それにしても、かつての奉行所を目がけて港からの道が延びてくるという構図は函館でもみられるが（のちの基坂となった）、その道が奉行所跡地を突き抜けて背後まで至り、公共施設用地を左右に分けてとる（それが市役所と警察署となった）という着想はじつに大胆だ。

さらにいうと、奉行所跡地を突き抜けた柾谷小路は寺町の奥の砂丘台地を抜けて、左折し、東中通となって白山横の旧県庁舎（現市役所）に突き当たる。ちょうど近世の新潟のまちが一番かみに白山神社をおいて、あたかもその参道であるかのように町場ができていたのと並ぶように、北西側のかみの位置に近代の守護神である県庁舎が白山神社と肩を並べるように鎮座したのである。

一方で、かつて新潟奉行所があった場所に市役所が設立当初から四代にわたってずっと（一九八九年、現在の五代目はかつて県庁舎があった現在地へ移転した）、この地に陣取っていた。この角地の向かい側には新潟警察署があった。かつての官庁街は今では商業中心地としてデパートの定位置となり、現在に至っている。

新潟駅から東大通・柾谷小路を西堀通まで歩くと、先人たちがいかにここに近代の中心軸を造ろうとしたかの想いが伝わってくる。西堀・東堀、さらに古町通・本町通といった近世の計画街路に直交する近代の幹線、その交点が都市のへそとなるという発想が新潟の肝である。都市のへその象徴でもある道路元標は本町十字路（本町通と柾谷小路の交差点）にある。ここは青森に至る国道七号の起点であり、京都へ至る国道八号の起点、そして東京日本橋からの国

写真2　萬代橋，2004年に国の重要文化財に指定された。道路は柾谷小路。対岸が旧市街側。新潟駅に背を向けて対岸の旧市街を見る。

写真3　現在の柾谷小路。西を見る。西堀通との交差点が見えている。かつてはその先で奉行所に突き当たっていた。かつて南北路が中心であったこの都市に，はじめて主軸となる東西路として柾谷小路が拡幅された。そのため，現在でも「小路」と呼ばれている。

道一七号（中山道・三国街道）の終点でもある。古町十字路（古町通と柾谷小路の交差点）には新潟初の信号機が設けられた。のちに新しい新潟駅も萬代橋を東へ延伸した先の突当りに移された（一九六三年）。

埋められた堀

水都新潟の象徴である堀は、しかしながら、戦後の水質汚染、悪臭、地盤沈下による洪水の頻発、そして交通渋滞の元凶として問題視され始める。決定的だったのは、新潟大火（一九五五年）である。大火後の火災復興土地区画整理の柱の一つとして堀の埋立てが計画決定している。そして、一九六四年の新潟国体開催時までにほぼすべての堀の埋立てを終えてしまった。もちろん堀を失うことに異論がなかったわけではない。とくに戦後の西堀は石積みの護岸といい、通り沿いの近代的な建築といい、倉敷をモダンにしたような装いの魅力的な都市風景を生み出しており、柳都新潟の象徴となっていた。

しかし、埋立て反対の声は近代化の大波にかき消されてしまった。

都市計画に「もしも」はないが、大火やその後の新潟地震（一九六四年）といった災害が四〇年か五〇年ほど前かあとにやってきていたら、新潟のまちはもういちど見事な水都として再生されていたかもしれないと思うといかにも残念だ。五〇年前であれば古来の工法にのっとり堀を再興したであろうし、五〇年あとであれば水都再生の目玉として堀を残したに違いないからである。

こんにち、都心の通りを歩いてみると堀のあった通りは広く、しかし場所によって趣を変え、堀のない古町通と本町通は適度に細く（写真4）、さらに古町通の背後には東新道（現・鍋茶屋通、写真5）、西新道というさらに細い料亭街の通りがあり、新道と古町通とをつなぐ幅員一間かそれ以下のような細い路地（写真6）が何本も通っている。道幅が異なる通りがさながらあみだくじの道のように地区に広がり、グリッドの複雑な段階構成が生まれている。

通りも場所によって全蓋型のアーケードがあったり、雁木（がんぎ）風のコロネードになっていたり、飲食店が多かったり、住宅が増えたりとまるで近世の通りの近代化の多様なコレクションのようだ。帯状の水網都市にさまざまな色合いをつけていく工夫が随所に見られる。タテとヨコの道だけから成る都市でもこれだけのニュアンスをもつことができるということを新潟のまちは見事に示してくれている。

写真4　古町通の西寄り。現在の上古町（かみふるまち）の通り。正面に白山神社の鳥居が見える。西堀通と東堀通にはさまれた堀のない商店街の通り。白山神社の参道といった趣のアーケードが整備されている。

写真5　古町通と東堀通の間にある東新道。北を見る。古町や本町よりさらに道幅が狭い。夜に賑わう飲食街となっている。

写真6　東新道から古町通へ抜ける横丁の路地。さらに道幅の狭い横町である。岡崎篤行新潟大学教授によるとかつて「へやなかさ」もしくは「だしあい」などと呼ばれたという。

16 富山——南正面から北正面への転換都市

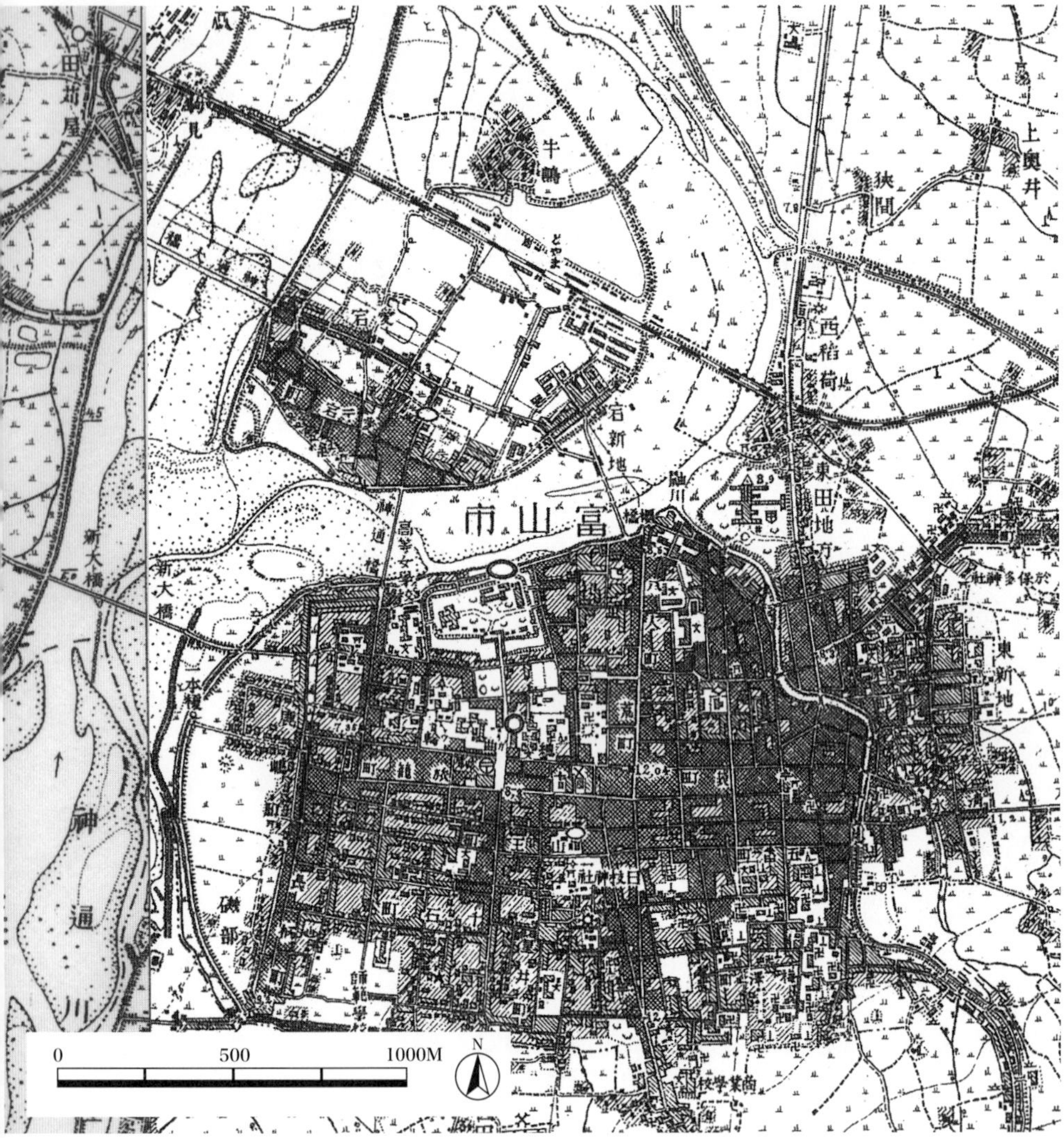

図1　二万分一正式図。「富山」（部分）；「呉羽村」（部分），いずれも1910年測図，1911年発行。

富山駅から南へ向かって歩く

富山駅の表玄関である南口を降り立って、旧市街の側に歩き出そうとすると、駅前から放射状に道路が延びており、どの道をたどればいいのかやや心許なくなる。駅前に五本の道路が集中しているような計画は日本の県庁所在地ではここのほかは鹿児島市だけである。両市とも戦災復興土地区画整理がなせるわざである。

富山は旧市街の九八パーセントまでもが罹災した典型的な戦災都市である。原爆が投下された広島と

写真1　戦災復興で生まれた駅前のロータリー。その後の改変で円形のロータリーはなくなった。さらに北陸新幹線開業にともない駅前広場は一新された（出典：『戦災復興誌』第7巻 都市編Ⅳ，建設省編，都市計画協会，1960年，291頁）。

長崎を除くと、日本でもっとも過酷な空襲を受けた都市なのである。江戸時代の城下町の部分のほとんど全部を区画整理して新しい道路網を造りあげたという意味では、富山には城下町の面影をとどめるような小径はないが、目をこらすと、いかに既成市街地に手を加えて、新しい時代の要請に応えようとしてきたかという絶え間ない努力の跡を随所に読み取ることができる。

駅前に集まる五本の大通りは、かつて駅前に造られていた巨大なロータリー（写真1）を律儀にめざしていた道路である。そして二〇一八年現在、北陸新幹線の開業（二〇一五年）にともない、駅前もまた一新されつつある。

駅前から中央分離帯のケヤキ並木が目につく一番大きな道を南に向かう。これが富山を南北に縦貫する城址大通りである（写真2）。戦災復興でできた都市軸だ。この南北路をしばらく南に向かって歩くと、左手に市役所、右手に富山県民会館とその奥に富山県庁がある官庁街を抜け、松川という小さな都市河川にさしかかる（写真3）。そして松川を渡った西側が富山城址である。

かつての大河の名残、松川

今では川幅一〇メートルにも満たないこの小河川が富山の都市形成の隠れた主役である。

松川はかつては神通川の本流だった。まちの西側を蛇行しながら北へ流れていた神通川の東南岸に、大河川を堀に見立てて造られたのが富山城下町である。ところが明治以降、事態は一変する。

氾濫を繰り返す暴れ川を制御するために、一九〇一年から三年間の流路つけ替え事業により（馳越新設工事）、日本海へ直行する放水路が掘削された。次いで、旧神通川の廃川敷一一二ヘクタール部分の埋立てとその土地の区画整理、さらには富岩運河の開削の三点セットの事業が県の都市計画事業として一九二八年に公示されている。

今まで外部と隔絶する役割を果たしていた神通川が瀬替えされ、広大な市街地が生まれ、そこに計画的な都市づくりが始まったのである。ウラがオモテになるような大転換だ。

この大事業は、戦前に実施された都市計画事業と

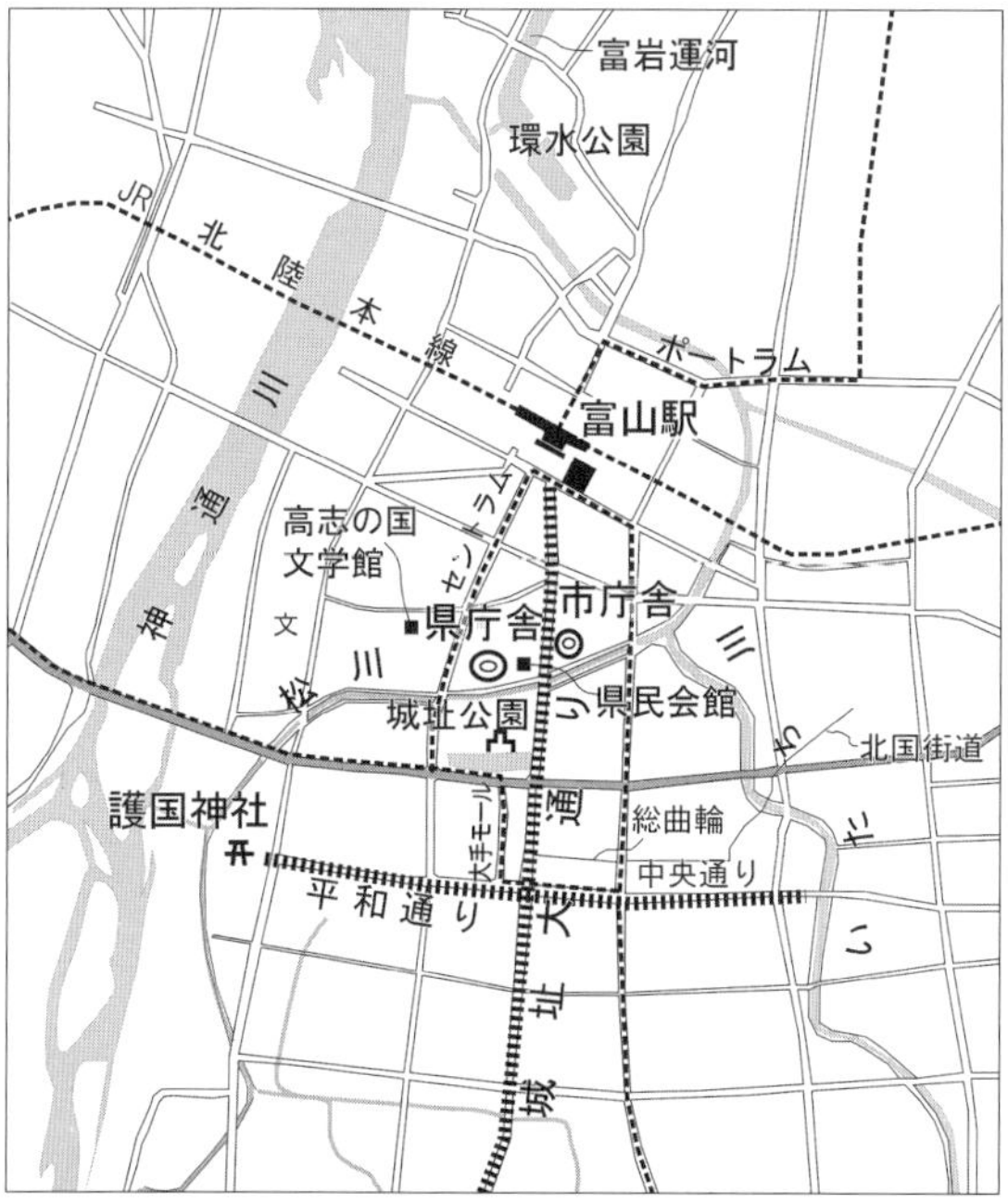

図2　富山の都心模式図。

写真2　城址大通り。南を見る。富山の南北の主軸として，戦災復興計画のなかで造られた。

写真3　ゆるやかに蛇行しながら市内を流れる松川。かつては神通川の本流だった。大きなカーブにその面影をとどめている。

しては、首都の震災復興を除けば、京都の土地区画整理と並んで最大規模のものであった。廃川地跡に造成された公有地に県庁舎が城内から移転して、現在のシビックセンターの核が形成された。

このほか、電気ビル、中学校（現・富山中部高校）、小学校、ＮＨＫ富山放送局、日本興業銀行富山支店（現・みずほ銀行富山支店）なども廃川の埋立地に建った。その後、県民会館や市庁舎、知事公舎（現・高志の国文学館）もこの地区に集中することになる。都市を分断していた大河が都市の芯を造る場所へと大転換したのである。

こんにちの松川は桜並木が自慢の都心のオアシス空間となっているが、よく見るとゆったりと蛇行しているその姿は、かつての大河の面影をとどめている。直線的に整備された街路が大半の富山にあっては、さらにもう一つの支川であるいたち川とともに、優美な有機的曲線を描く自然軸として貴重な存在でもある。

現在、松川がかつての大河であったことを実感させてくれるものが一つある。それは船橋のたもとの常夜灯である（写真4、5）。松川沿いを歩いていくと城址大通りに架かる塩倉橋の二本西側の橋、その名もずばり「舟橋」の南詰に常夜灯が一つ立っているのはすぐわかるだろう。ここが旧神通川の南岸だった。現在の住所は船橋南町である。

この通りを北上すると、およそ二〇〇メートルほど行ったところにもう一つの常夜灯がある。ここは船橋北町。浮世絵にも描かれた船橋の風景の名残がここにある（図3）。この一対の常夜灯がかつての神通川の広さを現代に刻印してくれている。

よく見ると、かつて川があったところの道路のつき方と南北の両岸の道路パターンとは明らかに異なっている。現在の松川に平行するようにかつての川幅の分だけ通りが斜めに走っているのだ。城址大通りを歩いていると、ときおり斜めの道と交差しているのに気づくが、これがかつての神通川の名残である。

都市を十文字に開く

城址大通りをさらに南下すると、富山城址公園を過ぎ、左手にアーケードのある総曲輪の繁華街を見ながら一番町の交差点に出る。この交差点こそ、戦後の都市計画で、富山市街地を四分割するように構想された南北路（城址大通り、当初は県庁線と呼ばれた）と東西路（平和通り、当初は総曲輪線と呼ばれた）

写真4　松川沿いの常夜灯，船橋南町。江戸時代にはここに数多くの船を繋いだ船橋があった。それが地名に残っている。

写真5　もう1つの常夜灯。船橋北町。2つの常夜灯は200メートルほど離れている。

の交点である。
たしかにこの交差点のあたりは現在、富山の賑わいの中心になっている。ただし、一九八〇年頃の様子を振り返ると、商業の中心はもう一本東側の通りである桜橋通りの電車道沿い、西町の電停周辺だった。このあたりにデパートや銀行が集中していた。それが次第に城址大通り側に賑わいがシフトしてきているのである。

戦災復興で造られた幹線の東西路（平和通り）と南北路（城址大通り）の交差点周辺が、次第に中核的施設を引きつけ、まちの中心になってきていると考えるべきなのだろう。

図3　越中之国富山船橋真景，かつての神通川（現・松川）に架かっていた船橋の図。図中に描かれた一対の常夜灯は今も立っている。

都市を近代化する際に、都心部に十文字に幹線道路を入れる計画を立てるという例は富山に限らず、全国に例がある。考えてみると、東京にも南北の昭和通りと東西の靖国通りによって震災後に都市を切り裂いた歴史がある。

ただ、おもしろいことに富山の場合、東西路の平和通りは都市を貫通する幹線ではなくて、西は護国神社に突き当たる計画で、その通りに実現されている（写真6）。つまり平和通りは護国神社の参道を兼ねているのである。護国神社側から東を見ると、正面に立山をおがむことができる。この通りは戦前の電車道でもあった。

写真6　護国神社に突き当たる平和通り。このあたりの平和通りは側道をもつ立派なブールバールとなっている。

南北の幹線である城址大通りが駅前通りを兼ねているのと対照的である。一方の軸は現代の都市機能の神殿ともいうべき新幹線の駅舎に向かい、もう一方の軸はかつての信仰の中心である立山に向かっているのだ。

なお、城址大通りと並行して東側と西側に通っている現在の電車道は、戦前の街路事業によるものである。お城を避けて東西の二路線となっており、戦前の路面電車の環状線の路線であった。これが二〇〇九年にセントラムの路線として復活し、その中央を南北に戦後の通りである城址大通りが通っている。

もう少しお城のまわりを歩くことにする。お城の南側に大手モールと呼ばれる通りがある。現在は市電が通り、富山国際会議場（一九九九年、槇文彦設計）が造られるなど新しいまちの顔になっているが、かつては明治になってお城のなかにできた県庁舎からまっすぐ南へ直進して、かつての大手門に達する大通りが最初に造られたところである。大手道（現在の大手モールの北半）と呼ばれていた。

かつての富山城下町は北側に神通川を控え、南側にだけ開いた都市だった。それを神通川をつけ替えて、北側に新市街を広げ、駅まで造って、明治以降すっかり北からのアクセスが基本になってしまった。

かつての富山城下町は、北陸道が北西から神通川を渡り、富山城の西から南を経て、東に回り込むように通っていた（図4）。武家地は西側に、町人地は東側に固まっており、寺院はまちの東南側に集中していた。現在の梅沢町寺院群である。

現在では外堀が埋められたためにわかりにくくなってしまったが、東西に走る北国街道がそのまま平和通りの幹線道路となっている。北陸道は東に進むと一度北へクランクして一本北側の通りを東に進むことになるが、この一本北の通りこそ、現在の総曲輪から中央通りにかけてのアーケード街である。往時の街道の記憶が、現在もアーケードのある商店街として残っているのである。

戦災と戦後の復興土地区画整理事業によってまちは大きく変貌したとはいっても、街道や寺町や河川、さらには堀や城跡など、都市の記憶はそう簡単になくなるものではないことを実感する。

しかし、もともと南側に偏っていた市街地をそのままにして、北からの新しいアクセスを造ることは、このまちにとって大きなチャレンジだったに違いない。たとえば、北を正面にすると、お城にお尻を向けることにもなってしまう。事実、現在の県庁舎はお城に背面を向けて建っている。駅からの道と大手モールとはうまくつながっているとはいえない。

近世の正面だった南からのお城へのアプローチと近代の正面である北からのお城へのアプローチをいかに融和させるか、これは近代富山が背負った大きな課題であったといえる。

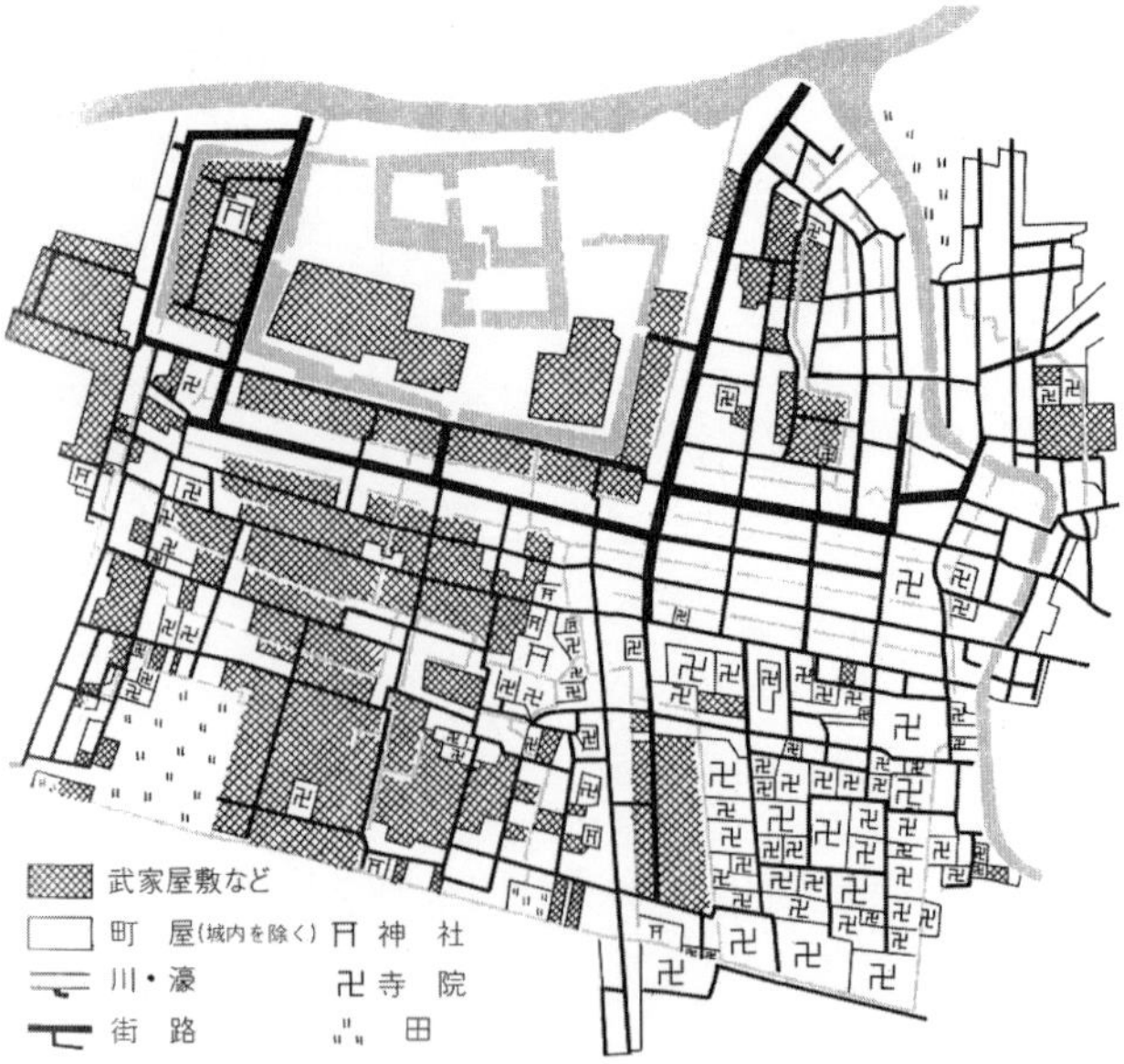

図 4　1854（安政元）年の富山城下町（出典：『城下町とその変貌』藤岡謙二郎編，柳原書店，1983 年，97 頁）。

北陸三県の県庁所在地を比べると

富山と金沢、福井の都市を比べると、三都市とも城下町であり、既成市街地近傍に駅を配置し（富山は川向こうで少し遠く、福井は堀際で近いという差はあるが）、お城近くに県庁舎と市庁舎がそろっており（金沢のみ、近年、県庁が駅裏側へ移転してしまったが）、駅裏はその後の土地区画整理で計画的な市街化が図られたといった共通点がある。

戦災復興計画が実施された富山と福井では、幹線が都心部に十文字に配置された点も似ているほか、気候に配慮して歩道幅員が広めに設定されていることや市電が生きていること、駅周辺の連続立体交差事業が進められており今後の変化が見込まれることなども共通している。

市民に親しまれている周辺の山を見ると、富山には呉羽山、金沢には卯辰山、福井には足羽山がある。遠望できる聖なる山として、富山には立山があり、金沢・福井には白山がある。

富山は神通川と常願寺川にはさまれた土地に立地し、金沢には犀川と浅野川があり、福井には足羽川と九頭竜川がある。いずれも規模は違えど位置関係はよく似ている。ただ、異なっているのは川の荒々しさだろう。富山の川はいずれも暴れ川であり、だからこそ松川が生まれたのである。富山は二つの河川がつくる扇状地に立地している。治水が都市の生命線であったことは他の二都市とは異なる点である。富山県が一八八三年に石川県から分かれた最大の理由も治水に対する政策の相違にあった。

しかし、別の見方をすると、富山は水にとても恵まれた都市であるということができる。駅の北側には富岩運河が掘られ、運河の一部でもある水の豊かな環水公園が富山駅から歩いていける距離にある。富岩運河掘削の土砂が旧神通川の埋立てに使われ、松川を造り出したのであるから、駅北と駅南は因果がつながっている。

路面電車がもたらす新しい風景

もう一度、駅前に立って、じっくりあたりを見まわすと、富山の新しい息吹が実感できる。

一つは駅北側に二〇〇六年に開通した、日本初の軽量軌道交通（ライトレールトランジット、LRT）である富山ライトレール、愛称ポートラムの出現である。かつてのJR富山港線をLRTに転換して、路面電車の運行頻度を昼間一五分と高め、終電を遅くし、駅数を増やし、駐輪場や駅前広場を整備し、接続するバス路線を設けるなど、サービス向上のための種々の施策が功を奏し、乗降客数を伸ばしている。何よりも車両や電停のデザインの斬新さが都市に新しい風景をもたらしてくれた。

駅の南側では二〇〇九年一二月に、都心部の路面電車の線路が一キロメートルほど延伸され、従来のコの字型路線が環状につながった。一周二〇分ほどのルートである。富山地方鉄道の富山都心線と名づけられたこの路線にはやはりモダンな路面電車、愛称セントラムが昼間一〇分間隔で走りはじめた。かつての循環線が三六年ぶりに復活したのだ。

延伸した路線が走るのは先述したとおり、江戸時代に大手門があった通りで、現在大手モールと呼ばれている重要なプロムナードである。かつての循環線もここを通っていた。大手モールの再デザインも完了し、新装なった大手モールを南から北へ向かって見ると、復元された富山城がくっきりと視界に入り、そこに未来的なＬＲＴが走る新しい風景が生まれた（写真7）。同時に、南からの軸線に新しい息吹が与えられたということができる。

写真7　富山城を背景に，大手モールを走るLRT，セントラム。この風景はコンパクトシティのシンボルともなっている。

さらに、これら二系統のＬＲＴは近い将来、線路がつながる予定がある。北陸新幹線が開通後、新しい富山駅は高架となった。このあと、その下に路面電車が交差して北と南の路線をつなぐことが二〇一九年度中に予定されている。新幹線とＬＲＴとが立体交差し、ＪＲ富山駅の高架下にＬＲＴの駅が来るという日本初の鉄道駅が生まれるのだ。新幹線の富山駅を降りると正面にＬＲＴが待っている。

さらに、ＬＲＴによって北からの軸線と南からの軸線とが融和する契機が生まれることになる。

戦後生まれた駅前の巨大ロータリーはなくなってしまったけれど、それにかわる近未来的で魅力的な駅前風景を富山駅は取り戻そうとしている。北の軸線もそれなりに自己実現を図っているのである。

17 金沢——巨大城下町の変容

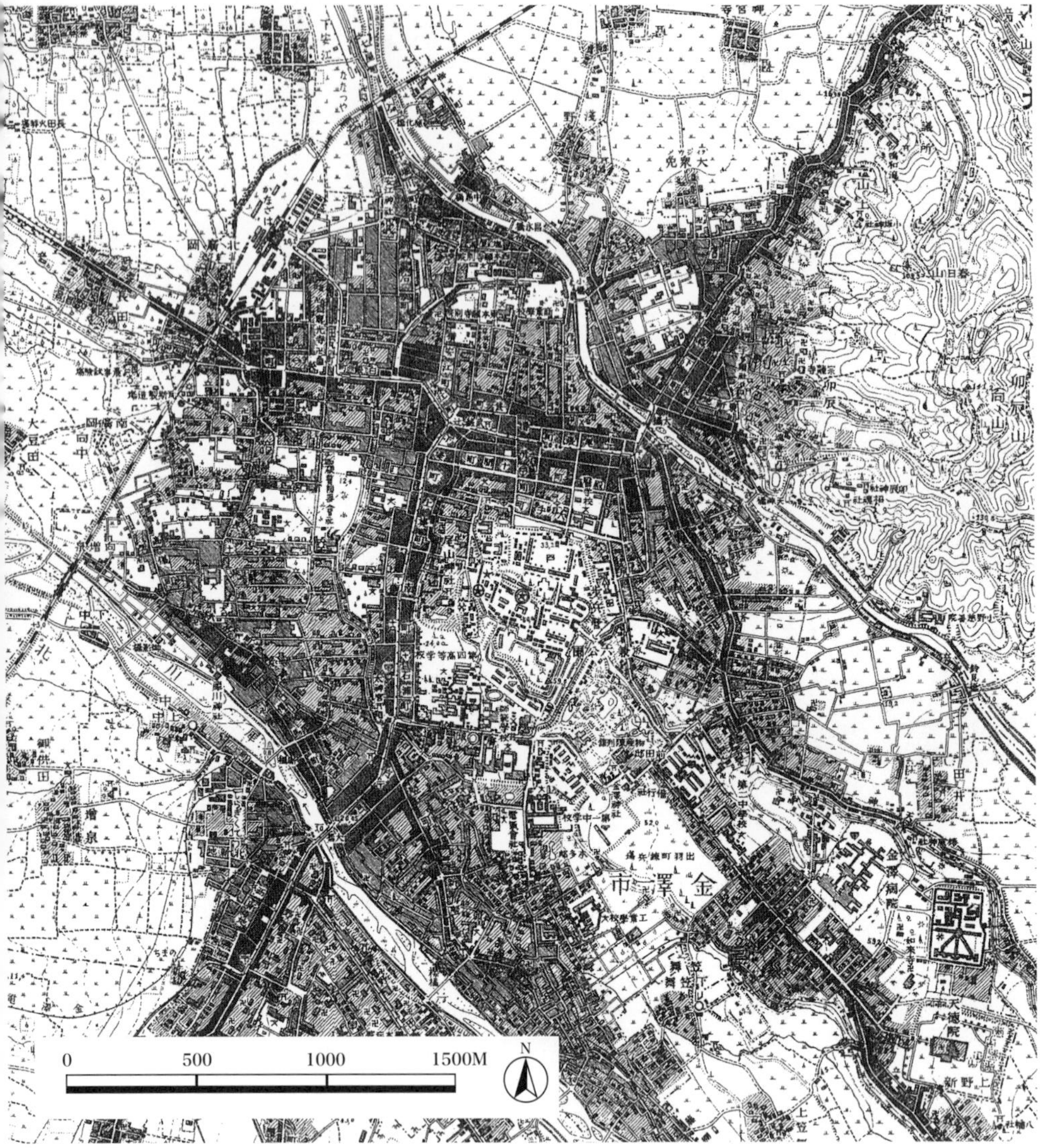

図1　二万分一正式図「金澤」（部分），1909年測図，1910年発行。

読み取りにくい城下町

金沢は、日本の大都市が城下町の都市構造を維持しながら近代化できることを示す大切なロールモデルである。二〇一五年に北陸新幹線が金沢まで延伸して、そのことを実感する来訪者が多くなった。

しかしこれは金沢が典型的な城下町であるということを意味しているわけではない。いやむしろ、金沢の城下町はかなり特殊である。というのも、町並みを形づくっている都市内の空間単位が小振りで、それらがジグソーパズルのように組み合わさって都市ができているからである。

この点は、県都でいうと江戸や盛岡、徳島、熊本、鹿児島などの城下町に似ているということができる。

つまり、近世初頭に形成された上記以外のほとんどの城下町の場合、大きな構想で全体が造られているので、明快な軸線があるような都市全体に一つの堅い秩序のようなものを見出すことができるのに対して、金沢城下町をはじめとするいくつかの城下町は、おもにまちの形成がさらに古く遡ることができるという理由から、歴史の蓄積が長く、個々の町がちょうどブドウの房のようで、部分部分はまとまっているものの、全体を統べるような空間的な規律が見えにくいのである。

金沢の場合、巨大な城下町であることも全体がとらえにくい理由の一つといえるのかもしれない。

同じ巨大城下町でも名古屋や大坂には見事なグリッドパターンが（少なくとも主要部には）貫徹しているので、理解が容易なのと比較すると、金沢にはそうした全体を統べる意志のようなものが見えにくい。

しかし、そのことは金沢に城下町としての構想が欠けていたことを意味しているわけではない。金沢のまちは尾山御坊を中心とした一向宗の寺内町として一六世紀半ばに成立し、その後、御坊のあった場所に現在の金沢城が建設されたという歴史を有しているのに対して、大坂や名古屋はまったく新しく天下普請で造られた都市であったことが両者の違いとなって現れているのだろう。

図2　金沢の都心模式図。金沢駅ができた北西側に市街地が延びたほかは，都心部の姿は城下町時代とそれほど変わらない。

二重の環濠

今では蓋が架けられたりして、見えにくくなっているが、もともと金沢のまちには内惣構堀（一五九九年開削）と外惣構堀（一六一〇年開削）という二重の環濠があった（写真1）。いわゆる内堀と外堀であるが、直線的な掘割りというよりも屈曲を繰り返す河川に近い姿をしていた。

金沢城下町は一六世紀末から一七世紀の半ばすぎにかけて、内惣構堀の内側から外惣構堀の外側へと順次市街化が進んでいったと考えられている。一向宗の寺内町の時代の集落の発生から数えると、ほぼ一世紀かかって都市が形成されていったのである。都市の構造がわかりにくいのもそのせいだといえる。

江戸時代の絵図を見ると、惣構堀の内と外とではほとんどの場所で道路パターンが異なっていることがわかる（図3）。敷地にも内と外とで若干の高低差がある。

写真1　現在の西外惣構堀の様子。東を見る。左手は金沢21世紀美術館の裏のあたり。かつての堀はもう少し幅が広かった。

内惣構堀の内側、内惣構堀と外惣構堀の間、そして外惣構堀の外側とまちが同心円状に三層に分かれ、これがお城の四方でそれぞれ異なった街区パターンをとっているので、それだけでも一〇以上の異なった地区に分かれることになる。これに微地形の要素などを入れていくと、さらに細分化される。

加えて一六三一年と三五年の寛永の大火後の大幅な都市改造がある。一七五九年にも大火にあっている。その後の都市再建がさらにまちを複雑にし、これらが相まって金沢の都市の基盤をなしているのである。

このうえに、北国街道がまちの南東から南西にかけてＬ字型に貫通し、その入り口に卯辰山寺院群（北東部）と寺町寺院群（西南部）が配されている。

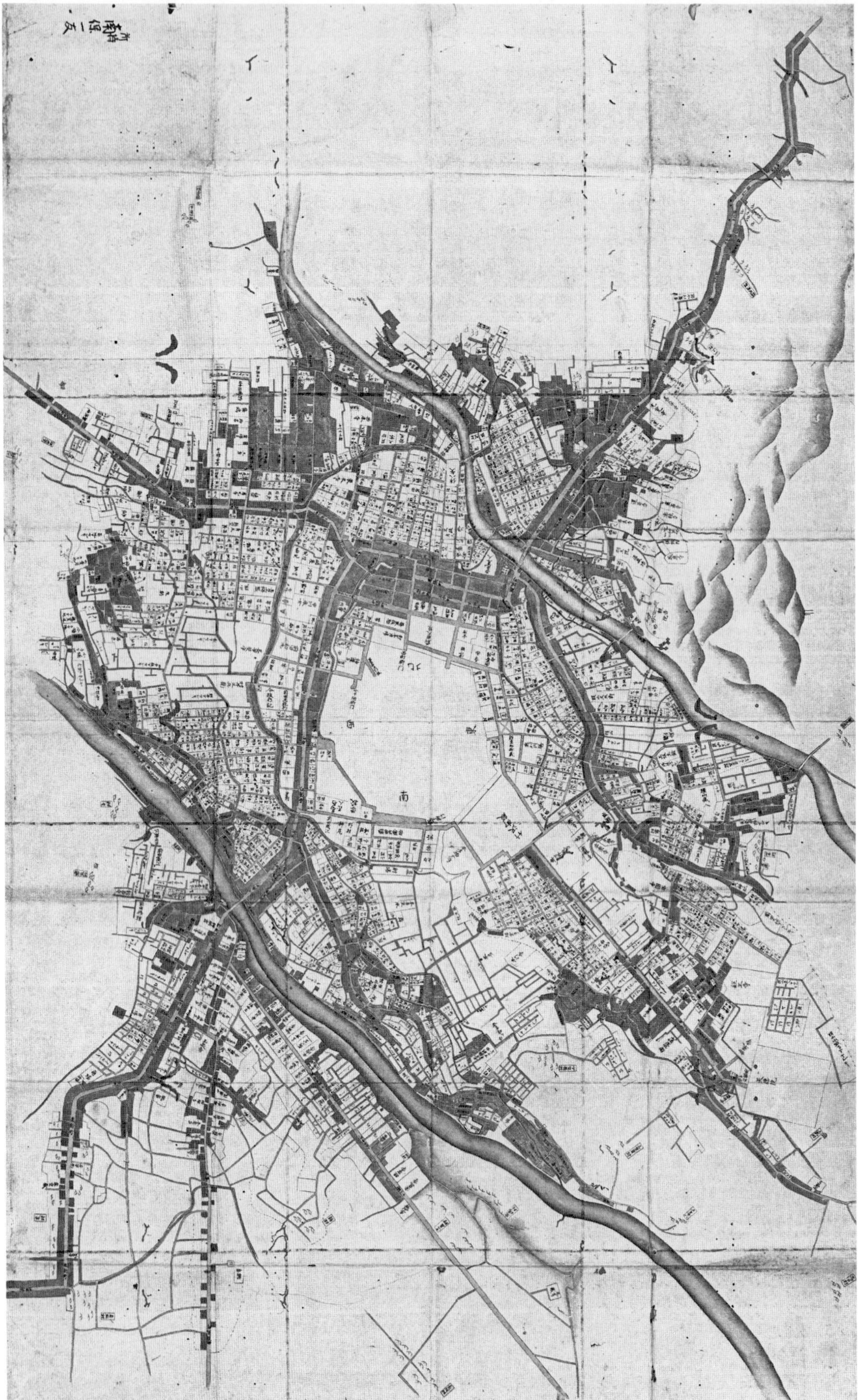

図 3　金沢之図（幕末）。道路パターンに統一的な軸線や街区がない。中心から周縁へ，漸進的にまちが形成されていったことを示している（出典：『金沢市史』資料編 18 別刷絵図・地図，金沢市史編さん委員会編，1999 年）。

これに小立野寺院群（南東部）を加えて、三方を守るかたちとなっている。

他方、北国街道のような幹線だけでなく、周辺の集落へ向かう往還（たとえば石引道、鶴来道、宮腰往還、湯涌谷道、二俣道、野田道、御上使道、寺中村等道、粟崎道など）が放射状にまちから外へ広がっている。都市は防御すべきものであると同時に、地域の政治経済の中心としてネットワークのハブでもあった。

金沢城下町のこうした大きな構造はそれなりに読めるものの、たとえば、市街地内部にははっきりとした軸線がない、お城へのメインのアクセスが強調されていない、したがって大手門周辺が武家地として中心となっているようにも見えず、武家地が分散しているなど、地区スケールの都市構造の構成要素が少ない都市でもある。

近代化のなかでの変化

これに近代以降の変化が加わるので、話はさらにややこしくなる。

たとえば、加賀八家と呼ばれる一万石を超える大名家老の上屋敷はお城を取り囲むように四方に分散的に配置されており、いずれかの場所に上級武家地が集中するということがなかったため、近代になってお城のまわりが公共施設で独占されるということもなかった。

とりわけ、かつての大手門のあたりが官庁街にも大規模オフィス街にもなっていないのを見ると（実際は小規模のオフィスビル中心のまちとなっている。写真2）、それだけでもこのまちの不思議な近代化が象徴されているように感じてしまう。

その後、金沢は第九師団を受け入れ、それにともなって、軍都として都市のインフラを整えてきた。高規格の橋や道路が必要だっただけでなく、繁華街も軍の消費に頼って発展していった。

一八九六年に第九師団設置が決まり、翌九七年に第九師団司令部が二ノ丸跡（現・金沢城公園）に開庁した。金沢は、「軍都」へ向けて、全市をあげて協力したのである。

これにともない、各種インフラが整備された。たとえば桜橋（一八九七年、のち三度架替え、現在の橋は一九六三年建設）、犀川大橋（一八九八年、のち二度架替え、現在の鉄骨トラス橋は一九二四年建設）、野町広小路の交差点に通じる幹線道などが次々と建設されていった。現在の寺町の道路幅員が広いのもその先に設けられた練兵場・兵営へ行く道のためだったようだ。

写真2　尾張町の南側，大手町の大手堀沿いの町並み。東を見る。右手に大手堀がわずかに見える。大手門周辺が巨大なオフィス街になっているわけではない。これも金沢の特徴である。

見方を変えるならば、金沢は近代化の初期段階に軍事施設として高規格の道路を手広く建設してきたおかげで、戦後の高度成長期における猛スピード・安普請での都市「近代化」の荒波を適度に回避することができたといえるのではないだろうか。

また、高規格の橋や道路が必要だっただけでなく、繁華街や料理屋さらにはお茶屋文化も軍の消費に頼って命脈を保つことができたという面もあるようだ。

一方で、広坂周辺に石川県師範学校（一八七四年設立）や女子師範学校（一八七五年設立）が一八七七年に移転、さらに第四高等学校（一八八七年設立、当初は第四高等中学校）が集中し、「学都」としての様相も整えていった。

こんななか、興味深いのは県庁舎、そして遅れて成立した市制導入による市庁舎の立地である。一時美川町に移されていた県庁が金沢に戻されたのが一八七三年、このときに立地したのが広坂である（現在はしいのき迎賓館となっている洋館が二代目庁舎（一九二四年）だった。写真3）。

市庁舎も一八八九年の市制施行以来ずっと広坂の現在地に立地している。通りをはさんで県庁舎と市庁舎が向かい合うように建つ時代が一〇〇年以上続いていたのである（写真4。県庁舎は二〇〇三年に駅西の現在地に移転した）。

県の組織と比較して、成立当初は脆弱であった市の本拠地が、当初から相応の広さで県庁舎と対峙す

写真3　しいのき迎賓館（旧・県庁舎）。左手奥の小高い森が金沢城。このあたりは現在，広坂緑地と呼ばれるのびやかなオープンスペースとなっている。

るような場所に一貫して立地してきたことによって、金沢は近代における都市の拠点を早くから構築することができたといえる。

道路元標が都市のへそと考えられることは多いが、金沢の場合、里程元標は江戸時代を通して御用商人の本拠地であった尾張町に一貫して置かれていた。ただし、尾張町は近代以降、中心的なオフィス街あるいは商業核に移行するのとは少し異なった道を歩んでいく。近代になって都心の移動が起こったからである。その原因は都市活動の中心が現在の百万石通りへと移っていったことにある。

先に挙げたように明治時代に広坂への公共施設の集中が起き、さらに戦後早い段階で武蔵ケ辻の再開発が始まり（最初の再開発ビルが竣工したのが一九六九年、再開発自体は現在も進行中）、ついで一九七〇〜八〇年代の香林坊（こうりんぼう）交差点周辺の再開発が続いた。近代化の都市軸は同じ北国街道沿いでも武蔵―香林坊間を中心に南は片町へ、北は金沢駅へ延びることとなった。さらに近年は駅西側の開発へと続き、金沢新港へとつながることとなった。

写真4　旧・県庁舎と現・市庁舎の間を走る広坂通り。東を見る。正面突当りが兼六園。このあたりに県庁舎をはじめとして師範学校，女子師範学校，第四高等学校が集中して立地した。

金沢はこのように近代化のエネルギーを都市の西側に集中させることによって、城下町のそのほかの地区を厳しい開発圧力から回避することに成功したということができる。

ここで注目したいのが、こうした成功の鍵となった駅の立地である。

金沢駅は城下町の北西の端、犀川と浅野川のちょうど中間の地点に一八九八年に開設されている。既成市街地の縁辺部に鉄道を敷設するという一般的なやり方で立地が選ばれたのだろう。ただ、この場所はたんに縁辺部というにとどまらず、北西にさらに進むと日本海に接したのちの金沢新港に至る開発余地のある平地に接しているという立地であり、後年、鉄道線路から東側は歴史都市、西側は新都市というバランスのとれた都市政策をとることにつながっていくことになる。見事な駅の配置だったということができる。

これは京都駅が北の保存地区と南の開発地区の境の役割を果たすことになったのとよく似ている。

百間堀とその後

金沢は、尾山という旧名が示唆しているように、小立野の舌状台地の先端に城郭をもつ城下町であるが、城の防御のために百間堀で台地を分断し、尖端部を独立した丘のように造り出している。開削された人工谷に水を湛え、百間堀と称したのである。

そのスケールは雄大で、一見すると堀や切通しというよりは自然の地形のように見える（写真5）。一方で、対岸に兼六園を配し、園内からの眺望を提供している。

さらに近代に至って、兼六園は一八七四年に一般公開されるようになり、百間堀の対岸側一帯は前述したように第九師団の拠点となった（戦後は金沢大学の敷地となり、一九九六年に金沢城公園となる）。間の百間堀は一九一〇年に軍から市に無償貸与され、同年、埋立てが開始され、翌一一年に開通している。現在の百間堀通り（お堀通りの一部）である。

これによってこの通りは幹線道路の一部となり、いわば内環状線を形成することになった。金沢は台地の縁をU字型に迂回するような形の都市からお城をぐるりと取り巻く円環型の都市へと大きな変貌をとげたのである。こうしてこの巨大城下町はスムーズに近代化されることとなった。堀という防御のために丘を分かつものから、犀川と浅野川という二つの川筋をつなぐ幹線となった。

こんにち百間堀通りを歩くと、通りの名称を知らなければ、これが人工的に開削された堀だったということなど思いもよらないことだろう。

とりわけ金沢城の石川門と兼六園とをつなぐ石川橋（一九一一年建設、現在の橋は九五年に架け替えられたもの）によって、かつての百間堀を真上から眺める視点場が提供されることになった。迫力ある切通しが一七世紀初頭の城下町建設の構想にそのままかたちを与えているさまは、都市そのものが書物のように読み取られるべき存在であることを如実に語っている。

写真５　百間堀を明治末年に埋め立ててできた百間堀通り，現・お堀通りの一部。金沢城の石川門に至る石川橋の上から南を見る。右手が金沢城，左手が兼六園。百間堀は小立野台地の尖端部をうがち，お城を独立した丘とするために掘られた。

しかし不思議なことに、金沢には百間堀通りはあるものの、堀そのものの存在感は意外に薄い。むしろ、城山が緑の小山のように中央に陣取っているという印象が強い。

現存するのは大手堀と、二〇一〇年に復元されたいもり堀であるが、いずれも城下町の規模と比べると小振りといわざるをえない。残りの白鳥堀は歩行者優先の白鳥路として受け継がれているが、堀をあまり感じさせない。惣構堀もかつての幅員は一〇メートル程度だったようだが、現存する箇所は川幅二～三メートルの都市内小河川といった風情で、雄大な外堀といった印象はない。

そもそも堀のそばに堀端通りを通すというような発想が金沢にはなかったようだ。おそらくは、戦災にあわなかった分、堀のそばに幹線道路を引っ張ってくるといった都市の大改造は発想されなかったのだろう。百間堀は両側に切り土の斜面が迫っているから、堀端通りを造るという選択肢はなく、堀そのものを埋めるしかなかったに違いない。

用水の存在

金沢の魅力の一つに用水がある。道ばたや家と家の間を曲がりくねって市街地を抜けていく数多くの用水は金沢の風景の特長の一つとなっている（写真６）。

多くの用水が現存する県都としては金沢のほかに松江と佐賀が知られているが、両都市とも用水が屋敷の背割りや道に沿って規則正しく引かれているのと比較して、金沢の用水は線形の複雑さに特長がある。水郷の佐賀と異なり、小高い丘地形とその周辺の土地に水を引く努力が現在のような水網を形づくることにつながったのだろう。

金沢市の調査によると、市内に五五本の用水が存在し、その総延長は一五〇キロメートルに達するという。これらは生活や防火の用水としてのほか、一部は惣構堀を兼ね、兼六園の曲水（きょくすい）をはじめとする武家地の泉水として、さらには農業用水としても利用されてきた。いずれも水量が多く、水質が良いことに特長がある。丸い河原の石を胴割りにした石積み

写真６　住宅地に編み込まれた用水。写真は繁華街を通り抜けて金沢駅近くを流れる鞍月用水の風景。

写真 7　手すりのない用水。写真は武家地を流れる大野庄用水の様子。

でできた用水路の特徴ある護岸が金沢の風景に個性を与えている。

大野庄用水（一五九〇年頃）や辰巳用水（一六三二年）、鞍月用水（一六四四‐四七年）など都心をぬうように流れるメインの用水沿いを歩くと、用水に面した歩道に手すりがないところもあることに気づく（写真7）。これは用水が市民に広く受け入れられていることを如実に示している。そうでなければ、安全管理の理由から行政は用水沿いにフェンスを隙間なくはりめぐらすはずだからである。一部とはいえ、それが回避されているのは、個性ある用水沿いの風景に安全のために無粋なフェンスをつけろと主張する市民の声がわずかしかないことを物語っている。市民の思いが金沢の風景を守っているのである。

写真 8　県庁舎が移転して生まれた広坂緑地。お城の石垣を眺める絶好の遠望地点となっている。右手の森が金沢城。左にしいのき迎賓館が見える。

まちあるきを誘発する都市

こうした各時代の事情が重なって、金沢には多層の歴史を感じさせる細かな空間単位のまちが形成されている。歩いていても飽きない町並みが続き、その間をいくつもの用水が流れている。旧町名が生きており、復活もしている。町家の内部では手仕事の伝統がまだ息づいている。

一方で、複数の商業核もかつての町人地のあたりに保たれており、都市の骨格もそれほど変化していない。そのなかにかたや従来の雰囲気を保った近江町市場（おうみちょういちば）の再開発があり、かたやモダンデザインの二一世紀美術館があり、鈴木大拙館（だいせつ）もできた。移転した県庁の跡地はひろびろとした芝生の空間となり、お城の石垣を眺める新しい鑑賞スポットを提供している（写真8）。都心部に意図的に文化施設を集中させ、歩けるまち・歩いて楽しいまちにする努力が永年続けられてきた成果である。

また、駅西側に新都市の部分を開発することによって旧市街の開発圧力を適度に押さえ込むことにも成功している。百間堀に垣間見られるような城下町の構想力を実感しつつ、それを近代がいかに受け継いできたかということに想いを致しながらまちを歩くのは、推理小説を読むようなスリルあふれる体験である。

18 福井

——堀端通りを選ばない近代化

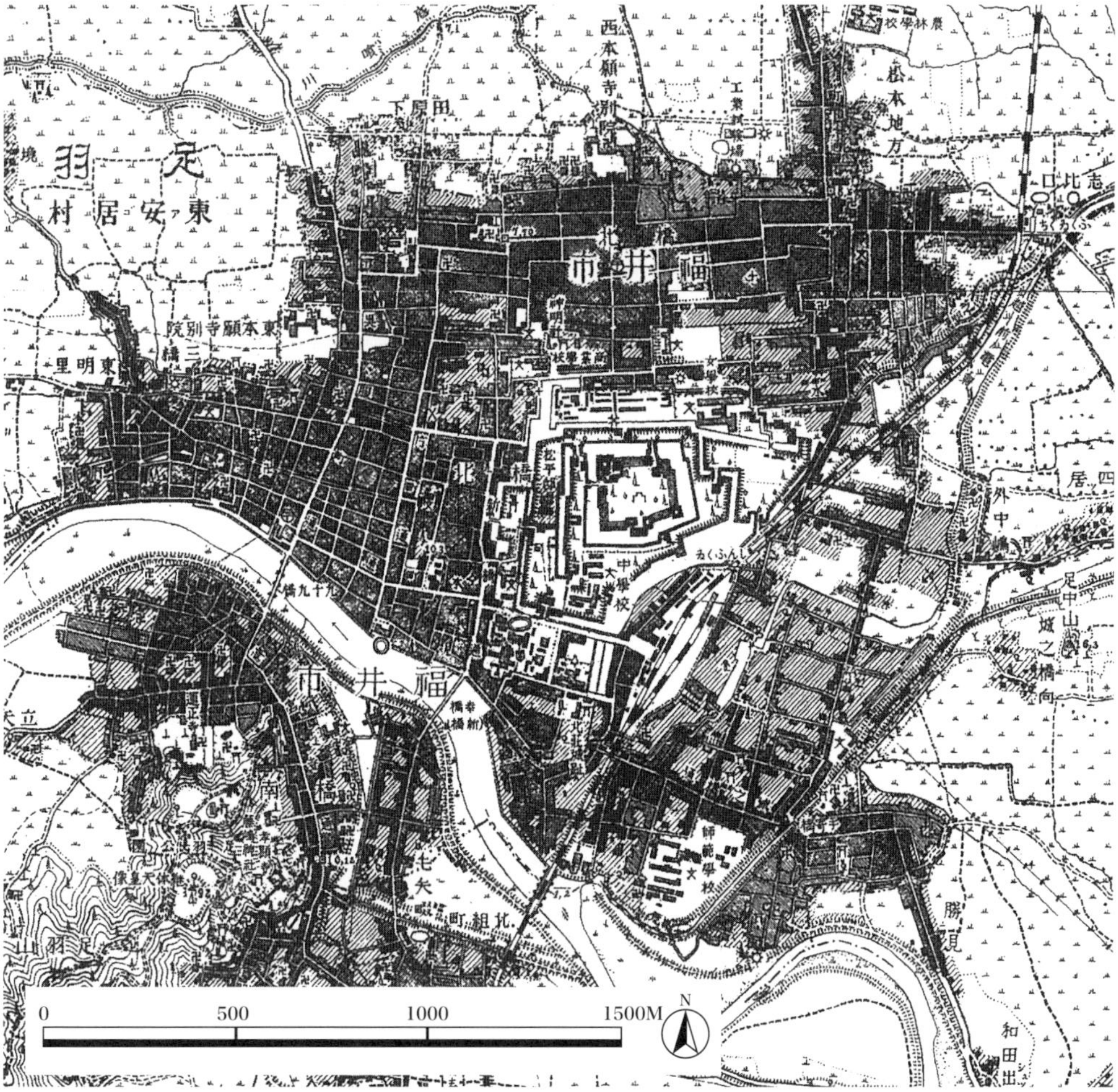

図1　二万分一假製図「福井西部」（部分），1899 年測図；「福井東部」（部分），1902 年測図。

福井駅に降り立つと

福井駅に降り立つと不思議と方向感覚が狂ってしまったような感覚に陥るのは私だけだろうか。どうもJR北陸本線がまちの北側、日本海側を東西に走っているように思えて、都心は駅の南側にあるように思い込んでしまっている。金沢も富山もそうなっているからだろうか。だから、福井の都心は駅西口にあるというのがどうもピンとこないのである。都心が駅の南側にあるとすると、駅を正面に見て関西方面行き列車は左側から進入してくるはずだが、福井では京都からの列車は右側からやってくる。実際はこのあたりの北陸本線は南北に走っており、さらに線路が日本海からは遠い側、つまり城下の東側を通っているので、駅を降りると西口が福井の玄関口となっている。

福井駅西口からまっすぐ西に延びているのが一番の幹線、中央大通りである（写真1）。中央大通りを西に歩くと一番の南北路、フェニックス通りに出る（写真2）。フェニックス通りには南北に福井鉄道福武線の路面電車が走っている。福井から鯖江を経て武生（たけふ）に至る延長二〇・九キロメートルのうち福井都心部のここだけが軌道で、あとは鉄道という珍しい路線で、福井のまちの風景をつくり出している。

フェニックス通りと中央大通りがつくり出す十文

字を基準にして、東西、南北それぞれにおおよそ五〇〇メートルごとに幹線が引かれ、大きな碁盤のマス目となっており、絵に描いたような教科書的な近代街路計画を実現したまちとなっている。駅を降りたときのわかりにくさとは対照的に、いったんまちを歩きはじめると、とてもわかりやすいまちなのだ。

――しかし、お城の印象がずいぶんと薄い。なぜだろうか。

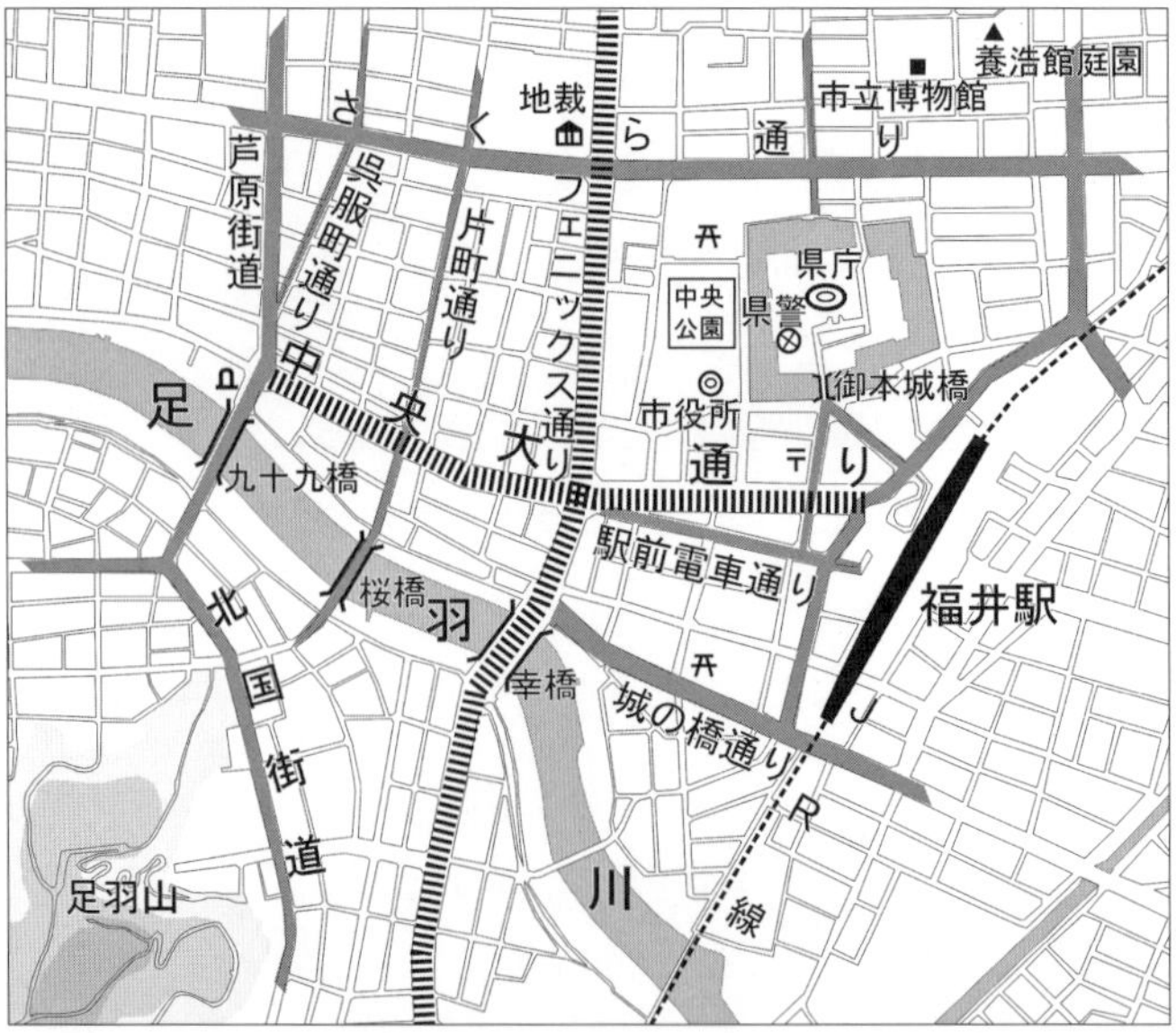

図2　福井の都心模式図。縦軸のフェニックス通りと横軸の中央大通りがつくる500メートル間隔のグリッドのなかにお城が収まっているのがわかる。

復興計画が造ったまち

一見してわかることだが、福井のまちは戦災復興によって計画し直された都市である。まちの中心部を南北に縦貫する旧・国道八号線（現・フェニックス通り）とこれに直交する幅員四四メートルの東西路、広路1号駅前線（現・中央大通り）とが計画の基礎となっているのは歩いてわかるとおりである。

ただ、福井に都市計画の構想が描かれたのはこれが最初ではない。初めて都市計画街路が決められたのは一九三二年だった。このときの街路計画もおおよそ五〇〇メートル間隔のグリッドパターンだったが、幹線街路は少しずつ折れ曲がっており、厳格な格子をなしてはいなかった。城下町時代の通りの線形を尊重したからである。

写真1　福井駅前から西に向かう中央大通り。西を見る。かつては両側にダブルの並木が並ぶブールバールであった。現在は中央分離帯の植栽に変わっている。さらに近年，北陸新幹線開業を控えて東西の駅前広場が一新されつつある。

しかし、この戦前の都市計画はほとんど実施されなかった。そして一九四五年七月一九日の大空襲を迎えたのである。わずか二時間足らずの空襲で福井は市街地の九五パーセントが灰燼に帰す甚大な被害を被った。終戦の翌四六年五月に戦災復興の最初の計画が立てられた。基本は戦災区域のほぼ全域を区画整理することで、それにともなって街路も生み出されることになった。この計画は一九四八年の震災とそれに続く火災などによって計画変更を重ねるものの、着実に実行されることになる。

それにしても大空襲による災害からわずか三年もたたないうちに、被災家屋が市街地の九割を超すという四八年六月二八日の直下型大地震に見舞われるとは、なんたる悲運だろうか。震度七という階梯が設けられたのはこの福井大地震によってだった。こ

写真2　南北軸をつくるフェニックス通り。北を見る。戦災と震災（1948年）から不死鳥のように甦るところから1985年に公募によって名付けられた。かつての国道8号線。このあたりは中央に福井鉄道福武線の軌道がある。

ののちも福井は一九五三年から二〇〇四年に至るまで幾度も水害にも見舞われることになる。このこともあって、防災都市をめざして計画実現へ向けて官民あげて注力することになったともいえる。

戦後の復興計画が戦前の都市計画と異なる点は、土地区画整理が計画の基本となる点である。その意味で、従来の城下町以来の道路の道筋にこだわることなく、大胆な直線街路が引かれた。そこで留意されたのは「将来の交通、防災、美観、保健等」（『戦災復興誌』）であった。

一方で、戦前戦後の計画で変わっていない点もある。そのうち最大の点は、お城を避けた幹線街路網の造り方であると思う。福井の場合、お城は幹線街路に顔を出すことなく、常に大街区の内側、アンコの部分にある。そのように街路計画が立てられたからである（写真3）。

一般にお城がまちの真んなかにあるような都市で戦災復興といった大規模な新街路計画を立てる際には井桁のように幹線道路を通し、お城のまわりに通すことが多い。富山や和歌山がその典型で、道路パターンとしては福井もそうなっている。一方、お城部分が広大な場合はお城を中心とした環状道路ができる。東京や松山がその例である。

しかし、いずれの場合にしても、お城を巡るお堀は重要なデザイン要素であり、通常は立派な道路を堀に沿って通して、そこからお城が望めるいわゆる「堀端通り」として都市の見せ場にするものである。

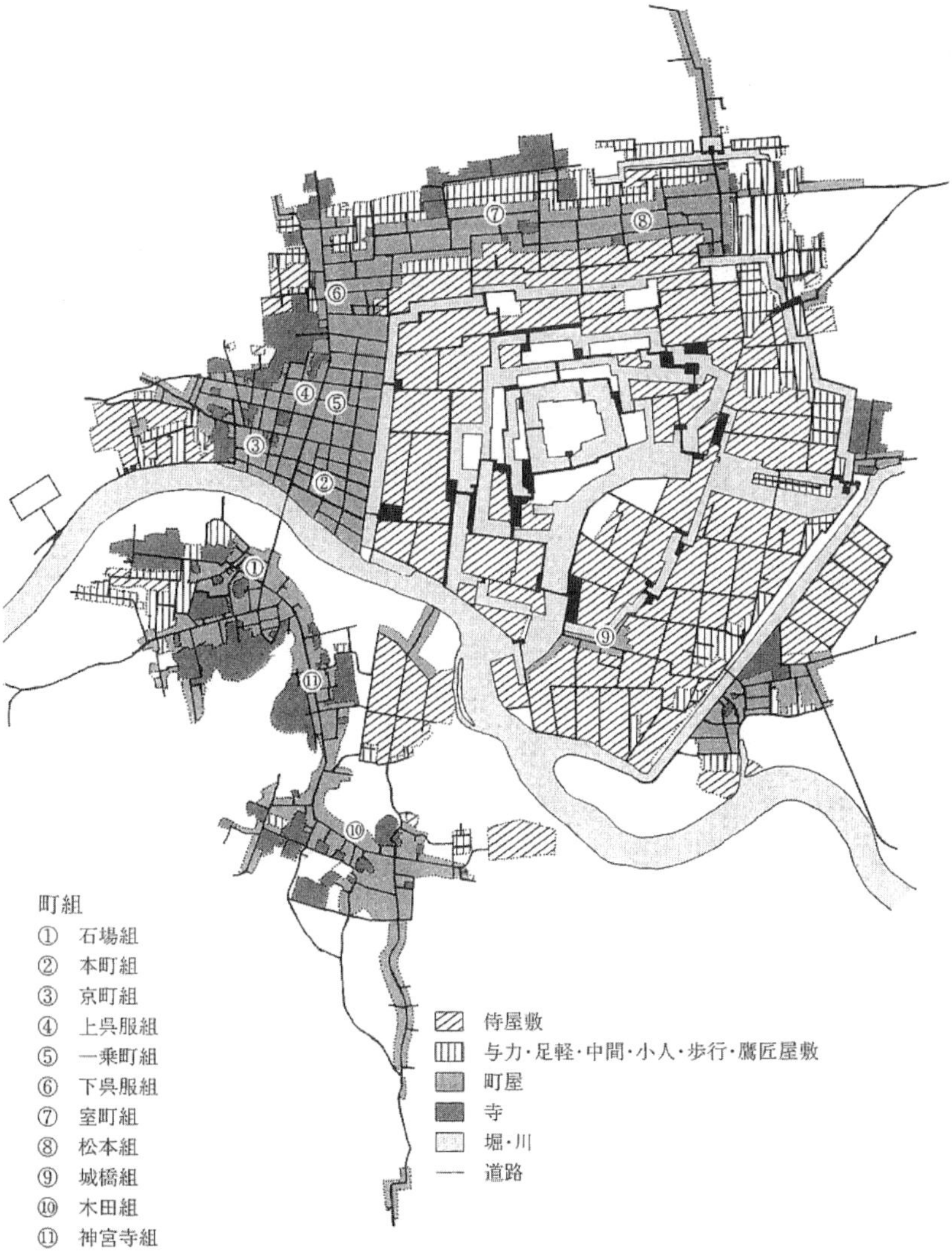

図3　1685年（貞享2）の福井城下。城地の西方から北方にかけて，屈曲しながら北国街道が通っている（出典：『福井県史』通史篇3近世1，福井県編，1994年，494頁）。

写真3　お城は幹線道路から奥まったところにある。写真は南からのメインアクセス，御本城橋。奥の建物は右が県庁舎，左が県警本部。周囲を取り囲んでいた堀が徐々に埋め立てられたため，お城は幹線道路に面していない。

ところが福井にはその堀端通りがない。したがって、幹線道路からは堀もお城も望めない。——これはいったいどうしたことだろうか。

おそらく福井の場合、大正・昭和初期を通じて徐々に堀が埋められて、結果的に現在の内堀だけの姿になったので、そもそも現在の内堀に沿って、立派な堀端通りをあらかじめ計画する、という計画は立てられなかったのだろう。

図４　福井市街地図（部分，1922年）。駅前の大きな堀は，今はない百間堀（出典：『福井市史』資料編別巻 絵図・地図，福井市編，1989年，210–211頁）。

もっとも、一九二二年の市街地図（図４）を見ると、のちに駅前電車通りとなる駅前通りは百間堀の堀端通りでもあった。この頃の堀が残されているとしたら、福井は駅を降りると堀の向こうに県庁舎が見え、堀端を進んで町に至るといったお城の印象の強い都市となっただろう。このかつての堀端通りが生まれたのは一九〇三年だった。まっすぐの駅前通りの完成は駅開設から七年後のことだった。

福井のお堀端の印象が弱いのは、徐々に堀を埋めてきたからである。その背景には、もともと六八万石という大藩であった福井のまちには立派な五重の堀があったものが、のちに二五万石にまで石高を減らされたものの、堀をめぐらせた都市の規模はかつてのままで明治を迎えたという経緯からもわかるように、明治初年にすでに過分の堀をもった都市であったという歴史があった。徐々に堀を埋め立てる動機がすでに明治以前から蓄積されていたのである。

福井駅の位置

ただし、戦後の復興計画がお城の存在をまったく無視していたわけではない。お城のなかには県庁舎と県警本部建物が鎮座し、近くには市庁舎や中央郵便局が立地するという行政中心が形成されているのであるから、無視することなどそもそもできない。

ところで、県庁舎はかつては城下西側、現在の西武福井店のあたりにあって、百間堀に面して建っていたが、城郭が旧城主松平家より福井県に無償貸与されることになり、一九二二年に本丸内に移転した。かつての県庁舎跡は民間に払い下げられることとなったが、なかなか買い手がつかなかった。売れ残ったこの土地を引き受けたのはのちの福井市長、熊谷太三郎で、これを子どもの娯楽や教養のための百貨店とするというユニークな計画が実施されたのである。一九二八年、百貨店だるま屋（現・西武福井）がオープンしている。これは県庁跡がデパートになったおそらく日本唯一の例である。

　話をお城のなかの県庁舎に戻すと、県庁舎の見え方を計画上重要視している証拠として、駅前からお堀の南側、御本城橋に至る斜めの道がある。グリッド都市には数少ない斜めの道である。これは戦前の計画にはない、戦災復興計画独自の街路である。現在では、駅前の北はずれに位置しているため、歩く人も多くない。これが力を込めた計画街路だとは気づきにくいが、それには理由がある。

写真4　駅前電車通り，西を見る。かつてはここで線路が終わり，市電の福井駅前停留所があった。現在は，駅前広場の整備にともない，線路が延伸し，駅前に停留所が移った。

　戦後直後の都市計画では、福井駅の位置は線路のカーブを直線化する目的で、路線を東側にずらし、それにともなって福井駅もそれまでの位置からやや東北側に移転する計画だった。構想された新福井駅の西口駅前広場に立つと、ちょうど中央にお城へ延びる直線道路がくることになり、お城の石垣も駅前からはっきり見えるように計画されていた。

　ところが、国鉄の予算上の理由から鉄道路線の線形変更は見送られ、駅はそれまでの福井駅をわずかに北側にずらすことになり、一九五二年に都市計画の変更がなされて、こんにちの姿となったのである。つまり、駅からお城へ向かう街路の軸線は、視軸や人の動線からずれているように見えるが、これはのちに駅の位置の方が計画通りに動かなかったからなのである。しかし、その時にはすでに土地区画整理事業も進行しており、駅の移動に合わせて街路計画の方もすり合わせるには手遅れだったのだろう。

写真5　大名町交差点の五叉路。西を背にすると，右が古くからの駅前通である駅前電車通り，左が戦災復興でできた中央大通り。戦後福井駅が少し移動したため，ふたつの駅前通が並存することになった。

　福井駅の移動の歴史は、ほかにもまちのなかに痕跡をとどめている。駅前電車通りがそれである。駅前電車通りの先に、移動する前の福井駅があったのだ。つまり、駅前電車通りと中央大通りのずれた軸線こそ、戦後すぐの福井駅の移動を物語っているのである。そしてこの二つの駅前通りが商業軸と業務軸をなしているというのも、このまちの歴史を語る要素となっている。

　この二つのずれた軸線が交わるところがこのまちの重心、大名町交差点となっている。いやむしろ、駅前電車通りと旧国道八号の交差点に向けて、駅前から戦災復興広路としての中央大通りが敷かれたのである（写真5）。かつてここには交通結節点を象徴する巨大なロータリーがあった。大名町交差点は十字路の結節点であるというだけでなく、変形五叉路でもあるが、その五叉路の姿そのものがこのまちの戦後復興の変遷を物語る貴重な語り部でもあるのだ。

　考えてみると、福井駅の位置自体、一般の城下町の駅と比べるとお城に異常に接近しているといえる。お城へ向かう街路が立派なブールバールとして計画できなかったのは、そんなデザインをほどこすには距離がなさすぎることもあっただろう。もとは駅東側にも福井のかつての城下町は広がっていたのである。これは、駅と鉄道路線の位置に百間堀と呼ばれた巨大な中堀があったからであり、これがお城に近接した駅と線路の建設を可能とした。百間堀の曲線的な壕の姿はこれがかつて吉野川（現・荒川）の流

写真６　九十九橋北詰のあたり。北の橋詰は江戸時代の高札場。明治の里程元標の石造の複製もここにある。現在の RC 橋は 1986 年造。

路だったことを示している。

　つまり、こんにちのＪＲ北陸本線の鉄路は現代交通の流路であり、吉野川の現代的翻案でもある。そしてその自然の姿は、お泉水通りからの駅前を通る道路の部分がゆるやかにカーブしているところにも表れている。区画整理事業が面的に広がっている福井のまちなかでゆるやかなカーブを描く通りはここしかない。これも吉野川から百間堀を経て道路となった都心の歴史の足跡なのである。

　さらにいうと、明治の半ばには鉄道路線を本丸を縦断して敷設する案や城郭西側、二の丸をタテに突っ切る案も検討されたが、本丸縦断案は旧城主側が猛反対し、二の丸縦断案は人口密集地を通過するため、踏切が増え、交通に支障をきたすという理由で地元にも反対が多く、選択されなかった経緯がある。

写真７　九十九橋から見た足羽川。このあたりは桜の名所でもある。この川をとおして外港である三国湊とかねてより結ばれていた。

九十九橋界隈にて

　こうして百間堀の存在が駅をお城の東側に引っ張る要因になったが、これは一方でお城の西側にとっては脅威だった。かつての北国街道は九十九橋（つくもばし）で足羽川を渡り、城下の西側から北側を経て、金沢方面へ向かっていたが、こちらの幹線の機能はすっかり停滞してしまうことになる。都市の重心が西から東へ移ってしまったのである。

　九十九橋は、かつて足羽川のこの近辺にかかる唯一の橋であり、その北側橋詰はかねてより里程元標や道路元標が据えられたところであった。また、ここは三国から足羽川によって運ばれてきた物資の荷揚げ場でもあった。つまり九十九橋は福井の道路・物流ネットワークにおける起点であった。九十九橋のたもとの本町通りもかつてはもっとも栄えた商店街であったが、昭和に入ると、駅前に勢いを次第に奪われ、徐々に業務街に姿を変えていった。

　たしかにこうした有為転変はあるものの、九十九橋界隈にたたずむと、いくつもの時代の蓄積を実感できる。

　九十九橋自体は半石半木の奇橋といわれた時代から木造トラス橋（一九〇九年）、ＲＣ造（一九三三年、八六年）へと姿を変えていったが、いずれの時代の橋もデザインに力のはいった名橋である（写真６）。ここから北に延びる北国街道は幹線道路（芦原街道）からやや右にそれて、呉服町通りという通りを形成している。これも区画整理後に残された数少ない近世の幹線である。

　また、いまでも足下に足羽川の優美な曲線美と見事（みごと）な桜堤の並木（写真７）、目を上げると間近に見える足羽山の緑という二つの一九三八年からの風致地区が同時に目に入る。ここには戦後復興計画であれ何であれ、大改変することができなかったもの――つまり都市の大きな地形がよく実感できる。計画を超えた自然の大地形と戦後復興の都市のなりわいという両極を身近に感じることができる、福井はそんなまちである。

　願わくは、第三の風致地区、福井城跡地区の存在感が増すような仕掛けを考えたい。福井駅西口の再整備が二〇一六年に完成し、駅前の再開発ビル、ハピリンもオープンした。こことお城とがつながると、都心に一つの核ができることになる。

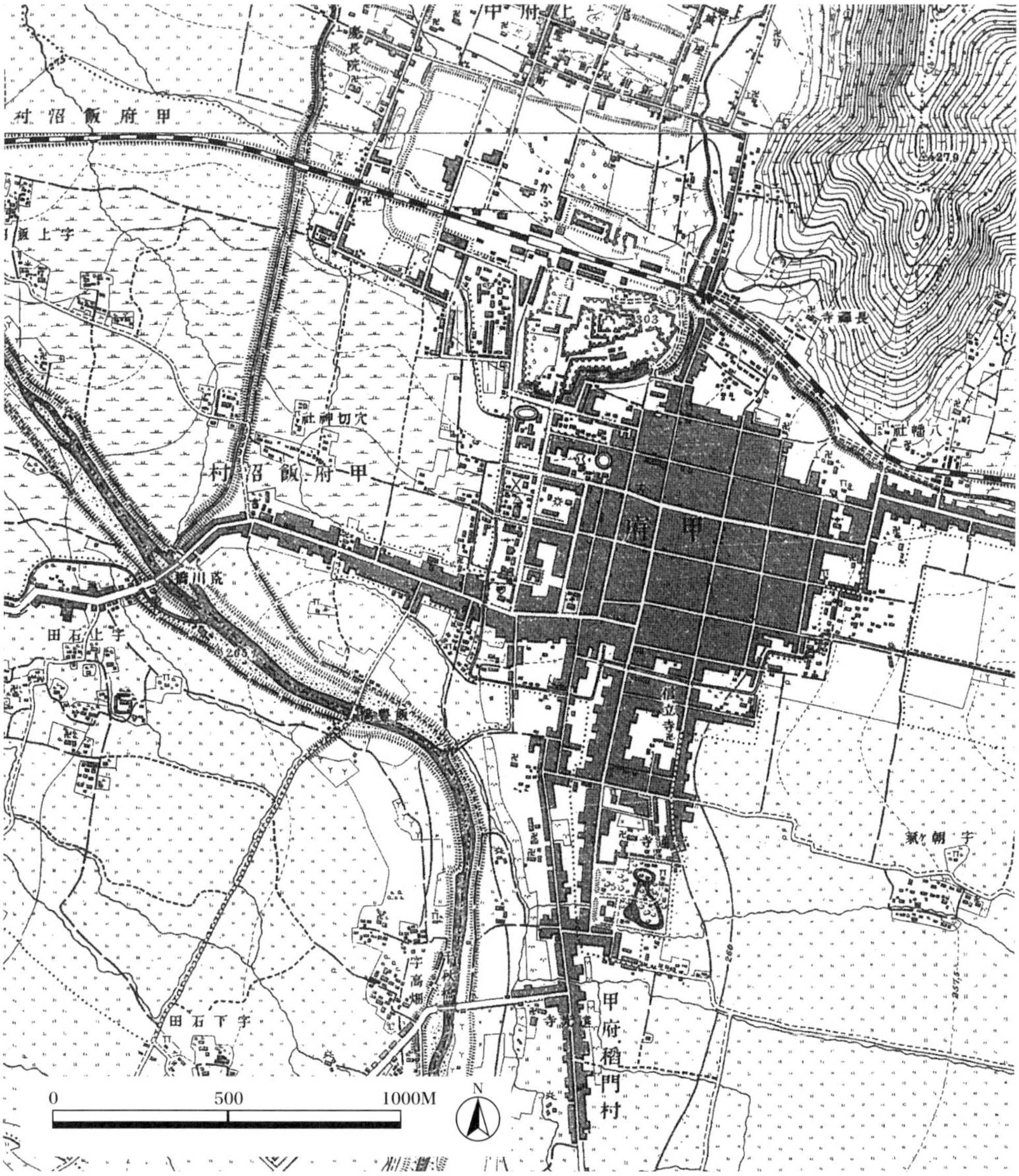

図1　二万分一正式図「甲府」(部分),「松嶋村」(部分), 1908年測図, 1910年発行。

19 甲府——オモテとウラの反転都市

お城に近接した甲府駅

中央線に乗って東京から甲府へ向かうと、盆地の北のへりを走っていた列車が徐々に速度を落とし、市街へ入ってきたなと思っていると、左手に甲府城(舞鶴城)の石垣が突然目の前に現れ、列車はそのまま甲府駅へすべり込む。なんだか他人の座敷にどかどかと踏み込むような心苦しさがある。しかし注意して現地を見てまわると、そこにはそれ相応の理由があることがわかる。

甲府は北の山あいから長くゆるやかな南下がりの斜面上に立地している。南側には甲州街道が通り、町人地が面的に広がっているので、これを避けて鉄道を南側に通すのは市街地とあまりに離れてしまううえ、水害の危険も増える。北へ振るには愛宕山がじゃまになる。お城に接してすぐ北側、武家地を貫通して鉄路を通すのがいちばん無難なやり方だ。それが一九〇三年、甲府駅まで開通した今のJR中央線のルートである。

線路の線形はともかく、ではなぜ駅が今の位置かというと、駅南の市街地に近接していることと、おそらくは北三キロメートル弱のところにある旧武田氏居館跡から南へまっすぐ延びる道、つまり中世の城下町と近世の城下町の道路パターンとスムーズにつながって近世城下町の南側にまで達する唯一の道

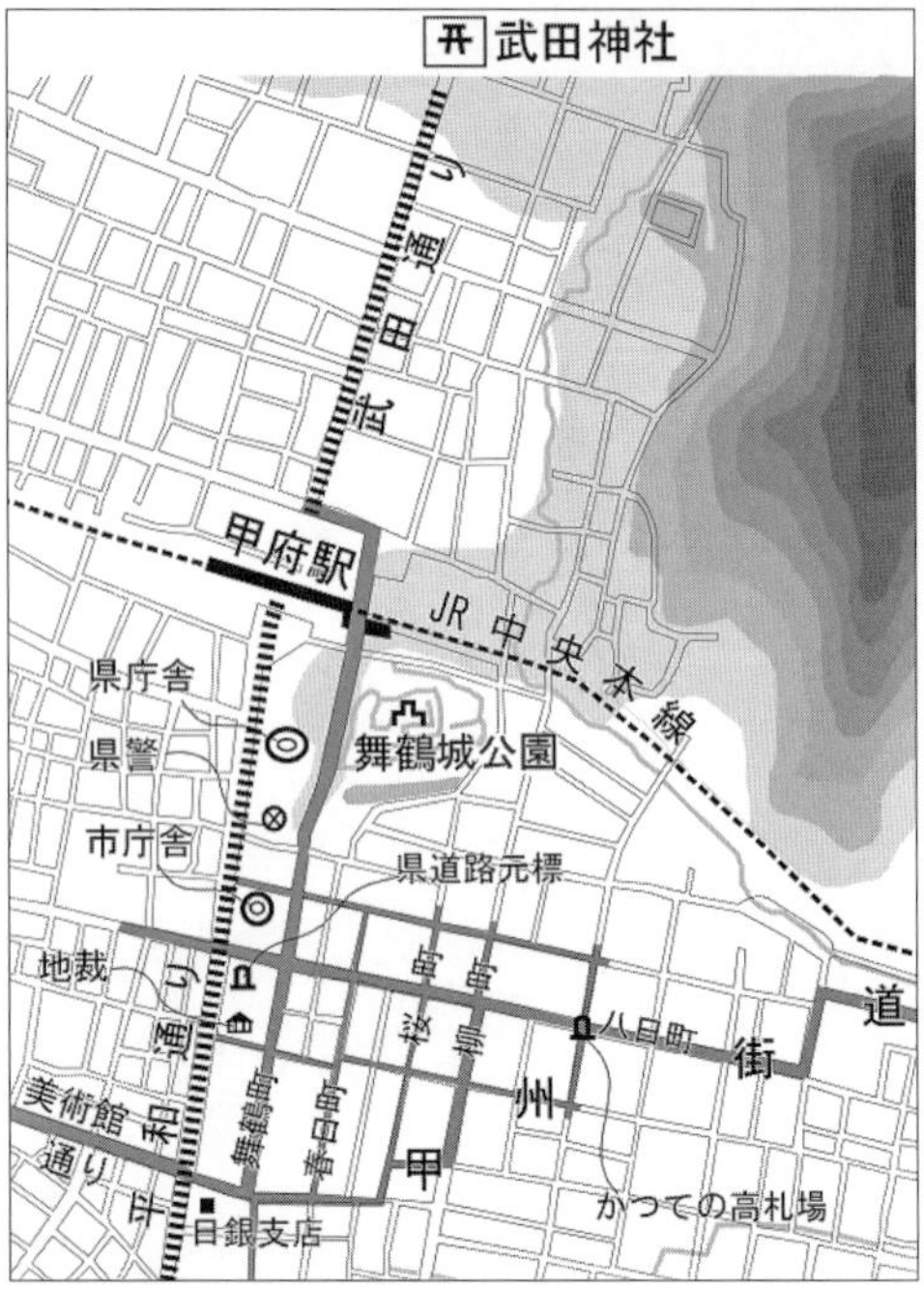

図2　甲府の都心模式図。

(北から元柳町、大工町、元連雀町、橘小路)に表を向けるように造りたかったからだろう(そのためにこの南北縦貫路は北の武田通りと南の平和通り北半分とに分断されることになってしまったが……)。

明治以降、甲府駅の北側あたりは裏側の農地、住宅地だったが、その後、市街化が進み、特に近年は急速な再開発によって、県立図書館の新築や藤村記念館の移築、山手御門の復元、ショッピングモール甲州夢小路の新設などでまさしく面目を一新した。

しかしさらに遡ると、上府中もしくは古府中と呼ばれるこちら側こそ甲府の正面だった。一五一九年に武田信玄の父、信虎が躑躅ヶ崎(つつじがさき)の地に居館を構え、その南側に中世の城下町を建設したのである(図3)。館の跡は現在、武田神社となっている。土塁や堀で囲われた曲輪(くるわ)で、中世の居館の面影をよくとどめている。甲府、つまり甲斐府中という名も、その時につけられた。

当時ほぼ等間隔に引かれた主要な五条の南北路は今でも読み取ることができる。甲府駅北口を降りて、甲斐国総鎮守武田神社へ向かうゆるやかな上りの道(かつての柳小路、現・武田通り。写真1)を歩いて神社へ近づくにつれ、攻め込まれやすい平坦地を避け、三方を山に囲まれ、南下がりの絶好の場所に居を構えた中世都市の面影が感じられる。周囲は現在は静かな住宅地となっているほか、両側に山梨大学のキャンパスが広がり、穏やかな学問の府の雰囲気を漂わせている。やがて遠くに武田神社が見えてくる(写真2)。武田神社に到着して、南を振り返ると、中世の都市軸が際立つ。武田神社そのものも、こんにちに至っても周囲に堀をめぐらせ、中世居館の雰囲気を色濃く漂わせている。躑躅ヶ崎館跡は武田信虎、信玄、勝頼の三代およそ六〇年にわたって居住した居館跡で、国指定の史跡でもある。

一五八二年の武田氏滅亡後、甲府は一時不安定な状況に置かれるが、一六〇〇年頃までにこの居館跡から南南西の扇状地の扇端部に位置する一条小山に新たに甲府城が建設され、城下町が造営された。新しく造られたまちを新府中(下府中)と呼んだ。これに対して中世以来のまちは古府中(上府中)と呼ばれた。古府中の南端部に新府中が建設されたのである。甲州街道は新府中の南側を通り、南に町人地が建設された。城の大手も南を向き、古府中すなわちかつて戦国時代のオモテがウラに反転したという今に続く甲府の特色がすでに見てとれる。

写真1　武田神社前から南へ延びる武田通り。北を見る。中世から続く道である。甲府はどこもそうではあるが，北へ向かってゆるい上り坂となっている。この道を南へ下ると甲府駅に着く。

近世城下町の近代化戦略

甲府駅を降りて、現在のオモテである南口へ向かう。駅前から南に延びているのは駅前通り(現・平和通り。一九三一年決定の甲府都市計画街路では、一等大路第三類第一号線と名づけられていた。写真3)である。平和通りの名前は戦後の戦災復興事業のなかで拡幅されたときにつけられた。現在は美しいケヤキ並木となっているこの通りは、かつての二の堀を埋め立てて造成された近代の街路である。ただ、北の武田通りが突当りに武田神社があるのに対して、南

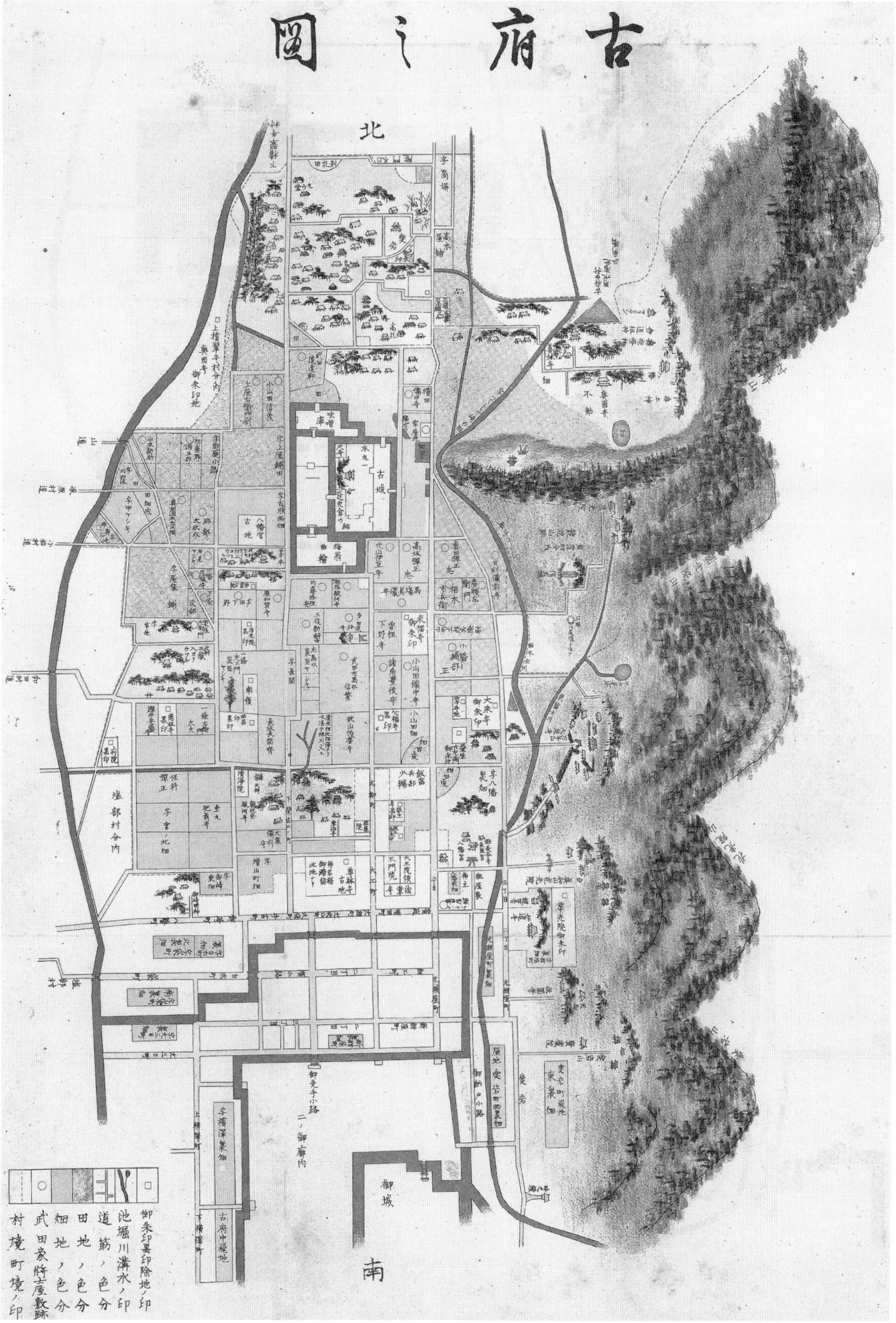

図 3　「古府之図」（出典：『甲府略志』1918 年，32-33 頁）。中央やや北の堀で囲われたところが，躑躅ヶ崎館，現在の武田神社。

写真 2　さらに北に上ると武田神社が見えてくる。かつての武田氏居館。1519 年に建設された。武田信玄ら三代が約 60 年間ここに居住した。

の平和通りには、南下した道の正面に突当りがあるという構成にはなっていない。むしろ、甲府駅ビルそのものが平和通りの突当りになっている。中世の通り（武田通り）と近代の通り（平和通り）のコントラストはこんなところにもある。

　しかし、近代の歴史ももう少し細かく見ると、近代最初の目抜き通りはここではなかったことがわかる。平和通りの一本東側に平行して南北に走る錦町通り（現・舞鶴通りの南側、かつての追手町。写真4）、これが明治のオモテ通りだった。舞鶴城の追手門に至る錦町通り（この通りがお城を突き抜けて鉄道の北側まで開削されて、舞鶴通りと呼ばれるようになるのは戦後のこと、それまでは内堀のところまでで止まっていた）の旧武家地に県庁や、裁判所、警察署、郵便局などが集められ、テラスをもったコロニアル風の洋風建

写真 3　甲府駅南口から南へ走る現代の都市軸，平和通り。南を見る。道がややカーブしているのは，かつての堀の地形に由来する。2017 年の南口駅前改善の一環で新しく整備された。

築の一大官庁街をつくり出した。

　のち、一九三〇年に県庁舎はすぐ北側の現在地に移り（当時はまだ城内だった。それまでこの地には県立甲府中学校（現・甲府第一高校）があった）、かつて県庁舎があった場所には市庁舎が移ってきた（それまで市庁舎は一九一四年以来相生町の小学校跡地にあった。それ以前は柳町の戸長役場にあった）。かつてはここにさらに県立病院や師範学校、勧業製糸場なども立地していた。一八七七年に日本を旅した英国公使アーネスト・サトウはその著『日本旅行日記』において、当時の甲府のまちを「西洋建築を模倣した建築物の数は、町の規模からすれば私の知る限り日本一だ」と描いている。

　一九六二年までこの通りには通称ボロ電と呼ばれる山梨鉄道の電車線も走っていた。

　錦町通り、現在の舞鶴通りを都心業務軸としたのは道路県令とも呼ばれた藤村紫朗（山梨県権令、のち県令、県知事として一八七三〜一八八七年の間、山梨県に在職）だった。藤村は、県庁舎をはじめとした洋風建築がずらっと連続して立ち並ぶ姿こそ近代日本の都市のめざすべきものだと思っていたのだろう。一方で、藤村は甲府城内の建物を積極的に取り壊し、そこに勧業製糸場や葡萄酒醸造所を造ったことでも知られている。

　もう一人、近代都市づくりの立役者として名高い三島通庸栃木県令（のちに山形県令、福島県令）が道路の突当りに県庁舎をそびえさせるバロック的な手法で宇都宮や山形の都市づくりを進めていったのに対して、甲府では並び立つ洋風建築の姿によって近代県都を描き出そうとしたようだ。この通りに沿って壮麗な近代都市建築を集中させ、文明開化を演出しようとしたのである。

　今このあたりを歩くと、どこがかつての武家地でどこがかつての町人地か判然としない。それこそ藤村のねらいであった。郭内と郭外を分け隔てる堀を埋め、旧郭内の小路には桜町や錦町、常盤町、紅梅町、春日町などの華やかな名前がつけられた（写真5）。四民平等の文化都市の姿を身をもって表す都市を造ろうとしたのだろうか。あるいは依って立つ武家文化がそれほど根づいていなかったせいなのだろうか。

　これだけ旧武家地の見分けがつかない都市も少ない。柳沢吉保以降幕府の直轄地になった甲府は土着の大名やその家臣がおらず、武家地も給与住宅的色

彩が強かったからだろう。

ただしよく見ると、旧武家地の商業地とその東に広がるかつての町人地の道路は道幅が異なり、交差点はいずれも食い違っており、都市の変化の過程を如実に物語っている。

こうしてできた近代のシビックセンターには洋風建築群が並び立つことになった。大半がバルコニーをもったいわゆる藤村式建築（藤村県令が推奨し、山梨県内に建てられた明治初期の擬洋風建築）と呼ばれる擬洋風の建築は、現在はほとんど姿を消しているが、武田神社内から駅北口に移築が完了し、展示物もすっかり新しくなった藤村記念館（一八七五年、旧睦沢学校、国指定重要文化財）が貴重な歴史の証人である。

しかし、それにしても駅周辺に公共施設がふたたび集積している様子は、甲府の一つの特色でもある。県庁舎も市庁舎も移転をしているとはいってもいずれも都心近くから離れることはなかった。もっというと、追手門（現在の市役所東の交差点あたり）のそばに今でも居続けているのだ。県庁舎と市庁舎に加えて、駅と県文化会館、県立図書館、さらには主要な百貨店までもお城から半径五〇〇メートルの範囲内に収まっているのである。

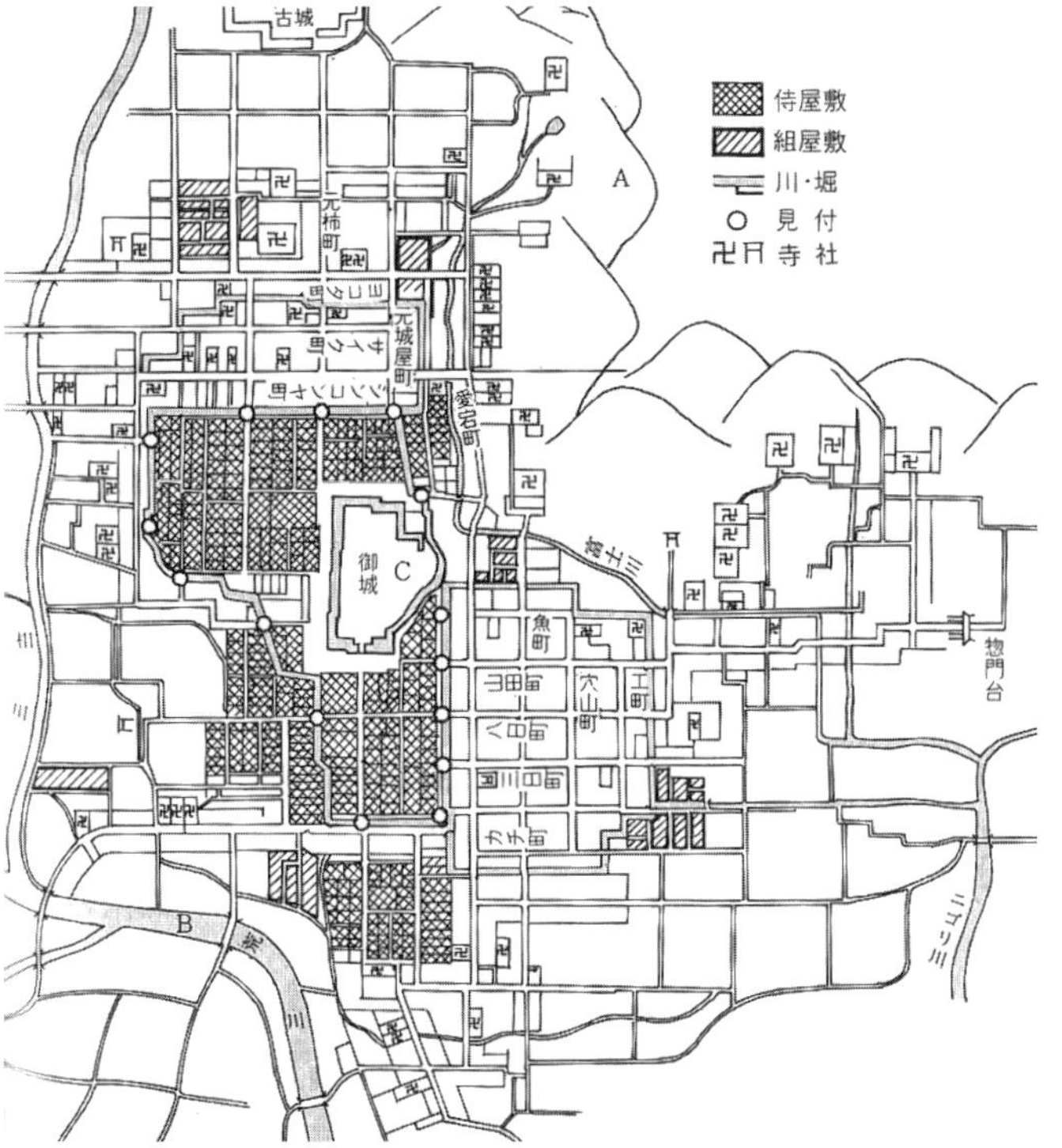

図4　甲府絵図，1889年，市制施行時の甲府の様子（出典：『城下町とその変貌』藤岡謙二郎編，柳原書店，1983年，211頁，樋口節夫作図）。

官衙（かんが）の南北軸に対して、商業は甲州街道に沿った東西軸だった。かつての甲州街道を東から入城すると、城東通りはいったん八日町通りを過ぎたところで左折し南下、宿場町である南北路の柳町（現・遊亀（ゆうき）通り）を通り、二、三度屈曲を繰り返してまちを抜け、現在の美術館通りを西進することになるが、おもしろいことに、近代に入り拡幅されたのは、八日町通りから直進する東西路、常盤通りであった。これは駅前通りと当時の商業中心であった柳町界隈とをつなぐためであったが、その後この通りそのものが、今日のオモテ通りである城東通りとなった。

南北路にも東西路にも甲府にはウラとオモテが反転した歴史がある。

さらにいうならば、近世甲府のまちは東からのアプローチに対しては周到に計画されていたといえるが、そのぶん、西側からのアプローチはかなりそっけない。江戸からの影響力に対して周到に備えることが近世の命題だった。一方、明治以降の市街地の近代化は西の端に有力な都市施設が並ぶかたちとなり、その後、さらに西側のへりに平和通りができることによって西からのアプローチが来訪者の主要動線となっていく。都市へのアクセスという意味でも甲府は反転を経験しているのだ。

写真4　近代初期の表通り，舞鶴通り（かつての錦町通り）。この通りに面して東向きに県庁や裁判所の建物が洋風の正面を向けて建っていた。それが甲府という都市の近代の象徴だった。

写真５　春日町モールの商店街の町並み。驚くべきことに，ここもかつては武家地だった。かつての武家地にせまい道を縦横に通し，商業地とするというのが甲府の都市開発の戦略だった。

近代初期の都市改造が残るまち

近世城下町の中心部に接して北側に中央本線が通り、西側に駅前大通りたる平和通りが配置されたために、城郭の東南側にかつての道路パターンをよく残した中心市街地が残されることになった。もともとの近世城下町の町人地も格子状の街路が基本だったことも幸いしたかもしれない。甲府は、近世都市が近代初期に改造された様子がよく残されているまちなのである。

しかし、地元の人たちはそうは思っていないようだ。戦火によって市街地の八割近くが被災したため、昔の面影は現在の市街地では失われてしまったと簡単に決めつけているふしがある。格子状の近世街路網はその後の市街膨張時にも受け継がれ、道路パターンが延長されたため、どこまでがかつての市街地か判然としないということもある。

さらに、格子状の道路網をもった面的な町人地がすでに江戸時代に確立し、街道も東から西へ街区をジグザグに通り抜けていたので、一本の軸で街道を考えにくいということもある。そして何よりも地元の人たちにとってのヒーローは戦国武将、武田信玄であり、残念ながらその後の近世城下町に関心が向けられること自体が少ないようだ。

写真６　県民会館前の交差点から北を見る。右手（東）に甲府城，左手（西）奥に山梨県庁舎の旧本館，右手手前に県庁舎防災新館。かつては右手手前に県民会館，奥に県警の建物が建ち，お城の石垣が見通せなかった。

近年、内堀を埋め立てて建っていた県民会館が取り壊され、県民会館前のスクランブル交差点（この名称も早晩変更になるのだろうか）から甲府城の石垣が見事に見通せるようになった。山梨県庁の旧本館（一九三〇年）の修理工事が二〇一五年に完成し、現在ではスクランブル交差点に立って北を向くと、近世の統治の象徴である甲斐府中城と近代の統治の象徴である古い山梨県庁舎とを、ひとつづきの光景として見渡すことができるようになった。

さらに付け加えるならば、その後の県庁舎である現在の本館（一九六三年）、さらには防災新館（二〇一三年）も見渡せる（写真６）。県庁舎は明治初年の設立当初からお城に接したこの地を離れなかったのである。そうした都市のあり方を一望できるというのも甲府のまちの個性であると思う。

そして、その時立っている交差点は登城の際のメインエントランスである追手門前で、かつての城内に建っている両モニュメントを分かつ舞鶴通りは、近代にお城を東西に分断して造られた南北縦貫道路である。かつての楽屋曲輪に建つ県庁の建物群は、お城を反転して近代を形づくっていった。これは反転都市、甲府を象徴するような風景なのである。

近世の城郭跡である舞鶴城公園の石垣を登ると、現在の甲府市街を一望することができる。近代建築群の無秩序な集合にしか見えない眼下の町並みも、見方を変えると、北のゆるやかな傾斜地に中世都市の面影があり、南に近世城下町が広がり、足元に近代のインフラである鉄道が走り、遠くに古代から変わらぬ富士山が見える。近くに見えるわずかな範囲のなかに、お城から県庁舎、市庁舎、駅、繁華街のデパートまで中心市街地のほとんどの要素が集中している。――ここは歴史が集中し、反転している場所である。しかし同時に、都心のコンパクトさは依然として維持されている。なんとも意味深い景色ではないか。

20 長野
——境内から始まる漸進拡大都市

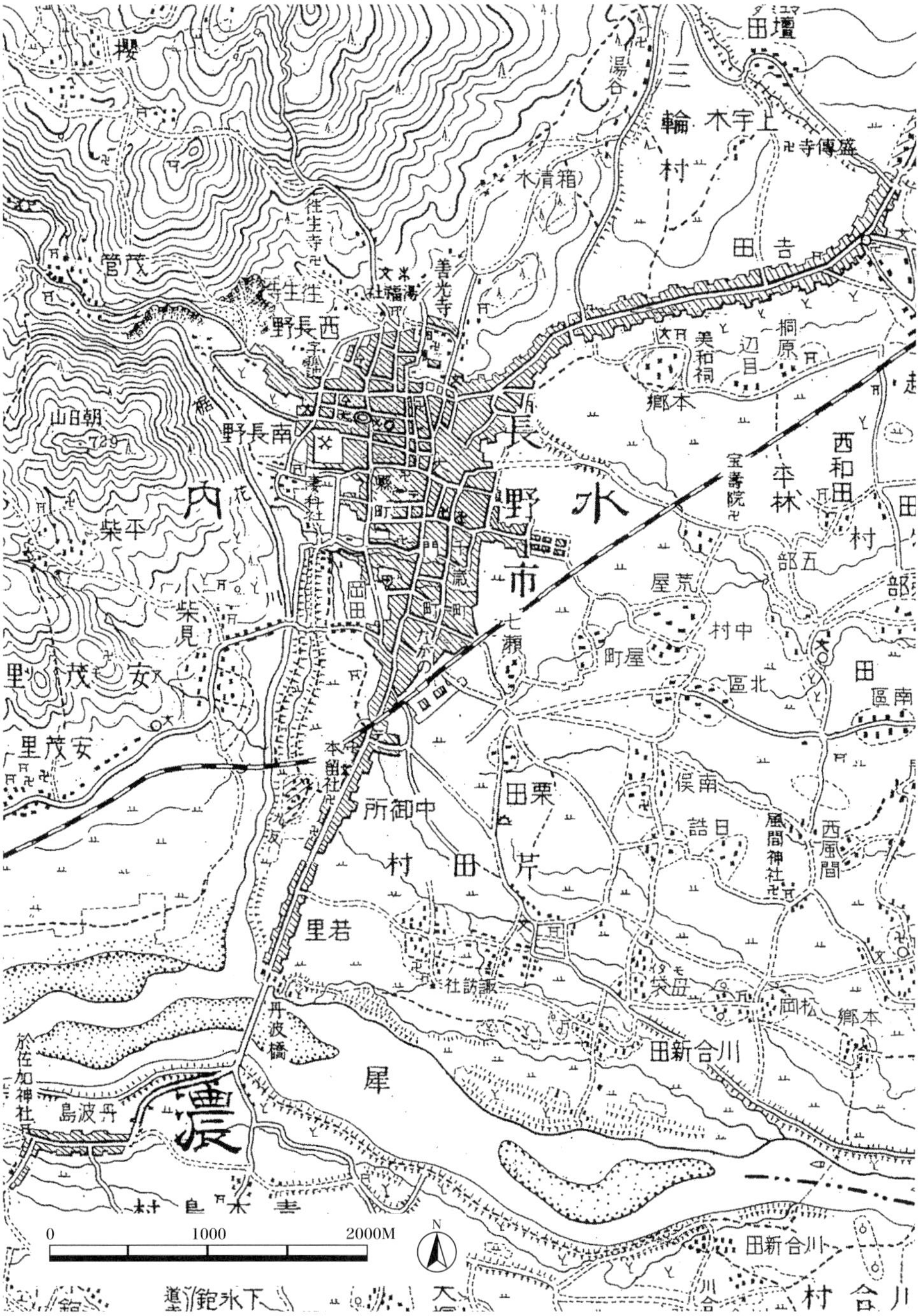

図1　五万分一地形図「長野」（部分），1912年測図，1913年発行。

長い歴史のなかで造られた門前町

長野駅を降りて、新しく整備された駅前広場を突っ切り、一〇〇メートルばかり直進して（写真1）、末広町の交差点を右折すると善光寺の表参道が始まる。現在は中央通りという風情のない名前で呼ばれている（せめて「表参道」といった門前町を彷彿とさせる名前にできないものだろうか）。このカツラの木の並木道は最初はわずかに左に湾曲するゆるい登りになっていて、最初のうちは善光寺の姿は見ることができない（写真2）。

十三丁石（長野駅は善光寺から十八町のところに位置しており、ここから一町ごとに丁石が置かれている）のあたりから道は真北へ向かう直線になり、はるかかなたに善光寺の建物が見えはじめる。一町は約一〇九メートルだから、じつに一・四キロメートル以上も手前から善光寺は姿を現すのだ（写真3）。

ここからの参道は徐々に登りがきつくなっていくようで、最後の大門町あたりではかなりの勾配になる。このあたりは大門通りと呼ばれている。四国の金比羅

写真 1　長野駅前から善光寺の参道が始まる末広町交差点へ向かう。ここからは善光寺の面影はまったく感じられない。

写真 2　善光寺の表参道のはじまり部分，中央通りから北を見る。道はゆるやかに左にカーブし，まだ善光寺は見えてこない。

写真 3　しばらく北上すると，ようやく善光寺が見えはじめる。

写真 4　大門町の町並み。かつての宿場町でもあったあたり。正面に仁王門が見える。

図 2　長野の都心模式図。千年を超える門前町は，善光寺から長野駅に至る南北路に県庁舎と市庁舎とを結ぶ東西路が挿入され，近代都市として面的に整えられていった。

さんも同じように本堂に近づくにつれて坂道も階段もきつくなるので、そのような場所に祈りの場を配置するという計画的な意図があったのだろう。

大門の交差点を過ぎると、車道は最近石畳に改装され、車道幅もぐっとせばまり、門前町の風情がいっそう強くなる（写真4）。正面には仁王門が立ちはだかっている。仁王門の手前で参道は歩行者専用となる。そのT字型の交差点、すなわち大門町上り詰（現在では善光寺交差点という風情のない名前で呼ばれている）に道路元標がある（写真5）。

北国街道は南から来てここを東に折れ、北上している。かつてはこの場所に高札が立っていた。ここが善光寺参りの到達点なのである。そして、善光寺の場合、善光寺交差点から先は一八世紀初頭からの歴史のある石畳があり、その先に仁王門がある。

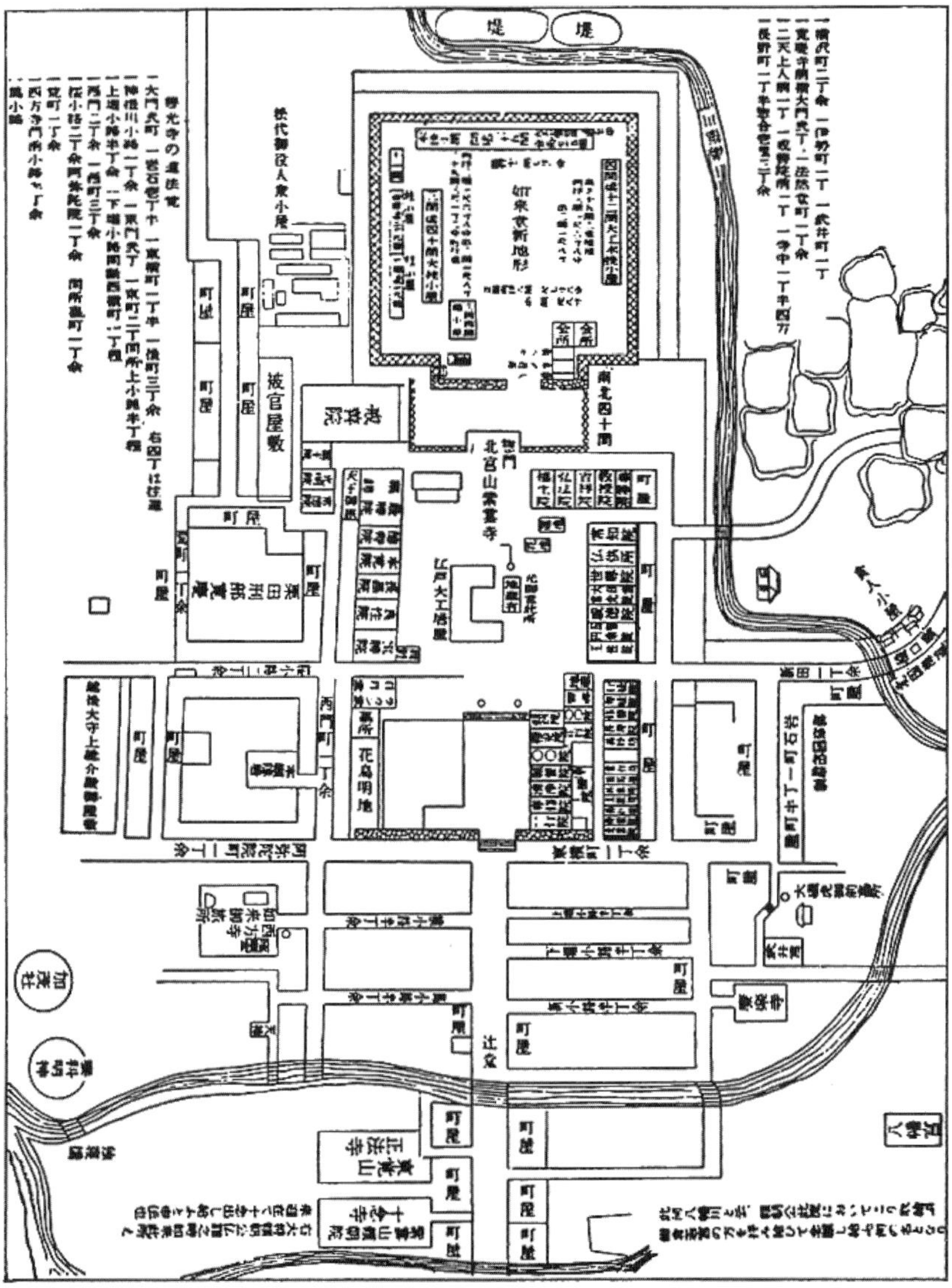

図3　元禄年間（1688-1704）の善光寺町地絵図。かつて金堂（如来堂）は図のほぼ中央にあったが，1642年に焼失。現在の本堂は北側に1707年に再建されている。図には「如来堂新地形」として建設予定地が示されている（出典：『長野県史』通史編4，長野県史刊行会，1987年，420頁）。

仁王門の先はかつては堂庭だったところで、今では仲見世の土産店が建ち並んでいる（写真6）。仁王門周辺はかつて一七〇七年に善光寺本堂が現在地に移される前に寛文建立（一六六六年）の如来堂があったところ。現在でも仁王門のあたりに向かって東西南北から直線状の道路が集まり、仁王門に突き当たっているところからも、東西の裏通りのかっちりとした道路構成からも、ここがこのあたりの中心地であったことがうかがえる。

現在でも天台宗・浄土宗の子院・宿坊が建ち並び、宗教都市のおもむきを感じさせる（写真7、善光寺は天台宗と浄土宗の二つの宗派の寺院群によって運営されている）。そしてその先に山門があり、一八世紀初頭に北のこの位置に移されて新しくできた広大な境内とその中央に鎮座している国宝善光寺本堂が正面に迫ってくる。

どう考えても見事に仕組まれた参道のシークエンスである。

しかし、さすが善光寺、と感心するのは早すぎる。冷静になって考えてみると、善光寺は七世紀半ばに創建され、平安時代後期には広く崇敬を集めた寺院といわれているので、門前町も千年を超える単位で徐々に形成されてきているはずである。それも時の権力者が造ったものではない。庶民の信仰が徐々にかたちとなった希有な寺院である。けっしてはじめから統一的なデザインがなされていたわけではない。それにここは北国街道の宿場町でもあったのだから、

写真5　善光寺の交差点。右手に大正8年の「長野市道路元標」が見える。参道もここから先は歩行者専用となる。いわゆる善光寺街道は参道を北上し，このT字路を右折して直江津に向かう。

写真6　仁王門をくぐると，仲見世の土産物店街があらわれる。北を見る。1707年までここに如来堂が建っていた。正面に見えるのは三門（山門）。

信仰だけでまちが形成されたわけでもないはずだ。

また通常、長い歴史をもった町は細く曲がりくねった道に象徴されるように、型にはまらない融通無碍の有機的な空間が形づくられるところに特徴があるものだが、長野の背骨である善光寺の表参道を歩くと、通りは定規でぴしっと引かれたようにまっすぐで幅が広い。そこには一つの統一的な門前町としての意図が感じられる。しかし、千年の時を経て形成されてきた門前町にこのような人為的な空間操作がどうしてなされてきたのだろうか。

「力強い」表参道と「か細い」裏道

たとえば一七世紀後半の絵図（図3）を見ると、現在の仁王門の位置に寛文の如来堂が位置し、現在の大門南交差点のところに橋が架かり、川が流れていた（鐘鋳川）ことがわかる。江戸時代に宿場町として旅籠がゆるされたのはこの橋の北側、大門町だけであった。また、如来堂周辺の矩形の道路はそれ以前の伽藍の範囲を示している。

写真7　元善町の1本西側の町並み。北を見る。子院・宿坊が建ち並んでいる。ここは江戸初期までは善光寺伽藍のなかだった。仁王門近辺は道路が整形で，かつての中心地であったことがうかがえる。

下って一八七九年の長野町図（図4）をよく見ると、表参道沿いが宅地として描かれているのは西光寺の少し南までである。現在の昭和通りよりもわずかに南のあたりが市街地の端だったのである。

また、裏通りまで計画的に形成されて、面としての都市ができあがっているのは、元善町から始まって大門町、せいぜい川のあたりの後町であることがわかる。現在のJR長野駅から山門までのほぼ三分の一でしかない。そしてそこまでがおおよそ善光寺の領地だった。それ以南はかつては松代藩領の妻科村、東側は幕府領の権堂村だった。南の境には中世には裾花川が流れており、川で細かく分断されていたのである。

こうして見ると、長野は明治のはじめまでじつにこぢんまりとしたまちだったことになる。長野のまちはその後急速に拡大したので、長野村（一般には善光寺町と呼び習わされてきたものの、一八七四年に長野町になるまでは長野村だった）は周辺の村々を次々に飲み込んでいった。つまり、現在の長野は村々の集合体としてできているのである。

ついでにいうと、門前町に県庁がやってきたのも全国でここだけであった。一八七六年に松本にあった筑摩県の県庁が焼失し、筑摩県のうち信濃国の部分は長野県に統合されることになり、現在に至る。こうして長野は信州全体の行政の中心となっていった。

ふたたび道路パターンに話を戻すと、裏通りも善光寺に近いほど道路密度が高くなっていることがわかる。町名も東之門町と西之門町、東横町と西横町、東町と西町というように左右対称のところが多く、いかにも計画的に造られたように見える。参道を左右に貫くような計画的な道路も仁王門と大門、大門南のところまでで、それより南にはほとんどない（もちろん名前の通りに昭和になって新たに建設された昭和通りは別）。

南に下ると、参道の左右にある東西向きの道路は参道に突き当たって終わりになるものがほとんどである。ところどころ斜めに蛇行しながら続く細い道が北西から南東方向に向かって表参道の方位を無視して延びているのがわかる。これはかつての河川の

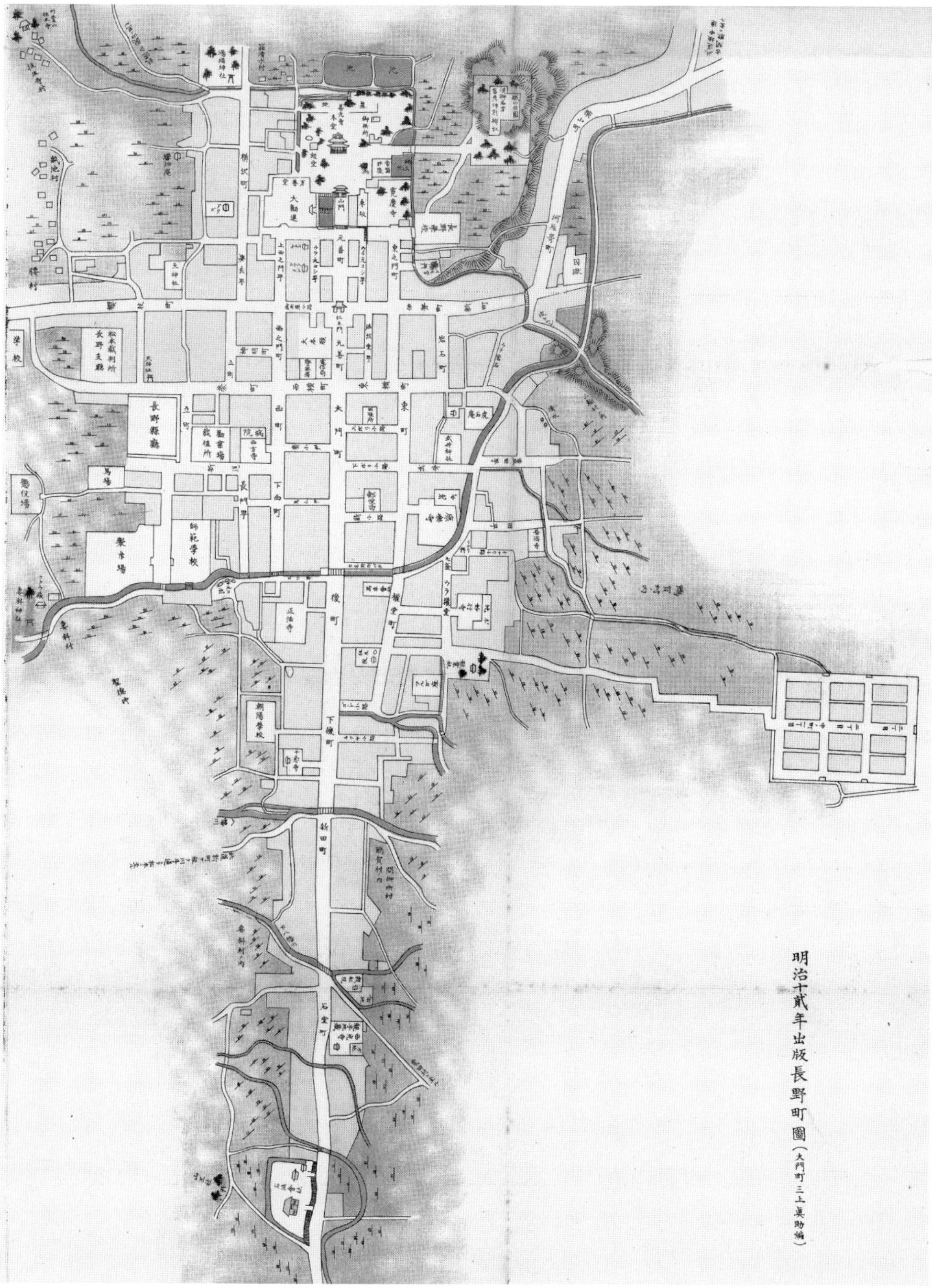

図 4　1879 年の長野町図。東に離れて描かれているのは鶴賀新地の遊郭。かつては権堂の水茶屋町であった。県庁舎は現在の信州大学教育学部キャンパスのあたりにあった（出典：『長野市史』長野市役所編，1925 年，278-279 頁）。

跡である。善光寺は、昔、北西から南東に向けて流れていた裾花川の扇状地に立地している。

　江戸時代初期に裾花川は扇状地の西端に北から南に流れるように流路がつけ替えられた。これによって善光寺の南側に、新田とともに広大な建物用地が確保されるようになり、門前町の発展が加速されることになる。同時に、かつての本川部分が小河川として残され、これが後の曲がりくねった小路となった。

　支川となった小河川は、北から鐘鋳川、中沢川、北八幡川、南八幡川、古川などと呼ばれたが、のちにその大半に蓋がかけられ、小路となった。しかし、北八幡川や南八幡川は今でもところどころで表に顔を出しており、かつての沢の面影を垣間見せてくれる（写真8）。とりわけ北八幡川などは部分的に姿を現しているところも蓋かけされたところもそれなりに川の風情をとどめており、へびのようにく

写真 8　かつての小河川の様子を彷彿とさせるような小路。おそらくここは小河川の分岐点だったのだろう。今では駅前の飲食店街となっている。

ねる不思議な風景を生み出している。

裾花川は扇状地に流れる天井川なので、洪水対策として瀬直しがおこなわれたのであるが、他方、高いところを流れる天井川は灌漑にはもっとも有利な水利でもあった。したがって、裾花川から枝分かれして扇状地を流れ下る小河川は、下流の灌漑用水として欠かせないものである。長野の都心を曲がりくねって北西から南東へ通じている小径は、周辺農村のニーズが形づくった都市空間でもある。

長野のまちは、表参道のしっかりとした都市空間の下敷きとして、一見無計画に見えるこうした数多くのか細い裏道の存在からなっている。これは都市のなかに重ねて織り込まれた農村の姿でもある。

一方、中央の参道も昔から中軸線として重きをなしてきたわけではないようだ。道幅も一九二四年に現在の一〇間幅に拡幅されるまで参道の幅は大門町あたりはそれなりに広かったものの、南に下ると二間半しかないところもあり、道も食い違っているなど、規則的ではなかった。

拡幅されてからも中央通りの両側の歩道の上にはアーケードが架けられ格別参道の風情を感じさせない時代が長く続いた。電柱とともにこのアーケードが最終的にすべて撤去されたのは一九九六年のことである。表参道も長い時間をかけて、参道らしさを生み出していったのである。

先に長野駅は善光寺から十八町目のところに位置していると書いたが、直江津から延びてきたJR信越線が北国街道と交差する近くに駅が造られている。一八八八年のことである。駅を降りて約一町分前進したところで末広町交差点を右折してはじめて北進する表参道に入ることになる。

強い計画性が感じられる善光寺周辺から南下するにつれて参道と背後の細街路との対比が鮮明になっていくが、その意味では、長野駅前周辺がいちばん迷路的である。ただし、駅前広場は新幹線の金沢延伸にあたって整備が進められ、すっきりと整えられた。新しい駅前広場のデザインには二〇一七年度の都市景観大賞が授与されている。

公共施設の配置を見る

表参道を歩いていて気がつくのは、この通り沿いには昔風の建物が名物となっている善光寺郵便局を除いてほとんど公共施設がないことである。門前町の本通りは昔から参詣客向けの商売の通りと決まっているので、県庁がやってきても表通りに広い土地など空いているはずもないのだから、当然といえば当然である。県庁、旧・市役所、裁判所、中央郵便局、信州大学教育学部、国の合同庁舎など、大半の公共施設が参道の西側に立地することになった。なぜ西側かというと、こちら側の方が坂の上だからである。

県庁は当初は西方寺に間借りをしてスタートしたが（一八七一年）、のちにその西側、現在の信州大学キャンパスのあたりに移転し（一八七四年）、さらに一九〇八年の火災を契機に、現在地に移転した（一九一三年）。この移転は県庁が松本へ移るのを阻止するために長野市が土地代と建築費を寄付したものだった。移転と同時に参道から県庁舎へ向かうまっすぐな道（寿町通り）と昭和通りの県庁よりの部分が新設されている。参道だけの線的な町を面として開く努力がこの時点ですでにあったということができる。

冒頭に善光寺は参道の上り坂の行き着くところに建てられたと書いたが、それは、必ずしも善光寺が裾花川扇状地の頂部に立地していることを意味しているわけではない。裾花川の扇状地は北西から南東に向けて裾を広げているが、善光寺はこの方角よりも南面することの方を選んで建てられている。参道の南北の軸線は、寺院が南面する方位を選好するということもあるが、このあたりの条理の向きからもきているのではないだろうか。したがって、参道は南から北へ向かって上り坂にはなっているが、この坂の西側の方が東側より高いことになる。この比較的高い西側に公共施設が集中している。「お上」と呼ばれるくらいであるから、公的施設は高いところを好むのだろう。

一方、参道の東側は参道よりも低い土地となっているが、こうしたところに下町や花街が形成されるのも世の常である。長野の場合も例外ではなく、権堂のアーケード街の西の入り口を入ったあたりに江戸時代、水茶屋が集積していた。これが一八七八年にさらにアーケード街の東の先に、鶴賀遊郭として移転している（図4）。今は長野電鉄の地下駅である権堂駅周辺の繁華街となっている。長野市街地に唯一の全蓋型のアーケード街が表参道の東側にしかないのにも理由があるのだ（ただしアーケードのある通り（相生通り）は県庁舎の現在地への移転にともなって同じ年（一九一三年）に建設されたもの。アーケードそのものは一九六一年設置。この先、西に続く花街への道は以前からあった）。

長野の場合、おもしろいのは、各地を転々としていた市庁舎が一八九八年に当時の県庁の東隣、若松町に越してきたものの、一九六五年に参道の東側の現在地に移り、先に一九〇八年に現在地に移っていた県庁と市役所とが新しい東西幹線である昭和通りをはさんで西と東で張り合う形となったことである。

いや、昭和通りは市役所の移転にともなって延伸された街路だったので、市役所の移転が昭和通りを造り出していったといった方が正確かもしれない。

善光寺から駅に至る参道の南北軸に対抗して、行政機関を結ぶ近代の東西軸が直交するかたちで造られたのである。かつては大門町の西側に並んで建っていた県庁舎と市庁舎が参道をはさんで東西に、昭和通りによって結ばれることになった（写真9）。昭和通りは市庁舎から県庁舎へ至る近代の参道といえる。この時はじめて長野は近代都市としての体裁を整えることになった。都市構造からいうと、それは長野が線から面への展開を果たした時であった。

その後の長野は一九九八年のオリンピック準備のために駅東口を中心に都市の風景が大きく変貌した。善光寺のある西口側も長野大通りの整備などの都市開発が進められたが、表参道を中心とした古くからの都市構造にはそれほど致命的な打撃を与えているわけではないように見える。

中世以来の南北の都市軸に対して、近代の開発は東西の後背地とそれをつなぐ軸を中心に展開し、さらに現代の開発は対象地区自体を東に移して古くからの西側の都市構造に積極的な改変の手は加えなかった。善光寺という不動の重し（アンカー）がそれを許さなかった。

写真9　参道に直交する東西路である昭和通り。中央通りから東を見る。通りの奥に市庁舎，手前側に県庁舎がある。左手に見えるのは，複合再開発ビル TOi-GO，あたらしいまちのへそである。

一見近代的で、へたをすると単純に見える直線の参道筋も、じつは近世までの漸進的な変化と、その後、近代に入ってからの都市開発の戦略のなかで次第に成長してきた都市軸だったといえる。長野は空襲も終戦二日前に駅や病院に被害があったにすぎなかった。長野は中世以来、都市に歴史を蓄積させつつ、次第に南に市街地を拡げるということをごく自然にやりとげてきた都市である。

こうした背景をもった都市はヨーロッパや中国には数多く存在するが、戦国期から近世初頭の計画都市が多い日本ではむしろ珍しい。さらに、自然地形に境内、そして門前町の意匠を重ね合わせることによって、異なる相が重なり合う都市でもある。ヨーロッパや中国に比べて地形がきめ細かい日本ならではの都市の個性をこうしたところに見ることができる。

21 岐阜

――関ヶ原合戦の遺産都市

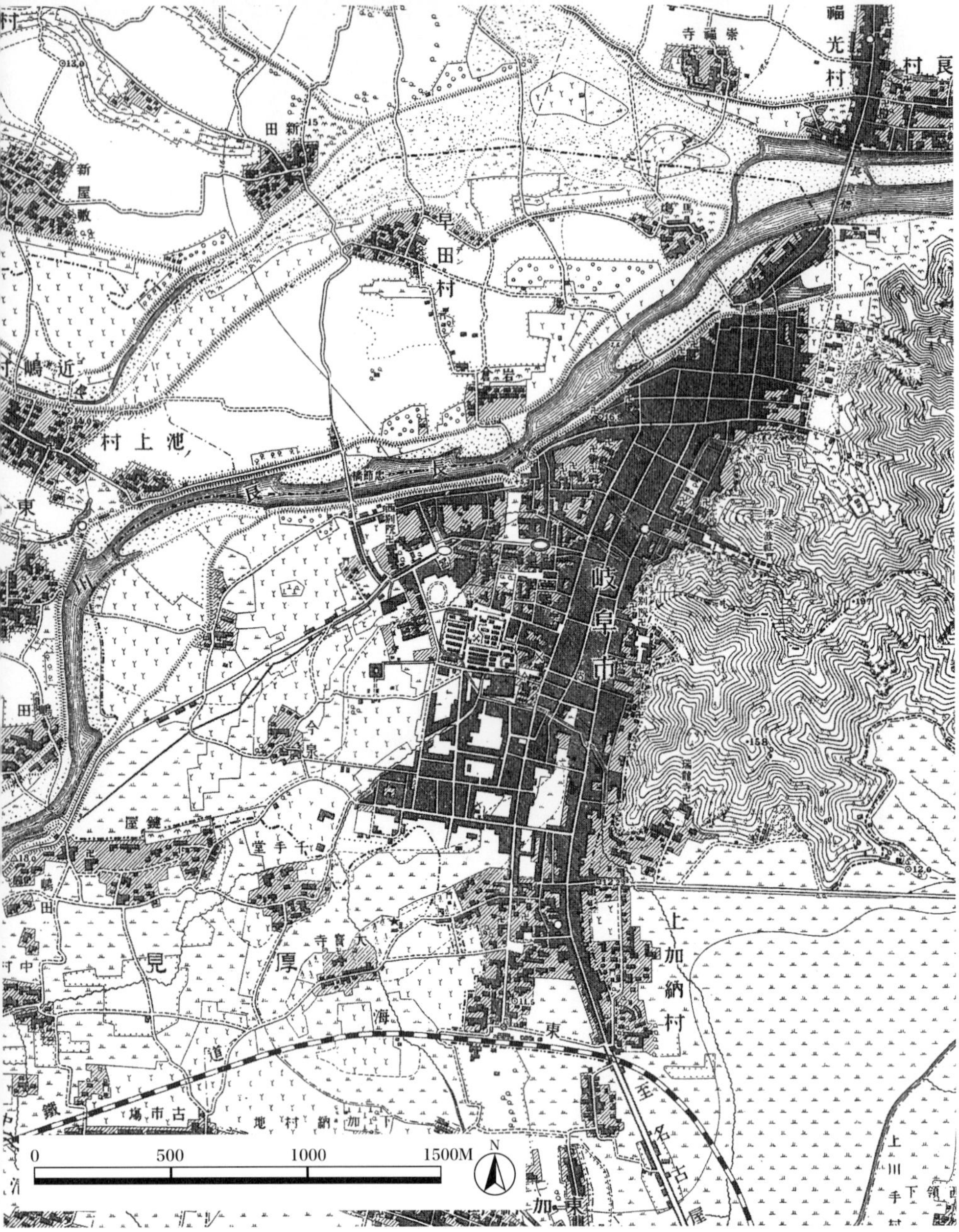

図1　二万分一正式図「岐阜」(部分), 1891年測図, 1893年発行。当時の岐阜駅に突き当たる神田町通り（現・長良橋通り）が直線で駅まで延びている点に注意。当時はこの通りよりも, 地図上で名古屋道と表記されている中山道からの分岐道の方がメインだったことがわかる。この通りは現在, お鮨街道と呼ばれている。

まちの方向性

どのまちにも、程度の差はあれど、まちが向く顔の向きとでもいえる方向性というものがある。

川や山といった地形の要因による方向性もあれば、信仰の軸や、街道などのアクティビティに基づく方向性というのもある。岐阜の場合、このまちが向く方向性というものがはっきりと読み取れるうえ、その方向性に転換点があるということがこのまちの個性を形成しているということができる。

では、それはどのような方向性なのか。

現在、ＪＲ岐阜駅を降りて、この方向性を感じようとすると、じつは、なかなか難しい。どっちに向かって歩き出せばいいのか、手がかりが少ないのである。正面に金華橋通りの大通りがまっすぐ北に向かって延びているが、その先に都心があるようにも見えない（写真1）。地図を見ても、県庁舎や市庁舎など主要な公共施設が都心に固まっているというふうでもない。

その理由は、明治時代の地図を見るとよくわかる（図1）。現在の岐阜駅は北の岐阜市街と南の加納市街のちょうど中間に造られたからである。岐阜駅はいずれの都市にとっても縁辺部にあたるところに造られた。その後、あいだの土地が宅地化して、現在ではひとつづきの都市になってしまっている。今ではまったく想像もできないが、田園地帯の真ん中に造られた駅だったのである。

したがって、現在の岐阜駅を降りて、岐阜の旧市街に向かうというのは、都市の方向性からいうと、おしりから正面に向けて遡ってくるようなものなのだ。それは、加納市街地にとっても同様である。だから、駅前で都市の方向性を感じることが難しいのである。

岐阜の都市としての方向性を実感するためには、伊奈波（いなば）神社から西に延びる参道に向かって立ってみるといい（写真2）。同様に岐阜市歴史博物館の前の交差点をやはり西に向かって立ってみる。そうすると、金華山（稲葉山）を背に西から東へ向かう通りがこのまちの主軸であったことが実感できるだろう。もともと岐阜は長良川中流域の小さな扇状地の上にすっぽりと収まるまちだったのである。

図2　岐阜の都心模式図。長良橋通りが2回クランクしているのが，タテ型城下町からヨコ型城下町への変遷過程を表現している。かつての惣構は北側が当初の土居と堀で，のちに（といっても16世紀後半まで遡る）南側へ拡張された。拡張された部分（伊奈波神社）はかつて外町と呼ばれていた。

西にゆるやかに下る傾斜地に東西を主軸に古くからの市街地が広がり、城下町の遺産である惣構（そうがまえ）と土居（どい）がそのまわりを取り囲んでいた。その先には、大河長良川が北から西にかけて流れている。物流も長良川の川湊から陸揚げされ、東へ向かって運び込まれた。金華山と長良川にはさまれた立地が岐阜のまちを生み出した。

岐阜のまちはこのように元来は西に向いていた。その証拠に市街地の軸となる本町は東西を向いている。お城の大手門に向かって進む道がメインストリートになるといういわゆるタテ型の城下町というのは、戦国時代城下町の特徴である（その後の城下町は城下に街道を取り込んだヨコ型の城下町となっている）。

もう一つ、金華山の山頂にお城がそびえるといった山城を造るのも戦争が身近だった時代の特徴である。このように岐阜の旧都心は戦国時代の趣を色濃く残したまちなのだ。また本町を西に行くと、その先は土居を越えて、京道へ続いていた。山城で防御を固めた岐阜のまちは、同時に川に向かって開かれたまちでもあった。

これが一五三九年に齋藤道三が建設し、のち一五六七年に織田信長が占拠し、改造した岐阜城下町で

写真1　岐阜駅前広場（信長ゆめ広場）とその先に延びる金華橋通り。通りの先に都心があるようには見えない。駅前広場の中央に見える金色の銅像は織田信長像。ふもとの御殿ではなく，金華山頂上の岐阜城に信長は実際に住んでいたといわれている。

あった。県庁所在地のなかでは珍しく戦国時代の記憶をとどめたまちである。かつて井口（いのくち）と呼ばれていたこの都市を岐阜と命名したのも信長だった。

都市のもともとの主軸は大手門から七曲り口を経て金華山を登る東西の本町筋（古図には七曲通とある）であり（写真3）、その北側、百曲り口からお城へ登ることになるやはり東西路である大桑町（現・大久和町、古図には百曲通とある）であった。現在の岐阜公園周辺が館跡である。信長は山上のお城に住んでいたが、公的な行事はこの館で行われたようだ。

これに靭屋町（うつぼやちょう）から米屋町へと続く道を主軸とした南北路が加わったあたりが、戦国時代から続く岐阜の姿である。

これがのちに内町と呼ばれることになるあたりである。現在の伊奈波神社の参道（伊奈波通り、伊奈波神社が現在地に移ったのは一五三九年）あたりを南限として、北は現在、玉井町の南側を流れる忠節（ちゅうせつ）放水路の南堤までの地区である。この範囲が堀と川、惣構の土手によって囲繞された戦国城下町の都市空間だった（図3）。のちに都市は南へ広がっていったが、こうした市街地は外町と呼ばれた。

現在、この南北路はお鮨街道と呼ばれるようになっている（写真4）。これは、長良川の鵜飼いで獲れた鮎をお鮨にして将軍家へ献上したという故事にちなんで近年名づけられたものであるが、むしろこの道は中山道から岐阜へ至る古道として重要だったはずである。この道はまた、岐阜と後述する加納とを結ぶ道でもあった。そういえば長良川の鵜匠は宮内庁式部職に任命されている伝統と格式を備えた職である。

岐阜と加納

こうして成立した岐阜城下町であるが、その後の歴史はほかの都市には見られない数奇な運命をたどることになる。

関ヶ原合戦の直後の一六〇一年、当時織田信長の嫡孫秀信が城主であった岐阜は廃城となり、南に別途、新たに城下町が建設されたのである。岐阜城下町は否定され、その機能の多くは加納城下町に移された。加納は中山道の宿場町も兼ねていた（楽市で有名な戦国時代の加納の市場は現在の櫃森（かしもり）神社の門前、若宮町一丁目の交差点あたりだった。したがって加納城

写真 2 伊奈波通り。東を見る。ゆるやかな上り坂の正面が伊奈波神社，その奥が金華山。都市の軸を感じることができる。城下町建設当初，東西路が岐阜の主軸だった。

写真 3 本町の通り。金華山を背にして西を見る。この先には長良川沿いの川湊があった。現在，このあたりは長良橋通り（国道 256 号）のルートでもあるため，すっかり拡幅されてしまった。

写真 4 現在，お鮨街道と呼ばれている旧岐阜城下町の南北の軸。かつては岐阜と加納とをつなぐ道でもあった。ゆるやかな屈曲が古くからの街道筋であることを物語っている。

下町はここからさらに南の位置に建設されたことになる）。

同時に岐阜市街は幕府の管理下の奉行陣屋のもとに存続されることとなった。のち一六一九年、尾張藩に編入された。岐阜は独立した城下町としての命脈は絶たれたものの、廃絶されることはなく、その後商業都市として生きていくことになる。

ただ、岐阜のまちは加納城下町の支配下に入らなかったことから、むしろ独立した商業都市として繁栄し、明治を迎えることになる。物理的にも岐阜と加納とはおよそ三キロメートルほど離れており、途中に駅ができて次第につながっていくまでは、それぞれ独立した（そしてしばしば対立した）都市だった。

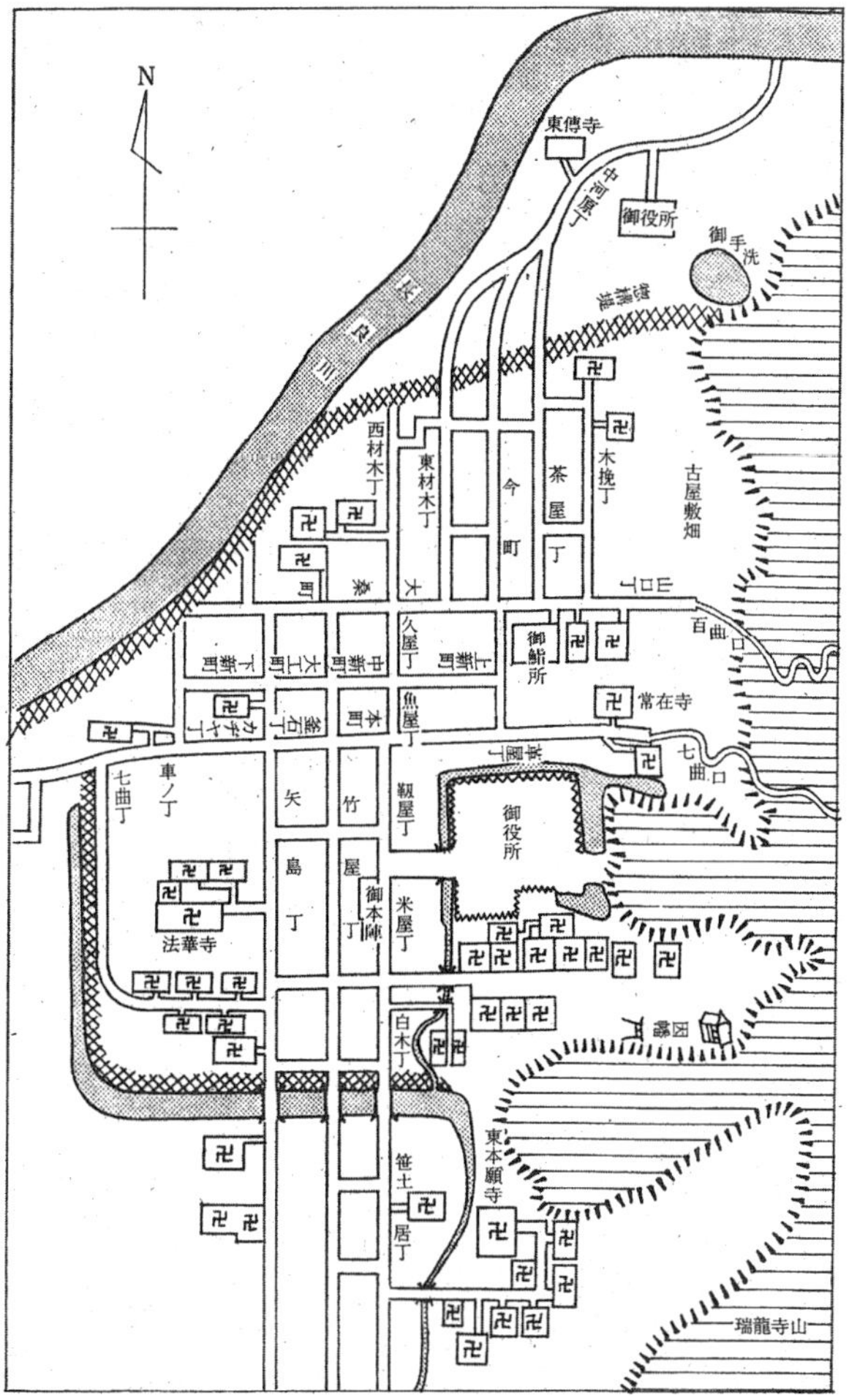

図３　岐阜町絵図（享保年間〔1716-1736〕か，徳川林政史研究所所蔵）。金華山へ登る百曲口と七曲口に向かう東西路が城下町当初の主軸だった（出典：『岐阜市史』通史編近世，岐阜市編，岐阜市，1981年，204頁）。

筆頭親藩の後盾もあり、江戸時代の岐阜の商圏は藩を越えて広がっていたようだ。現在も岐阜市街地は拡散型に郊外へ広がる傾向が強く、ほかの県都と比較してもその力は飛び抜けて強いように見えるが、こうした傾向は、岐阜が城下支配に基礎を置く城下町として江戸時代を過ごしたのではなく、外へ広がる商業都市であったことが伝統として受け継がれているからかもしれない。

とはいえ、外へ広がるといっても東には山があり、北から西にかけては長良川が流れているので、市域を拡張するとなると南へ向かわざるをえない。こうしてまちに方向性が生まれるのである。

一方の加納城下町はというと、すぐ近くに岐阜という勢いのある商業都市があり、さらには近傍に尾張名古屋の大城下町が控えていたからだろうか、近世のみならず明治以降も、劣勢はいかんともしがたい。

加納城下町は当初、加納藩一〇万石の（最終的には永井氏三万二〇〇〇石）城下町であったが、同じ一〇万石ということでは新発田（新潟県）、大聖寺（石川県）、松代（長野県）、宇和島（愛媛県）の城下町と並ぶことになる。これらの城下町はいずれも独立した都市としてそれなりに完結しており、歴史都市としての存在感を示しているのに対して、加納の現状はなんとも寂しい。加納城跡は現在加納公園となっているが、地元の地区公園の域を出ていない。

ただ、これはひとり加納の問題だったわけではなく、おそらく名古屋周辺に名古屋を脅かすような大城下町を配置しなかったという徳川幕府の政策があるのだろう。広大な濃尾平野とその周辺に名古屋以外の大都市が生まれなかったのは、たんなる偶然ではないはずだ。ちょうど、関八州に江戸と水戸以外に江戸幕府は大規模な城下町を築かせなかったのとよく似ている。加納は幕府の防衛政策、地域経営策のなかにあったのである。

南へ広がる市街

一八七一年、岐阜県が誕生し、県庁舎が旧笠松県から移転してくることになる。県庁舎を筆頭に郵便役所（のちの郵便局）や裁判所、警察署、病院、学校、監獄などの近代の都市施設が相ついで岐阜の市街地に建設されることになる。やや遅れて駅ができ、市庁舎、公会堂ができた。

ここで注目したいのは、これらの都市施設がどのようなところに立地したか、ということである。その契機となったのが県庁舎の立地である。県庁舎は当初、西本願寺岐阜別院を仮庁舎として事務作業を始めるが、一八七四年に旧岐阜市街の南縁、司町に新庁舎を建てて移転している。この場所には現在も県の総合庁舎が建っている。このあたりに官庁街が造られ、それが司の町から司町になったといわれている。

その後、県庁周辺に師範学校や中学校、女学校などの教育機関が集中し、さらに警察署、裁判所、監獄、病院が近くに立地するようになった。下って一八八八年に岐阜市制が施行され、市庁舎がさらに南側に隣接した土地に建てられた。県庁前に一九二〇年の道路元標も設置された。このあたりが新しい都市の中心となっていったのである。

市役所は一九一九年にさらにやや南の現在地に新築移転している。この場所にはかつて裁判所が建っており、ここから駅までの直線道路が最初の駅前通りである八間道、現在の長良橋通りだった（写真5）。現在、市庁舎の南側にやや湾曲した道路が東西に走っているが、これがかつての水路の跡である。

旧市街から南に広がる新開地にはところどころ不思議なカーブを描く細い道が見受けられるが、これらはいずれもかつての堀や水路跡である。旧市街の南側はやや地盤が低く、小河川が多かったのである。逆にいえば、そういう地形だったから開発が遅れたのだろう。

写真5 長良橋通り。名鉄岐阜駅近くから北を見る。かつては八間道や神田町通りと呼ばれた。近代初の計画道路。駅と旧市街とを結ぶ新しい南北軸となった。

こうして岐阜の既成市街地の南に接して新しい都市施設が造られていったのである。これが城下町であるならば、あるじがいなくなった武家地が一挙に発生するので、お城周辺の中心部に公共施設用地を探すのはそれほど苦ではないが、岐阜の場合、武士のいない商業都市として明治を迎えたので、近代を象徴するような新施設はすべて外縁部に用地を確保するしかなかった。

伊奈波神社に向かう参道でもある伊奈波通りあたりを軸とした旧市街とその南に広がる新市街、というのが明治前半期の岐阜の姿だった。

現在も長良橋通り（国道二五六号）を駅前から北上すると、二つの大きなクランクを通る。最初が本町筋つまり大手筋から七曲りへと通じるお城へのメインのアプローチに向かうクランクで、次が材木町の南北路を岐阜公園に向けて右折し、さらに左折して北へ向かうクランクである。これはかつて路面電車が通っていた路線でもある。

またこれは、明治から江戸さらには戦国時代へと時代を遡るクランクであると比喩的に表現することができる。

写真6 JR 岐阜駅を背にして，長良橋通りの北を見る。現在の長良橋通りは名鉄岐阜駅の近くで右へ屈曲して JR 岐阜駅へと向かっている。岐阜駅の西への移動の結果生まれたカーブだろう。

さらに南へ

市街地の南下に拍車をかけたのが一八八七年の駅開設であった。明治時代の駅（八七年駅創設当初は加納停車場と称した）は、その名のとおり加納村の直近、現在の岐阜駅よりもやや東に寄ったところに造られた。翌年、岐阜停車場と改称して若干西へ移動している。

駅に向かって岐阜の旧市街からまずできたのが八間道（のちの神田町通り、現在の長良橋通り）であった。現在の駅は一九一三年にさらに少し西寄りに動いており、おそらくそれにともなって長良橋通りも名鉄岐阜駅あたりから少し西に屈曲して現在の岐阜駅前に向かうように変更されているのだろう（写真6）。

一八八八年、岐阜駅の開設、市区改正の第一歩として旧市街から駅に至る八間道の開通、金津遊郭の設置、遊郭へ至る柳ヶ瀬道の建設など大規模な南部開発が時を同じくして実施され、都市重心の南下は面的に進められていったといえる。

なかでも駅同様に市街地の南下に影響があったといわれているのが金津遊郭だった。金津遊郭の位置は、その後幾度も動かされているが、当初の遊郭は岐阜の旧市街と駅との間をつなぐ現・長良橋通りの中間やや西側に立地し、現在の柳ヶ瀬本通りのアーケード街の西端に近いあたりだった。つまり、柳ヶ瀬の賑わいの大きな契機の一つに遊郭の立地があり、遊郭へ向けた東西路がその後の商店街の基軸となった。ここに戦後アーケードが建設されるようになるのは一九六〇年のことである。通常、人の流れに沿った街道筋などがアーケード街になる例は全国に見られるが、岐阜の柳ヶ瀬本通りのアーケード街は駅と旧市街を結ぶ南北の向きではなく、東西向きに造られた。それは遊郭へのアクセスという役割があったからだった。

岐阜の都市整備とは南進する市街地をいかに受け止めるか、という明快なミッションをもっており、駅前から旧市街に至るエリアを対象に、初期の市区改正から戦中の四次にわたる建物強制疎開まで他の都市と比較すると着実に実施されたといえる。戦前における都市計画の進捗率は五〇パーセントを超えるというまれに見る進展をとげていた。

既成市街地のほとんどを焼き尽くす戦災にあったものの、戦災復興計画そのものは戦前の計画をほぼ受け継ぐものであった。そこに駅前から延びる幅員三六メートルの岐阜駅忠節線（平和通り、現在の金華橋通り、写真8）が新しい都市軸として加えられ、この道とこれに直交する幅員三三メートルの金町金園町線（現在の岐阜東西通り、写真9）とで十文字に

写真7　1958年の神田町通り（現・長良橋通り）。写真6のやや北，屈曲点のあたりから北を撮っている。左に見えるオフィスビルは十六銀行本店。現在も同じ位置に新しい本店ビルが建っている。奥の高い建物が柳ヶ瀬にあった丸物百貨店（のちの岐阜近鉄百貨店，現在は岐阜中日ビルとなっている）（出典：『岐阜市史』史料編 現代，岐阜市編，1980年，図版第36）。

写真8　JR岐阜駅前から北へ延びる金華橋通り。北を見る。戦災復興区画整理で生まれた新しい都市軸。南北路は神田町通り（現・長良橋通り）に並行して，西に向かって新設されていった。

写真9　岐阜東西通り。お鮨街道との交差点あたりから東を見る。岐阜の旧市街と駅前地区との中間に土地区画整理によって新たに生み出された東西路。戦後の新しい東西軸となった。

図4　岐阜復興土地区画整理設計図。旧市街地に近接してすぐ南側の地区がひろく区画整理された（出典：『戦災復興誌』第6巻都市編Ⅲ，建設省編，都市計画協会，1958年，173頁）

まちを開くという構図が与えられた（図4）。

南北路だけを見ると、かつての古道（現在のお鮨街道）に始まり、駅に至る商業軸である神田町通り（現在の長良橋通り）、そしてさらに自動車の幹線である金華橋通りと、西に向かって次第に広がってきているのがわかる。岐阜のまちは旧都心から南下しつつ、同時に西に広がっていったのである。

駅前はといえば、引き揚げ者たちが古着をバラック小屋で売り出したことから繊維問屋街として発展していった。駅前に問屋街があるという不思議なまちの構造はこうして北から順に南下してきた都市の歴史のなかで理解することができる。

近年、駅周辺は再開発がさかんで、一九九七年の鉄道の高架化以降、様変りしてきている。新装された岐阜駅前には、マントを羽織った金色にかがやく織田信長の像が二〇〇九年に建てられた。

たしかに岐阜のまちは信長が改造し、城を築き、楽市楽座で繁栄させた都市であったから、岐阜のシンボルとして大切にしたい気持ちはよくわかる。一五六七年に井口の地名を岐阜と改名したのも信長であるというのが定説となっている。

しかし一方で、皮肉なことに岐阜城下町は信長のイメージが強すぎたために、関ヶ原合戦の後に岐阜城が破却され、別途、加納に城下町が建設され、岐阜の都市的資産は二つのまちに分割されてしまったのである。

その後、岐阜駅を介して二都市はひとつながりの市街地とはなる。しかし、かつての岐阜城下町がもっていたような一体感を再現するまでには至っていない。その意味で現在の岐阜のまちは、いまだに関ヶ原合戦のほろ苦い遺産を生きているのである。

すべての都市は歴史の産物ではあるが、岐阜のように一つの合戦の帰趨が都市の姿を決定づけたという都市はあまりない。

これは後日談だが、関ヶ原合戦の勝者である徳川家康の銅像は静岡駅前に建っている。これも比較的新しく、家康の駿府入城四〇〇周年の記念事業の一環として二〇〇九年に建てられた。奇遇だが、二つの駅前銅像は同じ年に新しく建てられているのである。

22

静岡——生きている札の辻

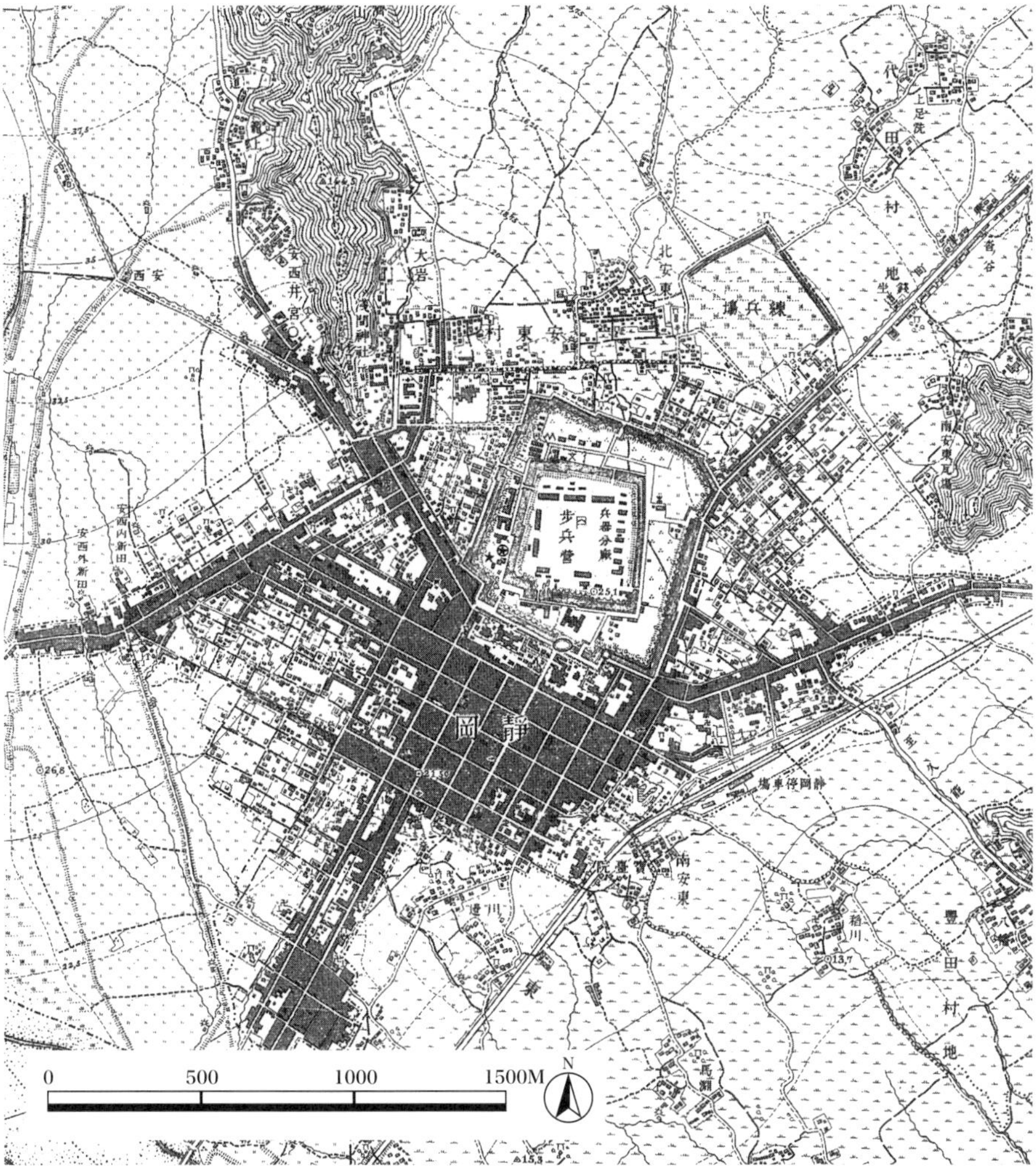

図 1　二万分一正式図「静岡」(部分)，1889 年測図，1891 年発行。1889 年 2 月に開設された静岡駅は図中ではまだ建設途上である。

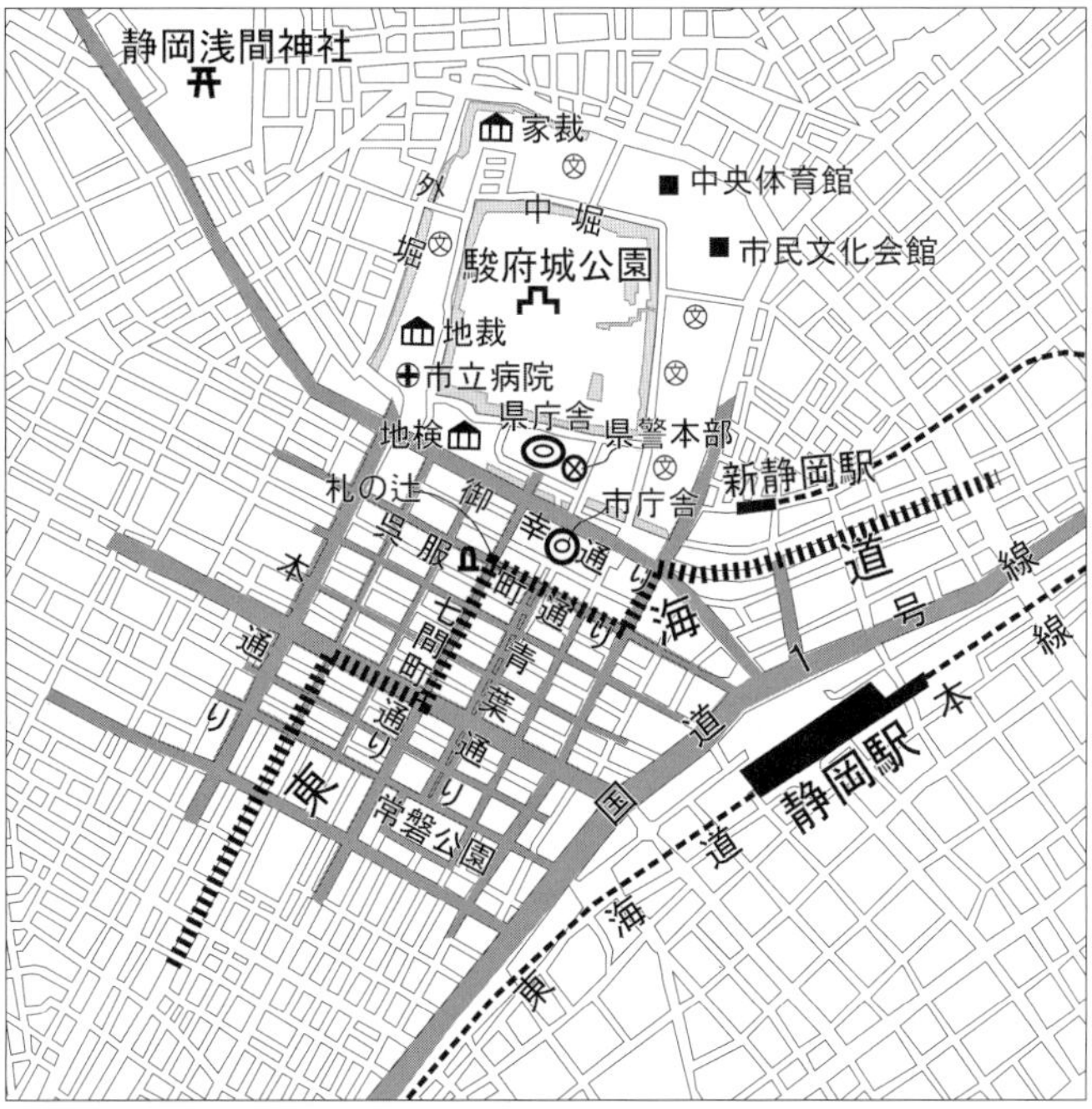

図 2　静岡の都心模式図。都市の姿は図 3 の街路網とそれほど変化はない。いくつかの幹線が大きなグリッドで規則正しく加えられている。

はっきりした町人地とはっきりしない武家地

静岡の人には申し訳ないが、静岡の駅前に立つとどうしても不可解に思ってしまうことが一つある。駅前広場のすぐ先を国道一号線が鉄道と平行に走っているため、駅に出入りする人はほとんどがいった

図3　駿府近郊地図（部分），1868年。南側の町人地以外は「明屋舗」という表記が目立つ。東海道は図中の左上から右下にかけて城下を通っていた。まわりを取り囲む川は安倍川（出典：『静岡市史』近代，静岡市役所，1969年，20-21頁）。

ん地下歩道に降りて国道を横断しなければならないことである。歩行者よりもクルマの流れの方が優先されているようで楽しくない。

しかしまあ、気を取り直して静岡のまちなかを歩き始めるとこれがいい、じつにいろいろな発見があるのだ。地下歩道を人の流れに任せて歩いていくと、紺屋町（こうやまち）の地下街に出る。ここを地上に上がると紺屋町、そしてそれに続く呉服町（ちょう）通りである。

このあたりが静岡の目抜き通りであるが、道路の幅員はそれほど広くない。江戸時代からそれほど変わっていないように見える。そのころの賑わいを彷彿とさせるようなほどよい狭さの商店街なのである（写真1）。呉服町通りはかつての東海道の街道筋で、紺屋町通りはそこから駅の方へ昭和のはじめに延伸された通りであるが、道幅は変わらず、人に優しい。

写真1　呉服町通りの町並み。今川氏時代からの伝統のある目抜き通り。町並みがそろって見えるのは，戦災復興計画の一環として呉服町通りに防火建築帯が設けられ，連続的な耐火建築群が実現したため。

静岡、旧名駿府は、だれもが知るように隠居した大御所、徳川家康が一六〇七年から造りはじめた駿府城の城下町である。城下町としては最晩期に属する。この地は国府が立地し、その後今川氏の府中城、さらには家康が一五八二年の入城以降に復興した駿府城の位置したところでもあるが、新しい城と城下町はそれまでの駿府城を拡張したものであったといわれている。

駿府城下町の造り方は城の南西側に碁盤の目のように五〇間（約九〇メートル）強の間隔で規則正しく道路を通し、町人地を面的に配置し、そこを東海道がジグザグに通る、というものであった。城の他の三方は武家屋敷が取り囲んでいた。

正方形の街区がタテヨコに並ぶ町割りであったが、通りに面する町家の建物の正面の向きは決まっていたようで、お城に一番近い呉服町通りと次の両替町（りょうがえちょう）通りでは、この二つの通りに向いた建物、つまりお城に平行な通りが優勢で、それよりお城から離れている街区はお城に向かう通りに面した建物が表側だったようである。

例外は七間町（しちけんちょう）通りで、ここは呉服町と両替町の筋でもお城に向かう七間町の通りの方が基本的に優勢だった。これは七間町通りが東海道筋であったからだろう。今は並木が左右に配されるお洒落な通りだが、かつての街道筋のヒューマンな幅員を感じさせてくれる（写真2）。

また、京都から来て東海道を駿府城天守を正面に見て進むこのあたりの街道筋はちょうど、背後に富士山が見える方角でもある。お城の南西側にグリッドの町人地を配した城下町のつくり方自体が富士山を背景に駿府城を配置するという意図があったのだろう。その証拠に家康が次に造った城である名古屋城もあしもとに静岡と同じおよそ五〇間幅のグリッド状の町人地を配置しているが、名古屋ではお城のほぼ真南にあたる位置で、静岡のように南西に軸が振れているというようなことはない。城下町の縄張りにもこうした景観上の意図というものがあるという好例である。

写真2　七間町通り。呉服町通りと直交する通り。最初期の東海道は一本西側の本通り筋だったといわれている。写真では見えにくいが正面突当りに県庁舎の本館が建っている。

さて、話を七間町に戻すと、この七間町通りと呉服町通りの交差点が高札場のある札の辻だった（写真3）。ニューヨークでいうとタイムズスクエアのようなこの辻の一角には今も伊勢丹デパートが陣取っている。また、ここには里程元標も置かれている。つまり、静岡のまちは江戸時代初期に造られた町人地の中心地区がそのまま現在の商業核として生き続けている珍しい都市なのである。

図1の二万分一の正式図を見ると、この図が測量された一八八九年段階では、まだ静岡駅周辺は開発が進んではいないが、こんにちの都心繁華街のほぼすべてのところが描かれていることがわかる。江戸時代の町人地のところがほとんどそのまま近代に受け継がれたのである。

一方で、静岡は旧町人地に比較して旧武家地のその後の土地利用があまり話題にならないという意味でもユニークなまちである。

大御所徳川家康の居城として天下普請で大々的に造成し直した駿府城下町は、一六三一年という早い時期に江戸幕府の直轄領となり、城代が頻繁に交替するという事情のため、武家地はちょうどこんにち

写真3　呉服町通りと七間町通りが交差する地点が改札辻。県庁舎を背に北東隅より見る。今も繁華の中心となっている。左右に走っているのが呉服町通り。奥から手前に走っているのが七間町通り。

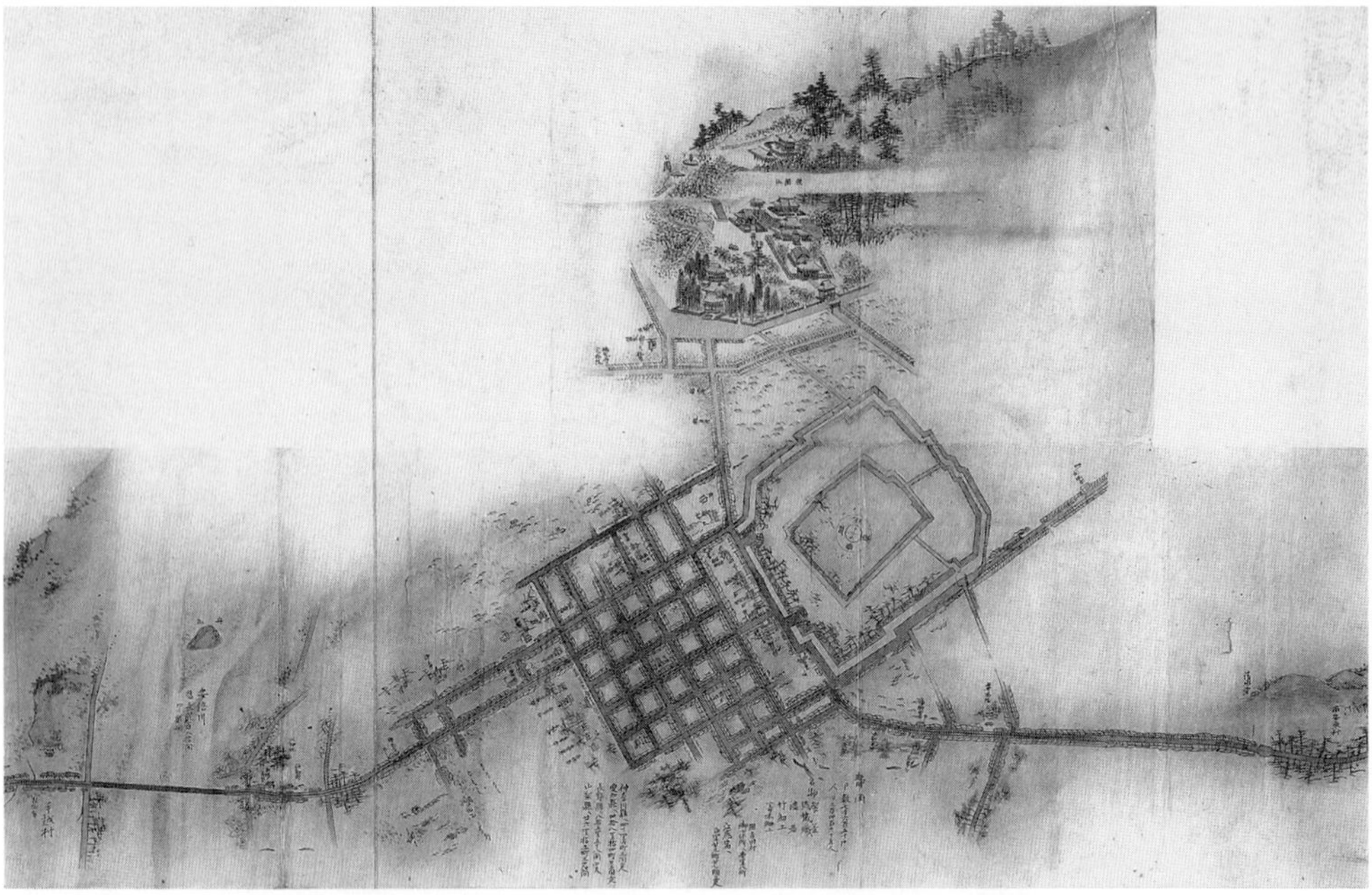

図4　1878（明治11）年の静岡市街。お城と町人地，東海道と北の浅間社以外は描かれていない。武家地の不在が目立つ図である（出典：『静岡市史』第3巻，静岡市役所編，1973年，口絵）。

の公務員住宅のように、人事異動も多く、周辺とは切れた存在となっていたのだろう。武家地も縮小し空地の農地化が目立った状態で明治を迎えた。お城も江戸後期には荒れていたようだ。そのせいか、静岡には立派な堀端通りというものが見当らない。静岡には堀端を壮麗に見せるという動機が欠けていたのである。

　公共施設の大半が駿府城公園の周辺、具体的には外堀（全体の約四分の三が現存）と中堀（全周が現存）の間に集中しているのは、旧城地が一八九〇年に静岡市に払い下げられていたためである。その後九六年に本丸部分は陸軍歩兵部隊誘致のために陸軍省に献納され、本丸の堀は埋め立てられた。この陸軍用地は終戦後、駿府城公園となったため、公共施設は駿府城公園の周囲にぐるっと立地するかたちになっている。

　そしてそのすぐ外側の旧武家地は、南側の商業地以外、ほとんどが静かな住宅地という徹底した用途純化が見られる。

　静岡の都心は、平坦で広大な駿府城公園とその周辺に残る見事な堀、そしてそこに面したひとかわの官庁街・文教地区のほか、影の薄い旧武家地と南側に面的に広がる活力のある旧町人地の商業地区という奇妙な対比でできあがっている。

写真4　七間町通りの突当りに建つ県庁舎本館。

近世の方形街区を近代的に演出する

　近世初頭以来のグリッド・パターンの町人地は今も繁華街としての命脈を保っているが、かつての方形街区がずっとそのままで今に至っているわけではない。明治以降、これらの街区の「近代化」が進められていった。そのことがこの地区の賑わいが継続している一因でもある。それは一言でいうと閉ざされたグリッドを開き、街路に空間演出を加えていくプロセスであった。

　一方、モニュメントとなる建物を配置することによって都市を開くことも試みられた。その好例が県庁舎の建設である。かつての二階建て赤煉瓦造りの静岡県庁舎は一八八九年に七間町通りが外堀と突き

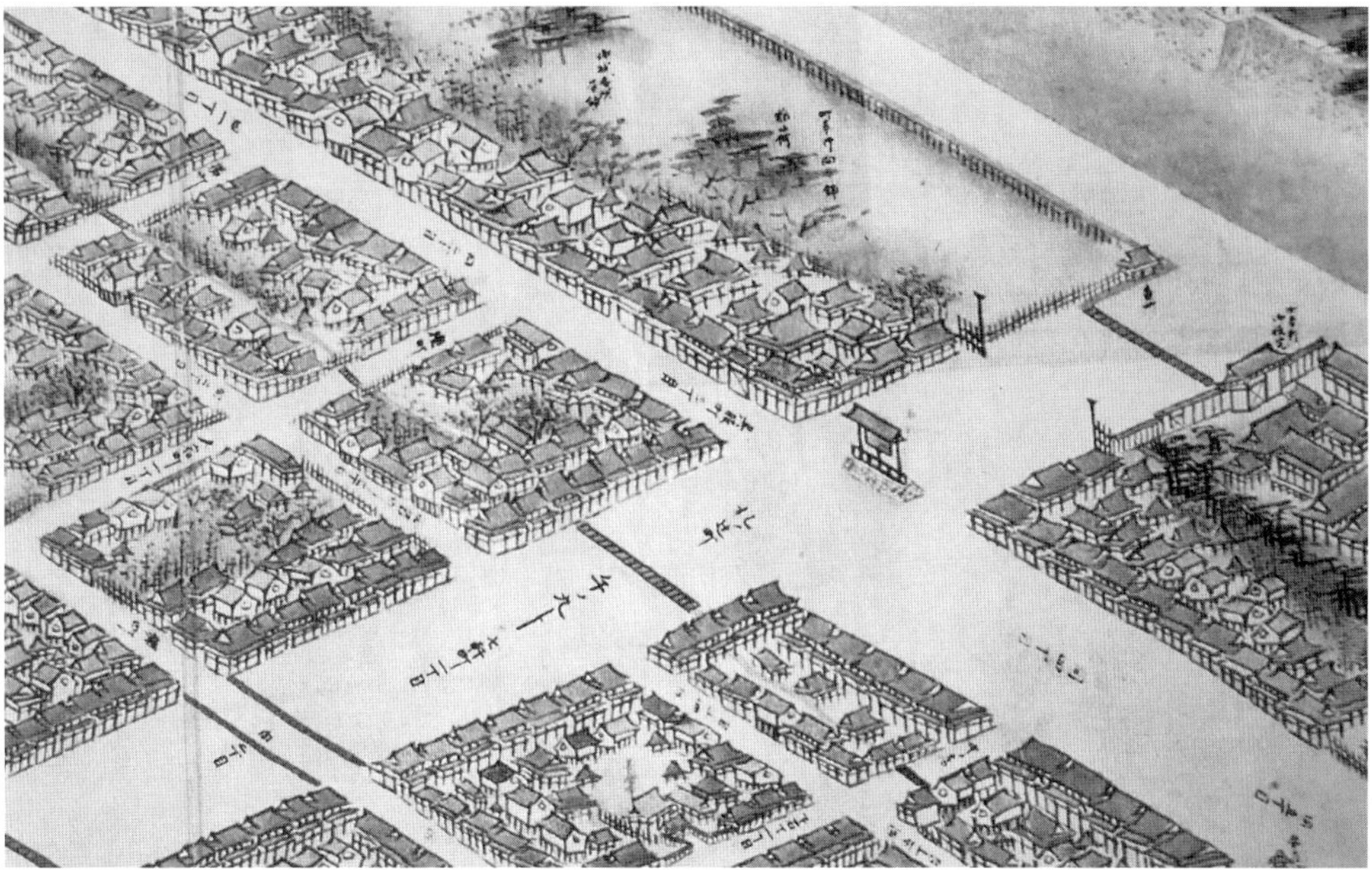

図5 『東海道分間延絵図』（1806年）に見る札の辻周辺の様子（出典：『東海道分間延絵図』第7巻，児玉幸多監修，東京美術，1980年）。

当たった先の外堀の内側に建設された。

　七間町通りは古くからの目抜き通りであったせいか、町人の通りとしては唯一お城の外堀にまでまっすぐ達している道だった。現在の県庁舎本館も同じ位置に一九三七年に建てられている。今でも七間町通りを駿府城公園に向かって北向きに歩くと、正面に県庁舎本館の明るく軽快なスパニッシュ風の建物が遠くからでもよく見える（写真4）。大きな建物ではないので、あたりを威圧するような印象がないところが好感がもてる。

　なお、県庁舎の建つところには江戸中期以降、城番屋敷が置かれていた。また、県庁舎の建物を少し手前にずらしたところ、札の辻を七間町通りの方からやってきて辻に面した正面の位置に高札場があった（図5）。ということは県庁舎は近代の高札場のようなものだともいえる。建物そのものが近代都市の姿を象徴的に示すという情報を発信しているのである。

　七間町通りの南向きの先は、かつて寺町で突当りになっていたものを一九二八年から四年間かけて突き抜けて、一直線の街路となった。閉じたグリッド空間を外に向かって開け放ったのである（写真5）。これは静岡における最初の都市計画街路事業の一つであった。

　一方、市庁舎は県庁舎の斜め前に県庁側の御幸通りを正面にして一九三四年に竣工している。県庁本館とは対照的に高いドームの塔をもったこれもスパニッシュ様式の意匠の建物である。この場所にはかつて町奉行屋敷があった。県庁舎と市庁舎という異なったデザインの西洋館が、御幸通りという一本の街路をはさんでお互いに少しずつ正面をずらして、斜めに対面している。設計者はいずれも中村與資平（よしへい）。不思議な魅力に満ちた構図である。

　市庁舎は通りの突当りに建てられたわけではなかったが、その後の都市計画が市庁舎に新しい顔をもたらすことになった。全焼家屋五〇〇〇余戸、罹災面積三五万坪に及ぶ一九四〇年の静岡大火である（図6）。大火後ただちに施行された大火復興土地区

写真5　七間町通りの南端から北を見る。ここから南は通りの名も駒形通りとなる。舗装が変わっているところまでが江戸時代からの通り。

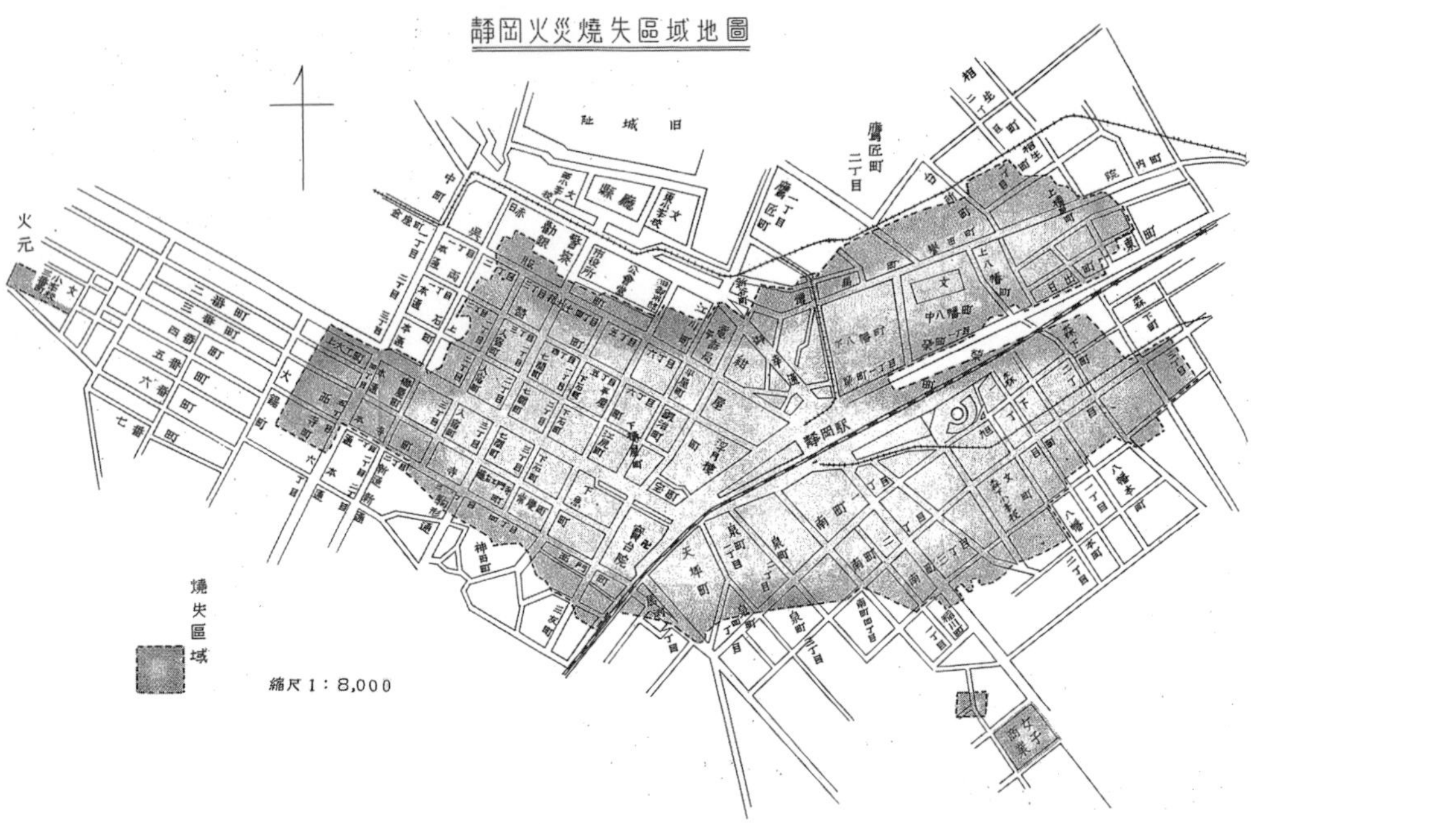

図 6　1940 年の静岡大火による焼失区域。中心部のほぼ全域が焼失した。こののち，火除け地を兼ねた青葉通りが造られた（出典：『静岡市火災誌』静岡県編，静岡県，1942 年，口絵）。

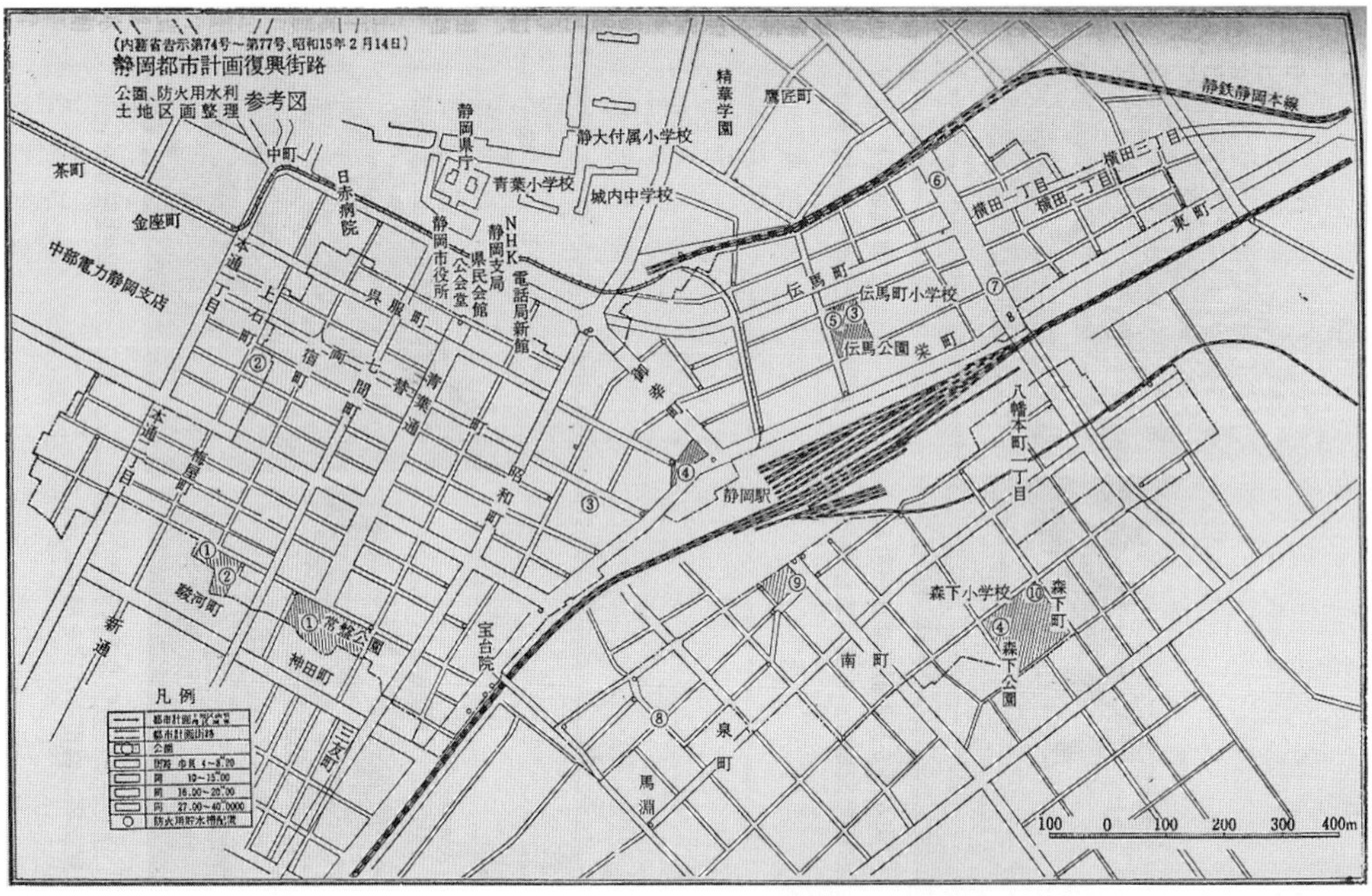

図 7　静岡大火（1940 年）からの復興土地区画整理における復興街路図。事業完成直前の 1945 年 6 月に戦災に見舞われるが，その後，戦災復興土地区画整理として対象区域を周辺に広げて，主要部分は 1964 年までに概成している。正方形の旧町人地の街区を南北に二分するように細い東西路を入れている。この街路計画図の通りに現在の静岡都心は区画整理された（出典：『静岡市史』近代，静岡市役所編，1969 年，782 頁）。

画整理（図7）において、幅員三六メートル、延長五二五メートルに及ぶ長大な延焼防止帯が計画され、間を置かずに実現した。これが現在のシンボルロード、青葉通りである（写真6）。

青葉通りが寺町と突き当たるところには、墓地を集団移転した跡地がまとめられ、常磐公園となっている。この公園は都市公園としては珍しく、園内の装置がいずれも青葉通り側に正面を向けた明快な方位性をもっている（写真7）。そして青葉通りをはさんで常磐公園と相対するように一九八七年に建てられたのが市役所の新館、地上一七階の現在の静岡庁舎新館・葵区役所である。これによって市庁舎は新たに強い正面性をもつようになった（写真8）。

そういえば先に紹介した呉服町の通りも両側の建物が三階建てでそろっているのも戦後の防火建築帯の成果である。これはこうした路線帯が課されなかった七間町の町並みがでこぼこで不揃いなのと比べると、つまり写真1と写真2とを比較すると、近代都市計画の成果が歴然としている。

このようにして近世のグリッドは近代のなかで新しい意匠をまとい、都市を演出する新しい意味をもつことになった。

写真6　青葉通り。1940年の静岡大火後に延焼防火帯として造られた見事な緑道公園である。通りの北端に静岡市葵区役所庁舎が建ち、南端に常磐公園の正面が配されている。

写真7　青葉通りの南端に位置する常磐公園。北に正面を向けている。明確に方向性をもつ公園である。

駅前周辺の変化

近代の都市計画は方形街区に新しい意味を付与しただけではない。大火復興のすぐ後に戦災復興の土地区画整理がその外側に実施され、広幅員の幹線街路がおよそ五〇〇メートル間隔で市街地内部に挿入された。その結果、幹線街路に囲まれたアンコの部分にあたる旧町人地の伝統的な街区構成が守られたのである。静岡駅前の国道一号線もそうした幹線ネットワークの一部を担っている。

つまり、静岡駅前の横断を不自由にしている国道一号線は、駅前の歩行者動線を分断するという犠牲を払うことによって、呉服町や七間町そして両者が交差する札の辻などの城下町以来の路面店による都心の賑わいを守ってくれているのである。

それだけではない。静岡駅の方が可能なかぎり既成市街地に接近し、城下町と駅前とを自然に接続することに成功しているといえる。その際唯一避けることができなかったのが国道一号線だった。――そう考えると駅前広場の不自由さも許せるような気がしてくる。

一号線が貫通したのは一九二九年のことだった。ちょうどこの頃、駅前から県庁の方へまっすぐ伸び

写真8　青葉通りの対極、北端に建つ静岡市庁舎新館、葵区役所。市庁舎と公園とが青葉通りを軸に向き合っている。これによって市庁舎も明確な正面性をもつことになった。

写真9　駅からまっすぐ延びる御幸通り。北を見る。駅と県庁舎・市庁舎をまっすぐつなぐ道として1934年に建設された。正面の交差点は五叉路の江川町交差点。

る御幸通り（静岡駅江川町線、写真9）とこれに直交する昭和通り（静岡駅若松町線、現・江川町通り）が現在の道幅で竣工している。

こんにち、静岡駅前から正面に延びるいわゆる駅前通りである御幸通りを歩いていくと、途中で不思議な五叉路（江川町交差点）にぶつかるが、このあたりが、昭和の初めの第一期街路事業の成果が東の伝馬町の方からやってくる東海道とぶつかる地点である。ここは、江戸初期の都市計画と昭和初期の都市計画が邂逅するところなのである。ここから駿府城公園は歩いてすぐだ。

静岡は大都市でありながら、駅と城とが一キロメートルも離れていないうえ、途中に県庁や市役所があり、商店街もすぐそばという実にコンパクトなまちとなった。

高い商業地の回遊性

もう一つの静岡の特色として、商業地の回遊性が高いことが挙げられる。方形街区でできたまちだけに、迷路のような蠱惑性（こわくせい）には欠けるが、歩くことが苦にならないまちである。そしてどの通りも人通りが多く、賑わっている。

目抜き通りとしての呉服町や七間町はあるものの、それが絶対の頂点というわけではなく、これらのまちとつながる枝町や横丁にしても、それぞれ自律した顔をもっている。江戸時代のはじめから正方形のグリッド街区をもっていたということがこうしたフラットな都心を保つことに寄与しているのだろう。その賑わいは新静岡駅周辺まで伸びている。

だから静岡はいまだに全蓋式のアーケード街をもたないままでいられるのだろう。県都の都心部にこうしたアーケード街をもたないのは、静岡のほか山形、福島、名古屋など限られている。静岡は賑わいの中心を保ちながら、同時にアーケードを架けるのではない道を選んだ珍しい都市だといえる。

また、一辺五〇間の正方形だった江戸時代の町人地の街区の中央に街区を断ち割るように一本の道路が土地区画整理事業によって通されたが、この通りが目抜き通りである呉服町の通りに平行して入れられたことも回遊性の向上に寄与しているように思う。これによって幅員も性格も異なる裏通りを造り出すことに成功しているからだ。

これまでも賑わいが極端に一極集中することがなかったことが面的に歩き回れる都市をつくり上げる結果となったのかもしれない。また、かつての中心地である札の辻が今でも盛り場の核として生き続けているという意味では、高松と並んで東西の横綱だといえるだろう。

なぜこのような賑わいの継続が保たれたのか――これは、憶測にすぎないが、中堀と外堀の間の旧三の丸が駿府城公園をぐるっと取り囲むように戦前から公共用地として確保されたために、県庁や裁判所、市立病院や市民文化会館、さまざまな学校などがここに集中して立地できたことが、都心の活力を現代まで保持する大きな要因となったといえるのではないだろうか。地区の盛衰にはさまざまな要因が関係している。長い目で都市の行く末を見ておかなければならないのである。

23 名古屋——うつろいゆく都心

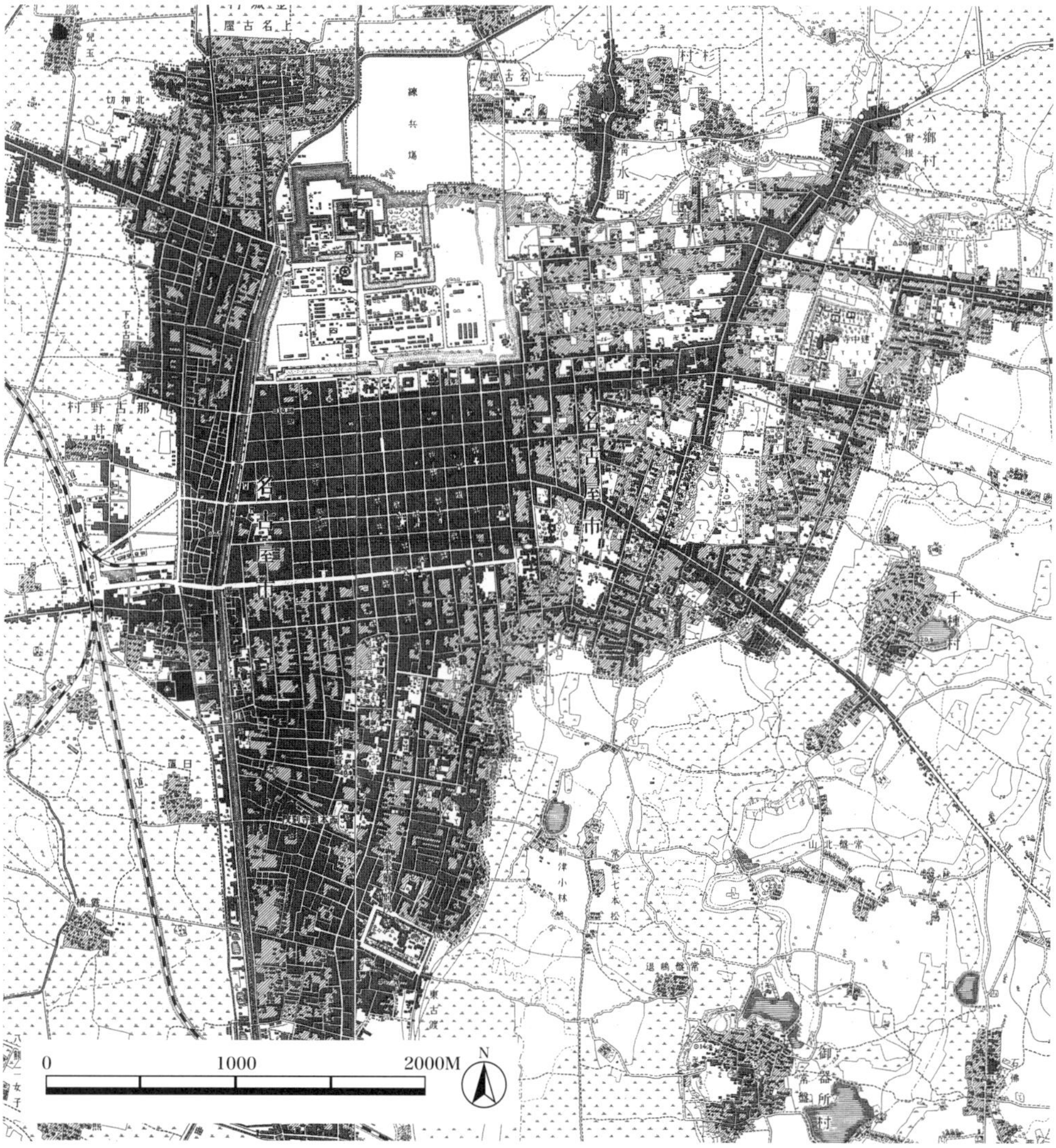

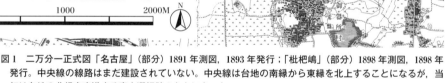

図1　二万分一正式図「名古屋」(部分) 1891年測図, 1893年発行;「枇杷嶋」(部分) 1898年測図, 1898年発行。中央線の線路はまだ建設されていない。中央線は台地の南縁から東縁を北上することになるが, 当初は台地の北縁を東進する案も選択肢のなかにあった。

名古屋の個性とは?

しばしば名古屋は「白い街」と呼ばれてきた。この言葉は、石原裕次郎の一九六七年の歌からとられたものだが、名古屋のまちに特徴的な個性を発揮しにくいまっすぐな道路、戦災後の白っぽい四角な建物ばかりが目立つ町並みのとらえどころのなさを表現したもののようで、歓迎すべきニックネームとは思えない。

とらえどころがないという印象を増幅させる要素として、平坦な地形に幅の広い大通りが東西、南北に幾本も走り、どこに都市の背骨があるのかがわかりにくいということがある。たとえば、名古屋を代表する繁華街である栄にしても、なぜそれが数ある幹線のなかでほかならぬ大津通と広小路通の交点でなければならないのか——わかりにくい。それにこの二本の通りは、江戸時代の幹線あるいは賑わいの中心地だったというわけでもない。むしろ名古屋の町人地の東南隅のへりもへりだった。

どうしてそのようなところへ都心の移動が起こったのだろうか。そこからこのまちの読み解きを始めよう。

ロケーションの妙

一八九一年測図の二万分一の正式図(図1)と地

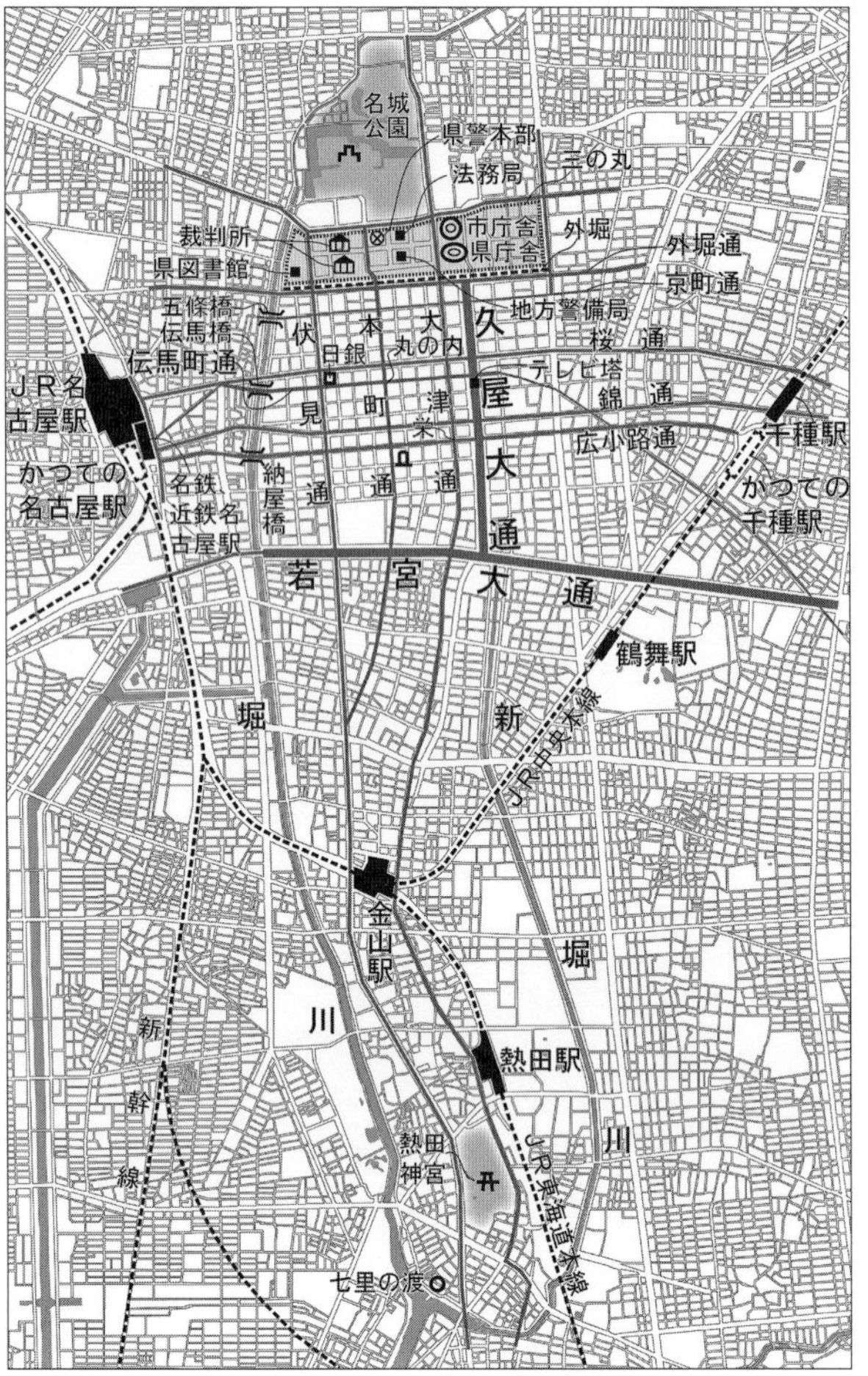

図 2　名古屋の都心模式図。本町通が尾根筋の中央の位置を占めている。JR 中央本線が台地のすそを迂回するように走っている。

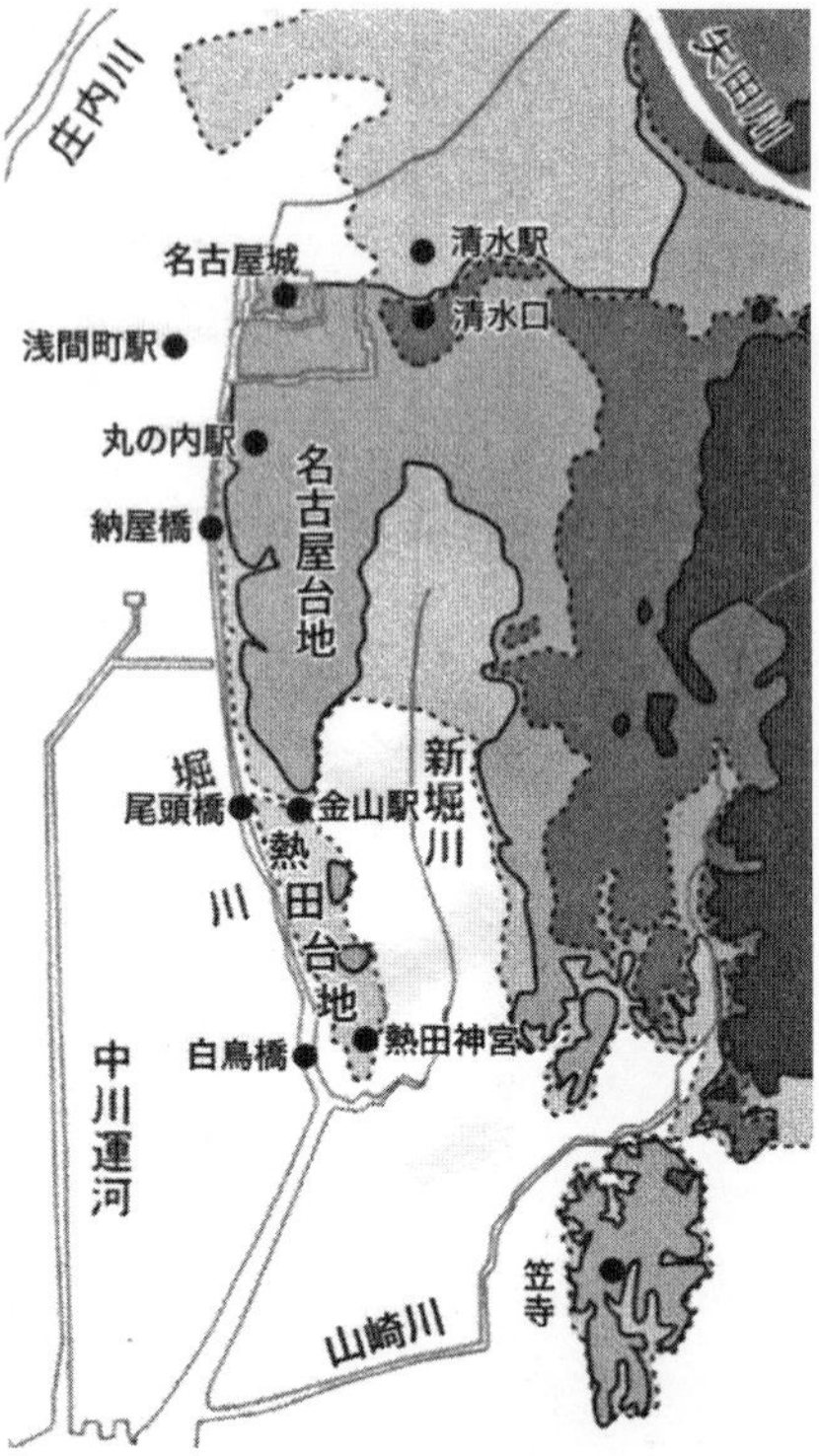

図 3　名古屋台地・熱田台地と堀川（出典：『堀川――歴史と文化の探索』伊藤正博・沢井鈴一，あるむ，2014 年，4 頁）。

写真 1　桜橋のたもとから東向きに桜通を見る。道がわずかに登り勾配になっているのがわかる。熱田台地の縁を示す。だからここに堀川が開削された。

形模式図（図3）を見比べると、市街地の輪郭がほぼそのまま名古屋台地・熱田台地の上に乗っていることがわかる。高低差約一〇メートルのこの台地は北端が名古屋城でその北は低湿地となっており、南端が熱田神宮と熱田宮宿（みやのしゅく）の宿場という細長い逆三角形をしている。西の縁が物流の幹線・堀川で、東の縁がほぼ現在のＪＲ中央本線の鶴舞駅―千種駅のラインとなっている。

　今ではわかりにくくなっているけれども、注意深く観察すると、名古屋駅を出て、目の前の大通りである桜通を東進し、堀川を渡る前後で、道路が少し上り坂になっている（写真1）。これは他の道も同様である。これが熱田台地の西縁の風景なのだ。だからここに堀川が掘削された。

　かつての東海道は熱田宮宿からおなじみの海上七里で桑名へ向かう。熱田宿から分岐して、北上する道が美濃街道（美濃路）で、名古屋城下を経由して、大垣の西に位置する垂井宿（たるいじゅく）で中山道に至る。つまり、名古屋は中山道と東海道の間で西国をにらみ、木曽川をはさんで東側の戦略的な位置に建設されているのである。建設は一六一〇年から約四年間で、人口六万を超すといわれた清洲（きよす）（清須）城下町そのものをここへ移転するという大がかりなものであった。世に「清洲（清須）越し」と呼ばれる。城郭完成の一〇年後に徳川幕府と豊臣勢と

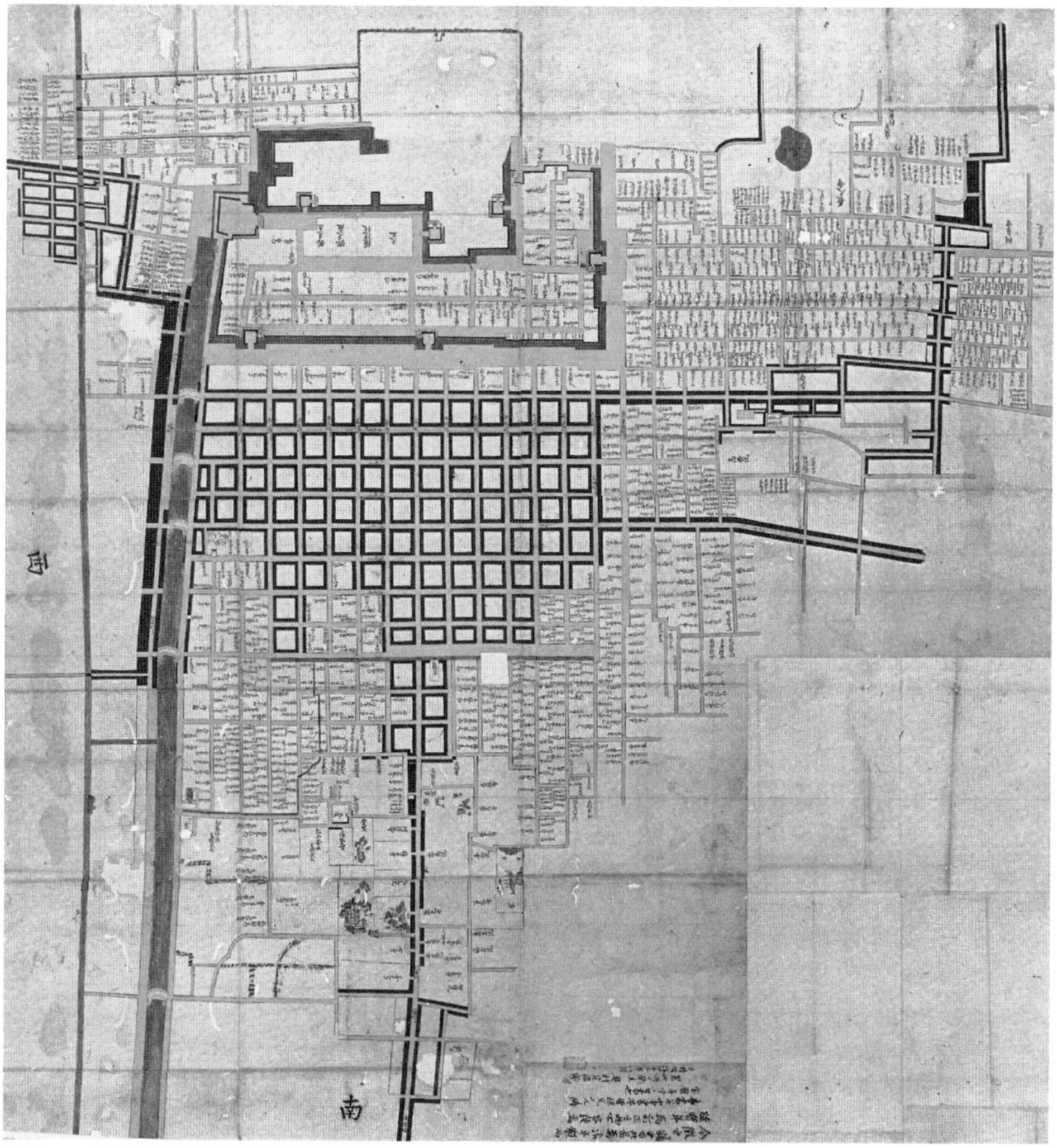

図 4 「万治（1658-61 年）年間名古屋城下絵図」（部分。出典：『中部の市街古図』原田伴彦・西川幸治・矢守一彦編，鹿島出版会，1979 年，図版 11）。

が争う大坂の陣が起きている。

熱田神宮の門前を通って南から北上してまちなかへ入ってくる美濃街道は、台地の中心部の尾根道であり、城下では本町通（現在も同じ名称が使われている）と呼ばれる。碁盤の目状の都市のほぼ中央に位置し、大手門へ向かう都市の中心軸だった。グリッド内部の街路は通常、幅員が三間だったときに、本町通は幅員五間の大通りだったのである。

グリッドが描く都市の構想

現在ではほぼすべての街路が拡幅されているが、幸いなことに道路の名称はおおかた受け継がれている。ただ、多くの通りが本町通より広幅員の街路となってしまっているため、本町通がかつて都市名古屋の背骨であったことは、今では想像もしにくい。

城下町の近世の南北軸が本町通であったとして、東西軸はどこだったのか。それは美濃路が折れ曲がって西進していく伝馬町筋（現・伝馬町通）であった。一方、同じ交差点（伝馬町本町交差点）を右折して東進すると飯田に至る飯田街道となる。

本町筋と伝馬町筋との交差点が札の辻（現・本町伝馬町交差点）、そこに伝馬会所があり、火の見櫓（やぐら）や時鐘があった。ここが江戸時代のこのまちのへそだったのだ。

現在、その場所に立ってみると、整ってはいるものの、都会のどこにでもある小さな街角にすぎないように見える。

名古屋の城下町は絵図で見るかぎり、一辺が京間五〇間の規則的な街区が連続するかたちでデザイン

写真2　右手の街路がもとの名古屋駅前から伝馬町筋に向けて斜めに延びる道。左手はミッドランドスクエア東の裏道。ふしぎな鋭角の交差点になっているのにはそれなりのわけがあった。

されており、格子状の街路は一見均質で、場所の個性が表しにくいようにみえる（図4）。

しかし、子細に見ると、お城へ向かう南北軸の方が東西軸よりも優勢で、それもお城に近い側から本町一丁目、本町二丁目などと呼ばれていることがわかる。

ただし、いくつか例外がある。一つは先述した伝馬町筋であり、もう一つは京町筋である。

伝馬町筋では町名も東西に伝馬町一丁目から八丁目までが優勢だった。本町通と伝馬町筋が交差する札の辻では本町の地名が優先されているので、本町通が最強の都市軸であったことがわかる。ここを北上すると外堀があり、これを越えたところに本町の大手門があり、そこをくぐると三の丸に入る。現在の官庁街である。

京町筋は町家街区の一番北に位置するため、南からのぼってきた街道はいずれにしてもここで東西のどちらかに分かれることになる。東に行くと木曽に行く上街道（木曽街道）、善光寺に行く下街道（善光寺道）、瀬戸へ行く瀬戸街道へと続く。西に曲がると、五條橋で堀川を渡り、その後は美濃街道に合流することになる。

図1からもわかるように、中心部分の計画された町人地だけが正方形の街区を保っており、周辺の街区とは明らかに異なっている。また、整形の街区エリアの中央に本町通が南北に通っていることから、ここが中心軸であることが容易に読み取れる。グリッドというと一見機械的で無思想にみえるが、そこにはしっかりとした都市の構想があるのだ。

都市の新しい東西軸の挿入——広小路通

明治に入り、新しい時代の秩序を象徴するものとして県庁舎が建てられた。名古屋の場合、天守や御殿が残る本丸は避けるにしても二の丸や西之丸、せめて上級武家地跡の三の丸が利用できるならば、県庁舎の立地としては申し分ないところだったが、あいにくこのあたり一帯はすべて一八七一年に兵部省（のち陸軍省）の管轄となり、名古屋鎮台（のち陸軍第三師団）の用地となった。

そこで県庁舎の用地として選ばれたのが、広小路の東の突当りであった（現・中日ビル周辺）。江戸時代以来の広小路は東西に貫通しているわけではなく、久屋町筋で丁字路の突当りになっていた。久屋町筋が東の端だったからである。

県庁舎は一八七七年に和洋折衷の二階建ての建物を完成させ、本願寺別院の仮庁舎から移転してきた。広小路にはすでに名古屋郵便役所（のち名古屋一等郵便局）が一八七一年に広小路本町交差点の東南角に、名古屋電信局が翌七二年に広小路本町交差点の西南角に、向かい合うように新設されていた。

こうして広小路は明治期の新しい都市機能を包摂するにたる広さをもった新時代のメインストリートとして登場してきたのである。一六六〇年の大火のあとに火除け地としての幅一五間の広い通りとなっていたのはこれまで都市の東半分だったが、一八八一年より堀川に至る西側も幅一三間に拡げられていった。

そして一八九三年発行の図1の時代になる。

図1から読み取れるもう一つのことは、市街地に近接して西側に鉄道が敷設され、名古屋駅が設けられたことである。名古屋駅は一八八六年五月に正式に開設された（当初名は名護屋停車場）。名古屋駅の開設と同時に市街地へ向かう広幅員の道路が駅前から堀川まで幅一〇間で建設され、広小路筋に接続され、納屋橋も同じく八六年にアーチ橋に架け替えられている。

そして、一八八九年七月に東海道線が全線開通、名古屋は東京と京都の中間という枢要な位置を占めることとなった（ただし当時の名古屋駅は現在のJR名古屋駅よりも南側、現在の名鉄百貨店本店のあたりにあった）。

話はそれるが、駅前からそれまでの一番の物資の集散地であった伝馬橋へ向けた斜めの新設道路も図

1から読み取れる。この道路は今もある。ミッドランドスクエア南端から桜通の国際センター駅に向けて北東に延びる不思議な道路がそれである（写真2）。名古屋駅が北へ移動してしまったため、この斜めの道の意味がわからなくなっているが、これはもともと駅前から伝馬町筋へ向けて引かれた駅前道路だったのだ。

話を広小路通に戻そう。

広小路通という新しい東西の都市軸が生まれ、賑わいも伝馬町筋から広小路へ、堀川沿いでいうと伝馬町筋に架かる伝馬橋から広小路に架かる納屋橋へと移ることになる。市制施行にともなって市庁舎も一八八九年に広小路と大津通の交差点（栄交差点）の西南角（現・メルサ栄本店）に開設された。

写真3　本町通と広小路通が交わる広小路本町の交差点の南東隅にある道路元標。大正時代はここが名古屋のへそだった。

こうした事情のもと、都市のへそも札の辻から本町通と広小路の交差点へと移ってくることになる。道路元標はこの広小路本町の交差点に立地している（写真3、ただし現在の道路元標は復元されたもの）。現在、広小路通は並木が立派な風格のある街路ではあるものの、都市の背骨というわけではない。広小路本町の交差点も、江戸時代の札の辻よりは少しは規模は大きいが、大都会のどこにでもある交差点であるという印象は変わらない。

なお、広小路から大手の正門（第三師団前）までの本町通約一キロメートルは一九二八年の天皇即位の大典記念事業として幅員八間への拡幅と市内初の電線地中化の事業が実施され、通りの名称も一九二九年の昭和天皇の行幸の際に用いられたことから、行幸本町と改称された。沿道の建物もアールデコ風のモダンな町並みとなっていたことは当時の絵葉書からもうかがえる（写真4）。通りのこうした風景は戦後すべて失われてしまったが、こんにちの鳥取を参照することができる。戦前の行幸本町通の景観は、鳥取の目抜き通りである若桜街道のこんにちの姿にそっくりだからである（二二四頁参照）。

写真4　昭和初期の行幸本町の町並みの様子を描いた絵葉書，「（名古屋）行幸本町通り」。英語では Main Street, Nagoya とある。通りに電柱と電線がないことに注意。

なぜ広小路通だったのか

では、なぜ駅前通りには、従来一番賑やかだった伝馬町筋ではなく、広小路のこの道が選ばれたのだろうか。

おそらくは道路建設が比較的容易だったからだろう。駅前から堀川まで道路を新設すれば、そこから東は広小路の広幅員道路がすでにできていた。駅から名古屋の都心へ最も早く到達できる路線であった。その道路にうまく擦りつけられるように駅も現在よりも南に立地したのである。

駅前の通りが広小路に接続されることによって駅と県庁舎が向き合うことになった。近代統治の象徴が目に見えるかたちをとることになったのである（じつはこの「駅—県庁舎」の取合せも鳥取とよく似ている）。これも広小路通が駅前通りとして選ばれた理由だろう。

駅前から県庁前に至る二・二キロメートルに、日本で京都に次いで二番目に古い路面電車である名古屋電気鉄道の広小路線（栄町線）が開通し（一八九八年）、駅から県庁舎に至る新たな目抜き通りは近代都市の顔として新しい都市軸となっていった。

さらに、一九〇〇年の中央線名古屋—多治見間が名古屋台地の東のエッジに沿うように敷設され、同

写真5　広小路通、本町通との交差点あたりから東を見る。適度な広さの道路に名門商店が軒を連ね，古くからの目抜き通りの風格を感じさせてくれる。

時に千種駅が開設された。新設された千種駅前に向けて広小路の東への延伸が一九〇二年になされ（これにともない、県庁舎は一九〇〇年に北東側に移転した）、次いで一九〇三年一月には路面電車・広小路線も千種駅前まで延長された（ただし、当時の千種駅は現在の駅よりも約三〇〇メートルほど南に立地していた）。

こうして広小路通は名古屋の新しい東西軸としてゆるぎのないものになっていった（写真5）。

その後、この通りはさらに延伸し、東は東山通へ続き、西は名古屋駅の西側の太閤通へと続く東西を貫くもっとも長い幹線となってこんにちに至る。現在、広小路通は西の名古屋駅と東の千種駅とを結び、さらに東進して東山公園に至る名古屋の大幹線の一つとして機能している。ただし、名古屋駅が北へ移動し、新たに桜通が建設されたため（当初は幅員二四間だった）、今では広小路通が名古屋の駅前通りという印象はない。

新しい南北軸の登場――大津通

近代名古屋の東西軸が明治の初めより着々と整備されていったのに対して、南北軸はどうだったか。

名古屋城下開府以来の目抜き通りであった本町通にも時代の波が押し寄せてくる。問題は、路面電車の広小路線に次いで、南北の路線をどこに通すかという課題というかたちで表れた。

当初案は当然ながら本町通に路面電車を通して、本町御門（第三師団前）から熱田に至る路線が予定された。

しかし、いかに本町通が他の通りと比べて道幅が広いといってもたかだか京間五間（約八メートル）である。他の通りよりわずかに二間広いだけにすぎない。ここに路面電車を通すとなると、街路がいかにも窮屈となる。さりとて、有力な商家がひしめく本町筋の関係者が道路の拡幅や軒切りを簡単に認めるとは思えない。案の定、路面電車の本町通経由案は地元の猛反対でお蔵入りになってしまった。

そこで登場してきたのが本町通から四本東の大津町の筋である。一九〇二年よりこの通りを一三間ほどに拡幅する事業が開始され、〇八年には通りの広小路から南側の部分が熱田まで、路面電車・熱田線の運行が始まった。現在の大津通（かつての大津町通）の南半である。

これによって、名古屋・千種・熱田の三駅がT字型に結ばれることになった。結節点として広小路通と大津通の交差点、現在の栄交差点が浮上してくることになる。一九一〇年にいとう百貨店（松坂屋の前身）が栄交差点南西角に移転開業（その後、松坂屋は一九二五年に南大津町の現在地へ移転）、一五年には百貨店十一屋（丸栄の前身）が栄交差点にほど近い広小路通の現在地で開業している。

こののち、大津通沿いの外堀内側に市庁舎（一九三三年）、次いで県庁舎（三八年）が大津通に正面を向けるように移転してきた（写真6）ことにより、大津通の中心性がさらに高まることになった。

写真6　大津通東側に並んで建つ県庁舎（右，1938年）と市庁舎（左，1933年）。そろって2015年に日本趣味建築の代表例として重要文化財に指定された。いずれも現役の庁舎である。

戦後復興の構想――広幅員街路

戦前の時期には上記以外に名古屋駅の現位置への移転（一九三七年）とそれにともなう新しい駅前通りである桜通（幅員二四間、戦後に五〇メートルに拡幅）の整備（堀川以西は新設、以東は拡幅）があるが、都市構造を大きく変えるまでには至っていない。

大きな変化は戦災とその後の復興によってもたらされた。

航空機産業が集中していた名古屋は空襲の主要なターゲットとされ、『新修名古屋市史』によるとその数は大小合わせてじつに六五回、B29の来襲機数は二五九七機、投下弾は判明分のみで一万四五〇〇トンを超える。死者七八五八人、負傷者一万三七八人、被害戸数は一三万五四一六戸に及んでいる。被災面積は約三八五〇ヘクタール、全市域の約二四パーセントと記録されているが、江戸時代以来の旧城下町を見るとそのほとんどが灰燼に帰しているのである。

名古屋はまた、戦災復興計画をほとんどすべてやりきった他に例のない都市として知られている。旧市街地のほぼすべてをカバーする合計三四平方キロメートルの壮大な事業を三六年かけてやりとげ、土地区画整理事業を軸として幅員一〇〇メートルの公園道路二本、幅員五〇メートルの幹線道路一一本を実現し、大小公園の整備、三〇〇寺院に及ぶ寺院墓地の集団移転を終えるなど空前の規模のものであった。

名古屋は仙台や広島、大分などと並んで戦災復興のモデル的な都市であるといえるが、その背景としては、田淵寿郎（たぶちじゅろう）[1]という中心となる都市プランナーが存在したこと、行政トップのリーダーシップがあったことのほか、県庁舎と市庁舎の両方が戦火から免れたおかげで、戦後の復興計画の立上りが早かったことが挙げられる。

街路を中心にその構想をこんにちの目で見てみることにしたい。

まずいえることは、戦災復興土地区画整理における街路計画は城下町建設当初の碁盤割りをもとに、それらの街路を活かし、拡幅することをベースに据えていることである。つまり一七世紀の機能的な都市計画が二〇世紀半ばにおいても十分通用するものであったことが大きかった。その意味では、名古屋のまちは戦災で大きく変貌したものの、都市の骨格は当初のものをずっと受け継いでいるということができる。都心部において江戸時代以来の通りの名称が現在もほぼそのまま使われていることがそのことを象徴的に示している。

ただし、北から外堀通、桜通、錦通など近世にはなかった通りも生まれている。おもしろいことに、これらの通りはそれぞれ一本南側に、京町通、伝馬町通、広小路という江戸時代の幹線道路がある。かつて都市軸であった通りを代替するためにつくられたのだろうか。

また、幅員一〇〇メートルの公園のような道路、久屋大通と若宮大通を実現させるといったまったく新しい構想も加えられている。

では、こうした広大な幅員の道路がなぜほかならぬ現位置に計画されたのか。それは東西に若宮大通（当時の路線名は矢場町線）、南北に久屋大通（当時の路線名は久屋町線）と南に続く新堀川を防火帯として、「一〇〇メートル道路で市内を四分割する」[2]ことがねらいだったようだ。幅員一〇〇メートルというのも防火帯の標準的な規模として考えられたようである。つまり、二本の大通りは公園である以前に防火装置であった。

桜通と伏見通が延焼防止帯として建物疎開によって幅員五〇メートルに拡幅されていた当時の名古屋にあっては、幅員一〇〇メートルの防火帯という発想は熱心な都市計画家であれば挑戦しがいがある計画だと感じたに違いない。

では二本の一〇〇メートル道路がなにゆえ久屋町筋と矢場町筋に造られたか。

南北の久屋大通に関しては、北の名古屋城と新堀

写真7　久屋大通，名古屋テレビ塔から北を見る。中央は桜通との交差点，左手奥に名城公園の緑が見える。

川を結ぶラインのうち、既存の中心商業地区を分断しないようにということで南北の幹線であった大津町通の一本東側の町家街区の東のエッジの久屋町筋が選ばれている。また、久屋町筋の両側を拡幅するのではなく、久屋町筋と西隣の鍛治屋町筋の間のブロックを北から南までまるまる一列分収用して道路としている。ここからも新しい道路の幅員がブロック幅＋既存の道路幅でおよそ一〇〇メートルという計画となったのだろう（写真7）。

東西の若宮大通は、従来の都市計画道路を踏襲して、これを一〇〇メートルに拡げることによって実現された。このあたりの市街化がそれほど進んでいなかったこと、北と南の台地の中間で東西がくびれて鞍部となっており、宅地としての利用が進みにくいところであることも判断の根拠となったようである。

こうして碁盤割りの名古屋の市街地に、戦後に新たな十文字が刻まれた。

しかし、今回の十文字は、都市に新たな空間構造を与えることにはなったが、都市の活動を牽引し、都市のへそをもたらすものではなかった。その証拠に二つの公園道路が交差する若宮大通久屋の交差点に立ってみても、名古屋高速二号東山線の高架の足下に閑散とした公園が広がっているだけで、都心の熱気を感じることはできない。戦後にできた十文字の道路はつまるところ活動を分断するものであって、活動を誘発するものではなかったのである。

戦後復興の構想――軍用地の転換

もう一つ、名古屋に特徴的な点として軍用地の大幅な転換がある。もともと名古屋は第三師団の司令部がある軍都であり、名古屋城内外の広範な地域が軍用地となっていた。それが終戦後一挙に遊休地化し、急遽その再利用が図られることになった。これは他の師団都市である仙台や金沢、広島、熊本なども同様である。

名古屋の場合、大半の地区を名城公園として公園化することが都市計画決定されていたが、三の丸一帯だけは公館地区として公園から切り離されることになった。

この地区には戦前すでに県庁舎と市庁舎が移転してきており、裁判所や国の出先機関などの官公庁が集中するのは自然ではあったが、都市公園の一部を切り分けることになるので、外堀を保存し、街路はいずれも幅員三〇メートルとし、街区の建築も一五メートル以上後退して建てる建築線を定めるなど、緑あふれる落ち着いたシビックセンターを生み出すことに成功している。

これも名古屋固有の戦後都市の構想だった。こうして見てくると、名古屋にはさまざまな色合いが着いていること、それが時代とともに変化してきていることがわかる。名古屋はけっして無性格な「白い街」などではない。

名古屋と静岡

名古屋と静岡はいずれも徳川家康が晩年に建設した城下町である。お城は平城で、城下は一辺京間五〇間の正方形の街区からなるグリッド都市である。その中央をお城へ向けてまっすぐ上ってくる街道が直角に折れ曲がるところがかつての札の辻である。県庁舎も市庁舎もお城の足下に現在も建っており、両者とも戦災とその後の復興を経験している。いずれも鉄道駅は既成市街地に接して設けられており、駅前からまっすぐ都心に向けた駅前通りが出ている。

このように共通点が多い二つの都市なのに、賑わいの中心という意味では両者は対照的だ。静岡では札の辻が今でも一番の都市のへそであり、旧街道筋の賑わいは以前と変わらない。これに対して、名古屋では近代以降の街路整備のなかで都心は幾度も移動している。静岡でも街路整備がなされなかったわけではないのに、全体としては都市の骨格の変化が少ない。

名古屋と静岡の都市規模の違いがこのような相違を生んでいるのだろうか。あるいは住み手の人々が自分たちの住むまちを次代に向けて変えたいと思うか、今のままの方がよいと思うかという意識の違いがこのような違いのもととなっているのだろうか。あるいは時の為政者やトップの官僚たちの都市と向かい合う認識の違いだろうか。

都市というものは不思議なものである。時代とともに生じる変化にまで個性というものがあるらしい。

注

（1）田淵寿郎（一八九〇―一九七四年）は内務省技師から名古屋市技監のち助役として一九四五年一〇月から一三年間、市の復興事業を主導した。

（2）田淵寿郎『或る土木技師の半自叙伝』、中部経済連合会、一九六二年、一六九頁。

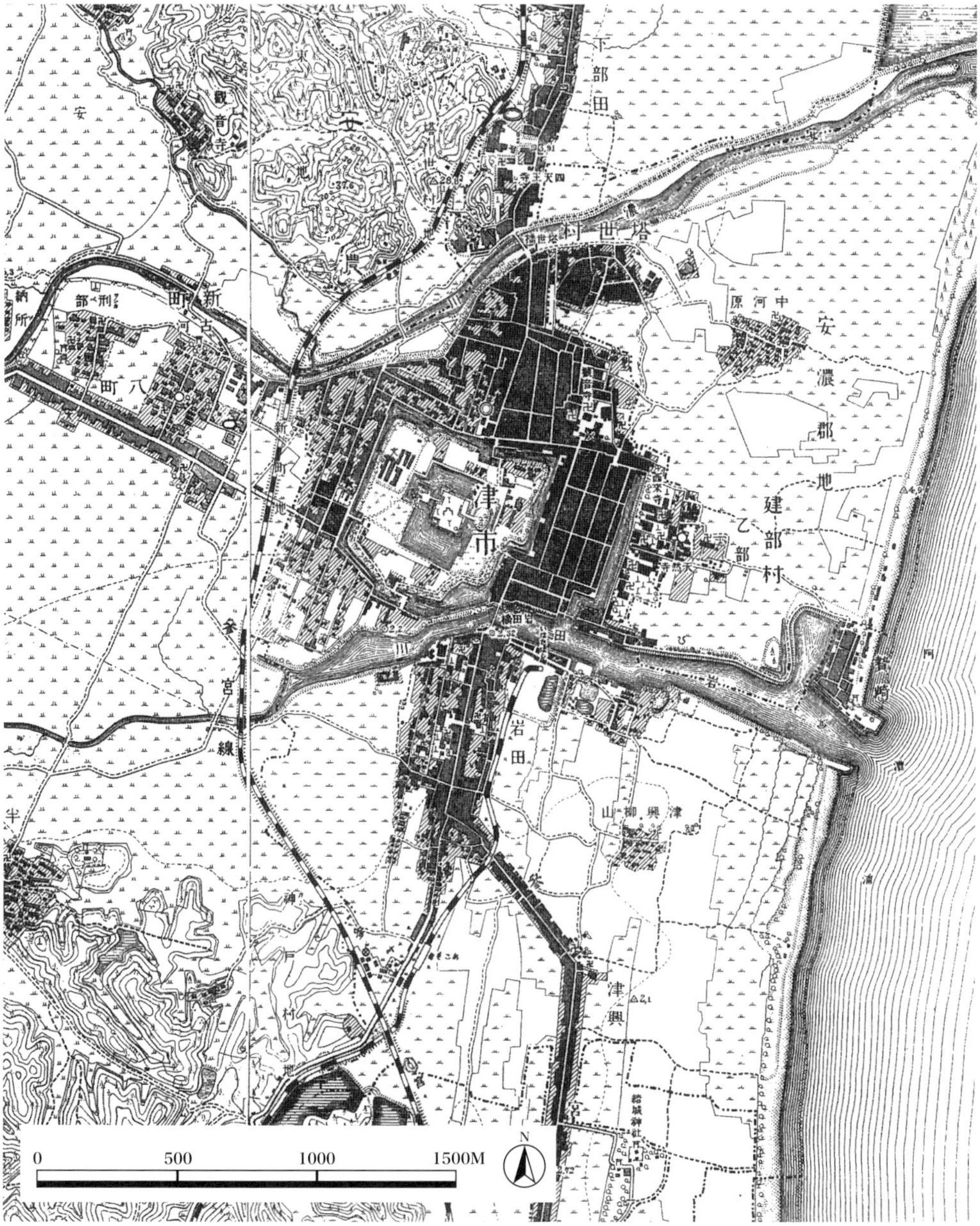

図1　二万分一正式図「津」（部分）；「久居町」（部分），いずれも 1898 年測図，1898 年発行。

24

津——地域を枠づける橋

津駅前に降り立って

津は築城術で名高い藤堂高虎（とうどうたかとら）が、それまでに存在した戦国時代のまちを一六〇八年の入城とともに大改造を行い、造り上げた城下町である。

南に岩田川、北に安濃川（あのう）（塔世川（とうせ））という二本の河川を防御の堀として用い、中央の平城をはさんで東の海側に町人地、西の陸側に武家地を配し、町人地を屈曲しながら南北に伊勢街道（参宮街道）が貫いている。伊勢街道はそれまでまちから離れて浜近くに通っていたものを、高虎が都市内に引き込んだものだといわれている。

しかし、こんにち津駅前に立って、城下町の面影を探そうとしても難しい。駅がお城から二キロメートル近く離れているうえに、駅前通りがお城の方向を向いているわけでもない。通りの向かう先に何かシンボリックな都市の装置が待ち受けているということもない。

県庁舎に行くにしても、津駅からの最短ルートは駅裏である西口を出て、坂道を上り、県庁舎の裏側から建物に入るというものである。あまりにも威風というものがなさすぎるように感じる。

その県庁舎自体、城下町とは川を隔てた郊外部に建っている。駅舎にしろ、県庁舎にしろ、

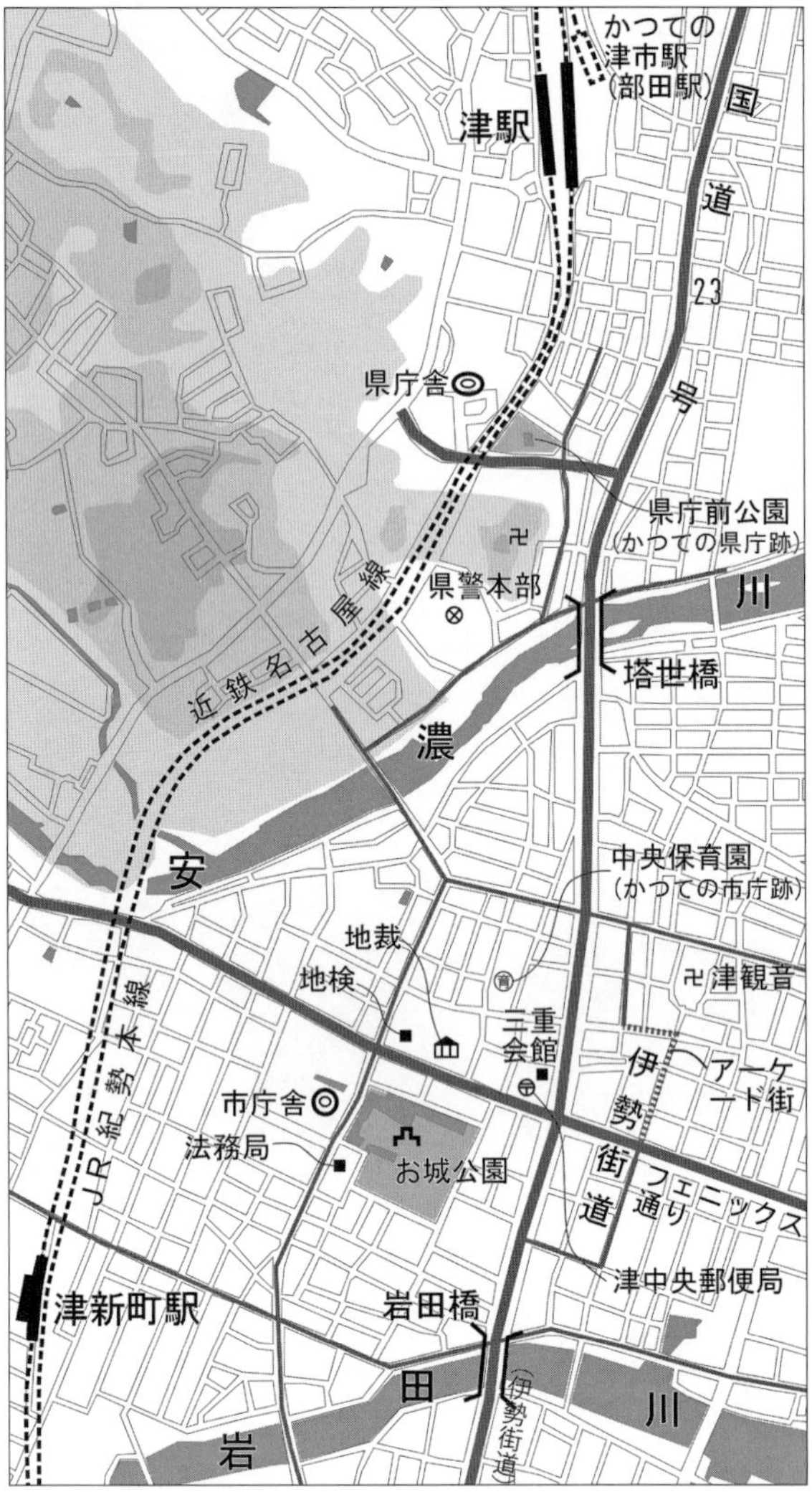

図2　津の都心模式図。

明治時代になぜこうした町外れともいえるようなところに立地したのだろうか。

津の立地と参宮街道

これらの問いの答えを探すまえに、もう少し広く周辺を眺めてみることにしたい。

伊勢湾の西側、伊勢平野には海岸から程近いところに北から桑名、四日市、鈴鹿、津、松阪、伊勢（宇治山田）といった規模の似た都市がほぼ等間隔に並び、この地が東海道や伊勢街道の要衝として栄えてきたことを物語っている。中世には、津の地は安濃津と呼ばれる大規模な湊町で、日本三津の一つとして栄えていたことでも有名である（あとの二つの津は、博多津と堺津（より古くは坊津））。安濃津自体は、一四九八年の明応の大地震と津波によって廃れてしまった。

古代にまで遡ると、平城京から東進する官道が、ごく自然に伊勢平野に出たことからわかるように東から大和へ向かう際の玄関口となっていた。

ところが、東海道線（のちの東海道本線）の鉄道が関ヶ原から米原を経由する美濃路・中山道ルートを通ることとなり、日本初の高速道路である名神道、東海道新幹線も同じく関ヶ原を経由することとなり、津をはじめとする伊勢平野の諸都市はこの国の経済的な基幹軸からはずれることになってしまった。

ただし、旧東海道と伊勢街道は近代以降、重要な幹線でなくなったわけではなかった。一九二〇年の道路法において東京から伊勢神宮へ至る道が国道一号とされ（それ以前は東京―横浜間が一号線だった）、この道路認定は一九五二年の新道路法によって、東京―大阪間が国道一号と定められるまで続いた。なお、現在の国道一号も一九五二年以来ほぼ変わらず、旧東海道に沿って走っており、三重県内では四日市から亀山、関を通っている。

また、伊勢参りは明治になってからも主要な旅行先の一つであり続け、参宮線の建設は鉄道会社にとって重要な経営の目的の一つであった。

「伊勢は津でもつ、津は伊勢でもつ」と伊勢音頭にうたわれているように、津は伊勢街道の拠点都市として、また県政の中心都市として栄えてきたのである。

川と橋が規定した近代化

ただ、このことを都市空間に翻訳してみると、また別の姿が浮かび上がってくる。

冒頭に記したように、津城下町は伊勢街道を都市のなかに引き込むことによって、繁栄の基礎を築いたといえるが、近代化のなかでこの巨大な通過交通を擁する幹線をどう取り扱っていくかという課題を引き受けることにもなった。もちろん、これは多くの城下町の近代化に共通した課題ではあったが、津が出した近代化の解答は他の都市とは少し異なっていた。

まず実施されたのが、津城下を屈曲して通過していた伊勢街道に南のゲートである岩田川に架かる岩田橋と北の入り口である安濃川に架かる塔世橋とを直線的に結ぶようなバイパスを通すことだった。

この工事は堀を埋め立て、旧武家地を宅地開発することによって行われた。図1に見られるように、一八九八年段階では、津城の内堀はよく残っており、外堀もその大半は姿が読み取れる。伊勢街道は、遠見遮断のためにも、津観音の門前通りを兼ねるためにも、外堀を迂回するように東側に凸字型に折れ曲がって南下していた。

じつはこれに先立つ一八八九年に、堀を含むお城の用地が旧藩主に払い下げられており、図1は外堀の埋立てと宅地開発が始まった段階を示している（こののち内堀の南東側半分も埋め立てられ、現在の姿となっている。写真1）。

この開発によって伊勢街道をショートカットする道（丸の内本町）が生まれた。ただしこれらの街道は幅員三間の通りであり、これまでにあった城下町の通りと大差がないものだった。

この時重要だったのは、岩田橋と塔世橋とを結ぶという街路の考え方はいつの時代も変わらなかった、ということである。

津には以前から、橋北、橋内、橋南という地区の呼び方がある。岩田橋から南を橋南、塔世橋から北を橋北と称し、岩田橋から塔世橋間の中心市街地の部分を橋内と呼ぶ。この呼び方から明らかなように、津のまちにおいては岩田橋と塔世橋の存在は地域感覚のベースとなっていた。

岩田橋（写真2）は城下町の町割りの当初から存在し、橋南へ延びた市街地も江戸初期からのものであったので、岩田橋の橋詰めは昔から繁華地であった（大正の道路元標もこのあたりにあったし、今でも地域を代表するデパート松菱はここにある）。伊勢街道沿いに二カ所設けられた高札場の一つは岩田橋東詰に近接した、伊賀街道との分岐地点にあった（もう一つは大門通りの津観音の前）。

一方、塔世橋（写真3）は岩田橋よりは創建は若干新しいが、その記録は一七世紀後半にまで遡ることのできる古い橋である。

街道より東の海側はもともと低湿地であり、城下町の北西には丘陵が迫ってきていたため、街道の位置も橋の位置もおおよそ固定されていたといえる。

城下町のこうした近代化はさほど珍しくないかもしれないが、この段階から、津市はさらに一歩踏み

写真1　お城公園の北東隅の石垣から南を見る。東側の内堀は埋め立てられ，現在はお城公園の入り口となっている。

写真2　現在の岩田橋と岩田川。北岸より南を見る。つまり，橋内から橋南を見ている。津城下町を守る南側の拠点であったと同時に，江戸時代より賑わいの拠点でもあった。

写真3　塔世橋。南の橋詰から北を見る。城下町を守る北側の備えであった安濃川に架けられた。ここを通って伊勢街道は南下し，城下へ入っていった。

込んだ。都市計画の実現へと進んだのである。

一九一九年の都市計画法制定以降、大都市から順に都市計画法と単体の建造物にかかる市街地建築物法の適用が広がっていくが、津市は一九二五年に国より法の適用指定を受け、計画立案にとりかかり、一九三一年に実際の都市計画が認可されている。

よくあるケースでは、都市計画案は決まったものの実際の都市計画事業に本格的にとりかかるには至らず、そのうちに戦争が始まり、戦災を受けて都市計画の大幅見直しを迫られるのだが、津市は違った。

津市は、橋内の伊勢街道、当時の国道一号の改良事業に早くも一九三三年に着手し、三九年までに完了しているのである。これによって津の橋内に幅員二〇メートルの近代の都市軸が、ちょうど旧城下町の町人地と武家地を分けるように南北に貫くことになった。この街路がほかならぬ国道一号線であったことが道路拡幅の引金になったのかもしれない。

この間、岩田橋も塔世橋もコンクリート橋に架け替えられ、場所も少しは移動したものの、都市の基本的な構図は変わらなかった。

道路建設もこの段階でとどまっていれば、それはそれで一つのまちの姿としてありえたといえるかもしれない。津観音前の大門通り（伊勢街道の一部）と旧国道一号との間におもしろい回遊性が生まれていたかもしれない。しかし、戦争を経てまちはさらに変化することになる。

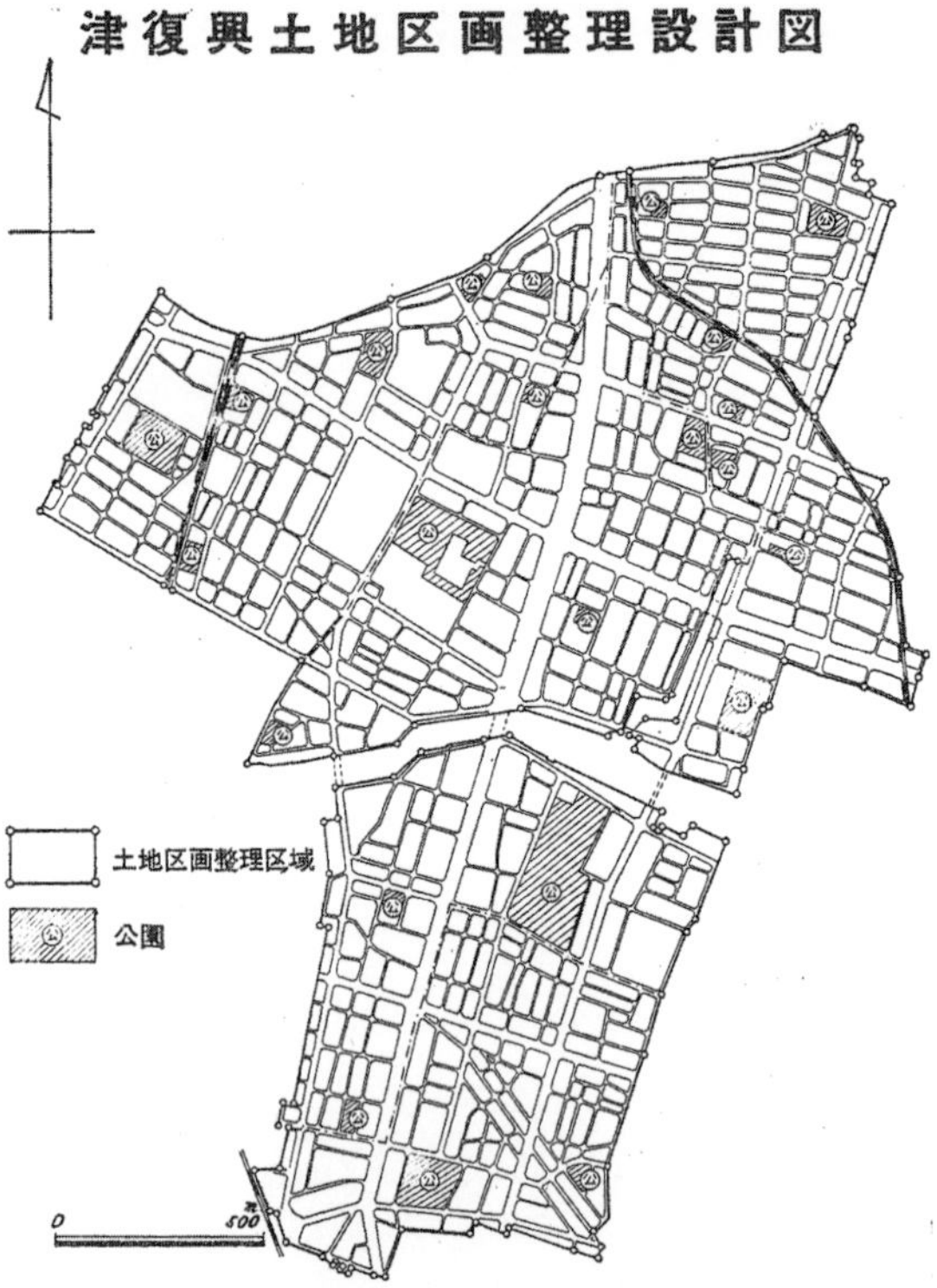

図3　津復興土地区画整理設計図。中央に東西を流れる岩田川が位置している（出典：『戦災復興誌』第8巻 都市編5，建設省編，都市計画協会，1970年，471頁）。

写真4　現在の国道23号，城下町のやや北側より南を見る。

戦災復興による変化

契機は戦災とその後の戦災復興計画だった。

津は一九四五年七月二八日の大空襲で橋内と橋南の市街地のほとんどが灰燼に帰してしまった。せっかく拡幅された国道一号の努力も無となってしまったのである。

しかし、岩田橋と塔世橋を直線でつなぐという努力の遺伝子は受け継がれた。地形的にも大きくバイパスをとるといった他の選択肢がとりにくいという事情があったほか、とくに岩田橋は賑わいの結節点をなしていたからだろう。

焼失区域を中心に二九三ヘクタールに及ぶ復興土地区画整理事業が実施され、そのなかで両橋間の国道一号が幅員五〇メートルというさらに太い幹線として敷設されたのである（図3）。これが片道四車線（当初は高速車線・グリーンベルト・緩速車線・歩道という構成）の現在の国道二三号である（写真4）。

また、この南北軸と都心で直交する東西軸として幅員三六メートルの街路（現在のフェニックス通り）がお城公園の北側、橋内の中心部を東西に貫通する計画が実現している（写真5）。今日、中央分離帯にフェニックスが植えられている片道二車線のこの通りを東進すると、セントレアに高速船が四五分で直行する津なぎさまち（二〇〇五年）に行き着くようになっている。

戦前の都市計画をさらにバージョンアップして戦後に受け継ぎ、加えてフェニックス通りによって城下町を十文字にひらくことで近代都市を実現している。その意味で津は近代都市計画の優等生ということができる。

ただし、そのことによって失ったものも少なくない。

もとはというと岩田橋と塔世橋を結びつけるはずのものだった国道は、今では、絶え間ない自動車交通で都市を分断してしまっているようだ。また、十文字の交点は、本来ならば都市のへそとでもなるべきところであるが、交差点が巨大なためにそうした印象を持つことは難しい（写真6）。

もとはこの交差点に面して三重会館のモダンな複合商業ビルが建ち（一九五六年）、文字どおりまちの中心として賑わうことになったので、たしかにへそは生まれた。しかし、この建物は一九九九年に解体されてしまい、翌二〇〇〇年隣接地に再建されたものの、事務所ビルの色彩が強くなってしまった。元の角地には中央郵便局が建てられたが、かつての賑わいが戻ってきたとはいいがたい。

旧伊勢街道の大門通りはかつては本陣があり、銀札会所があったところで、明治になって郵便局も百五銀行の本店もここに建ち、近代初期は文字通りこのまちのへそであった。しかし現在、L字型のアーケード街となってはいるものの、活気あふれるとはいいがたい。

津城跡（現・お城公園）も幹線からは目につきにくく、存在感が発揮できていないようである。

何よりも、津駅前と旧来の都心との間に歩いて行けないほどの距離があり、来訪者が都心を実感しにくい構造となってしまっている。――ここで最初の問いに戻ることになる。「いったいなぜ今の場所に駅があるのか」。同じ問いは県庁舎についてもあてはまる。

城下町から離れて建つ駅舎と県庁舎

城下町の近代化の常道に従って、津のまちにおいても大半の公共施設（たとえば市庁舎、中央郵便局、地方裁判所、税務署、師範学校など）は、多少の移転はあったとしても、ほぼお城周辺の旧武家地のあたりに集中している（のちに税務署は津駅近辺へ移動）。

これに対して、県庁や県警本部などの県施設の多くと津の中央駅である津駅は安濃川の北側、いわゆる

写真5　フェニックス通り。国道23号と直交する東西の主軸。東を見る。この道をまっすぐ進むと津新港，なぎさまちに至る。

写真6　国道23号とフェニックス通りの交差点。東を見る。手前から奥へ向かうのがフェニックス通り。クルマに占拠されてしまったという印象がある。

写真7　県庁前公園。かつて1879年から1964年まで県庁舎が建っていた。当時の県庁舎はその後，明治村に移築され，現存している（写真8）。背後の丘の上に建っているのが現在の県庁舎。

橋北に立地している。これはなぜか。

はじめに橋北に建設された主要な公共施設は県庁舎であった。一八七九年のことである。現在の県庁舎の鉄道路線をはさんで東側、いまは県庁前公園となっているところである（写真7）。

なぜ市街地から離れたこの土地だったのか。他の県都ではその当時の都心からこれほど離れたところに明治の早い段階で県庁舎が建設された例はほとんどない。津は城下町だったので、お城の近くに空いた旧武家地を探すのにも困らなかったはずだ。

類推するしかないが、一つには三重県の複雑な成立ちが関係しているといえそうである。

現在の三重県が成立するまでには、廃藩置県以降、津県（一八七一年）、安濃津県（一八七二年一月）、三重県（一八七二年三月）と、津のまちの住所は変遷し、一八七六年に度会（わたらい）県と合併し、現在の新三重県所在となっている。

これにともない、県庁の位置も変わらざるをえなかった。津県時代は津城内、安濃津県時代は大門町、次の旧・三重県では当初県域の地理的中心である四日市の陣屋に県庁が置かれたが、一八七三年一二月には度会県との合併を見越して、県域の中央に位置することになる安濃津に戻され、旧藩校有造館の建物の一部（現在のNTT西日本三重支店）を仮庁舎としている。つまりここまでの時代、津の県庁舎はいつも仮住まいのようなものだった。そういえば三重という県名自体、四日市の所在する三重郡に由来しており、津とは関係がうすい。

三重県の県域が安定したのち、一八七八年に橋北の地に白亜の木造二階建ての新庁舎を建設し、移転を完了させたのである。ちなみにこのとき建設された県庁舎は一九六四年まで使用され、その後、明治村に移築されている。現在でも明治村を訪れると、当時の三重県庁舎を体感できる（写真8）。

この時の新庁舎建設は、県域転変の末、ようやく実現した本格的県庁舎だったわけで、規模のうえでも立地のうえでもこれまで以上に力の入った公共施設だったに違いない。ではそれがなぜ橋北だったのか。

以上のように、明治初期に集中して建設された他の公共施設などに比べて県庁舎の本格的な建設がやや遅かったため、お城の近傍に適地を見出せなかったのではないだろうか。

写真8　明治村に移築された旧・三重県庁舎。明治村正門入ってすぐのところに移され，明治村の目玉の一つとなっている。1879年建設，1964年解体，1966年移築。1968年に重要文化財に指定された。

現在、市庁舎はお城の内堀の西側に接した（いかにも県庁舎が立地しそうな）好位置に広大な敷地を構えているが、ここはかつては二の丸御殿があったところで、明治になってからは長い間、藩校が衣替えした師範学校が位置していた（旧師範学校の建物も明治村に残っている）。この学校がのちに三重大学の一部となって移転し、一九七九年に市庁舎が建てられたのである。県庁舎移転のタイミングはなかったのだろう。

また、塔世橋近くの新しい敷地は小高い丘陵地の尖端にあたるので、東に接している伊勢街道からゆっくりとした上り坂でアプローチして、正面を東に向けて両翼を広げたような県庁舎が堂々と迎えてくれるという新時代の統治を象徴したようなデザイン

写真9　県庁前公園のあたりから東に向いて，伊勢街道方面へ向かう下り坂を見る。

を実現できたという点も、この地を選んだ理由の一つではなかっただろうか。

現在では県庁前公園となっているこの地に立って東を眺めると、下り坂の向こうに伊勢街道が見え（現在の国道二三号の一本西側がかつての伊勢街道の筋である）、ここに威厳をもって建っていた旧県庁舎に思いを馳せることができる（写真9）。この立地も、それなりに理由のあるものだったことが体感できるのだ。

そして駅舎である。――なぜもう少し旧市街地に近いところに設置されなかったのだろう？

ここでも注意を要することがある。現在、津駅はJR紀勢本線と近鉄名古屋線、伊勢鉄道の合同駅で、名古屋との行き来を中心に語られることが多いが、鉄道敷設の歴史はまた別だということである。

最初に津に到達した鉄道は関西鉄道の津支線、名古屋―京都間の関西鉄道の亀山駅から支線を南に向かって延ばしていったものである。そのねらいは関西圏からの伊勢参宮であった。

津駅の開業は一八九一年だった。一身田経由で、西側の丘陵地の縁を迂回して津に到着した鉄路が最初に伊勢街道と近づくのが、現在の津駅周辺だった。そしてこの時、津駅は終着駅だった。北から来た鉄道が終着駅を開業するときに北側でまちに一番近い空閑地に駅舎を構えるのは自然なことなのではないだろうか。

このあと鉄路は南へ延伸され、宇治山田をめざすのであるが、津駅のすぐ南側には県庁舎の土地が行く手を阻んでおり、線路は大きく西へ迂回しなければならなかった。

一方、近鉄の方は当時は津と四日市を結ぶ伊勢鉄道（のち伊勢電気鉄道、さらに参宮急行電鉄、関西急行鉄道となる）の津市駅（のち部田駅）として津駅の北東すぐのところに一九一七年に開設されている。これもしばらくは終着駅だった。ただ、現在この駅舎はない。線路も別ルートを通り、一九三二年に現在の津駅に乗り入れている。

これからの道すじ

こうして津のまちは橋内の城下町とは別に橋北にもう一つの核をもつこととなった。これをオールドタウンとニュータウンの二核にできればよかったのだが、戦災とその後の徹底した復興計画によってそうした差別化も難しくなった。いまの津は、まちのへそをなかなか確定できずに漂流しているかのように見える。

まちの来歴から少なくともいえることは、津はこれからも岩田橋と塔世橋という二つの橋とその周辺にこだわるべきだということである。それがこのまちを形づくってきたこだわりなのだから。

両橋を結ぶ国道二三号はクルマのための道路になってしまったが、少なくともこれに直交するフェニックス通りは人間優先の道であり続けることができるのではないだろうか。この通りによってお城と伊勢街道とを結びつけることができる。津城跡（お城公園）も大門通りのアーケードもほかにない個性を光らせることができるだろう。津観音の門前町を兼ねたアーケード街というのも他には見かけない個性だといえる。

二つの街路が十文字に交わる交点のしつらえをもう少し工夫することによって、城下町の近代化のひとつのスタイルを表現することもできるだろう。

津駅もかつての終着駅と思えば、その立ち位置も理解できる。今後のまちの玄関口として、かつての城下と終着駅という二核をうまくバランスさせるとすれば、まちの将来構想も見通せそうである。

私自身、都市計画の専門家として、都市計画が津のまちをこわした犯人のままだとは思いたくない。都市計画がふたたびこのまちの再生に力になると信じたい。そのためにも、こんにちに至るまちづくりの物語は、まちの宝を掘り起こす契機となり、都市再生戦略の有効な道筋を示してくれると思う。

考えてみると、明治村に残されている旧・三重県庁舎も旧・三重県尋常師範学校（一八八八年、のち一九二八年に名張市蔵持小学校となる。一九七三年に明治村に移築された）も、明治日本の心意気を感じさせてくれる堂々とした和洋折衷建築である。こうした建物を津のまちに結実させてきた先人たちの想いに、もう一度立ち返りたいと思うのは、私だけだろうか。

25 大津
――重層する難読都市

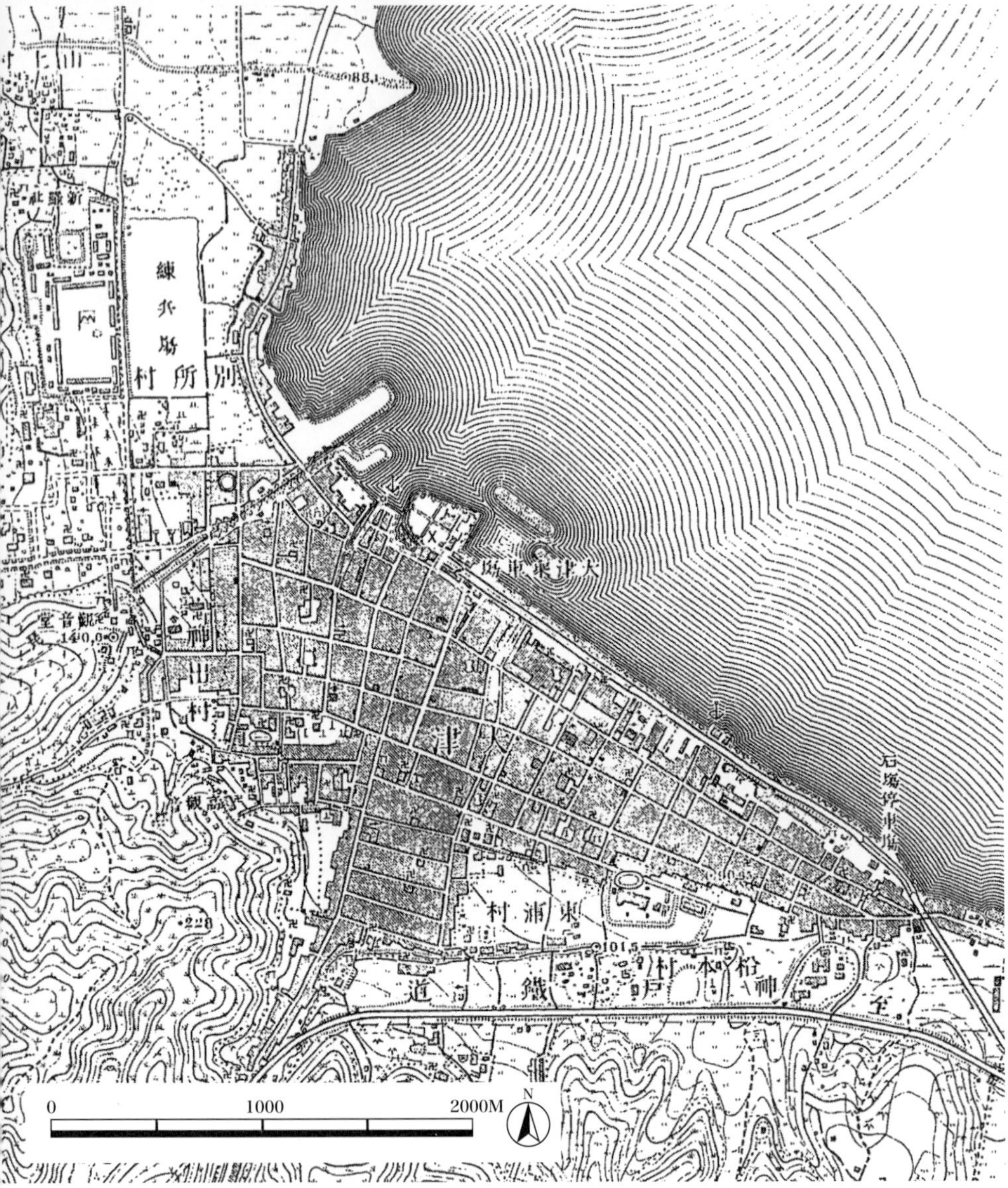

図1　二万分一仮製図，「大津」（部分），1889年測図，1892年発行。

難読都市の多様な顔

世の中には「難読地名」というものがあるが、どのように歩いたらいいのか、散歩力が試される「難読都市」というものもある。県庁所在地でいうとさしずめ大津はその筆頭格である。

なにしろへそが見えない。玄関口にしても大津駅と浜大津駅とがあり、最近は北側に大津京駅までできた（二〇〇八年に西大津駅から改称）。残念ながらどの駅もまちの顔としての圧倒的な存在感をもっているとはいいがたい。

また、おおかたの都市には本町という町名のまちがあり、かつての商業中心であることが多いが、大津には本町はない。アーケード街が都市の中心であることも多いが、中町通りのルート上に続く大津の歴史を感じさせるアーケード街は現在の都心とは考えにくい。

大津は京都への玄関口として人・物の流通が集中する立地だったため、かつて大津百町と呼ばれるほどの都市規模を誇っていた。東海道沿道では江戸・京都に次ぐ都市規模だった。したがって古くから東海道に沿って三本も通りが平行して走っている。これもまちの難解さを増すことにつながっているといえる。

大津は、どこをまず訪れ、どこをめざして歩けばいいのかじつにわかりにくい都市なのだ。——なぜか。それは、大津が多くの顔をもっており、さらに時代とともにその顔を変化させてきたからである。

まず、大津は琵琶湖に開けた港町である。江戸時代には大津百艘船（ひゃくそうせん）と呼ばれる廻船上の特権をもった船の基地でもあった。とりわけ西回り航路が発達する以前の江戸時代前期においては日本海から敦賀や小浜経由で運ばれてくる膨大な物資の流通拠点だった。湖岸沿いには各藩の蔵屋敷が並んでいた。

さらに、湖上のルートも今津や堅田など湖に面した港のネットワークの核として、小さな舟入りがいくつもある港町でもあった。加えて、東海道を結ぶ水上ルート（たとえば近世では矢橋の渡、近代では長浜行き）の渡し場としても機能していた。

そして一七世紀末から関ヶ原の合戦までの短い期間ではあるが、城下町でもあった。いやむしろ、一五八六年頃に築城された城下町がもとで、のちに宿場町の機能がつけ加わったというのが、正確なところである。ここにはそれまで城があった坂本の町人も移り住むことになったため、当初から大きな市街地が形成されていたといえる。

ところが、大津城は関ヶ原の合戦直後に取り壊され、跡地には道が開かれ、堀は埋め立てられ、すっかり町人地となってしまったため、これまたまちをわかりにくくすることになった。

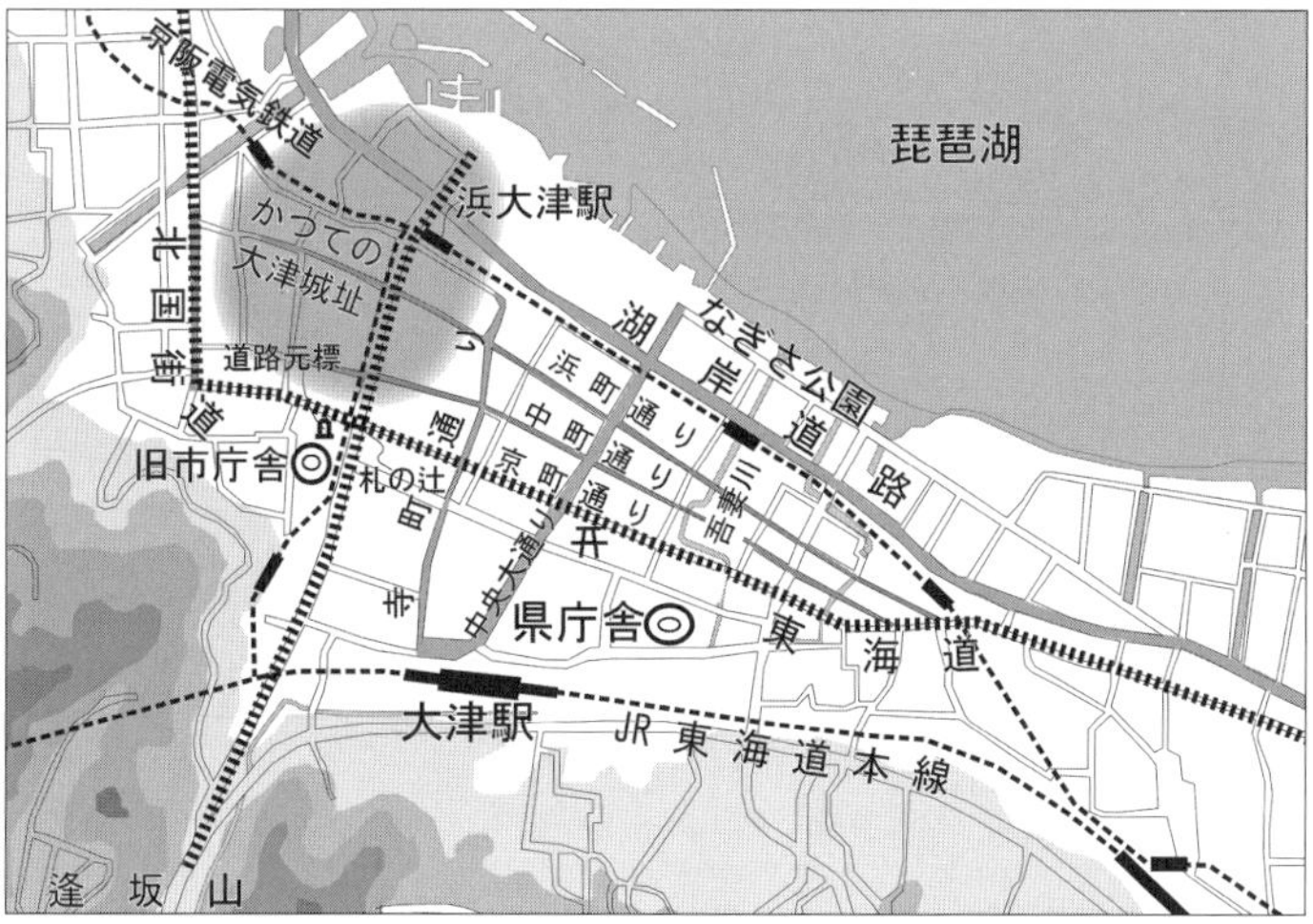

図２　大津の都心模式図。かつては城下町であり，港町，宿場町でもあった。北西部は三井寺の門前町でもある。

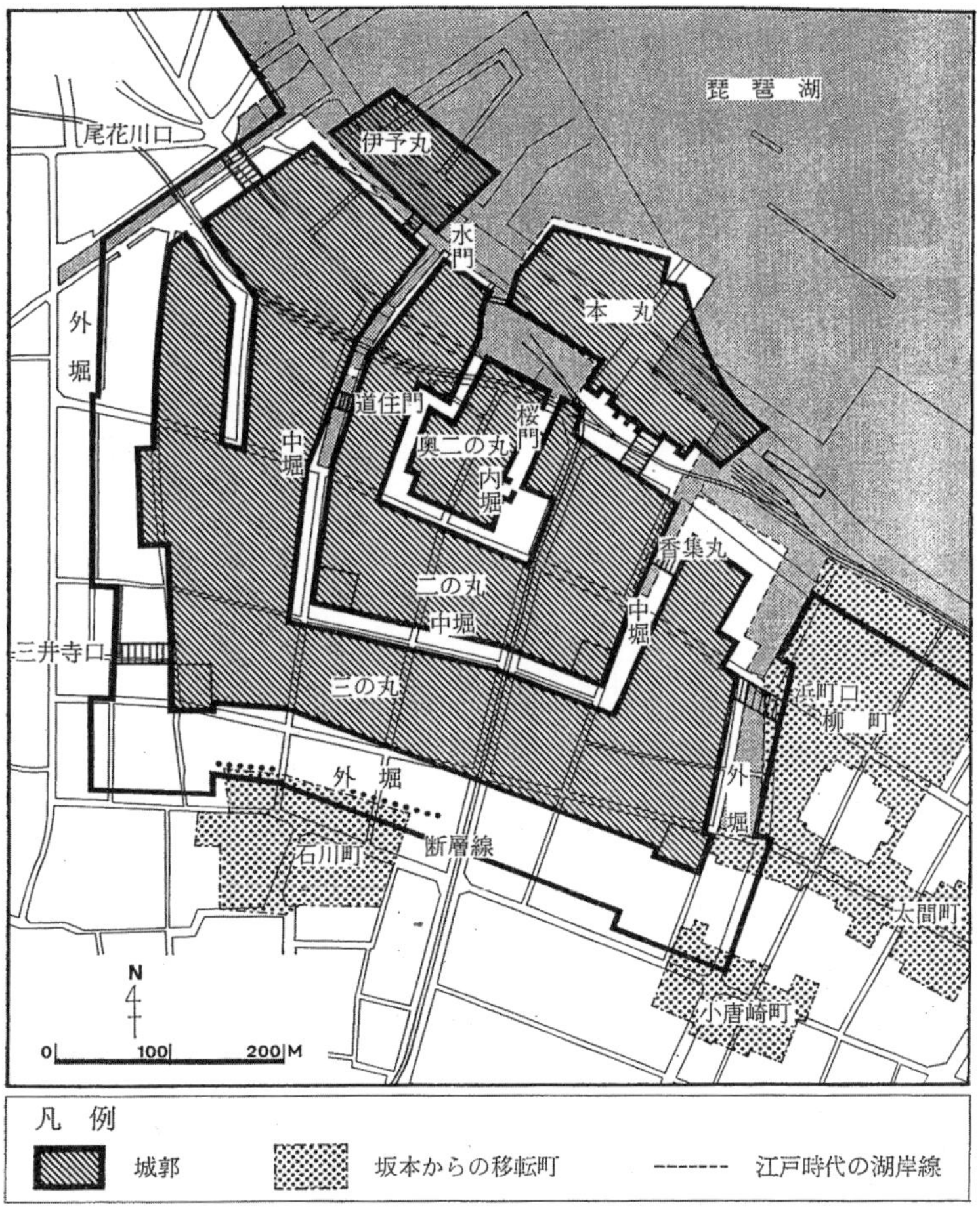

図３　大津城復元図，現在の浜大津駅の北側あたりがかつての本丸だった。石垣の石を使って1601年から膳所城が建設された。城郭は江戸時代にはすでにあとかたもなくなっていた。現在では周辺地区との違いに気づくことはほとんど不可能だ（出典：『新修大津市史』近世前期第三巻，大津市編，1980年，190頁）。

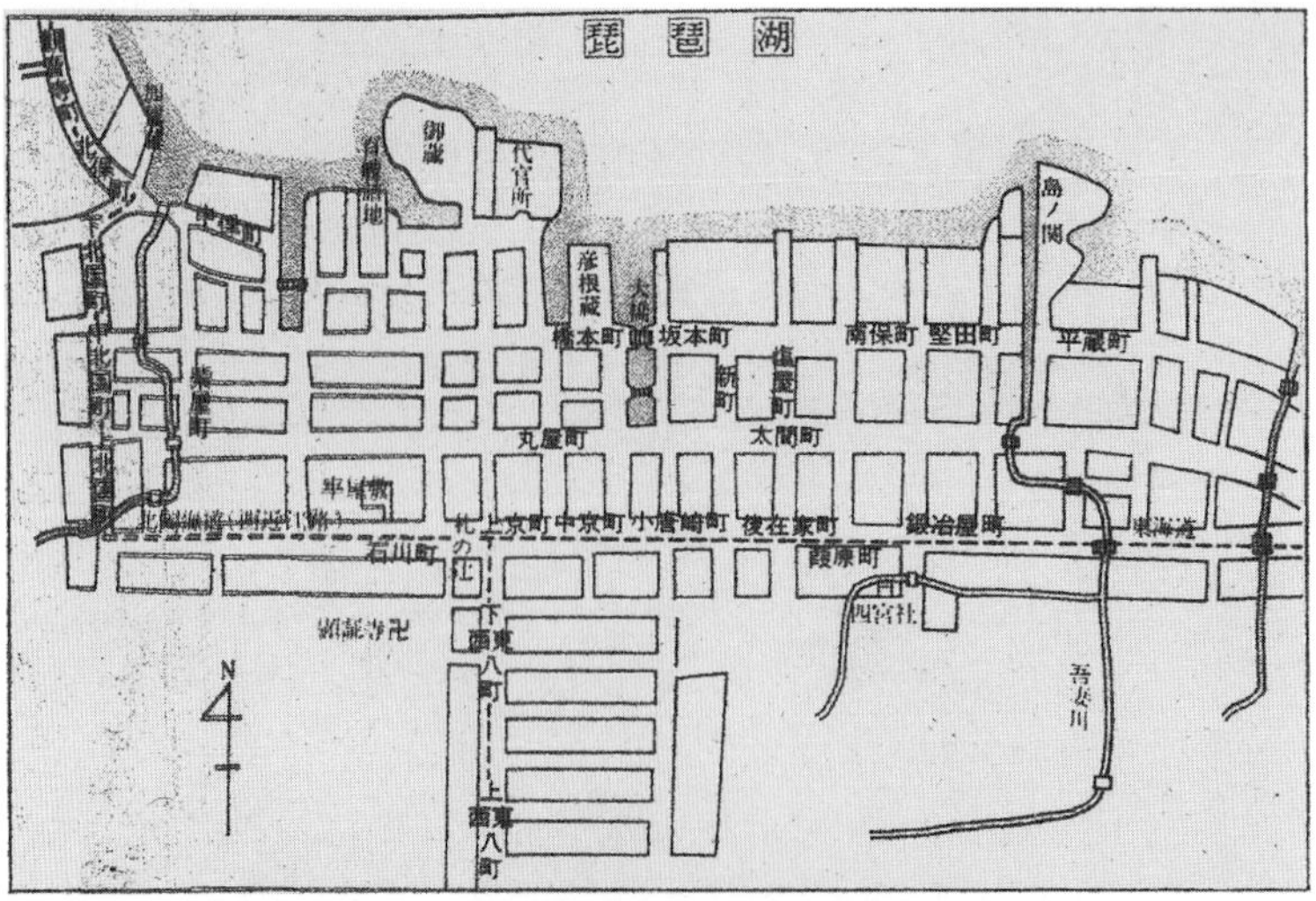

図4　江戸時代前期の大津町，3本の道路がかつての城郭内を貫通しているのがわかる（出典：『新修大津市史』近世前期第三巻，大津市編，1980年，401頁）。

徳川幕府の時代には大津のまちは天領となり、湖に突き出た本丸の跡はその後、大津代官所と御蔵（幕府直轄地の年貢米を納める蔵）となった（図3、図4）。ここがこのまちのへそだといえばいえなくもないが、現在は明日都浜大津の再開発ビルの道路を隔てて湖岸側のあたりで、現時点でまちのへそとはいいがたい。

さらに中世まで遡るならば、大津は園城寺（三井寺）の門前町だった。ルイス・フロイスは一五七一年の書簡においてこのまちの人口を二〇〇〇人と記している。しかし現在、門前町の面影はほとんど失われている。

最後に、大津は東海道の宿場町である。草津で分かれるまでは中山道の街道でもある。また、湖西を北上する北国街道（西近江路、北国海道とも）との分岐点でもある。いずれの街道も現在もたどることができるうえ、街道筋の雰囲気もこんにちまで色濃く残っている。

たしかに大津は難読都市なのである。

いかに京都と鉄道でつなぐか

しかし、いかに難読都市だといっても、都市を読み解く糸口がまったくないわけではない。とりわけ近代に着目すると、都市の近代化にあたってどの都市にも解決すべき課題というものがあり、それが都市を読む導きの糸となる。――大津のまちがもっていた主要課題の一つとして、「いかに京都とつなぐか」ということがあった。

先にも記したように大津は京都の東へ向けた窓口の役割を果たしていたが、京都との間には東山と逢坂山という二つの山越えがある。さらに、大津は京都よりも標高差にして約五〇メートルも高い。街道を歩いてたどる時代には問題にはならなかったが、近代以降、ここを鉄路でどのようにつなぐかは大きな問題となった。高いところにトンネルを掘り、なおかつ急勾配で下って大津の市街地にいかにすりつけるかは鉄道建設の大きな課題だった。

かつての大津の鉄道の玄関口は現在の大津駅ではなく、現在の浜大津駅が初代の大津駅だった。京都からの列車は南下して全長六六四・八メートルの古い逢坂隧道（イギリス人の指導は受けたものの、日本人の手になる初のトンネルとして歴史に名を残している）を抜け、膳所駅（かつての馬場駅、のち二代目大津駅）でスイッチバックして港のある初代大津駅（現・浜大津駅）に到着していた。一八八〇年に開通したこの路線、逢坂隧道の滋賀県側出口と浜大津駅の間には四五メートルの標高差がある。そのためにスイッチバックが必須だったのだ。

西から延びてきた東海道線はここで途切れ、この先は汽船に乗り換えて長浜へ向かった。乗換えで駅周辺は大変な賑わいだったといわれているが、一八八九年に東海道線が全線開通すると、現在の浜大津へ向かう鉄道は盲腸線となってしまった。ここはその後、大津電車軌道（現・京阪電車石山坂本線の一部）となった。

京都と大津を直線的に結び、急勾配を解消すべく新しい逢坂山トンネル（全長約二・二キロメートル）と東山トンネル（全長約一・九キロメートル）が一九二一年に開通し、湖国の新しい玄関口である三代目大津駅がモダンな木造駅舎として、膳所駅の位置から移動して、寺町通りの突当りに設けられた。このとき寺町通りの拡幅も行われている。

現在の四代目大津駅は三代目駅舎の八〇メートル東側に一九七五年に新たに建設されたもの。山越えをしていかに京都と無理なく結びつけるか――鉄道建設には常にこの課題が突きつけられていた。それが四代もの大津駅舎の変転として表れている。その分、大津のへそも見きわめにくくなっているのだ。

こうして大津―京都間の国鉄の路線は確定していったが、大津駅にしても京都駅にしても既成市街地から距離がある点は課題として残った。この課題を克服して、ほぼ旧東海道と併走して両都市の都心を結ぶ鉄道が構想された。それが一九一二年に京都三条大橋と大津札の辻とを結んだ京津電気軌道（京津電車、現・京阪電車京津線）である。札の辻から北の細い突き抜け道を拡幅して、電車が浜大津に延伸したのは一九二五年だった。

こうした都市間鉄道だけでなく、湖岸沿いの都市内鉄道も変転している。

当初の大津駅、すなわち現在の浜大津駅と現在の膳所駅との間に残された盲腸線は、その後、湖西の湖岸沿いを北上する江若鉄道として、一九三一年には近江今津駅までが開通している。これによって浜大津駅は湖西から京都へ向かう乗換駅となり、その中心性は高まった。

しかし、これも長くは続かず、国鉄の湖西線建設決定後の一九六九年に江若鉄道自体が廃止されてしまった。その後、路線の過半が湖西線に転用された。ただ、湖西線のルートは当初は塩津から浜大津へ向かうローカル線として計画されていたものが、その後、浜大津を通らずに、京都へ直行するルートに変更された。その結果、東海道線（琵琶湖線）との乗換え駅も山科駅となり、大津のへそはまたしてもわかりにくくなってしまった。

皮肉なことに、古くは東海道線から最近の湖西線に至るまで、いかに京都と鉄道でつなぐかということに腐心しているうちに、肝心の大津の拠点性の方が次第に失われていくことになってしまったのである。

大津駅から三本の通りへ

まえおきはこのくらいにして現・JR大津駅からスタートするとしよう。駅を降りると正面に中央大通りが湖に向かって下り、大津が湖岸のゆるやかな傾斜地に立地していることを教えてくれる。と同時に、大津駅が市街地背後の高台に設けられたこともわかる。

この中央大通りは駅前の土地区画整理事業によって一九八一年に幅員三〇メートルで建設された新しい都市軸である（写真3）。この場所には一九〇九年より県女子師範学校（のち県師範学校女子部となる。

写真1　旧小舟入の常夜灯。かつての船着場の面影が残っている。浜町通りから北の湖側へ突き出たところ。南を見る。

写真2　なぎさ公園，東を見る。埋立てで生まれた現在の湖岸。

写真3　JR 大津駅前から琵琶湖へ向かって延びる中央大通り。北の坂下より南の JR 大津駅の方を見る。駅前の土地区画整理によって 1981 年に造られた新しい幹線。

写真4　京町通り。旧東海道の町並み，西を見る。見通しのきいた直線道路であることがよくわかる。大津のまちに入ると旧東海道は山側から順に京町通り，中町通り，そして浜町通りの3本に分かれる。

滋賀大学の前身）が立地していた。その校地のほぼ真ん中を貫通するように中央大通りが造られたのである。

中央大通りを湖岸道路に向けて下っていくと、三本の古い通りと交差する。山側から京町通り（東海道、写真4）、中町通り、浜町通りである。一部は一方通行になっている、今ではさして道幅も広くない物静かな通りであるが、この三つの通りこそ近世初期から続く、大津の背骨なのである。

大津の中心市街地部分は幸いにも空襲の被害を逃れている。また、建物疎開も県庁舎や市庁舎、大津駅、日赤滋賀病院、大津郵便局などの点的な施設の周囲に行われたにとどまり、第二次大戦前後で都市構造そのものに大きな改変はなかった。

写真5　大津のまちの東端，中町・京町へ向かう東海道（左）と浜町通り（右）分岐点。二股になっていることがわかる。この先でまた，中町通りと東海道（京町通り）の二股がある。

中央大通りを歩くだけで、直交する三つの通りに代表される近代以前の都市構造を実感できるというのは貴重な体験である。

それにしても宿場町でもある大津に三本もの背骨があるのは異例だ。普通、宿場町は一本筋と相場が決まっている。そしておもしろいことにこの三つの通りは東端で鋭角に交わっている。

つまり、東から東海道を大津のまちに入ると、フォークの先のように三本の街路に振り分けられることになる（写真5）。二本の通りに沿って二股に分かれて宿場町を形成するのも珍しいが、これは同じ東海道の水口（みなくち）宿（滋賀県甲賀市）に例がある。三本のフォーク状計画的道路網というのはあまり見たことがない。そして東海道が湖面からいちばん離れた位置を通過しているのも不思議だ。港町の経済の中枢からはずれた山側に街道をバイパスさせようとしたのだろうか。

通りをよく観察すると、三本の通りには少しずつ性格の違いがあるようだ。

京町通りはかつての東海道の本通り筋で、戦前までは大津を代表する老舗街であったが、今では静かな町家が並ぶ通りで、皮肉なことに街道筋の雰囲気を一番残している通りとなっている。中町通りには大津で最初にできたアーケード街である菱屋町商店街（一九五五年）があることからもわかるように、戦後にめざましい発展をとげ、近年まで小売り商業の中心となった通りだということがうかがわれる。浜町通りはかつては問屋街だったようで、現在も銀行のビルなどが並ぶ金融街といった風情がある。

ただ、いずれの通りもその後の大型店との競争で、買回り商店街から最寄り商店街へとあきないの性格を変化させ、こんにちに至っている。

通りそのものの姿を見ると、興味深いことに、三本とも道路が遠見のきく直線であることに特徴がある。普通、街道沿いの宿場町は道路が自然に湾曲したり、意図的に屈曲させたりして空間を分節し、場合によっては、遠くの見通しを避ける工夫がなされているものである。それが大津の旧市街の東半分にはない。

では、西半分はというと、これが大半の道は奇妙にも少しずつ軸線がずれ、見通しがきかないのである。道路パターンの組立てそのものが東側に比べてじつにわかりにくい。その境は寺町通りあたりである。

　おそらく、寺町通りから西はかつての大津城だったために、その後の市街地化の方法が異なっているからなのだろう。一七世紀初めに城がなくなって四〇〇年以上が経過しているのに、道路のわずかな屈曲にその痕跡がたどれるのである。

　続いて東海道である京町通りを西へ戻ると、かつての高札場の跡である札の辻に出る。ここで東海道は南へ折れ八丁筋（現・国道一六一号線）へと坂道を上り始めるが、札の辻を西に向けて直進すると北国海道である。札の辻は街道の分岐点であり、かつてはまさしく都市の芯だった。

　一八八九年の町制施行当初から一九一六年まで札の辻の南西角に町役場（のち一八九八年より市役所）も立地していた。一九一二年に開通した当初の京津電気軌道（京津電車）の終点もここだった（のち二五年に浜大津まで延伸）。現在も大津市の道路元標も旧市役所前の角地にある。

写真 6　信号のある交差点が札の辻，南を見る。左からきて写真奥へ進むのが東海道，交差点を右へ行くのが北国街道，交差点の右手奥角にかつて町役場があった。線路は京阪京津線。

　ところがどうだ。現在はまったくどこにでもある名もない四つ角になってしまっている（写真6）。かつての町役場跡地には、何の変哲もない（失礼）二階建ての民間ビルが建っている。大津のへそはどこにいってしまったのか。

　かつての大津城本丸も代官所も御蔵も船着き場も琵琶湖岸の埋立て開発の波にのまれて、港の旅客ターミナルやなぎさ公園、琵琶湖ホテルやショッピングセンターに姿を変えている。

　ただ、救われるのはこれらの埋立て地が工場や物流拠点にはなっていないことである。周遊地としての琵琶湖の力によって、湖岸はずっと美しいパークロードとして守られてきた。

　一方で、かつて畑地であった南側の小高い平地には県庁舎（一八八八年より現在地、現庁舎は一九三九年竣工）、地方裁判所（一八九〇年より現在地）などの公共施設が建っている。西側のかつての歩兵第九連隊駐屯地は、戦後、進駐軍のキャンプ大津A地区となり、現在ここには皇子山総合運動公園、市庁舎などがある。

　旧都心を取り囲むように大型の都市施設が立地しているのである。

　そしてその真ん中に大津の三つの通りがエアポケットのように残されている。その通りを縫うように都市内小河川、吾妻川が琵琶湖へ注いでいる。北下がりの単純な斜面なのに、不自然なほど流路がくねっている。ここにも長い歴史のなかの何らかのわけが詰まっているのだろう。

　京都の玄関口として栄え、他方、京都にあまりにも近いことからかえって現代のへそを獲得することに苦労しているという、ほかの都市では考えにくい課題をこの都市は抱えているといえる。

26 京都——グリッドの慣性都市

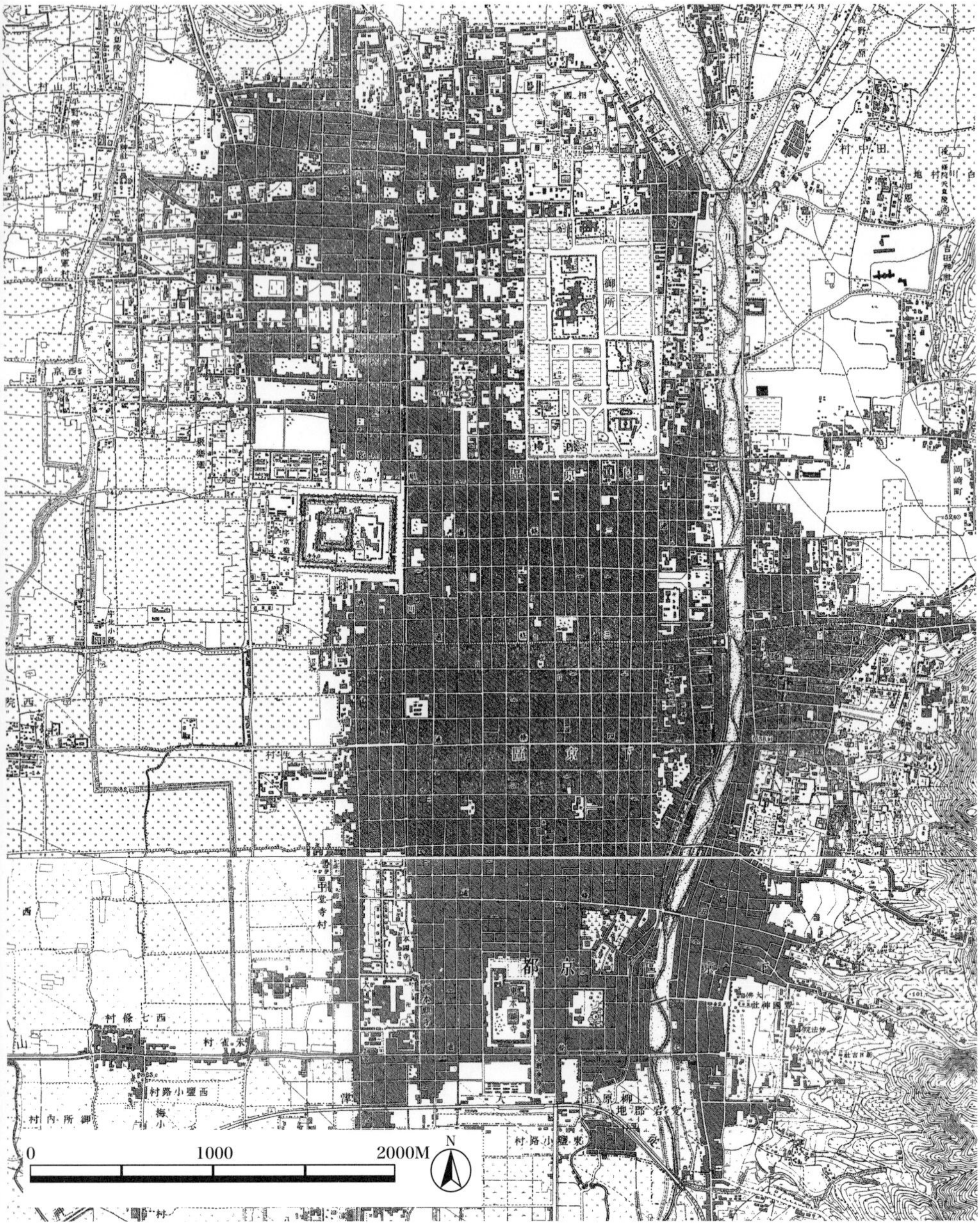

図１　二万分一仮製図「京都」（部分），1889 年測図，1892 年発行；「伏見」（部分），1889 年測図，1895 年発行。当時の京都の市街地は西は二条城あたりまでだった。鉄道は東海道本線が建設中。

京都は悠久か

しばらく前に遷都一二〇〇年を迎えた京都は、ほとんどの人が悠久の都と思ってしまう。たしかに碁盤の目のような道路網は健在だし、古刹も随所にある。

しかし、冷静に考えてみると、古代のグリッドは幅員が最大の朱雀大路の八四メートルからいちばん狭い小路でも幅員約一二メートルと定められていたので、現在とは似ても似つかない。さらに、街区を占める建物は寝殿造りなのだから、周囲には塀がめぐらされ、出入り口はごく限られていることになる。現代からすると寒々しいともいえる異様な街路風景が広がっていたに違いない。寺院にしても平安京内には東寺と西寺以外には一つも造られなかった。現在の京都のイメージとはかけ離れている。

その後、広い道路の両側も次第に巷所（こうしょ）と呼ばれる私有地と化して、細い街路へと変貌していった。朱雀大路ですら一二世紀頃には牛馬が放し飼いにされ、盗賊がたむろする場所になっていたという。現在の千本通にかつての朱雀大路を感じることのできる人はまずいない。

必然にもとづかない計画は、やがて放棄されるものなのである。なにしろ最重要であるべき天皇の儀礼空間である大内裏ですら、やがて廃絶してしまうのだ。現在の千本丸太町の交差点のあたりを歩いても、かつての大内裏の面影を感じ取ることは残念ながらできない（写真1）。

その後、一三世紀までに京都の通りは次第に人家が並ぶようになり、一五世紀後半には現在に至る通りを軸としたコミュニティが成立することになる。

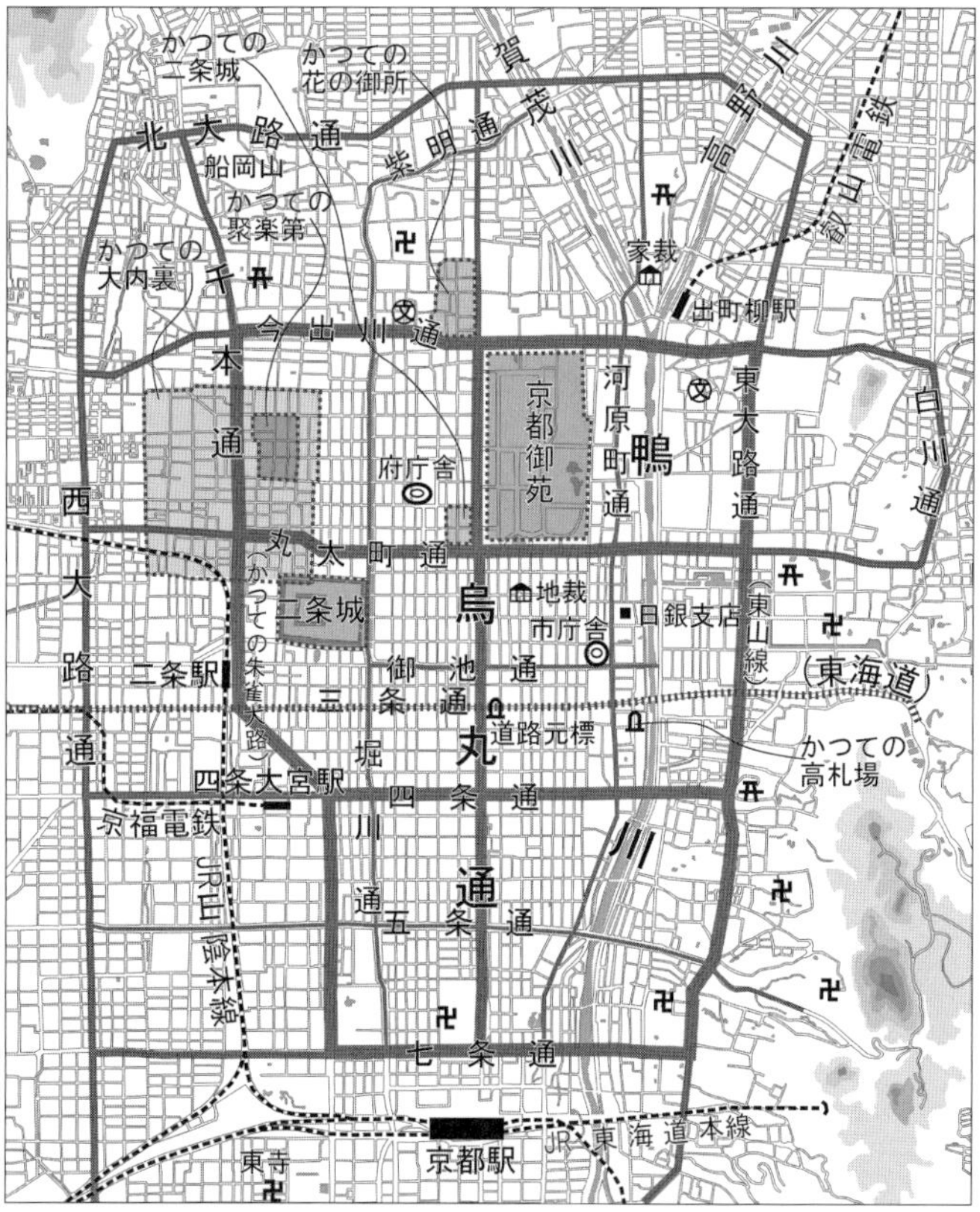

図2　京都の都市模式図。聚楽第などの位置の推定は『京都の歴史』（京都市編，學藝書林）によった。

かつての大内裏はのちに内野（うちの）と呼ばれる荒れ地となり、その後は町家が立ち並び、現在のような町並みになったが、不思議なことにかつての内野のあたりを歩いてみても、いちおうグリッドのような街区の姿をしている。慣性力とでもいうのだろうか。周辺のグリッドの構成が伝染しているのである。

ただ、そのグリッドはかなり不規則で、明らかに大宮通以東のグリッドとは様子が違う。たとえば、地域を東西に貫通する幹線である丸太町通も今出川通もともにもとの大内裏に入ると斜めに折れ曲がっている。このように地区の歴史は通りの現在の姿になにがしかの痕跡をとどめている。

一五世紀半ばの応仁の乱とその後に続発する大火によって京都のまちは荒廃し、戦国時代には上京と下京はそれぞれ小さな集落として生き残っているにすぎず、それを室町通がほそぼそとつないでいるという状況だった。現在、洛中に平安京時代の建物は一棟も残っていない。

図1は一八八九年に測図された二万分一の仮製図である。これを見ると、市街地の街区は正方形は少なく、大半は南北に長い長方形である。これは秀吉による一五九〇－九一年に実施された天正地割とその後の同様な地割で、それまで一辺四〇丈（約一二〇メートル）角の正方形だった街区の中央に南北に道路を入れたためである。

よく見ると、下京の中央部に正方形の街区が固まって残っている。これはおそらく市街地が継続していたので、南北の道路が入れられなかったであろうところで、応仁の乱以降も生き残っていた町の部分をくっきりと描き出している。祇園祭の鉾町とほぼ重なっている。

秀吉はこのほか、御所周辺に公家を集中させたり（これが現在の京都御苑のもとになっている）、高野川の

写真1　千本丸太町の交差点から南を見る。かつての大極殿のあったあたり。千本通はかつての朱雀大路と重なる。しかし，ここからかつての大内裏を想起することは不可能だ。

西岸に寺を南北に配置して、寺町を造ったり、土居をめぐらせたりと大変な都市改造をやってのけている。東ではちょうど家康が江戸に入った時期（一五九〇年）である。一六世紀末日本の都市の建設・改造は、二〇世紀後半の都市の膨張と並ぶ、都市大変革の時代だった。

御所にしても二条城にしても、当初の位置は現在とは異なっていた。室町時代のいわゆる花の御所は現在の同志社大学の室町キャンパスであるし、織田信長が足利義昭のために造った旧二条城（一五六九年）は現・京都府庁近辺だった。かつての大内裏の一角に秀吉が造営した聚楽第も今は面影もないどころか、場所の特定すらおぼつかない。

江戸時代の京都は比較的安定していたといえる。京都というと公家と町人を思い浮かべるが、京都に屋敷をもつ大名は多く、幕末近くなってくると、京都は急速に政治都市化していき、京都藩邸の数は七六藩、九八カ所にのぼるまでになっている[1]。大名の藩邸に詰める武士の数も二万人ほどに膨れ上がっていたといわれている。

こうした用地は明治の版籍奉還によっていっきょに公有地となった。同時に、宮家も公家も大半が東京へ移転し、残された土地も公有化された。さらに社寺地も多くが上知され、それがのちに宅地として払い下げられたほか、公共施設用地や公園、病院、学校、ホテルの用地に転用され、社寺境内も多くが学校用地へと変わっている。

たとえば、現在の府庁舎の場所は京都守護職の上屋敷跡であるし（写真2、それ以前は町家が並ぶ市街地だった）、市庁舎はもとの本能寺（信長が討たれた一六世紀の本能寺とは別）の境内に建っている。京都が奈良ほどにはホテル不足ではない理由は、旧古河藩邸（ANAクラウンプラザホテル京都）、旧長州藩邸（京都ホテルオークラ）、旧越前藩邸（かつての京都国際ホテル）などのように、各藩の京都屋敷がのちにホテル用地などとして供給されたからだろう。

写真2　釜座（がまんざ）通の北を見る。突当り正面に府庁舎がある。京都では珍しいアイストップは京都守護職の上屋敷跡地をそのまま転用したから可能となった。

古代から敷地境界が変わらずこんにちに至っているのはわずかに東寺だけにすぎないといわれている。つまり、東寺の東の境である大宮通だけが唯一古代の位置を特定できる基準線なのである。

このようにみてくると京都は安定した歴史都市というよりも、激変都市だといえる。大火が多かったこともこうした変化を容易にしていた要因の一つだろう。

グリッドの慣性力

面白いことにこれだけ激変を繰り返しながら、「京都は悠久である」というイメージだけはこれまでずっと保たれて続けてきた。――なぜだろうか。

戦災に遭わなかったという決定的な事実もあるが、おそらくはいかに変わったとはいえ、平安京以来の格子状の道路パターン、グリッドだけは変えずに受け継いでいるからではないか。さらにいうと、通りの名称もあまり変わることなく受け継がれている。

その目でこれまでの変転を振り返ってみると、ほとんどすべての土地利用の変更は街区のなかで完結している。例外は御所と二条城、聚楽第、東寺などいくつかの大規模寺院くらいなものである。もちろん、一つの街区に収まりきらないほどの巨大な施設は巨刹やお城などのほかにほとんどありえないだろう。とすると京都のまちは街区のなかをパッチワークのように用途を変化させながら、グリッドを継続させてきた都市であるということになる。

また、広い道路の交差点や中央、あるいは突当りにモニュメントを建てて、記念的建造物を目立たせるということも発想されなかった（京都府庁舎は珍しい例外である、写真2）。京都タワーもグリッドのなかにある。そもそも京都のまちには公家も武家も、商工業者も農民も一緒になって住んでいた。もちろん時代によって様相は異なるが、天皇から町衆まで、みんなグリッドのなかで生活していたのである。

その結果、いかに道路幅員が変わってしまい、周辺の景観が異なったものになってしまったとはいえ、まっすぐ見通せる道路の計画性は変わらず受け継がれてきたことになる。場所によっては道路がわずかに食い違っていたり、少しは湾曲していたりしたとしても、グリッドを逸脱したところまではいっていない場合がほとんどである（写真3、4）。グリッドの計画性が慣性力としてこの都市を貫いているようだ。

　このほか、先述した秀吉の天正地割にしても、秀吉が実際に正方形の街区中央に南北路を入れたのは下京のわずか五本の街路だけ（東から御幸町通、富小路（とみのこうじ）通、堺町通、岩上通、黒門通の五本、それも押小路通以南のみ）だったので、それ以外の南北の地割道路はまさしく慣性力で造成されたのだろう。

　考えてみると、地域をグリッドで埋め尽くすとは大変なことである。川や丘陵といった旧来の地形とは無関係に、かつ、それまでにあったであろう地域の歴史的な構造もあえて無視して、機械的なグリッドを地域のうえに直接引いてしまうのである。

写真3　平安京のグリッドもその後，道の両側が私有化され，道幅が狭くなってしまったが，グリッドを逸脱するところまではいっていない。西洞院（にしのとういん）通と竹屋町通の交差点も，食い違ってはいるが，四つ辻であることは保たれている。

　もちろんそのための適地が細心の注意を払って選ばれたのだろうが、造営された都市はむきだしの権力を象徴するものとなる。おそらく洋の東西を問わずそうだったのだろう。

　――しかし、グリッドがグリッドのまま現在に受け継がれ、通りの名前が続いているだけで悠久の古都を感じさせてしまうのだろうか。

　グリッドにはグリッド固有の論理があり、それがどのように後に受け継がれているのか、いないのかを見ることも重要なはずである。

写真4　道幅も変化し，やや湾曲もしているが，まっすぐの道だともいえる。仏光寺通。寺町通との交差点から西を見る。かつてはいちばん狭い小路でも幅12メートルはあったのだから，その後の街路の宅地化という大変化のなかでもまっすぐな道が維持されてきたことがわかる。

　古来、都市の中心の場を表現する装置として、多くの人が集まる広場をあてるというまちのつくりかたがあった。古くはギリシアのアゴラに始まり、王宮前広場や大聖堂前広場、さらにはスペイン殖民都市ほぼすべてに共通する中央広場から近代中国の天安門広場まで、こうした例に事欠かない。グリッドの芯を演出するためにもこうした手法は用いられてきたが、どうも中国や日本の古代都城にはこうした広場はあてはまりにくい。

　日本にも、中世の市庭のように境内に人が集まることが集落の芯となるという歴史がなくはなかったが、その後、都市施設としての広場というかたちでは成熟していくことはなかった。社寺の境内や名所がその役割を果たしていったのだろう。

　並行して、よくいわれているように、通りが人の集まる場（むしろぶらぶらする場か）としての役割を果たすようになる。町屋（町家）という都市住宅のプロトタイプの成立とともに、大半の通りは通行の場であると同時に商いの場、仕事の場であることになる。モノや情報を「見せ」ることから「店」という語が生まれたことに象徴されるように、通りは情報流通の巨大な揺籃となっていった。

　賑わいの中心も応仁の乱以前は町小路（現・新町通）と四条の交差点、四条町の辻が室町幕府の高札場だった。

道路拡築による都市の「近代化」

　「序論」にも書いたとおり、城下町由来ではない都市にとって近代を迎えるということは、新しい時代に即応した新しい都市施設をどのように用意していくか、という問いに対する回答をそれぞれにみつけるということだった。

札幌や宮崎のように新しく拓かれた都市はむしろこの課題を解くことを都市づくりの主要な手がかりとすることができるが、なまじ歴史のある都市の場合、対応はそれぞれに異なることになる。武家の跡地のような開発余地がない分、城下町以外の都市は難しい判断を迫られることになる（もっとも、京都の場合は藩邸や公家の跡地が数多く発生したので、これまた他の城下町以外の都市とは異なった事情があった）。

浦和のような宿場町や長野のような門前町は、リニアな市街地の背後に大規模な公共用地を探すことになるし、都市を面的に拡げること自体が近代化の大きな課題となる。青森や新潟のような港町の場合は、すでに人家が密集している繁華地に近代の都市装置を埋め込まなければならないのであるから、いきおい公共施設は外縁部に立地せざるをえなくなる。また、海路から陸路へと都市がよって立つシステム自体の変更を組み込まなければならないということもあるだろう。

そんななか、古代からの都市・京都の近代化の場合には、また別の課題があった。幾度となく変容を繰り返してきたとはいえ、京都のまちには安定した都市インフラがあり、伝統があり、かつ経済的にも豊かな都市コミュニティがあった。

都市インフラとしてのグリッド内部の空閑地を近代的な都市施設として転用するだけで、京都の場合、近代の都市機能を収容することができるのだろうか。――もちろん、そんなことはありえない。道幅を拡げ、交通をさばき、駅と都心とを結ぶ都市の新しいシンボルを造るといった都市改造が必要だったのである。

そのために京都は何をやってきたのかを振り返ると、意外なことに、組織的かつ面的に京都は道路の拡築によって都市の近代化を推し進めてきたのである。

京都というと古代の都市計画に依存して、近代には大がかりな都市改造を行ってきていないような印象をもつが、少なくとも戦前の京都はそうではなかった。むしろ大半の県都が、戦前に都市計画を立てていたとしても、ほとんど実行されておらず、戦災を機に戦後の土地区画整理のなかで道路を造成してきたという事実と比較して、京都の場合、より早い段階から、より積極的に市街地の改造に関与してきているということがいえる。

ただし、戦後の京都のまちづくりは、他の都市と同様に、郊外の整備に力点が移るので、都心整備の優先順位はそれほど高くなかった。むしろ、戦前にある程度の道路整備を終えていたので、戦後に緊急の整備をする必要がなかったといえるかもしれない。

一九〇六年から始まる七本の幹線道路整備

都市の近代化を考える際、京都の場合、一九〇六年から始まるいわゆる三大事業を抜きに考えることはできない。これは琵琶湖第二疏水、上水道、道路拡築の三つの事業を並行して実施するもので、なかでも道路拡築は交通容量の拡大のほか、歩車道の分離、道路舗装、市街電車の敷設、道路拡幅と同時に実施される上水道管の設置が計画されていた。そのせいか、「拡幅」と呼ばずに「拡築」と称された。こうした構想を推進したのは当時の西郷菊次郎市長だった。

市会での議論の末、一九〇七年三月に確定したのは下記の東西の四路線、南北の三路線だった。このほか、東西路の御池通と南北路の大和大路は予算がつかず、断念されている。

東西路（北より）
今出川線：千本―東山線間、幅員八～一〇間
丸太町線：千本―東山線間、幅員一〇～一二間
四条線：大宮―八坂間、幅員一二間
七条線：大宮―東山線間、幅員一二間

南北路（西より）
千本大宮線：今出川―七条間、幅員八間
烏丸線：今出川―塩小路間、幅員一〇～一五間
東山線：一条―七条間、幅員八間

これらの路線は、若干の変更はあるものの、おおむね一九一二年の三大事業竣工祝賀式典までに拡幅を終えている（図3）。

ここでいくつか疑問がわく。――なぜ、これらの路線が選ばれたのか、なぜ、こうした面的な計画が立案できたのか、そして、なぜ、短時日のうちに拡築が実現したのか、などの点である。

まず、路線の選定の問題を考えよう。

古代には大路や小路の区別があったが、明治初年の段階では、いずれの街路も同じような道路幅だった。繁昌地か否かという差異はあったとしても、幅員による段階構成というものは考慮する必要がない

ものだったのだろう。現在、手元では計画立案の行政文書や市会での議論の詳細が不明なため、プランナーとしての筆者の勝手な想像でしかないが、おおよそ以下のことが考えられるのではないだろうか。

まず、幹線道路は比較的等間隔になるように（現在ではおよそ五〇〇メートルおきに）造るようにすること。その手がかりとしてかつての大路を選ぶ、ということも選択肢に入るだろう。四条大路、七条大路、大宮大路などはこれに該当することになる。

ついで、より広域の道路ネットワークとの関係がある。たとえば三条通は東海道の起点であるので、その意味では適地ということになる。また、三条通は寺町通と並ぶ当時の主力の繁華街であったので、街路幅員も三間と他の街路よりも広く、おそらく人通りも多かったに違いない。

しかし、逆にみると、大店が集中する三条通を拡幅することは反対も多いと予想できるうえ、用地買収費も高くつくので現実的ではないと思える。また、三条通にはすでに中京郵便局（一九〇二年）や日本銀行京都支店（一九〇六年、現・京都文化博物館別館）、第一銀行京都支店（一九〇六年、現存せず、二〇〇三年復元）のいずれも煉瓦造りの洋風建築が建っており、洋風建築の密度がもっとも高い通りだった。現実的に考えて、拡幅が難しかっただろう。三条通ではなく四条通が幹線として選ばれたのはそのような事情があったからではないだろうか。

もう一つ挙げるとすると、主要な都市施設との関係がある。たとえば、烏丸通が駅前通りとして選ばれているのは明らかである。南北路が三本拡幅されているなかで、烏丸通は中央の大通りだったので、明らかに現代の朱雀大路を意識したのだろう。しかし、烏丸通は御所の西脇を通過しており、御所に突き当たっているわけではない。城下町の堀端通りならぬ御苑端通りとでもいえるものとなっている。丸太町通と今出川通も同じく御苑端通りである。

そしてこのことは京都御苑のあり方ともかかわる話である。京都御所の周辺には従来、多くの公家が住んでいたが、天皇の東幸に従って次々に東京へ移住したために、荒れ果てた官有地となっていた。一八七七年、京都御所の保存と御苑の整備が開始されたが、周辺の道路整備は御苑の存在感を高めることに貢献したといえるだろう。

最後に京都ならではの点として、儀式との関係がある。一八八九年に制定された旧皇室典範には「即位の礼及大嘗祭は京都に於て之を行ふ」（第一一条）と定められていたこともあり、烏丸通は天皇の御所への行幸道として最大幅員の一五間で整備された。実際に一九一五年に行われた大正大礼（大典）において、烏丸通〜丸太町通は行幸道として使われた（ちなみに道路拡築以前の行幸は、烏丸通〜三条通〜堺町通とクランクして進み、堺町御門から御苑に入るというものだった）ほか、京都駅の改築、駅前広場の拡充、京都御苑の整備が行われた。

東京でも東京駅をはじめとして皇居から駅に至る道筋が大礼に際して整備されている。大正天皇が皇居を出て列車で東京駅から京都駅を経て、京都御所へ行幸するということそのものが都市整備の方向性を決めているのである。

昭和大礼（一九二八年）にあたっては、儀式に間に合うように新京阪鉄道（現・阪急京都本線、天神橋駅―京都西院駅（現西院駅）間）と奈良電気鉄道（現・近鉄京都線、京都駅―西大寺駅（現・大和西大寺駅）間）が開業している。

第二に、面的な計画がなぜ可能だったかという点である。

拡築された街路にはすべて路面電車が敷設された。京都は日本初の路面電車導入都市として有名であるが、京都電気鉄道（京電）が一八九五年に営業開始した電車は狭軌であり、狭い街路を縫うように走っていたため、輸送力に限界があった。これに対して、京都市は市営で標準軌の路面電車（市電）を敷設する計画を立て、道路拡築とともに一九一二年から順次営業を開始している。

このように市電を走らせる道を拡築したという側面があり、その意味で面的な運行システムと一体となった道路整備だったことが要因として挙げられる。

さらにいうと、もともとグリッドの計画都市であったことがその後の道路網計画のあり方を規定していたという点もある。京都自体が、そもそも計画性をもたざるをえないような都市構造をしている、といったらいいだろうか。

最後に、短期間で計画が実施された点について。

西郷市長の強いリーダーシップやフラン建ての外債による資金的裏づけと市電の営業が好調であったため返済も順調であったことなどの要因が大きい。根底に、京都の衰退に対する危機感が市民の間に共有されていたということもあったのだろう。

その後の都市開発

もう一つ、京都の都市改造で注目すべきことがある。戦前の時点で、上記の七本の道路拡幅を実現できたことですら、震災復興を除けば例外的であったにもかかわらず、それにとどまらずに、さらなる道路事業を実施している点である。

一九一九年の旧都市計画法のもと、京都市区改正設計が定められ、いわゆる洛外の部分の市施行による土地区画整理事業とそれにともなう幹線道路の整備などが進められた（図3、外側の道路網）。一九三〇年代前半に西大路通と北大路通の全体と東大路通（東山通）の未通部分（七条通以南九条通までと丸太町通以北北大路通まで）などが実現したのである。このほか、河原町通と九条通も実現している。グリッドがさらにひとまわり外郭へ向けて拡げられたのである。

ここにも、もとからあったグリッドの計画の慣性力とでもいうべきものが影響している。なお、このうち三大事業で拡幅された街路の地区内を貫通しているのは河原町通だけである。河原町通はちょうど東山線と烏丸通の中央を南北に抜くように南北に通っている。が、当初は高瀬川を暗渠化して、木屋町線を拡幅する計画だったものが、反対運動から河原町通の建設へと変更になったものである。

計画の推進はまだ続く。次なる契機は戦時中の建物疎開だった。

一九四五年三月、のちに御池通、五条通、八条通および堀川通・紫明通となる一帯が幅員六〇メートルの防空空地帯に指定され、三月半ばから四月半ばにかけて五万戸を超す対象家屋の取り壊しが進められた。

この様子がいちばんよくわかるのが御池通だろう

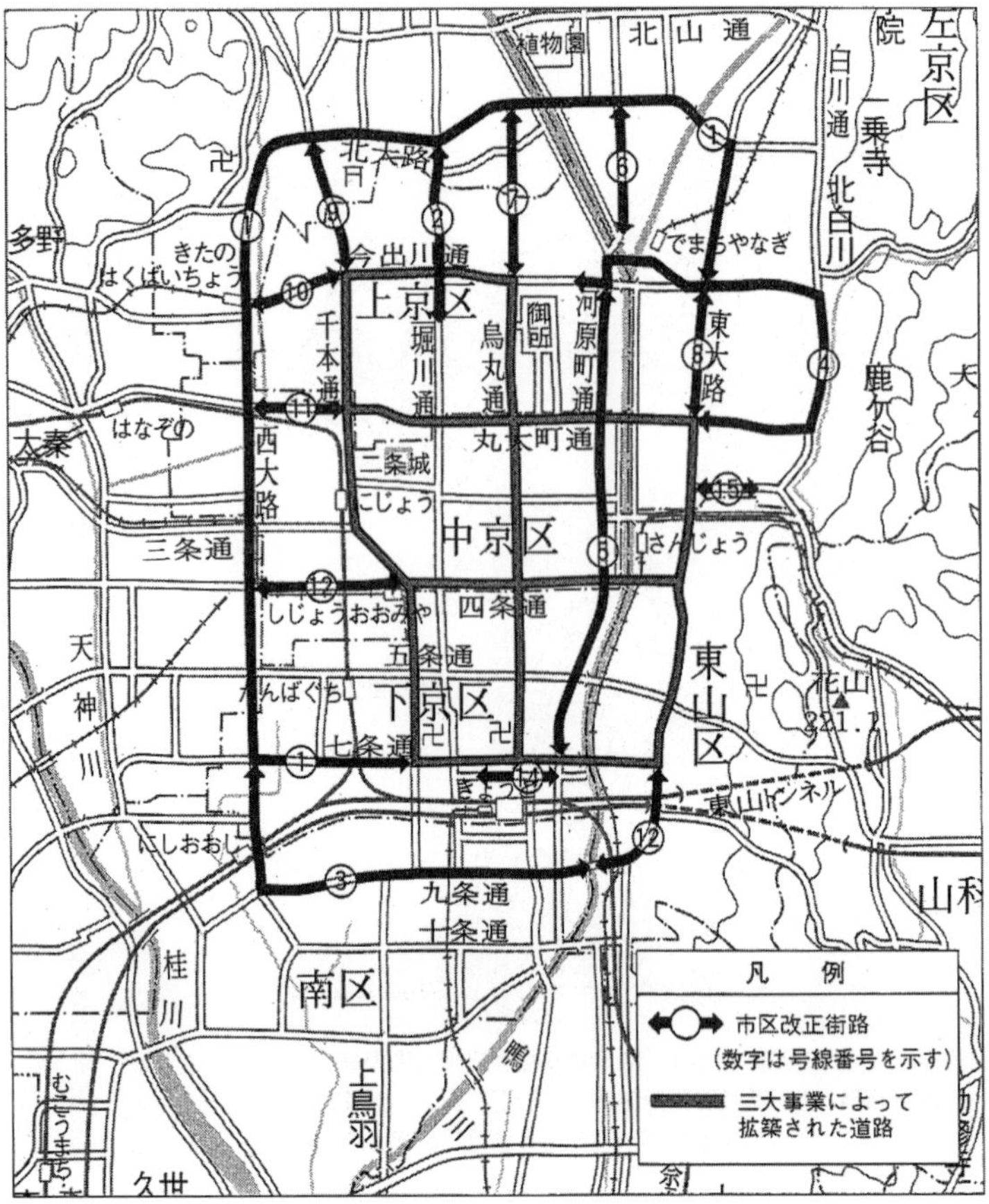

図3　1906年からの三大事業および市区改正によって拡築された道路。戦前に京都の幹線道路網の大部分ができていたことがわかる。ここに載っていない御池通，五条通，堀川通などは，のちに戦時中の建物疎開による防空空地として造られた（出典：『建設行政のあゆみ――京都市建設局小史』建設局小史編さん委員会編，京都市建設局，1983年，27頁）。

写真5　建物疎開によってできた御池通。京都市庁舎前あたりから西を見る。

（写真5）。御池通は市庁舎前を東西に走る幅員五〇メートルの大街路であるが、東西の端がとても不自然である。東端は鴨川を渡ったところで川端通にぶつかって終わっているし、西端は堀川通までが片道三車線と広くて、その西は御池通という名称はあるものの、片道一車線へと急に狭くなりそのままＪＲ二条駅に突き当たる。このように御池通は計画都市京都としてはじつに不可思議な幹線であるが、これもこの道路がかつての建物疎開でできた防火路線帯だったと思えば合点がいく。

これらの疎開空地は戦後すぐに都市計画道路として位置づけられ、こんにちの大幹線道路となっている。その配置を見ると、堀川通は千本通と烏丸通の中間、御池通は丸太町通と四条通の中間、五条通は四条通と七条通の中間というように、三大事業で拡幅された街路のちょうど中間あたりを通っている。

写真6　三条烏丸の交差点東南隅に建つ京都市道路元標。近世の幹線（三条通）と近代の幹線（烏丸通）の交点に据えられている。近世と近代の交点に大正のへそが置かれている。

こうして戦後すぐの段階で、京都の都心部の主要な幹線道路はできあがっている。戦災を受けていない都市で、ここまでできているのだ。これはもう、かつてあったグリッドの慣性力とでもいうほかない。計画が計画を呼ぶ。京都がいかに計画の重畳する都市なのかがわかる。

戦後の高度成長期以降、京都の都心部でインフラに関して大きな動きがあるのは、市電の全廃（一九七八年）と地下鉄の導入（一九八一年より）、川端通の整備（一九八七年より、京阪本線の地下化にともない地上部分を整備）、京都駅ビルの大改築（一九九七年竣工）くらいではないか。すでに戦前の段階でほとんどのインフラが用意されていたからである。それでも京都が古都のイメージを保持することができているのは、グリッドの力というほかない。

新しい京都駅ビルも、烏丸通から京都のまちへ入る巨大な門としてデザインされている。現代の羅城門である。これも京都にグリッドがあったから、発想されたといえる。ただし、かつての朱雀大路が烏丸通に変わったとしても、目印とした北の船岡山に匹敵するものは存在しない。あえていうと、南の京都駅そのものが現代の船岡山（あるいは御所か）として烏丸通の目標となるようにデザインされたということだろうか。

そういえば京都市の道路元標は三条烏丸の交差点の南東隅にある（写真6）。近世の目抜き通りである三条通と近代になって朱雀大路の役割を果たすことになった烏丸通の交差点、つまり近世と近代とが交差するところに大正のへそが置かれている、というのも意味深ではないか。

都市計画というものはけっして過去を否定するばかりではない。都市計画道路でさえ、歴史都市のイメージを保ちつつ、過去を現代と結びつけることも不可能ではない。一人のプランナーとして、京都の近代史からそのことを学び取ることができるのは得難い喜びだ。

注

（1）『京都歴史アトラス』足利健亮編、中央公論社、一九九四、九六頁。

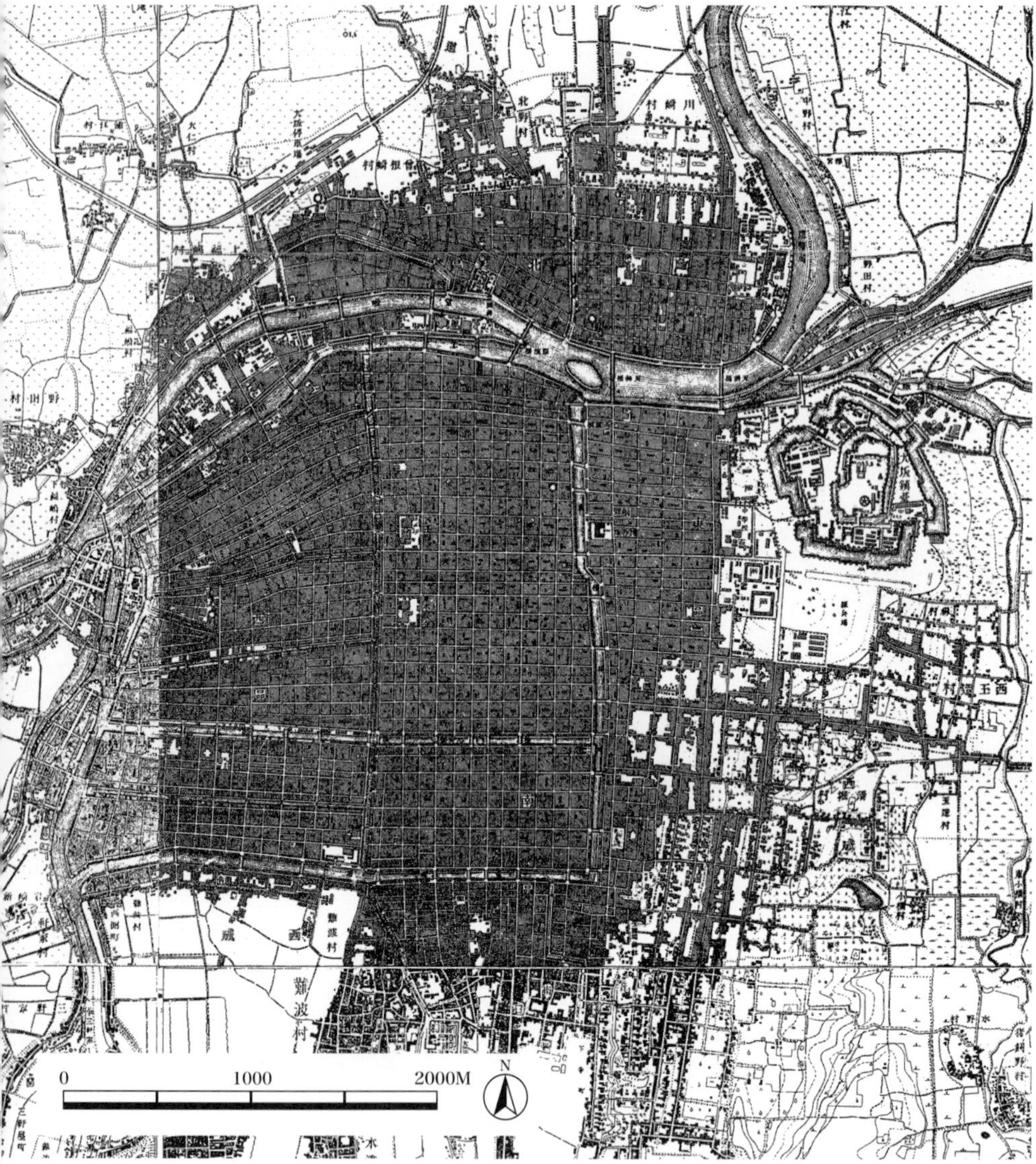

図1　国土地理院所蔵 二万分一迅速図「大坂」（部分），1885年測図；「天王寺村」（部分），1886年測図；「天保山」（部分），1885年測図；「尼崎」（部分），1885年測図，すべて発行年記載なし。

27 大阪

——秀吉の構想を生き続ける都市

大阪駅と難波駅、それをつなぐ御堂筋

ＪＲ大阪駅を降りて、阪急や阪神の終点兼デパートが建つ中央南口に大勢の人に流されるように向かうと、新しいビルが競い合うように建つ梅田の中心地に出る。ビルの谷間を中之島の方角へ歩き出すと、これがなかなかわかりにくい。

戦後すぐの闇市が広がっていた時代の雰囲気は一掃されてしまい、見事に広げられた道が縦横に延びているのだが、それぞれ少しずつカーブしており、かつての迷路的な様相をとどめているといえる（写真1）。大阪の中心部は道路が碁盤の目のように東西南北に通っているのに、大阪の玄関口はそういうわけではないのだ。

そのまま一路南をめざすと広い梅田新道交差点（この交差点は現在、国道一号線の終点で国道二号線の起点となっている）を横切り、さらに迷路のような盛り場に入り込んでしまう。ここが曾根崎新地、いわゆるキタの繁華街である。

そして堂島川の川筋に出て、近代的なオフィスビルが並んでいるのを見て、ようやく大阪の方向感覚を取り戻す（写真2）。川を渡ると中之島、さらにその先は船場（せんば）である。ここまでくると道に迷いようがない。見事なグリッド都市だからである。

船場とは北の大川（旧・淀川）・土佐堀川、東の東

写真 1　大阪駅前，阪神前交差点から南東を見る。正面に見えるのが御堂筋の起点。かつての梅田新道。右手前から左奥に走っているのが扇町通。いずれもかつての大阪駅前の迷路性を宿しているように湾曲している。

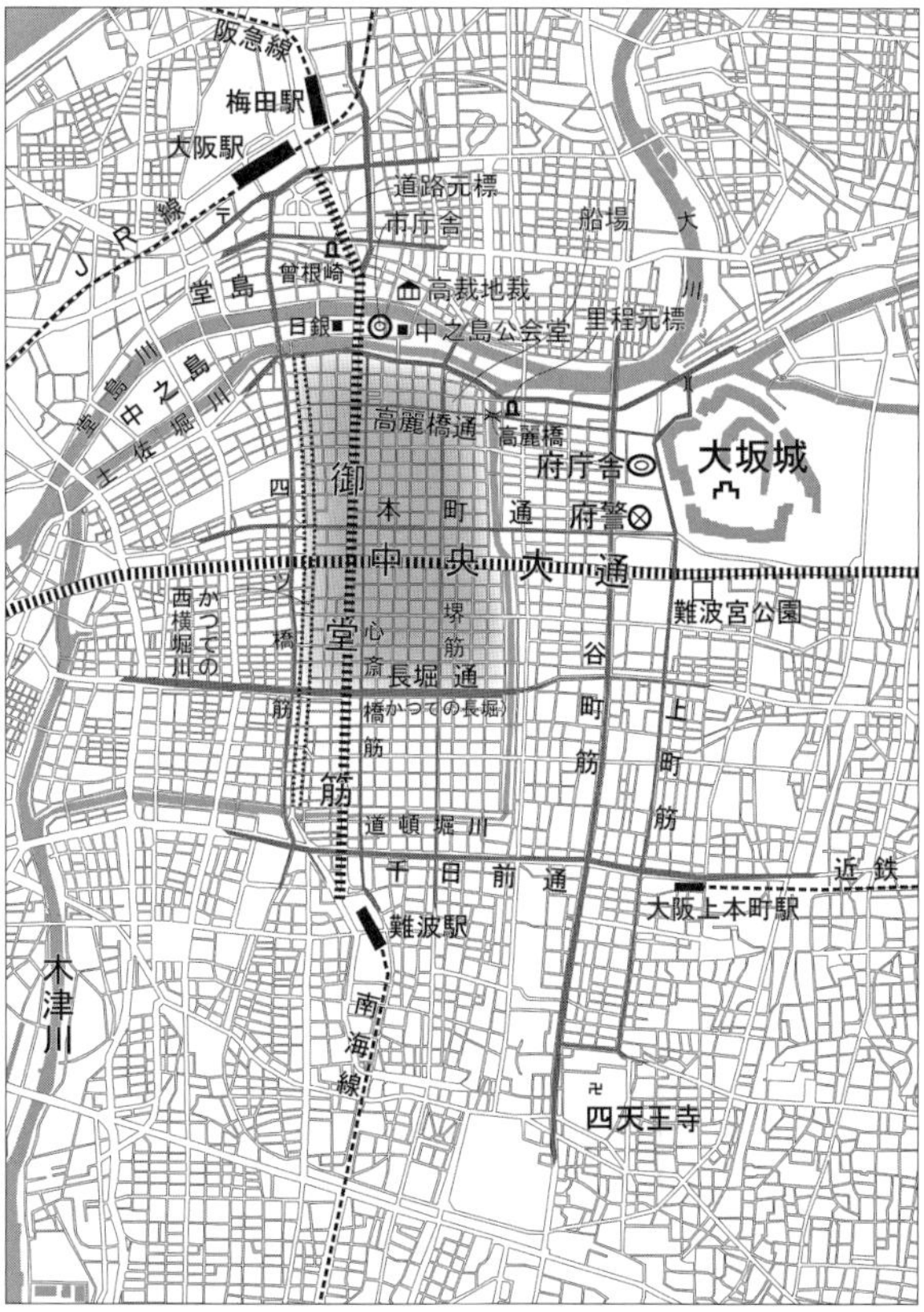

図 2　大阪の都心模式図。都心の姿は図 3 の 17 世紀半ばからそれほど大きく変わっていない。いくつかの幹線が挿入され，通りと筋が少しずつ拡幅され，鉄道路線が加わった程度である。

写真 2　中之島から北に堂島川を見る。左手の橋は御堂筋建設のときに新たに架けかえられた大江橋，南側右手奥の大きな建物は大阪市庁舎，その手前は日本銀行大阪支店。

写真 3　東横堀川。高麗橋の上から南を見る。今では阪神高速 1 号環状線が上を通り，水面も限られている。ちょうど道頓堀と大坂城とを結ぶ船が来たところ。

横堀川（一五九四年開削、写真3）、西の西横堀川（一六〇〇-二〇年頃開削）、南の長堀川（一六一九-二二年開削）によって囲まれた矩形の土地で、長堀川の南、道頓堀川（一六一二-一五年開削、写真4）までの矩形の土地が島之内である。船場と島之内のなかの道路は東西南北の格子状で、街区はほぼ例外なく四〇間四方の正方形となっている。堀はいずれも五百石船や千石船が行き交う物流の大幹線だった。

　ではなぜ、このような見事な計画都市が迷路のような駅前地区をもっているのか、それも大阪駅前と難波駅前の二つも。――答えは簡単、一八七四年に官設鉄道の大阪駅（当初は梅田停車場）ができたとき、堂島の北側の曽根崎村に、つまり都市のエッジに造られたからである。大阪城下町にとって大川は各藩の蔵屋敷が建ち並ぶ流通基地だった。それが後年、

写真４　道頓堀川，戎橋付近。大阪の堀川のなかで唯一上空を覆われることなく，かつての姿を感じさせてくれる。近年整備されたとんぼりリバーウォークによって堀がさらに身近に感じられるようになった。

次第に北側に花街や飲み屋街ができ、さらにその北側に接して大阪駅が造られたのである。

　このことは大阪の南の玄関口、難波にも同様にあてはまる。大阪で最も歴史の長い私鉄駅である南海線の難波駅（一八八五年、阪堺鉄道の駅として開設）周辺の曲がりくねった複雑な道の風景は、大阪に隣接した自然発生的な集落、難波村に由来している。このすぐ北側に東西に掘られた道頓堀川までが大阪の計画都市である。ミナミの新地にも花街ができ、繁華街ができた。

　そして北の玄関口と南の玄関口をつなぐように南北に造られたのが御堂筋である（写真5）。一九二六年に着工、三七年に竣工した近代大阪の背骨である。御堂筋は大阪駅前が起点で、中之島を通り、道路完成と同時に新たに架橋された大江橋・淀屋橋というモダンなコンクリート橋梁を通過し、南はちょうど難波駅のあたりで終わっている（ただし、大阪駅前から淀屋橋の区間はすでに一九〇八年に梅田新道として完成していた。のちに御堂筋の一部となった）。

写真５　御堂筋。本町通交差点から北を見る。幅員 24 間の近代大阪の背骨は，計画認可から 18 年後，工事着工から 11 年で 1937 年に完成した。

　明治中期から後期にかけて発生した駅、とりわけ私鉄のターミナル駅デパートの南北核を大正時代に結ぶことによって、大阪の近代の骨格が定まったといえる。

　大阪の背骨が大阪駅と築港とを結ぶ軸ではなく、キタとミナミの商業核を結ぶ路線であったことは示唆に富む。大阪は都市発展の方向として、港に顔を向けるより、人間に顔を向けたのである。以降、大阪が港の印象を薄めていくのも、ここに由来するのかもしれない。

大阪の街路の近代化

　ただし、御堂筋は単独の事業だったわけではない。陸路は物流の広域的な幹線ではなかったため、大阪には広幅員の道路がまったくなかったので、面的な都市改造が必要だった。それが一九一九年に内閣認可を得てまとめられた大阪市区改正設計である。六二路線が計画され、昭和の初めまでにうち四〇路線が完成している。その目玉となるのが幅員二四間の唯一の大路、すなわち御堂筋だった。

　この計画立案を主導したのが当時の助役、のちに市長となる関一（せきはじめ）だった。また、御堂筋と平行して道路の下に、やはり大阪初の地下鉄、御堂筋線が建設され、一九三三年に最初の区間として梅田駅―心斎橋駅間がオープンした。今でも淀屋橋駅や本町駅、心斎橋駅など御堂筋直下の地下鉄駅のアールデコがかったプラットフォームに立つと、モダンな近代都市を造り出すぞという熱い思いを感じる。

　では、御堂筋ができる前の大阪の南北の幹線はどこだったのか。

　江戸時代以来の南北軸は堺へと続く紀州街道のルートでもある堺筋だった。近代になってからも堺筋には問屋や百貨店が建ち並び大阪の目抜き通りであった。

　これにもう一つ加えられた南北の幹線が一九〇八年に市電南北線が開通した四ツ橋筋である。南北線は大阪駅と湊町駅（一八八九年開設。のちのＪＲ難波駅。ただし現在の駅の位置は湊町駅とは少しずれている）、

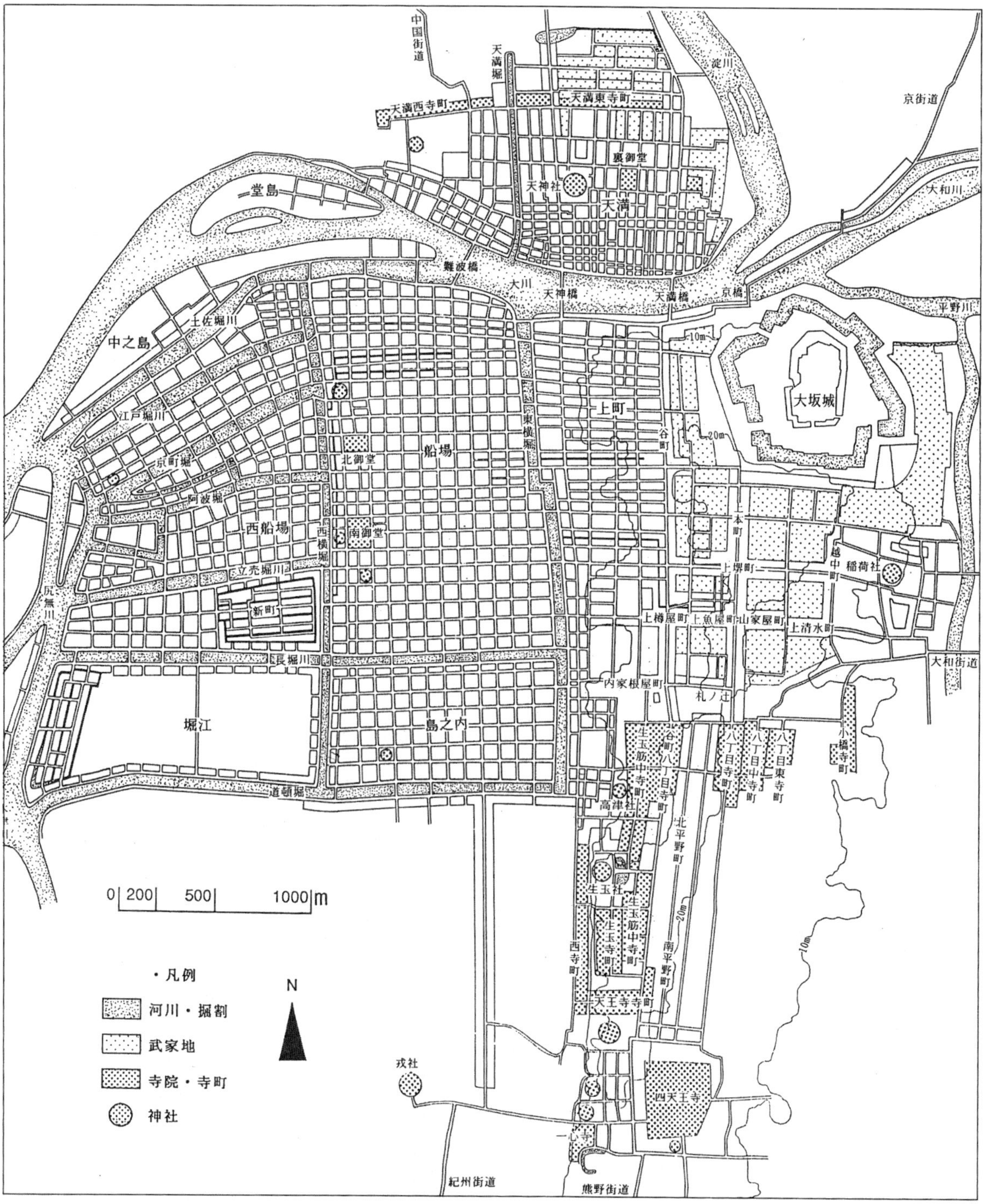

図 3　明暦期（1655～58 年）の大坂城下町復元図。1655 年頃の初期大坂の様子。堀江の低湿地の開発はまだ途上である（出典：『まちに住まう：大阪都市住宅史』大阪市都市住宅史編集委員会編，平凡社，1989 年，118 頁）。

南海電鉄の難波駅を結んでいた。

同時に開通した市電東西線は長堀通を走っていた。東西線と南北線とで大阪のまちを十文字に切り拓くことになった。ついで市電堺筋線が開通したのは四年遅れの一九一二年だった。

こののち大阪は大規模空襲に限っても八度、被災面積五〇平方キロメートル、大阪環状線内から大阪港まで廃墟となる壊滅的な被害を受けることになる。戦災復興計画のなかで御堂筋と交差する大幅員の東西路の計画が打ち出され、これが後の最大幅員八〇メートルの中央大通として結実するが、この通りは車両交通の幹線ではあるものの、御堂筋に匹敵する都市の背骨とはいいがたい。関東大震災前に構想された御堂筋がそのまま背骨として生き続けることとなった。

こうしたなか、戦争が実現させた計画がないわけではない。一九三九年、船場に課された後退建築線である。都市計画の世界では船場建築線と呼ばれている。これによって船場の古くからの東西路、南北路は両側それぞれ二メートルずつ後退して建築することが定められた。これは建物が建て替わるときに適用されるので、通常は実現するまでに相当の時間がかかることになるが、戦災が一挙に課題を解決してくれたのである。それも用地費なしで実現させた。計画冥利に尽きるとはこのことだ。

それにしても残念なのは、この後退建築線は船場のみで、島之内にはかけられなかったことである。現在、道頓堀周辺を歩くと、船場と比較して道幅が窮屈なのを感じるが、これは戦前に道路位置指定をしたかしないかの差であった。それが現在の通りの雰囲気に大きく影響しているのである。

城下町としての大坂

しかし、ちょっと待てよ。大阪は商都とはいえもともと城下町のはずである。その前は石山本願寺の寺内町だった。さらにその前は、難波京の都であった。ところが今の大阪都心部にはそうした時代の影が感じられない。

たしかに大阪府庁はお城の西隣、かつての武家地、のちの陸軍用地のところに立地してはいるが、市役所は中之島であるし、地方裁判所は西天満という具合に、お城周辺が一大シビックセンターになっているというわけではない。そもそも役所の位置も変転がある。たとえば、大阪市役所は当初、府庁とともに江之子島にあり、一九一二年に堂島浜通へ、そして一九二一年に現在地へと移っている。

写真6　竣工間もない御堂筋の絵はがき。「都市美を誇る御堂筋の街景」とある。1919年に市区改正設計として幅員24間で計画決定し，1937年に竣工した。

江戸時代を通じて大坂は天領であり、もともと武士の影が薄い都市であったことはたしかだが、それにしてもお城もあったし、その後ほとんどは陸軍用地になったとはいえ、武家地もなかったわけではない。いったいどうしてその後の近代化のなかでそれが実感できにくいのだろうか。

大坂城は計画市街地のいちばん東側に位置している。大坂城のあたりを北の頂点としてそこから南に向けて上町台地と呼ばれる細長い微高地が続いている。大坂城周辺は標高が二〇メートル前後と上町台地でもっとも高くなっている（写真7）。大坂城の東から北にかけては旧・大川と旧・大和川、平野川が合流する地点であり、川を越えた東側には広大な湿地が広がっていた。

写真7　大手門あたりの本町通，西を見る。左手が大阪歴史博物館，NHK，右手が大阪府警察本部の建物。いずれも上町台地の上に建っている。そのため下り坂が実感できる。

ここに秀吉によって一五八三年に城下町が建設されたとき、当然ながら台地に沿って、北の城郭から南の四天王寺まで市街地がひらかれている。当初の大坂城下町は南北を主軸にした都市だった。その北端が京街道の起点、京橋だった（写真8）。ここの北詰に高札場があった。今では京橋というとJRの駅名を思い浮かべてしまうが、もともとは大坂城の北側、寝屋川に架かる橋の名前である。

一五九四年に惣構堀の一環として東横堀川の開削がはじまり、上町の市街地が三の丸の武家地となる。ここまでは南を向いた都市だったといえる。

ところが、その後すぐ、九七年より東横堀川の西側の計画的開発が始まり、船場のまちが形成されていった。当初は心斎橋筋あたりまでが開発されたようで、まちの西の押えが南北の御堂のあたりだったと考えられる。

　その証拠に御堂筋から西側は格子状の道路の微妙な食い違いなどの構成のずれが散見される。このずれはかつての西横堀川以西ではさらに大きくなる。このように一五九七年以降、大坂は西を向いて開発が進められた。

　そして大坂の陣の戦乱後の復興を経て、一六一九年には大坂三郷と呼ばれる、北組・南組・天満組からなる市街地の組織化が実施された。北組と南組はいずれも船場で、両組を分けるのが本町通だった。ここまでに成立したまちを古町と呼び、それ以降さらに急速に西に向けて木津川まで進められた西船場や堀江などの開発地を新町と呼ぶ。

　この時期、都市の拡大がなぜ西に向かったかというと、西に港があり、開発余地のある土地が広大にあったからだろう。低湿地ではあったが、堀を開削して、出てきた土で地盤をかさ上げすれば宅地が生まれる。さながらアムステルダムのような都市建設である。そこに舟運が得られれば一石三鳥である。

　したがって一六世紀末以降の大坂のまちは東西が主軸となる。大川以南の古町では東西路が「通」と呼ばれ、幅員四間三分、南北路の「筋」は通称だったが、幅員三間三分だった。

　正方形の街区の中央東西に背割り線が走り、そこに東から西に下水路が整備されていた。いわゆる太閤下水である。それぞれの町家は東西路に面して正面を向けていた。西下がりの地形に背割りの下水を通し、町割りをしたのだから東西の通りが軸となるのは自然である。現在もこの地名表示は受け継がれている。当然、お城に近い方が一丁目ということになる。

ヨコ軸とタテ軸

　このように江戸時代を通じて大坂は一貫して東西路中心のヨコ軸のまちだった。その代表的な通りが高麗橋通である（写真9）。

　この通りはお城に至るメインアクセスルートであり、お城の手前に東町奉行所や谷町代官所（西町奉行所跡）があった。お城に向かって高麗橋通、さらには高麗橋を渡って島町通を歩くと、秀吉が建てた天守が正面に見えたと考えられている。船場側には呉服店が建ち並び、三越の前身、三井越後屋もこの通りに本店があった。

　高麗橋東詰には高札場が置かれ、ここはまた明治に入って里程元標が設置されたところでもある。高麗橋は小ぶりではあるが、かつて一二あった公儀橋（幕府がメンテナンス等に責任をもつ橋）の一つであり、近代に入って最も早く一八七〇年に鉄橋に架け替えられたのもこの橋だった。その後も大阪と他都市とを結ぶ道路の距離計算の基準として一九一九年まで機能していたのである（一九年制定の旧道路法によって定められた道路元標は中之島の市役所前に設置され、その後一九五二年に御堂筋の梅田新道交差点へと移動した）。

　現在では高麗橋通はごく普通のビジネス街になっ

写真8　京橋北詰から南を見る。このあたりに高札場があった。ここが京街道の重要なルートであった。

写真9　高麗橋西詰めから高架の高速道路を背に東を見る。西詰めあたりに高札場があった。のちに里程元標も置かれた。

写真10　高麗橋通。高麗橋西詰めから東を見る。高速道路が川の上を走っているのがなんとも痛々しい。

ており、高麗橋には阪神高速の橋脚が覆いかぶさり、昔の面影を探すのは難しい（写真10）。

　これほどはっきりしたヨコ軸中心のまちであったものが、近代に入って、タテ軸中心に変わってしまった。それを決定的にしたのが御堂筋だった。

　しかし思い返してみよう。古代の難波宮は南北軸中心の都城だった。難波宮から真南に朱雀大路が走っていたものと考えられている。古くからの熊野街道も上町台地を南北に通っていた。

　石山本願寺の寺内町の姿ははっきりしないが南北軸が基本だったようだ。江戸時代の大坂はヨコ軸中心のまちだったけれども、豊臣秀吉が建設した当初の大坂城下町は四天王寺に突き当たる南北軸中心のまちだった。四天王寺自体は難波京の一部として配置されたのであるが、それがのち、秀吉の時代には都市軸の基準となったのである。

　都市の変転というものは興味が尽きない。しかし、ここまでの時代いずれも、南北のタテ軸を中心に都市が考えられていたことは共通していた。それが上町台地の形状に沿った自然の姿なのである。

　おそらく最晩年に大坂城下の西部開発を命じた秀吉は、はじめに武家地と寺町、近郊から移住させた町家地区を中心としたタテ軸の都市を造り、のちに淀川河口の港町に向けて西進するヨコ軸の都市として展開する意図を当初から抱いていたのではないだろうか。全国平定の戦を続けながら、このような壮大な都市計画を構想し、短時日で実現したということはおそるべきことである。そもそもこれほど巨大な城下町を平地に建設するということも大坂が初めてである。

　船場・島之内・西船場の計画的市街地ができあがったあと、四〇〇年近く経過しているが、その間、ついに秀吉の構想に異を唱えるような面開発はなされなかった。大阪の都心三区（中央区〈旧・東区と旧・南区〉、西区、北区）の面積は合計で二四・四平方キロメートル、東京の都心三区の半分強である。この面積がすでに江戸時代の初めに完成してしまっているのである。

　むしろ、御堂筋の建設（一九二六―三七年）や船場建築線（一九三九年）といい、長堀川の埋立て（一九六〇―七一年）や西横堀川の埋立て（一九六四―七一年）といい、阪神高速道路の建設（一九六四年開通）までも、近代の事業というものは、過去の実績を食いつぶすか、少なくとも過去に寄りかかったものであった。

　近代が新たに造った面的な都心空間としての代表格は冒頭に挙げた梅田と難波のターミナル周辺の町並みだろうが、ここには自然発生的な街路を活かしてきた迷路的なおもしろみはあるものの、空間構成にそれ以上の積極的な意図があったとは思えない。

　現代大阪のまちは一六世紀末の秀吉のおどろくべき都市開発の構想のまわりを今も旋回し続けているようだ。元来、武家地が少なく、それらを転用することによる近代化に限界があったということもあるが、従うに値する偉大な構想を早い段階で実現させた都市ならではの姿といえるかもしれない。

　それにしても秀吉は稀代の都市計画家だった。そして、秀吉が構想した都市大坂は、近世城下町の枠さえも越境できるような下地を持っていた。だから現代大阪には近世の影がうすいのではないだろうか。

28 神戸
――東遷するモザイク都市

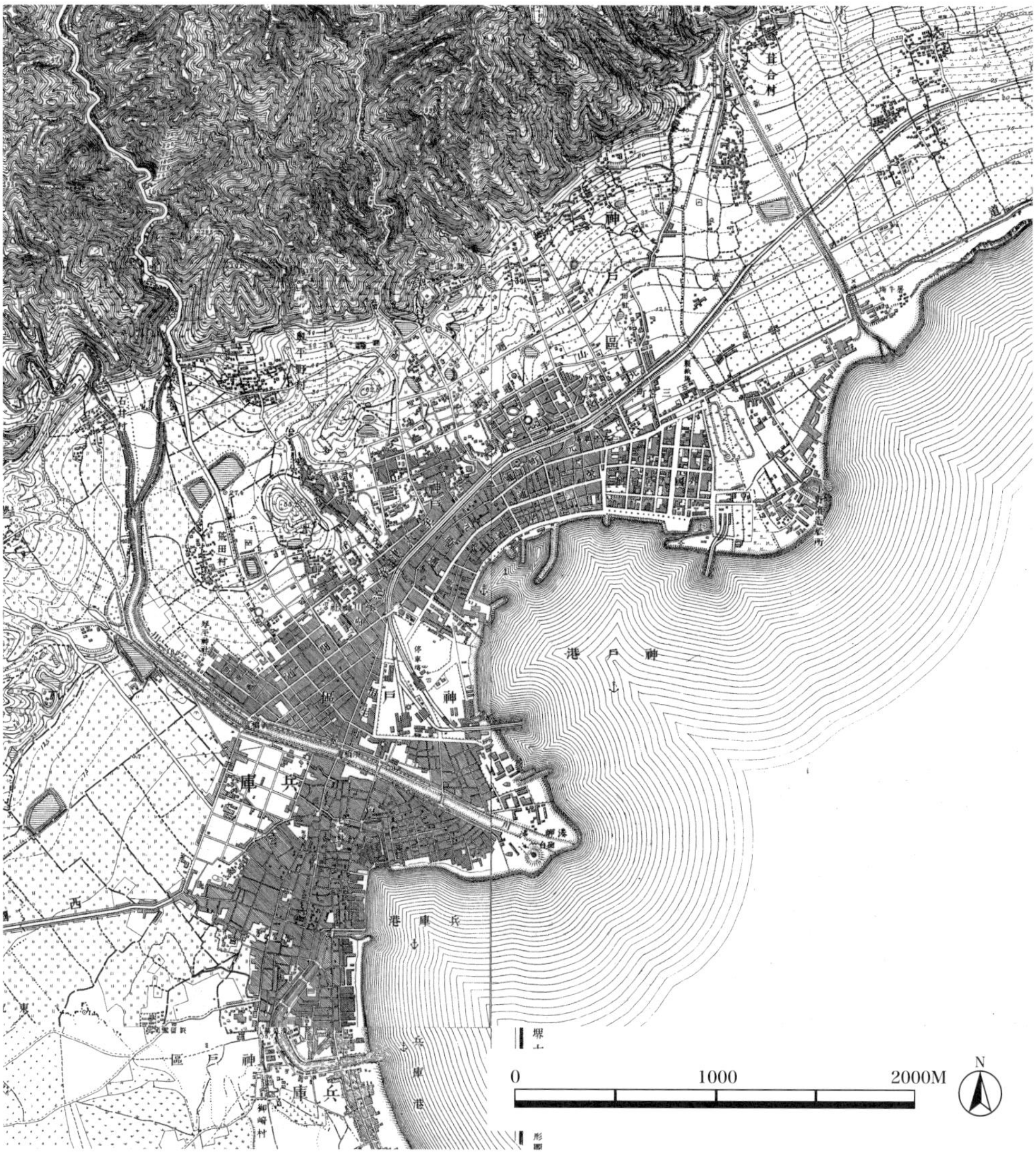

図1　国土地理院所蔵 二万分一仮製図「神戸」(部分), 1885年測図, 1888年発行;「兵庫」(部分), 1886年測図, 1888年発行;「須磨村」(部分), 1885年測図, 1888年発行。

神戸と横浜

神戸は開港五都市のなかでもよく横浜と並び称される。たしかに、近接都市である江戸や大坂から近いところにほとんどゼロから新しい港を開いたこと、それが江戸や大坂を開港せずにすませるためだったこと、ところが開港後またたく間に大都市に成長していったこと、居留地を中心とするハイカラな文化が都市を特徴づけていること、現在も国際港としての役割を担い続けていることなど、両者に共通点は数多い。

しかし、異なる点も少なくない。

地形的な特徴が異なることに由来するさまざまな異同はもちろんだが、それ以外にも、神戸には近くに兵庫津(ひょうごつ、かつては輪田泊)という古代以来の湊町が近くに存在していたこと、その結果、神戸は兵庫津から居留地まで次第に市街地がひとつながりとなり、まちの**へそ**も元町から三ノ宮にかけて、判然としないことなどが挙げられる。対する横浜では、神奈川宿が横浜から離れていたこともあって、どのように横浜が肥大化したとしても、日本大通りを中心軸とした都市の構造は動かなかった。

都市と港との関係を見ても、横浜では港湾開発の場所が都心近くから次第に遠ざかるように移動していったために今でも都心と港との関係が近く、間近

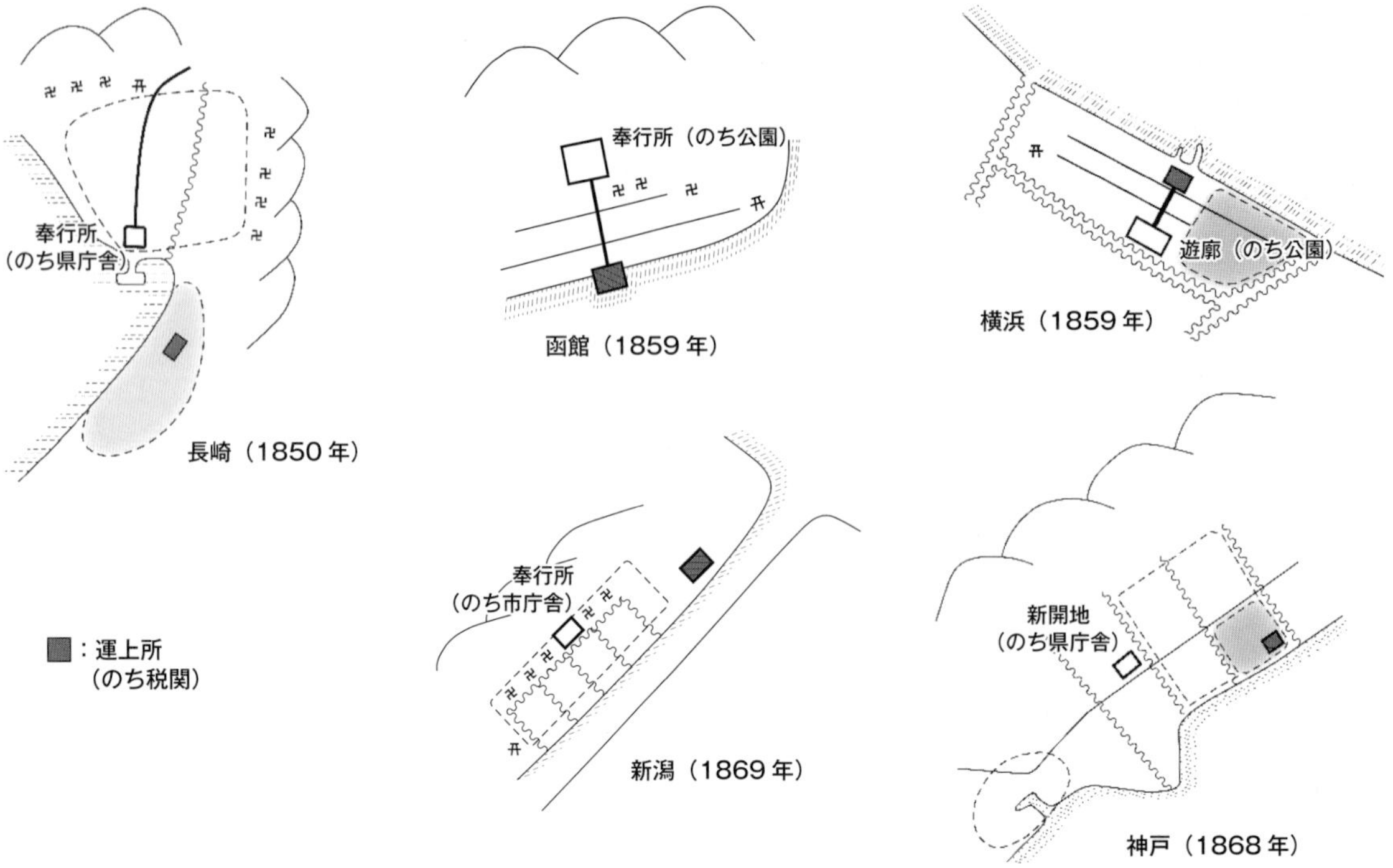

図 2　開港 5 都市の運上所の立地模式図。

に海を感じることができるが、神戸の場合、港湾機能はその後も居留地近くに残り、そのうえ阪神高速や阪神国道（国道二号）が旧居留地と港との間に建設され、都心と海との関係が希薄となっている。背後に山が迫り、東西幹線を敷設する場所が限られているという阪神間の特徴がこうした都市構造をもたらしたといえるだろう。

税関の位置

開港場にまず造らなければならない必須の重要施設として、運上所（当初は湊会所、のちの税関）がある。海外とやりとりされる物資が必ず通過する必要があるこの施設は、当然のことながら、港の先端に、それも港に入ってくる外国船が一番先によく見える

図 3　神戸の都心模式図。 江戸時代までの都心である兵庫津と明治以降の都市化の核となった居留地の間に東西に長く広がった都心ベルト。両者を元町商店街や神戸ハーバーランドなどがつないでいる。そこに東から順に生田川，鯉川，宇治川，湊川が流れていた。

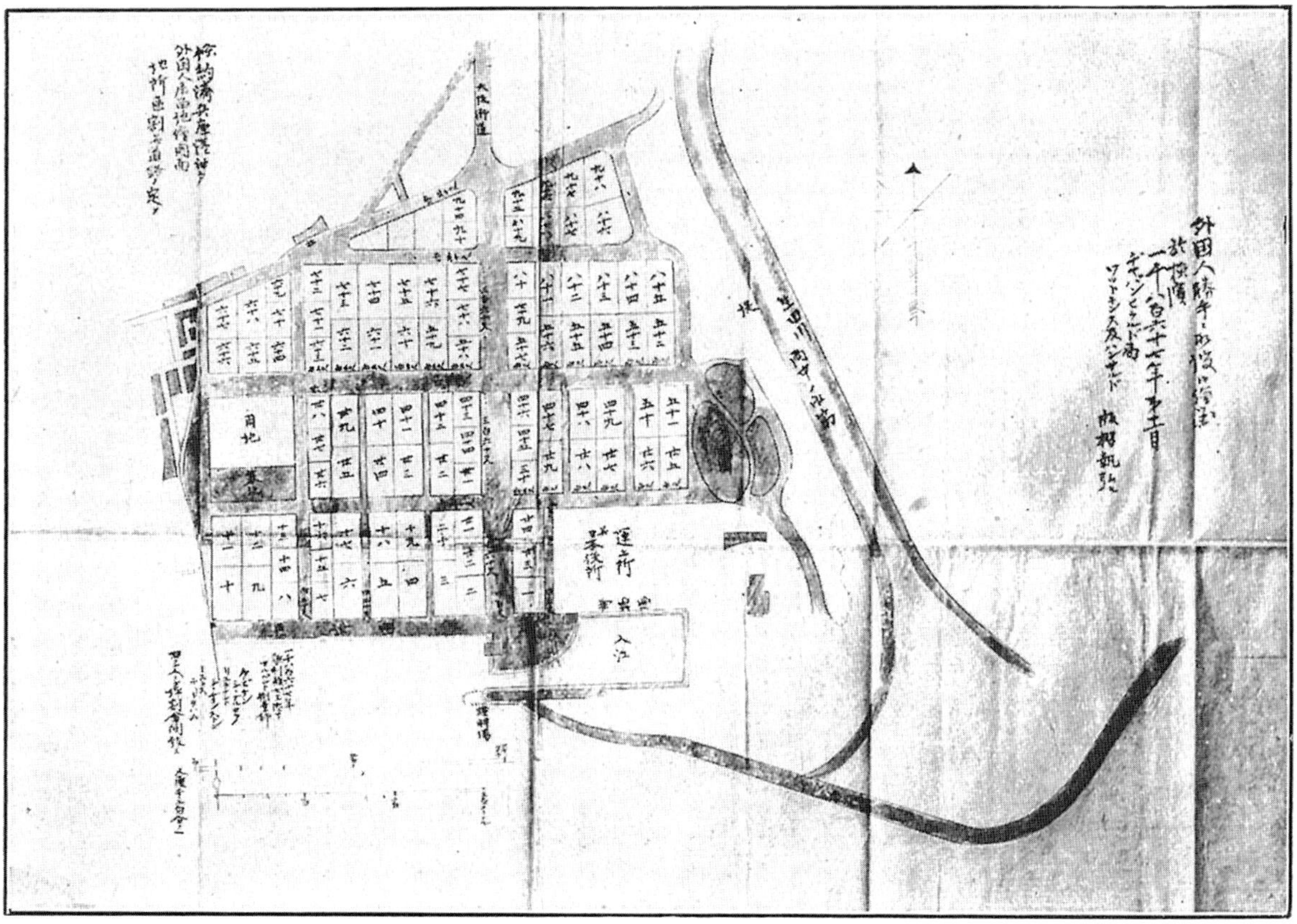

図4　最初の居留地区割図（1867年）。京町筋は北から来る大坂街道の延長上に計画されていた。しかし，現実はそうはならなかった（出典：『神戸市史』第1集，付図，神戸市役所）。

ような位置（それは同時に外国船からもまず最初によく見える位置）に造られた。同時に、運上所は陸側からしても国内における物資流通の集散拠点でもあるので、その配置や都市のなかでの位置づけには配慮がなされたはずである。

開港五都市を比較すると（図2）、大きな港町がそのまま開港された長崎と新潟では、既成市街地からやや離れた港の尖端部に運上所が造られた。一方、比較的小規模な集落があった横浜と函館では、いずれも既成の集落軸だった弁天社に通じる弁天町（函館）・弁天通り（横浜）が海岸線と平行して通っているのに直交させて、海から陸に至るまっすぐな新規の都市軸をつくり、その突端、海に面したところに運上所を造っている。反対の端には横浜では遊郭（のちには横浜公園）があり、函館では幕府の奉行所（のちには開拓使函館支庁、函館公会堂）が立地した。函館も横浜も、水の神である弁財天を祀った祠とそこへ至る道が都市の最初の構造だった。

これに対して神戸の場合は、新規の開発地でありながら、運上所の位置が都市構造を決定づけるような役割を果たしているわけではない。一八六七年の居留地区割図を見ると（図4）、兵庫運上所は居留地の東南隅、（旧）生田川の河口にいちばん近いところにあった。現在の神戸税関の通りをはさんですぐ北側である。現況の道路パターンは当時とは異なっているが、中央に南北に通る京町筋や運上所の相対的な位置は変わっていない。

新都市を造る条件が最も整っていたはずの神戸で、なぜその中心的な都市施設であるはずの運上所が都市を決定づける要因となっていないのだろうか。

それにはいくつかの理由が考えられる。

まず第一に、神戸居留地のプランが居留地内部から発想されていることがある。

たしかに居留地内部は、外周に道路を巡らし、中央南北に幅九〇フィートの京町筋を配し（写真1）、そのほか歩道をもった東西二本、南北四本の道路を計画的に張り巡らせ、海岸縁に緑地帯とプロムナード、東側にリクリエーションのための遊園（一八七六年に内外人遊園として開設、のちの東遊園地）をもつといったモダンで自足的な住宅地として計画されている。

京町筋の南には入り江の港が見えるように配慮されている。運上所は入り江の東側に配置され、京町

写真1　京町筋。仲町通との交差点あたりから北を見る。居留地の中心軸ではあるが，横浜の日本大通りのような行政軸になっているわけではない。

筋の突当りに置かれるような配置にはなっていない。京町筋から海が見えるプランのほうが重要だったのだろう。運上所の立地はもっぱら機能優先のように見える。神戸居留地のプランは自足的住宅地をめざしたもので、より広域の都市的な構想には欠けていたように私には見える。

また、当時居留地北側に接していた西国街道との関係も切れている。このことは両地区の軸線がずれていることからも容易に読み取れる。むしろこうした外部空間と無関係に、居留地の建物が独自の世界を造り出すことが強調されているようだ。そうならざるをえない隔離された現実があったからだろうか。

これは設計を行ったイギリス人技師、W・J・ハートのデザインの方針であったかもしれないが、それ以前に、幕府から許可された居留地の規模が、旧・生田川（現・フラワーロード）以西で鯉川（現・鯉川筋）以東と限られていたことも要因としてあった。さらに、日本人の居住地はすでに兵庫津があるため、これを計画のなかに含める必要がなかったことや、かつて勝海舟がつくった神戸海軍操練所（一八六四–六五年）の跡地あたりを運上所として活用したという経緯があって、運上所を最初から居留地の計画のなかに組み込んでデザインすることができなかったという面もあるのかもしれない。兵庫運上所は一八六八年一月一日の開港前にすでに竣工していたようだ。

皮肉なことに居留地が内向きで設計された結果、居留地内の環境が周囲と比べて格段によく、それが訪れた外国人にも大変好評だったようだ。また、今でも旧居留地のところだけは、道路の向きや道幅、街区の大きさなど、まちのつくり方が周辺から隔絶しているために、旧居留地はモザイクの一つのピースとして生き残ることができ、これが居留地の個性を保つことに寄与している。

一方の横浜では、居留地がとぎれなく周辺と同化してしまっているために、かえって居留地固有の雰囲気は薄まってしまっているように見える。

いずれにしても、外国人居住地区が横浜の五分の一程度と小規模で、はじめから雑居地が認められたことなど、神戸は横浜とは異なった条件で都市の姿を考えなければならなかったことが、こうしたことに色濃く反映しているのだろう。

神戸居留地のプランは内部完結していたのに、旧・生田川の氾濫の危険があるうえ、居留地が狭かったせいか、外国人居住地区が旧・生田川から宇治川の間で山手まで拡げて雑居が認められていたために、都市の諸要素は外部拡散的だった。

南京町にしても海岸通にしても、居留地の外へと早い時期から広がっていった。県庁舎や裁判所などの日本側の行政施設も外だった。兵庫津という既成市街地がそう遠くないところに存在していたことも要因としてあっただろう。

これに対して、横浜の場合は居留地である関内地区が十分に広かったために、諸施設はこの地区内で完結することとなった。居留地が水路で隔離されていたことも要因の一つだった。

このように神戸と横浜は、都市の出発点としてはよく似ていたものの、都市の形態やその後の展開は別の道を歩んでいくことになった。それが両都市それぞれの個性を造り出していく。

急速な市街化を受け止める

こんにち、神戸のまちを歩くと、北に山、南に海が近いという阪神間の地形そのままに、南北の坂道と水平な東西路とでわかりやすいが、一つひとつの道路は、多くが不規則に屈曲し、それがまた味のある通りの雰囲気を生み出してはいるのだが、新開地の計画的意図というものをあまり感じることができない。

商店街にしても、賑やかなアーケード街が三宮センター街、平行した三宮本通商店街、そしてその先の延々と続く元町商店街（写真2）に見られるように、全体がモザイク模様のように組み合わされている。各アーケード街もそれぞれ微妙に折れ曲りながら延びている。たとえば大阪の心斎橋筋と比較すると、ここが賑わいの核というよりも、モザイクの各パーツをつなぐものとしてあるような印象だ。

　また、そうしたモザイクのパーツのひとつとして生田神社とその参道（現・ＩＫＵＴＡ　ＲＯＡＤ）がある。この地が都市化するはるか以前から鎮座している生田神社へ向かう南からの参道は、外国人居留地の北辺、西国街道のところからまっすぐ北に延びている。三宮中央通りの北側に建つ一の鳥居からＪＲのガードの向こうに今もなお生田神社を見通すことができる。

　これは、神戸が全体の構想をもつ前に、ブームタウンとして明治の初めから急速に市街化していったからである。なにしろ明治維新まで人口が安定して二万人前後の兵庫津だけだったところが、一八七七年から八七年の一〇年間に五万人から一〇万人に倍増し、さらに一九〇一年には三〇万人に増え、最初の国勢調査が実施された一九二〇年には六〇万人を超えている。五〇年間に人口がなんと三〇倍に膨らんでいるのだ。

　同様の事情は横浜にもあるのだが、横浜のまちが日本大通りという芯を持った広がり方をしているのに対して、神戸のまちは兵庫津—居留地という軸を中心にそのまわりに延びていくキュウリのような姿をしているといえる。キュウリに芯がないように神戸も全体がひとつづきになっている。そのうえこのキュウリは海からの距離によってまだらな縞模様になっていて、有機野菜のように少しねじれている。

　もちろんここにも都市の意図というべきものが働いているのは事実である。

　居留地とその西三キロメートル弱のところにある古代からの港町、兵庫津とをいかにつなぐかということは、開港当初からの課題であった。そのために新橋〜横浜間に次いで日本で二番目に古い大阪〜神戸間の鉄道の終着駅として神戸駅が兵庫津の東隣りの手前側の現在地に建設され（一八七四年）、郊外部の旧・西国街道が元町商店街となり、この幹線に平行して南側の宇治川以東の雑居地に海岸通が造られ（一八七二年）、両者の間に栄通ができた（一八七三年）。

　同時に、地域を分断しているうえに天井川で洪水のおそれがある川のつけ替えや暗渠化が生田川（一八七一年）、鯉川（一八七五年）、湊川（一八九七〜一九〇一年）、宇治川（一九四〇〜七二年）などで実施され

写真 2　元町商店街。西を見る。かつての西国街道の面影はゆるやかにカーブする通りの姿に残っている。1890 年代に改修され，その後昭和の初めに商店街の両端にデパートが進出し，ひとつづきの中心商店街として確立した。

写真 3　フラワーロード。市庁舎の前あたりから北を見る。流路が東側につけ替えられる前はここは生田川そのものだった。ここを東境として居留地が建設された。奥に見えるのは三ノ宮駅前の交差点。

写真 4　鯉川筋。北を見る。ここもかつては鯉川という河川だった。1875 年に暗渠化された。奥で左に曲がる道筋の曲がり方に河川の頃の面影をかすかに見て取ることができる。

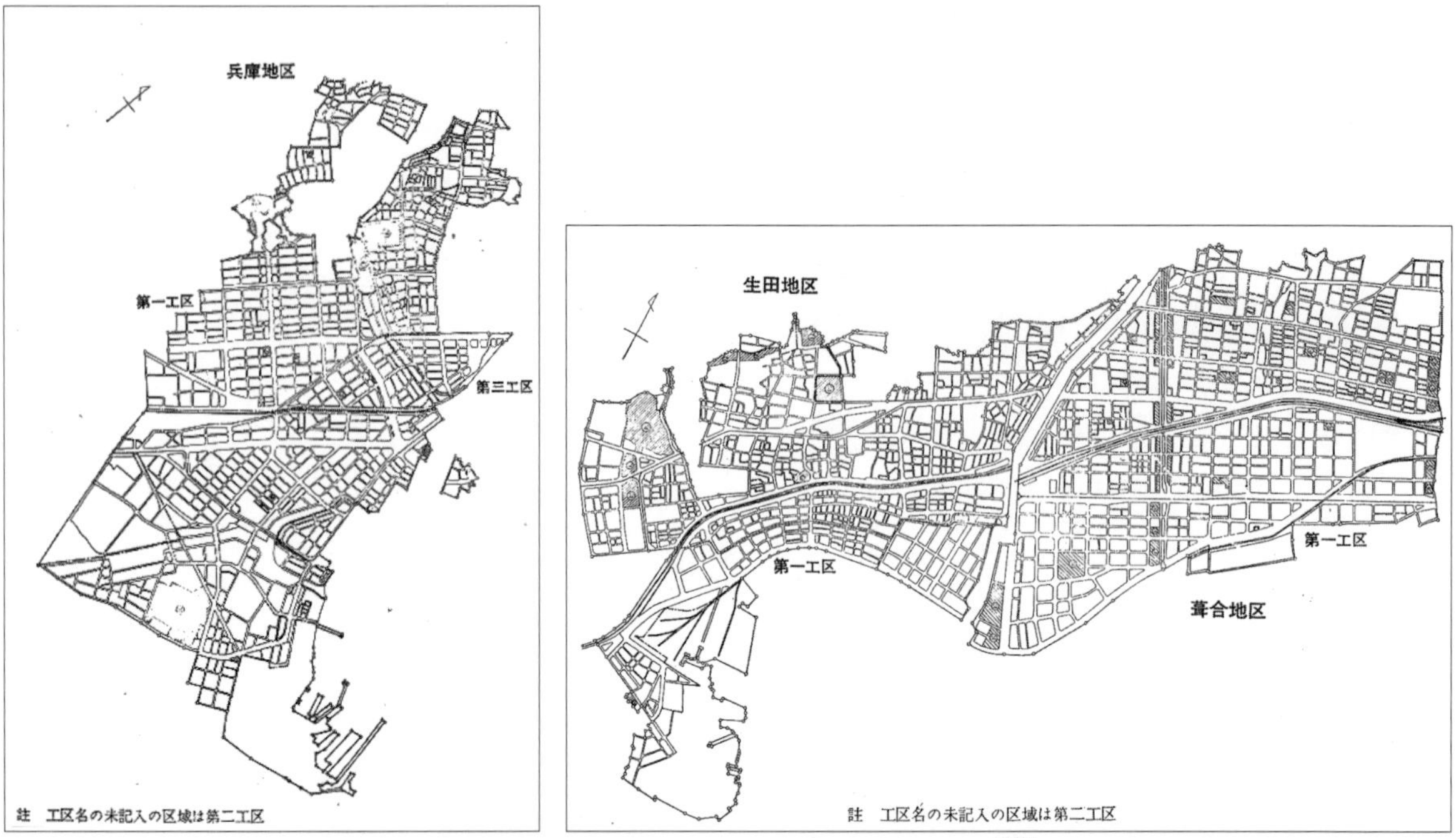

図5　神戸復興土地区画整理設計図（部分）。神戸の戦災復興の土地区画整理は東から灘・葺合（ふきあい）・生田・兵庫・長田・須磨の6地区からなっていた。ここで挙げたのは葺合地区と生田地区，兵庫地区のみ。旧居留地，北野通以北などは除外されている（出典：『戦災復興誌』第9巻 都市編6，建設省編，都市計画協会，1970年，622-623頁）。

た。その結果、かつての流路周辺が、フラワーロード（写真3）や加納町（いずれも旧・生田川）、鯉川筋（写真4）やメルカロード宇治川の商店街、そして湊川新開地のように、川の流れを表現するような蛇行した街区や通り、繁昌地として、都市の新しい個性となっていった。これがまたまだら模様の一つの要因ともなった。

周辺の土地も急速に市街化していく。早期の例として湊川神社（一八七二年）とその周辺地区の面開発（橘通、多聞通、中町通、古湊通など、一八七三年）、山手の面開発（山本通、紙山手通、中山手通、下山手通など、一八七二〜一八九〇年代）などがよく知られている。

とくに神戸は居留地が狭かったために旧・生田川以西、宇治川以東は山から海辺まで内地雑居が認められ、異人館が六甲山麓に造られた。これも特徴的な神戸のモザイクの一つとなった。南京町も同じような事情で居留地のすぐ西隣に形成された（写真5）。

こうした開発が各所で進み、それらがつながって市街地が面的に広がっていくことによってモザイク都市の様相はさらに深くなっていく。

写真5　南京町。西を見る。居留地に住むことが認められていなかった清国人たちが居留地のすぐ西側に住んだ町。通りの狭さとゆるやかなカーブに横浜の中華街との違いが見える。

賑わいの東遷

もともとは兵庫津そのものを開港する予定であったのが、船舶の停泊の便宜を考えて西風をよけることができる神戸村の小さな湾に白羽の矢が立ったという事実は、そもそも最初から兵庫津は開港地の一部として考えられていたことを意味している。現在、兵庫津のあたりを歩くと、新川沿いには港の雰囲気はあるものの（写真6）、工場と市場とベッドタウンとが混ざり合ったような印象が強い。道路も戦災復興の土地区画整理で大きく変わり（図5）、かつての北前船の終点の賑わいは想像するのも難しい。

明治になって出現する近代統治機構の諸殿堂、すなわち県庁舎や裁判所、郵便役所（のち郵便局）、下って市制が敷かれてから生まれた市庁舎などはいずれも兵庫津、もしくは兵庫津と神戸居留地の間に立地した。急速な勢いで市街化していく兵庫津と居留地の間で、市街地の整備も急ピッチで行われていった。

たとえば、県庁舎は当初（一八六八年五月）応急的に兵庫津の尼崎藩の陣屋跡にあったものが、すぐ一八六八年九月に現在の地方裁判所の位置に移動し、さらに一八七三年に現在の県公館の位置に移り、さらに一九〇二年に道をはさんだ現在地に移っている。現在のＪＲ駅を基準に最寄り駅を示すと、兵庫→神戸→元町というように一貫して東への移動である。神戸市庁舎も同様の動きをしている。これは、横浜の県庁舎が日本大通りに面した現在地に一八六八年から鎮座し（運上所跡地、はじめは神奈川裁判所と称していた）、当初からの横浜の開発計画の中心に位置づけられていたのとは対照的である。

神戸で当初の立地のまま現在に至っている主要な公共施設は神戸駅と神戸郵便局（現・神戸中央郵便局、一八七五年）くらいではないだろうか。官営鉄道の駅として神戸駅のほか、三ノ宮駅が造られたが場所は現在の元町駅のあたりだった。

神戸駅は二つの地区をつなぐ新都心の駅として旧・湊川の手前に計画された（正確にいうと、駅舎の位置はのちに敷地内で移動している）。新造された湊川神社周辺や湊川のつけ替えの跡地である湊川新開地が新しい盛り場となった。神戸駅そばの跨線橋、相生橋のたもとに里程元標が設置されたのは一九〇九年のことだった。

その後、湊川新開地に劇場や映画館が立地して、明治末から大正にかけてここが賑わいの中心となった。次いで、昭和の初めには元町の西端に三越が、東端に大丸ができ、元町が中心商店街として形成されてくる。

さらに下って一九三一年、国鉄線の高架化にともなって三ノ宮駅が現在地に移る。当時、すでに阪神の路面電車の終点としての神戸駅（現存せず）が一九〇五年に開業していた。その後、三三年には阪神の地下駅、神戸駅（のちの三宮駅）が開通、阪急は三六年に三宮までの延伸を果たし、神戸駅（のちの三宮駅）を開業している。こうして三宮周辺は急速に交通の要衝化していった。

神戸を訪れると、どの駅に降り立っても、どのように歩けばまちの核心に迫れるのか、よくつかめないといった不思議な焦燥感をいつも覚える（写真7）。モザイクの各ピースがまたそれぞれ成長し、変化し、それらを東西に束ねた全体が都市としての神戸なのである。束ねる手がかりとして各社の鉄道路線や多聞通や生田新道などの幹線道路があるということになるのだろうか。

ただ、ＪＲや阪急の高架鉄道はまちを分断してしまうとして「市是」に反するといわれ、戦前には地下化への強い要望が出され続けた歴史がある。他方、高架下商店街にはマニア的な支持者も少なくない。単純に迫れるような核心などないということもまた、この一五〇万都市の個性というべきなのだろう。

写真 6　兵庫津，江戸時代からの堀割のあたり。こんにちの神戸市のルーツでもある。右手が磯之町，左手が船大工町。かつては大坂への物資の集散地として栄えた。現在は 1875 年に造られた新川運河の一部となっている。

写真 7　三宮の駅前風景。JR と阪急，阪神それとポートライナーの結節点となっている。市街地を南北に分断するように JR と阪急の高架が建設された。どちらに向かって歩けばいいのか，迷ってしまう風景は急速発展都市，神戸の一面でもある。

29 奈良

——三条通りが導く公園都市

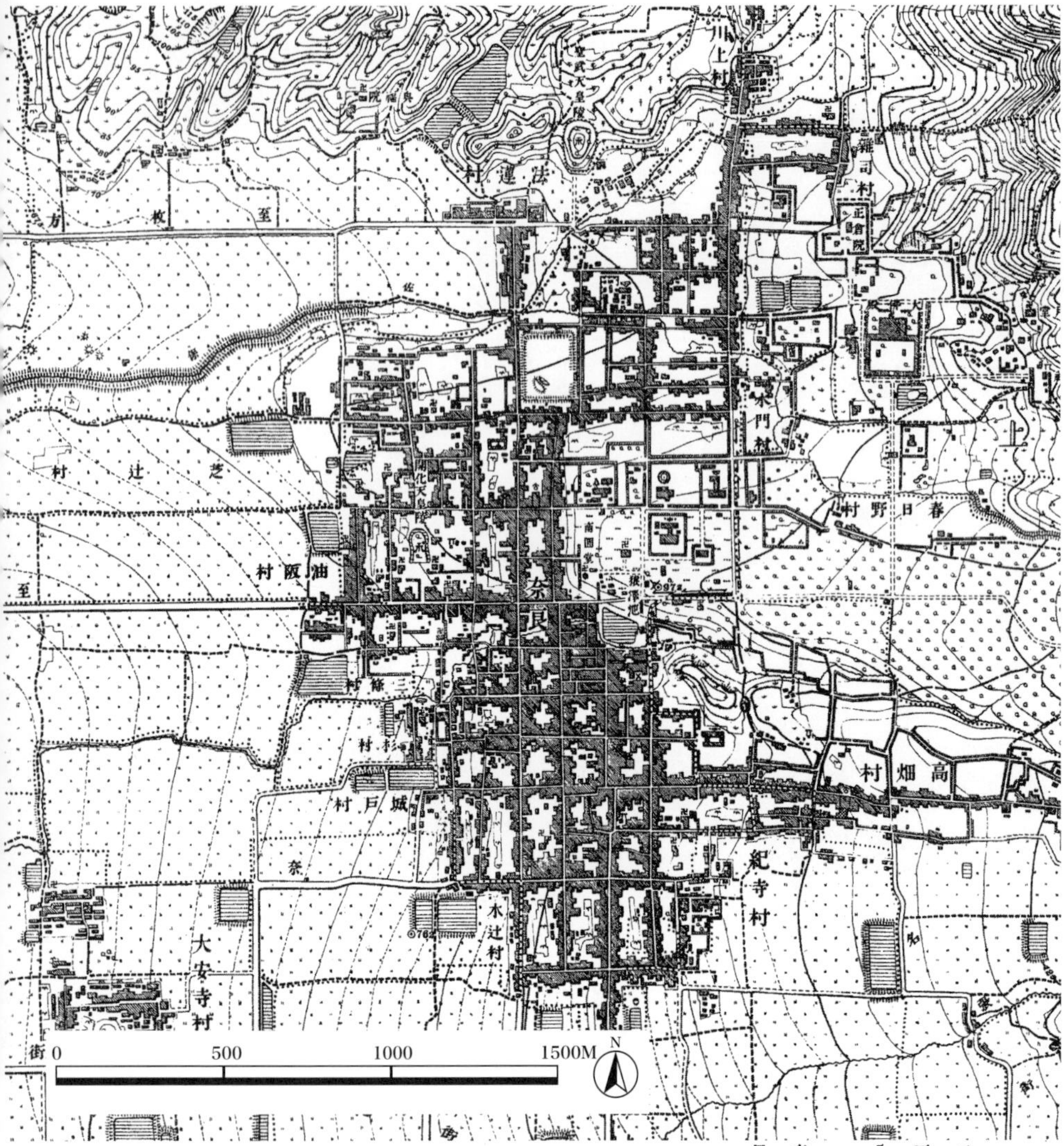

図1　国土地理院所蔵 二万分一仮製図「奈良」（部分），1887年測図，1889年発行。

公園のなかの都市、都市のなかの公園

近鉄奈良駅の地下ホームから地上に出てくると、目の前に広幅員の堂々とした登大路（のぼりおおじ）が東西に走っている。この大路を東大寺の方角、つまり東に向かってゆるやかな登り道を歩き出すと、すぐに広々とした緑地が広がり、奈良に来たということを実感することができる（写真1）。都市のなかに大公園があるのか、あるいは大公園のなかに都市が埋まっているのか、奈良は他の県都とはまったく異なった相貌をもっている。

しかし、登大路を歩いて行っても、東大寺はまだしも、興福寺に至ってはどこから境内に入ったのかがわからないだけでなく、伽藍（がらん）がどのような構成になっているのかも実感できない。ただたんに公園のなかに興福寺の建物群が散在しているようにしか感じられない。いったいどうしたというのだろうか（写真2）。そもそも奈良公園とはどこからどこまでを指しているのかも判然としない。

一方で、まちに繰り出すときには近鉄奈良駅を出たらすぐに直角に曲がって南へ下ると、奈良公園とは別世界に行く雰囲気がある。アーケードの商店街と奈良公園とがまったく別物のように感じられる（写真3）。そばにありながら両者のつながりがわからないからだ。それに近鉄奈良駅を降りた参詣客は

東側にある興福寺や東大寺をめざすことになるが、このアーケードは駅から東向きには造られずに、南向きに歩くように造られている。しかも、そのアーケード街が「東向（ひがしむき）」商店街というのだからまた話がややこしい（タネあかしをすると、かつて東向商店街の興福寺側（東側）には商店がなかった。西側だけに商店が、東を向いて並んでいたために、東向町と呼ばれるようになった）。

　これはいったいどうしたことなのか。このまちはどのように歩くと全体がとらえられるのだろうか。

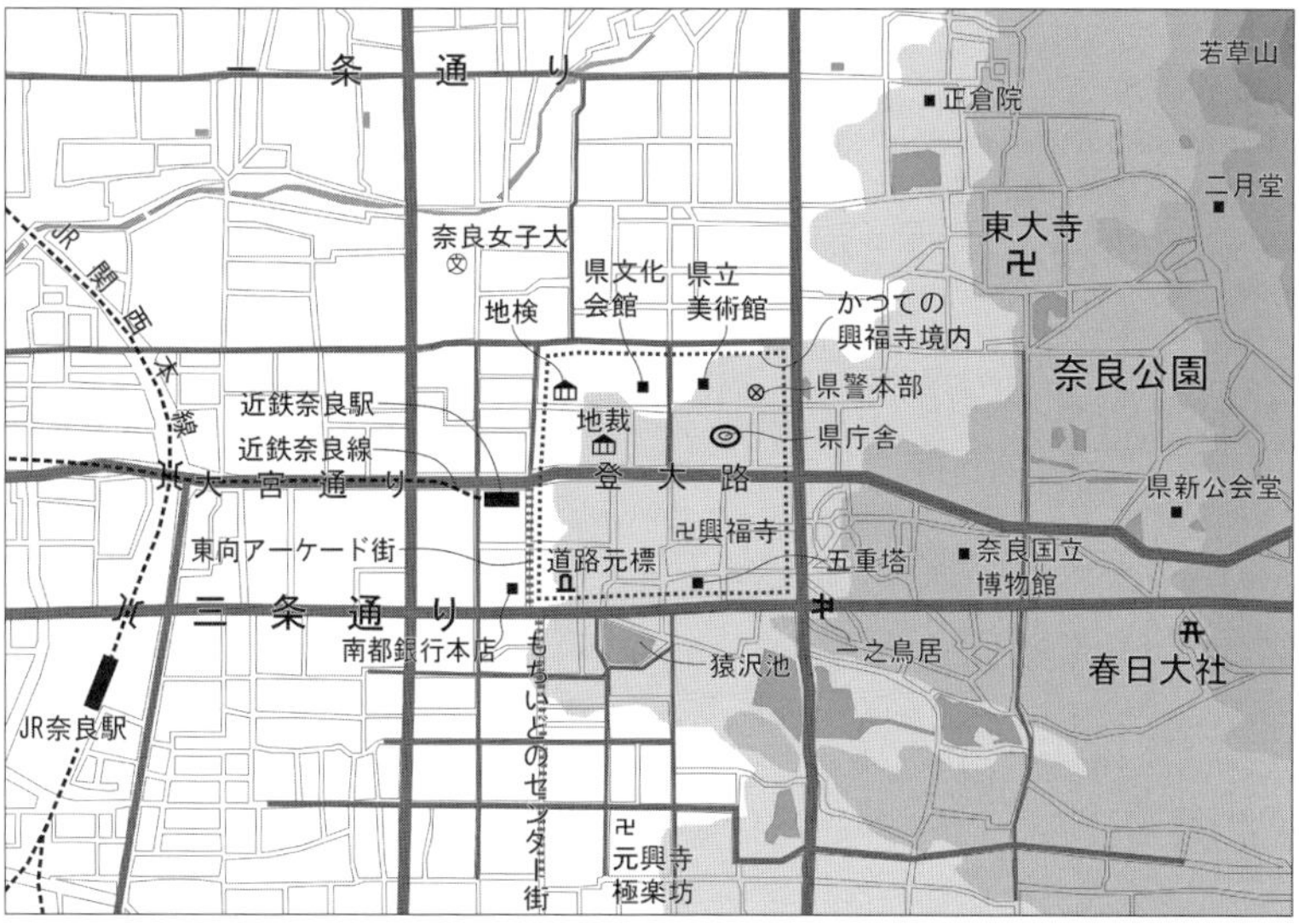

図2　奈良の都心模式図。近世から近代までの都市軸である三条通りとその後の現代の都市軸となった大宮通り・登大路の東西軸。これに対して南北軸が弱いところが奈良の弱点となっている。

奈良町を貫く三条通り

　何といっても奈良の最大の特色は、社寺がもとになってできた都市だということである。社寺が力をもっていたため、近世に城下町となることもなかった。一度、北の丘陵地に多聞城が築かれた（一五六〇年に築城開始）という歴史はあったが、一五七七年に織田信長により破却され、その後は城下町化することはなかった。それによってほかの都市にはない奈良の個性が生まれたのである。

　しかし、その個性とは長野のように参詣客を相手に栄えた門前町というわけではなかった。奈良には町人が住む地区が中世から存在しているが、これは門前町とは違う。荘園領主となった社寺の門前郷が起原で、この郷が次第に商業的に自立して、江戸時代に入って奈良町と呼ばれる町場を形成することになった。これが近代都市としての奈良にも受け継がれているのである。

　図1を見ると、奈良町が興福寺の西から南にかけて広がっているのがわかる。そしてこの都市から外へ延びるいくつかの街道――北へ向かう京街道、東へ向かう名張街道、そして西へ向かう二本の道が見える。もとの地図には北側の東西路が一條街道、南側が暗越（くらがり）奈良街道（暗峠で生駒山地を越え、大阪へ通じる街道）とある。北がかつての一条大路であり、南が三条大路（現在の三条通り）、古代をたしかに実

写真1　登大路，東を見る。遠くに春日山と若草山が見える。かつてはすべて興福寺の境内だったあたり。

写真2　写真1をさらに東に進み，同じく登大路，東を見る。右手（南）に興福寺の旧境内だったあたりを見る。奈良公園の一部が見える。どこまでが公園でどこからがお寺の境内なのか，判然としない。公園都市の面目躍如。

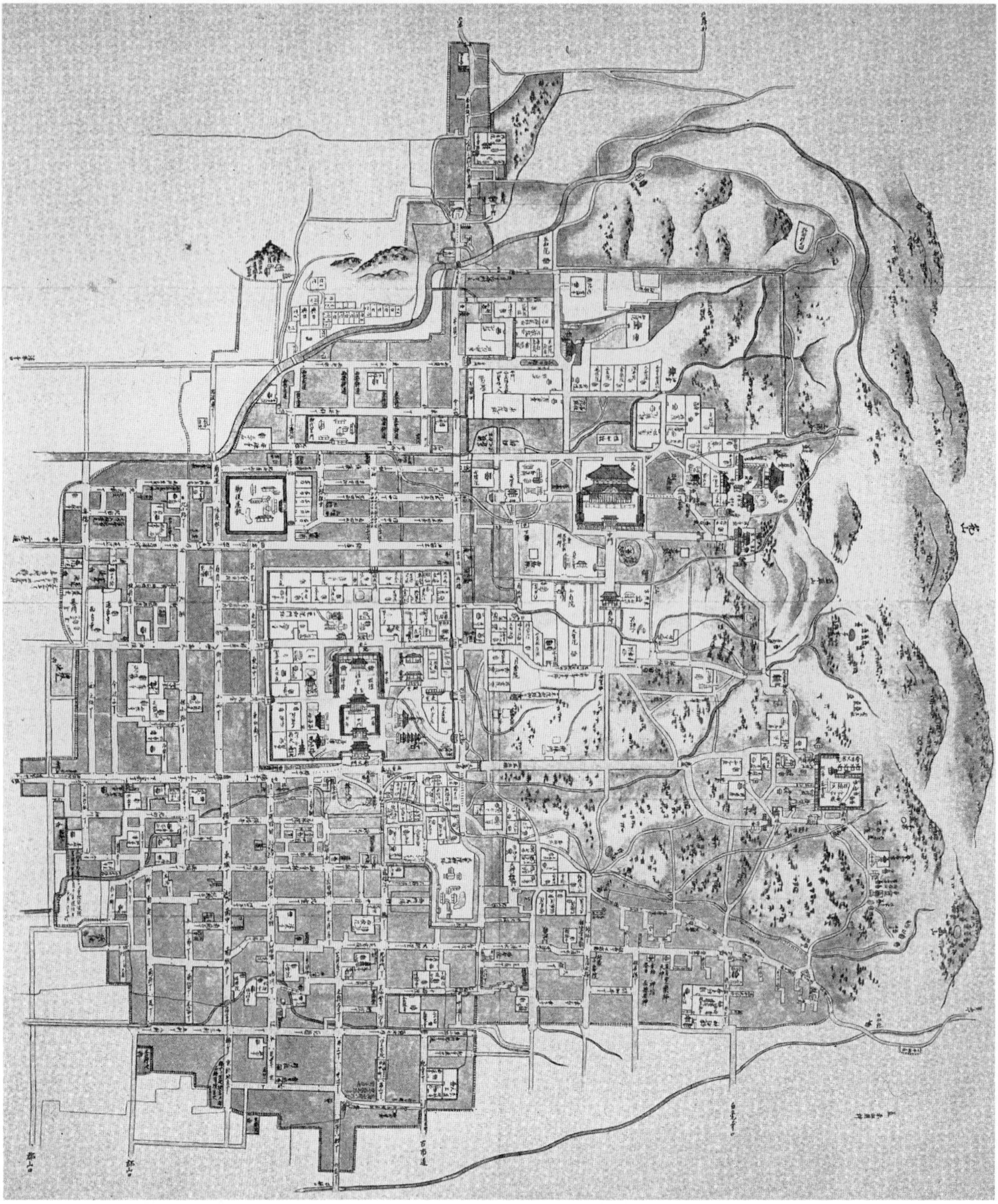

図3 「和州南都絵図」（部分，天理図書館蔵）。1730 年代後半の姿を描く。院家の建物が建ち並ぶ興福寺の隆盛が絵図からもうかがえる（出典：原田伴彦・西川幸治・矢守一彦編『近畿の市街古図』鹿島出版会，1978 年）。

感させてくれる条里の道だ。

そして、図1と図2を見比べてみると、三条通りと交差するところ、当時の既成市街地に接するように現・JR関西本線の奈良駅ができたことがわかる。この鉄道は大阪と奈良を結ぶためにもとは大阪鉄道会社が建設したもので、奈良駅の開業は一八九〇年、二年後の九二年に大阪湊町—奈良間が全通している。

図1にも明らかなように鉄道駅は現・三条通りから奈良のまちへアクセスすることを意図していた。それはまさしく三条通りが近世以来奈良のメインエントランスだったからである（対照的に一本北側の登大路・大宮通りはまだ整備されていない）。

図3を見ても、古くから三条通りは市街地を東西に貫き、辷坂（すべりざか）から興福寺の南大門前を通って春日大社にまっすぐに達する軸線であったことがわかる。三条通りは都市のメインアクセス路であると同時に、春日大社への参道でもあった。

もちろん三条通りのほかに奈良のまちを東西に貫通していたかつての大路としては一条大路や二条大路、四条大路などがあるが、図１でもわかるように、一条通り（図１では一条街道とある）は東大寺の転害（てがい）門に突き当たる幹線ではあるが、北に偏しており、二条通りは現在の奈良女子大の南辺を通る道ではあるが、西へは延びていないし、二条通りという呼び方そのものが一般的でない。また、かつての四条大路はちょうど奈良町の中央が元興寺の境内にあたり、現在の都心あたりではもともと東西に貫通している通りではなかった。

したがってこんにち、奈良に入るには何はともあれ三条通りから入るべきなのである。一二月恒例のおん祭のお渡りでも行列は三条通りを西から東へ、一之鳥居の東側に設けられる御旅所へ向かうのが古くからのならわしとなっている。

三条通りをあるく

ＪＲ奈良駅を降りて、三条通りを東向きにゆっくりとした上り坂に沿って歩いていくと、次第にまちの中心の賑わいが感じられるように風景が変化してくる（写真４）。そのピークが左手（つまり北側）に東向商店街のアーケード（一九六二年より）、右手（つまり南側）にもちいどの（餅飯殿）センター街のアーケード（一九五五年より）が少しずれながら交差しているところである。ここが橋本町、江戸時代を通じて筆頭の格式を与えられていた町内である。

橋本町は興福寺の境内に接してすぐ西隣にあり、興福寺寺門郷として興福寺を支える町場の代表格だった。アーケードが南北に造られているのも、おそらくは興福寺との境に沿って町内の行き来が盛んだったからだろう。東向商店街も餅飯殿（もちいどの）商店街も三条通りに向かって延びていると考えればわかりやすい。

角地に南都銀行本店の洋風建築（一九二六年、有形登録文化財）が建っている。その正面は三条通りを向いている（写真５）。近鉄奈良駅から東向商店街のアーケードを南へ歩いてくるとこの銀行建築の側面を見ることになるが、なぜアーケード街に入り口もない横を向けて建っているのかは、従来三条通りがメインストリートであったことを思うと納得がいく。

さらに三条通りを少し東へ進むと、左手に高札場と奈良県里程元標、奈良市道路元標の三つが復元さ

写真３　東向商店街のアーケード。興福寺の境内の西側に隣接して古くからある通り。奈良町の一部。かつては興福寺側には商家がなく，通りの西側だけに店が並んでいた。

写真４　三条通り。JR 奈良駅を降りて，東へやや進んだあたり。東を見る。わずかながら上り坂となっている。道路整備が進んでいる。奥の山は春日山。

写真５　三条通りをさらに東へ進み，東を見る。通りに面して建つ南都銀行本店。その右隣に東向商店街のアーケードへの入り口が見える。銀行は三条通りに正面を向けて建っている。

れた地点がある。江戸・明治・大正の各時代のへそがほかならぬこの地であったことのあかしである（写真6、ただし本来は二〇メートルほど西にあった、つまり橋本町の中心にあったものをこの地に復元している）。

またさらに三条通りを東進すると、右手に猿沢池を見下ろす坂道となり、北に興福寺の塀が連続し、正面階段の上に南大門跡が見える（写真7）。二〇一八年再建の中金堂も三条通り側に正面を向けている。ここまで来るとどこが興福寺の正面かなどけっして迷わないだろう。

続けて三条通りを東へ進むと、赤い一之鳥居が見えてくる（写真8）。この鳥居をくぐると、春日大社の参道の風情はさらに色濃くなる。たしかに聖域が近いことを感じさせてくれるが、このあたりはまだ、すぐ南側は名勝奈良公園の範囲となっている。いかに広大な境内が公園として上知されたかがわかる。

道はさらにそのまままっすぐに社殿へ向かっている。さらに東へ進むと奉納された春日灯籠の数が次第に増えていき、ついに本当の境内に入ることになる。

こうして三条通りは春日大社への参道でもあることが実感できるのである。

奈良のまちで三条通りを歩くことは、たんに一本の目抜き通りをあるくことにとどまらない意味をもっている。三条通りを歩くということは、三条大路という古代からの都市軸がいかにその後の時代を受容し、姿を変えながら現代にまでつながってきているのか、という都市の物語を読むことなのだ。そうした物語を一本の直線路が表現しているというところに、奈良の確固とした個性がある。

写真6　三条通りの橋本町に復元された高札と里程元標，道路元標。もとはやや西寄り，餅飯殿商店街（左）の手前にあったようだ。江戸・明治・大正の道標類が1カ所にまとまって残る，県都では唯一の地点。

写真7　三条通り，興福寺の南大門跡近く，東を見る。正面奥は興福寺五重塔（1426年頃，国宝）。2018年現在，南大門の復元が進められている。

興福寺境内の大変化

では、三条通りを歩くことによって体感できる奈良の軸線が、どうして現代の軸線である登大路では実感できないのか。

その背景には明治以降、奈良のお寺が被った大変化がある。図1と図3を見比べてわかるように、登大路はもともと興福寺の境内のど真ん中を東西に分断するかたちで引かれている。

これは、一八七二年、興福寺が一時廃寺となり、多くの建物が破却され、敷地のとくに北側、坊舎が櫛比しているあたりが公有地化された。これが登大

写真8　三条通り，春日大社の一之鳥居（1638年）が見えてきた。かつてはここが興福寺と春日社の境内の境界だった。

路の近代はじめの姿である。この通りに面して県庁舎や裁判所、師範学校（現在は移転）などが建設された。現在ではこれに県警本部や県文化会館などが加わって、一大官庁街を形成している。これらはいずれも興福寺のかつての境内なのである。

興福寺は藤原氏の氏寺で、中世には奈良の守護職であり、近世にあっても朱印領二万石を有する大寺院であった。さらに藤原氏の氏神を祀る春日大社と深いつながりがあり、中世以降、東大寺を遥かにしのぐ権勢を誇っていた。

ところがそのことが明治に入って災いとなった。一八六八年の神仏分離令により興福寺の僧侶は還俗するか春日大社の神官となり、興福寺は一時廃墟となってしまった。廃仏毀釈の風潮によってさらに仏具や什器の流出、建物の破壊が進んだ。

今では世界遺産の構成要素の一つとなっている興福寺五重塔もこの頃に金具の値段だけで民間に売り払われてしまった。塔の解体に費用がかかるということで焼き払おうとしたところ、延焼のおそれがあるという反対が起こり、さたやみになったという史実もある（辻善之助『日本文化史』第七巻、春秋社、一九五二年、三五頁）。

そうしたなか、一八七一年の社寺領上知令により、境内地が公有化されてしまった。これが皮肉にも奈良公園のもととなったのである。

つまり、奈良の近代化は社寺、とりわけ寺院の荒廃という犠牲のうえに成立したのである。しかし、その荒廃は近代化に必要な公共用地を都心近くに提供することに寄与したし、何よりも緑多い奈良公園をもたらすことになった。このあと奈良公園は東部の山稜を含み込んで巨大な名勝かつ都市公園として成長していくことになる。

奈良は強力な社寺があったことによって近世初期に城下町とならずにユニークな仏都として生き残ることができた。そして近代初期にはその同じ社寺が近代化の用地を提供することによって、都市はまた新しい生命を得ることにつながったのである。

逆にいうと、奈良には社寺の旧境内地以外に近代の都市施設のためのまとまった空地は既成市街地内にはほとんどなかった。これが京都と異なる点である。なぜなら、京都には全国の大名の京都屋敷（藩邸）が各所に点在していた。これらの屋敷はすべて明治初年に政府によって没収され、公共施設用地となったり、民間に払い下げられてホテルや通常の市街地となったりしている。余談だが、京都と比べて奈良にはホテルの数が少ないといわれるのも、ここに原因がある。

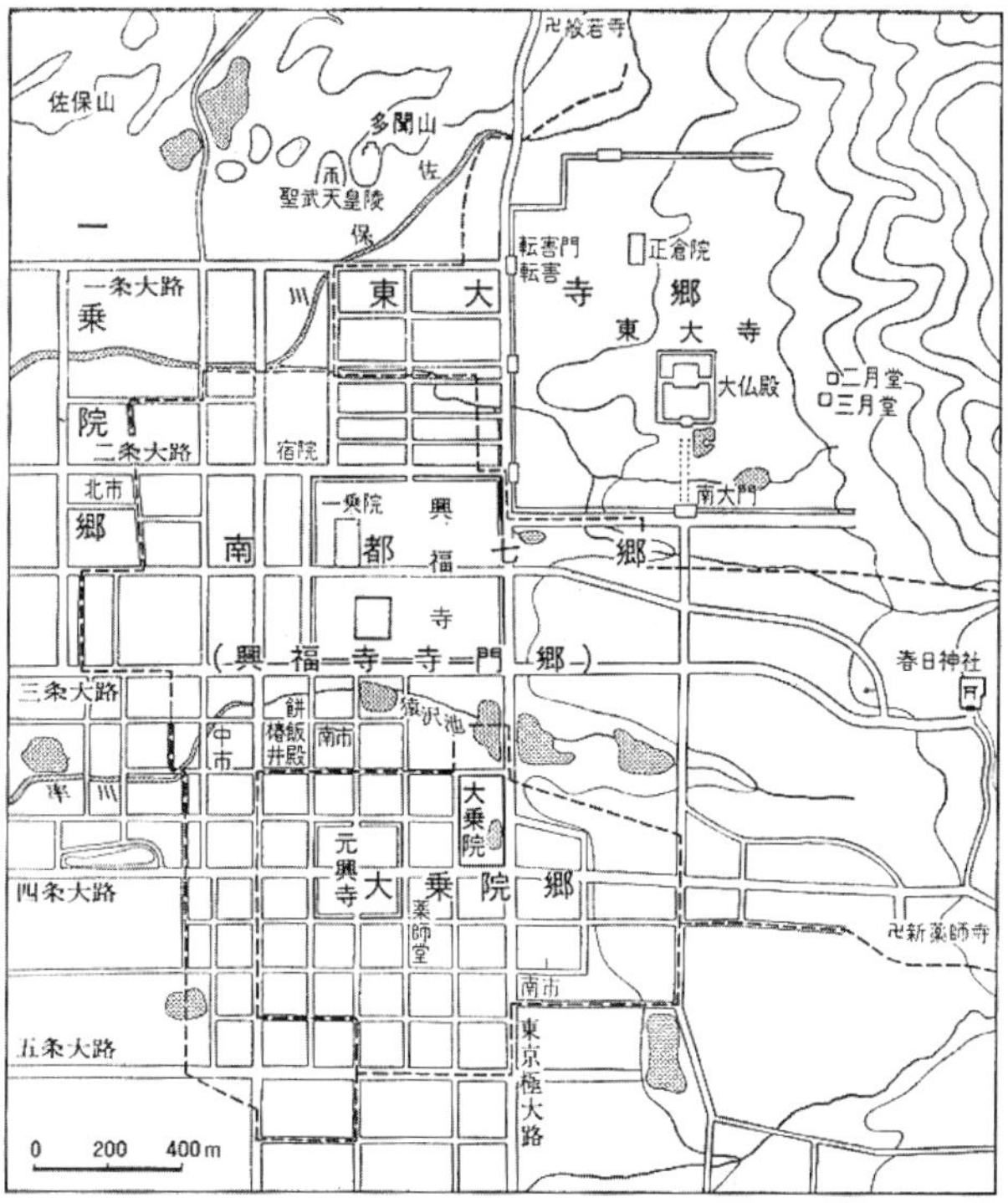

図 4　南都諸郷図（永島福太郎氏原図を改変）（出典：『都市図の歴史　日本編』矢守一彦，講談社，1974 年，437 頁）。

写真 9　三条通りをさらに東へ進む。一之鳥居の前。東を見る。ここから先は春日大社の境内。三条通りが春日大社の参道を兼ねていることがよくわかる。

近鉄奈良駅はなぜ現在地にあるのか

奈良で気になるもう一つのこと、それは近鉄奈良駅のロケーションである。近鉄奈良駅が本来の目抜き通りである三条通りにあったなら、もっと自然に奈良にアプローチできていたかもしれないのだ。

写真10　近鉄奈良駅前の登大路の坂の途中から西を見る。奥の大宮通りは大正天皇の即位記念事業の一環として道路が拡幅された。道路拡幅のやり方が異なったため，登大路と大宮通りの間には 4～5 メートルほどの屈曲がある。

そこにもまた、一つの物語があった。

現在の近畿日本鉄道奈良線のルートとその終着駅である近鉄奈良駅がどのようにして現在地に決まったのか。この駅は大阪鉄道の奈良駅開業（一八九〇年）から下って一九一四年、大阪電気軌道（のちの関西急行鉄道、現在の近畿日本鉄道）の奈良駅として開業している。当初は当然ながら路上の平面駅だった。

当時、大阪電気軌道は大阪（上本町）と奈良とを結ぶ鉄道建設を進めていたが、当初は三条通りへ乗り入れることが希望だったようで、そうした内容の免許が下りていた。ところが、当時の目抜き通りである三条通りに軌道建設することには反対も強く、計画は現在地である東向中町終点へと変更された。三条通りが自他ともに認める奈良の都心であったことで逆に大きな変化を忌避する決断に至ったといえるだろう。現在、歩行者優先の三条通りを歩いていると、人間中心の通りが保たれたことのプラスと、奈良の玄関口がよそに行ってしまったというマイナスのそれぞれの甚大さに、感慨が絶えない。

三条通りに近鉄奈良駅ができていたとしたら、また別の奈良ができあがっていたし、それも一つの歴史の物語にはなっていただろう。

事実、終点変更の計画案には県と市そして市議会を巻き込んだ賛否両論の激しい論戦があったようであるが、一九一四年の大正天皇の即位記念事業として大宮通り（登大路に続く近鉄奈良駅より西側の街路部分）を一〇間幅に拡幅することを鉄道事業者側が行い、これを道路との共用とすることで認可された。国と県の側は鉄道事業が同時に道路拡幅に資するという意味で大宮通り案を支持することになったといわれている。

行政側の思惑もあって大宮通りへと電車の軌道が引かれることになったが、奈良公園のなかに駅を造ることにはさすがの行政も反対だったようで、奈良公園に至る直前の現在位置に終着駅が造られた。もちろん当時は平面の駅舎だった。これが同じ位置で地下駅となるのは一九六九年、駅ビルのオープンは翌七〇年のことだった。

関東在住者にとって、現在では奈良へは京都から近鉄線で行くのが普通になっているが、この路線（奈良電気鉄道、現・近畿日本鉄道の京都線）が全通したのは一九二八年、昭和大礼（大典）のときである。この線路は奈良に到達した最後の路線だった。興味深いことに大正天皇と昭和天皇の即位という国家的な祝祭が、大宮通りと近鉄奈良駅（当時は大軌奈良駅）という奈良の現代都市としての顔を形成する契機となっているのだ。

話を戻すと、近鉄奈良駅建設をめぐるこうした経緯が、駅を降りたあとのやや不思議な奈良公園体験の遠因となっている。旧・境内地が削り取られたとはいえ東大寺の場合、南から大門を入るオリジナルな動線が保たれているので、まだ信仰の軸線を感じることができるのに対し、興福寺の場合、旧境内の真ん中あたりに突然西から広い道路が貫通し、そこがメインのアプローチになっている。

だから、奈良に到着してすぐに登大路の坂を東向きに登りはじめるのは、都市としての奈良を理解するための動線としてはあまり適切ではないといえる。不思議な感覚にとらわれるほうが自然なのである。

あいまいな奈良公園

どこまでが公園なのか、どこからが公園なのか境界がはっきりしない奈良公園だが、思い返してみるとそれは奈良公園だけの問題ではない。東京でいうと上野公園も芝公園も同様であるし、京都であれば円山公園もやはり境目があいまいな公園だといえる。

これらの公園に共通していることは、かつて寺社地だったことである。上野は寛永寺、芝は増上寺、そして京都円山公園は八坂神社や安養寺の旧・境内地が公園のもととなっている。

そもそも公園とは、一八七三年の太政官達によって群衆遊覧の場所を公園と定めたものであり、これ以前に公園という用語もなかった（そういえば、「公園」という訳語自体、パークやジャルダンといった欧語に比べて、いかにも生硬で、文明開化の雰囲気が漂っているように思える）。そして当時の群衆遊覧の地の筆頭が社寺の境内であった。二年前に出されていた社寺上知令によって現に使用されている境内地以外の社寺所有地が政府に没収されていたが、これらのうち主要なものが最初に公園とされた。

東京では、上述した上野、芝以外に浅草（浅草寺）、深川（深川八幡）、飛鳥山（王寺権現の別当寺今輪寺）の計五公園が東京府によって指定されている（一八七三年）。

ところが興福寺の場合、他の場合とは異なり、寺そのものが廃止になったため、かつての境内地すべてが一八八〇年に公園地とされているのである。総面積は四万四〇九二坪にのぼる。こののち、一八八一年に興福寺の再興が認められ、一部の土地は公園からはずれたが、一八八九年には若草山や春日山原始林などが公園に加わり、その面積はなんと一五〇六町八反四畝歩にのぼっている。

さらに問題を複雑にしているのが、都市公園法（一九五六年）が定める都市公園としての奈良公園のほかに、史蹟名勝天然紀念物保存法（一九一九年、現在の文化財保護法の前身の一つ）による国指定の名勝（一九二二年）としての奈良公園があり、両者の区域が微妙に異なっていることがある。たとえば、現在の東大寺境内や興福寺境内は名勝奈良公園ではあるが、都市公園としての奈良公園ではない。

他方、正倉院や奈良国立博物館の構内などは国有地のため、名勝・都市公園のいずれでもないが、一般の観光客にとってはこうした場所も公園の一部と思われているに違いない。制度の側が都市の現実に追いついていないといえようか。

社寺の広大な所有地が奈良の近代化の大きな足かりとなったというこの都市固有の歴史そのものが奈良公園のわかりにくさをもたらしている。これも奈良ならではの話である。

ところで日本美術再評価の立役者、アーネスト・フェノロサは正倉院の御物などの宝物調査のために奈良を訪れたことはよく知られている。一八八四年、奈良に滞在していたフェノロサがこのまちについて何の印象も漏らさないことを不思議に思った同行の臨時全国宝物取調掛のリーダー、九鬼隆一（のちの帝国博物館初代総長、貴族院議員）が、奈良の印象を尋ねたところ、フェノロサは次のようにいったという。

「千数百年以前ノ美術極地ノ宝器タリ、名山近辺ニ囲繞シ天ヲ摩スル老杉ノ樹林、神鹿徐ニ歩ミ静寂ナル公園世界広シト雖モ無シ、故ニ只々驚嘆スルノミナレバ発言言葉モ出ザリシナリ」（『奈良市史』通史4、奈良市史編集審議会編、吉川弘文館、一五六頁）

法隆寺夢殿の秘仏、救世観音像を露わにすることにもためらわなかったフェノロサでさえ沈黙させるだけのおごそかな深みを、奈良のまちはもっていたのである。そして彼はこのまちを（少なくとも当時の境内周辺を）宝器、そして公園と呼んでいる。

登大路近辺を歩きながら、このまちが公園と一体化しているまさにそのことのなかに、奈良というまちが歩んできた歴史の特異性があることを実感する。

30 和歌山
——離れた駅を結ぶ大構想

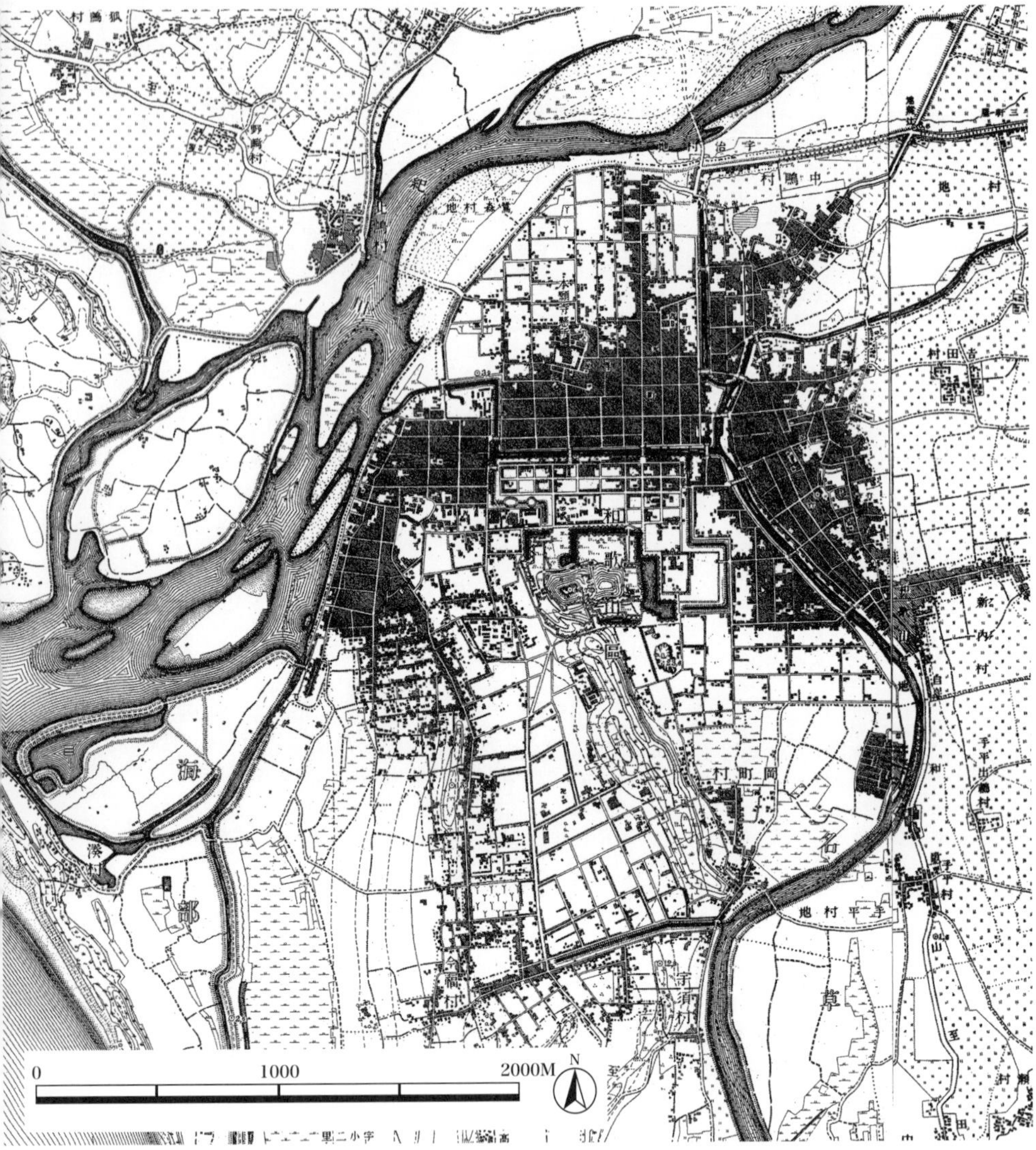

図１　二万分一仮製図「和歌山」（部分），1886 年測図，1892 年発行；「秋月村」（部分），1886 年測図，1891 年発行。

和歌山駅と和歌山市駅

和歌山を訪れる旅人は、和歌山駅に降り立つか和歌山市駅に降り立つかでずいぶん異なった第一印象を抱くことになるに違いない。

再開発中の南海電鉄の和歌山市駅を降りて、見渡す和歌山のまちはくすのき並木の向こうに南国特有のけだるくゆっくりとした時間の流れを感じさせるが、ＪＲの和歌山駅を降り立つと広幅員のけやき大通りが目の前に広がり、若々しくてややせっかちな都市を感じさせる。

なぜにこのように印象が違うのだろうか。そもそも和歌山のまちになぜまちの顔たる鉄道駅が二つも、それもずいぶん離れたところに立地しているのか。それにＪＲ和歌山駅から和歌山市駅にかけては盲腸線のように紀勢本線が延び、紀勢本線の終点は和歌山市駅である。また、ＪＲ和歌山線や阪和線が複雑に入り込んでいる。どうしてこのような不思議な駅配置が生まれたのだろうか。

そのうえ、和歌山で最初に造られた駅は南海の和歌山市駅でも、ＪＲ和歌山駅でもない。現在は無人の、紀和駅である。いったいどうなっているのだろうか——。

鉄道敷設にあたって既存の市街地の縁に、まちに擦りつけるように駅を配することはどこでも行われ

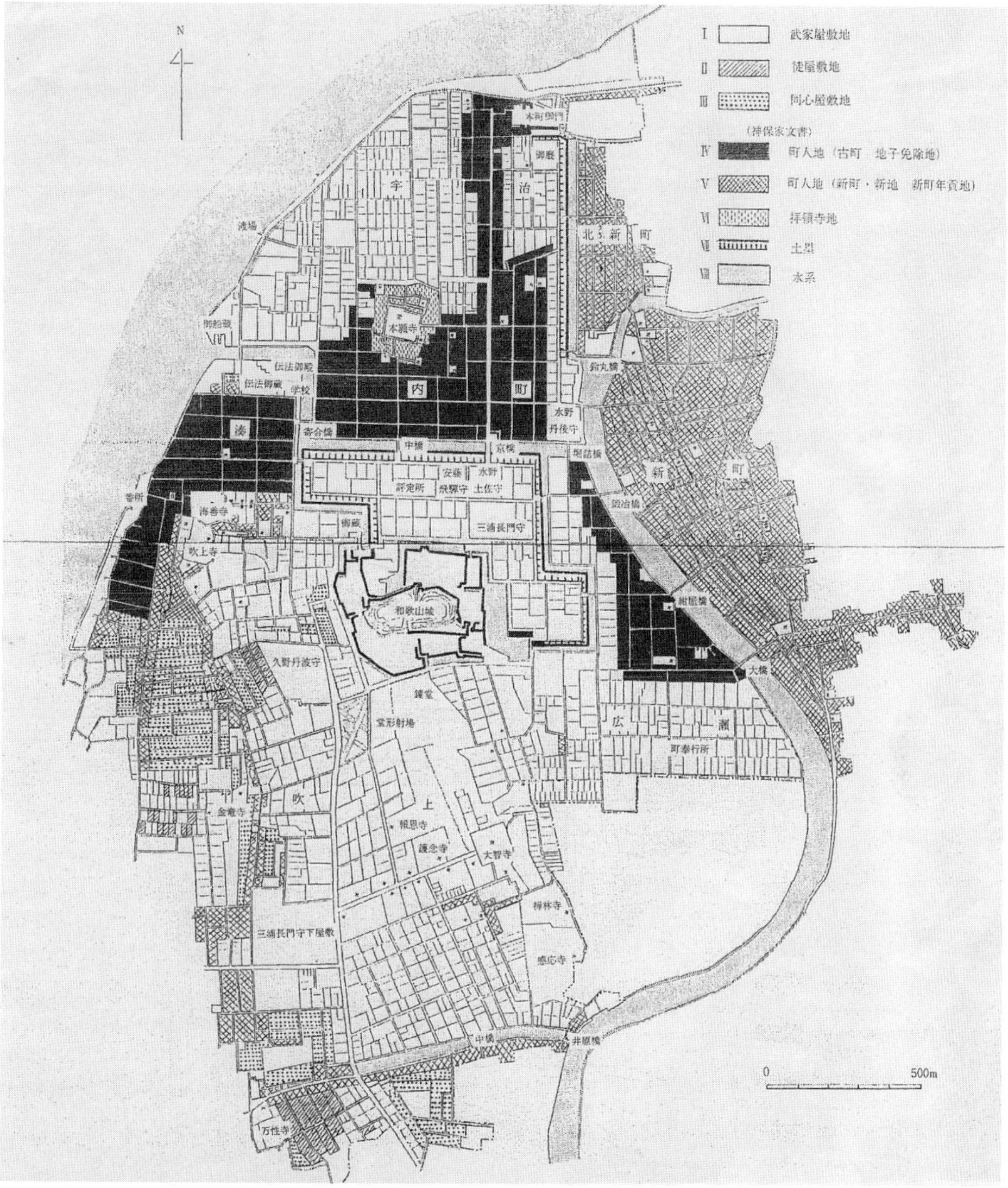

図2 「安政2（1855）年和歌山城下町図」（『和歌山市史』第10巻，和歌山市史編纂委員会編，1992年，付図4）。

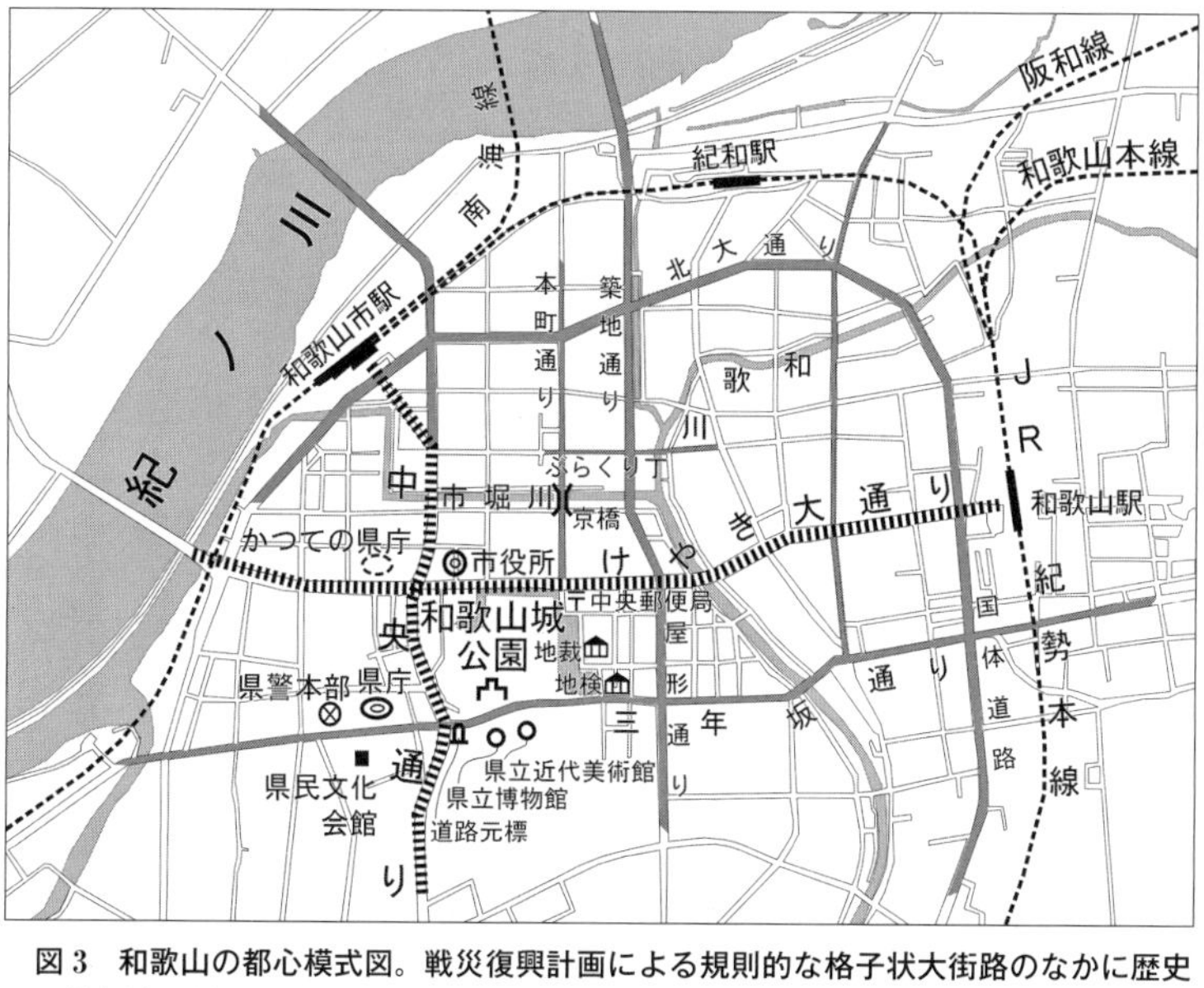

図3 和歌山の都心模式図。戦災復興計画による規則的な格子状大街路のなかに歴史的な地区が埋め込まれている。軸となるのは東西のけやき大通りと南北の中央通り。

ていることであるが、和歌山の場合、北に紀ノ川があり、その先に堺や大阪といった大都市があるので、いかに大河を渡り、市街地に接続するかが課題となる。

和歌山のまちの場合、城下町の初期に大手門が城の北西部に移され、そこからまっすぐ北に延びる現在の本町通りがメインのアクセス路となっていた（図2）ので、これに接するように玄関口としての鉄道駅を市街地の北側に設置するのは自然であっただろう。

最初にできたのは、旧・和歌山駅、現在の紀和駅である。いまの無人駅からはかつての姿を想像するのは難しいが、ここが起点となって紀ノ川沿いに橋本・五条方面へ向かう紀和鉄道線（現・JR和歌山線、ただし、紀和駅から紀ノ川に沿って東進するオリジナルな鉄路は現在は遺されていない）が一九〇〇年に全線開通している。敵が上陸してきた際に兵員を迅速に輸送するためには艦砲射撃を受けやすい海沿いのルートを回避すべき、という軍部の主張が通ったようである。

次いで永らく待ち望まれていた難波まで直通の南海の和歌山市駅が一九〇三年に開設された。同時に紀和鉄道線も和歌山市駅まで延伸され、和歌山市駅は名実ともに和歌山の玄関口となった。

和歌山市駅から東進して本町通りを右折、本町通りの南北路を南進し、内堀に出る――。これが当時の人の中心的な動きであった。本町通りはかつての紀州街道なので、和歌山市駅からまずは街道筋をめざすというのも自然な流れである。一九〇九年、初めての路面電車が通ったのもこの路線であった。

その先、西汀丁（にしみぎわちょう）を南に折れて、景勝地である和歌浦まで通じている電車道沿いに県庁舎（現・汀公園）、市庁舎をはじめとして銀行やぶらくり丁の繁華街など主要な都市施設がすべて集中していたのである。

とりわけ本町二丁目、外堀である市堀川（しほりかわ）（内川）にかかる京橋界隈が賑わいの中心で、かつてはここに高札場があり、明治初年の里程元標も、一九二〇年の道路元標もここにあった（現在の新しいデザインの道路元標は県庁前交差点のところにある）。現在の京橋は一九三〇年のRC造だが、見事な親柱のデザインが都心の心意気を示している。今もここから北に向かう心地のよい道幅（かつては四間だったが、のちに市電開通時に六間に広げられ、現在は二〇メートルほどに拡幅されている）が都市の目抜き通りの風情を感じさせてくれる（写真1）。

こうして江戸時代以来の南北路が都市軸として機能してきたのであるが、そこにまったく別の角度から、まちの東端に造られたのが東和歌山駅（現・JR和歌山駅）である。一九二四年のことだった。

紀伊半島をぐるっと一周する紀勢線の建設を優先させる立地選択だったようだ。このの ち阪和電鉄（現・JR西）の阪和線（天王寺―東和歌山）も一九三〇年に開通し、東和歌山駅の利便性は格段に増すことになった。北の拠点と東の拠点との本格的なつばぜり合いが始まったのである。背景には南海電鉄をめぐる国有化のせめぎ合いがあった。

阪和線が開通した一九三〇年には東和歌山駅前から公園前までの路面電車の路線が開設され、新たに東西の交通動線が浮かび上がってくる。和歌川の東岸にはまだ開発余地があり、何よりも東和歌山駅の駅裏（東側）には広大な未開発地があった。これは北に紀ノ川が迫る和歌山市駅にはない魅力であり、可能性を示すものだった。

しかし、しばらくは和歌山市駅の優位は不動だった。事態を大きく変えることになったのは、戦災とその後の復興計画だった。

写真1 本町通りに架かる京橋。1930年造。高札場も里程元標も道路元標もここにあった。まちのへそである。

写真2 『紀伊国名所図会』に描かれた京橋あたりの現在。市堀川の風景。西を見る。

写真3　戦災復興計画による南海和歌山市駅前広場の整備。区画整理前（上）と区画整理後（下）（出典：『戦災復興誌』第8巻 都市編5，建設省編5，都市計画協会，1970年，600頁）。

今に生きる戦災復興の構想

和歌山市都心部は一九四五年七月九日の大空襲によって紀ノ川以南でお城までの市街地を中心に七割弱を焼失、被害面積六・六平方キロメートルに及ぶ壊滅的な損害を被った。ここから新しい都市計画が生まれることになる。

和歌山の街路計画に関しては、すでに一九三一年に格子状の幹線のネットワーク計画が立てられていたが、これには現在のけやき大通りは含まれていない。戦後の街路網計画は新しい発想によって造られる必要があった。

新しい構想は、主要な駅舎が二つに分かれていることをむしろ逆手に利用して、駅前から始まる広幅員街路を都市の軸として十文字に交差させる、というものだった。

つまり、東和歌山駅前を出発点として西に延びる幅員五〇メートルの広路一号線（東和歌山駅汀丁線）いわゆるけやき大通り（写真4）と和歌山市駅を出発点として南に延びる幅員三六メートルの1等一種一号線（市駅新和歌浦線）現在の中央通り（写真5）とが西汀丁で十文字に交差するという都心の構想である。交差点の西汀丁にはかつて県庁が立地し（現・汀公園）、対角線上にはお城の内堀がある。また現在も市役所がほど近いところに建っている。

けやき大通りはその名のとおり、ケヤキを四列に

写真4　まちを東西に貫くけやき大通り。東を見る。戦災復興街路の代表格。戦後の東西の主軸。このまま東にまっすぐ進むとJR和歌山駅に突き当たる。

写真5　まちを南北に貫く中央通り。戦後の南北の主軸。西汀丁の交差点から南を見る。左右に交差しているのがけやき大通り。左手奥は和歌山城公園。戦災復興計画でまちを十文字に開いていった。その交差点。

配した和歌山市内最大のブールバールで、一方の中央通りは中央分離帯に一列のクスノキを配する三列並木の和歌山第二の幹線街路である。

けやき大通りと中央通りはお城の北西隅で交差しているが、これと対照的な位置つまりお城の南東隅あたりで交差しているのが南北路の築地通り・屋形通りであり、東西路の三年坂通りである。

こうしてお城を中心とした井桁状の骨格道路ができあがる。さらに和歌山市駅と東和歌山駅をぐるっと結ぶ環状街路、現在の北大通りから国体道路にかけてが造られた。主要駅が離れていることを逆に活かして十文字と環状とで結ぶ見事な街路網を造り上げたのである。そしてこれらの街路はほとんどすべて中央分離帯にケヤキやクスノキなどの並木をもっている。堂々たる緑の軸ができあがった。

写真 6　南海和歌山市駅前の通り。南を見る。中央分離帯のクスノキの列植が印象的である。

さらにもう一つの戦災復興都市計画の特徴は、公園を小学校と併設して設けたことで、新設された一八の公園の大半はそのように配置された。現在に残る都心の本町小学校と本町公園、城北小学校と城北公園、大新小学校と大新公園、雄湊小学校と雄湊公園、広瀬小学校と岡東公園など、みなそうである。運動場と公園とを一体に使うことも考慮されたのだろう。防災にも役に立つような、いずれも広々とした立派な公園である。

関東大震災後の震災復興小公園が同様の考え方で小学校に隣接して造られたことは有名であるが、ほとんどの小学校で現在では公園との空間的なつながりが切断されてしまっているのと比較すると、和歌山ではまだ戦災復興計画時の思想が受け継がれてきているようにみえる。

写真 7　内堀東側の堀端通りの風景。南を見る。かつてほかの堀もこのように外側には松が植えられていた。左手は裁判所の敷地。

一九六八年、旧・和歌山駅は紀和駅と名称を変え、東和歌山駅は和歌山駅となった。その後、ＪＲ和歌山駅がこの都市を代表する玄関口に育っていったのはだれもが知っている現代史である。

城郭周辺を歩く

見事な並木と歩道をもった広幅員道路をグリッドと周回路に配するという教科書的な都市計画によって、和歌山のまちの性格は、アメリカ都市のような開放的なものへと大きく変わった。しかし、厳然と残るお城の緑を身近にしつつ周辺に目をやると、歩行者の目からはまだかつての城下町の名残りをそこ

写真 8　和歌山城南側の三年坂。西を見る。右手にはお城の高石垣がある。左手には静かな住宅地が広がっている。

ここに感じ取ることができる。

もとは紀ノ川の河口に形成された湊町であったが、関ヶ原の合戦以降、近世城下町として整えられ、一六一九年に徳川御三家の居城の一つとなり、大規模城下町としての整備が進められていった。

現在、まちの東側を南北に流れる和歌川がかつては紀ノ川の本流だったというが、今は大河の面影はない。しかしよく見ると、左右に蛇行しながら和歌浦に注ぐ和歌川の姿はまさしく自然河川そのものである。

これに対してまちの北側を東西に流れる市堀川は直線的でかつ途中でクランク状に折れ曲がるなど、じつに人工的で、この川がかつて堀としてまた物流の幹線として造られたことを彷彿とさせてくれる。

JRの和歌山駅からはけやき大通りを通って、和歌川を越えて都心に向かうことになるのに対して、南海の和歌山市駅から中央通りを南下して都心に向かうと市堀川を越えることになる。二つの川の対照的な表情の違いにこの都市の来歴を読み取ることができる。ここにもまちあるきのおもしろさがある。

堀端の通りを歩くと、市役所や中央郵便局にはじまり、地方裁判所や地方検察庁、県立博物館、県立近代美術館、少し離れて県庁と県民文化会館などの公共施設が城郭を取り囲むように立地している。

お城から南にかけての一帯は岡山砂丘と呼ばれる微高地で、寺町が配置されている。城郭そのものは虎伏山（とらふすやま）の上に位置している。そしてこの和歌山城自体が、軍用地を経て、広大な公園として一九〇一年以来、常時一般開放されているのである。

お城そのものの建物は戦災でほとんど焼失してしまったが、一八七三年の太政官達によって城郭の保存が決められたからこそ、石垣をはじめとする内堀のほとんどの空間がそのまま残された。夜間ライトアップが印象的なのもそのおかげなのである。

復元された大手門、一の橋から昔からの目抜き通りである本町通りを北上すると、かつて物流を支えたであろう市堀川に架かる重厚な京橋とその先のヒューマンスケールの繁華街が迎えてくれる。本町通りの空間感覚にはクルマ社会の疎外感はない。東西路、南北路それぞれの大幹線道路が注意深くこの通りを避けてくれているからである。

けやき大通りと中央通りが造り出すのがクルマ向けの十字路であるとするならば、本町通りからぶらくり丁にかけてはまさしく歩行者の十字路を造り出している。

ぶらくり丁のアーケード街がかつての街道筋である本町通りと直交して、まちから遠くなる方向に続いているのはやや不可思議であるが、おそらくその先の和歌川沿いに生まれた歓楽街へのアクセスも担っていたからだろう。そういえば川をはさんで両側にアーケード街が連続しているというのも珍しい。川沿いの賑わいがなせるわざであろうか。

戦災復興の都市計画というと駅前のブールバールのような大規模都市施設ばかりが頭をよぎるが、じつはこのような粋なところももち合わせていたのである。

31 鳥取
――層状都市を貫くモダン軸

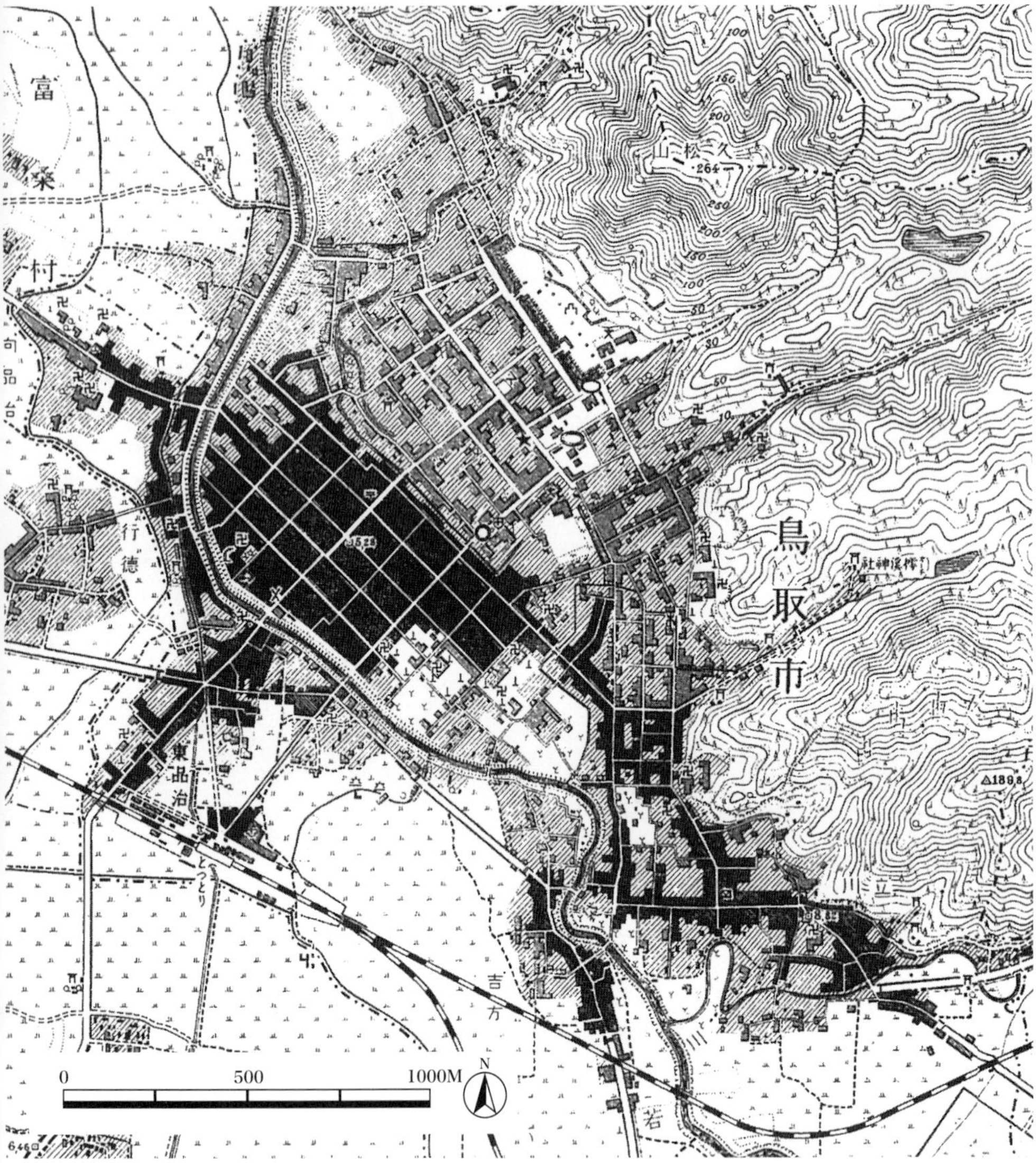

図1　二万分一正式図「鳥取市」（部分）1897年測図，1900年発行。鳥取駅が若桜街道の延長上に建設された。瓦町の六叉路が駅の北側約300メートルのところにあるのがわかる。

明快な構成の城下町

鳥取はある意味でとても明快な構造をもった都市である。

まず、鳥取駅を降りると正面に目抜き通りである若桜街道がまっすぐにお城の方角に向かっており、突当りに城山である久松山の堂々たる山並みが向かい合うように見える（写真1）。駅からは見えないが、若桜街道の突当りには県庁舎がまちに正面を向けて建っている（写真2）。県庁舎と駅舎とが主たる都市軸の両端で向き合うように建つという都市は現在の

写真1　鳥取駅前から若桜街道（このあたりの通りは駅前通りとも呼ばれる）の先に久松山を遠望する。まっすぐ東に進むと突当りには県庁舎が建っている。鳥取随一のモダン軸。

県都ではここだけである。久松山のふもとに県庁舎は建っている。県庁舎の位置は、鳥取県が再度設置された一八八一年からずっと変わっていない（それ以前、一八七六年から鳥取県は島根県に一時併合されていた）。

鳥取には若桜街道の他に二つの街道、智頭（ちづ）街道と鹿野街道とが等間隔に平行してお城に向かって走っており、智頭街道の正面には地方裁判所が、鹿野街道の行く手には県立博物館が、いずれも久松山のふもとに建っている。

そして、歩きながらよく観察するといずれの街道もお城へ向かう際に、二回わずかだが右向きに軸がぶれている。たとえば、若桜街道を駅から県庁舎へ向かって歩くと、袋川のところでごくわずかに右カーブし（写真3）、さらに進んでいくと市役所のあたりでまた少し右に軸が振れている。

この軸のずれは偶然ではない。これはそのまま鳥取の都市発展の歴史を物語っている。

袋川を渡るところでの軸のずれは、袋川までが江戸時代を通じての城下町の範囲だったことを物語っている。袋川は外堀の役割を果たしていた。そして市役所周辺での軸のずれは、このあたりに改修以前の一段古い惣構の水路があったことを示している。さらにその内側には元の袋川（湊川）の流路があったようだ（図3）。

袋川が幅七間、深さ三間半で、計画的に現在の位置につけ替えられたのは一六一九年から始まる工事によってだった。それ以前は、一六〇二年から内堀と旧・袋川の開削が始められ、このあたりに近世の城下町が建設された。

久松山の山頂には以前から山城が築かれ（一五四五年）、ふもとにも小規模なまちが成立していたと考えられているが、本格的な都市の建設は関ケ原の合戦以降である。

旧・袋川はその後、薬研堀と呼ばれるようになり、明治に入ってからもその姿は残されていた。かつての惣構は現在は市役所の南側を東西に少しずつ屈曲しながら走っている通りの姿からもわかる（写真4）。直線的に計画された鳥取の城下町のなかにあって、この通りだけは不思議とゆるやかにカーブしている。これをかつて開削された川の跡だと思念して眺めると、その曲がり具合にも歴史の風情を感じることができるというものだ。

写真2　若桜街道の北の突当り。正面は県庁舎。かつての支藩，若桜藩の屋敷（鳥取西館）があったところ。この裏の鳥取東館（支藩鹿野藩の屋敷）のあとが知事公舎になっている。

写真3　若桜街道。北東を見る。若桜橋のところで道が右へ少し折れ曲がっている。ここから江戸時代の旧町人町に入る。手前側は主に明治以降の市街地。遠くの山は久松山。

図2　鳥取の都心模式図。

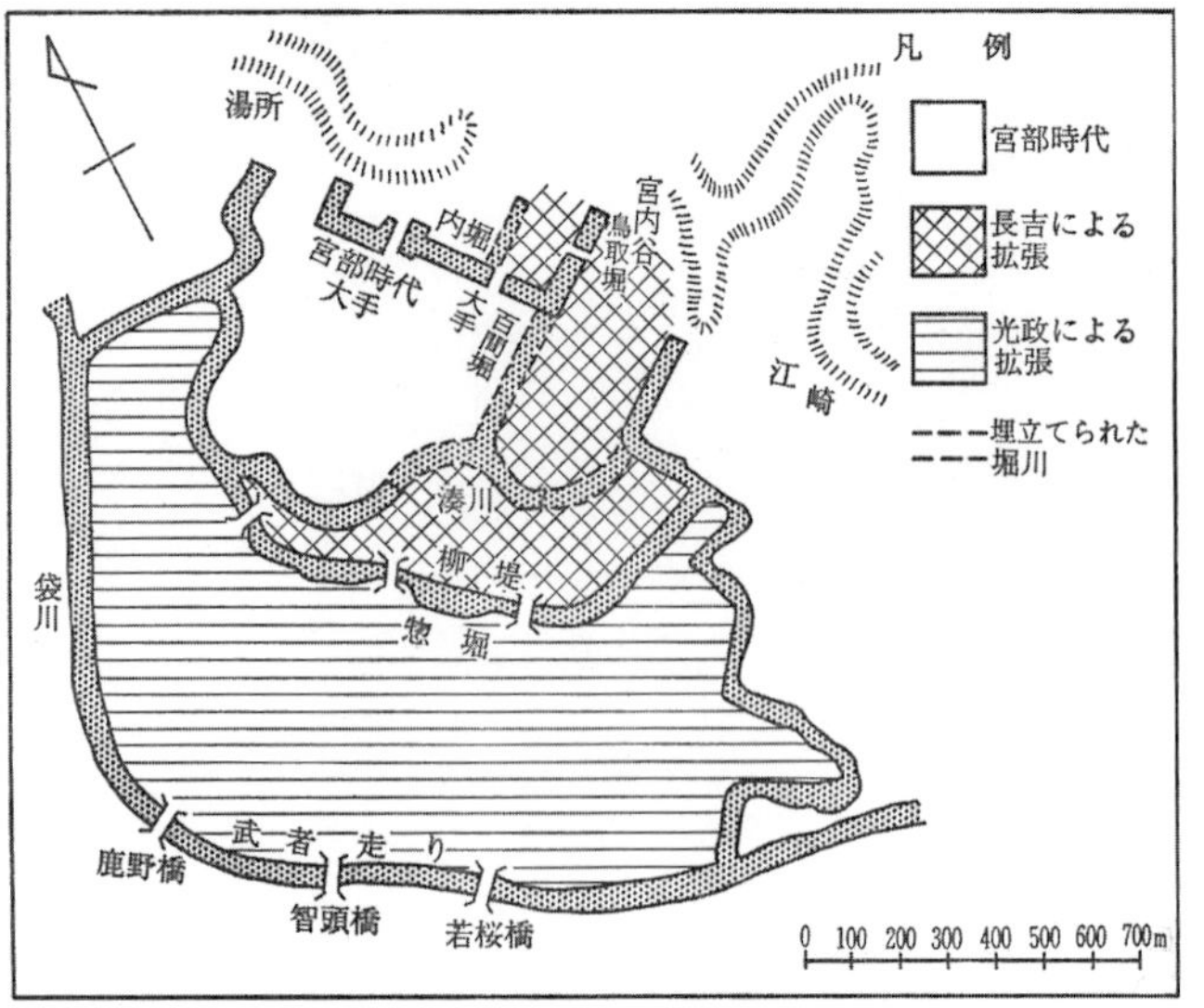

図３　鳥取城下の拡張変遷図。『鳥府志』などから推定されたもの。図中の凡例にある「宮部時代」は，羽柴秀吉の家臣，宮部継潤(けいじゅん)が1581年に入城し，都市開発を行った時代。「長吉による拡張」とは，1600年，関ヶ原の合戦以降城主となった池田長吉による市街地の拡張。「光政による拡張」とは，1617年，姫路より転封となった池田光政が行った市街地の拡張。光政は1632年に岡山へ移った（出典：『新修鳥取市史』第２巻，鳥取市編，鳥取市，1988年，175頁）。

そして一七世紀初頭に近世城下町としての鳥取が建設されたときには、旧・袋川までが市街地で、その内側に城、武家地（内堀のなか、内山下(うちさんげ)と呼ばれる）と町人地（内堀と旧・袋川の間）があった（図４）。一六一九年からの都市拡張で、袋川の流路が南側につけ替えられ、旧と新の袋川の間に新しい町人地が四〇間×六〇間の街区という計画された寸法で建設され、旧・袋川の内側はほとんどが武家地に変えられたのである。

その後、袋川は一九三四年にさらに南の駅南側につけ替えられ、新袋川と呼ばれている。都市発展の歴史とともに、袋川もじつに四度にわたってつけ替えられてきたのである。

整理すると、鳥取城は近世に入り、久松山の山頂から南西の麓に降りてきて都市を造るようになる。ただし、平地部分は千代(せんだい)川の氾濫原の低湿地のため、山際の宅地部分から徐々に市街地が拡大されていった。それが城下町の骨格となっている。さらに明治以降になると、袋川を越えて都市が広がり、現在の姿となったといえる。

その結果、現在では、駅前から若桜街道を都心に向かって歩くと、明治以降の新市街―（袋川）―かつての町人地―（かつての惣構や旧袋川のあと）―かつての武家地―（山際に走る山手通り）―かつての城（現在はほとんどが公園や公共施設用地となっている）という四つの層が並んでいるのがよくわかる。それぞれの層は街区の形状や道路パターン、道路の軸線が微妙に異なっており、よく観察すると現在でもその違いは実感できる。

写真４　かつての袋川，のちの薬研堀が現在は片原通りの一本北の裏道となっている。ゆるやかなカーブ具合にかつての河川の名残をとどめている。

鳥取のまちは北東側に久松山をはじめとする山地が広がり、これが要害となってまち自体は南西の方向に広がる以外に方策がなかったため、こうした明快な都市構造が近代に至るまで受け継がれてきた。鳥取は明確な構造をもっているだけでなく、その後も公共施設の立地移動がほとんどなく、その構造は堅固で安定していたといえる。

お城に向かってヨコ町型の町人地の街区があり、これに直交するかたちでお城を正面に見ながら三本の街道が町家地区を貫き、その中央が大手に向かう中心軸となるという都市の構図（図５）は、池田光政が一六一七年に移ってくる前に居を構えていた姫路城にアプローチする道路の構造、とくに南から姫路城下町の構造によく似ているといえる。実際、転封二年後の一六一九年より鳥取城下町の拡張工事が始まり、現在の都市の姿が整えられていったのである。二階町といった中核的な町人町の珍しい名前も姫路と鳥取で共通している。

加えて鳥取には、お城から順に地域の階層を示す四つの層がある。三本の街道と四層の階層がタテ糸とヨコ糸のように、時代とともにこのまちを織りなしている。

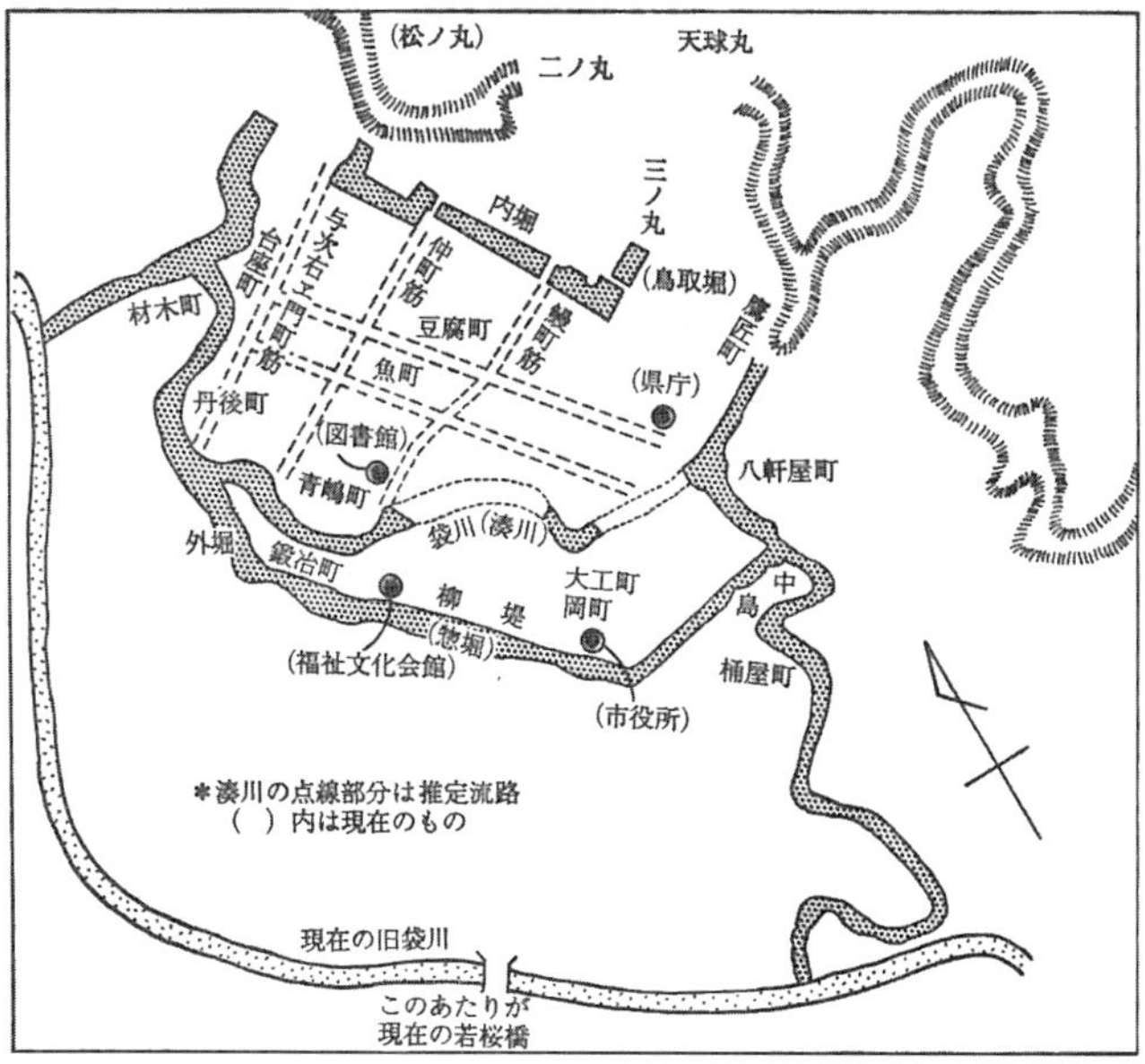

図4　長吉時代の推定城下町図。池田長吉が城主であった1600-17年の初期城下町の様子。図中に記載されている通りの名などは現存しない（出典：『新修鳥取市史』第2巻，鳥取市編，1988年，171頁）。

鳥取駅と瓦町のロータリー

通常三本の軸があると真ん中の軸線が中心線となるのは自然のことわりである。鳥取も同様で、中央の智頭街道は上方往来とも呼ばれ、ここで地区が上と下に分かれ、かつては東の上流側を上構と呼び、西の下流側を下構と呼んだ。智頭街道はまた、参勤交代の道でもあり、まさに都市の中心軸であった。現在でも智頭街道を北へ歩くと久松山がきれいに正面に見え、ここが都市の中心軸として造られていることを実感することができる（写真5）。

ところがおもしろいことに、賑わいに限っていうと智頭街道が目抜き通りであったのは近代も戦前までの時代に限られており、旧藩時代は川湊に近い鹿野街道界隈が栄えていたようで、下って戦後には賑わいは若桜街道沿いに移っている。

とくに一九〇八年

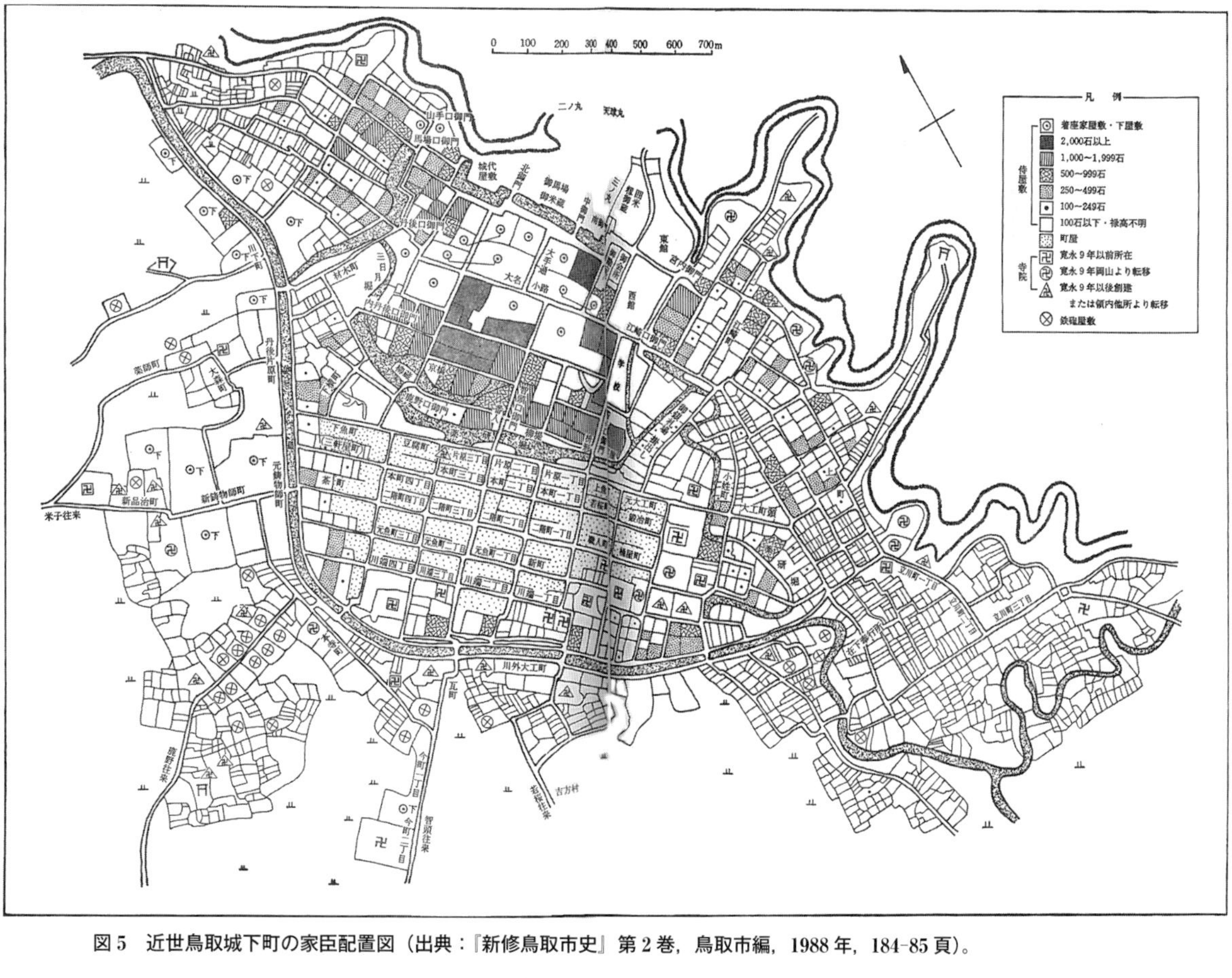

図5　近世鳥取城下町の家臣配置図（出典：『新修鳥取市史』第2巻，鳥取市編，1988年，184-85頁）。

写真5　智頭街道から北東に久松山を見る。正面突当りには地方裁判所が建っている。戦前まではこの通りが賑わいの中心だった。

に鳥取駅が若桜街道の突当りの現在地に建設されたことがその後に大きな影響を与えることとなった。ではなぜ、駅舎は中心軸の智頭街道の突当りではなく、若桜街道の先に造られたのか。

　これは憶測にすぎないが、明治初年にはすでに市街化していた智頭街道沿いを避け、まだ開発余地のある若桜街道の延長上に駅を据えたのではないだろうか。それに、若桜街道の突当りには県政の象徴、県庁舎が明治以来、鎮座していた。駅舎と県庁舎が大通りの両端に位置するようなまちを造りたかったと想像できる。

　今では鳥取駅前の再開発によって読みにくくなってしまったけれど、かつては、太平線通りと呼ばれる幹線が駅前から若桜街道の左斜めに放射状に走っており（図1）、これによって駅前から智頭街道と鹿野街道にも最短距離で通じるようになっていた。これは駅開設にともなって新設された道である。この太平線通りの途中に三つの街道からの道が一つに集まる瓦町の六叉路があり、クルマが右回りで一方通行をする日本では珍しいロータリーが現存している（写真6）。市議会ではこの道の意図を「智頭街道及鹿野街道並ニ西往来ト云フガ如キ四通八達ノ場所ニ結ビ付クル」と説明されている（『新修鳥取市史』第4巻、一八六頁）。

　六叉路のロータリーは、かたちは変わったものの、その後も残された。このロータリーには明治末の近代化の構想が込められているのである。

写真6　瓦町のロータリー中央から智頭街道を見る。ここからも遠くに久松山が見えている。この六叉路は鳥取駅と当時の繁華街であった智頭街道を結びつけることを意図したものだった。

若桜街道に見る「近代化」

一方、駅前通りとなった若桜街道の方は、一九三三年の街路計画において幅員二〇メートル（一部二二メートル）という最大幅員の幹線、停車場県庁線として決定されたが、拡幅自体は進まなかった。

　鳥取は戦災を受けなかったが、一九四三年の地震と五二年の大火によって市街地は甚大な被害を被っている。そしてこれらの災害によって都市のかたちも変容を迫られることになる。

　一九四三年九月一〇日の地震は都心直下型の大地震で、死者一二一〇名、負傷者三八六九名のほか、家屋の被害は全壊一万三二九五戸、半壊一万四一一〇戸、全焼一二八七戸、倒壊率は全壊半壊を合わせて八五パーセントに達するという壊滅的な被害を、とくに都心の町家地区に、もたらした。

　若桜街道、すなわち停車場県庁線の位置づけは変わらなかったが、一九四四年九月に決定された震災復興事業では、幅員は二〇メートルではなく一三・五メートルで実施されることになり、そのとおりに拡幅が実現している。中途半端な拡幅に地元では不満もあったようだ。

　続く一九五二年四月一七日の大火は、被災世帯は五二二八戸、全世帯の半分に迫るというこれまた超弩級（どきゅう）の災害だった。ちょうどこの時期に国会で審議中であった耐火建築促進法が大火から一カ月も経たない五二年五月六日に可決成立し、同月三一日に公布された。同法は都市内に防火建築帯を設けることによって大火を防止するもので、法制定の大きな動機となった鳥取市の若桜街道を中心とした路線が第一号として指定された。

防火建築帯とは、防火のために既成市街地内に一定規模以上の鉄筋コンクリート造やコンクリートブロック造などの耐火建築物を帯状に建設したもので、求められる規模は地上三階建て以上もしくは高さ一一メートル以上の建物であった。五四年度末までの三年間で耐火建築物九四棟、一六〇戸の近代建築が通り沿いに姿を現した。このうち半数近くは共同建ての建物であり、当時流行した表現主義的デザインの近代建築だった（写真7）。

不燃化と同時に若桜街道は二二メートル（一部二〇メートル）に拡幅され、山陰初のモダンなビル街が出現したのである。近代日本のまちづくり史に燦然と輝く近代街路がここに生まれた。

写真 7　若桜街道，若桜橋のたもとから北東を見る。塔屋をのせた角の建物は 2005 年に新築された。耐火建築 3 階建ての長屋型の防火建築帯の様子もよくわかる。

若桜街道の不燃化と同時に、袋川に沿って両側に道路が整備され（写真8）、若桜街道と（防火用水の役割を果たす）袋川で十文字に延焼を遮断する、という都市の姿が実現した。防火のための計画が災害防止だけを旗印にするのではなく、同時にモダン都市の目抜き通りを生み出し、潤いのある水辺空間を市民に身近なところに実現させた。

さらにこの防災対策は都市を近代化したのみならず、かつての城下町の構造の本質を受け継いでいる。近世の街道が今日も幹線として生きており、その幹線が、駅を起点に、かつての城郭周辺に立地したシビックセンターに向けてまっすぐに通っている。じつに見事な近代の都市計画ではないか。

こののち、防火路線帯は主として商店街の共同不燃化のために全国各地で活用されるようになり、下って一九六一年の防災建築街区造成法による防災建築街区造成事業、一九六九年の都市再開発法による市街地再開発事業に受け継がれていった。こんにち各地で叫ばれている再開発のルーツの一つが鳥取の若桜街道にある。

写真 8　袋川。鹿野街道の橋上から南を見る。1619 年から開削が始まった。1952 年の大火後に沿川の両側の道路が整備され，防火帯を兼ねた現在の姿となった。

若桜街道と平行して、智頭街道と鹿野街道は幅員一五メートル、片原通りは幅員一八メートルに拡げられ、駅前地区では大規模な土地区画整理事業が実施され（一九七〇–八五年）、これらによって鳥取都心部の様相は一新した。

現在、鳥取駅を降りて、若桜街道に沿って、鳥取城の方へ歩いていくと、街道沿いのオフィスや商店が二〜三階建てにそろい、レトロモダンな様相で、共同建てで連続して建っているさまを見ることができる。共同建てであること自体がこの地区の再々開発をむずかしくしているという側面はあるが、ここでは火災のあと短時日で質の高い長屋型の共同建替えを実現させたまちづくり力と、実現された空間デザインの高い質にこそ着目したい。

バウムクーヘンのように近世城下町の外側に新しい市街地の層をつけ加えただけでなく、若桜街道という古くからの街道をモダンに変身させ、しかし同時に、山沿いの公共施設群というゾーニングは維持するなど、この都市は全体としての強固な安定性を保っている。

32 松江——水の変奏都市

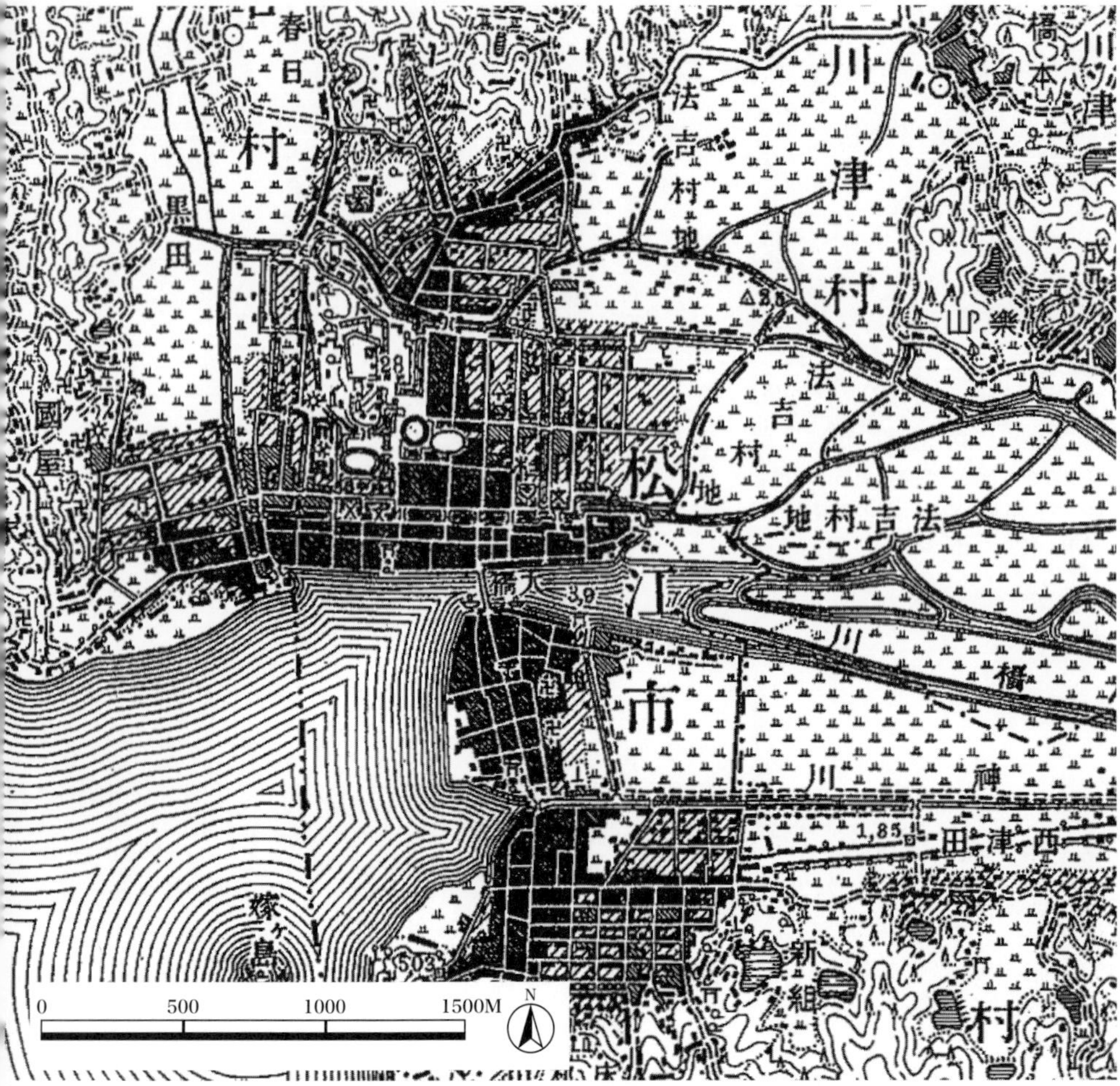

図1　五万分一地形図「松江」，1899年測図，1901年発行。

写真1　京橋川，京店カラコロ広場のあたり。西を見る。右手（北側）が武家地，左手（南側）が末次の町人地。

「海を除いて『あらゆる水』を持っている」まち

松江はたしかにすべての県都のなかでいちばん、水の面影が濃いまちである。同様に水のまちと呼べるのは水城の伝統のうえに造られた佐賀であるが、佐賀が低湿な平野の中央部に立地した水網状の城下町であるのに対して、松江は宍道湖のほとりにあり、大きな自然河川から小さな水路まで多様な水のありさまが見える。金沢も五五本もの用水をもつ水の豊かな都市であるが、金沢の用水がさらさらと流れているのに対して松江の水はたゆたっている。ここの水は海水が入り混じる汽水であり、農業用水ではない。松江は浅い汽水面につくられた都市なのである。

一九一五年、東京帝大の学生であった芥川龍之介はひと夏を松江ですごし、「松江印象記」という小文を残している。そのなかで、この水都を「松江へ来て、まず自分の心をひいたものは、この市を縦横に貫いている川の水とその川の上に架けられた多くの木造の橋とであった。……松江はほとんど、海を除いて『あらゆる水』を持っている」と評している。

松江は宍道湖のほとりにそれ以前からあった白潟（大橋川の南に南北に広がる町人地、南から主な通りは竪町・天神町・白潟本町と続いて大橋に至る）と末次（大橋川の北側、京橋川との間に東西に広がる町人地、東から主な通りは末次本町（京店）・東茶町・西茶町・苧町・末次町と続く）という水辺の集落を取り込むかたちで、低湿地を埋め立てることによって造成された都市である。一六〇七年に大橋を架けるところから始まり、一六一一年には城下町の全体がほぼ完成している。京橋川（写真1）、米子川（写真2）、北田川（写真3）、田町川、四十間堀川、城山西堀川をはじめとしてこれらの川に合流する小さな溝など、松江堀川と総称される市内を流れるほとんどすべての水路は、干拓の際の排水路であり、物流のネットワークであり、同時に内堀や外堀など、城下町の防御を担う装置だった。これらの川は市街地を下っていくにつれて、合流し（写真4、5）、堤も自然の様相を色濃くしてゆき、ゆるやかに湾曲するなど自然河川の姿に近くなってくる。最後はすべて朝酌川を経て、あるいは直接大橋川へと合流して中海にそそいでいる。

川とまちとの関係を見ても、川端（堀端）に道が通っているところもあれば宅地の裏がそのまま川に

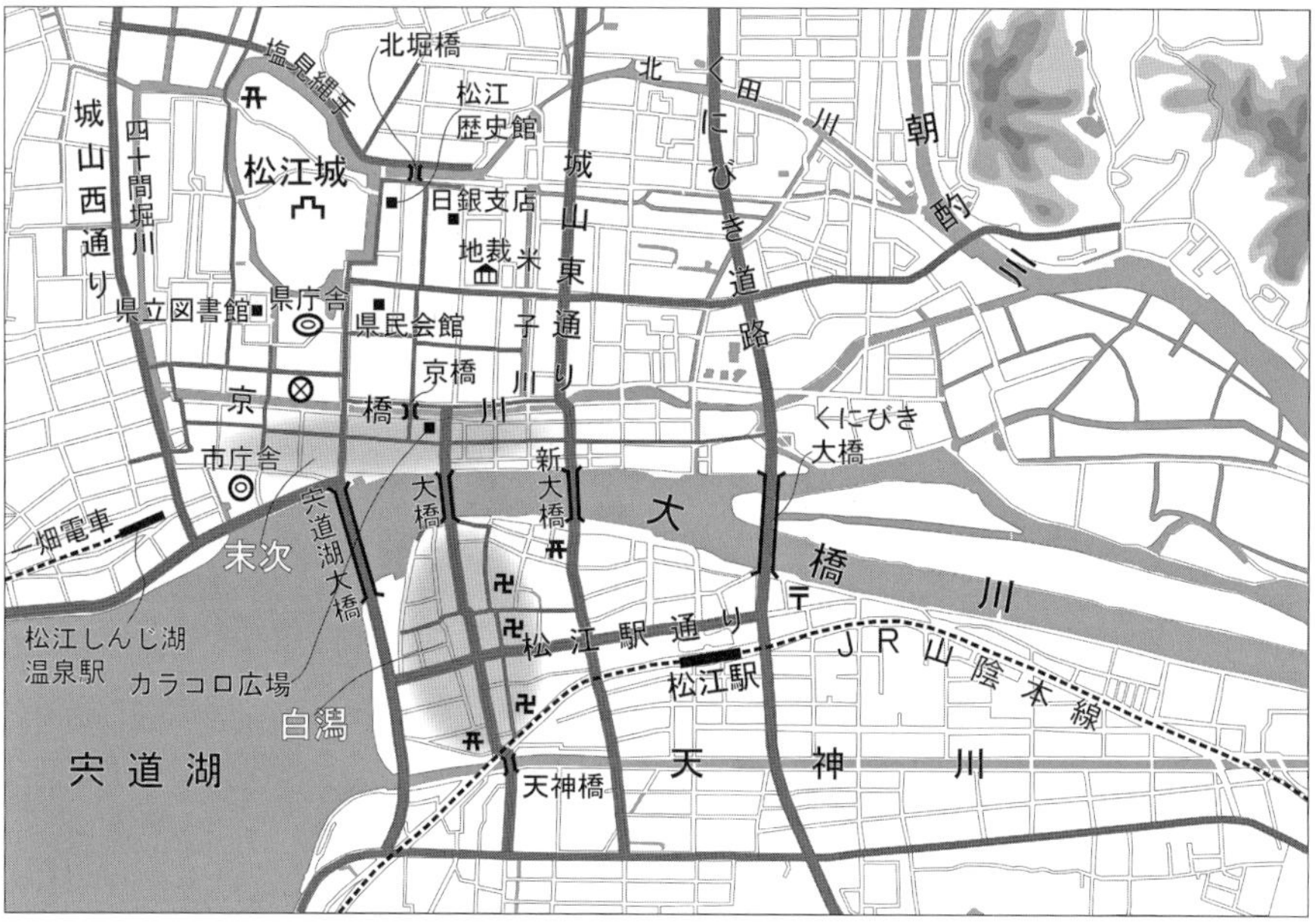

図2　松江の都心模式図。

写真2　米子川，北を見る。左手（西側）がかつて内山下と呼ばれた上級武家地。左奥（北西側）に松江城がある。

写真3　北田川，西を見る。正面奥に松江城天守が見える。手前の橋は，北堀橋。築城当初，北側からお城へ向かう際に北堀に架かる唯一の橋だった。

写真4　堀川の合流の風景。低湿地を埋め立てて造成された武家地の様子を実感することができる。

なっているところもあり、建物との関係もさまざまである。太い川も細い水路もある。直線的で人工の堀を強く感じさせるところも、ゆるやかに湾曲して自然の川を彷彿とさせるところもある。じつに多様な水の姿を見ることができる（しかし、松江には京都の白川や高瀬川、金沢の鞍月用水のようにさらさら流れる水はほとんどないので、「あらゆる水」とは誇張しすぎだと思う）。そのうえ、大橋川沿いにいかつい堤防がないことに象徴されるように、水が日々の生活に近いところに存在している。

湿地埋立てによる城下町建設という壮大な構想を実感させてくれるのが、北側の堀沿い、塩見縄手のあたりである（写真6）。このあたりは武家屋敷の景観がよく残り、北堀とその先の城山との取合せが見事な城下町景観のハイライトの一つであるが、自然

写真5　堀川の合流の風景，北田川と朝酌川の合流点近く。下流になると堀川はより自然の河川の風情を帯びてくる。

河川とも見まがうここの堀は、本丸のある亀田山とそれに連なる北側の赤山の間の尾根を開削し、城を独立させるために一六〇八年から掘り進められた内堀なのである。出てきた土砂が東の田町と西の中原の埋立てに使われたといわれている。

さらにこの塩見縄手をはじめとして、人通りがとくに多いところを除いて、ほぼすべての水路に手すりがない。ちょうど自然河川には手すりがついていないように、松江の人工河川・堀にも手すりがないのである。川として親しまれているから、だれも不審に思わないのだろう。万一事故が起きたとしても、責任者を厳しく問い詰める雰囲気がユーザー側にあったとしたら、河川管理者としてこのような仕上げはとてもではないが、無理のはずである。いかに、松江の人々が水と近しい関係を築いてきたかを、手

写真6　城山西堀川から見た塩見縄手。このあたりの堀は幅60メートル，延長200メートルを超す。尾根を削って武家地と堀が造られた。出てきた土砂で城下の東西の武家地が埋め立てられた。

すりがない風景からも実感することができる。

もう一つ水とのつき合い方として忘れてはならないものに、城山稲荷神社の神幸祭、通称ホーランエンヤがある。これは一〇年あるいは一二年に一度行われる船神事で、御神体を船に乗せて大橋川を下り、中海から意宇川を少し遡ったところにある阿太加夜神社まで曳航するというものである。そのハイライトである渡御祭と還御祭は意宇川・大橋川を多数の船が上り下り、その様子を川岸から群衆が見守るというもので、川が舞台で岸辺が観客席となる。この時、松江は水が主役の劇場となるといえる。

そういえば、大橋川も京橋川も、大橋、京橋という橋の名前から逆に川の名前がつけられたのだろうか。北堀川にしても、四十間堀川にしても、堀の開削が川の名前につながっている。

白潟と末次から始まるまち

水との関係でいうともっとも重要なことは舟運と都市との関係である。水都松江の場合、それはどうだったのか。

肝要なことは、松江は城下町建設以前からあった白潟と末次（写真7）という二つの集落を前提に、

いわばあとづけのかたちで城下町が造られたという点だろう。つまり、宍道湖沿岸でかつ大橋川のたもとという舟運上もっとも条件のよい土地をそのまま表側の町人地となし、武家のまちをその奥（北側）に埋め立てて造成したのである。

とりわけ大橋の橋詰あたりは雁木で水面へアクセスできる渡海場（とかいば）と呼ばれる物資の集散地、交易の拠点であった。渡海場をとおして宍道湖・中海水運のネットワークの中心地だっただけでなく、境港経由で北前船による西廻り航路へとつながっており、大坂に至る航路を確保していた。

陸路を見ると、主要な街道筋からははずれているうえに、北側には島根半島の北山山系が広がり、周辺地域への陸路のネットワークも限られるため、形成された城下町も南からの舟運には十分に開いているのに対して、それ以外の北、東、西からの陸路に対しては極端に閉じるという対照的な姿をしている。こうした陸路の閉鎖性が、幹線道路による都市の大改造を回避し、松江の生命線といえる城下町の面影をとどめることにつながっていくのだから、世の中、何が吉と出るかわからないものだ。

明治に入ってからも、京店や白潟本町など大橋をはさんで北詰と南詰の周辺地区がもっとも繁華な地として戦後まで栄え続けてきた。

城下町の意図が読めるまち

県都となっている城下町は三〇以上を数えるが、そのなかでも城下町のさまざまな防御システムが全体として一番明快に残されているのも松江だということになる。

松江のまちの防御システムというのは、はじめに、地区を川や堀によってまちを東西南北に分け、各地区をつなぐ橋を限定していることである。今では多くの新しい橋が架けられているので実感しづらいが、かつては、南からアクセスしようとすると、竪町を通って天神川を渡るのが天神橋のみであり、その先で白潟本町を通って大橋川を越えるのも大橋のみである。北から向かうと、北田川（北堀）を越えて進入するのは北堀橋のみ、西からも現・荒隈（あらわい）橋のところのかつての土手道のみ、東からは川と低湿地で通常のアクセスは不能となっている。

ついで、橋を越えたところでいずれもT字路となっている（写真8）。通り筋においても遠見遮断のための食違いが多用されている。それらはいまも随所に見ることができる。なかには白潟本町と天神町の境の交差点のように東西方向・南北方向ともに食い違っているといった手の込んだものも見ることができる（写真9）。

通常であれば、交差点改良などの名目で解消されがちなこうした街路が生き延びているのは、食違いやT字路のような城下町の名残が多く残されていることを、むしろ支持し、受容してきた市民の心情があることが大き

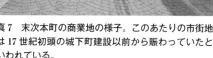

写真7　末次本町の商業地の様子。このあたりの市街地は17世紀初頭の城下町建設以前から賑わっていたといわれている。

写真8　北堀橋を北から渡ったところの突当り。南からも西からも同様に突当りや食違いで遠見遮断がされていた。

写真9　天神町通り，白潟本町と天神町の境の十字路。東から西を見る。東西に食い違っているだけでなく，南北の通りも食い違っている。松江にはこうした計画的な食違いが随所に見られるが，これほど大規模なものは珍しい。

いだろう。

ただし、それだけではなく、駅を中心とした新市街地が大橋川を越えた南東部に展開したこと、城下町の周辺地区が低湿地だったため近代以降の開発余地が大きかったこと、古くから主要街道が市街地内を貫通していないこと、そしてそもそも開発圧力がそれほど高くなかったことなども要因としてあったといえる。これらは客観的な事実ではあるが、開発をこうしたかたちで誘導し、実現させてきた先人達の努力のたまものでもあることを忘れてはならない。

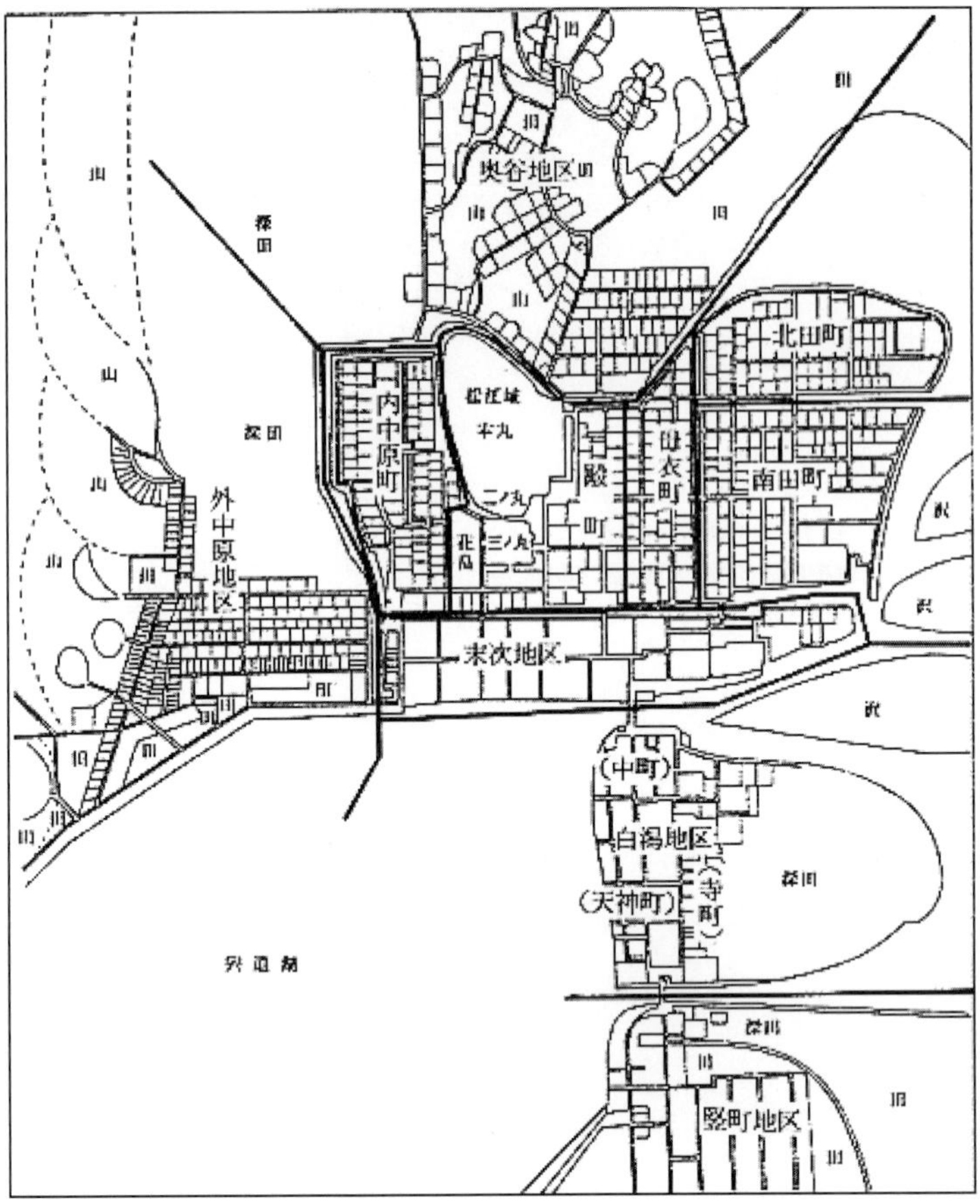

図3　1620年から1633年の間に描かれた堀尾期松江城下町絵図に地名を加えた図（出典：『松江市ふるさと文庫5　城下町松江の誕生と町のしくみ』松尾寿，松江市教育委員会，2008年，54頁）。

たとえば図1の一八九九年測図の地形図に見る松江と図3の一七世紀初頭の城下町建設初期の図とを比べると、東北辺など、むしろ明治の地図の方が宅地が縮退しているようにさえ見える。また、大橋川沿いの汀線は南北の岸ともに近世からほとんど変わっていない。県都の中心部でウォーターフロントがここまで保たれている例もまれである。

周縁で展開する経済の近代化、都心で展開する政治の近代化

いかに松江が安定した環境のなかで現代を迎えたとしても、近代化の過程でさまざまな変化を経験しなければならなかったことは他の都市と変わらない。

一つは近代の統治機構である県庁舎をはじめとした行政施設をどこに配するかということである。この点に関して、松江の選択はじつにはっきりしている。――県庁舎（一九〇九年に三代目庁舎が現位置に移転）をはじめとして、裁判所、師範学校、警察署、税務署さらには監獄まで、また、のちには郡役所、市役所に至るまで主要な行政施設は三の丸、もしくは殿町、母衣（ほろ）町というかつて内山下（うちさんげ）と呼ばれた内郭に集中させてきている。こうした姿勢は現在まで一貫している。

今でも県庁舎、市庁舎をはじめとして県警本部、県民会館、県立図書館、地裁松江支部、日銀支店などはすべて、内山下とまではいかないにしても、大橋川の北岸、かつての武家地に立地しているのである。一九〇九年以来県庁舎が建つ現在の土地はかつて藩庁舎が建っていた場所である（写真10）。

明治初年には市内に分散気味であった公共施設は、次第にお城のふもとに結集している。そうして、三の丸周辺に統治のシンボルが集中するという今日の松江の図式が固まっていった。

これに対して近代の都市インフラはどのように整備されたか。

米子―松江間に鉄道が敷設され、松江駅が現在地に開設されたのは一九〇八年だった。このあと山陰本線の京都―下関間が全通するのは三一年のことである。松江駅は当時低湿地だった現在の場所に建てられたが、当初計画ではさらに南東に離れた天神川の南に建つ予定だったようだ。たしかに現在の鉄道ルートは松江駅周辺で不自然に北へ湾曲している。

もっと自然に、かつ既成市街地に手をかけずに鉄道を敷設するにはもう少し南に駅が配置された方がいいといえる。しかし、それでは既成市街地との間に距離があいてしまうということで、現在地に変更になったという経緯がある。

　その目で駅周辺を見てみると、松江駅通りは駅から大橋川に向かって北上するのではなく、天神町に向かって西に延びている（現在はこの通りは東にも延びているが、かつて駅の東側に市街地はなかった）ことに気づく。駅周辺は次第に中心街的な要素を強め、白潟の賑わいは駅に向かって徐々に東遷していくことになった。

　次いで、昭和の初めに松江駅通りと直交する南北路を駅と旧道（天神町通り）との間に通してこれを松江の中軸とする計画が立てられ、実行に移されることになる。

写真10　かつての藩庁の跡地である三の丸に建つ県庁舎とその前の南北路。北を見る。大手門に至るこの道は江戸時代から城下で最も広幅員の格式高い道だった。奥に松江城の天守が見える。周辺のモダンな官庁街の形成に対して1970年，日本建築学会賞（業績）が授与されている。

　すなわち一九二九年より、寺町の東側で大橋川と天神川を結んでいた和多見川の埋立てが始まり、北に大橋川を渡る新大橋が架けられ（一九三四年）、ここに幅員二二メートルの通称一二間道路が通された（一九三六年）。これが北に延伸され、現在の城山東通りとなる。こうして白潟の南北軸を主軸とする近代の新しい都市軸が生まれたのである。その後の松江の都市計画はこの南北軸に他の幹線をいかにつなげていくかというところから発想されることになる。

　こんにち、この城山東通りを歩くと、クルマの幹線に沿って、ロードサイドショップが連なっているのがよくわかる。同様のことは、四十間堀川の西に南北に走る城山西通りでもいえる。松江の中心部の歴史的な風情を守るためには、周縁部でのこうした商業化はやむをえないのだろうが、やや殺風景ではある。救いなのは、こうした現代の幹線道路による商業集積が遠く離れた郊外で起こっているのではなく、歴史的な城下町に接したところで起こっている点である。

　都市は生き物なので、現代生活の欲求をある程度満たしてくれる施設を受け容れることは必要なことではある。問題は、どのようなビジョンで都市の将来を構想するか、ということである。これまでの都市を出発点とし、これにあまり負荷をかけないかたちで新しい都市の要素を付加していくような空間のビジョンが描けたか否かに、その後の都市の魅力が大きく左右されることになる。

　駅を都市全体の東南隅に造り、駅通りを西に向かって通し、さらに駅通りと直交する南北軸を近代の都市軸とする、という松江の構想は、結果論かもしれないが、歴史都市をうまく現代都市としても機能させることにつながったといえそうである。

　松江と出雲市とを結ぶ一畑電車の北松江駅（現・松江しんじ湖温泉駅）が一九二八年に開設されているが、この駅も市街地の西縁に造られた。城下町に与える影響が最小限で済むようなじつにセンシティブな位置に造られている。既成市街地の用地買収を避けるための手立てだったのだろうが、結果的に新旧の都市が両立できるような位置に駅が建てられたことになる。

　こののち、市街地の西縁、宍道湖沿いを埋め立てて宍道湖大橋（一九七二年）ができ、他方、市街地の東縁にくにびき大橋（八一年）という二本の大橋が架けられ、より広域の道路ネットワークが構築されることになる。松江の市街地も駅南や駅東側に、もう一皮外側に展開していくのである。

　大橋川に架けられた四本の大橋を振り返ると、大橋（近世から近代前半）、新大橋（近代後半）、宍道湖大橋とくにびき大橋（現代）というそれぞれの時代の要請を象徴している。都市が徐々に外延に拡大してきたことを四本の橋が問わず語りに示してくれている。四本の橋は、お互いの距離が離れているせいもあって、うまく共存しているように見える。間にある豊かな水の広がりがそう思わせてくれるのかもしれない。ここにももう一つの水の姿がある。

33 岡山
——柳川ロータリーへ注がれた想い

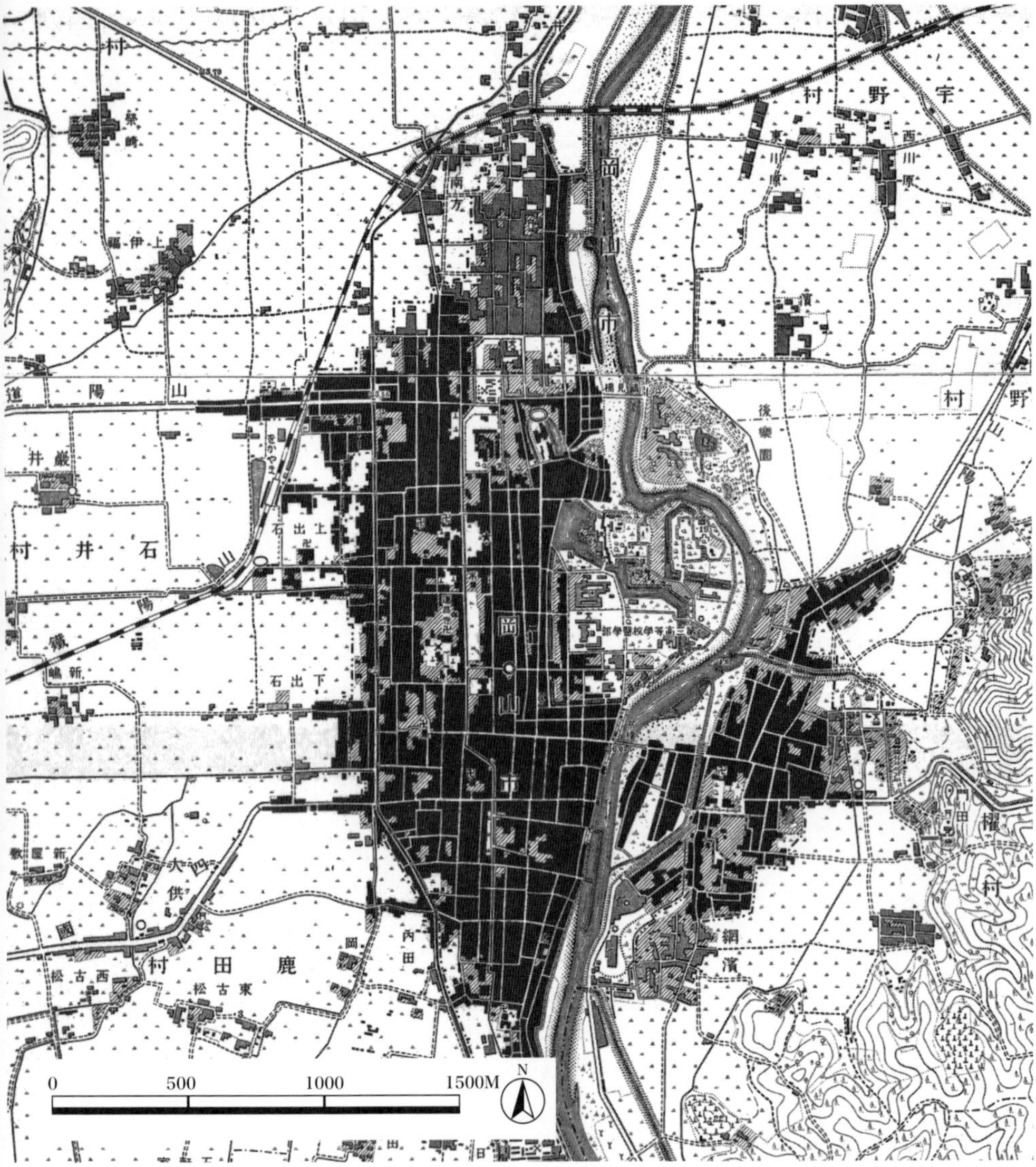

図1　二万分一正式図「御野村」（部分）；「岡山」（部分），いずれも1895年測図，1898年発行。県庁舎も市庁舎も現在地とは異なる。いずれも現在地に落ち着くのは戦後すぐのこと。

「単純明快」（？）な駅前通り

駅を降りて、駅正面からまっすぐ広大な幅員の大路が正面に延びて、それがそのまま都市の中心軸となっているようなまちは少なくない。県都だけを取り上げても、北は札幌から南の鹿児島まで、その数はおよそ二〇都市にのぼる。ただ、その関係が岡山のように直截なところはほかにないのではないか。

たとえば、大通りが緑でおおわれていて全貌が見えなかったり、巨大な駅前広場で印象がかき消されていたり、途中で軸が少し曲がっていたり、道が都心へ向かっていなかったり、道のたどり着く先に具体的な目印がなかったり、といったさまざまな理由で駅前通りの「主張」は必ずしも単純明快ではない。

これらの県都と比較すると、岡山の駅前通りの意図はだれの目にも明らかである——駅からお城へ向かう軸、これである。

通りの碁盤状のネットワークは規則正しく、歩道もじつにゆったりととられた桃太郎大通りが都市の基本軸であることにだれもが納得しているだろう（写真1）。

逆に、この都市の基本軸があまりにも明快であるために、はじめから岡山のまちをわかってしまったかのような気分になり、むしろ何か物足りなさを感じるということになるのかもしれない。

しかし、桃太郎大通りに象徴される岡山の都市構造はそれほど「単純明快」だと言い切れるのだろうか。岡山のまちを読み解くためには、いま一度、歴史をひもとき、もう少しじっくりまちあるきをしなければわからない。

桃太郎大通りの「意図」

桃太郎大通りを歩きはじめると、まずそのスケールの大きさに驚かされる。幅員五〇メートル、両側の歩道だけでもそれぞれ幅員約一〇メートル、歩道内には自転車専用レーンが用意されている。加えて、車道部分には路面電車の軌道があり、デザインされた架線柱が幅の広い通りにアクセントを与えている（写真1）。途中の柳川筋との交差点は巨大なロータリーとなっている。通りの突当りは烏城（うじょう）みちと呼ばれる文化ゾーンで、その先は旭川に出る（写真2）。近くに岡山城や後楽園、県庁舎や岡山シンフォニーホールなどが建ち並んでいる。

このように桃太郎大通りは岡山駅と岡山のシビックセンターを結ぶ押しも押されもせぬ目抜き通りであるように見える。

ところが都市の構成をよく読むと、そこにはある明快な「意図」というべきものがある。桃太郎大通りは、その「意図」によって目抜き通りに押し上げられていったのである。

では、その「意図」とは何か。それを読み取るには、じっくり現場を歩き回る足と、歴史を遡る目の両方をもつ必要がある。

まずは足から。

駅前周辺を歩き回っていると、まず気になるのは、ある程度の規模の都市であれば、駅前通りというクルマの幹線に並行して人が歩ける賑わいのある通りがあるものだが、岡山にはそれが見あたらないということだ。駅前にアーケード街がないわけではないが、これが岡山を象徴するアーケード街であるとはいいがたい。岡山には表町商店街という長い延長を誇るアーケードの代表選手があるからだ（写真3）。なぜだろう。

歴史を振り返ると、表町商店街がかつての山陽道

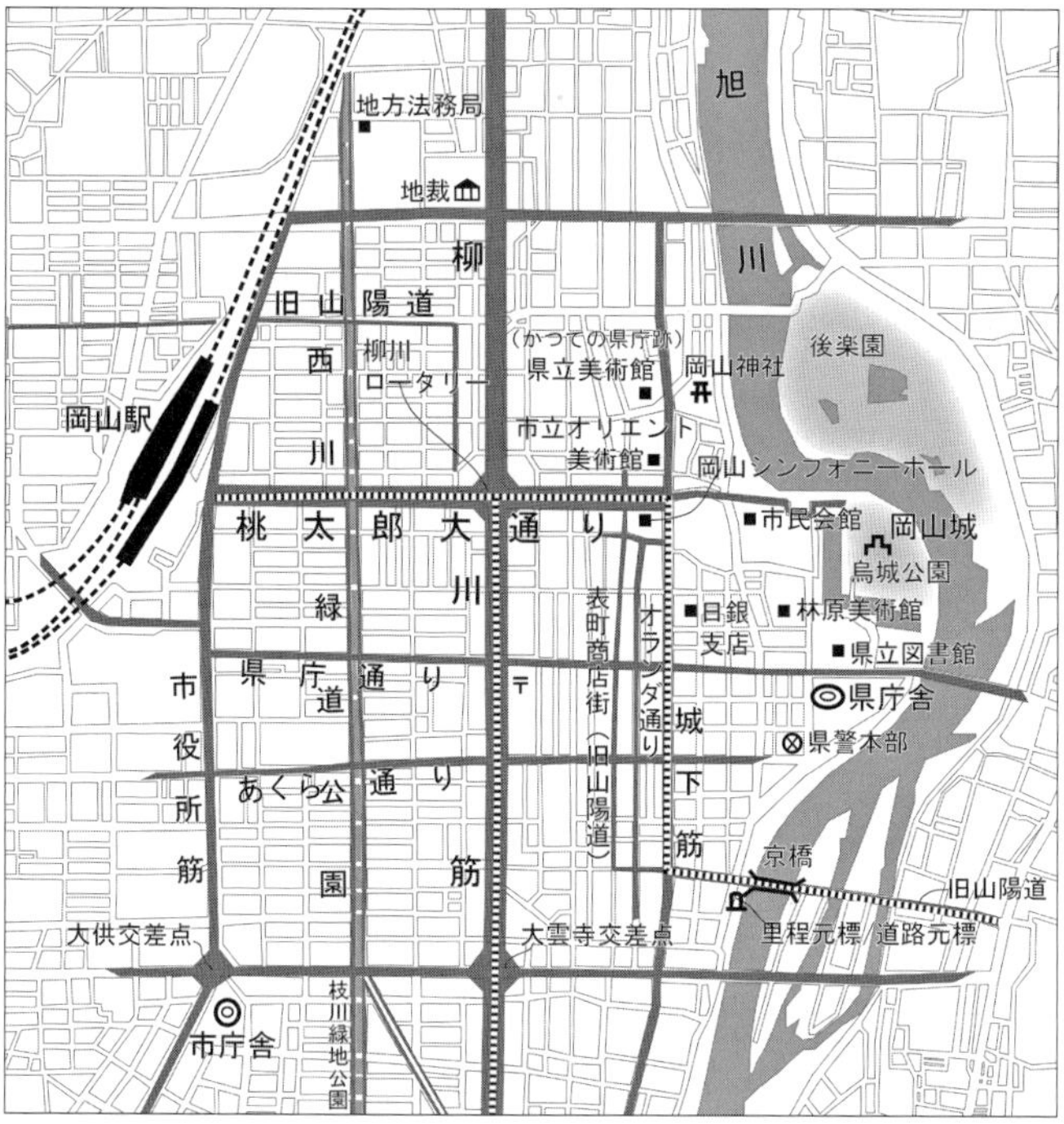

図 2　岡山の都心模式図。

写真 1　桃太郎大通り。戦災復興で生まれた岡山の新しい都市軸。駅と岡山城を結ぶ幅員 50 メートルの東西路。左手の電停は岡山駅前駅。駅前から東を見る。突当りに旭川がある。

写真 2　旭川に突き出たかたちで建つ岡山城。西から見る。旭川の流路自体，東側にあったものをこの位置につけ替えたもの。そういう目で見ると，お城をめぐる河の蛇行がやや人為的にも見える。

であることは容易にわかる。それだけではない。江戸時代の絵図をよく見ると、東側は旭川が境界をかたちづくっている一方、京大坂方面からの山陽道（西国街道）がお城を取り囲むように道は南東から岡山城下町に入り、南縁から西縁へとL字型に通って、北西から広島の方角へ続いている（図3）。これは一五九七年に、より東側を流れていた旭川の流路を変え、街道を都市内へ引き込んだものである。山陽道が旭川を渡るところに架かる京橋は岡山唯一の橋として、周辺は賑わい、高札場も京橋の西詰にあった。城の大手も南からであった。明治になってもここに里程元標が建てられ、大正の道路元標も京橋西詰に置かれていた（写真4）。

要するに、岡山の都市としてのへそは京橋の西詰であり、お城へのアクセスも南側が大手門だった。都市としての賑わいも山陽道の南半部にあった。他方、岡山駅が造られたあたりは、西国街道が西に延びている先に駅前がくるように意図されてはいるが、商家も多くなく、都市の玄関口というよりは勝手口の性格が強かった。

岡山駅が現在地に建設された一八九一年以降、岡山はオモテとウラとが逆転するような変化に見舞われることになった。メインアクセスの方向を一変するのみならず、城下町を南北に貫通する山陽道という南北軸中心の都市構造から、駅を出て東進する交通の流れという東西軸をどのように都市として受け容れるのかという命題を解くことが課せられたのである。――そこにのちの桃太郎大通りの「意図」が発現することになる。

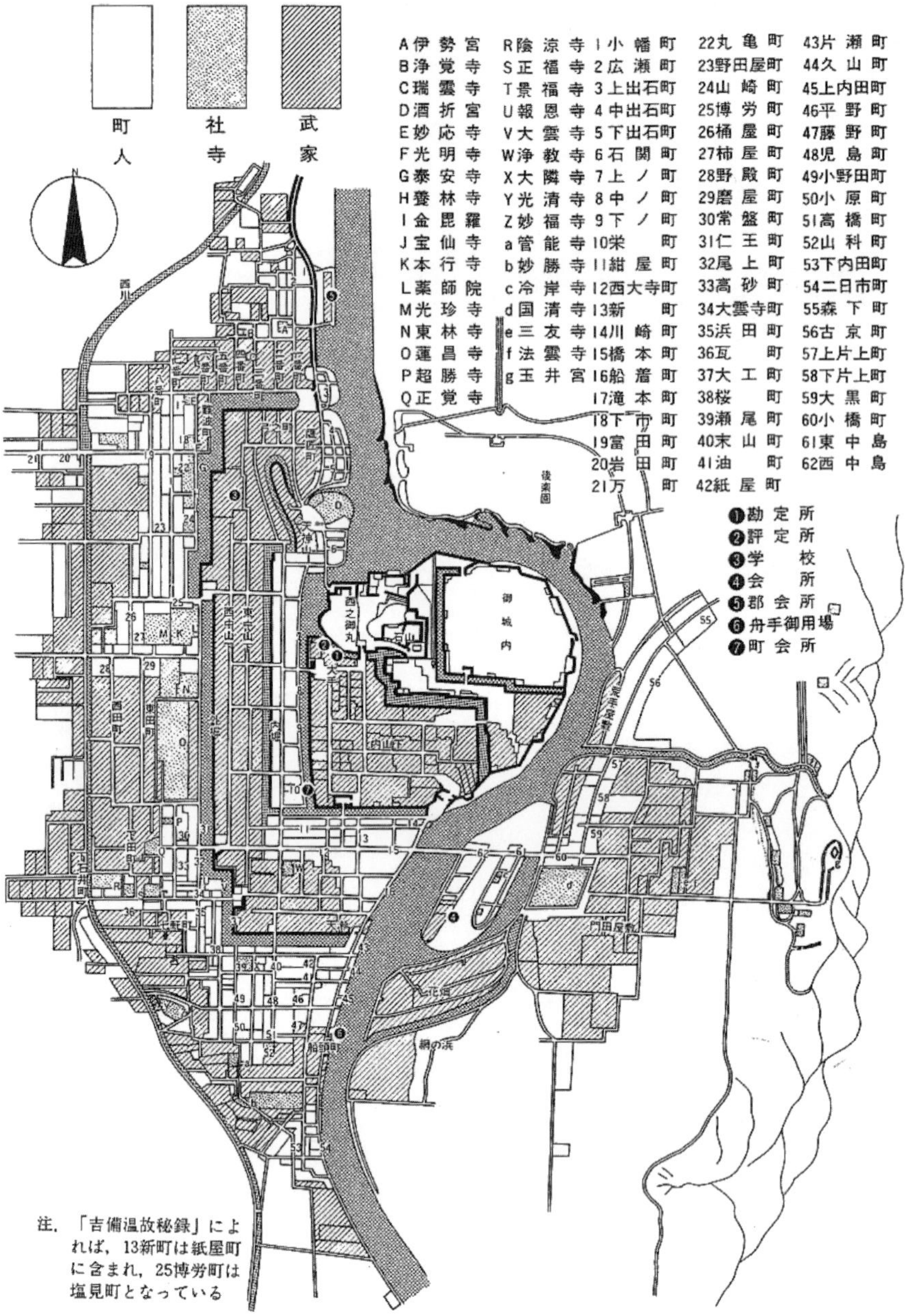

図3 岡山城下町図（出典：『岡山県史』第6巻 近世Ⅰ，岡山県史編纂委員会編，1984年，191頁）。

都市軸の転換

もともと岡山城下町は旭川の水を引き込んで内堀、中堀、外堀など大小五重の堀で囲み、その外側に農業用水である西川をもつ、というように東から西に向けて幾重にも閉じられた構造をしていた。都市の軸は当然、南北が中心である。

岡山の近代化とは、他の都市と同様に、防御のための堀を埋め、通りに設けられていた木戸を取り払い、人の行き来を自由にして、都市を開いていくことであった。と同時に、南北軸一辺倒のこのまちに駅からの東西軸を挿入することでもあった。

ほかの城下町の場合、堀沿いに堀端通りを通して堀越しに天守を仰ぎ見るような幹線を造るという選択肢をとることが多いが、岡山の場合、内堀が奥まっており、旭川にも近く、堀端に南北の貫通道路を通すことができなかったということもあったせいか、こうした選択肢もとられなかった。一番内側の堀は残されたものの、そのほかの堀は逆に道路を造るための用地として急ピッチで埋め立てられていった。外堀（一八七五年、現在の柳川筋）、中堀（二之曲輪の外側一八八〇年、二之曲輪の内側一九一五-一七年）、町家の裏側で中堀と外堀の間の堀（一八九七-一九〇八年）、西丸浦堀（一九〇九年）と、城下町の堀は、現在も残る内堀以外は、次々と姿を消し、道路や宅地となっていった。

最後に開削された外堀が最初に埋め立てられたが、これは、城下町の郭内と郭外とを分けていた惣構としての堀を否定することで、近代都市の外延的な広がりを確保するためだったのだろう。あるいは都市と農村の差違を否定することの表現だったともいえる。

埋め立てられた外堀が、現在の柳川筋である（写真5）。かつて都市の内部と外部とを分け隔てていた都市装置が近代以降、主要な南北の都市軸となったのである。

柳川筋が地域を分け隔てる堀であった名残は、柳川筋の東西で街区パターンが異なっていることに見出すことができる。旧郭内の東側では、南北に貫いている山陽道に沿うように街区は南北に顔を出しており、その結果、街区は南北に長い矩形をしているが、旧郭外の西側は、新市街であるということもあり、東側にある旧市街に向かう道に沿って、東西に細長い街区のかたちになっている。

山陽鉄道の岡山駅が開設されたのが一八九一年三月、この時点で岡山は山陽道線から東海道線を経て遠く新橋駅まで、鉄路でつながった。主要幹線の地位が海路から陸路へと移ったこの段階で、岡山駅はこの都市の玄関口に位置づけられることになった。それまでの玄関口が山陽道の京橋周辺から京橋西側の西大寺町にかけてであったことを思うと、都市の

写真3　表町商店街のアーケード。かつての山陽道（西国街道）である。写真は中之町界隈。延長1キロメートルを超す長いアーケード街。南北に長いが，南の西大寺町の交差点で東に折れ，京橋に向かうのが，かつての西国街道。

写真4　京橋西詰。橋の親柱のすぐそばに道路元標が建っている。ここは江戸時代の高札場でもあった。

写真5　柳川筋。磨屋町の交差点より南を見る。この通りはかつて，城下町の内と外を分ける外堀だった。1875年，最初に埋め立てられた堀でもある。柳川筋をはさんで東側（旧城下町）と西側（外側）とでは現在も街区パターンが異なっている。

裏と表をひっくり返すような大転換が起きたことになる。

駅開設にともない、駅とまちとを結ぶ道路の建設が急務となる。桃太郎大通りの元となる道路が駅前から柳川筋まで開通したのが一九〇〇年だった。それ以前には駅前通りがまったく存在しなかったことは、一八九五年測図の正式図（図1）で明らかである。その後、ここにまち一番の通りを通すことは岡山最大の課題のひとつであり続けた。一九二七年に内閣の認可を得た最初の都市計画においても最大幅員の筆頭道路（一等大路三類第一号線）は幅員一三間半の駅前県庁線だった。次いで一等大路三類第二号線として駅前県庁線と直交し、十文字に都市を開く道路として構想されたのが、柳川線（幅員一二間、現・柳川筋）であった。

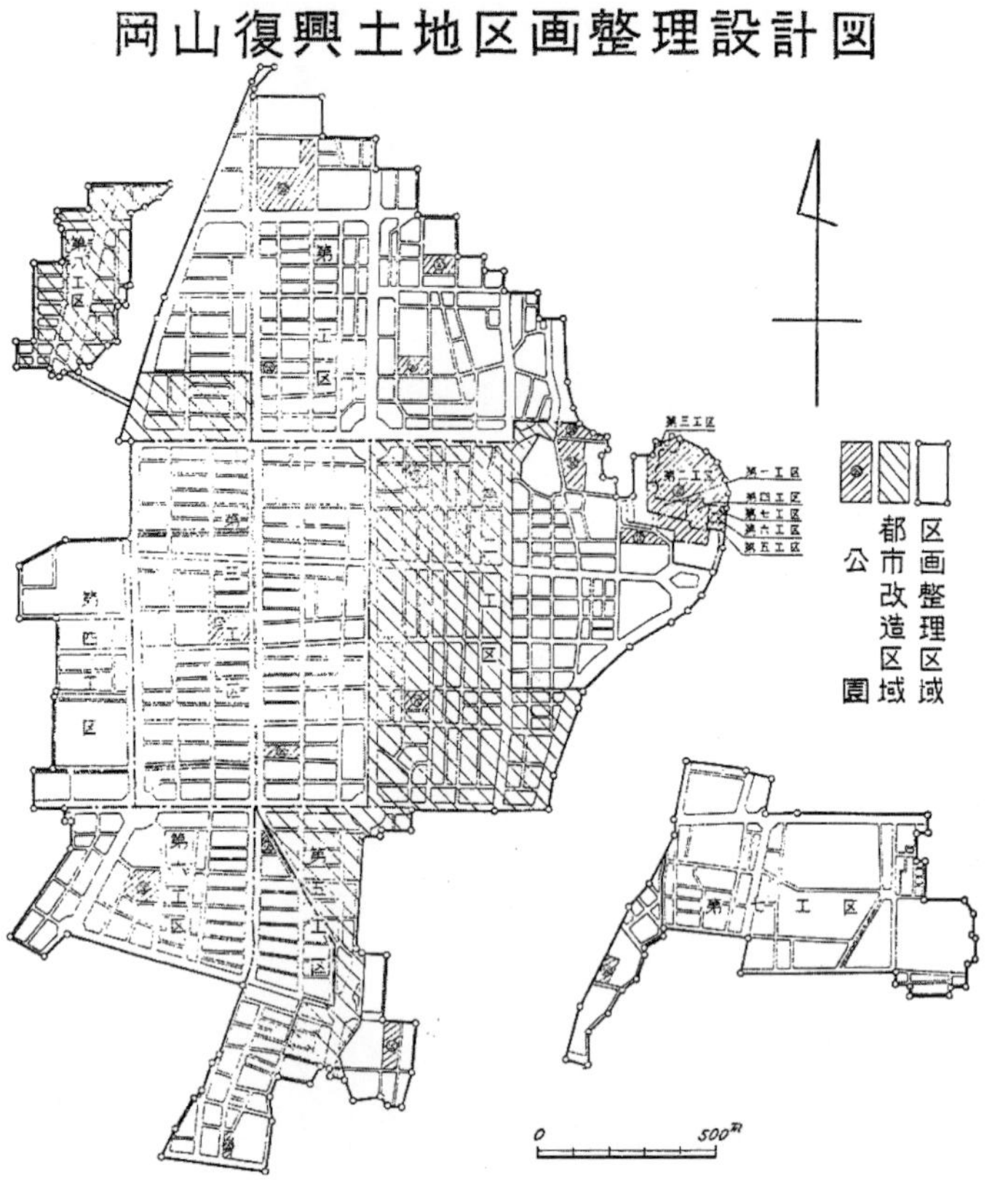

図4　岡山復興土地区画整理設計図（出典：『戦災復興誌』第9巻 都市編6，建設省編，都市計画協会，1970年，506頁）。

さらに下って、被災面積七五九ヘクタールと既成市街地のほとんどを焼失させた一九四五年六月二九日の大空襲のあと、四六年六月一三日に計画決定した戦災復興計画においても、駅前からお城へ向かう道は幅員五〇メートルの唯一の大路一号、駅前城下線として実現している（当初計画の幅員七〇メートルからは縮小している）。これに直交するのが主要幅員三六メートルの柳川線である。これら二つの幹線が交わる地点には、半径六〇メートル、面積一万一三〇〇平方メートルという前例のない巨大な交差点、柳川十字路あるいは柳川ロータリーが実現した。

まさしく都市を十文字に開くことの象徴が柳川ロータリーだったのである。このような広場空間をもった巨大交差点は、県都における戦災復興街路計画のなかでも大分（中央通りと昭和通りの交差点、正方形）や鹿児島（新屋敷交差点、変形五角形）と並ぶ最大規模の交差点広場となっている。いかに計画に力が入っていたかがしのばれる。それにしても戦災復興でできた隅切りをもった三大巨大交差点が円形、正方形、五角形とそれぞれかたちが異なるのは、プランナーの遊び心がなせる技なのだろうか。

岡山の場合、こうした巨大交差点はこのほかにも大雲寺（だいうんじ）交差点、大供（だいく）交差点と合計三カ所を数える。これらと岡山駅前広場とあわせて、四つの幹線街路が交差する巨大な長方形が現出している。岡山駅前広場に立つと、東へは桃太郎大通りが岡山城（と県庁舎、ただし、戦後県庁舎はやや南へ移転した）へ向かい、南へは市役所筋の先に市庁舎が正面を向けて建っている（写真6）。こうして、城下町という近世都市計画の西側に接して、戦後都市計画の夢がかたちをなした大きな構図が実現されているのである。

ただし、このようにデザインされた巨大な交差点広場がその後の都心になったかというと、残念ながらそうはなっていない。複数の幹線道路が交差する地点は、いかにオープンスペースを設けたとしても、人間の集う広場とはなりえなかった。これは大分でも、鹿児島でも同様である。同じ交差点であったとしても、ヒューマンスケールが大切なのである。近代都市計画が犯した決定的なあやまちの一つとして肝に銘じておく必要がある。

もう一つ留意しておかなければならないのは、いかに桃太郎大通りが岡山最大幅員の街路だったとしても、岡山の都心が駅前にすべて移ってしまったわけではないということである。賑わいの核の一つとしてでも旧山陽道沿い、上之町から中之町、下之町の界隈がある。ここのアーケードは旧町名が商店街の名前として生き残っているのが嬉しい。また、表町商店街では一九六〇年から七四年にかけて、主としてRC造三階建ての防災建築帯として沿道の不燃化ビルが相次いで完成し、道路の拡幅が行われている。まちづくりの努力も続けられてきたのである。

西川緑道の理想

話を桃太郎大通りに戻そう。

桃太郎大通りを駅から柳川筋に向かって一〇分も歩くと、柳川筋とのちょうど中間あたりで緑が茂ったなかに豊かな水量を誇る水路が静かに流れる緑道公園と交差する。これが西川緑道公園である（写真7）。これは江戸初期に農業用水として開削された西川・枝川で、南北の延長は約二・四キロメートル、途中でいくつにも枝分かれをして市内を北から南へ流れている。市街化が及んできたのちも、一九〇五年に上水道ができるまでは生活用水として炊事や洗濯にも利用されてきた。

写真6　市役所筋。幸町交差点付近から南を見る。正面遠くに市役所が見える。市役所は大供交差点の向こう側に，ちょうど交差点を前庭にするように建っている。

写真7　西川緑道公園。江戸初期に開削された西川が戦災復興計画で幹線街路となり，1974年から82年にかけて，現在のような緑道公園となった。

他の堀がほとんど近代初期に埋め立てられているのとは対照的に、西川は、埋められず、また蓋をかけられることもなく、水と緑が豊かな細長い公園として生き延びてきた――なぜだろうか。

じつは西川も戦後高度成長期には、他の都市内河川と同様に汚染でやっかいものとなっていた。戦後復興計画でできた幹線街路である西川線は西川の両側に車道計四車線、幅員三五メートルのこれといって目立ったところのない市道だった。これに目をつけたのは一九六三年に市長に就任した岡崎平夫（ひらお）で、車道幅員を削り、中央に水路を軸とした幅のある公園を緑道と呼んで整備を進めていったのである。七四年から計画がスタートし、桃太郎大通りの南側の緑道化が完了すると、北側へ約一キロメートルの延長が決まり、八二年に現在のかたちになった。

当初は完全な歩行者専用道路として構想されたようだが、それは地元の反対で実現しなかった。しかし、現在の緑道公園も延々と続く緑と豊かな水量の川とが織りなす二・四キロメートルに達する公園として圧巻である。こうした構想が実現できたのは岡崎市長の構想力と実行力のたまものであるといえるが、その前提として戦災復興計画によって街路整備が進み、インフラが整っていたので、西川沿いの車線を減らすことができたということも忘れてはならない。

土地区画整理事業は土地の個性を消し去ってしまうとして批判が絶えないが、西川緑道は土地区画整理が土地の魅力を造り出したといえる貴重な例である。信念をもって良いものを生み出そうとすれば、土地区画整理事業においてもこうしたことは不可能ではないのだ。

桃太郎大通りを駅から烏城みちまで歩くということは、都市を巡るこのような経緯を噛みしめるということでもある。そこに都市が垣間見せてくれるまち生成の「意図」がある。こうした「意図」を体現することによって都市は作品となる。

34 広島
――遺制と変革を生きる再生都市

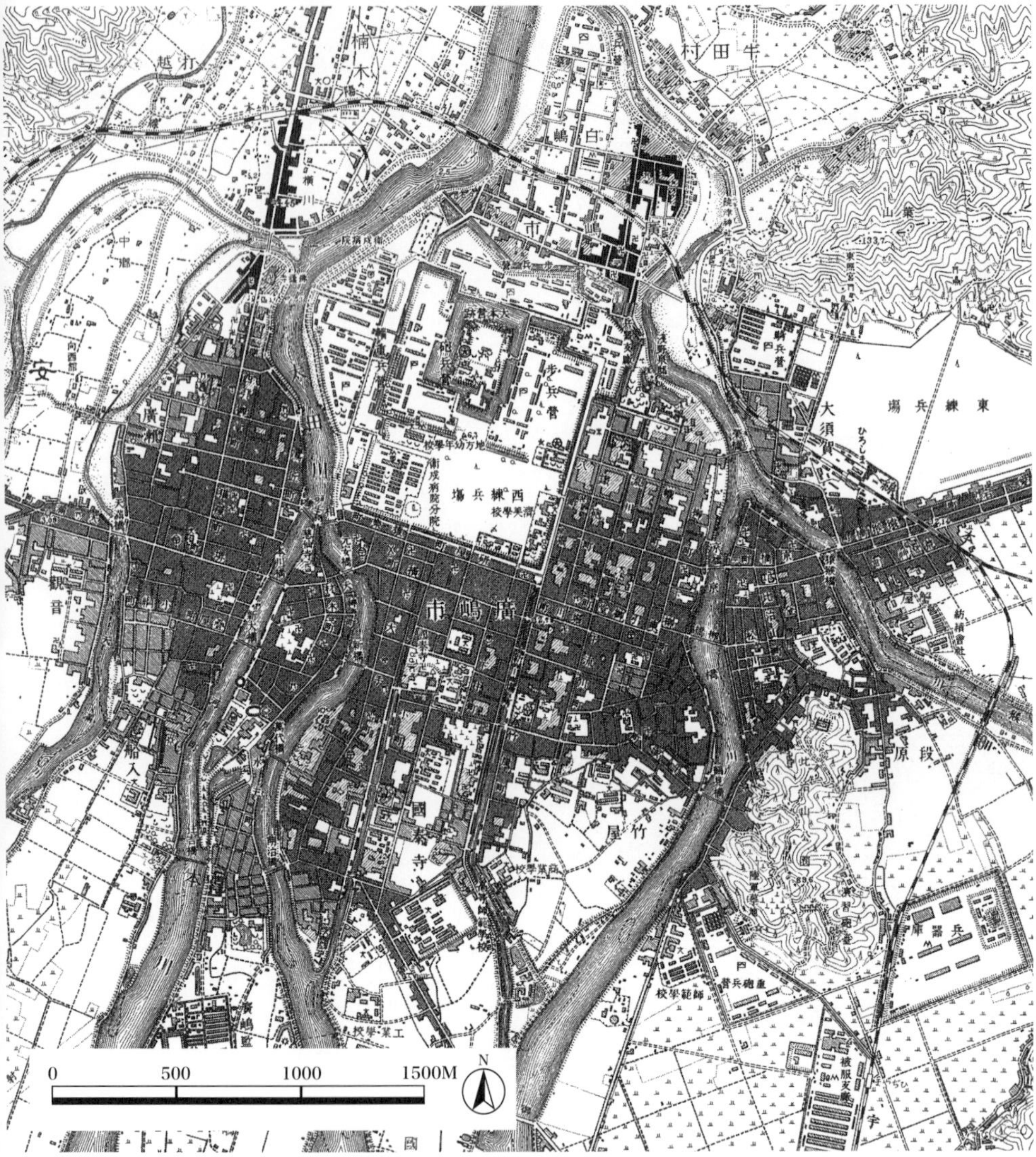

図1　二万分一正式図「廣嶋」（部分）；「祇園」（部分），いずれも1894年測図，1896年発行。

一発の爆弾がまちの構造を変えてしまった

ここまで訪問してきたまちはいずれも中世・近世の歴史のうえに近代のビジョンが重ねられ、目をこらしてみるとその重層性のうちから都心力がおのずとにじみ出てくるようなまちだった。しかし、広島は違う。かつての城下町が一発の爆弾によって都市のかたちがまったく変わるほどの変化を被ったのである。

戦後復興にあたってその都市の取りえる態度はいくつかある。典型は、①戦争前の姿に完全に復活させて戦争を克服したことを物理的に示すこと、あるいはあたかも戦争がなかったかのように振る舞うこと、次に②戦争の被害を何らかの形で記念碑としてとどめ、都市を改変しつつ継続させること、そして最後に③これを機に都市を一新すること。これはまた、戦争を忘却するための一手段でもある。

たとえば世界遺産として有名なポーランドのワルシャワはナチスドイツの空襲によって壊滅的な被害を受けたが、ポーランドの文化を再興するためにはその文化を体現している都市そのものがもとどおり再建される必要があるという考え方から、反対する人々を説得して、①の選択肢で復興された（ただし、交通の便を考えたり、建物内部の改善を図ったりする意味での改造はいろいろと行われている）。

また、「東欧のフィレンツェ」とも讃えられたドイツのドレスデンは終戦直前の連合軍による空爆によってほとんど地図からなくなってしまうほどの被害を受けたが、戦後復興は都心にあった中核的な教会であるフラウエン教会をがれきのままのモニュメントとして据え置いて、まわりを復興するというかたちで進められた。②の選択肢をとったのである。

ただ、のちに東西ドイツ統一後、フラウエン教会をもとどおりに再建することが主張され、広範な募金活動の展開により、二〇〇五年についにかつての姿に復元された。戦後復興は②から①の路線へと転換され、ドレスデンのスカイラインはかつての姿に近いかたちに復旧された。

図2　広島の都心模式図。平和大通りを東西の主軸とすると，南北軸は鯉城通りである。鯉城通りの北の突当り，中央公園の一角に城郭が再建された。

一方で、近代日本の都市は、城の天守など一部の建物を除いて、ほとんど常に最後のオプション③を選択してきた。首都の震災復興もそうだったし、二〇〇を超える戦災都市の復興も同様だった。

広島でも事情は変わらない。ただし、広島の被害は抜きんでていた。爆心から二キロメートル以内が「全潰全焼圏」、二・五キロ以内が「家屋全潰圏」、三・五キロ以内が「家屋半壊圏」、八キロ以内が「屋根瓦破壊圏」とされるが（『概説廣島市史』一九五五年）、江戸時代以来の広島城下町はほぼ爆心から二キロ以内、全潰全焼の土地であった。

戦後すぐに広島復興都市計画の改定がなされ（一九四六年一〇月）、大規模な区画整理のほか、一〇〇メートル道路も二本計画されていた。しかし、実施は困難な情勢であった。復興を一つの自治体だけでやりとげることはおよそ不可能であったからである。

市当局は当面の上水道の復旧や応急住宅の建設などに追われていたうえ、軍都広島は軍の崩壊とともに戦後復興の経済的基盤を奪われていた。膨大な旧軍用地の無償譲渡もままならず、都市の再興は窮地に陥っていた。実務的にも、戦後の都市計画は縮尺三〇〇〇分の一の測量原図を作成するという基礎から出発しなければならなかった。

しかし、ここで構想された都市計画がその後の広島の都市基盤を決定づけることになった。それらは概略以下のようなものであった。

①爆心地に近い中島地区に平和記念公園を設けること、②広島城跡を含む旧西練兵場の基町地区を中央公園とすること、③市の中央に東西に貫通する幅員一〇〇メートルの平和記念道路を建設すること、④太田川が分流する七つの川それぞれの河岸を緑地帯とすること、⑤幹線道路網は土地区画整理によって碁盤の目状にすること、⑥市内の橋梁は永久橋とすること、⑦市内寺院の墓地を整理し、周辺の丘陵地帯に墓園を建設すること、⑧太田川の河川改修を行うこと。

大枠は戦後すぐの計画に依っているが、平和記念という名のもとに広島の大改造が図られた点は特筆に値する。ここで興味深いのは、都市再興が土木施設に偏っており、建築物に関する言及がないことである。たとえば、復興のシンボルたるモニュメントの建設ですら触れられていない。いわゆる原爆ドームも意識されていない。

日本の都市計画はごく初期の都市美の時代を除いて、一貫して土木技術者の独壇場となっていた。この結果、日本の戦災復興には、たとえば大学のキャンパス計画のように建築物をアイストップに据えたシンボリックな景観を演出するような発想はほとんど生まれなかった。

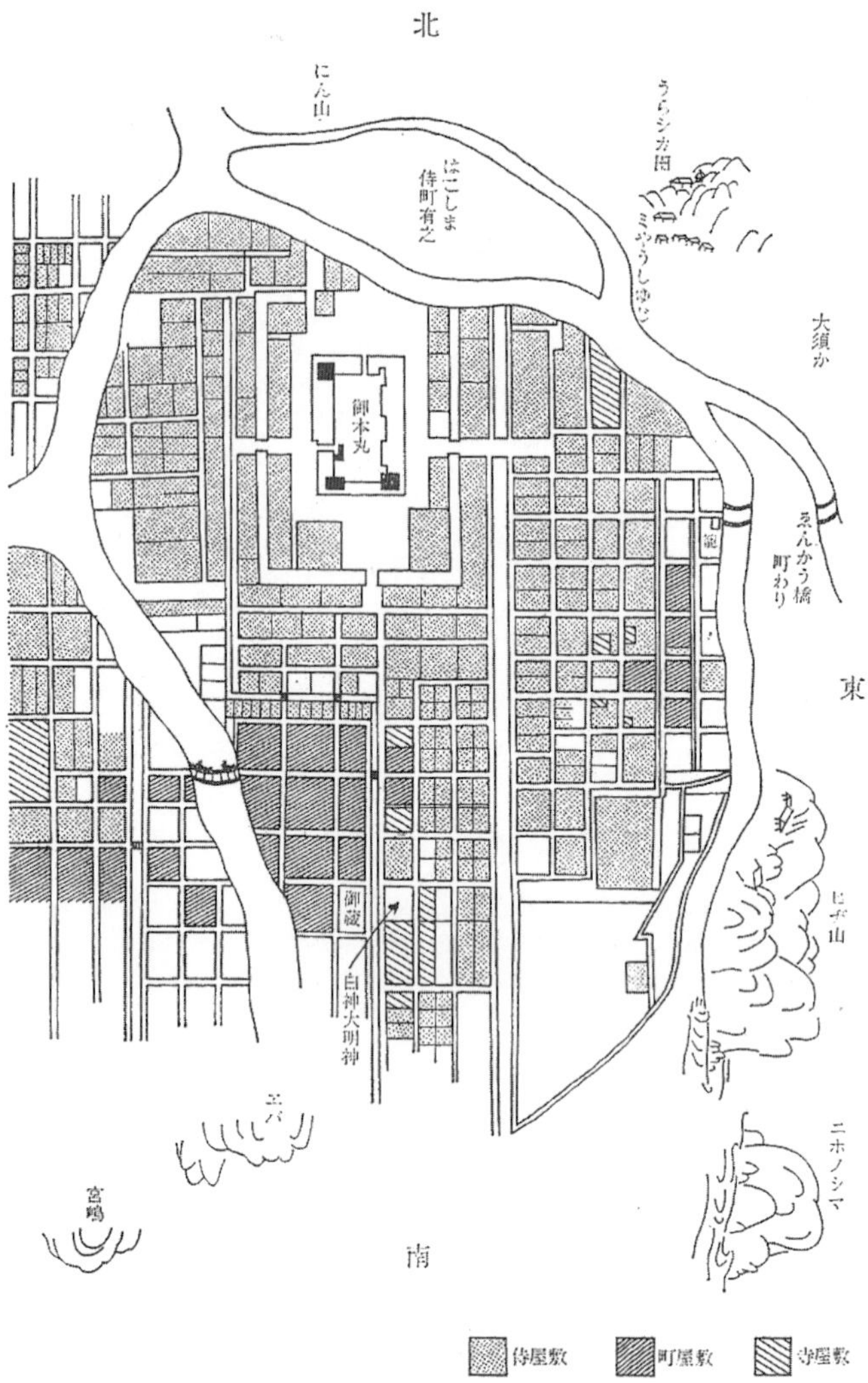

図3　毛利時代広島城下絵図。毛利文庫蔵の「芸州広島城町割之図」を図化したもの。1590年，毛利氏が新しい城下町に描いた構造を示した図と考えられている（出典：『広島県史』総説，広島県編，1984年，152頁）。

不可思議な平和大通りとそれを基にした都市の計画

広島の戦後復興の目玉はなんといっても幅員一〇〇メートルの道路が実現したことだろう（写真1、2）。終戦直後の計画の構想にあった平行して南側二キロメートルのところに構想された二本目は実現しなかったが、一本は実現したのである。

戦災復興都市計画で全国に二四本の一〇〇メートル道路が計画されたといわれているが、そのうちできたのは名古屋の二本（若宮大通と久屋大通）と広島の一本のみである。このほか日本には札幌に大通公園という一〇〇メートル道路があるが、これは明治初年の都市建設の際の火除け地に由来しているので別物である。

平和大通りはあたりにようやくバラックが建ちはじめた時期に、周囲のスケールとは隔絶した幅員一〇〇メートルの道路を造り続けている。おそるべき決意である（写真1）。

しかし、都市計画的な視点からするとこの平和大通りには不可解な点が少なくない。――なにしろ、この大通りには明快な起点と終点のいずれもないのである。通常、大通りを計画するときには駅前からお城へ向かって（たとえば東京の行幸通りや仙台の青葉通、和歌山のけやき大通り、岡山の桃太郎大通りなど）、もしくは駅から県庁舎へ（鳥取の若桜街道、かつての県庁舎へ向かう名古屋の広小路通）、駅から港へ向かって（福岡の大博通りや高知の電車通り）などという明確な起点と終点をもっているものである。道路が屈曲したりして終点が明確でない場合も、せめて起点だけははっきりしているものがほとんどである。

写真1　姿を現した100メートル道路，1955年頃。1951年に公募で平和大通りと命名された。復興途上の都市にいかに巨大スケールの東西軸が造られたかがよくわかる。比治山から西を見る（出典：『図説広島市史』広島市公文書館編，1989年，169頁）。

それが広島の平和大通りの場合には、はっきりしない。たしかに遠くの目印としては、東に比治山（ひじやま）を西に己斐の丘、もしくは己斐地区（現在の西広島駅周辺）を目印として、この路線は考えられたに相違ない。ただし、遠くの目標だけがあって、手元の実際的な到達地点のイメージがない道路などほとんど聞いたことがない。

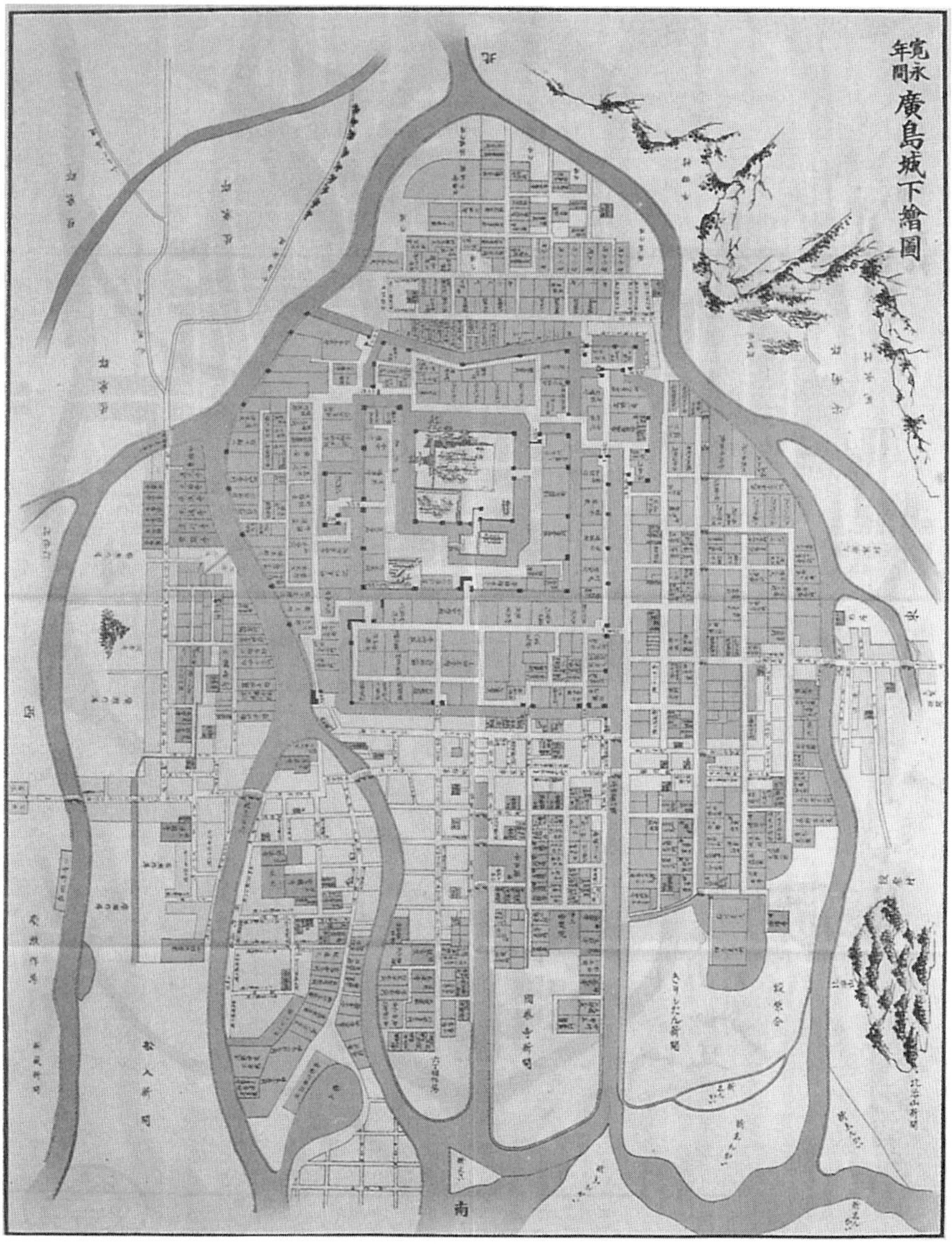

図 4　寛永年間（1624〜44 年）広島城下図，広島城下町の建設から間もない 17 世紀前半の様子。三角州をまたいで，グリッド都市が建設されているのがわかる（出典：『廣島市史』廣島市役所編，1924 年，付図）。

そのうえ、この大通りには都市生活と密着した機能というものがない。

広島市民の生活の中心軸となっているのは、かつての山陽路である本通りのアーケード街や路面電車が健在の東西幹線である相生通り（かつての武家地と町人地を分ける外堀跡）である。平和大通りにはよそいきの顔はあっても、市民生活に密着した顔はない。むしろ山陽道のような商業軸を注意深く避けて引かれた道路のようにも見える。

ではなぜ、このような通りが計画され、実現したのだろうか。

おそらくその答えは戦時中の計画にあるのではないか。――この道路は建物疎開が行われた跡を広幅員道路にしたものである。その意味では防空のための戦前の構想がもととなっている。

そう考えると、この大通りに明確な起点や終点がないことも、都市生活との接点が少ないことも合点がいく。建物疎開が目的であるならば、むしろ通常の都市機能とは接点のない路線が選ばれてもおかしくない。ただし、延焼防止という目的からすると、

写真 2　現在の平和大通り。東端，鶴見橋から西を見る。東の比治山と西の己斐の丘を目印として東西に引かれたのだろう。両側の緑地帯は全国から，さらに海外からも寄せられた樹木による混植の緑である。

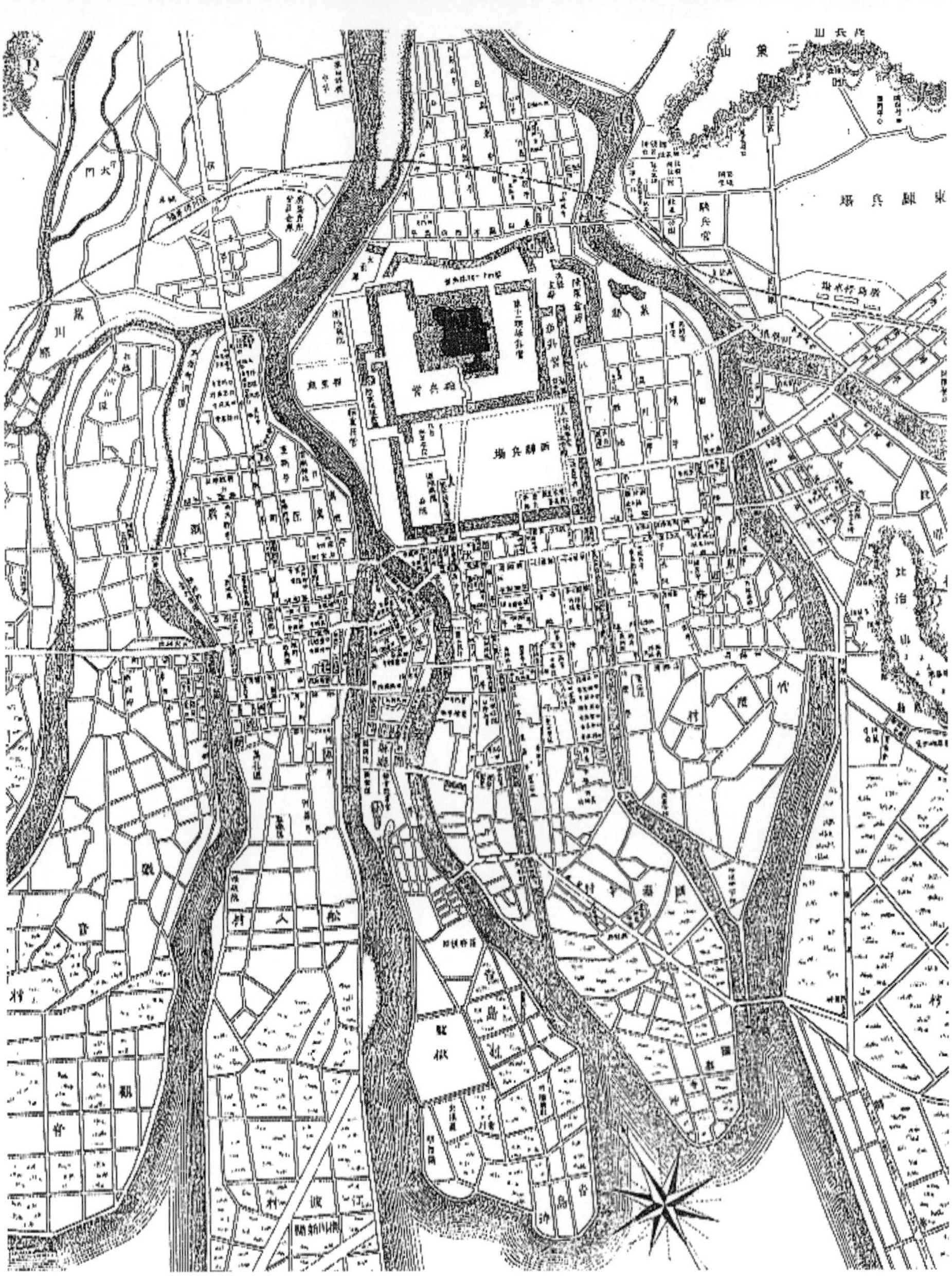

図 5　1891 年の「広島市街地図」（部分）。戦後の大改造前の広島には直線的な大通りはなかった（出典：『図説 広島市史』広島市公文書館編，1989 年，付図）。

都市の密集市街地を分断する必要がある。その意味でいうと、平和大通りはグリーンベルトとして広島の市街地を南北に見事に分断しているということもできる。

この一〇〇メートル道路に直交して南北の都市軸である鯉城（りじょう）通りが建設され（実際には、鯉城通りの軸線が先にあり、それに直交するように平和大通りが造られたのだが。写真3）、一〇〇メートル道路の都心部分に接して中島地区の北側に平和記念公園が計画された。皮肉にも、公園のスペースがここに生まれるように強制疎開による防空路線帯が引かれたかたちになった。

この公園はよく知られているように、一九四九年に実施された国際コンペに寄せられた一三二件の提案のなかから選ばれた丹下健三東大助

写真 3　鯉城通り。北を見る。正面突当りに広島城がある。鯉城通りの南半はかつての西塔（堂）川が 1910～11 年に埋め立てられて造られた。戦後広島の主要な南北軸。

写真４　広島平和記念資料館本館のピロティ越しに平和記念公園，さらには原爆ドームを望む。鉄筋コンクリート造によって初めて可能となったこの建築デザインは，世界でも戦後初の本格的近代建築の実現でもあった。

教授（当時）チームがデザインした公園である。五〇年に着工し、五四年に完成している。戦後すぐという時代、日本だけでなく世界中が疲弊しているなかで開催された大規模コンペであった。当時、世界でも例のない大きなスケールでの設計コンペであり、第二次世界大戦後の新しいモダニズム建築の方向性を指し示す世界的関心を集めるコンペだった。

興味深いことに一等当選の丹下案は、中心部に新しい建築物を記念碑として提案するといった多くの応募案とは異なり、祈りの広場を中央にもち、廃墟をモニュメントとして北に臨む案であった。のちに原爆ドームと呼ばれることになるこの建物（広島県物産陳列館のちに県産業奨励館）に向かう祈りの軸は一〇〇メートル道路と直交し、両者の間に新しい建物がちょうど門として、地面から浮きあがって建っている（写真４）。

この計画によって原爆ドームは広島のシンボルとなったのみならず、北に原爆ドームを遠望する明快な都市軸が導入されたのである。ピースセンターの建物をゲートとして設計し、中央部は祈りの場としてボイドとするという卓抜な発想がコンペを勝ちとるもととなった（ちなみに、平和記念資料館は二〇〇六年、戦後に建設された建物として初めて国の重要文化財に指定されたほか、平和記念公園は翌二〇〇七年にこれも戦後に造られた公園・庭園として初の国の名勝に指定された）。

丹下健三がこうした都市的スケールの構想力をもちえたのは、おそらく、戦後すぐの一九四六年の時点で、志願して東大の広島市復興都市計画の立案チームに加わっていたことと関係があるだろう。学生時代に旧制広島高等学校生として三年間広島で学んだということもその背景にあった。

たとえば、戦前の段階でいちばんはっきりとした広島の南北軸は大手門からまっすぐ南下する白神通り（かつての白神一～六丁目あるいは本町一～六丁目、明治の地図では大手町一～八丁目とある）で、これは広島城の天守閣を遠望できる初期城下町の主要な都市軸の一つであったが、この軸線と平行させて、丹下プランでは平和記念資料館本館足もとから原爆ドームを見通す祈りの軸線をデザインしている。丹下案の構想のスケールの大きさは地道な都市調査を下敷きにしているからに違いない。

その成果かどうか、軸を強調した幾何学的なレイアウトが特徴的な平和記念公園にあって一本、不思議な道が斜めに貫通している。東北から南西に向けて横断しているかつての大幹線である西国街道とその賑やかさの中心だった元安橋である。これらの歴史的な要素はそのまま公園計画のなかに重ねられている。元安橋のたもとはかつてから高札場があるまちのへそとなる地点であり、明治以降も里程元標、下っては大正の道路元標が設置された場所だった。現在も小さな石の標識が橋詰の植え込みのなかにある。

背後にある戦前の都市構造

戦後のモダニズムを世界に発信するかのような丹下健三の公園計画のなかに江戸時代の西国街道の名残がさりげなく組み込まれていること、そして元安橋から東に延びるその街道筋は今でも本通りのアーケード街として、広島随一の賑わいを誇っていることなどに見られるように、じつは、広島のまちは戦前の空間の記憶をまったく消し去ったわけではないのである。

いかに戦災復興の土地区画整理事業が都市のインフラを大きく変えてしまったといっても、都市の軸線も土地利用も過去のものを継承しており、まちをゼロから造り直したわけではないのだ。

現在も市電が通る相生通り沿線より北側には公共施設が建ち並び、南側の繁華街とは異なった雰囲気があるが、これは相生通りにかつて存在した外堀から北は武家地であり、その後は軍用地となっていたことと関連している。

写真５　平和大通り沿いの高層オフィスの屋上から見た川沿いの緑道。北を見る。中央の川は天満川。川に沿って緑の帯のように緑地が続いているのがわかる。

また、一〇〇メートル道路のもととなった建物疎開による防空空地も城下町時代の町割りに沿って行われたのであり、その意味で平和大通りも城下町の記憶を宿している。

そうした目でもう一度、図１の広島城下町の姿をじっくりと眺めてみると、おもしろいことに気づく。広島は太田川の河口デルタに立地しており、猿猴(えんこう)川、京橋川、元安川、本川、天満(てんま)川といった多くの川で分断された三角州の集合体でありながら、城下町中心部分の道路パターンはおおよそ六〇間四方のほぼ規則正しい格子状となっている。中堀や外堀、かつての西塔（堂）川や平田屋川などの堀割りまでそのグリッドにのっているのである。これは一五八九年に建設が始まった広島の城下町そのものが秀吉がつくった大坂城下町をモデルとしてつくられたからだといわれている。

写真６　元安川沿い，万代橋周辺の遊歩道。北を見る。水面近くに手すりが設けられていないのが印象的。緑と水は広島の戦後復興のシンボルでもあった。

そして、これらの堀割りは後に埋め立てられ、その後の都市構造の基礎をかたちづくることになる。たとえば、外堀は一九〇九－一〇年に埋め立てられ、東西が現在の相生通りとなり、東側の南北が現在の白島(はくしま)通りとなっているほか、西塔（堂）川は一九一〇－一一年に埋め立てられ、現在の鯉城通りとなっている。平田屋川は一九一五年の埋立てで、現在の中央通りのもととなっている。

さらにこれらの通りが基礎となり、戦後の土地区画整理事業の末に現在の道路パターンが出来上っている。現在の広島の道路構成の背景には城下町の都市構造が息づいているのだ。

写真７　原爆ドーム周辺の歩行者空間と水辺風景。相生橋から南東を見る。元安川の護岸のデザインは戦後土木デザインの嚆矢でもある。川沿いに屋外広告物が掲出されていない。都市デザインの努力のたまものでもある。

たとえば、さきに広島の戦災復興計画は、平和大通りと鯉城通りとで十文字に都市を近代化したと述べたが、こうした戦後都市計画の手法は、県都だけを見ても、富山や福井、和歌山や大分など各地の城下町に見られるものではある。

しかし、東西・南北の二つの都市軸のいずれかの起点は例外なく鉄道駅となっているのに対し、広島だけが鯉城通りの北の起点をお城が占めており、これが広島の都市構造の際立った特色となっている。

この背景には西塔（堂）川が埋め立てられて幹線道路の一つとなっていたという戦前の経緯がある。

この通りを北に旧軍用地を突き抜けて延伸し、お城に突き当たるようにしたのが現在の鯉城通りである。沿道には県庁舎や市庁舎、市民病院やひろしま美術館、中央郵便局や旧日本銀行広島支店が立地する新しい南北軸が生まれた。

一方で、他都市と異なり広島駅の位置が都市軸から外れていることには明治半ばの判断があったとも考えられる。広島駅は都市の北東のエッジに一八九四年、山陽鉄道の西の終点として建設されたのだが、おそらく駅と宇品港（うじなこう）とを効果的に結ぶために、いちばん都合のよいこの場所が選ばれたのだろう。駅前が広く、兵隊が多数集まれることもあっただろう。

ときはまさしく日清戦争開戦直前であった。当時広島駅から宇品港まで一八日間で軍用鉄道が敷かれたという。むしろ、広島駅が開設され、兵站線が確保されることを見届けて、日清戦争は開戦されたとも考えられる。戦争中、広島の地には大本営が置かれ、明治天皇も長期にわたり滞在している。一時期、広島は臨時の首都だったわけである。

しかし残念なことに原爆投下以降、これら戦前の歴史を語ることはほんとうにまれになってしまった。広島は戦後復興の物語のなかだけで生きている都市のようになってしまい、戦前の歴史はまるでまっさらに消し去られたかのようである。

ところが、現在の都市構造のなかにもかつての都市の歴史はかたちを変えつつも生き延びている。原爆で壊滅的な被害を受けた広島でさえ、戦前の都市構造は読み取れるのだ。

水の都の再興

話を戦災復興に戻すと、もう一つ、都市軸の建設に勝るとも劣らない戦災復興計画の偉大な成果が川沿いの緑道の整備である（写真5）。これは二四三頁に紹介した戦後の都市計画の八つの柱の一つだった。

こんにち広島の都心を歩くと至る所で川べりに出るが、どこも緑の多い遊歩道になっていることに気づく。太田川の河口デルタの川沿いがほとんどすべて快適なリバーサイドパークとしてデザインされている（写真6）。

平和大通りをはじめとする直線的な街路と曲線的なリバーフロントの緑道が随所で交わるという見事な空間演出が現代広島の特徴となっている。原爆ドーム周辺も注意してみると、ウォーターフロントのしつらえが隙なく考えられていることがわかる（写真7）。

ただし、広島の場合、通常のモダンデザインとは重みが違う。現在の日本では水と緑のネットワークは都市づくりの定番だが、広島でいう水とは原爆の被害者が死に際に必死に求めた水でもある。ここでの緑とは当面は草木は生えないだろうといわれた焦土に終戦の翌年にはなんとはや若芽が芽吹き、市民に希望を与えてくれたそんな緑でもあるのだ。

広島の川沿いに広がる水と緑の風景は都市生活の潤いのみなもとであると同時に、広島再生への希望の象徴でもある。日々の都市生活やレクリエーションのなかで当たり前に利用される近代の空間が、同時に夢や希望、祈りや鎮魂に与えられたかたちでもあるということを広島は私たちに示している。

35 山口
——中世をたどる年縞都市

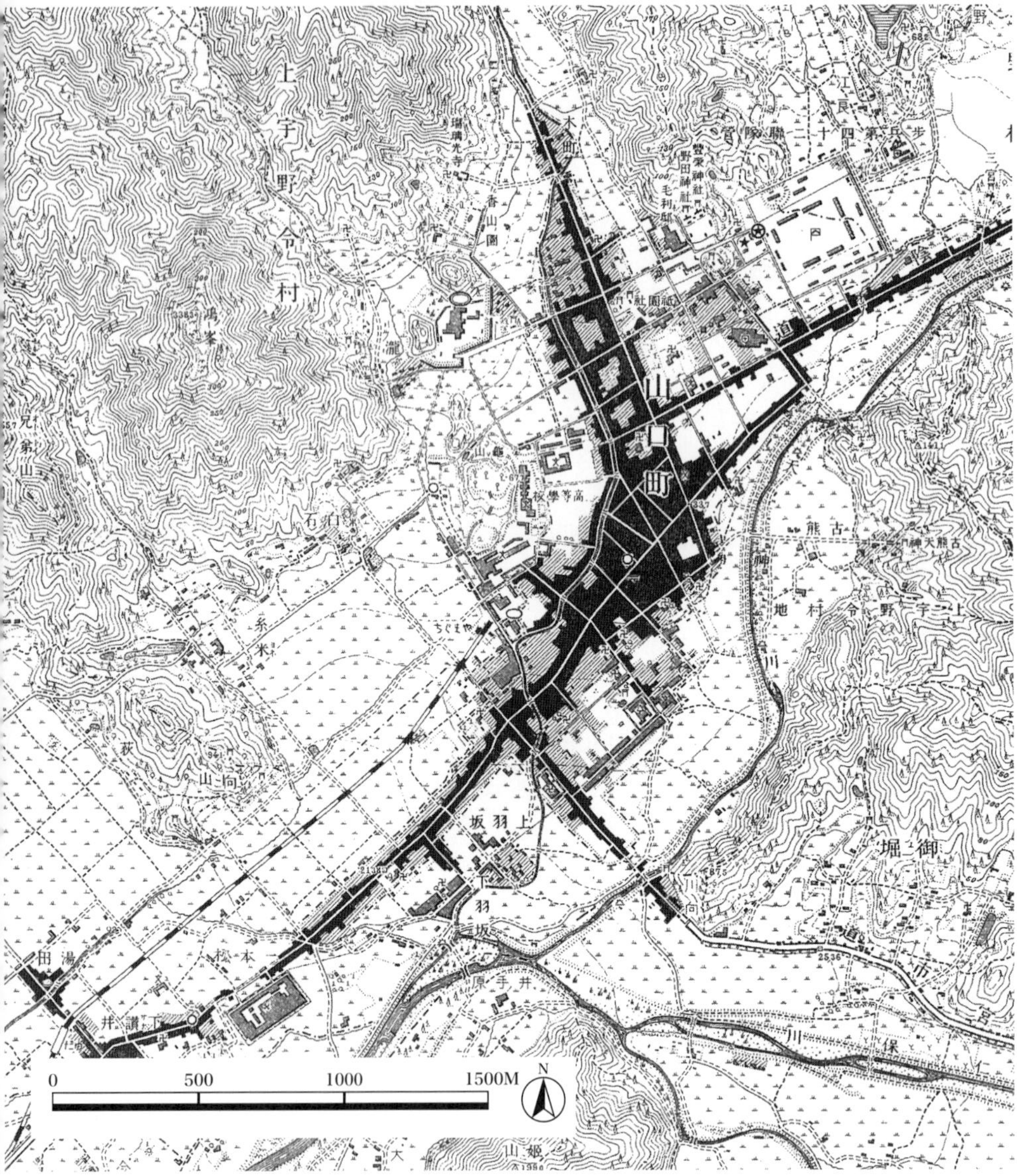

図１　二万分一正式図「山口」（部分）1899 年測図，1901 年発行。

「年縞」とは

年の縞とかいて年縞(ねんこう)と読む。英語の varve の訳語として比較的近年命名された環境考古学の専門用語である。水の攪乱が少ない湖沼では湖底に堆積物が層になって沈殿するため、縞模様を形成する。これを年縞と呼ぶ。日本では福井県の三方五湖(みかたごこ)の一つ、水月湖の年縞が有名で、過去一六万年にのぼる年縞が採取されており、過去の環境変動を詳細に調べるための貴重な情報を世界に提供してくれている。

こうしたことが可能なのは、水月湖が河川とも海とも間に別の湖を介して間接的に接続しているにすぎないため、湖底の攪乱がほとんどないという恵まれた環境にあるからだ。

六〇〇年をゆうに超す歴史を誇る山口のまちを歩くとこの年縞ということばがいちばんぴったりくるように思える。この都市には地域構造を塗り変えてしまうような大きな攪乱が過去になく、歴史が縞模様を形成して堆積しているように思える。山口の年縞を実感するためにはこの都市の歴史を振り返る必要がある。

中世都市としての山口

山口は一三六〇年、周防・長門の守護であった大内弘世(ひろよ)によって建設されたといわれているが、記録が乏しく正確なところはわかっていない。

大内氏の守護所である大内館の遺跡が現在も残されている（図2、写真1）。大内館とは、方百間の正方形の城館で、周囲に土居と堀を巡らしていた。京都の足利将軍家の居所、花の御所を模して、こうした方形の館をつくることが中世都市の作法だった。

また、ここは四方を山に囲まれた盆地であり、中央を一の坂川が貫通し、南に本流である椹野川が流れている。ちょうど鴨川と淀川の関係によく似ている。さらに祇園社や北野天満宮が京都から勧請され、都ぶりがいっそう高まっていった。

のち、一五五一年に大内氏が滅びるまで山口は西の京として東の小田原と並ぶ豊かな文化都市として繁栄してきた。とりわけ応仁の乱（一四六七―七七年）以降、荒廃した京都を避けて公家や文化人が多く訪れ、都に匹敵する雅な文化が花咲いた中世屈指の政治・経済・文化都市だった。

画聖雪舟は一四〇〇年代後半に三〇年以上にわたってこのまちに住み、ここで「山水長巻」など数々の大作を描きあげた。また、雪舟は遣明船に乗って中国に渡り、当時の文化中心の文物を実際に自分の目で見ている。こうしたことが可能だったのも、明に遣いの船を出すことができた大内氏の経済的な力があったからである。

また、フランシスコ・ザビエルは一五五一年、この都市に厚遇されて半年間滞在し、成果の多い布教活動を行った。彼の二年間の日本滞在のなかでもっとも安定して、実りの多かった年月だったと思われる。

ザビエルは前年に山口経由で京都に赴き、時の天皇に日本におけるキリスト教布教の許可を得ようとしたのであるが、応仁の乱で荒廃していた京都では思うに任せなかった。

翌年に山口を再訪し、インド総督の日本国王にあてた国書を大内義隆に奉呈している。当時、大内氏三一代の義隆は周防・長門・豊前・筑前・安芸・石見・備後の七カ国の守護を任じており、山口は戸数一万戸をはるかに超え、文字どおり日本を代表する中世都市だったのである。

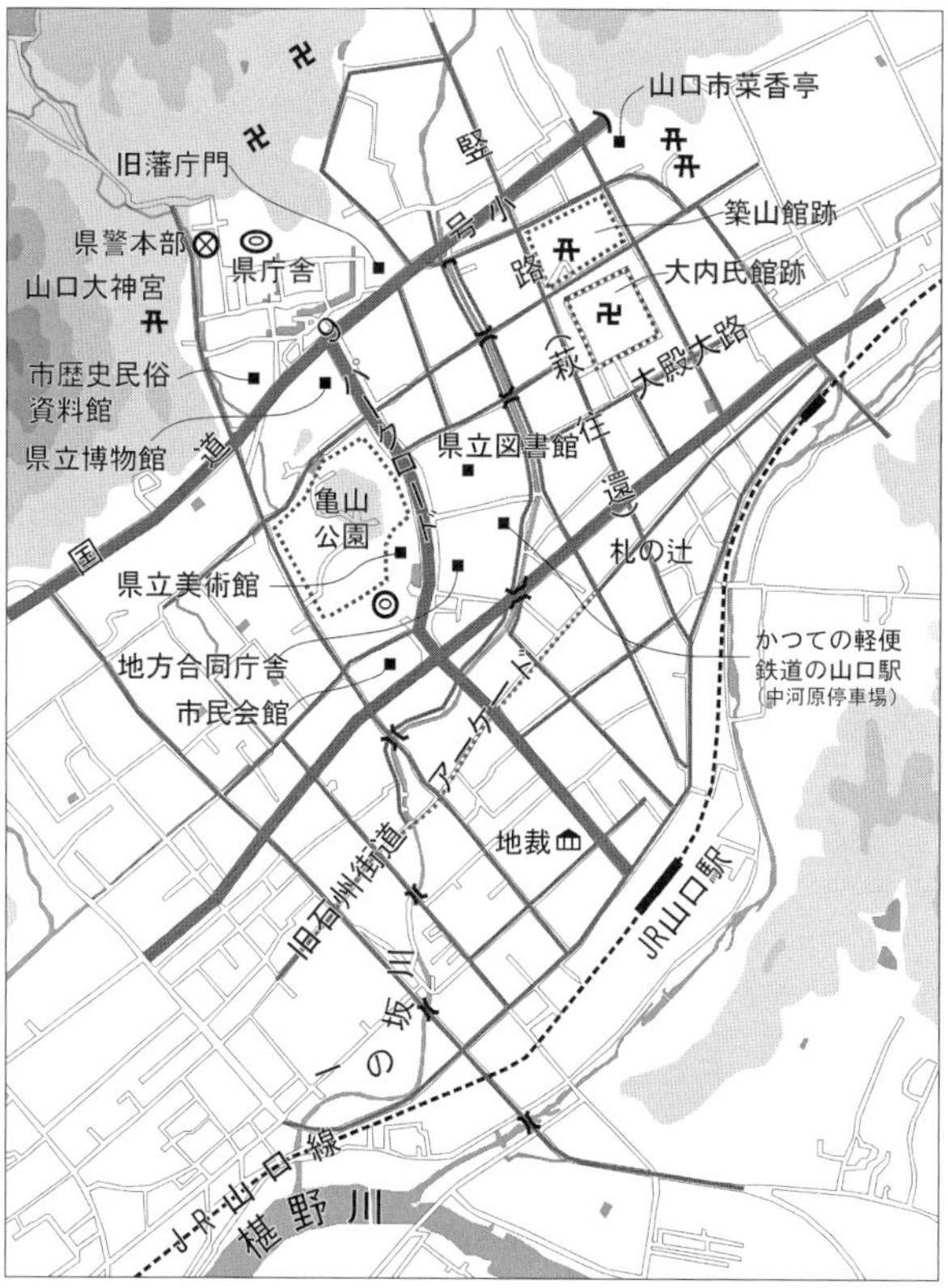

図2　山口の都心模式図。

写真1　右手の緑が大内氏居館，築山館跡。道路沿いには土塁が残る。現在は八坂神社や築山神社などが建っている。国指定史跡。中央，奥に続く道は中世から続く竪小路。北を見る。

大内氏以後の山口

ところが栄華をきわめた大内氏は一五五一年、突然家臣の反乱により滅びてしまう。ザビエルが山口を去って、わずか十数日後のことだった。

大内氏以降の山口は歴史のメインストリームから外れた存在となった。代わってこの地を支配した毛利氏の拠点は安芸国（吉田のちに広島）であり、山口は遠い地方の小都市にすぎなかった。また、関ヶ原の合戦以降は毛利氏の所領は周防と長門の二国だけとなったが、藩主が住む城は山口や防府ではなく、萩に建設されることとなった。山口は萩と山陽道とを結ぶ萩往還の小都市と位置づけられることになった。

ただし、山口は近世を通じて人口稠密の市街地を保ち、萩藩の直轄地として在番の藩士が比較的多く滞在する都市として、武家地もそれなりに保たれていた。

歴史の表舞台からやや遠ざかったことが、この都市に見事な年縞を刻ませることになった。前述した大内氏の居館の跡（築山館跡、現・八坂神社・築山神社とその周辺）のほかに大内氏の政庁が置かれた大殿の館の跡（大内氏館跡、現・竜福寺とその周辺）が現存しており、一帯はおそらく中世由来のグリッドの道路パターンがいまでも活きている。

写真 2　竪小路，南を見る。中世からの道。近世には萩と山陽道を結ぶ萩往還の一部となった。江戸時代は参勤交代にも使われた道。にぎわいの中心地だった。

かつての萩往還の中心部分は竪小路として、往時の賑やかさはないが、今でも交通ネットワークの重要な幹線として機能している（写真2）。さらに周辺には、伊勢大路や大殿大路（写真3）、錦小路や鞍馬小路、徳大寺小路、石原小路、築山小路、御幸小路、諸願小路などの中世を彷彿とさせる道路名が現在も生き続けている。通りもかつての条里を思わせるような直線路である。橋には虹橋や御局橋、琴水橋があり、そのほか、天花（てんげ）や大殿、太刀売（立売）、大市や中市などいかにも中世風の名前が残っている。これほど中世の面影をとどめる県都はほかにない。

下って江戸時代の山口の歴史を見ると、徐々に人口が減少し、幕末には諸士・足軽・中間・陪臣が一九〇軒、一般民家は一五四四軒のうち一〇三軒が空き家という記録がある（『山口市史』二五四頁）。

写真 3　大殿大路，西を見る。竪小路と直交する東西路。今は細い道路であるが，大内御殿前の重要な通りだった。現在も歴史的な町並みがよく残っている。

小さな田舎町に見えるが年縞を途絶えさせるような寂れ方までには至っていない。なぜなら山口は大内氏由来の古都として大切にされてきたほか、参勤交代の要衝として萩藩主が滞在する御茶屋が設けられており、またこの都市の多くの寺院が安芸国を失った毛利家の菩提寺として用いられたからである。江戸時代を通じて山口は町衆によって支えられていたといえる。近くに湯田温泉があったことも山口には好都合であった。温泉場の中心部には藩主専用の特別湯も設けられていた。

幕末から明治へ

幕末に至って歴史はさらに転回する。

一八六三年、藩庁が萩から山口へ移された。ほとんどの行政施設が藩主とともに山口へやってきた。政治的動乱のなかで周防と長門のほぼ中心に位置する山口の立地が重視されたのである。

このとき、大半の施設は一の坂川の北岸に造られた。もとから北岸に藩の迎賓施設である巨大な敷地をもつ御茶屋があり、山裾に城に相当する御屋形を建設する用地にも恵まれていたからであろう。絵図を見るかぎり、一の坂川に面した通りを除いて、川の右岸、つまり北側は御茶屋以外にはこれといって大きな建物がなかったようだ。

市街地の一番北側、南斜面に設けられた御屋形は藩庁となり、その地には現在、県庁舎が建っている。藩庁の正門である藩庁門はもともとの位置に健在で、のちに県庁正門となり、今でも県庁の東門として利

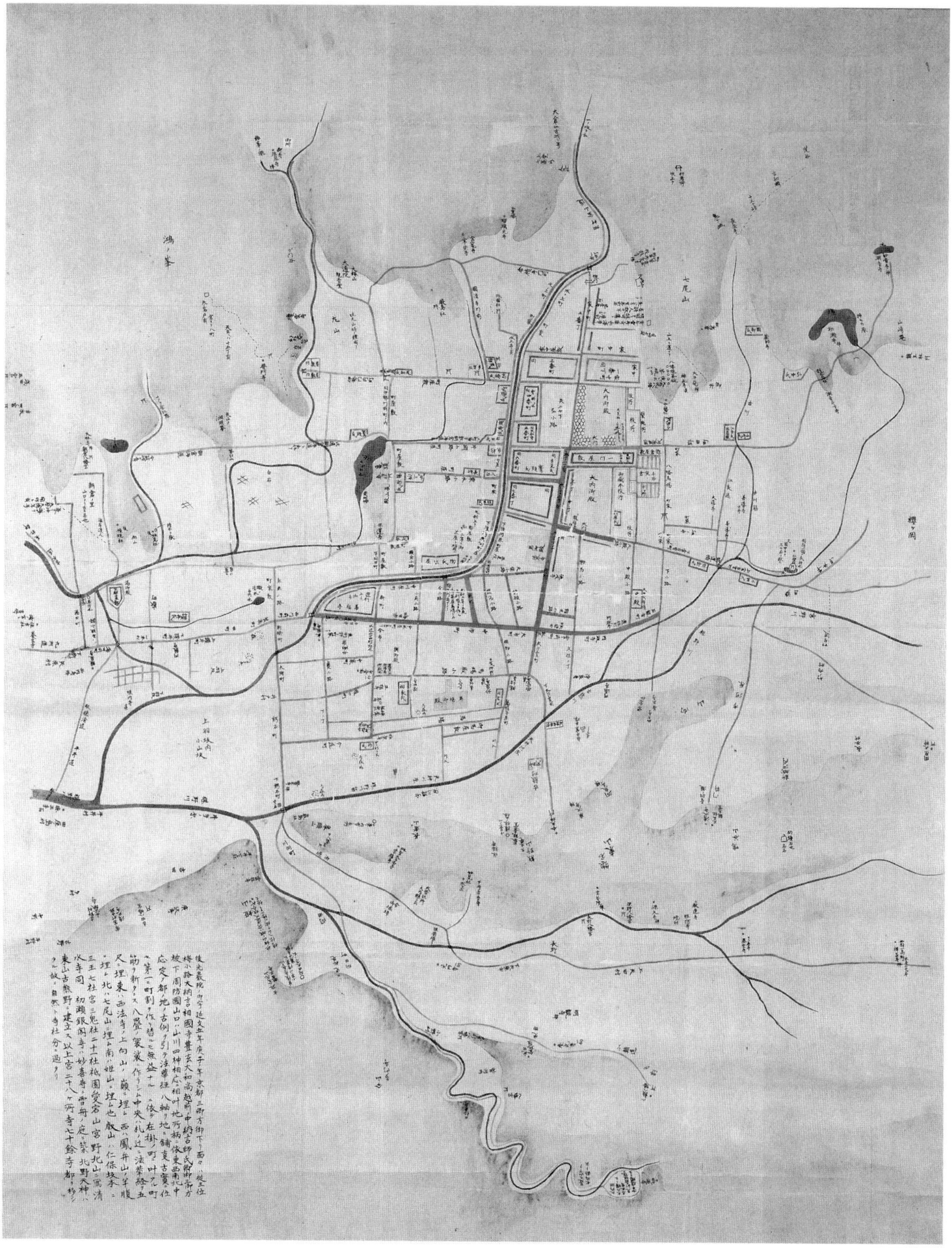

図 3 「大内時代山口古図」。江戸時代初期に 16 世紀半ばの山口の様子を描いた数少ない図の 1 つ。1909 年の写し。必ずしも正確とはいえないが，中世都市の様子がよく表されている。築山館跡周辺は「大内御殿」と表される（県立山口図書館蔵）。

用されている。御茶屋はその後、師範学校用地となり、現在は山口市庁舎と山口市民会館が建っている。

　こうして藩庁の南側、ちょうど亀山（現・亀山公園）の裾地に明治以降、公会堂や博物館、各種の学校などが建設されることになった。これらの用地もその後、県立博物館や県立図書館、山口大学（大学移転後は県立美術館）、市庁舎（一九二九年の市制実施当初は中市の商店街にあった）ほか、各種公共公益施設用地として転用され、現在に至っている。こうして亀山のふもとに一大行政センターが形成されていった。

こんにちの山口を歩く

パークロードに象徴されているように、山口は典型的な政治都市であり、近世以降一度も経済都市とはならなかった。山陽道沿いには防府・三田尻のような有力なまちがあり、もちろん下関が経済のハブとして存在していたからである。

また、県庁にしても交通が不便だという理由から移転の話が幾度か起きているが、結局山口から県庁が移ることはなかった。政治都市と経済都市とを分離するという日本では少数派の施策がここでは守られた。

政治都市というとすぐにアメリカを思い出してしまう。カリフォルニア州の州都がサンフランシスコやロサンジェルスではなくサクラメントであるように、アメリカの州都の多くは現在の州経済の中心都市とは異なっている。国全体を見ても、経済の中心がニューヨークにあるのに対して、政治の中心はワシントンDCにあるというように政治と経済の間でバランスを取っているように見える。

このような例はフランクフルトに対するベルリンや上海に対する北京、ホーチミンに対するハノイにも見ることができる。こうした諸都市の例を思い浮かべてみると、いずれも政治都市にはあまり高い建物が建たず、権威を象徴するかのように低層で堂々と落ち着いた表情をもっている。山口もそうした政治都市の列に並んでいる。

じっさいに山口駅からまちに歩き出してみよう。

JR山口駅は一九一三年、小郡駅（現・新山口駅）から延びる枝線（山陰縦貫鉄道として構想された、現・山口線）の駅として開業している。それ以前には軽便鉄道が小郡—山口間を結んでおり（一九一〇年全線開通）、その終着駅（中河原停車場）は御茶屋橋の前（現・クリエイティブスペース赤れんがの南に連続した噴水広場のあたり）にあったが（写真4）、本格的な汽車が走る鉄道がようやく到来したのである。

駅は今市町の南に接した市街地の縁の低地に土盛りをして設けられた。南側はすぐに椹野川の支流、天神川が流れ、その南には山が迫っている。駅前からまっすぐ北に延びる道路をしばし北上すると（写真5）、かつての石州街道であるアーケード街（写真

写真 4　かつての軽便鉄道の山口駅（中河原停車場），現在は一の坂川そばの噴水広場となっている。

写真 5　山口駅前を北上する駅通りをしばらく進んだあたり。デザインに工夫を凝らした低層の商店が建ち並んでいる。

写真 6　中市のアーケード街。米屋町界隈，南西を見る。かつての石州街道である。比較的規模の大きなアーケード街で，中心市街地の商業活動を一手に担っている。

6）と交差し、ついで一の坂川を越え、市役所に突き当たり、そこから先は緑のパークロードとなる。市役所の敷地には永らく県師範学校が建っていた。駅舎と学舎が向き合うというまことに学都山口というにふさわしい都市構造をしていたわけである。

途中交差するアーケード街は中心部は直線であるが、端に近くなると道なりに湾曲し始め、ここがかつての街道筋だったことを暗に示している。山口唯一のまとまった商店街で、コンパクトな都市構造が江戸時代から変わっていないことを物語ってくれている。

交差したアーケード街の先に見えてくる一の坂川はさらに古くからほぼ同じ線形で、かつては沿川の両側の道に沿って町家が並んでいたことが絵図からわかるが、現在では静かな高級住宅街のなかに洒落たお店が点在しているといった風情である。桜並木が見事で、ホタルが見られることでも有名である。川は渓流の趣を残し、市街地内に自然の有機的なくさびを打ち込んだように感じられる。中世においても近世においても一の坂川は都市のエッジとして機能してきた。そしてこんにちでは、むしろ求心力を有し、都市内小河川としてほかにはない心地良い秀逸な風景を生み出している。

もとに戻ってパークロードのゆるやかな坂をだらだらと上っていくと、公園のなかの道路のように両側には図書館や博物館、美術館などの公共施設が広々とした緑の空間に点在し、最後には県庁舎に突き当たることになる。県庁舎の位置はもとの藩庁のあとで、明治の初めからまったく変わっていない。

パークロードとは、一九八〇年に駅から県庁に至る通りの一の坂川以北の部分（かつての山口大学キャンパス）が緑あふれる公園のような道路（正式名称は県道二〇三号厳島早間田線）として整備されたもので、これだけの規模で都心に実現している例は日本では珍しい。文字通り公園のなかを通り抜けるかのような道路が実現している（写真7）。

駅通りからパークロードに至る近代の都市軸と石州街道・萩往還の中世から近世にかけての街道軸、そしてそれよりも古く古代から続いてきたに違いない一の坂川の河川軸という時代を超えた複数の軸が交差して、この都市の年縞の大枠をかたちづくっている。

写真7　パークロード，北を見る。緑あふれる公園のような道として 1980 年に整備された県道。横断はすべて地下スロープとなっている。正面遠くに見えるのが県庁舎。JR 山口駅を降りて正面の通りをまっすぐ進むとそのままパークロードに至る。

どうして年縞都市が可能だったのか

では、どうして山口は県都でありながらも、こうした年縞都市となりえたのか。

もちろん、この都市が戦災にあっていないということも大きいが、非戦災都市であっても近代との向き合い方はそれぞれに異なっている。山口の場合、政治都市として近代を迎えたので、大きな経済的な圧力に直面することがなかったという点もある。山陽本線が山口経由となるという選択肢もあったが、地元の反対で幹線からそれたという。このことは万年町と揶揄されるような山口の停滞の起因となったが、別の側面から見ると、結果的に駅前の肥大化を生まずにすんだということもいえる。

一方で、地元経済の斜陽化とはいっても、県庁所在地としては継続しているのであるから、当然なが

写真8　手前は旧県庁舎（現・山口県政資料館，1916 年），奥に見えるタワーは現在の県庁舎（1984 年）。新旧の県庁舎が重なって見える。このすぐ右隣に目を向けると，旧県会議事堂と新しい議会棟がやはり重なって見える。

写真9　一の坂川，北の上流側を見る。椹野川の支川。豊かな自然を保つ都市内小河川の見本。近年では桜とホタルが有名。「西の京」の鴨川とでもいえる川。

ら、まったく衰退してしまうということはなかった。適度な活力がこの都市の年縞を重ねることに寄与したといえるだろう。

また、変化をするにしても、過去を否定して新しいものに置き換えるのではなくて、過去のものと現代のものを併存させるような空間的な余裕もあった。その典型例が旧県庁舎・旧県会議事堂（いずれも一九一六年、国指定重要文化財）と新県庁舎（一九八四年）・新県会議事堂（一九七五年）の併存である。昭和の新建築は大正の洋風建築の後に控えるように建設されており、これら四つの建物は今でも一カ所から全体を眺めることができるのである（写真8）。

このような例は日本の県都ではほかにない。

これらの敷地はいずれも幕末の御屋形（実質上の山口城）、その後の藩庁舎の敷地そのものである。

写真10　一の坂川沿いの建物風景。住宅のなかにお店や事務所が点在している。中世から川沿いの両岸には道路が走っていた。近世城下町なかの川は一般に防御機能が強いが，ここでは両岸を結びつけるものとして機能しているようだ。

これらの土地が民有化されることがなく、軍のものともならなかったということに見られるように、土地の公共性を受け継ぐことに忠実だった。

これはおそらくこの都市に歴史への憧憬というものが受け継がれてきたからではないだろうか。大内文化といい、毛利敬親（たかちか）による萩から山口への居所の移転といい、明治維新の功績といい、この都市には誇るべき過去が幾重にも重なっている。したがって都市の歴史を見る目がじつに温かいのである。こうしたことが基層となって、山口を年縞都市たらしめているのだ。

過去の事績に対する篤い想いが、結果的に歴史の痕跡を多く残すことにつながっている。たとえば亀山公園は一九〇〇年に造られたが、旧藩主の銅像をはじめとする維新の偉業を讃えるための公園建設は民間からの寄付で行われた。なんと一〇万八五二五人からの寄付金計八万四四九七円によって実現されたものである。

このほかにもこの都市には各時代の痕跡を随所に見ることができる。

思いつくままに例を挙げると、地名と竪小路に代表される中世の世界、近世の石州街道とその現代的な表現としてのアーケード街、幕末の藩庁門、明治大正を象徴する旧県庁舎と旧県会議事堂（現在、両者を合わせて県政資料館と呼んでいる）、昭和のパークロードとその界隈の公共施設群、同じく昭和の国道九号線建設（一九六三年までに工事完了、現・県道二〇四号線）、平成に生まれ変わった山口の迎賓館山口市菜香亭（二〇〇四年移築完成、もとは近接地で一八七八年頃より営業していた）、同じく平成の国道九号線山口バイパス（現在の国道九号線、一九九五年開通）などなど。

そしてこれらすべての事象をとりまとめるかのように、都市の骨格をなす都市内河川、一の坂川には、大小の橋が無数に架かっている。緑あふれる清流と川沿いの落ち着いた町並みはこの都市に唯一無二の風格を与えている（写真9、10）。この都市を斜めに縫い合わせるかのように、古くから変わらぬ清流を北東から南西へと今も流し続けているのである。

36 徳島
――大きなビーズ玉の集合都市

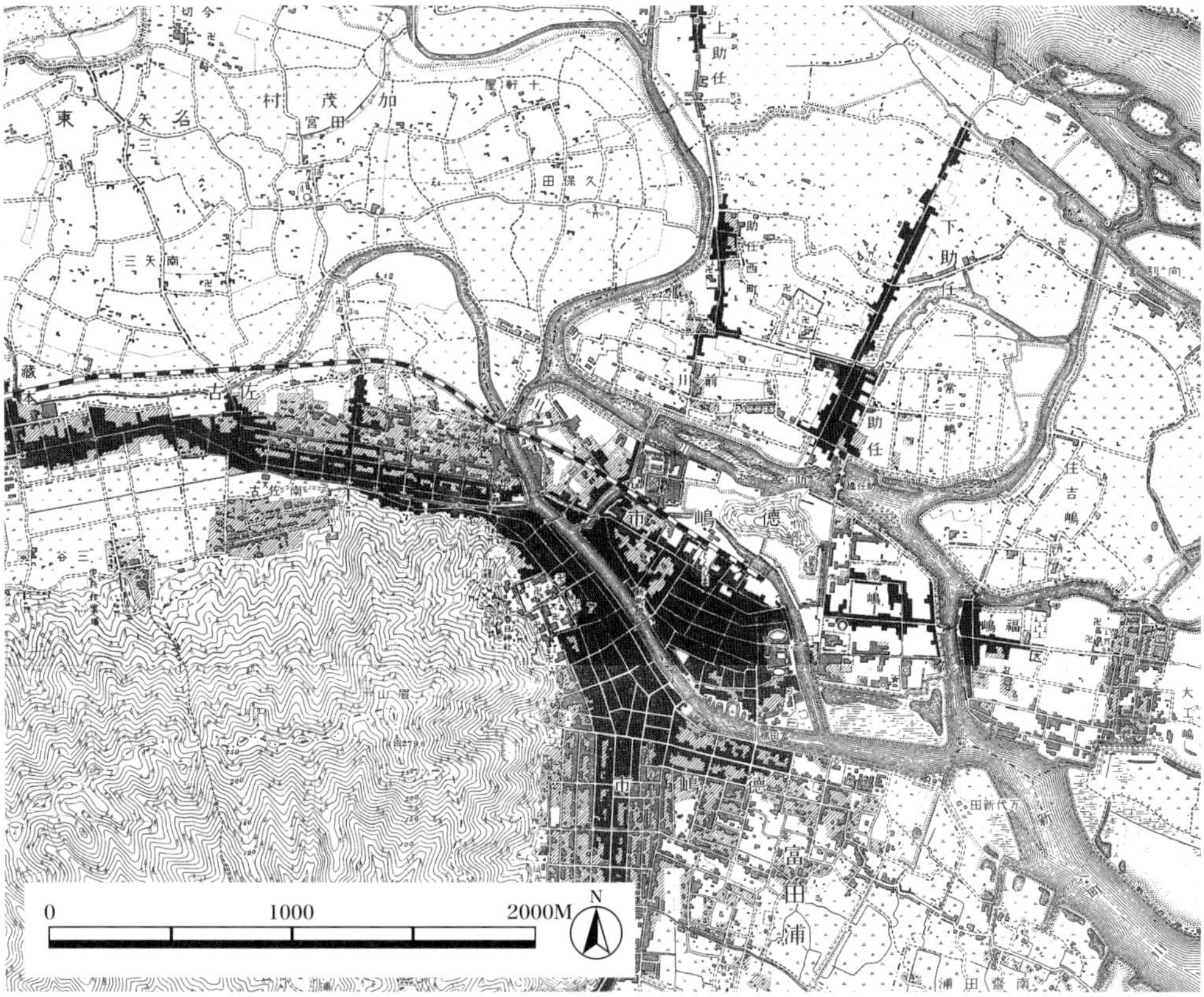

図1　二万分一正式図「徳島北部」（部分），1896年測図，1909年部分修正，1910年発行；「小松島浦」（部分），1896年測図1899年発行。

謎に満ちたまち

ＪＲ徳島駅を降りて、不思議に思うことがいくつかある。

まず、徳島駅とお城との関係である。この駅は徳島城にお尻を向けて建てられている。駅を降りてお城にたどり着くためには線路に沿って南へずーっと迂回し、さらには跨線橋を越えて歩かなければならないのだ。こんな駅とお城との関係は日本広しといえどもほかにないのではないか。

そのうえ、駅前の見事な大通り、新町橋通りは新町川を渡り、対岸の眉山のふもと、ロープウェイ乗り場の前まで続いている（写真1）。五〇メートル幅の見事なブールバールはここでぷつりと終わっている。まさかロープウェイ乗り場をめざした道路ではないだろうし、眉山天神社が終点というわけでもないだろう。――どうしてだろうか。

そのほか、Ｙ字型をした三叉路が多いこと（なんと三叉路のアーケード街まである。写真２）やまちの幹線からはずれた場所に立地する市役所、まちのへそがわかりにくいなど、このまちは不思議にあふれている。

河口デルタにできた城下町

地図を見ると一目瞭然であるが、徳島というまちは大河吉野川の河口デルタ地帯に計画的に建設された城下町である。今でも助任川や新町川などの吉野川支川がまちなかを縦横に流れているが、これまでに埋められた川がいくつかあるので、かつてはさらに流れが複雑だった。これらの河川を堀に見立てて、防御のかなめとしたのである。同時にこれらの河川は物資流通の大動脈でもあった。

このように河口の三角州に立地した城下町はほかにも広島や萩などなくはないが、徳島ほど川が入り組み、小さな島々（すなわち中洲）にこまかく分かれている都市はない。

お城や徳島駅がある場所も、川に囲まれてヒョウタンのかたちをしているところから、現在ひょうたん島と呼ばれているが、築城当時はさらに徳島・寺島・出来島（できじま）の三つに分かれていた。これらの地が都市の内郭を形成していた（図3）。いずれの島の名前も現在の地名に名残をとどめている。このあたりはまた内町と呼ばれ、藍の取引など特権的な豪商が住むまちでもあった。このほか、周囲には福島、常三島、住吉島などが城下町のなかに組み込まれており、これらの地名も現在に受け継がれている。

寺島と出来島の間の川は一七世紀前半には埋め立てられてしまったが、寺島と徳島の間の川、寺島川は昭和の半ばまで残っていた。

江戸時代を通じて、城郭へのメインアクセスは城山南麓の御殿（現在、徳島城博物館が建っているまわり）の南東隅、現在鷲の門があるあたりだった。伊予街道や讃岐街道といった主な街道筋は、西方から徳島のまちに入り、新町橋で新町川を横切り、ついで右折して通町を通り抜け、徳島橋で寺島川を横切り、番所を通過し、お城に到着することになる。

徳島橋がもっとも重要なアクセスポイントとなる。したがって、橋の西詰、寺島側に街道を挟み込むかたちで家老の巨大な役宅が二軒立地していた。この敷地の一つに明治になって県庁舎が立地することになった（県庁はのち、一九三〇年に現在地へ移転。旧県庁舎が建っていたかつての賀島屋敷跡に市役所が移転）。徳島橋の東詰、お城の側には市庁舎と裁判所が立地した。また、徳島橋のたもとに一八七四年、里程元標が建てられた。徳島橋のたもとこそ、まさしく徳島のへそだったのだ。

埋め立てられた寺島川

ところがどうか。現在、このあたりを歩くと、寺島川はほとんど埋め立てられ、JR線で地区は分断

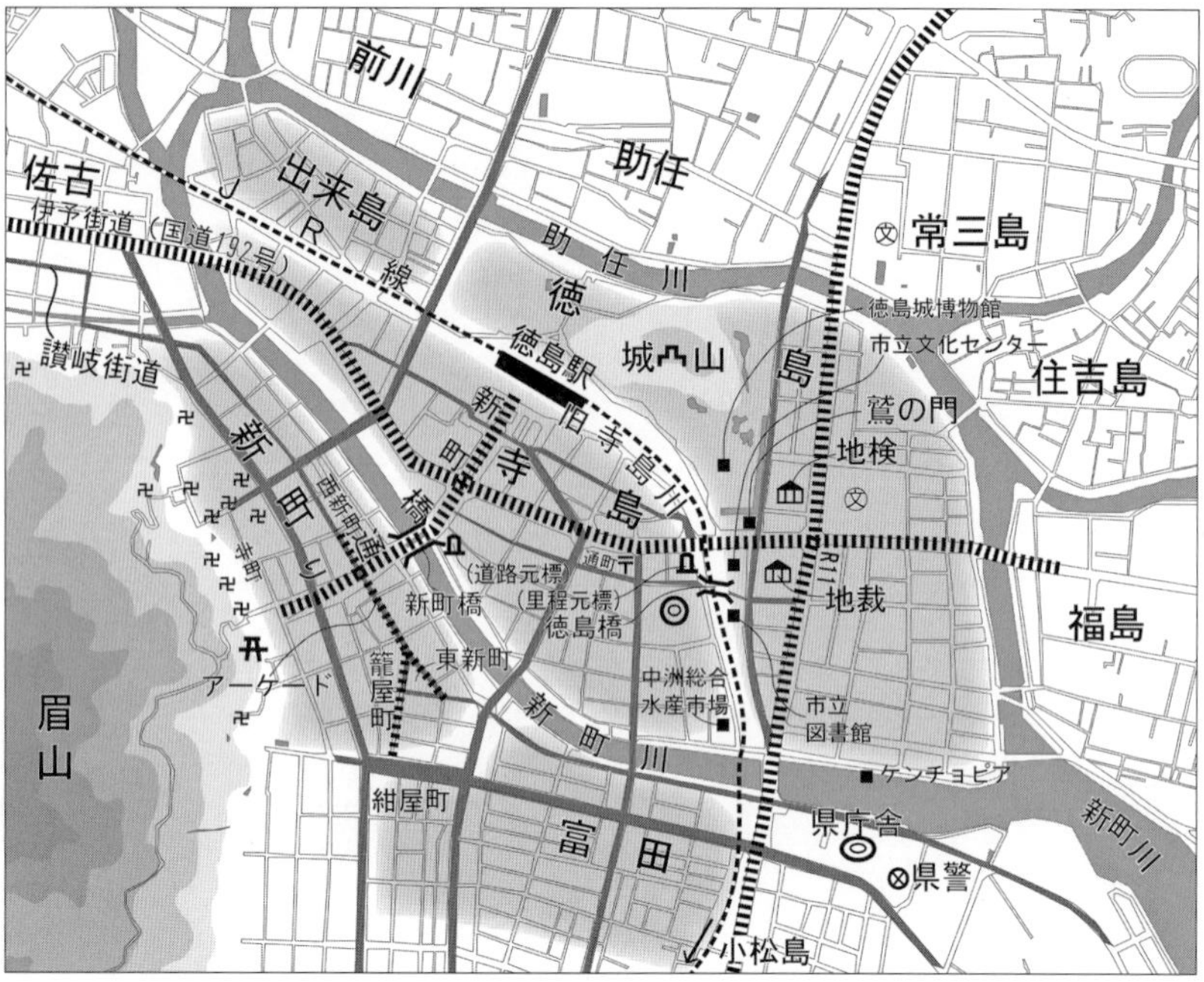

図2　徳島の都心模式図。小さなビーズのたまのつながりが幹線と新設の橋によって見えにくくなっている。

写真1　徳島駅前から新町川を越えて眉山のふもとまで達する広路，新町橋通り。駅前から南西を見る。正面右手の山は眉山。かつての建物疎開によって生まれた。戦災復興のたまものである。

写真2　東新町から籠屋町にかけてのY字型のアーケード。東南を見る。江戸初期の絵図を見ると，このあたりまでが町人地で外側には農地が広がっていた。その後この先は武家地となった。

され、わずかに跨線橋でつながっているだけである。国道一一号、一九二号という交通量の多い広幅員道路が地区を縦横に分断している。寺島川と新町川と

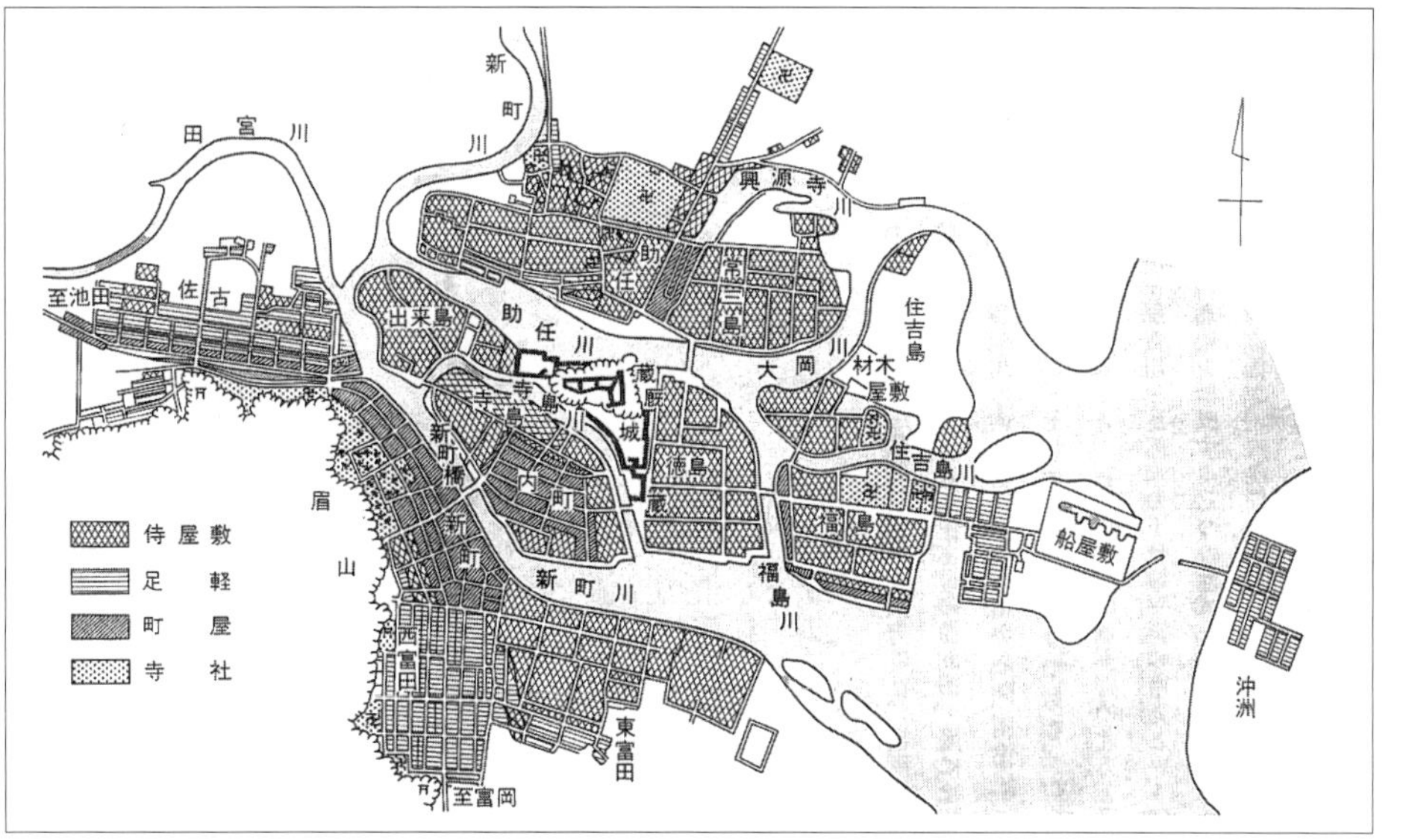

図3　寛文十年徳島城下町図。1670年の城下町の様子，それぞれの「島」が独自の構造をもっていることがわかる（出典：『城と城下町』藤岡謙二郎監修，淡交社，1978年，148頁）。

の合流点に設けられた中洲港（かつての徳島港）のあたりが現在中洲総合水産市場になっているのが寺島川のかすかな名残である。

たしかに市役所と地方裁判所は健在であるし、市立文化センターや市立図書館などの公共施設も周辺に立地しているので、現在でも行政センターの一つではあるのだろうが、このあたりが都市の表玄関であった時代の面影は残念ながら感じられない。これが市役所の立地が不可思議に感じられる理由ともなっている。

徳島駅とお城との関係にしても同じようなことがいえる。

一八九九年に徳島―鴨島間の一七キロメートル弱の阿波鉄道（現・JR徳島線の一部）が開通し、現在地に徳島駅が開業した際には、寺島川を残して、その河川敷に鉄道が敷設された。寺島川もこのあたりではお城の堀の役割を果たしており、もともとが城下とは切り離された構造をしていた。そこに駅が背中合せにできたのだから、とくに問題もなかっただろう。鉄道路線は堀のようなものだった。むしろ終着の頭端（とうたん）駅としての徳島駅は、駅舎から出てくると北に城山があり、南には新町川に至るまちが広がるというとてもバランスのとれた都市だったといえるのではないだろうか。

考えてみると、駅とお城とが隣接しているという日本の都市は珍しい。お城のまわりは、当然ながら、既成市街地で囲まれており、鉄道を通すような余裕があるはずがなかったからだ。ところが徳島では、お堀を兼ねた河川敷をうまく利用することによってそれが可能となった。

そのうえ、徳島橋も健在で、その手前にターミナルとして造られた徳島駅は、徳島の都市構造をそれほど壊すことなく、近代の鉄道システムはうまく都市内にもち込まれたようだった。

徳島駅が終着駅である間はそれでよかったといえるかもしれない。しかし、そんな時代は長くは続かない。一九一三年に港湾機能が高まってきた小松島と徳島とを結ぶ路線が設けられ、徳島駅は終着駅ではなくなった。鉄路は南へ延伸され、徳島橋の機能は切り裂かれた。さらに昭和初期から少しずつ寺島川そのものが埋め立てられてしまい、徳島橋は姿を消してしまった。

この間、徳島駅は周辺の土地を買収しながら拡大を続け、これに国道一九二号による南北の分断が加わって、徳島城には完全に背中を向けた現在の都市のかたちができあがっていったのである（写真3）。

新町橋をめぐる今昔

一方で、もう一つの都市の変化は駅前から新町橋を経て眉山のふもとに延びる徳島最大のメインストリート、新町橋通りが戦後にできたことである。しかし、なぜこの場所に、このような大通りができたのか。

徳島橋界隈がこのまちの格式のあるザシキであるとすると、新町橋界隈はこのまちの人が集まるチャ

写真 3　現在の徳島駅。新町橋通りから北東を見る。1992 年に再開発された駅ビルはすっかり現代的な様相になっている。右手奥に城山がわずかに見える。駅裏側には出入り口はない。駅とお城とが完全に背中合わせになっている。

ノマのようなところである（写真4）。現在でも阿波踊りの本番のときは多くの踊り手で賑わうところでもある。

もともとひょうたん島にあたる内郭と新町川をはさんでその外側の新町とでできた徳島城下町であるが、繁華の巷は新町側にあった。なぜなら、内町は特権商人の本店町のようなところであったから繁華街というにはほど遠かったし、川向こうの新町側は街道筋でもあり、開発余地も大きかったからである。

通りを進むと街区の軸線が少しずつ回転し、ずれていくのも、川の蛇行や山裾のカーブという地形的な要因もあるが、街区の形成年代の違いも大きいといえる。よく見ると街区の大きさも道路の規則性もそれぞれの地区ごとに少しずつ異なっている。

こうして拡大する一方の新町側であったが、ここと内町さらには城内とを結ぶ橋は、防御の観点から、江戸時代を通じて新町橋一つに限られていた。新町川畔の河岸には藍倉が並び、流通の結節点でもあった（写真5）。

さらに明治になって武家地に空き地が目立ち、内町の商人の特権が意味をなさなくなってくると、新町側の比較優位はいっそうはっきりしてくる。一八七二年に徳島郵便取扱所が新町川南詰に立地し（のち一八八一年に西新町四丁目へ移動）、一八七七年には徳島電信分局が同じく新町川南詰に開設された。

したがって、徳島駅が一八九九年に造られたときも、新町橋をめざして駅前の通りが造られたのも、それが結果的にお城に背を向けることになったのも、ごく自然のことだった。さらにいうと、駅から新町橋に向かうメインストリートは橋のたもとで少し右斜めに折れて新町川を越えることになるが、この折曲り自体、城下町建設当初からのものだった。通りそのものはまったく近代のスケールとデザインなのだが、道の屈曲といった細部に都市の記憶は息づいているものなのだ。そして一九二〇年、新しい道路法のもとに命名された国道二一号、二二号の終点は新町橋と定められ、橋の北詰に道路元標が置かれた。まちのへそが徳島橋から新町橋に移ったことを象徴する出来事である。

ではなぜ、このメインストリートは不必要に見えるほど他の道に比べて広いのか、そしてなぜこの道は眉山のふもとで行止りとなっているのか。——その答えは近代都市計画のなかにある。

徳島には大きな近代産業がなかったので、都市を近代化する圧力はそれほど強くなかった。したがっ

写真 4　新町橋。かつては木橋だったが，1878 年に徳島初の鉄橋として架け替えられ，1945 年 7 月の空襲で落ちた。1952 年に現在のような二重橋となる。橋のたもとに大正の道路元標がある。通りの名前が新町橋通りであることにも，いかにこの橋が重要であったかが表われている。

写真 5　新町橋南詰東から見た新町川。公園と護岸とが一体となって整備され，円形劇場としても使える空間が生まれている。ここから新町川沿いにしんまちボードウォークがつくられている。

写真6　戦災復興の街路計画で幹線となった西大工町の通り。一本右手にかつての街道筋（現在はアーケード街になっている）が通る。通りの左側には寺町が続き，その左手奥に眉山がある。手前左右に走るのが徳島駅前から眉山のふもとまで続く新町橋通り。

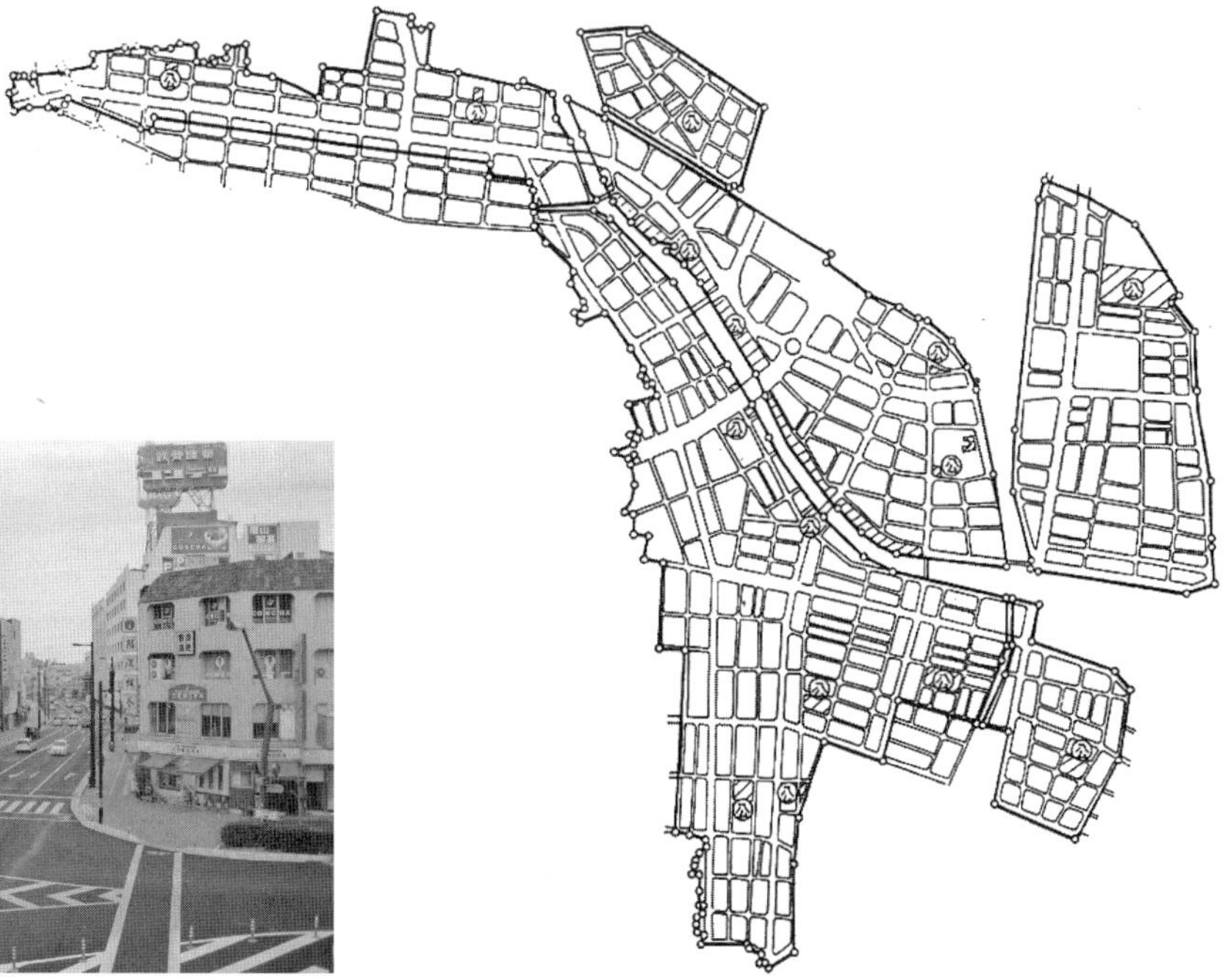

図4　戦災復興土地区画整理設計図（出典：『戦災復興誌』都市編 第7巻，建設省編，601頁）。

て明治以降、都市の近代化はそれほど進まなかった。徳島が近代産業の導入にそれほど熱心でなかったのは、それまでに藍の生産で豊かになっていたからである。一八八九年に市制が初めて施行されたとき、全国で三六の都市のうち、徳島は一〇番目の規模を誇っていた。四国では最大の都市であった。それも藍経済がもたらした富だった。おもしろいことに徳島を藍の生産に向かわせたのは、吉野川下流部が洪水の常襲地帯であったため米作に向かないからだった。何が禍となり何が福となるのか、わからないものである。

物流の幹線だった川が幾重にも流れていることはかつては利点だったかもしれないが、近代的都市への再編にあたっては逆に障害となった。しかしそのおかげで、戦前の徳島はよく城下町の風情を残したまちだったようである。一九三五年四月に都市計画決定した計画街路があるにはあったが、目立った事業は行われてこなかった。

こうした状況に大変化をもたらしたのは戦争だった。

徳島駅から新町橋を経て眉山の麓に至る通りは防空都市計画の一環として実施された建物疎開の跡なのだ。それが戦後の戦災復興都市計画のなかで幅員五〇メートルの唯一の広路である広路新町橋通線なのである。一九四六年三月三〇日、戦災復興院告示第四号で認可された計画街路である。だからこの道路は眉山のふもとまで、行止りにもかかわらず、防火のためにまっすぐ広げられているのだ。同時に中央分離帯にワシントン椰子が列植され、文字どおり目抜き通りとして整備された。

ビーズ都市の戦後

一九四五年七月四日の徳島大空襲で市街地の七割近くが焼失してしまい、そこに新たに戦災復興土地区画整理事業が行われることになった（図4）。途中三度の計画縮小の設計変更を経て、最終的には一九五八年九月二五日に認可、それでも総面積約二四〇ヘクタールの大事業であった。

区画整理の考え方は、駅前は大きく手を入れるものの、それ以外は旧来の道路パターンを尊重しつつ、何本かの幹線道路を入れていくという他都市とそれほど違わないものだった。

図面上ではそうではあるものの、実際にまちを歩いてみると印象はまるで違う。大規模な外科手術がほどこされたかのように、都市の風景が幹線中心に感じられる。戦災にあったのだから建物はやむをえないとしても、都市の骨相に城下町の風情があまり

写真7　新町川西岸のしんまちボードウォーク。堤防のパラペット上に1991年に設置された約300メートルの木の遊歩道。週末にはパラソルショップで賑わう。

感じられないのである。──いったいどうしたことだろう。

おそらくこれは徳島の都市のあり方にかかわる問題なのだろう。つまり、徳島の旧市街地は小さな島単位で少しずつスタイルが違う空間が構成され、それが限られた橋によってほかの島と結び合わされ、あたかも個々のビーズが糸で結び合わされて、ビーズ模様ができあがっているようにできてきた。それぞれの島に武家地があり、お城の直近を除いてほとんどの島に町人地がある。各島が自律できるビーズの大きな玉のようにできている。

これは新町側にもあてはまる。徳島は大きなビーズ玉の集合都市だったのだ。ここに徳島の個性がある。

ビーズには糸を通す穴の向きという方向性がある。

写真8　新町川の少し下流，東を見る。中洲地区に設置されたヨットハーバー，ケンチョピア。右奥に県庁舎が見える。日本の県都で唯一，県庁舎前にヨットハーバーがある。吉野川の河口デルタに立地した水都の面影が色濃い風景。

その向きがビーズの玉ごとに違うので、接合点は折れ曲がったり、Y字型になったりする。これが徳島にY字路が多い理由である。ビーズはそれぞれの大きな玉が個性ある色に輝いている。これがこのまちのどこがへそかわかりにくい理由だろう。

徳島という都市は、それぞれの島（つまりビーズの大きな玉）が自律しており、それを道路が縫うようにつないでいる。これを同じ河口デルタに形成された城下町である広島と比べると、広島では、河口域全体が道路によってかっちりと構成されており、その間を川が縫うように流れているといえる。

ただ、徳島は戦災復興の過程で、新たな幹線によって大きく再編され、ビーズ模様の「らしさ」の多くが失われつつある点は残念だ。

では、どうすればいいのか。

大幹線を消し去るわけにはいかないので、道路側から何か手を考えることは容易ではない。しかし、この都市にはいまだ変わらぬものがある。──それは網の目のように流れる川である。

川の側から一つひとつの大きなビーズ玉に光をあてることはできるし、現に新町川のボードウォーク（写真7）やひょうたん島周遊船、季節限定ではあるが新町川ひかりプロムナードなどの試みがかたちのあるものとして動き出している。川は地区を分断するものから分断されたそれぞれの地区を結び合わせるものへと役割が変わりつつある。

そういえば、一九三〇年に新町川に面した少し下流に移転した県庁舎の前面の川岸は、現在、ケンチョピアというちょっとおちゃめな名前のヨットハーバーである（写真8）。県庁舎の目の前に多数のヨットが係留されているというまちは日本にはほかにない。これもビーズの一つの玉として活かせる。

考えればお城に背を向けた徳島駅も、鉄道路線がオープンカットで半地下化されれば、あたかも寺島川が再生させたように見えるのではないだろうか。そうすることによって、もういちどお城サイドと新町川サイドとを結びつけることもできそうに思える。夢想譚ではあるけれど、川から徳島は再生されるというビジョンを描くことができるのだ。

37 高松

——海に開いた城下町

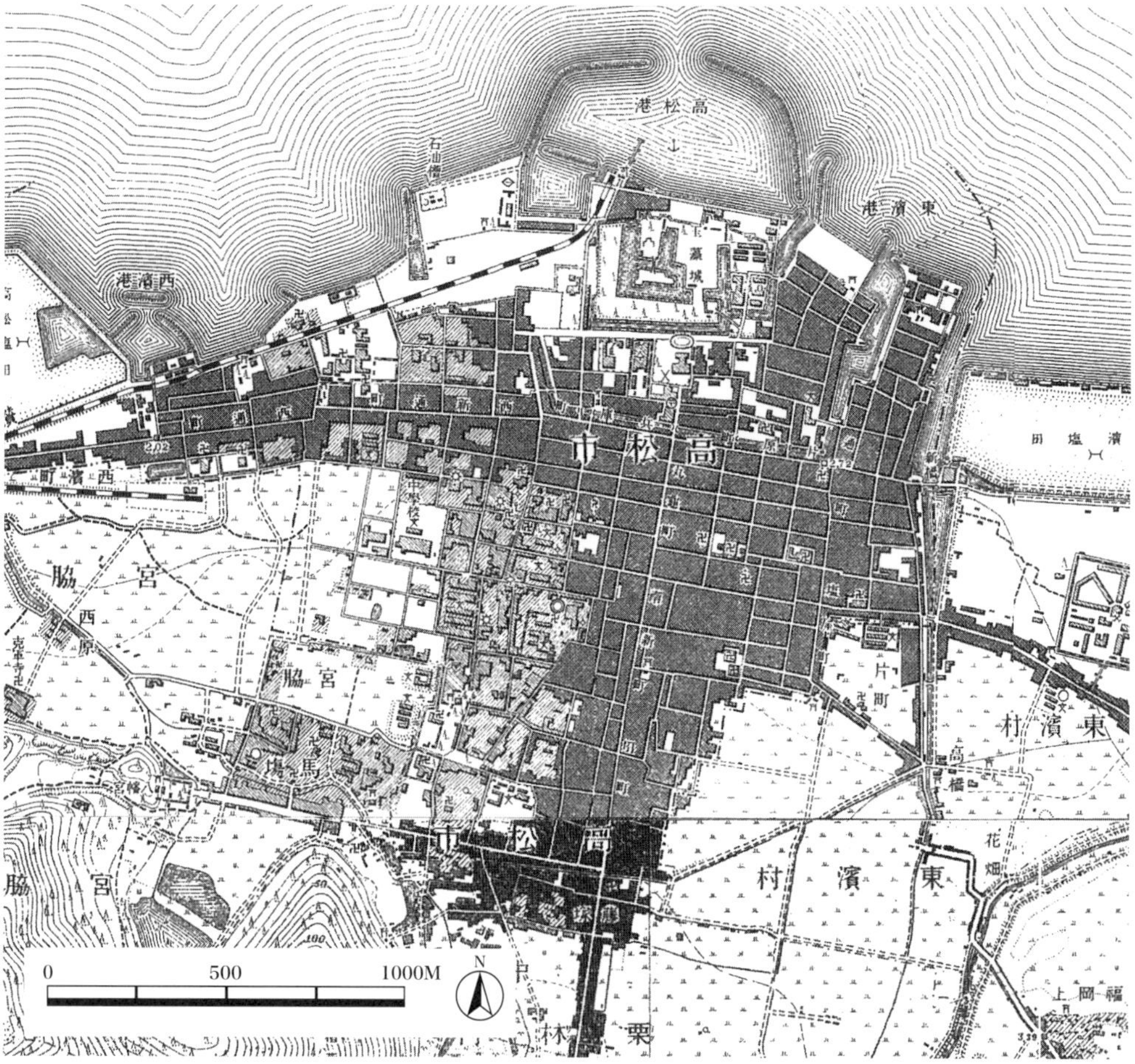

図1　二万分一正式図「高松市」(部分), 1888年測図, 発行年記載なし。

港をもった城下町

ＪＲ高松駅は鉄路が熊手のように広がって終着となる頭端駅(とうたんえき)である。旅人は段差のない駅構内を通り抜け、広々とした駅前に立つことになる。正面東にかつての高松城、現在の玉藻公園(一九五四年に公有化され、翌年に公園として公開)が見え(写真1)、左手の港の気配に瀬戸内海を感じることができる。二〇〇一年に駅周辺が再整備され、現在のような広々とした伸びやかなデザインの現代的な街区になった(写真2)。

こうした終着駅の風情を残したＪＲの頭端駅は日本では珍しい。県都では、高松のほか青森と長崎があるばかりである。鹿児島もかつては頭端駅であったし、鹿児島駅の時代がかった駅舎は今もその面影をとどめているが、今では鉄路はさらに延びている。そういえば東京も新橋や万世橋といった終着駅があったわけだが、今はすべてつながってしまい、終着駅の風情は古くからの上野駅の一部など、ごく限ら

写真1　高松駅前から東に旧高松城（現・玉藻公園）を見る。左手の高層ホテルのあたり，高松港と接する場所に1959年から2001年までかつての威風堂々たる高松駅があった。

れている。
県都以外に広げても、ＪＲの主要な駅としては北の稚内や根室、函館、南の宇和島や宿毛、門司港、枕崎など限られている。そしてそのほとんどが港町である。それも港とまちと駅とが近い、魅力的な都市ばかりである。港と駅を結ぶことがターミナル駅のもっとも重要な使命だったのであるから、当然といえば当然のことではある。

さて、高松に話を戻すと、現在でも本州側の宇野港行きのほか、瀬戸内海の小豆島や直島、男木島、女木島、豊島などへの高速船やフェリーのターミナルが駅近くにある。かつてここには宇高連絡船の高松桟橋駅があり、一九五九年に国鉄の高松駅と統合され、鉄道駅と港とが文字どおり直結していた（それ以前の高松駅は現在と同じ位置に一九一〇年に造られた。それ以前の初代駅はさらに西一キロメートルほど離れたところに一八九七年に建設された。したがって現在のＪＲ駅は四代目ということになる）。

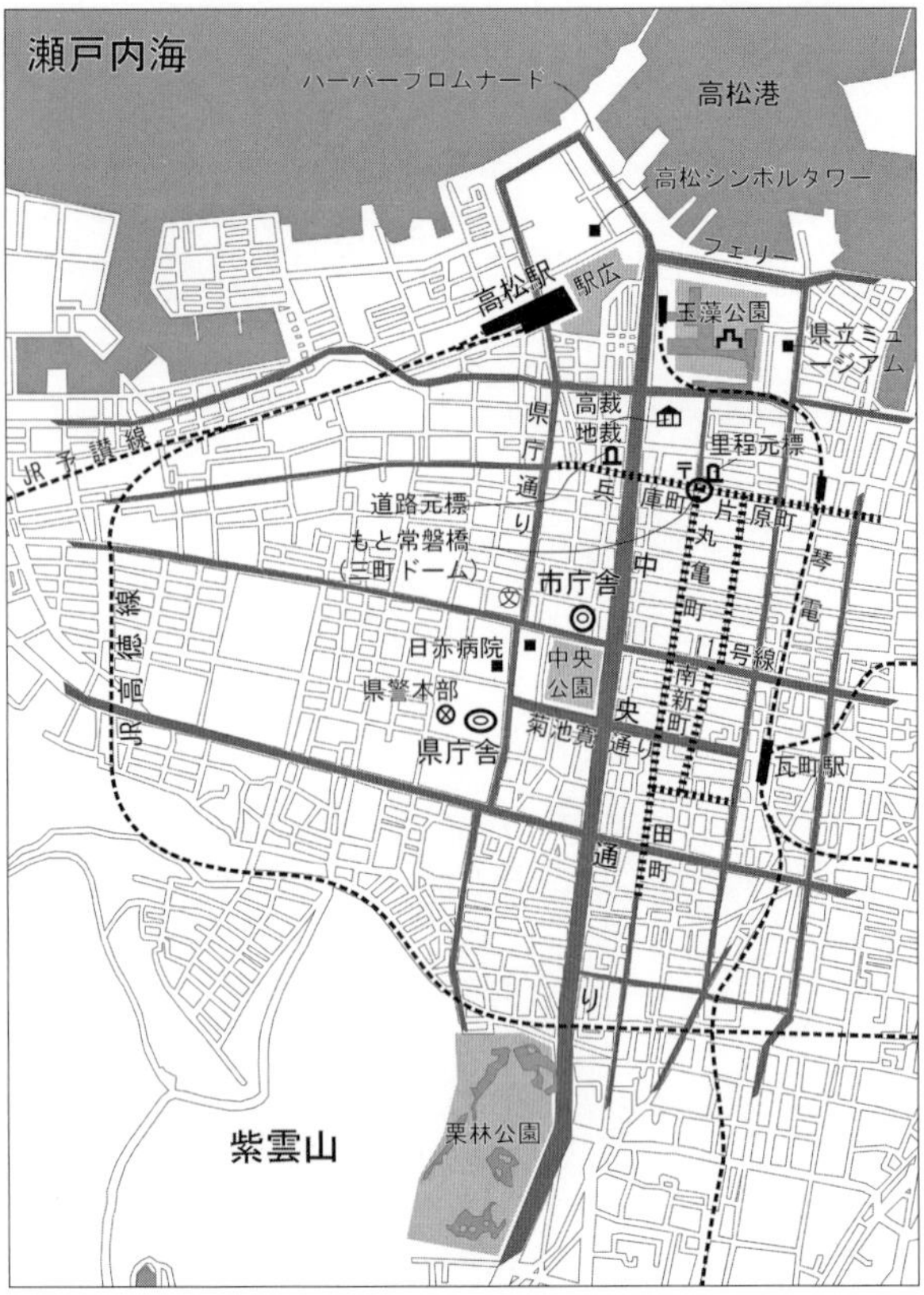

図２　高松の都心模式図。近世の都市軸（丸亀町―南新町―田町）と近代の都市軸（中央通り）が平行して走っている。これに直交するのが近代のもう一つの都市軸である菊池寛通り。この通りの両端には瓦町駅と県庁舎とが向き合うように建っている。

現在は大規模なホテルクレメント高松が建っている位置にかつての三代目高松駅があった。今も昔も駅周辺が海陸の交通の結節点なのである。――それがおもしろいことにお城の目の前なのだ。港と鉄道駅が近接しているのはわかるとしても、それがまたお城と近いのは何か意味があるのだろうか、それともたんなる偶然なのか。

それぞれの都市施設には設計した人が今も昔もいたのだから、こうしたまちのでき方にたんなる偶然というのはありえない。答えは城下町絵図を見ると読めてくる。

高松城は今は市の東に流れる香東川の支川の河口デルタ地帯に立地し、その最大の特色は内堀・中堀・外堀と城をコの字型に取り囲む三重の堀にすべて海水が通じていたということである。一五八八年から九〇年にかけて生駒親正によって建設され、一六四二年より松平頼重により大改修を受けている。

世の中に水城と呼ばれる城は、たとえば小松城や諏訪高島城、膳所城、今治城、中津城など少なくないが、すべての堀に海水が入る仕組みのものはおそらく高松城のみだろう。高松では堀が港を兼ねていたのである。

図３は寛永年間（一六二四～四五年）、城下町初期の全貌を描いた六双一曲の有名な高松城下図屏風である。この絵図を見ると、外堀には多数の船が停泊しているのがわかる。ここは東浜舟入、西浜舟入と

写真２　高松駅前広場からドーム型の高松駅を見る。現在の駅舎は４代目，2001年竣工。かつてより四国鉄道の窓口だったが，1988年の瀬戸大橋線の開業により，岡山駅とも直通で結ばれることとなった。

図 3　高松城下図屏風（17 世紀半ば）。初期の高松城下町の様子が事細かに描かれている（香川県立ミュージアム蔵）。

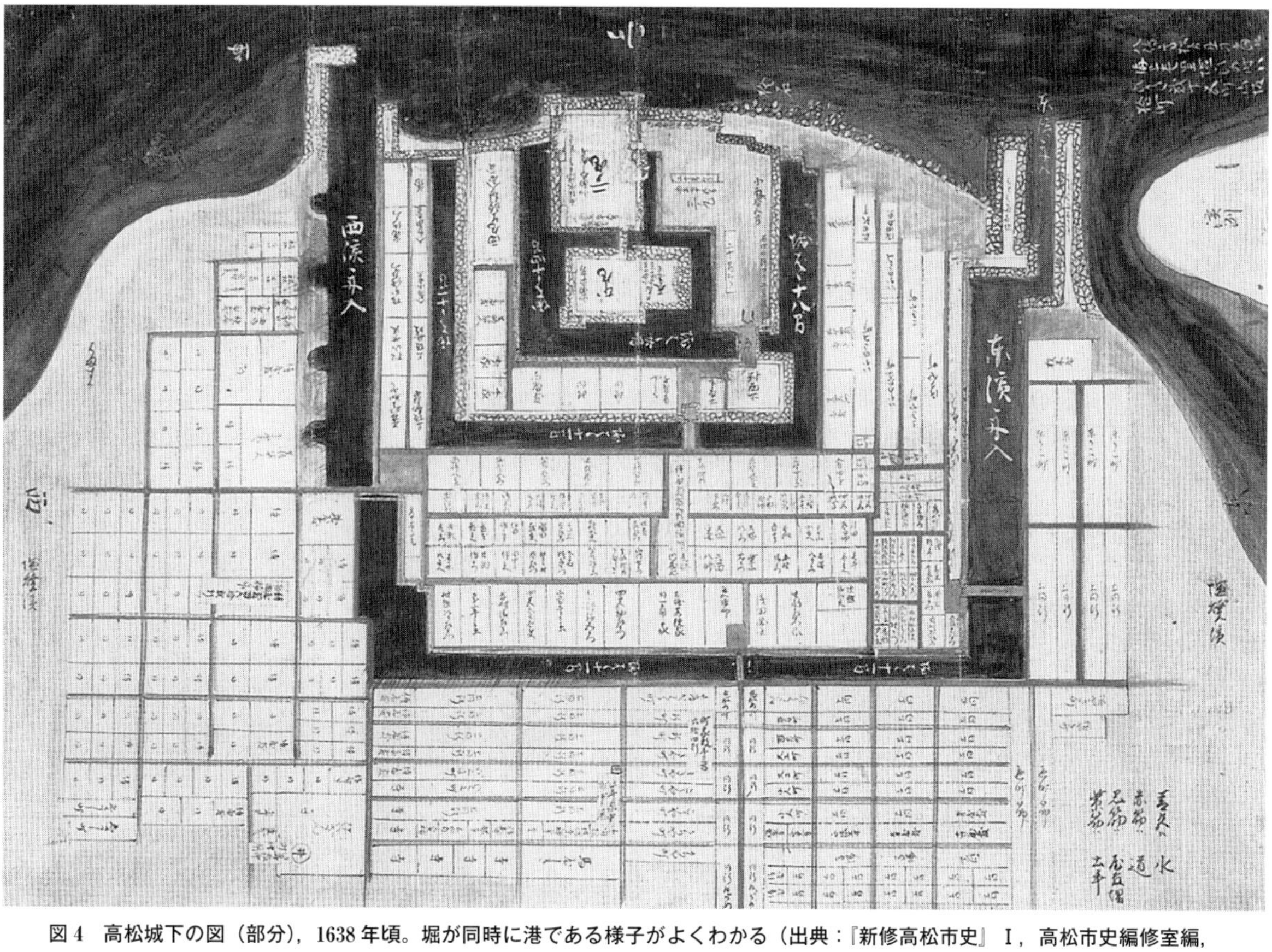

図 4　高松城下の図（部分），1638 年頃。堀が同時に港である様子がよくわかる（出典：『新修高松市史』Ⅰ，高松市史編修室編，1964 年，501 頁）。

呼ばれた港でもあった。東浜は商船、西浜は漁船が停泊する港だった。お城近くの堀川も港であり、藩船の基地だった。屏風絵にはこれら多くの官民の船が描かれている。

高松城は海を防御のために利用するというよりも、交易の最前線として利用していたようである。堀も防備のためというよりは、港として活発に用いられていたのである（図4）。──海に開いた城下町、という不思議な性格をもつ都市、それが高松なのである。

こうした江戸時代からの港の部分が一九〇〇年から一九〇八年にかけて次々と近代港湾として整備され、一九一〇年には宇野港と結ぶ鉄道連絡船が就航し、高松は四国の玄関口としての地位を確立することになる。

お城の堀が港の機能をもっていたことから、この場所に近代港湾が建設され、フェリーターミナルが造られ、そこに同じ一九一〇年に国鉄高松駅が進出してきた。港を内在した城＝海城という高松の特異な城下町の出自が現在の駅前の姿に映し出されているといえる。

さらに近年整備が進み、現在ではサンポート高松と呼ばれるモダンで

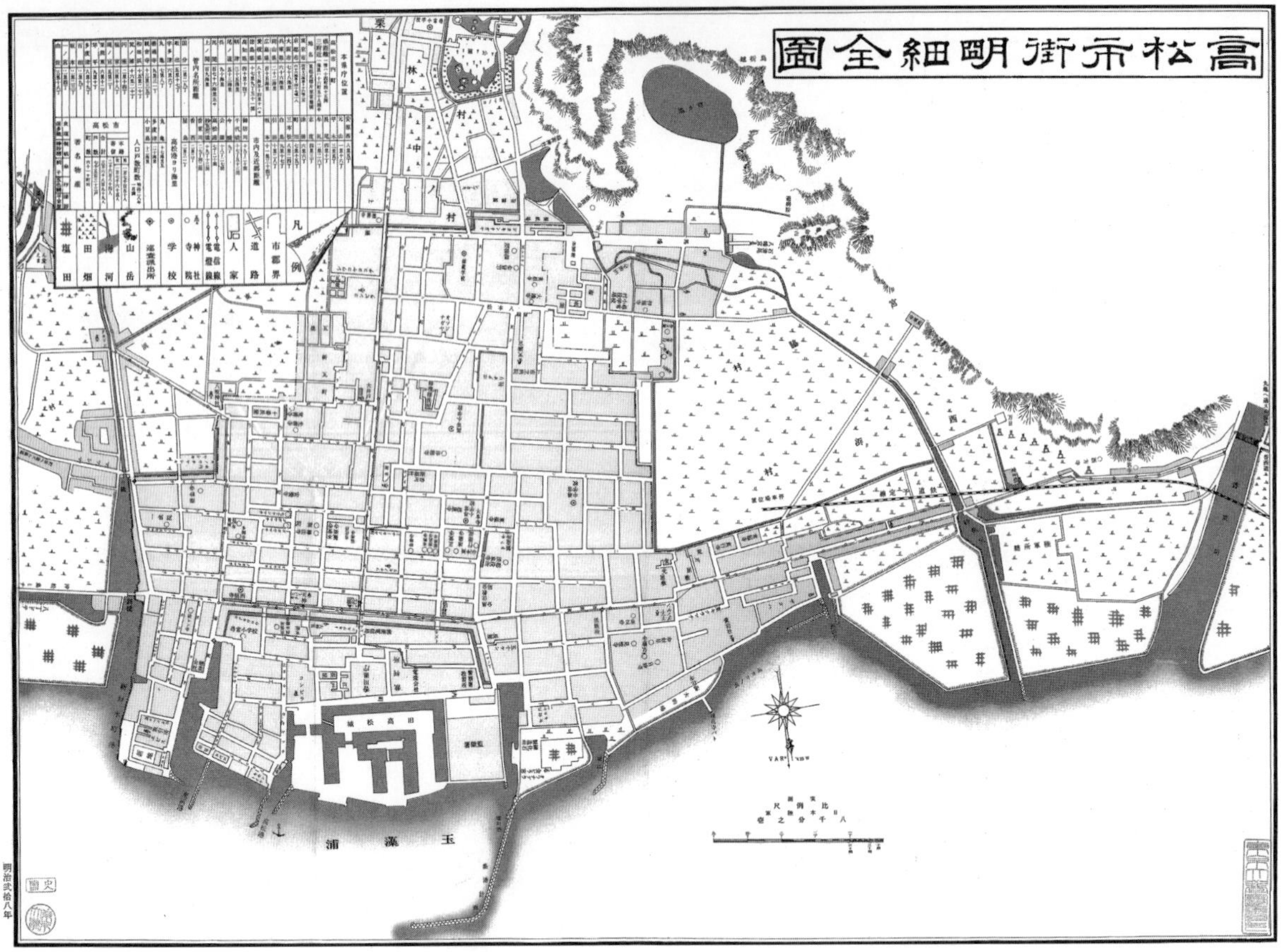

図5　高松市街明細全図（1895年）。2年後の丸亀―高松間の鉄道敷設の予定線が見える。駅の位置は1910年に鉄道連絡船の就航にあわせて港の近くに移された。（出典：『新修高松市史』第3巻，高松市史編修室編，1969年，付図）

写真3　サンポート高松のウォーターフロント。高松駅から至近距離に港があることがこのまちの最大の特長である。右手奥に高松城（玉藻城）の緑が見える。

開放的なフェリーターミナルとなっている（写真3）。ただし、お城に隣接するという港の位置はかつてとほとんど変わっていない。貨物港であるとこうはいかないが、旅客港に特化したからこのようなことが可能だったのだろう。

お城から出発する都市軸

海に向かって開かれている都市だということは、ここから陸路が始まるということを意味している。

結節点となったのが、南に位置する外堀のほぼ中央に架けられた橋、常磐橋だった。この橋の北側は重臣の住む内町、丸の内であり、南側にはまっすぐ南へ延びる街道沿いに城下町建設当初に丸亀から移転してきた有力商人たちが住む丸亀町が造られた。

現在は「三町ドーム」と呼ばれる巨大なアーケードにおおわれた交差点であるが（写真4）、かつては高札場があり、札の辻と呼ばれたところである。ここから讃岐五街道（志度・長尾・仏生山・丸亀・金比羅の各街道）が東・西・南のそれぞれの方角に延び、讃岐の国のみならず四国全体の道路ネットワークのハブとなっていた（のちの大正時代の道路元標は兵庫町に沿って西へ移動し、兵庫町とのちの中央通りとの交差点あたりに置かれた）。

その後、外堀は一九〇〇年に埋め立てられたが、常磐橋の北側には県庁舎・裁判所・警察署・郵便局・県公会堂などが、いずれも若干の移動はあるもののほとんど常に立地し続けてきた。県庁舎は一九五八年に、県公会堂は県文化会館として一九六一年にそれぞれ南約一キロメートルに位置する現在地へ移転するなどしてしまったものの、現在も中央郵便

写真４　三町ドームの巨大なアーケード，港を背に見る。左手奥に延びているのが片原町。この円形広場の北側に讃岐五街道の原点である常磐橋が外堀に架かっていた。高札場もここにあった。

写真５　江戸時代から有力商人のまちであった丸亀町。高松市街地の古くからの南北軸。再開発が進んでいる。

局と高松高裁・地裁はこの場所にとどまっている。

つまり、常磐橋のあたりはまさしく高松のへそなのである。そして常磐橋を北に歩くと、アーケードが途切れ、すぐに大きな箱形の建物が通りに並ぶようになり、まちの雰囲気がすっかり変わる。このあたりが敷地の大きな武家町、内町だったからである。

ここから南へ延びている丸亀町商店街は、一九九〇年代から継続して新しい時代のアーケード街に向けて再開発の途中であり（写真5）、その都市再生の成功物語はいまや全国に広く知られている。

丸亀町から南新町、田町と一キロメートルを超すアーケード街が賑わっているさまは圧巻だ。北の買い回り品の商店街から南へ下るにつれて、日常の最寄り品を扱う商店が増えるという明快な階層構造をもっている（写真6）。とりわけ、札の辻のその場所が、いまでも三町ドームと呼ばれる賑わいの拠点として継続しているということは、県都としては静岡ぐらいしか類例がない。

通常、城下町の主要な街道筋は都市を通過するようにデザインされているものであるが、高松は港から上陸するところから始まるネットワークの拠点であるところから、お城からまっすぐ遠ざかるような丸亀町の通りが都市の軸となっている点がほかの都市と大きく異なっている。

また、高松城下町は六対四の割合で町人地の方が武家地よりも広い。これは讃岐三白（砂糖・綿・塩）と言われるような特産品をもっていたこの地の町人たちの経済力を示しているのだろう。ここにも高松城下町の特色がある。港といい町人地といい、この城下町は商業機能を優先して計画されているようだ。

ところで、丸亀町の軸線の方位は真北を向いてはいない。少し軸線が北北東に傾いている。この向きはこの地の条里の方位と一致している。高松城下町は古代の基盤の上に造られているのである。

また、丸亀町が位置しているあたりが、かすかながら南北に延びる舌状の微高地である。東側は低湿地が広がり、西側は山に行く手をさえぎられる。つまり、高松のまちは南へ延びるのが自然なかたちであることがわかる。こんにち、高松駅を降り立っても、どうしても東や西の方角ではなく、賑わいの磁力によって南の方へ足が向いてしまう。もともとの地形からして、高松のまちは南へ導かれるように造られている。

写真6 丸亀町の南に続く南新町のアーケード。南北に延長1キロメートル超のアーケード街が連続している。

近世の都市軸と呼応する近代の都市軸

では、こうした高松城下町という近世都市はどのようなかたちで近代化を受け容れてきたのだろうか。最大の戦略は、丸亀町という近世の都市軸と平行に（ということは同時に古代の条里の軸線とも平行にして）、近代の都市軸を引くことだった。――それが中央通りである（写真7）。

中央通りは戦災復興計画によって現在の姿になった道路であるが、その淵源は一九〇三年に玉藻町から兵庫町にかけて幅員一二間（約二二メートル）で開削された記念道路にある。皇太子（のちの昭和天皇）のご成婚記念の事業であった。起点は宇高連絡船が着く高松桟橋駅前で、ここから玉藻城を東に見ながら南下するシンボルロードが約六一六メートルにわたって建設されたのである。

写真7 高松の近代の背骨となっている中央通り。南を見る。丸亀町の通りと平行して西側に南北に走る幅員36メートルの幹線道路である。

この記念道路以前に主要な南北路がなかったわけではないが（たとえば旧高松駅前から南下する、かつて路面電車が通っていた通り、現在の県庁通りにほぼ重なる）、道幅が狭く、主要幹線とはいえない道路だった。

記念道路の開通後は、兵庫町で突当りになっていたこの道路を南へ通すことが企図された。それが一九二八年に都市計画決定された都市計画街路一等大路第三類第一号路線「高松港鷺田線」、のちの中央通りである。

一等大路第三類とは幅員二二メートル以上の街路をさすが、これより広い広路（幅員四四メートル以上）、一等大路第一類（幅員三六メートル以上）、同第二類（幅員二九メートル以上）の街路は高松では指定されなかったので、この地では一等大路第三類の街路がもっとも高規格の街路だということになる。その筆頭にのちの中央通りが指定されたのである。当時、ここには既往の道路は何もなかったので、建て混んでいるまったくの既成市街地に引かれた計画道路だった。

記録によると、この一等大路は一九三八年に当初案を縮小して幅員一五メートルで延長一・一キロメートルほどの工事に着手している。

ところが、一九四五年七月四日未明の大空襲で事態は一変する。市街地の八割が焼失し、都市づくりはまた振出しに戻ってしまったのである。

終戦直後から戦災復興の都市計画が立案され、かつての一等大路第三類第一号線は当初幅員一〇〇メートルで構想されたものの、一九四六年六月に幅員五〇メートル、のち四八年一一月に幅員三六メートルに縮小して決定した広路二号「高松港栗林線」となった。これが実現して、現在の中央通りとなった。

三六メートルに幅員が狭められたとはいえ、中央四メートルの分離帯には二一四本のクスノキが植えられ、現在も自動車交通の大幹線であり、高松を代表するオフィス街・金融街となっている。

近世の都市軸である丸亀町は歩行者の軸、商業の軸となり、近代の都市軸である中央通りは自動車の軸、オフィスの軸となった。それぞれ機能分担することによって、二本の道路はお互いに調和を保って両立している。そしてその軸線は古代に引かれた軸線といずれも平行を保っている。このまちは、古代―近世―近代の道路パターンが共存しているまちなのである。

さらに、中央通りと直交する東西路として、瓦町駅から西に向かって延びて県庁・日赤病院に突き当たるもう一つの幹線、広路一号「天神筋瓦町線」が当初幅員六〇メートルで、のちに二〇メートルで都市計画決定している。これも現在の菊池寛通りとして実現している（写真8）。

こうして高松の南部市街地は十文字に開かれていったのである。現在では東西路として菊池寛通りより広幅員の道はあるものの、菊池寛通りの東西軸としての役割は健在である。

高松港と栗林公園を結ぶ南北路と瓦町駅とのちに移転してくることになる県庁舎とを結ぶ東西路によってできる十文字によって近世都市を開き、その交点のところに巨大な中央公園を配している（写真9）。北辺の玉藻公園と南辺の栗林公園との中間に近代の洋風公園が配され、三者が中央通りの見事なクスノキの並木でつながれている。中央公園にはまた市庁舎が公園に正面を向けて建っている。

写真 8　菊池寛通り。瓦町駅前近くから西を見る。戦災復興都市計画によって中央通りとともに十文字をなしている。通りの両端には，琴電の瓦町駅（東）と県庁舎（西）が建っている。

写真 9　近代幹線が十文字に交わる地点に戦災復興土地区画整理によって生まれた中央公園（左）。玉藻公園と栗林公園の中間に位置し，両者をつなぐ役割も果たしている。中央通りから，北を見る。

高松のインフラを支える構想

近世城下町の歩行者をもとにした丸亀町の南北軸に平行して、近代都市の自動車交通を前提とした中央通りの新しい南北軸がつくられ、これらが玉藻公園と栗林公園の間に糸を引くように張られる。中央通りに交差して駅前通りである東西路を配し、東西路の周辺には中央公園や県文化会館、銀行などの近代の都市施設が建ち並び、両端には駅と県庁舎が建つ。新旧の幹線は互いに補完するようにレイアウトされている。そしてこれらの道路パターン全体が古代の条里の上にある。さらには高松琴平電鉄の路線が、アーケードの南北軸を補完するように市街地の東側を南北に走っている。

高松という都市は時代ごとに都市軸を付加し、それによって点としての都市施設に新しい意味づけを与えていくというダイナミックな構想のうえに成り立っている。その基盤として揺るがぬ港／城がある。近年の高松駅周辺の再整備も丸亀町の再開発も、こうした文脈で考えるといかにも高松らしいといえる。大きな都市構想のなかにそれぞれの箇所がダイナミックに位置づけられているからである。

38 松山——山を囲む環状都市

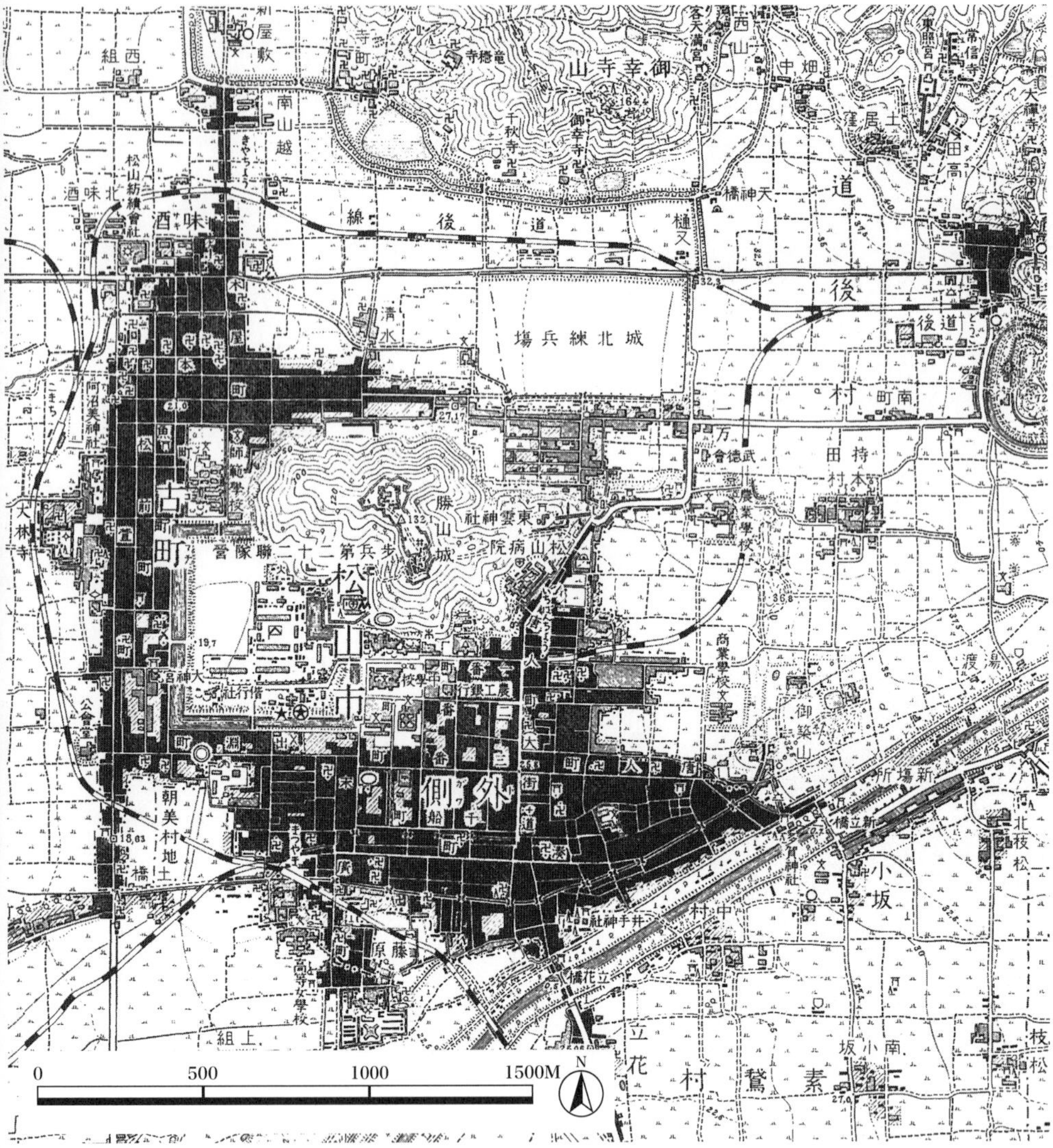

図1　二万分一正式図「松山」（部分），1903年測図，1905年発行。まだ国鉄の線路も駅も，したがって駅前通りもない。市役所の場所も現在とは異なっている。右上は道後温泉。

山の上の城、山のまわりの都市

世の中、山に囲まれたまちや山のふもとのまちは数え切れないほどあるが、山を囲むまちというのは珍しい。ところが四国の城下町は固い安山岩質の高い山が近いこともあって、松山のほか、高知や徳島、丸亀、宇和島もこうした形式をとっている。しかし、高松や今治の城は平地・海沿いの水城であり、四国の城下町がいつも山を囲んでいるわけではない。

松山のまちを見てみると、山を囲んで広がる都市域といっても場所によって個性があり、一様ではない。城山から見て南西の方向に三の丸と上級武家地が位置し、そのまわりに堀が巡っている。堀之内と呼ばれるこの地区はその後、軍用地となり、さらにその後、公共施設用地となったが、現在は広々とした芝生の公園整備が進められている。堀は昭和に入ってから道路拡幅のために幾分か埋め立てられ、水面の幅はせばまったものの、全体としてはほとんど往時のままの姿を保っている。

南側は日当たりがよく、井戸水による飲料水確保が容易だったため上級の武家地となった。東から北にかけては中級以下の武家地、そして町人地は北西側にあった。一六〇二年、加藤嘉明によって最初に城下町が建設され始めたときに正木から移動してきた町人が造った松前（まさき）町や本町を中心に古町（こまち）三十町と呼ばれる古くからの商業の中心地である。ここは免租地だった。今でも南北に長い町割が残されている。本町三丁目の電停近くには札の辻の石碑が建っており、かつて町人地のへそだったことがうかがえる。

城山のすぐ北側は小学校から大学までが集中する文教地区である。ここはかつて練兵場だった。環状都市とはいっても方面別に特色があるものなのだ（図2）。

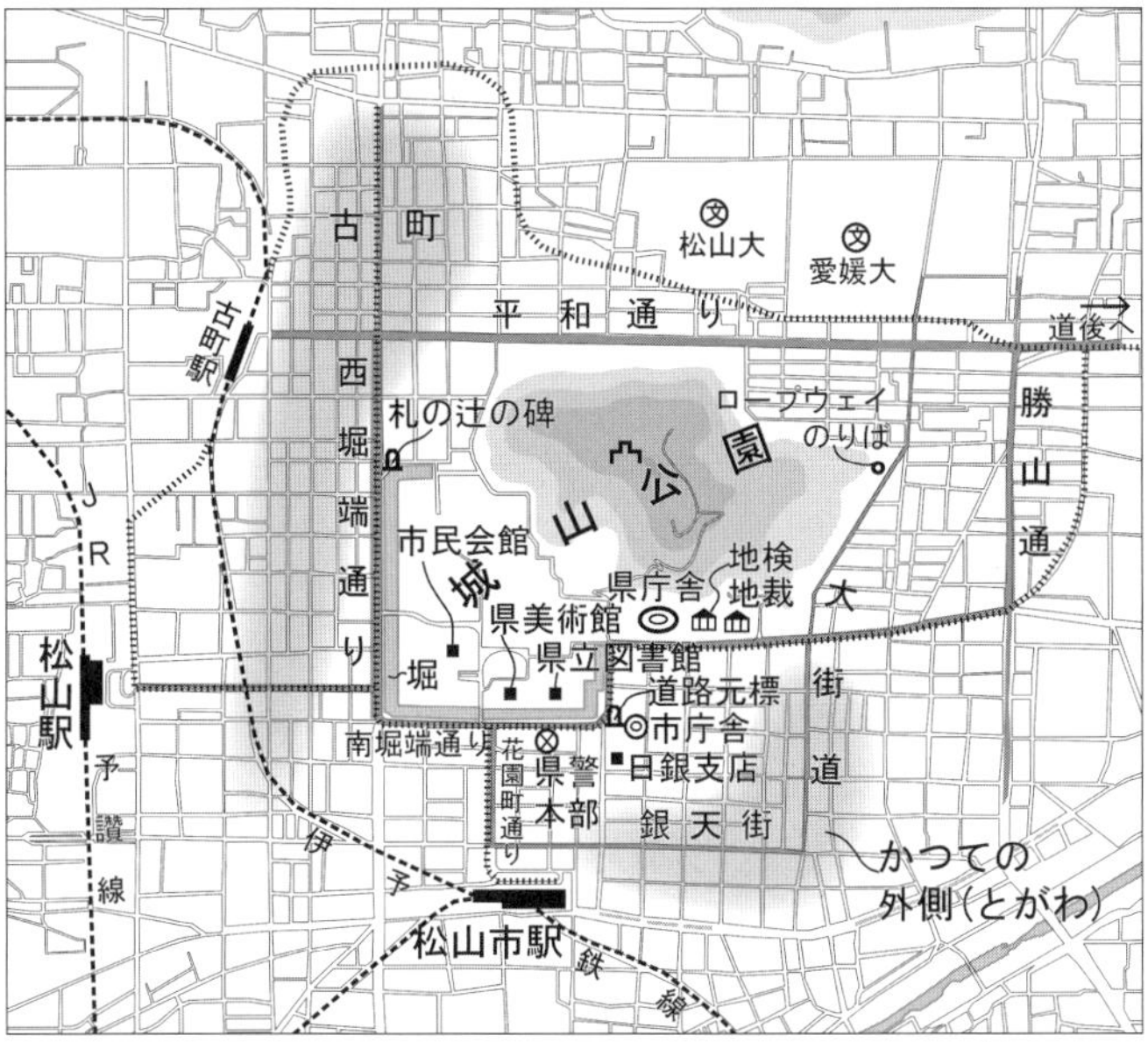

図2　松山の都心模式図。

エッジに広がる繁華街・城南に集結する官庁

こんにち、松山一番の繁華街といえば湊町の銀天街から大街道に続くアーケード街である。両端に百貨店が鎮座し、いわゆる二核一モールという理想的な中心市街地の配置である。空き店舗がほとんどなく、いつも多くの人で賑わっている元気のいいアーケード街としてよく知られている。

しかし、不思議なことにこのモールはL字型をしている。世の中に大阪の心斎橋筋をはじめとして中心市街地を代表するアーケード街は各地にあるが、多くは直線である。なぜ、松山の繁華街はL字型なのか。

古町がもとからの繁華街であったのに対して、湊町から大街道あたりは外側と呼ばれる新しい町人地であった。そしてそれは、城山南に広がる武家地のさらに外縁部に擦りつくように南側に湊町、東側に小唐人町（通称大街道、一九三〇年にこれが正式な町名となる）が造られた。つまり、L字型は城下町の東南の隅のエッジの姿そのものだったのである。

のちに市街地ははるか外側まで広がってしまったので、当時、大街道あたりが市街の縁辺部であったことは実感できないが、一九〇三年に測図された二万分一正式図（図1）を見ると、そのことがまだかろうじて推測できる。とくに古町はこの時点でも城下町の西のエッジであった。明治の半ば頃から、官庁街に近く松山市駅もできた湊町を中心とした市南部へ賑わいの中心が次第に移ったために古町の拡大が進まなかったことも

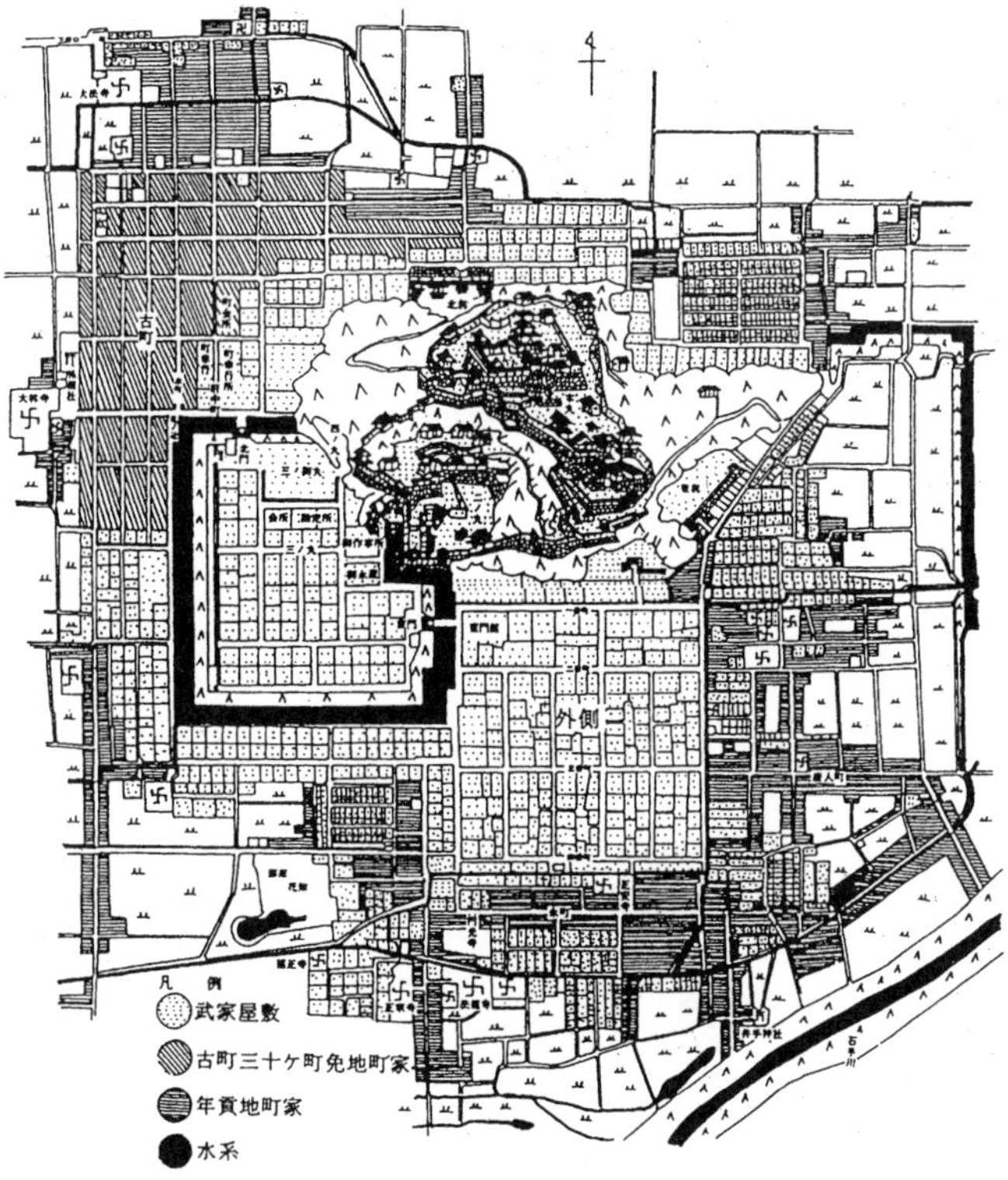

図3　藩政時代の松山城下町（窪田重治作図。出典：『愛媛県史』近世下巻，愛媛県史編さん委員会編，1987年，554頁）。

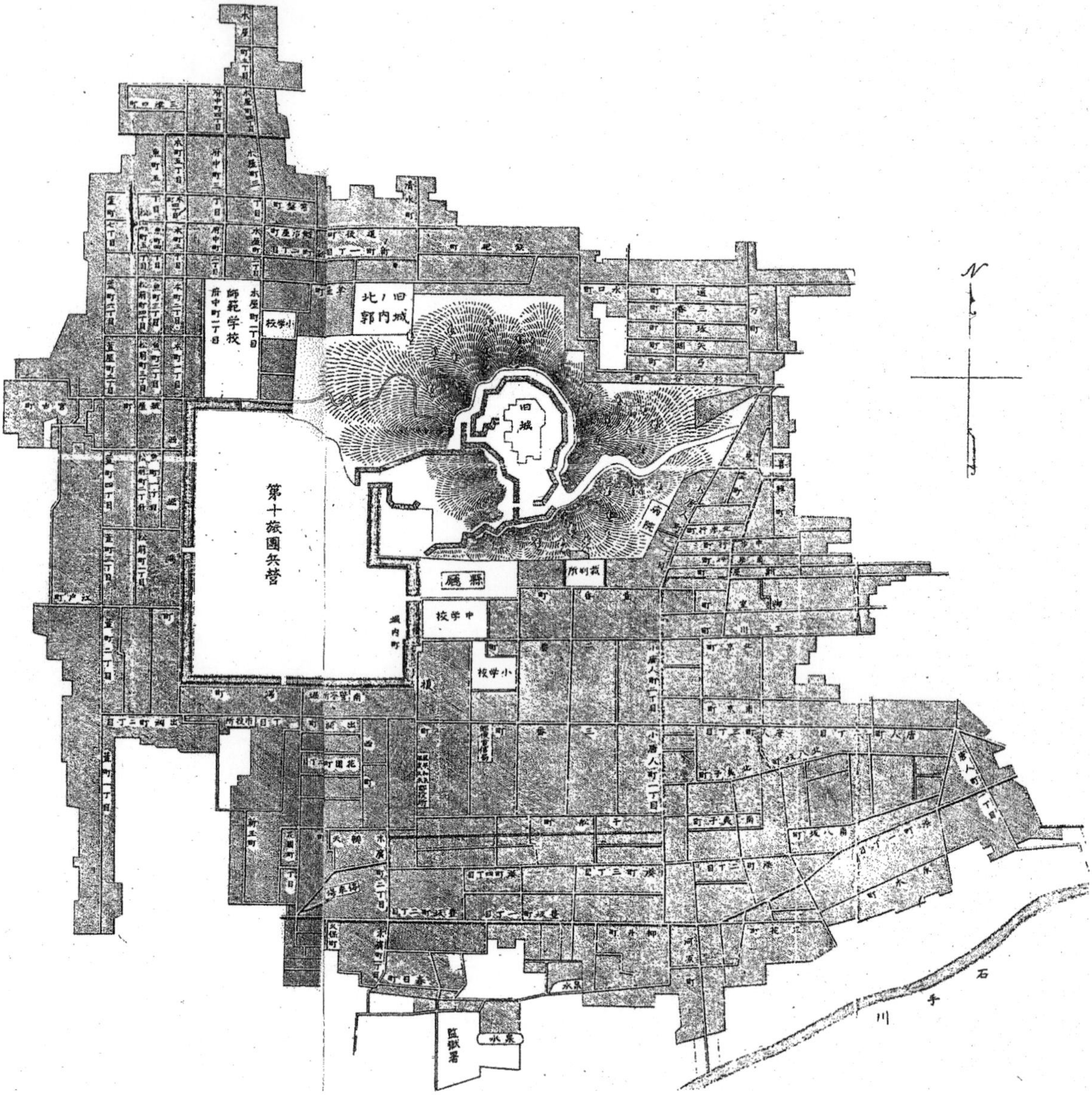

図 4　松山市街全図，1893 年。（出典：『松山市史』第 3 巻，松山市史編集委員会編，1995 年，34-35 頁）。

写真 1　花園町通り。北を見る（2010 年撮影）。伊予鉄松山市駅前から堀端へ向かう松山で最も広幅員のブールバール。正面は城山公園の緑。2017 年に側道の歩道を拡げる整備が行われたので，現在はよりオープンな町並みになっている。

その理由の一つだろう。

松山市駅がL型のアーケード商店街の一方の端であることはわかったが、ではもう一方の端がなぜ大街道の停留所のあたりなのか。――それはこの大街道停留所がかつて道後温泉へ行く路面電車の始発駅だったからだろう。

ここに駅ができたのは一八九五年のことだった（道後鉄道松山駅、のちに伊予鉄道一番町駅となり、一九六七年に大街道駅となる）。当時は、伊予鉄道（一八八七年）、道後鉄道（一八九三年）、南予鉄道（一八九四年）、松山電気軌道（一九〇七年）というように多くの私鉄が乱立して、松山と道後・三津浜などを結ぶ路線を競っていた。そして大街道に始発駅が設けられたことが、現在この地を松山有数の商業核とする原因となったといえる。

松山は鉄道が近代を造形した都市だともいえるのだ。

たとえば、おもしろいことに、松山市駅と古町駅をつなぎ、さらにはこれから市街地の北部を走る現在の伊予鉄高浜線（一八八八年開通）と城北線（一八九五年開通）西側部分は、現在でこそ市街地のなかを縫うように走り、どうしてここに線路が敷かれたのか不思議に思いたくなるが、図1を見ると、当時の既成市街地の南辺から西辺を経て北辺へと、ぴったりと接するように線路が敷設されていることがわかる。そしてそのさらに外側に一九二七年、後発の国鉄松山駅ができた。

一方で、公共施設を見ると、当初市内に分散していた諸施設は県庁舎が一八七八年に居を構えることになった城山の南のふもとに次第に集結している。市庁舎が一九三七年に南堀端に移転してきたほか、日本銀行松山支店や地方裁判所、地方検察庁などが近傍に立地し、RC造の近代建築が集中するモダンな官庁街が造られた。現在の国道の起終点も市役所前である。本来なら堀之内にこうした官庁街ができてもよさそうなものだが、軍用地になっていたので、かなわなかったのだろう。次善の策として城山を背にして南を向いて建つ現在の県庁舎の位置が選択されたといえる。

堀が正面のまちを歩く

一九四五年七月二六日夜の空襲で、松山は環状都市のほとんどの部分を含む、市街地の八割近くを失った。現在の市街地は一九四六年に決定した戦災復興の街路計画、土地区画整理事業のたまものである。ただ、ここで立案された計画はかつての城下町の街路パターンを尊重しつつ、これに駅前の道路や駅前広場、いくつかの街路を加えたもので、新旧のバランスが配慮された緻密なものであった。

いま、松山のまちを歩いても、たとえばL字型の繁華街は残されたし、一番町、二番町、三番町の東西路は戦前と同一である。その一方、南北路からは城山を垣間見ることができる。古町のあたりも古い町名を実感できると同時に、四つ角はきちんと隅切りがしてある。県庁舎と市庁舎がいずれも戦災にあわずに残ったことがこうした配慮の行き届いた都市計画を可能にしたといえるだろう。

まちの構造にとっていちばん大きな変化は、県庁舎前を起点にして南堀端通り、西堀端通りを経て北の平和通り経由でまた県庁舎前に戻ってくる幅員三

写真2　南堀端通り。東を見る。正面突当りは市役所。この場所へは1937年に移ってきた。

写真3　東堀端通りから県庁舎を見る。後ろは城山。路面電車と県庁の取合せは松山の市街地イメージを造りだしている。

写真4　大街道を北上してロープウェイ駅へ向かう通り。

写真5　大街道のアーケード街。南を見る。幅の広い大アーケード街である。

〇メートルの中央環状線ができたことである。これで環状都市が完結した。四周がスムーズにつながり、どこからでも天守を望むことができる。

この環状線に向けて、伊予鉄松山市駅前の駅前通り（花園町線、通称花園町通り）が幅員二〇メートルから四〇メートルに拡げられ、国鉄松山駅前の駅前通り（大手前通線、かつての国鉄松山停車場線）が幅員二二メートルから三六メートルに拡幅された。

こうして堀を正面に見る松山の現在の都市の骨格が整ったのである。そして主要な街路には伊予鉄の路面電車が走り、松山の都市イメージを決定づける役割を果たしている。お堀がまちのおもてとしてこれほど前面に演出されている都市も少ない。そしてこれは戦災復興計画の成果でもあった。

写真6　銀天街のアーケード街。東を見る。今も人通りが絶えない賑やかな通り。

花園町通りは終戦直前に建物疎開でできた通りである。戦後に都市の主軸として整備された。今となっては知る由もないが、防火帯を設ける際に将来の駅前大通りとなることを見越してこの場所が選ばれたのではないだろうか。

この結果、松山に電車でやってくると、ＪＲにしても伊予鉄にしても、一番広い駅前の街路はお城に向かって延びており、お城を正面に見ながら進むと、堀端通りにＴ字型に突き当たって終わっている。駅前通りよりもお城周りの環状線のほうが優先されている。

また、城山の北東部には城下町建設よりも古くから道後温泉があった。両者は江戸時代にはそれぞれ別の都市であったが、明治半ば以降、市電で結ばれ、次第に一つの都市となっていった。道後というもう一つの磁場が近くに存在していることが松山を他とは異なる環状都市とすることの一因となったといえる。城山の北東に道後温泉、南に松山市駅、西にＪＲ松山駅と三方向に核があり、これを道路にしても市電にしても、うまく環状で結んでいる。

さて、伊予鉄松山市駅前から電車の線路に沿って歩き始めると、まずはじめに目を奪われるのは堀へ向かう花園町通り（写真1）――これは側道をもったいわゆるブールバールである。二〇一七年に通りのリニューアルが完成した。

その先に城山公園の圧倒的な緑のボリュームを背景にした南堀端通りがある（写真2）。堀端に沿って走る環状線はずっと連続して堀側に重厚な石造りの柵が巡らされている。一九三一年に堀端が拡張されたときとは少しデザインが変わっているが、重厚さは不変である。この力の入れように、いかに環状線が大切であったかがそのまま伝わってくる。

南堀端通りを東に歩くと正面に市役所の建物が見える。少し歩くと、堀に沿って通りが曲がり、東堀端通りに出る。その先に県庁の洋風建築が見えてくる（写真3）。背景は城山の緑である。その少し先に大街道（かつての一番町）の電停があり、アーケード街の入り口がある。左折すると、最近無電柱化によって見違えるようにおしゃれになった商店街を通って城山にのぼるロープウェイ駅へ続く道である（写真4）。

大街道の電停を右に曲がって南下すると大街道（写真5）から銀天街（写真6）に続く例のＬ字型の全長およそ一キロメートルの大アーケード街を通ってまた松山市駅に戻ることになる。

城山をぐるっと一周する環状線がクルマで移動する都市レベルでの大ループであるとすると、このループは歩いて回遊できる一周約四キロメートルの地区レベルの小ループである。この小ループのなかに松山の都心のエッセンスがほとんど詰まっている。

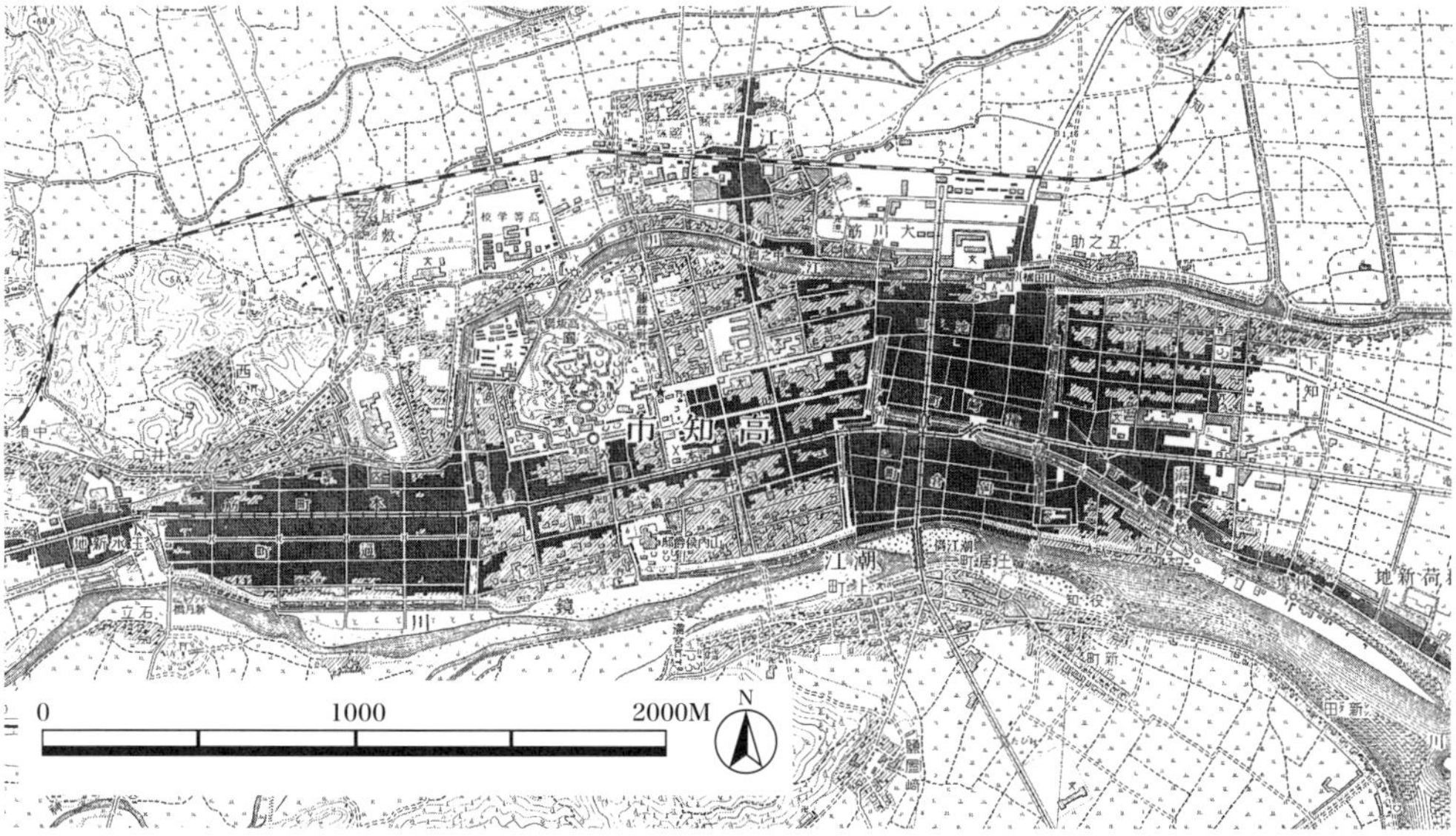

図 1　二万分一正式図「高知」（部分），1907 年測図，1909 年発行。

39 高知

――近世と近代の二層計画都市

「高知」は「河中」

高知というと南国土佐のイメージや太平洋、そして市内には中央に小高くそびえる大高坂山（おおたかさかやま、とも）の山頂の天守が醸し出すいかにも高燥な「高地」を想像してしまいがちであるが、じつはもともと「河中」と書いて「こうち」と名づけられたところだった。

これはまちが鏡川の三角州に立地し、南に鏡川、北に鏡川から分かれた江ノ口川が流れ、その間の小山に城を築くという地勢であったためで、両河川の中間ということで河中と名づけられたようだ。

ところが洪水を引き起こすということで嫌われ、「高知（高智）」となったといわれている。ただし、高知とはお城と城山の名称で、城下町中心部は江戸時代を通じて郭中（廓中）と呼ばれた。

この地にはそれまでにも小規模な都市が築かれようとしたことはあったが、本格的な高知城下町の建設は関ヶ原合戦の直後の一六〇一年に山内一豊によって開始されており、都市計画の面では当初からよく整理された近世城下町が構想され、そのとおりに実現している。

当初は、城山をはさんだ中心部のみが城下町として造られたが、のち上町（かみまちともいう）と下町

図 2　高知の都心模式図。はりまや交差点で交わる十文字，お城へ向かう東からの追手筋と南からの行政軸，中央公園を核とした緑道網，帯屋町や京町のアーケード街，そしてこれらが多層に重なる市街地。近世から近代に至る都市計画の重層性も表現されている。

東部へと拡張されて、近代を迎えている。郭中が高知という地名で呼ばれるようになるのは一八七一年のことである。

まちの東南側には高知港、そして浦戸湾という天然の良港が広がり、そのまま大洋につながっている。陸路よりも海路に目を向けた都市であったといえる。

十文字に開かれた都市

近年高架化された高知駅からまっすぐ南下する駅前の電車通りにはとさでん交通（かつての土佐電鉄）桟橋線の電車が走っており、その終点は高知港の桟橋である。つまりこの通りは駅と港とを結ぶ幹線なのである。電車に乗ると歌で名高いはりまや橋の停留所を通過する。電車はここで東西の幹線、伊野駅と後免町駅とを結ぶとさでん交通後免線・伊野線と交差する。

この東西幹線は現在では国道三二号線（県庁前から西側は国道三三号線）となっており、お城に近いあたりが江戸時代から本町と呼ばれていたことからもわかるように、近世からの都市活動の中心軸だった。一九二九年の都市計画街路の最初の認定にあたっても、西の鏡川橋から東の葛島橋までが都市を貫通する幹線として定められた。

この道の都心部分に高知で最初の路面電車が敷設された。一九〇四年のことである。高知の近代化は都市を東西に貫く幹線によってなされたといえる。ただし、この道は計画幅員もせまく、屈曲しており、現在のような広幅員の直線道路ではなかった。

なお、このときの最初の都市計画で引かれた最大の街路は鏡川に架かる潮江橋から高知港（当時は浦戸港）に至る浦戸港線で幅員は二七メートルだった。ここでも部分的に路面電車が同じく一九〇四年にスタートしている。ただ、高知駅から潮江橋までの間にはまだ計画どころか道そのものもなかった。高知駅が建設され、土讃（どさん）線が開通するのはまだこのあと一九三五年のことである。

写真1　電車通りと旧堀川が交差するあたり。横断防止柵が欄干を模している。奥に復元された播磨屋橋が見える。よく日本三大がっかりスポットの一つと揶揄されるが，都市構造をたどりながらまちあるきをするとこの風景の奥深さが見えてくる。

写真2　堀川。農人町のあたり。この先，堀川は鏡川と合流する。水と近かったかつての「河中（こうち）」を彷彿とさせる。

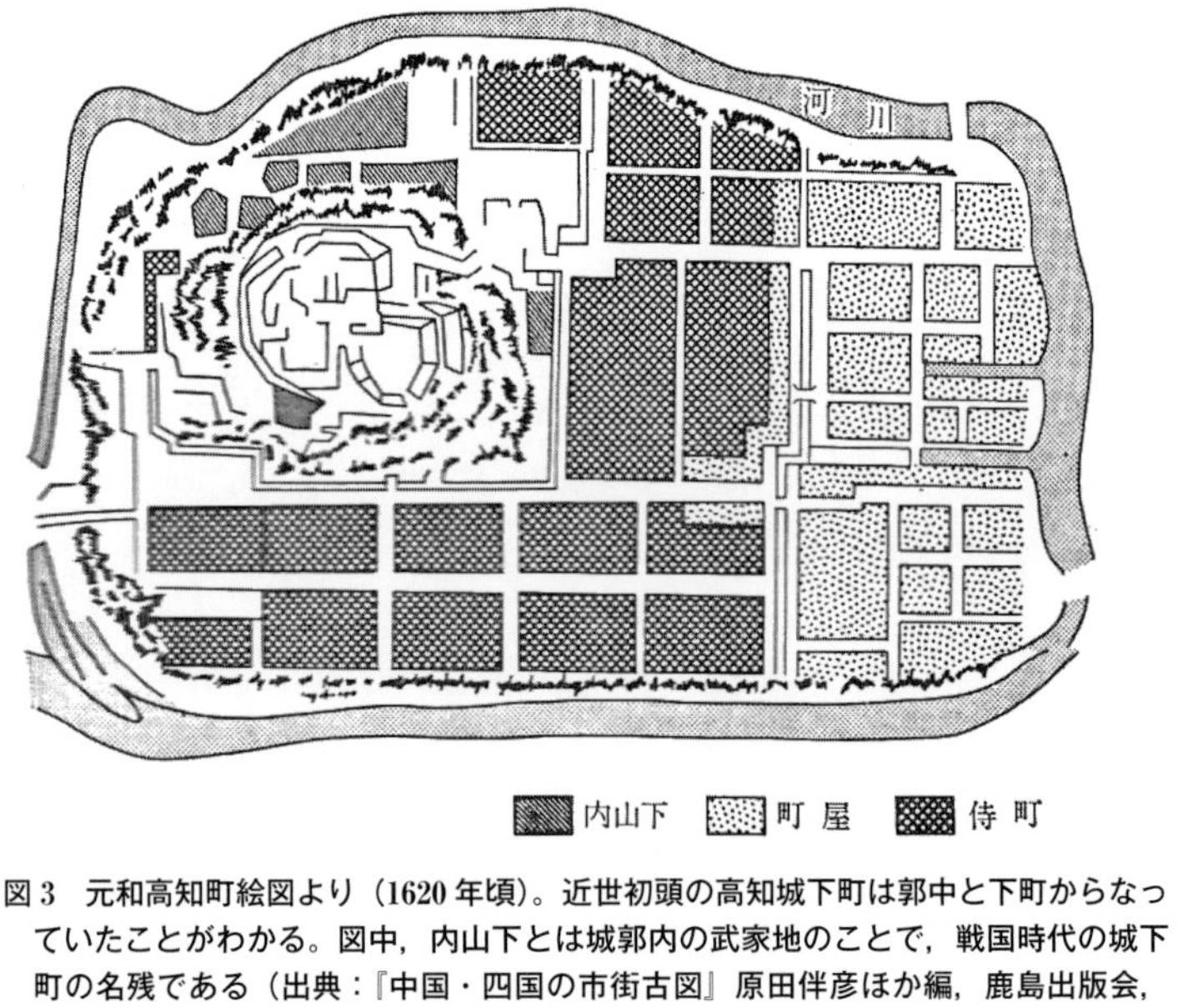

図3　元和高知町絵図より（1620年頃）。近世初頭の高知城下町は郭中と下町からなっていたことがわかる。図中，内山下とは城郭内の武家地のことで，戦国時代の城下町の名残である（出典：『中国・四国の市街古図』原田伴彦ほか編，鹿島出版会，1979年，解説33頁，島田豊寿執筆）。

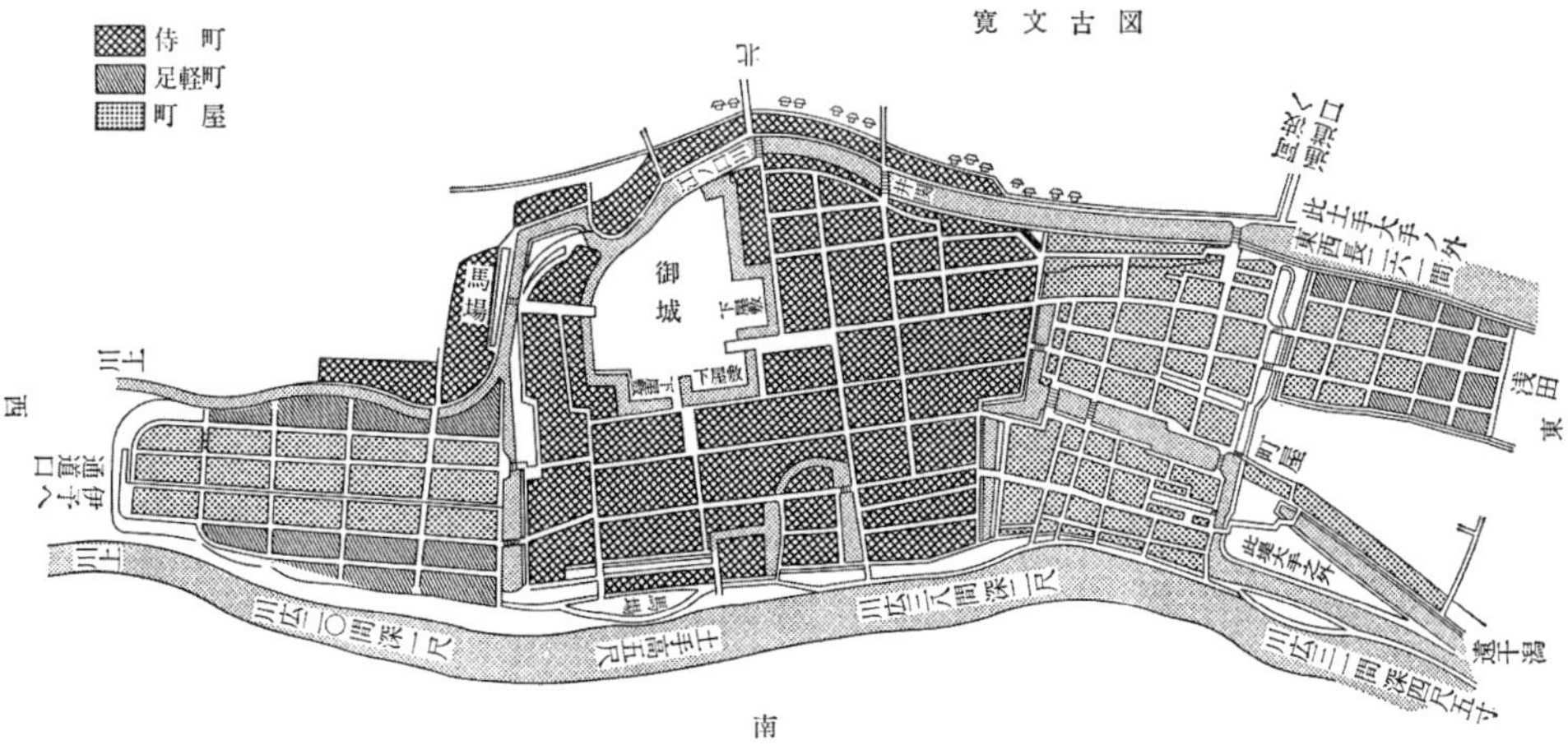

図 4　寛文 7（1667）年の高知町絵図より。上町が建設され，現在の城下町の骨格ができあがっていることがわかる。東や北へ向けた都市の拡大も見ることができる（出典：『中国・四国の市街古図』原田伴彦ほか編，鹿島出版会，1979 年，解説 33 頁，島田豊寿執筆）。

ここに至ってようやく東西路だけの一本道の都市から、南北路によって十文字をなして、面的に開かれる近代化のかたちが固まることになる。それはまた、近世の東西軸に近代の南北軸がはりまや交差点で交差するというこの都市のかたちを決めることになった。

ちなみに県庁所在都市に最後に鉄道がやってきたのがここ高知駅だった。それほど四国山脈の山々は険しく、そしてこのまちそのものも陸路よりもまっすぐ海を向いていたのである。

播磨屋橋と堀川、そして城下町の都市構造

都市構造上、近代高知の核となった感のあるはりまや交差点とその名前のもとになった播磨屋橋であるが、交通量の多い巨大交差点から少し北に行ったところに、電車通りの歩道と車道の間の横断防止柵が石造りの親柱をもった欄干のかたちで橋を表現している（写真1）。その近くにかたちばかりの人工河川と赤い太鼓橋の播磨屋橋が復元されている。

ここにはかつて堀川（古くは竪堀）が流れていた。その姿は少し下流に下ると見ることができる。現在は、プレジャーボートが無数に係留されている堀川にその姿がある（写真2）。かつて播磨屋橋はこのような堀に架かっていた橋であったことがすぐそばで実感できる。電車通りだけを歩いていたのではわからないこのまちのもう一つの顔である。そしてこのあたりの水面を見ると、この都市が水と近い低地にできていることが実感できる。

高知のまちは鏡川と江ノ口川の間に南北に三本、東西に二本の堀を開削して（部分的には自然河川の名残もある）造られた城下町なのである。

近世には、このまちは南北に掘られた堀によって高知城周辺の中央部である郭中と西の上町と東の下町に分けられ、三地区はそれぞれ街区のパターンや軸線が少しずつ異なっており、今でも注意深く歩けば、その差異を感じることができる。

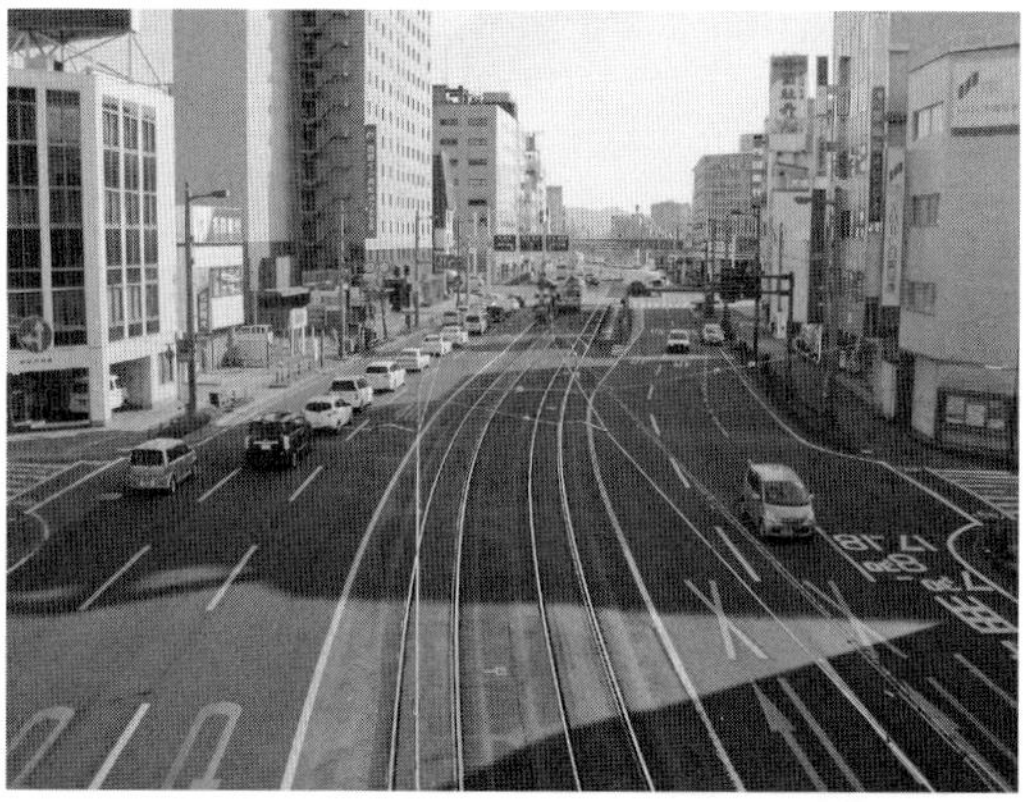

写真 3　高知城下町の歴史軸である東西路，土佐中街道（国道 32 号）。奥がはりまや交差点。道路が北に少し折れ曲がっているのが郭中から下町への軸線の変化を表している。

たとえば東西の電車通りである国道三二号はお城の近くで左右に少しずつ折れ曲がりながら続いているが（写真3）、この折曲りは上町、郭中、下町の軸線の違いをそのまま反映したものである。

西側の堀をはさんで上町と郭中の間に大きなクランクがあった。これは現在、枡形（ますがた）という電停の名前に残されている。ここから西側の上町は道路の向き

も少し異なっており、規則的な格子状の道路パターンも郭中とは異なっていることがわかる。

東側の堀はたどるのが難しいが、今の廿代橋（にじゅうだいばし）通りから中央公園、そしてさらに南に向かって立派な緑の中央分離帯をもった中央緑地とつながるラインがかつて堀があったところで、これより東側が下町だった。現在も追手筋がこの廿代橋通りのところで折れ曲がっているが、これはここが郭中と下町の都市軸のずれを表している証拠である。

一七世紀初頭の城下町建設当初は郭中と下町だけでできていたが（図３）、のちに一七世紀後半になると上町が建設され、下町も東へ新堀川を越えて拡張されるようになった。郭中は武家地に純化し、上町と下町は基本的に町人町として造られたが一部では下級武士も住んだようである。そういえば坂本龍馬が生まれたのは上町だった。下町の方が歴史があることから有力な商人は下町に住み、賑わいの中心でもあった。播磨屋橋は堀が交差する水運上の要衝でもあり、商業の核となる地でもあった。

高知城の大手門は東を向いており、現在の追手筋がかつての参勤交代の道であった。高知城から南へ向けては広めの横町が延びており、その先、鏡川に面したところに幕末の藩主、山内容堂の屋敷があった。

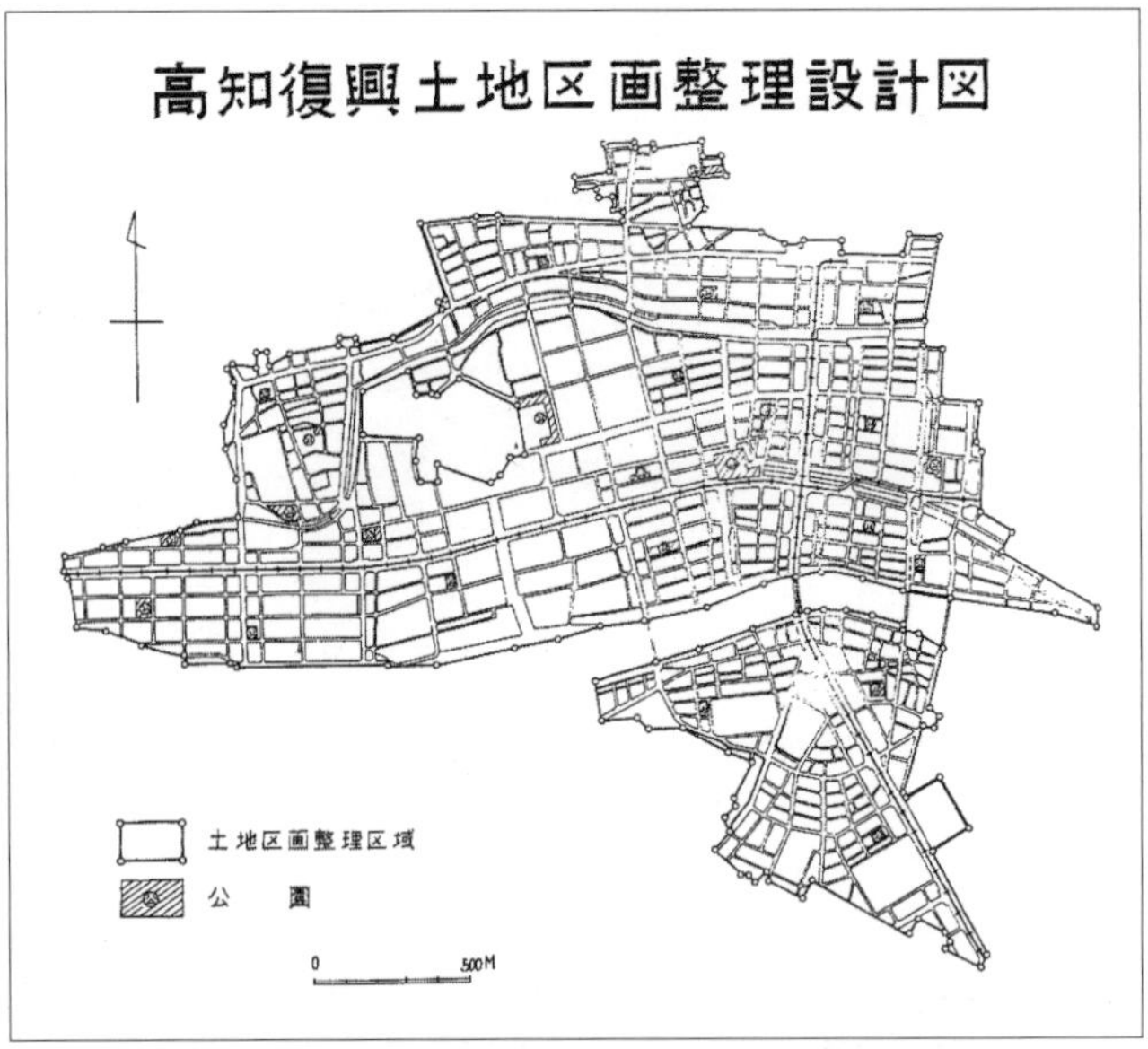

図５　高知復興土地区画整理設計図。1946 年 12 月 9 日設計認可，のち 1959 年まで 4 次にわたり区域縮小などの変更を行う（出典：『戦災復興誌』第 7 巻 都市編 4，建設省編，都市計画協会，1959 年，704 頁）。

写真４　県庁前から南へまっすぐ延びる近代の行政軸。鷹匠公園から見ると，正面奥に高知城がある。

写真５　お城から東に延びる追手筋。かつて，お城へのメインアクセス路だった。西半は文教地区となっている。奥の建物は県立高知追手前高校の時計台。

近世の計画に接続する近代の都市計画

明治以降の高知は少しずつ近代化を進めてきた。高知城は一八七三年に公園とすることが決まり、翌七四年には早くも一般開放している。お城の南に接して県庁舎が現在の場所に越してきたのは一八八四年、その南に接して市庁舎が建てられたのは市設立から三年経過した一八八九年だった。県庁の周辺には警察署や裁判所も立地し、シビックセンターを形成していった。一方、お城の東側は追手筋に面して師範学校や尋常中学校、尋常小学校などが立地し、文教地区となっていった。

お堀も徐々に埋め立てられ、郭中に武士が住むといった区分もなくなり、繁華街は帯屋町の方へ延びていった。しかし、都市構造そのものは駅ができて駅前の南北路ができた以外にはそれほど大きな変化

写真 6　追手筋の東半は商業地区となっている。

写真 7　中央公園。戦災復興都市計画の目玉である。当初設計は造園家として名高い関口鍈太郎京都大学教授。

写真 8　中央公園から南へ延びる緑道。かつての堀川の跡である。

写真 9　中央公園から東へ延びる緑道。ここもかつての堀川。この先に復元された播磨屋橋が架かっている。

はなく、昭和の時代を迎えることになった。

こうしたゆるやかな変化に激震が走ったのが、一九四五年七月四日の大空襲である。

この日の大空襲によって高知市はお城と東部の一部地域を除く既成市街地のほとんどにあたる四一七ヘクタールが被災し、被災戸数一万二〇〇〇戸、被災者四万人という大惨事を招いたのである。

その後の迅速な戦後復興によって高知のまちは大きな変化を被ることになる。

高知市の戦災復興計画は早くも敗戦の半年後、一九四六年二月二五日に認可になっている。これは戦災復興院告示の最初のグループだった。市役所に清水真澄建設部長という土木のリーダーがいたおかげで、質の高い計画が立案された。土地区画整理はじつに都心部の五二三ヘクタールに及んでいる（図5）。

しかし、不思議なことに、区画整理された高知のまちは、以前と比較してそれほど大きく変わったという印象を与えないのである。

一番の特徴は、郭中・上町・下町という三つの地区が、それぞれ異なった街路パターンをとっていることだろう。郭中は従来どおり一つひとつのブロックが大きく、公共施設や学校、オフィスなどとして利用されている。

それに対して上町と下町ではかつてのように軸線が少しずれ、街区の形状も上町は細長く、下町は細かく長方形にというように、これまた江戸期の町人町時代の街区スタイルを継承している。そうした街区スタイルの違いはおそらくは南北両側を流れる河川の線形への対応と、下町の方がより密集して町家が建ち並んでいたことに由来するのだろう。

もちろん道幅は広がり、道路の角には隅切りもあるので、れっきとした土地区画整理なのであるが、機械的な新しさを感じさせることはない。通りの個性を知り抜いた計画だったといえる。

しかし、そのことは高知の戦災復興がたんに復旧であったということではない。

たとえば、城下町に広幅員の幹線がかぶせられたのであるが、ここでもはりまや交差点のところで十文字に引かれた明治以来の幹線道路（幅員三六メートルで計画された）以外は市内を縦横に切り裂くような道路は、都心部では造られなかった。

いずれの幹線も東西の背骨である国道三二号にぶつかったところでT字路で止まっている。まちの背骨であるこの東西軸を尊重していることがじっさいのかたちとして表現されている。そしてこうした都心地区全体を環状の道路が取り囲んでいる。見事な街路の構成である。

　また、お城の南側に立地している県庁舎からちょうどまっすぐ南下するようにブールバールを開通させ、沿道に市庁舎や県立県民文化ホールを配し、鷹匠公園を通って鏡川にまで達するという行政の軸を生み出している（写真4）。県庁前には道路元標も建っており、ここがこの都市の近代の起点だということを示している。

　同じく高知城から今度は東へ、かつてのメインストリートを追手筋とし中央に椰子の並木を配したもう一つのアベニューとして、お城に近いあたりは文教地区として（写真5）、東側の繁華街に近いあたりは商業地区として（写真6）、それぞれの地区を演出することに成功している。

　前者の行政軸は木曜市の舞台であり、後者の文教軸／商業軸は日曜市が立つ場所である。県都における定期市としては規模・頻度ともに随一だろう。いずれの通りからもお城の方角を見ると、大高坂山に天守が遠望でき、都市のシンボリックな軸としてデザインされていることが実感できる。

　追手筋の南に平行して都市の背骨となる土佐中街道の東西路が走り、二つの通りのちょうど中間に帯屋町から京町にかけての長大で賑やかなアーケード街がはさまれるかたちで続いている。

　高知のまちは近世初頭に生まれた城下町の構図をうまく近代のなかで活かしつつ、そこに新しい仕掛けも加えていくという、近世と近代とが融合した都市計画の見本のような都市なのだ。

中央公園の構想力

　城下町という近世の都市計画に戦災復興という近代の都市計画が見事に接続しているというもっとも顕著な業績が、中央公園（写真7）とそこへ至る三本の緑道だろう。

　中央公園というとおおかたは城址公園を思い浮かべるが、高知の中央公園は約一ヘクタールとずっと小振りで、繁華街に接して設けられている。帯屋町のアーケードの中心部、かつて堀川に帯屋町と京町とをつなぐ新京橋という小橋が架かっており、大正から昭和の初めにかけて映画館やカフェ、遊技場などが建ち並ぶファッショナブルな界隈だったところに造られたのが高知の中央公園である。

　戦前の繁華街であったこのあたりは、戦争直後には多くのバラック建ての飲食店が建ち並んでおり、その数は三四〇世帯にのぼっていたという。そこをすべて立ち退かせて公園にするのは容易ではない。戦災復興事業のなかでもっとも難しい事業だったといわれている。公園が竣工したのが一九五九年、仮設建築物が最終的に撤去されたのは一九八四年ということは、計画の認可から三八年かかっている。

　現在の公園はからっとした広場風の印象で、かつてのヤミ市を思い浮かべることは難しい。饒舌な仕掛けが少なく、賑やかなアーケード街に接した広々としたオープンスペースである。

　さらに感心するのは、この中央公園から北・東・南の三方に向けて緑道が延びていることだ。東と南はかつての堀川の跡で、南の道は中央に緑地帯があり（写真8）、東へ歩くとはりまや橋に至るかつての堀川の跡（写真9）、一方、北に向かう道は戦後デザインされたグリーンロードで、ここも南側と同様に中央に緑地帯をもっている（写真10）。じつはこの緑地帯は中央公園の一部として造られたものなのだ。

　こうした緑のネットワークがアーケード街と交差しながら、全体の都市構造と干渉し合うことなく、ごく自然に都市のなかに織り込まれているのである。

　高知は近世と近代の都市計画がお互いに引き立て合うように融合した、まれに見る二層の計画都市なのである。

写真 10　中央公園から北へ延びる緑道。グリーンロードと名づけられている。写真 8，9，10 に見るように中央公園から北・南・東の三方向に緑道が延びて，歩行者のネットワークを形づくっている。

40 福岡 ——縁辺で結ばれる複眼都市

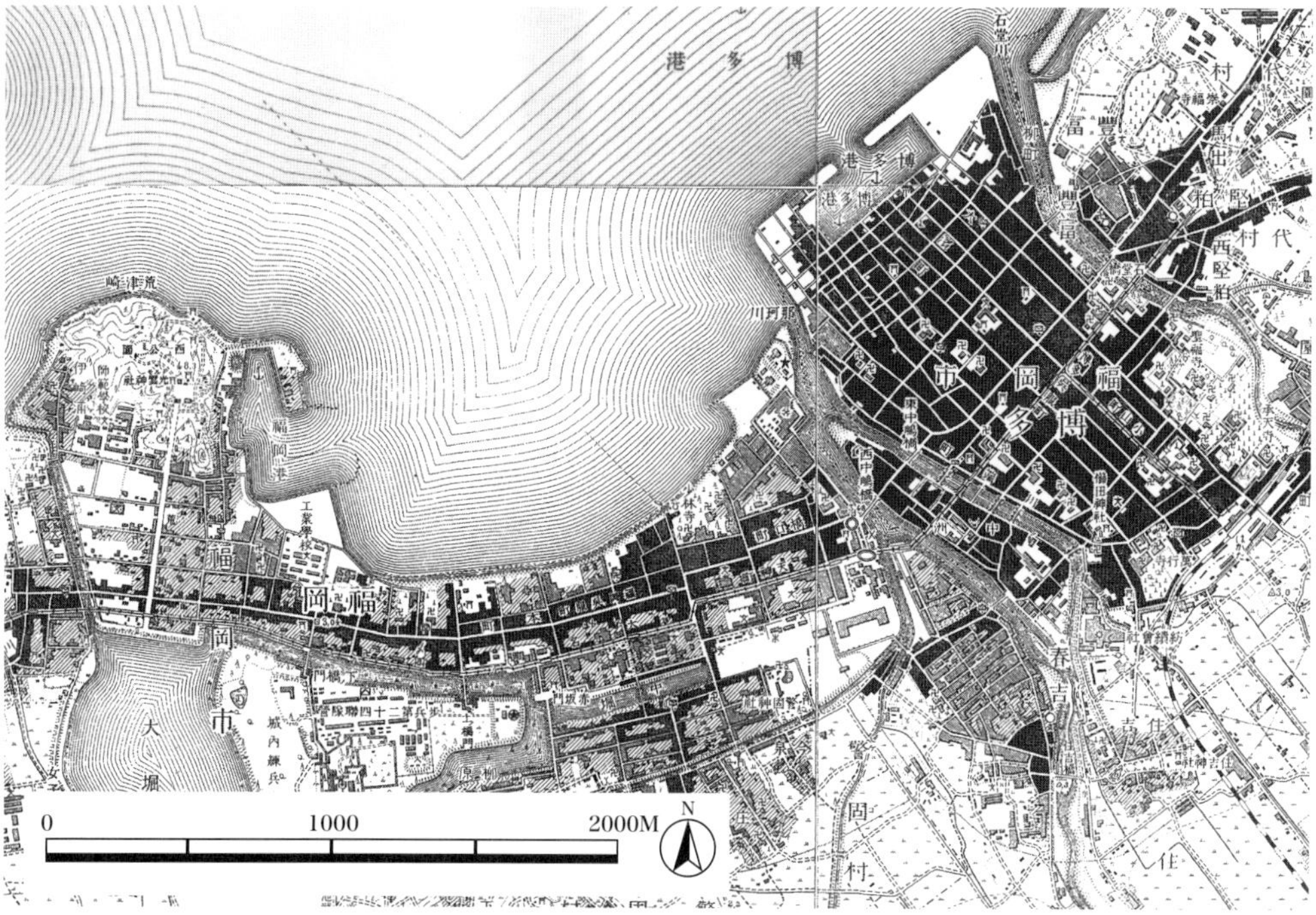

図1　二万分一正式図「福岡」（部分），1900 年測図，1902 年発行；「博多」（部分），1900 年測図，1901 年発行；「今津」（部分），1900 年測図，1902 年発行；「箱崎」（部分），1900 年測図，1901 年発行。

博多と福岡

商人のまち博多と武士中心のまち福岡――今ではほとんど同義で使われるこの二つの地名は、もともと違うまちをさす名前だった。そしてこの性格の異なる二つのまちをいかにバランスさせるか、これは福岡城下町建設の当初からの課題であった。日本中の県庁所在地でＪＲ駅名に市の名前がついていないところは福岡だけである（もちろんＪＲのない沖縄と、合併してできたさいたま市は別）。博多市へ名称変更という提案もあったが、一八九〇年の市会で賛否同数、議長裁決で福岡市のままとなってこんにちに至っている。

博多は、東は石堂川、西は那珂川によって守られた古代からの港町である。太宰府の外港でもあった。南北の筋を主軸とする現在の博多のまちの骨格は一五八七年に豊臣秀吉によって再建された。通りはまっすぐで格子状に規則正しく並んでいる。博多に武家地はほぼ皆無である。博多は商人の自治によって閉じたまちだった。

かたや黒田藩の城下町福岡は、博多から十分な距離をとって西側に、しかし唐津街道筋としては連続するように一六〇一年から〇七年にかけて造られた。町割は東西軸が基本であり、主要な辻は湾に沿って少しずつ屈曲している（図２）。

博多と福岡は江戸時代を通じてほぼ同等の面積、人口規模だった。

ところで、日本近世の歴史を振り返ると、既存の都市に隣接して城下町が建設されている例は少ないものの、福岡以外にもいくつかある。たとえば県都でいうと、大津と膳所（ぜぜ）城下町、岐阜と加納城下町、やや距離は離れるが長野の善光寺門前町と松代城下町などである。ところが福岡と博多の例以外はどこもやや距離をとって城下町が建設されているのに対して、福岡城下町だけは博多と川をはさんで接するかたちで造られている。これはなぜだろうか。

いくつか理由が重なっているのだろうが、おそらくは、博多のまちの経済力を脅威と感じつつ、取り込むことも重要だと考えたのだろう。また、博多が二つの川で東西を守るという明快な境界をもっており、近接する城下町の側も接しつつ守りも固めるというまちの構造をとりやすかったことが大きいので

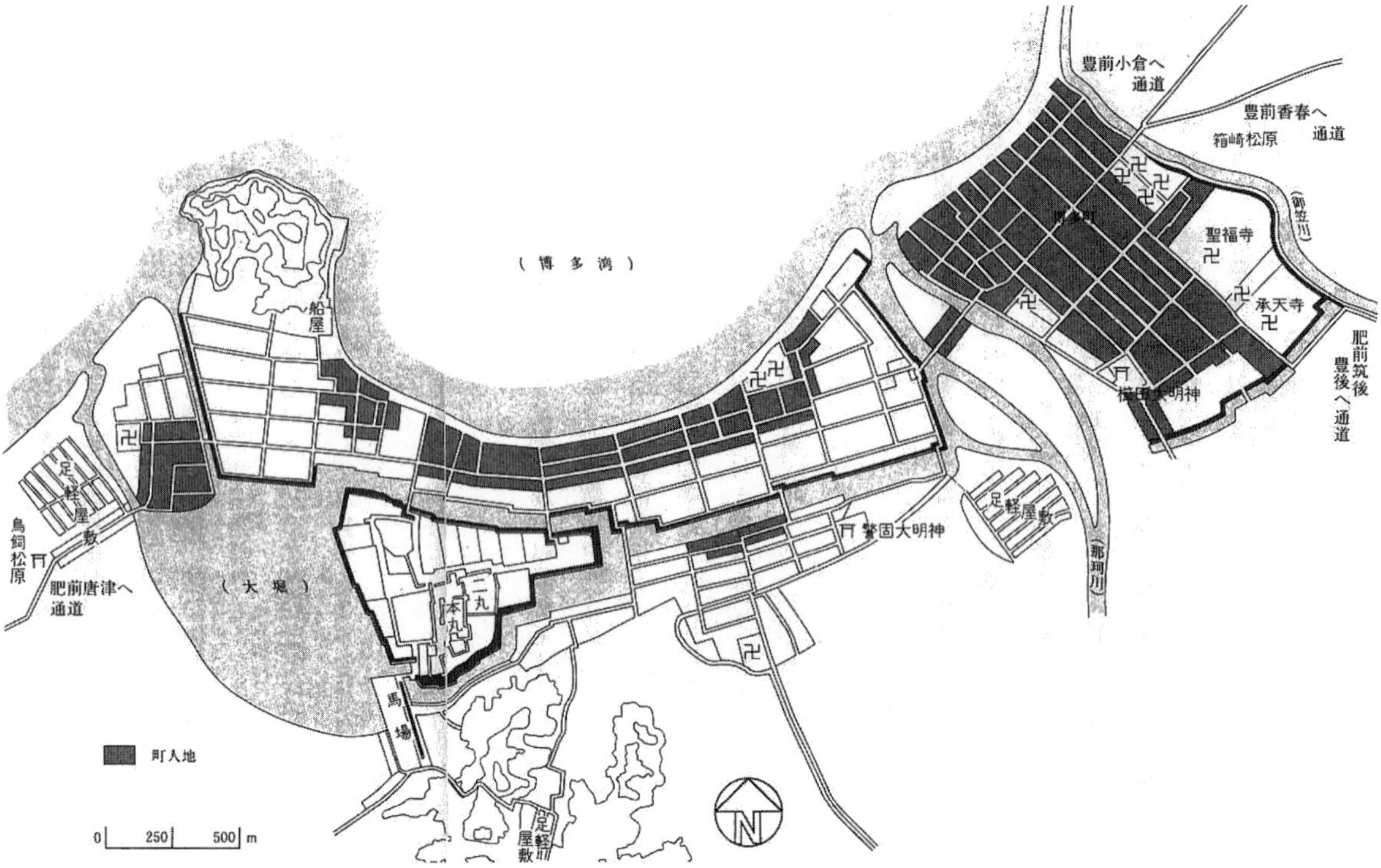

図 2　近世博多と福岡城下町復元図（出典：『都市空間の近世史研究』宮本雅明，中央公論美術出版，2005 年，488-89 頁）。

はなかったか。両都市の間には緩衝地帯としての中洲があったこともそれを可能にしたのかもしれない。

それに秀吉による博多のまちの再興において、実際の太閤町割を担当したのが配下の黒田孝高（よしたか）（のちの如水）だといわれており、当の本人が後年、息子の長政とゼロから建設したのが福岡城だったから、接続するのに違和感がなかったのかもしれない。

福岡城が建設された舌状台地の先端部がたまたま博多に近接していたという理由があったとも考えられる。かつてこの場所は海外に開かれた古代の迎賓館である鴻臚館（こうろかん）があったことが近年明らかになってきた。海から見た正面ということを考えると、現在の福岡城の立地は古代からの必然であったのだろう。

黒田如水は晩年、次のような和歌を詠み、福岡の立地を謳っている。すなわち、「松むめ（梅）や　末ながかれと　みどりたつ　山よりつづく　さとはふく岡」――「山よりつづく」海に間近な岡の突端に福岡城が築かれたのである。

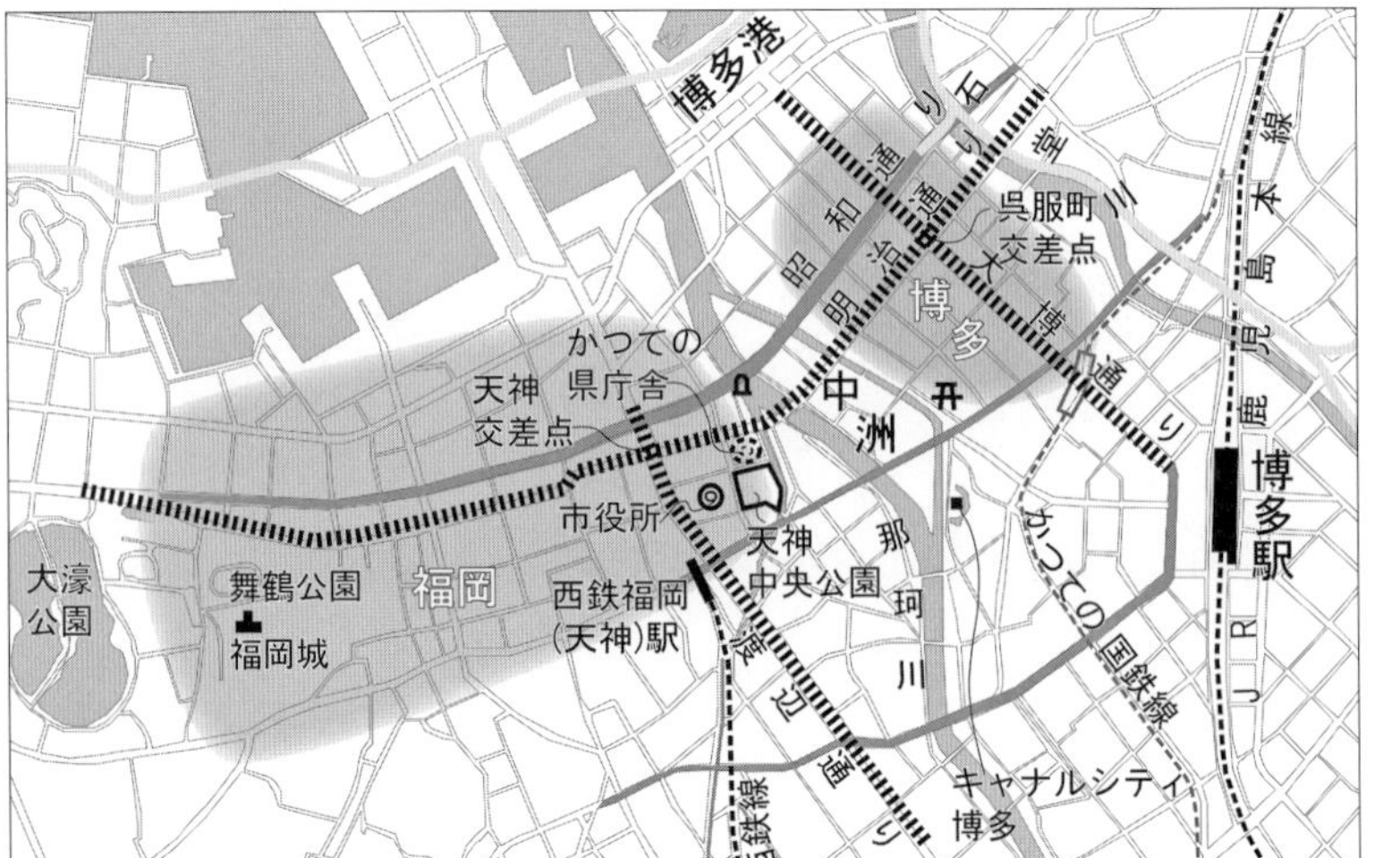

図 3　福岡・博多の都心模式図。

そしてそこは博多の地からはそれほど遠くないところだった。

城郭の西側に入り江が広がっており（これがのちに内堀としての大堀、その後の大濠（おおほり）公園となった）、都市福岡をこの入り江のさらに西側に建設するとなると、博多と大きく隔絶してしまうということも配慮されたのだろうか。

いずれにしても両都市は、川をはさんで接するように造られた（図2）。両都市のつなぎ目部分をよく見ると、福岡側は博多からの入り口に大きな枡形（ますがた）をもった門が配置され、それをくぐると唐津街道がいくどか雁行しながら都市の中心部へ向かうという防御を旨とした明快な計画性を読み取れるが、博多側は橋に近づくあたりで街区がゆがみ、道路の規則性もなくなる。自己完結していた博多のまちに後づけで橋が造られたさまが目に見えるようである。

こうした二極都市が、明治に入ってまずやったことの一つに博多側から福岡へ入る橋詰の見附と枡形の門を撤去することがあった（一八七五年）。その後、両者を貫通する広幅員道路（現在の明治通り）が建設される（一九一一年、後述）。拮抗から融合へ、その長い道のりが始まったのである。

大博通りと明治通り——十文字の都市軸

日本の都市の通例では、玄関口の駅を降りると都心の繁華街へ向かって一直線に幅の広い駅前通りが走っているものなのだが、博多駅を降りて目の前に通っている大通り、大博（たいはく）通りは現在の都心である天神の方向には延びていない（写真1）。そっぽを向くように北西へ向かっている。それも、その先に何か重要な施設があるようには思えない方向へ延びているのである。大博通りという通りの名前からも目的地を予想できる手がかりはない。

なぜか。それはこの道の古い呼称、博多駅築港（ちっこう）線が示すように、駅からまっすぐ博多港を目指しているからである。この大通りは博多の町割に平行して博多湾に向かって新たに引かれた道路である。せめて通りの名称が湊大通りとでもなっているとイメージしやすかったのに、と思うのは私だけだろうか。

この通りは、一九〇九年に明治通りと交差する呉服町交差点までがまず完成した（のち、博多港まで延伸、図4）。ただし、注意しなければならないのは、博多駅の位置はかつてとは異なっていることである。

現在の位置に移る前の博多駅は現在の地下鉄祇園駅のあたりに造られた。大博通りの商工会議所入口という名称の六叉路交差点のあたり、これが初代博多駅である（一八九〇年）。この近辺に立つと、今でもかつての線路の跡がゆるやかにカーブする道路となって、おかしな角度で二本の道路が交差していることがわかる（写真2）。

それが約五〇〇メートル南東の現在地に移ったのが一九六三年。駅が手狭になったのと、線路のカーブをゆるやかにすることが目的だった。

写真1 呉服町交差点付近から南向きに大博通りを見る。正面遠くに見えるのが現在の博多駅。駅までの中間地点にかつての博多駅があった。

写真2 大博通りの商工会議所入口交差点付近。ここに1963年まで旧博多駅が立地していた。手前から奥に延びる曲がった道路は線路の名残り。

写真3 大博通り，現在の博多駅にぶつかる。

写真4 博多区内の明治通り。博多と福岡を結ぶまさしく貫線。並木のあるオックスフォード・ストリートとでもいえようか。

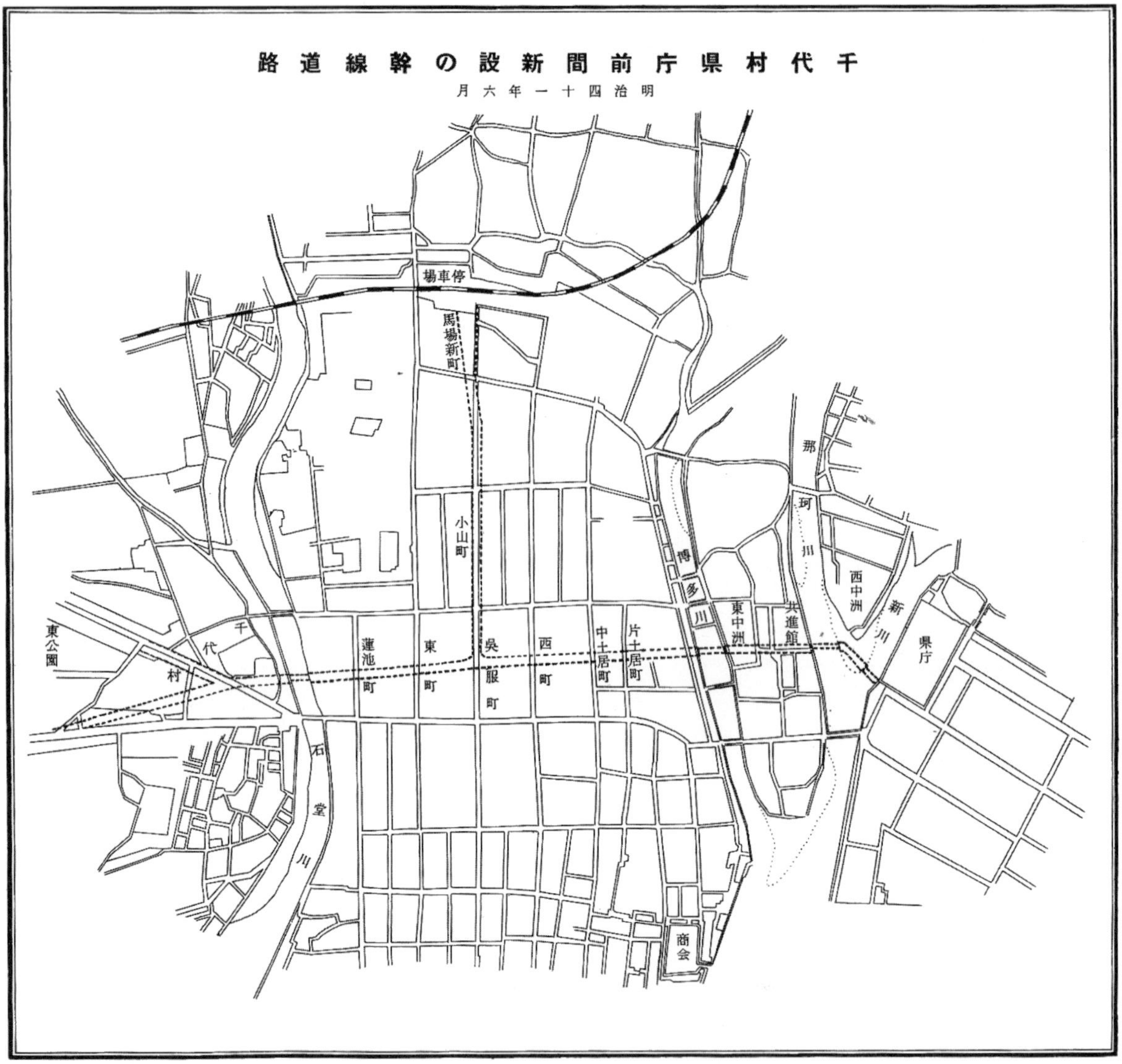

図4 「千代村県庁前間新設の幹線道路」（1908年6月）。博多の市街地と中洲を東西に貫通して県庁に至る幹線道路が引かれ，これに突き当たるように旧博多駅から呉服町へ向けてまっすぐの道が計画された。（出典：『福岡市史』第1巻 明治編，福岡市役所編，福岡市役所，1959年，472-73頁間の付図）。

写真5 明治通りは那珂川を渡るところで少し折れ曲がる。博多と福岡の都市軸の向きが異なっているからである。

特筆すべきは、新しい博多駅つまり現在の博多駅の位置が、かつての博多駅前から延びていた呉服町交差点へ向かう道（現・大博通り）の延長上に置かれたことである（写真3）。つまり駅前の幹線の軸を尊重して新しい駅が建てられたのである。これは都市計画上、じつにうまい決定だったといえる。

そして新旧の駅の間は区画整理されて新しい市街地がひらかれていった。ここでも新市街地は旧市街地と自然に接続することができている。おかげで博多駅は駅前にデッキをかけて人の交通を処理する必要がなかった。

さて、博多駅を降り、大博通りをまっすぐ進んで、呉服町交差点を左折、博多と福岡を貫く明治通りを歩くことにしよう（写真4）。明治通りは大博通りと直交して博多と福岡を結ぶ幅員一八メートル（のち

写真 6　中洲の中央を南北に通る幹線，中洲中央通り。北を見る。九州最大の歓楽街である。

写真 7　中洲の博多名物，屋台群。中洲はその名のとおり都市のアジール的空間でもある。右手に那珂川。

写真 8　渡辺通り。南を見る。広幅員道路と高さのそろった箱形の大規模ビル群。武家地が中心的な商業地になった珍しい例。

写真 9　旧県庁舎（現・アクロス福岡，右手の大きな開口部のあるビル）の前の明治通り。東を見る。このあたりに大正期の道路元標があった。

一九六四年までに現在の幅員二五メートルに拡幅）、総延長五・一キロメートルに及ぶ東西幹線道路で、一九一一年に新設されている。ようやく明治末に博多と福岡を切開する新しい幹線が生まれたのだ（図4）。

　これはまた、福博電気軌道の市内電車の通り道ともなった。福博本線と博多駅分岐線である。電車道が都市を切りひらいたのである。福博本線はのちに貫線（かんせん）と呼ばれるようになる。この貫線という名称も、博多と福岡とを貫く路線というところから命名されたに違いない。

　力の入ったオフィスビルが両側に建ち並び、幅広の歩道をもった風格のあるこの道は、それほど自動車交通が多くない頃の目抜き通りの人間的なスケール感をもっており、さながら並木道の加わったオックスフォード・ストリート（ロンドン）のようだ。

　写真からもわかるように、両側のオフィスビルは建物前面の一階部分をセットバックし、コロネードを敷地内にしつらえているところが今でも散見される。これは都市発展とともに手狭になってきたこの通りの歩道をなんとか私有地側で確保しようという集合的努力の表れであった。明治通りを大切に思う気持ちの表れでもある。市電は今では地下鉄に取って代わられたが、地下鉄の路線もこの通りの下を走っている。

　明治通りの東半分と西半分とでは少し軸線が食い違っている（写真5）。これは博多と福岡の軸線の違いそのものである。また明治通りの東側は定規で引いたような直線道路なのに、西側は直線が交差点ごとに少しずつ折れ曲がって進む道であることがわかる。博多側がまったくの新開道路であったのに対して福岡側は城下町時代の道を拡げたからである。

天神と中洲

　明治通りを西に向かって歩いていくと、川を二度わたることになる。那珂川の中の島を越えたのだ。二つの計画都市にはさまれた中洲の歓楽街である（写真6）。アジア的な屋台も中洲にあるとなぜか活気づいて見える（写真7）。そしてそのまま明治通りをしばらく西進すると福岡側の中心地である天神の交差点に至る。ここは現在では九州全体の消費文化の中心地になっている。

　天神の交差点を南北に貫いているのが渡辺通り（写真8）。明治通りが業務軸だとすると、こちらは商業軸である。商業ビルが建ち並び、ファッションの発信源になっている。渡辺通りは博多電気軌道の市内電車、循環線の電車道として一九一一年までに幅員一八メートルで開削が完了した道路（路面電車の開業は一九一〇年、道路は戦後五〇メートルに拡幅）で、ここでもまちを切りひらいたのは電車道だった。通りは循環線の建設に尽力した地元企業家、渡辺与八郎から渡辺通りと命名された。人名がつけられた大通りは日本ではきわめて珍しい。

振り返ってみると、なぜかつて河川の畑地だった中の島やかつての上級武家地であった天神町（現在ではたんに「てんじん」と呼ばれるようになった）の地がその後、中心市街地となっていったのか。そこには博多と福岡の複眼を止揚する努力があった。

中洲の市街化は一八八七年の第五回九州沖縄八県連合共進会がこの地で開催されたところから始まっている。のちに市街化が進み繁華街となっていった。

一方、天神の側は静かな上級武家地だったのが、県庁が福岡城内から一八七六年に移ってきたことから、市庁舎や警察署、郵便局が集まるシビックセンターとなっていった。県庁ができたため、現在の明治通りがその前に引かれることになったのだろう。

東西を貫通する道路はかつてはなかったのだから、どこに貫線を通すかは選択の余地があったはずである。現在の明治通り沿いの最重要な建物は、当時おそらく県庁舎であったたから、その前に道路をもってきたのだろう。ちなみに一九二〇年に定められた福岡の道路元標の位置は「県庁正門前」だった（写真9、しかし現在この地には道路元標はない。一本北側の昭和通りに架かる西中島橋の西詰の歩道上にある）。

話を天神開発に戻すと、県庁の南側一帯が一九一〇年の第一三回九州沖縄八県連合共進会の会場となり、福岡城の外堀を埋め、さらに周辺の土地をならして一〇ヘクタールのスペースを生み出した。共進会跡地に九州鉄道福岡駅（現・西鉄福岡（天神）駅）が開設され（一九二四年）、市役所が移転し（一九三三年）、のちにいくつもの商業施設が集中するようになり、次第に都心へと成長していった。このため福岡城界隈は西はずれの比較的静かな住宅街、公園地区として遺された。

五〇万石を超える大規模城下町、それも平城の都市で、お城の周辺が静かな住宅街となっているところは珍しい。お城に近接した大規模な武家地はそのまま公共用地として最適だからである。

つまり、かつての都市中枢が静かな舞鶴公園（福岡城址）、大濠公園を擁する静かな高級住宅地となったというところに福岡という都市の個性があるといえる。大都市博多と川をはさんで対峙していたという城下町福岡の歴史がこうしたところにまちの風景の固有性として現れている。

一方で、皮肉なことに、天神が都心へと変身するきっかけをつくった県庁舎は一九八一年に東郊へ移転してしまった。しかし、かつてのあるじがいなくなった都心は、その後も衰退することなく、スケールメリットを活かす商業集積の論理からこんにちまで増殖を続けている。

思うに、天神にしても中洲にしても境界上の縁辺部であったことがかえって中立的な発展を保証されることにつながったのかもしれない。また、普通なら城下町の縁辺部として小規模な武家地があってもおかしくないはずの天神周辺には上級武士の邸宅が連続していた。おそらくは大都市、博多と隣接していることから東側を重視した城下町の町割になったのだろう。規模の大きな敷地と堀がこのあたりに展開していたので、その後の開発においてもまとまった規模の施設を立地させることができた。

これと戦後の戦災復興土地区画整理事業による広幅員道路の実現と航空法による高さ規制が重なり、通りに面して大きな直方体の箱がすき間なく並ぶという日本では珍しい都心の風景が生まれた。

その後の動き

那珂川沿いで博多と福岡のもう一つの縁辺に巨大商業施設キャナルシティ博多が一九九六年にオープン、成功を収めているのも、一つには立地する場所がもっている力というものがあるのではないだろうか。中洲をはさんで天神と対称の位置であるこの場所はある意味で平成の共進会用地ともいえる。

一方、博多駅は二〇一一年三月の九州新幹線の全線開通にあわせた大再開発によって新たな商業中心地として天神に対する脅威となりつつある。博多駅というかつての辺境がまた、新しい核として福岡／博多のまちにさらなるエネルギーを補給しつつある。この複眼都市は辺境を次々と生かして、さらに動き続けているようだ。

41 佐賀
――平野に浮かぶ水網都市

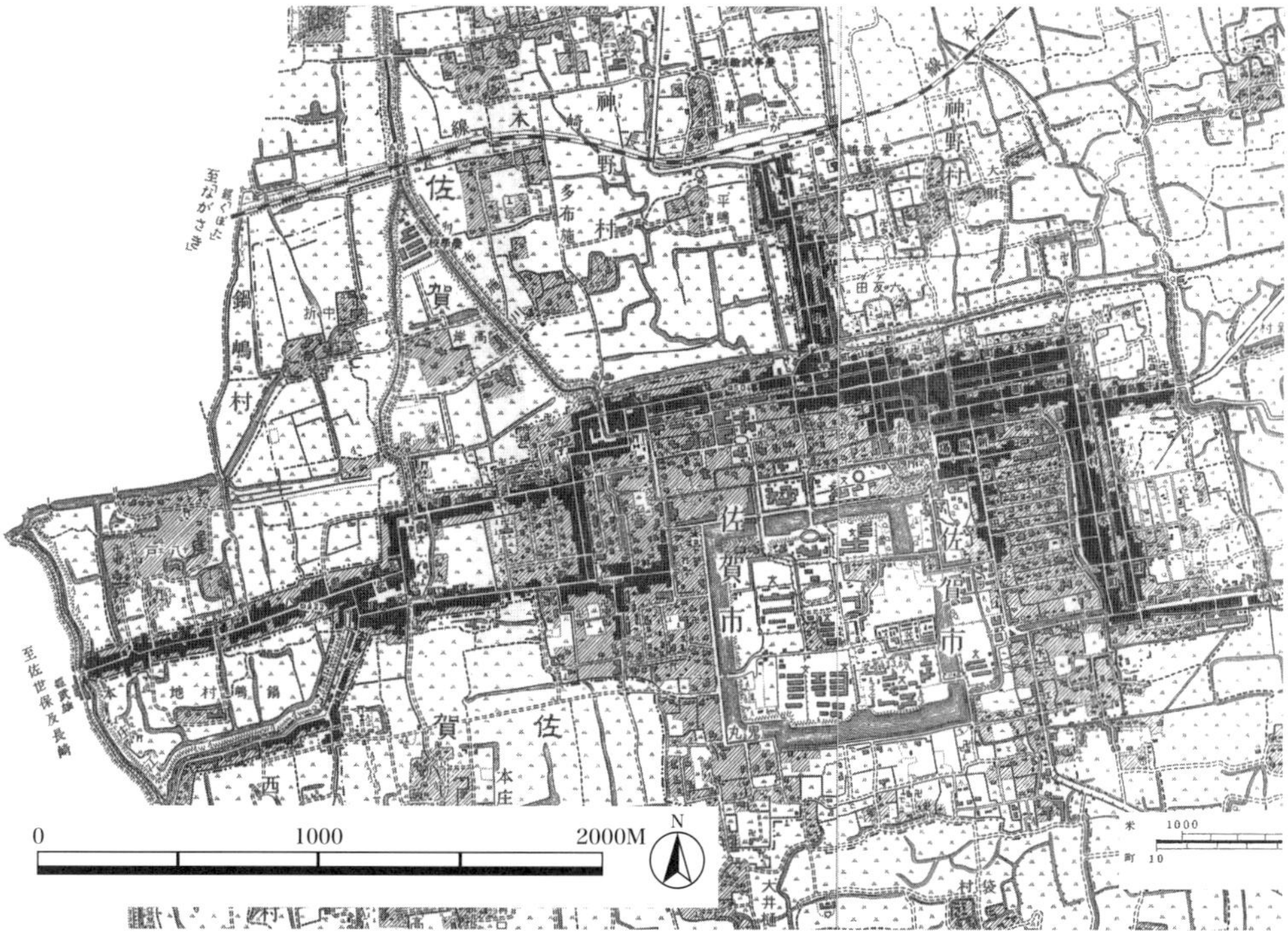

図1　二万分一正式図 「佐賀」（部分），1900 年測図，1911 年部分修正，1912 年発行；「神野」（部分），1900 年測図，1902 年発行。

写真1　中央大通りから北向きに佐賀駅前を見る。

写真2　中央大通りを進んで，城内に入る。

佐賀駅から一直線に都心を縦断する中央大通り

ＪＲ佐賀駅を降りると南に向かって一直線に延びる立派な並木道が目に飛び込んでくる。これが都心へ向かう中央大通りである（写真1）。この大通りを南へまっすぐ進んでいくと、そのまままっすぐ堀を突き抜け、城内に入る（写真2）。ここには県庁舎が鎮座しているが、県庁舎と県立図書館の間の大通りをそのまま南下すると佐賀城公園と最近復元された佐賀城本丸歴史館に至る。佐賀駅からお城の中心部まで一度も右折も左折もすることなく到着するのである。

それだけではない。この道をそのまま南へ下るとまっすぐ佐賀空港に至る。つまり、佐賀空港に降り立っても、佐賀市の都心まで同じように一本道でやってくることができるのである。こんな都市はめったにない。なぜ、ここ佐賀の土地にそのような都市の構図が成り立ったのか。

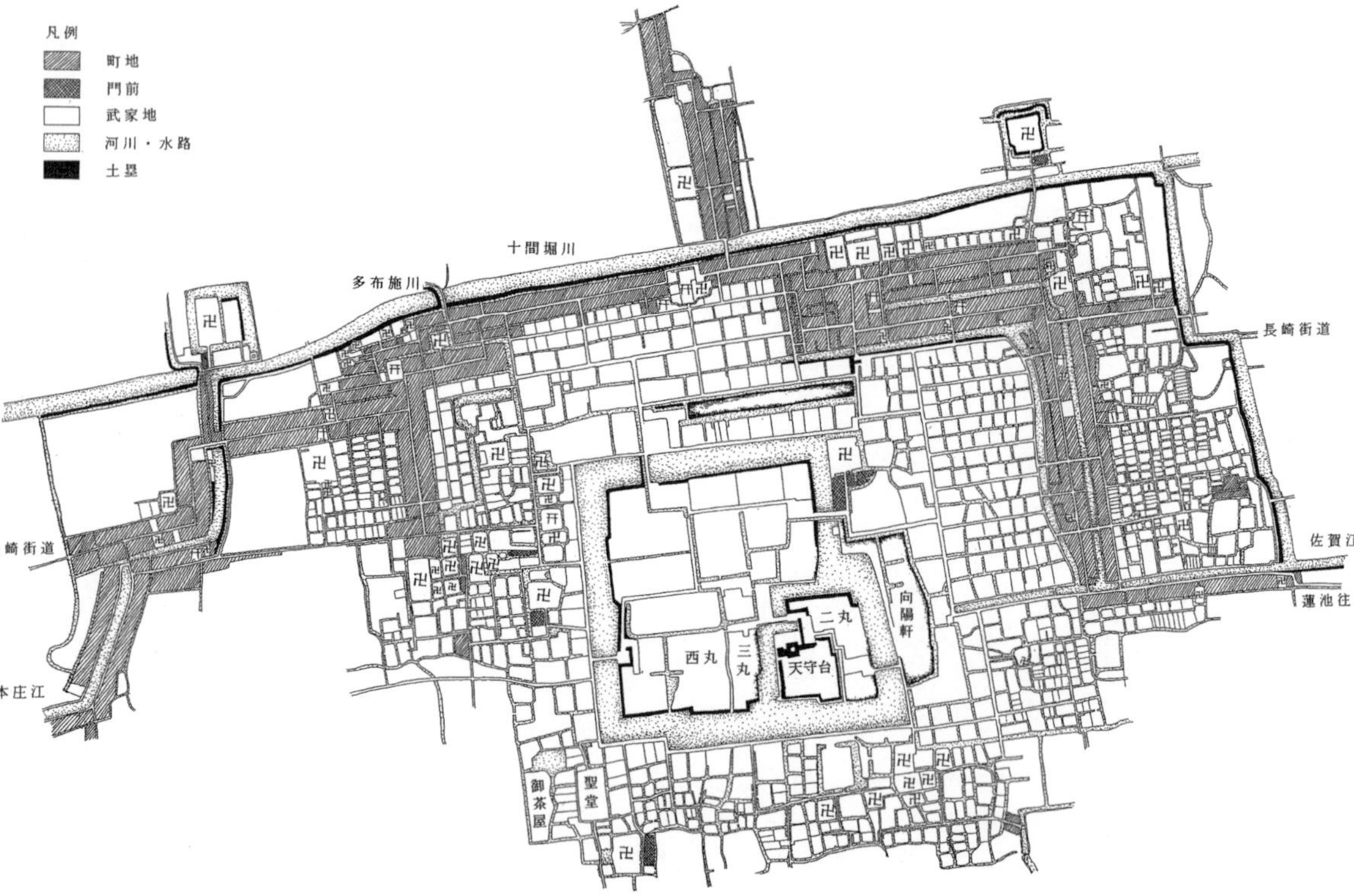

図2　文化期（1804-17年）の城下町佐賀（「御城下絵図」より）。城下町の南半分はまだ水郷状態だったことがわかる（出典：『城下町佐賀の環境遺産 Ⅰ』佐賀市教育委員会，1991年）。

まず留意しておかなければならないことは、この都市は佐賀平野の中央部、ほとんど平坦な土地に計画的に立地した城下町であるということである。縦横にクリーク（水路）が走る水郷地帯に忽然と一つの都市が建設され、その北辺近くをかすめるように長崎街道が東西に通っている（図2）。長崎街道とは小倉から飯塚、佐賀を経て長崎に至る江戸時代の幹線である。

しかし不思議である。城の防衛を考えると平野の端、つまり脊振山地の山ぎわに都市を構えた方がより守りやすく、安全にみえる（一般的には海ぎわという選択肢もあるだろうが、干拓を繰り返してきた有明海ではありえない）。それにその方が大切な農地をつぶさずにすむことになる。長崎街道にしても都合がよいのではないか。ちなみに近くで発見された弥生時代の巨大住居址、吉野ヶ里は丘陵地の突端に位置している。古代の官道も山際を東西に走っていた。ところが佐賀城下町は平野の中央部に建設されている。――なぜか。

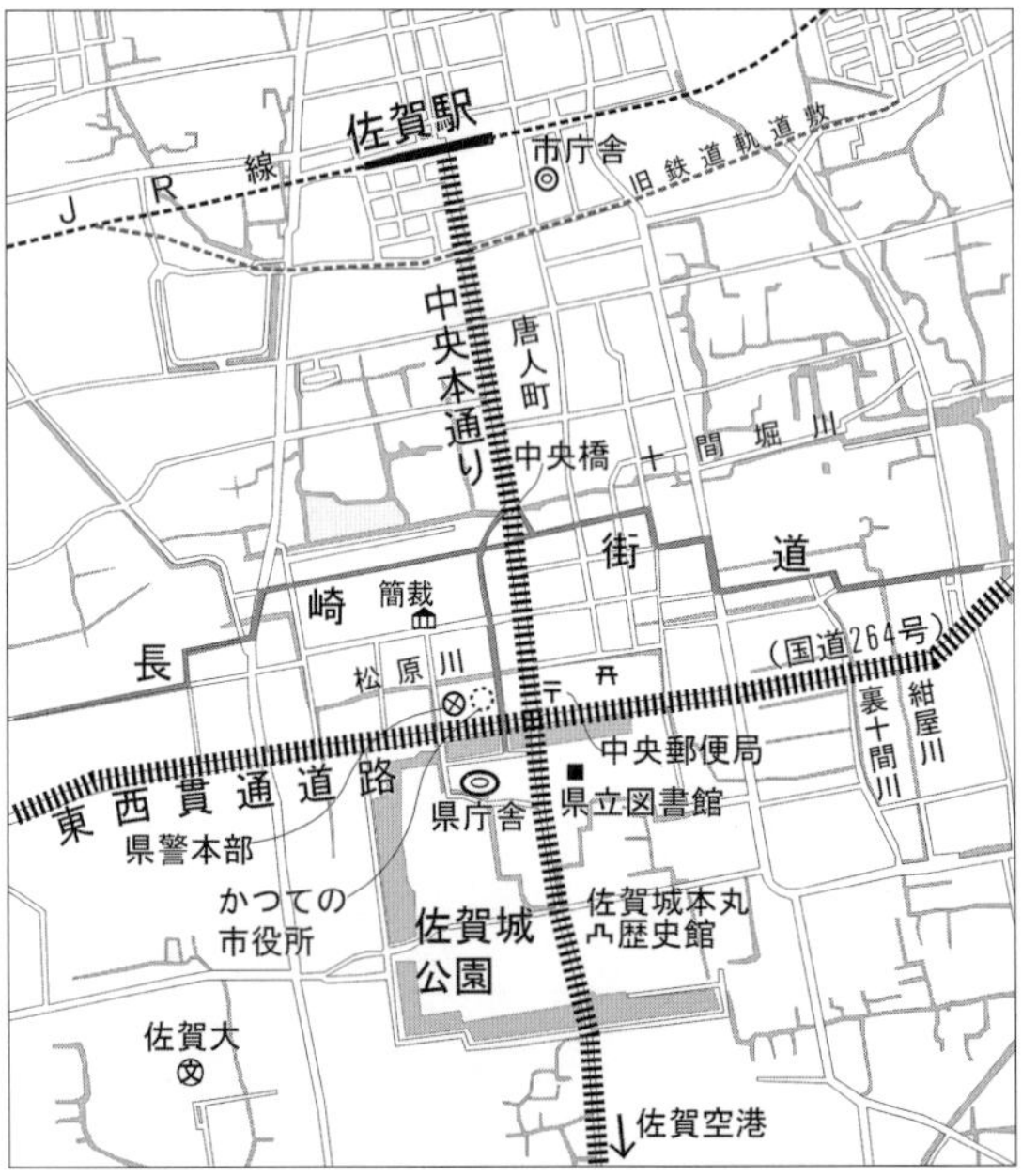

図3　佐賀の都心模式図。水網と城下町と近代街路とが織りなす三層構造の都市がよくわかる。

水陸交通の結節点にある佐賀城

以下、江口辰五郎著『佐賀平野の水と土』（一九七七年）をもとに佐賀城下町の立地の背景を探ってみたい。

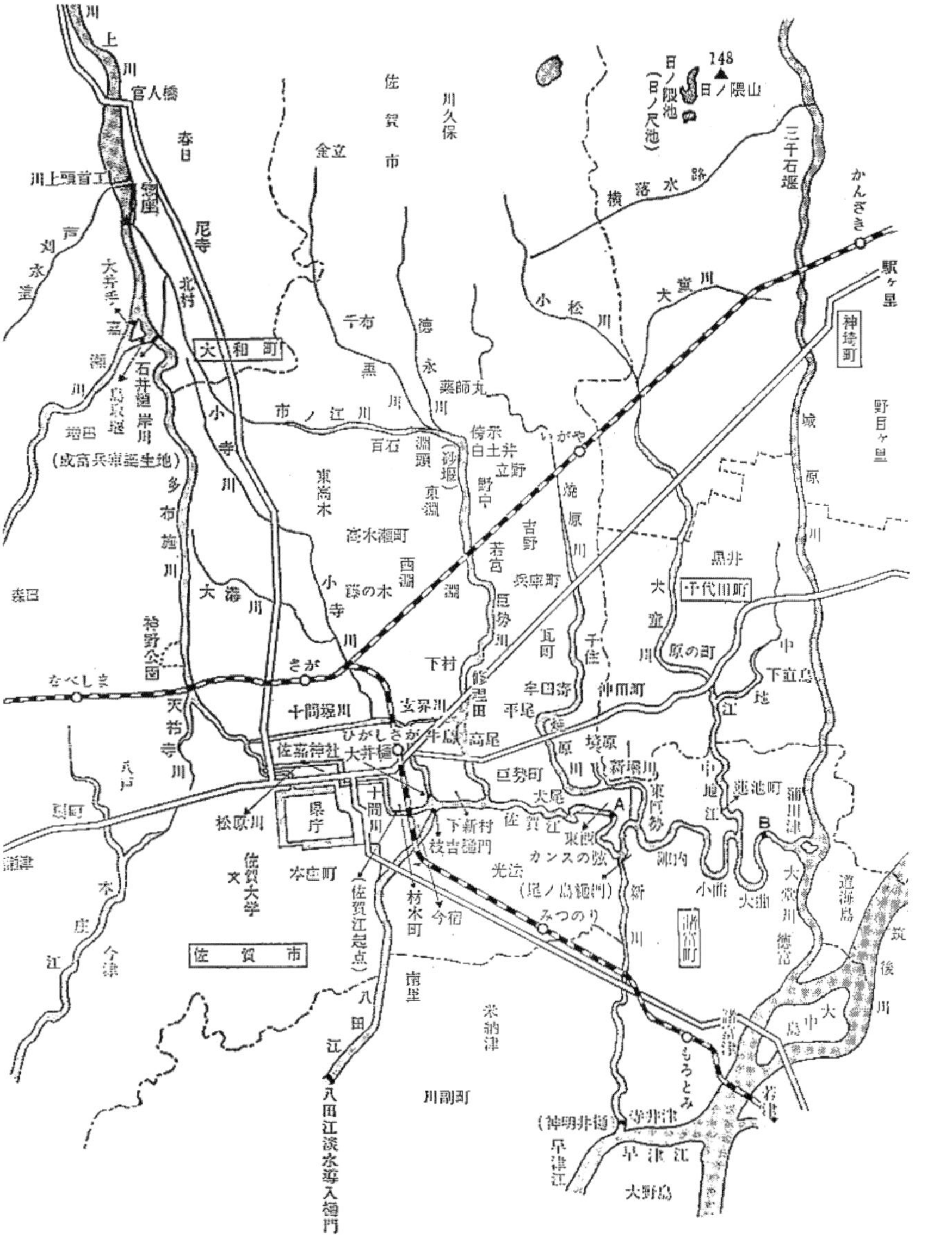

図4　佐賀平野河川詳細図（出典：『佐賀平野の水と土』江口辰五郎，新評社，1977年，122頁）。

佐賀城下町が立地しているのは海抜が約四メートルの、有明海の潮汐の限界あたりである。古代の条里の南限もこのあたりである。古くから多様なクリークが展開している土地柄で、条里によるクリークに始まり、中世の荘園の不規則な水路や集落の防衛的な環濠、江戸時代の導水路兼ため池のクリークなどが重なって佐賀平野の複雑な水網が形づくられている（図4）。

佐賀のまちはかつての海岸線の微高地で、舟運が可能なところに立地している。そこはまた、干潟の澪（みお）から生まれた江湖（えご）と呼ばれる規模の大きな水路の結節点であった。さらに、有明海の北岸は干満の差が最大六メートルにまで及ぶ干潟と一四世紀以来の干拓の歴史で名高いが、それが都市のあり方に大きな影響を及ぼしている。たとえば、このあたりの海岸線沿いに港は存在しない。

佐賀平野は北山と呼ばれる脊振山地と前海（まえうみ）の有明海に挟まれた沖積平野である。花崗岩でできた北山はもろく、崩れやすいうえに保水力に乏しい。そのため、この地は大雨が降ると大水となり、日照りが続くとすぐに干ばつとなる厳しい条件のもとにある。加えてこの地には干拓の長い歴史がある。干拓が進むということは農地がコンスタントに増加するということを意味するので、水の必要性はさらに高まることになる。一方で、大雨と満潮とが重なると内水排除が非常に困難となる。一面のクリーク地帯は豊かな水に恵まれているように見えるが、じつは水は常に不足気味であり、他方、大雨が降ると水があふれることもままある、という皮肉な土地なのである。

灌漑用水はというと、佐賀平野の中央部を流れる嘉瀬（かせ）川に頼ることになる。嘉瀬川は扇状地を流れ下る天井川のため、（洪水の危険はあるが）導水路としてはじつに都合がいい。さらに古くは飲み水も河川水に頼らなければならなかったが、高いところを流れる嘉瀬川からの分水には排水が流れ込まないため、好都合である。

佐賀城下町は江戸時代の初めに嘉瀬川から分水された多布施（たふせ）川の流路に沿って造られた。城濠の内側まで多布施川が流れ込み、飲料水を供給しているだけでなく、この水は堀を満たし、周辺の穀倉地帯のクリークにつながっている。

　とりわけ多布施川とつながる江湖である佐賀江は城下町の排水と城下の運河としての機能を併せ持ち、さらに用水確保と洪水対策を担っていた。佐賀江は人工的に著しく蛇行させられており、そのせいで洪水の水を滞留させる遊水機能ももっていた。

　佐賀城下町もこうしたネットワークの一翼を担っているのだ。水陸交通の結節点として、佐賀のまちの立地が選ばれたのである。たしかに佐賀平野のクリーク網のなかに現存する中世の城館址、直鳥城（神埼郡の直鳥環濠集落クリーク公園）や横武の環濠集落（神埼市の横武クリーク公園、写真3）となっている水路網などを見ていると、いずれも標高4メートル前後のところにある。佐賀の立地もそうした伝統の一環にあることがわかる。今も残る佐賀城の幅四〇間の広大な城壕（写真4）を見ているとそのようなつながりが実感をもって迫ってくる。

城下町の構成

　城下町周辺の土地はほとんど平坦であるが、よく見ると、わずかに南下りで、そのまま筑後川の最下流部そして有明海に至る。佐賀城の南側よりも北側の方が居住地としての条件がいいので、街道も北側を通っている。城の南側は江戸時代初期には複雑に入り組んだクリークだったことが絵図からうかがえる。それがそのまま入り組んだ道路となって南部一帯の武家地が形成されたのである。

　一方、町人地は長崎街道（写真5）に沿って、細かく雁行しながら城の北側に東西に広がっているが、ここでも背割り側に水路が流れ、またあるときは道路を水路が横切り、複雑な水景を生み出している。

　こうした姿を現在でもとどめているのは、佐賀が戦災にあわなかったからである。佐賀はクリークという中世以来の水網に近世の城下町が重ね合わされて造られた都市である。

　そしてそこに近代の刻印を押したのが広幅員の直線街路だった。遠見遮断のために屈曲を繰り返す近世の街道筋、幅員も広くて四間ほどの通りでは近代の交通はさばけない。こうした課題を克服するためにまず計画されたのが、内堀の北辺に沿ってまちを東西に横断する「東西貫通道路」である（現・国道二六四号）。一九三〇年に当時の国道二五号（のち国道三四号）として建設が認可され、三七年に延長四・三キロメートル余が竣工している。幅員一八メ

写真3　横武クリーク公園（神埼市神埼町）。迷路のように入り組んだクリークが今や都市近郊に残された絶好の親水空間となっている。

写真4　佐賀城の城壕，南側の堀を東から見る。水城の風情が感じられる。

写真5　長崎街道，呉服町周辺の町並み。右手のまちかどに「こくらみち」と彫られた道標が見える。

写真6　まちを東西に貫く文字どおり東西貫通道路。左手奥に見えるのは県庁舎。

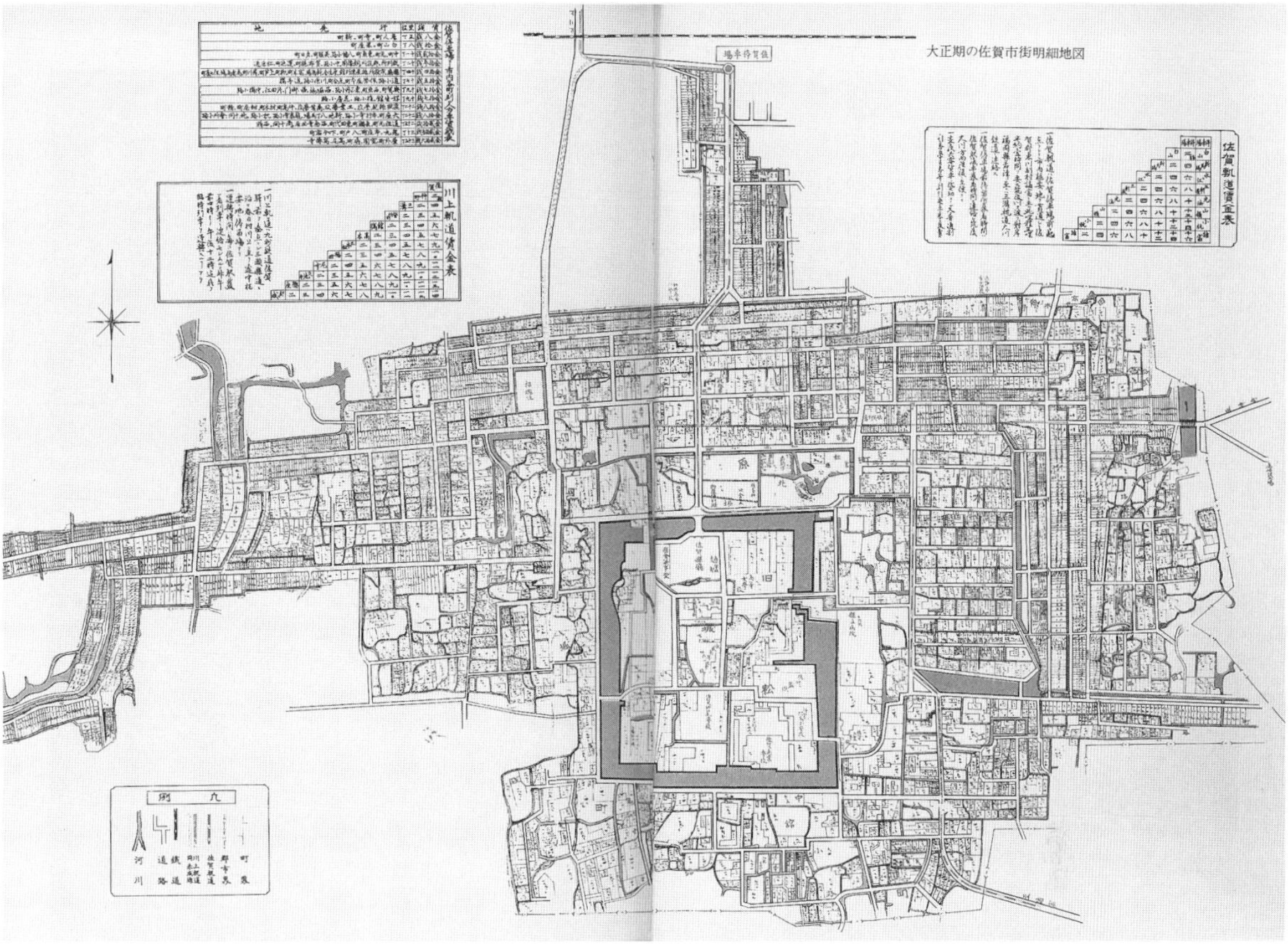

図 5　大正期の佐賀市街明細地図。駅前から南に向かって延びる線路は馬車鉄道の軌道。1928 年にバス運行に交替した。図 2 から 100 年経過しているが，大きな変化は少ない（出典：『佐賀市史』第 4 巻，佐賀市史編さん委員会，1979 年）。

ートル、両側に銀杏並木をもつ見事な近代都市東西軸が生まれた（写真6）。

これに直交して佐賀駅前通りから南に向かう現在の中央大通りは一九三一年に佐賀駅・中ノ館線（のち佐賀駅・末次線）として計画決定しているものの、着工は五三年度まで遅れ、東西貫通道路までの開通は六四年であった。その後、平成になってから、城壕に橋が架かり、城内を縦断する中央大通りが完成した。東西貫通道路は計画から一〇年弱で実現したが、南北路の実現にはじつに七〇年ほどの年月を要している。こうしてようやく近年になって、城下町の内堀北辺で大街路が十文字に交差する近代の構想が現実のものとなった。二本の幹線が交差するあたりには、はやくから県庁舎、市庁舎（のち、一九七五年に佐賀駅近くの現在地に移転）、中央郵便局、県警本部、県立図書館など主要な行政施設が集中し、シビックセンター「佐賀の丸の内」が造られた。

三層構造のまち

佐賀のまちは古代からの水網という地域の水系システムのうえに城下町という近世の土地利用システムがのっかり、さらに鉄道駅とそこから南へ延びる中央大通りと東西貫通道路による十文字という近代の交通システムが重なるという興味深い三層構造をなしていることがわかる。通常、日本の都市は時代とともに市街地が外側に拡大して、都市の変化が拡散的になってしまうため、まちの姿はバウムクーヘンのようになることが多いが、佐賀の場合、都市開発の圧力がそれほど大きくなかったこともあって、同じ場所に変化が重なるミルフィーユのような様相をしている。

さらに、日本の都市は変化に富んだ地形の上に立地している場合が多いので、谷地や尾根道など細かな地形の襞に地域の個性が規定されていることが多い。しかし、佐賀の場合、平坦な地形と都心にあって変化しない核としての城郭、戦災にあわず膨張することも少なかったという都市の性格が、核をもって周縁がはっきりとした都市をつくることになったという面もある。

とりわけ変化に富んでいるのがクリークと都市建築との関係である。道路の際に水路があって表向きの顔をしているところもあれば（写真7）、宅地の背割りに入り込んで裏の顔を見せているところもある

（写真8）。さらには背割りの水路を横切って通る横町から垣間見ることのできる水路と橋の風情（写真9）など、じつに多様な水網都市の表情をうかがうことができる。

駅と都心との微妙な距離

もう一つ、一八九一年に開設された初代の佐賀駅が佐賀市街からやや北に離れたところに立地したことが佐賀のまちのゆるやかな変化に貢献したということができる。駅前に近代化のエネルギーを集約できたからである。城壕の北辺から一キロメートル強という距離になぜ駅が造られたのだろうか。

佐賀城下町建設時にはまちの北境は十間堀川という外堀であったのだが、その北側に唐人町が形成され北端に初代佐賀駅は設けられたのである。唐人町の通りを拡幅して駅前通であるのちの中央大通りがひらかれた。

駅はその後、路線の高架化のために一九七六年に北側一〇〇メートルの現在地に平行移動されたが、その位置が中央大通りの突当りであることは変わらなかった。この北側への移動によって駅前の開発適地が増えただけでなく、かつての駅舎跡は、幅の広い道路となって多くの緑を都市に提供してくれている。中央大通りには建物や周囲の植樹に工夫を凝らした低層の個人商店が建ち並び、緑濃い並木と相まって魅力的な町並みをつくりだしている。

中央大通りを南に下り、かつての市街地の外堀だった十間堀川のところにちょっとしたおもしろい風景がある。中央橋を渡った先の道がフォークのように三本に分かれている（写真10）。これは、いちばん左の東側のアーケード街が一七世紀初頭に建設された唐人町へのアクセス街路、右側の斜めの道が県庁の正面に向かう明治三〇年代に造られた県庁前通り、そして真ん中の広い道が昭和の都市計画でできた中央大通り。――三代にわたる都市改造の歴史が中央橋という一つの橋のたもとで交差しているのだ。いや、人工的に掘削された城下町草創期の十間堀川を入れると四代になる。中央大通りが中央橋のところで少し屈曲しているのも、古い街道筋にタテに割り込むための苦労のたまものなのだろう。

こうした都市建設の歴史のドラマを足もとにひしひしと感じながら、一人の通行人として静かに中央橋を渡り、まちあるきを続ける。これも都市の歩き方の醍醐味の一つといえる。

写真7　クリークの一つ，松原川。このクリークには表の風情がある。

写真8　裏十間川から宅地の背割りに入る支川のクリーク。これは裏側のクリークの姿。

写真9　長崎街道の裏側を流れる紺屋川の上流部，芦町水路をわたる小さな石橋。

写真10　中央大通りと十間堀川が交わる中央橋。時代の異なる3つの通りがフォークのように広がる。都市を造り続けてきたドラマを垣間見ることができるスポット。

42 長崎 ——岬の尖端から始まる年輪都市

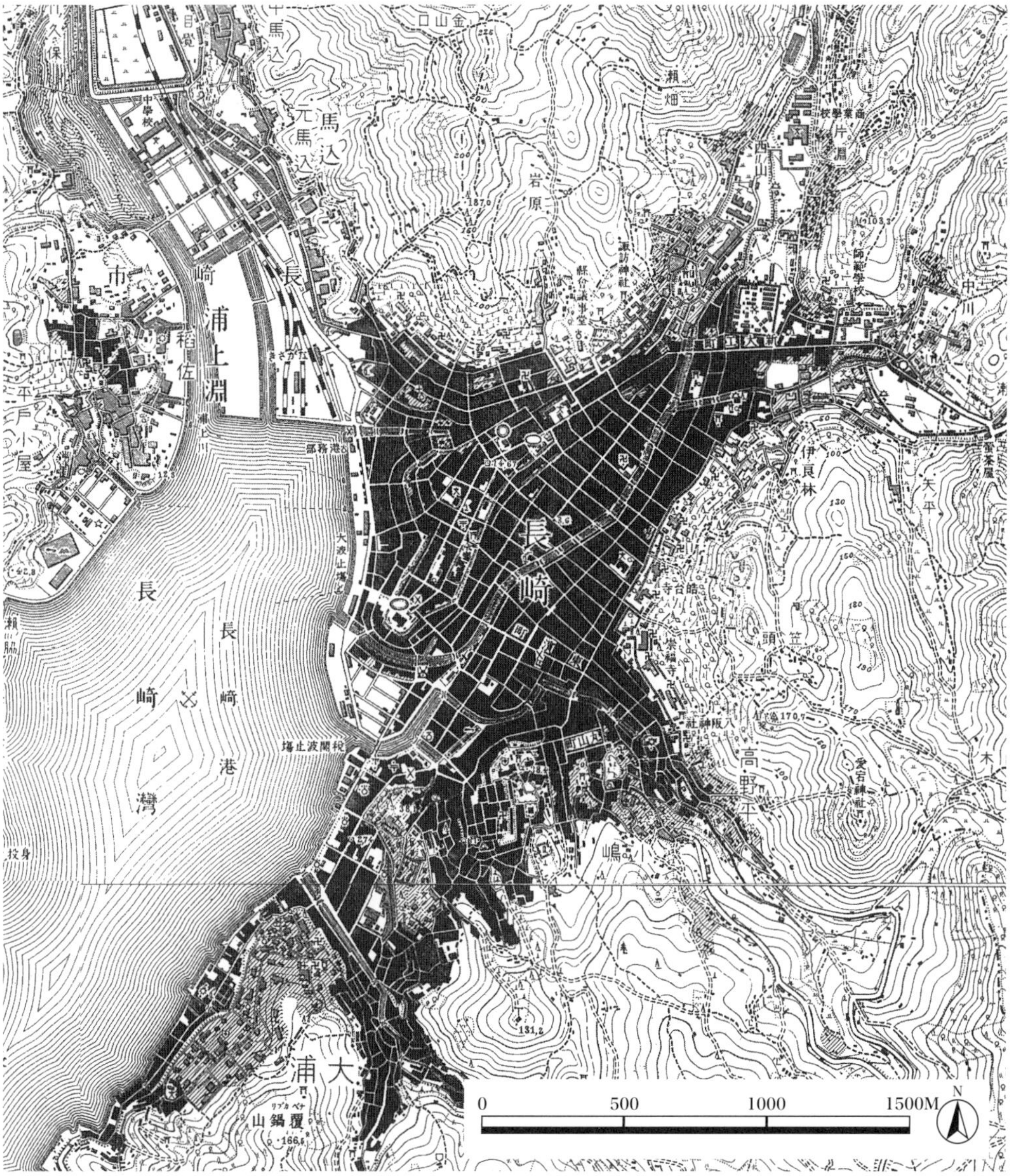

図1　二万分一正式図「長崎」（部分）；「深堀」（部分），いずれも1901年測図，1903年発行。

まずは長い岬の尖端の高台へ

長崎の鉄道駅は頭端式のターミナル駅であり、プラットホームの行止りの先に向かって歩いていくと、いかにも終着駅にたどり着いたという実感をもつ。さて、ところで駅からどちら向きに歩いていけばいいのだろうか。

オランダ坂や眼鏡橋、浦上天主堂などさすが観光地だけに行きたい目的地には事欠かないが、都心の散歩者としてここでめざすべきは旧・長崎県庁である。なぜなら、ここここそ長崎の長い歴史のなかでもっとも重要な地点であり続けたからである。

駅前の電車道を右手に、大波止通りを進み、大波止の交差点を左折して県庁坂を登りきったところが県庁前のT字路である。ここが長崎街道の終点で、今でも国道三四号終点の道路元標が県庁沿いの塀の下あたりにひっそりと立っている（写真1）。この路線は一八八五年の内務省告示の国道表では国道四号（東京ヨリ長崎港ニ達スル路線）にあたり、この国の幹線だった（一九二〇年より国道二五号、一九五二年より三四号となり、現在に至る）。こんにち、あたりは一面市街化してしまっているので実感がわかないが、かつてはここから三方いずれも坂を下りるとすぐに海岸だった（写真2）。

長崎とは、「ナンガサキ」つまり長い岬からきた

図2 「長崎の湾と町」1825年，左側の扇状の島が出島（出典：『出島図 その景観と変遷』長崎市出島史跡整備審議会編，1987年，23頁）。

図3 長崎の都心模式図。旧長崎奉行西役所を核に年輪のように拡大していったまちの様子は日本には珍しい。

言葉であるという。海に突き出たその長い岬とは、県庁を突当りにTの字の中央の長い柄の部分のように北に向かって延びる通りを背骨にしている。この尾根道、すなわち長崎街道が現在の市役所通り。この通り沿いにかつては代官屋敷があり、高札場もあった。現在でも、県庁舎、市庁舎をはじめとして、県警本部、地方裁判所、地方検察庁など主な官庁組織が集中している。

長い岬の尖端部、長崎県庁舎の位置が戦略的にもっとも重要であることはだれでも理解できる。したがって古来、この場所には長崎でもっとも重要な施設が立地してきた。

長崎がポルトガル貿易港として一五七〇年に開港され、直後に開港六カ町（島原町、大村町、平戸町、横瀬浦町、文知（ぶんち）町、外浦（ほかうら）町）が造られたのも、現在の万才町のあたりだった。サン・パウロ教会ができたのも、一五八〇年に長崎全体がイエズス会に寄進され、イエズス会領となったのち、イエズス会の本部が置かれたのもここだった。教会が建て替えられて長崎最大の教会が造られたのも、それが禁教令によって取り壊されて（一六一四年）教会跡地に長崎奉行所が置かれたのも（一六三三年、のち一六七一年に奉行所は二カ所に分かれ、この地には西役所が残った）、この地だった。

　そして奉行所のすぐ前の海面が埋め立てられて出島となるのである（一六三六年）。出島と奉行所とは中央の出島橋のみでつながっていた（図2）。出島をコントロールする意味でも、この場所はけっして譲れない土地であった。

　さらに幕末には奉行所内に長崎海軍伝習所が設置され（一八五五-五九年）、勝海舟らが集ったことでも知られている。

　これほど重要な地点であるとはいえ、現状のT字路を見るかぎり、ありがたみはあまり湧いてこない。もとの道路は奉行所が正面にくるように少し西側に曲がっていたのが、直線的につけ替えられ、T字路の突当りが敷地の正面でなくなったためである。建物の側でも、先代の県庁舎（一九一一年竣工）は道路の突当りに正面を向けて左右対称に堂々と建っていたので、突当りの重要性は実感できただろうが、そのあとにできたモダニズムの旧県庁舎（一九五三年竣工）は左右非対称で、尾根道の突当りに時計塔がわずかに顔を出している程度だったので、このT字路の重要性に気づきにくい。

　二〇一八年の県庁舎の移転にともない、このかなめの土地の帰趨が論じられているが、ここには長崎を代表する施設がくるべきであるし、そのデザインもこの場所の象徴的な重要性が実感できるようなものにしてもらいたいと切に思う。

尾根道を歩く

　今では片道二車線の交通量の多い幹線となっているが、この通りがナンガサキの尾根道で、尾根地形に沿って右に少しカーブしている。それにしても、「市役所通り」という現在の名称はあまりにも素っ気ないと思う。せめて、長崎街道とか諏訪神社にひっかけて諏訪大通りとか、くんち街道、かつての町

写真1　市役所通り。かつての長崎街道。県庁舎を背にして北の山側を見る。

写真2　県庁坂。東を見る。右手が県庁。かつての長崎奉行所の地。この坂を下りた先が思案橋方面である。岬の尖端を実感できる。

写真3　尾根道である市役所通り（旧・長崎街道）へ向かう上り坂。興善町界隈を南東側から北西を見る。

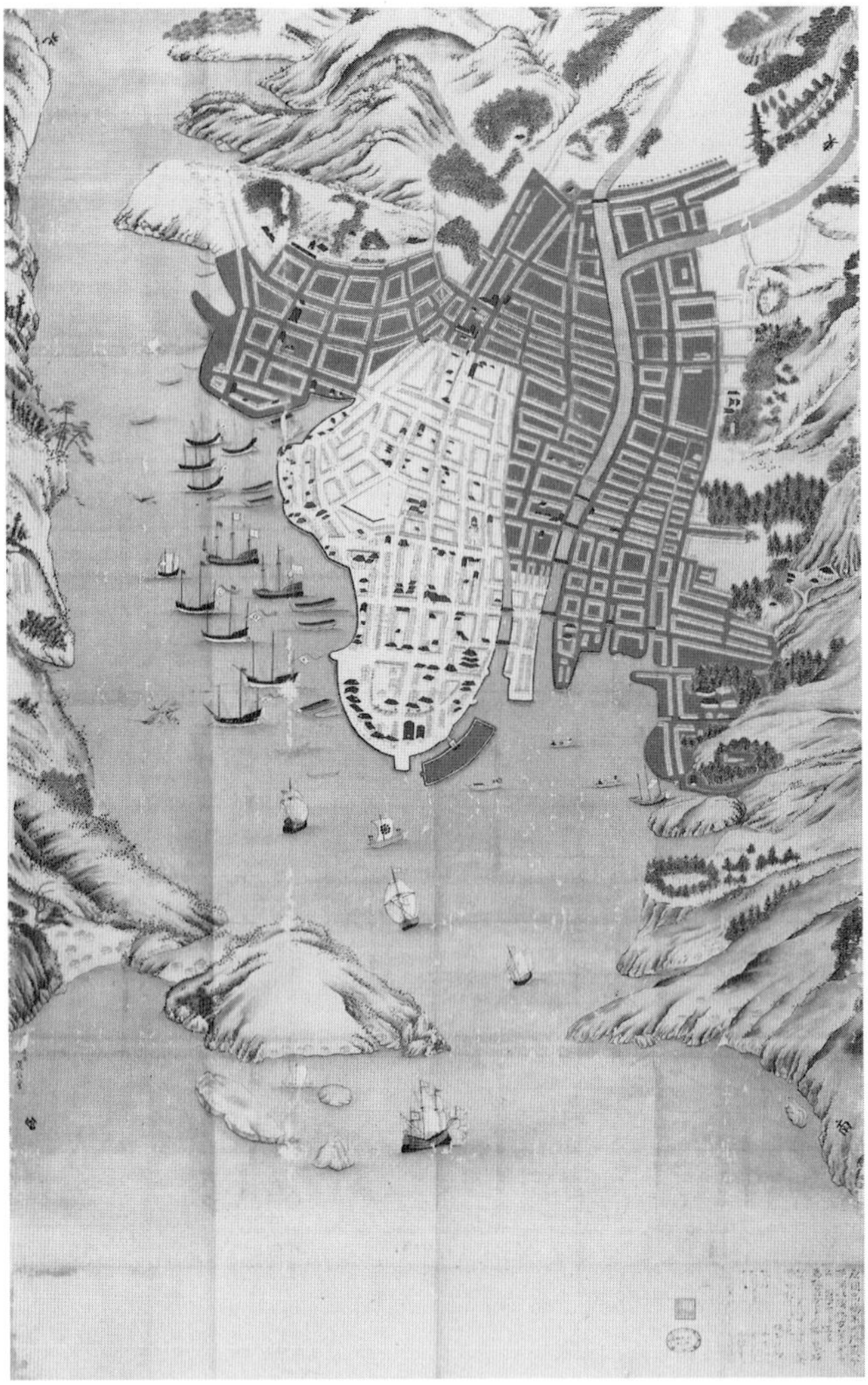

図 4 「長崎古図」(1630 年代) 模写，1884 年，図中で白く描かれているのが内町，その外側に外町がひろがる（出典：『出島図 その景観と変遷』長崎市出島史跡整備審議会編，1987 年，37 頁)。

名から外浦通りとかいえないものだろうか。じつは、二〇一八年現在、二〇二二年度中の完成をめざして市庁舎の旧・公会堂周辺への移転計画が動いている。移転のあかつきには、市役所通りの名前も公会堂前通りの名前も変更の必要が出てくることになる。この際、長崎らしい通り名に、ぜひ変更願いたいと思う。

尾根道だから、ここから左右に折れていく横町はいずれも坂を下ることになる（写真3）。かつて一六六三年の寛文長崎大火以降、本通りは幅員四間の幹線で、これに対して横に折れる道は幅員三間と定められていた。

今ではまったくわからなくなっているが、この岬の尖端部を守るために、かつて三重の堀が囲んでいたという。左右の小さな谷には小川が流れていた。今でも東側の小河川のあとは裏道として残されている。長崎地裁の裏から市役所別館の裏まで続く道である。直線的でない道路の線形にかつての小川の名残をとどめている。

「寛永長崎港図」もしくは「長崎古図」と称するおおよそ一六三〇年代の長崎のまちの様子を明治になってから模写した有名な地図が残されているが（図4）、これを見ると、堀と小河川に囲まれた内側が白く描かれている。これは、イエズス会から没収し、天領となった地租免除地である内町を表している。

写真 4　馬町の交差点。南東から北西を見る。中央に諏訪神社の鳥居と参道が見える。左手奥に延びるのが市役所通り，手前の電車道が公会堂前通り。

対するその外側は赤色で街区が描かれ、外町を示している。道路パターンを見ると、内町ではほぼすべて尾根道に平行して街区が形成されているのに対して、外町では尾根道沿いを除いて道路の軸線が九〇度回転しているのがわかる。中島川周辺は川に向かって軸が延び、北部の山麓地区は等高線に沿って街区が造られている。そして東から北にかけての山際はほぼ例外なく寺院が連なっている。

この尾根道、市役所通りを北上すると、最後には少し下り坂になり、馬町の大きな交差点で公会堂前通りと合流する。この先は橋を渡って新長崎街道と

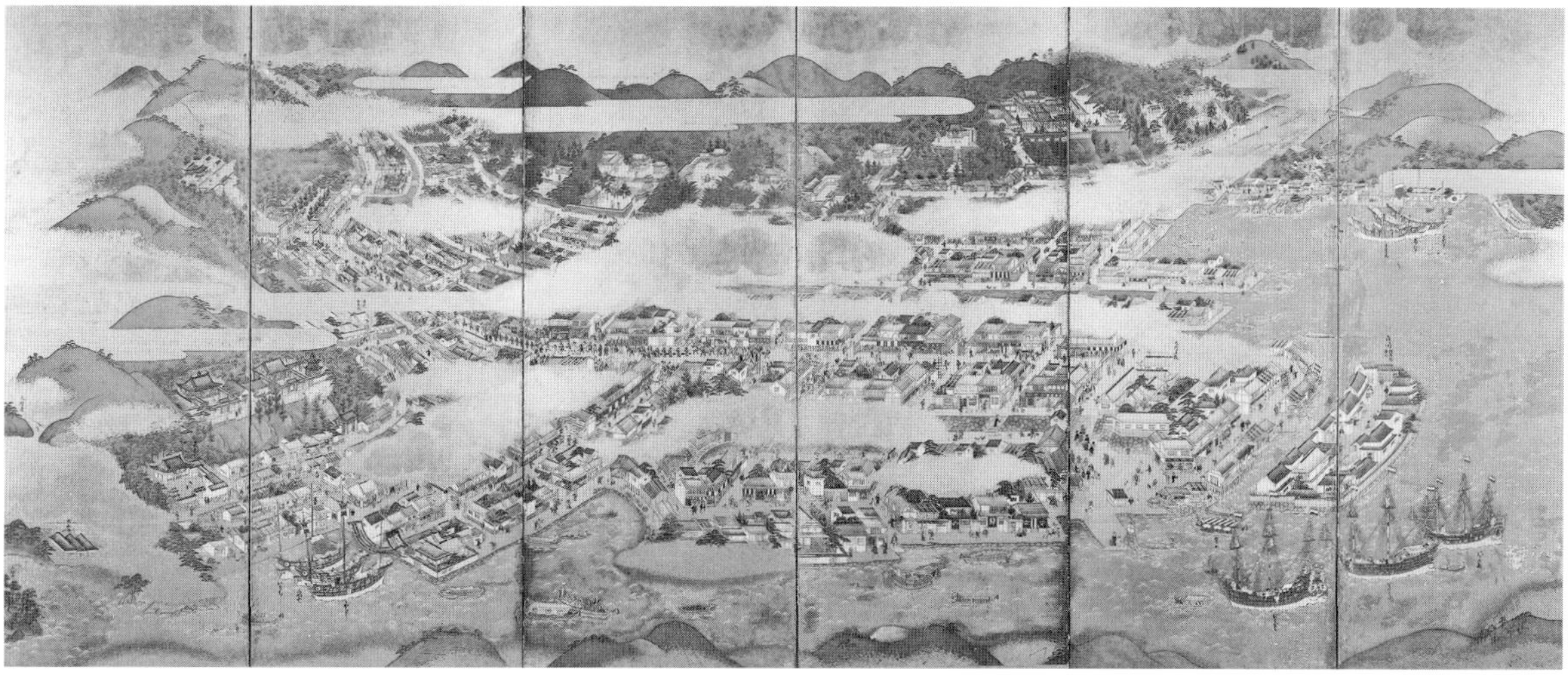

図5 「寛文長崎図屏風」（部分），左に諏訪神社，右に長崎港と出島が描かれる。六曲一双（出典：『出島図 その景観と変遷』長崎市出島史跡整備審議会編，1987年，74頁）。

なっている。この馬町交差点の方向を向くように、長崎の産土社である諏訪神社がある（写真4）。

いってみれば、ナンガサキの尾根道は諏訪神社と奉行所を結ぶ道だったわけで、この道はまた諏訪神社の例大祭、いわゆる長崎くんち（おくんちともいう）の表舞台でもある。

長崎くんちとはもともとは旧暦の九月九日に、つまり「くんち（九日）」に（現在は新暦の一〇月九日に）諏訪神社の三柱の神が海際の御旅所仮宮から還御するのを最大のクライマックスとする祭りであるが、その舞台となるのが昔からこの通りだった。寛文一三（一六七三）年に来航したイギリス船を描いていることから「寛文長崎図屏風」と呼ばれる長崎を描いた華やかな屏風絵の左双には、諏訪神社へ向かう祭列が描かれている（図5）。左端に諏訪神社があり、右端の出島・奉行所と対をなすというのが、この屏風絵の趣向である。

長崎がイエズス会領になっていた時代には、長崎中の社寺が破却されたが、のちに長崎は天領となり、社寺は再興された。諏訪神社が今の境内地におさまったのは一六四一年である。長崎奉行所の建設が一六三三年、出島が築造されたのが一六三九年なので、わずか一〇年足らずでのち永らく長崎の構図を決めることになる南北の拠点が定まったことになる。

中島川沿いを歩く

今でこそ眼鏡橋周辺の中島川界隈を周遊することは長崎観光の目玉の一つとなっているが、中島川の川沿いに注目が集まるのはそれほど古いことではない。中島川は物流のための川ではなかったので、川岸に蔵が建ち並ぶということもなかっただろうし、そもそも江戸時代の地図には西岸にはわずかしか川端の道が描かれていない。主に東岸沿いを通るだけの川だったようである。一八九八年に作製された「人力車賃銭図」にも右岸には表示がない。この頃でも人力車が普通に通るような道ではなかったようだ。

では、そんな川に立派な石橋がいくつも架かっているのはなぜか。――中島川に直交する方向の道を主軸として都市開発が進んだからであろう。橋をはさんで一直線の道が形成されていることから、川の両岸をつなぐように一体的に開発が進められたことがわかる。これらの通りは東へ行くと、そのまま山沿いに連なる寺町の門前の通りとなっている。橋は両岸の町をつなぐ施設として欠かせない。したがって中国の技術を用いた石造アーチ橋が架けられたのである。一六六三年の大火以降の再整備で都市の骨組みはさらに固まった。

特に眼鏡橋の通りを北西に進み、豊後町までを見ると、この通りだけが、市役所通りの尾根筋を突っ切って、北側の寺院群と東側の寺町とをまっすぐにつないでいることがわかる。豊後町と尾根道の交点あたりに高札場があった。そんな重要な通りだからこそ、いちばん最初に（一六三四年）、かつ立派な二連アーチの眼鏡橋が架けられたのだろう。

現在では、眼鏡橋周辺の中島川沿いはじつに気持ちのよい遊歩道となっている。その背後には石橋群を守る市民運動があった。

写真 5　中島川，眼鏡橋のやや上流部。川の両側にバイパス水路の入り口が見える。1982 年 7 月の長崎大水害後の河川改修で中島川分水路が設けられた。

死者・行方不明者二九九人を出した一九八二年七月の記録的な長崎大水害で石橋の流出は六橋にのぼり、眼鏡橋をはじめ三橋が一部崩壊した際、さまざまな議論を経て、部分的に残る三橋の保存、流出した橋は四橋を新たに石橋で建設、残り二橋がコンクリート橋で建設されることになった。同時に両岸にバイパス水路が敷設され（写真5）、その上部が余裕のある歩行者空間とされたのである（写真6）。災害のあとの復旧工事がこれほど議論を呼び、その結果、注意深くデザインに気をつかって実施された例は多くはない。

港町の近代化

港町としての長崎のこの後の大きな開発として、出島よりも広大な唐人屋敷の建設（一六八八–八九年）

写真 6　中島川，眼鏡橋のやや下流部。バイパス水路の上部が広々とした遊歩道となっている。

や新地蔵の埋立て築造（一七〇〇–〇二年）などがあるが、一七三〇年代には開発もほぼ収まり、以降幕末まで都市構造はほとんど変化していない。

近代長崎の変化は一八五四年の一般開港からである。その後は、大浦町や南山手・東山手の外国人居留地の建設（一八五九–七〇年）、出島や新地蔵（現・新地中華街）が埋没してしまうような海岸線の埋立て、それと並行して行われた中島川の流路のつけ替え（まっすぐだった下流部分を右に曲げ、出島と県庁の間を流れるように変えた。一八八五–八九年）、鉄道の敷設と長崎駅の現在地での開業（一九〇五年）などが矢継ぎ早に行われた。

ただし、長崎の場合、いかに埋め立てた部分で都市の近代化を図るかといった実務的なところに主要な関心があったようで、そのために重視されたのは

写真 7　長崎駅前，南を見る。右手に駅前のビルが見える。左手奥に曲がっているのが建物疎開でできた桜町通り。正面やや右に向かって走っているのが大波止通り。

駅と主要な地区を結ぶ幹線の建設、大波止と市街地を結ぶ道路の建設などであった。

横浜や神戸、函館など、ほかの開港都市で見られたような税関（かつての運上所）を都市のシンボルとしていかに演出するかという点に腐心するようなところも見受けられないし、洋風建築が建ち並んでいたはずの外国人居留地の大浦海岸通りをバンドとしてその後の都市開発の拠点にしようといった発想もあまり感じられない。出島も新地蔵も埋立て地に囲まれて地続きになってしまい、個性が発揮しにくくなった。

横浜などの新開地にできた港とは違って、すでに十分に開発された市街地をもち、そのうえ地形的には後背地に開発余地があまりないという事情から、都市開発対策に限度があったからだろうか。実務的

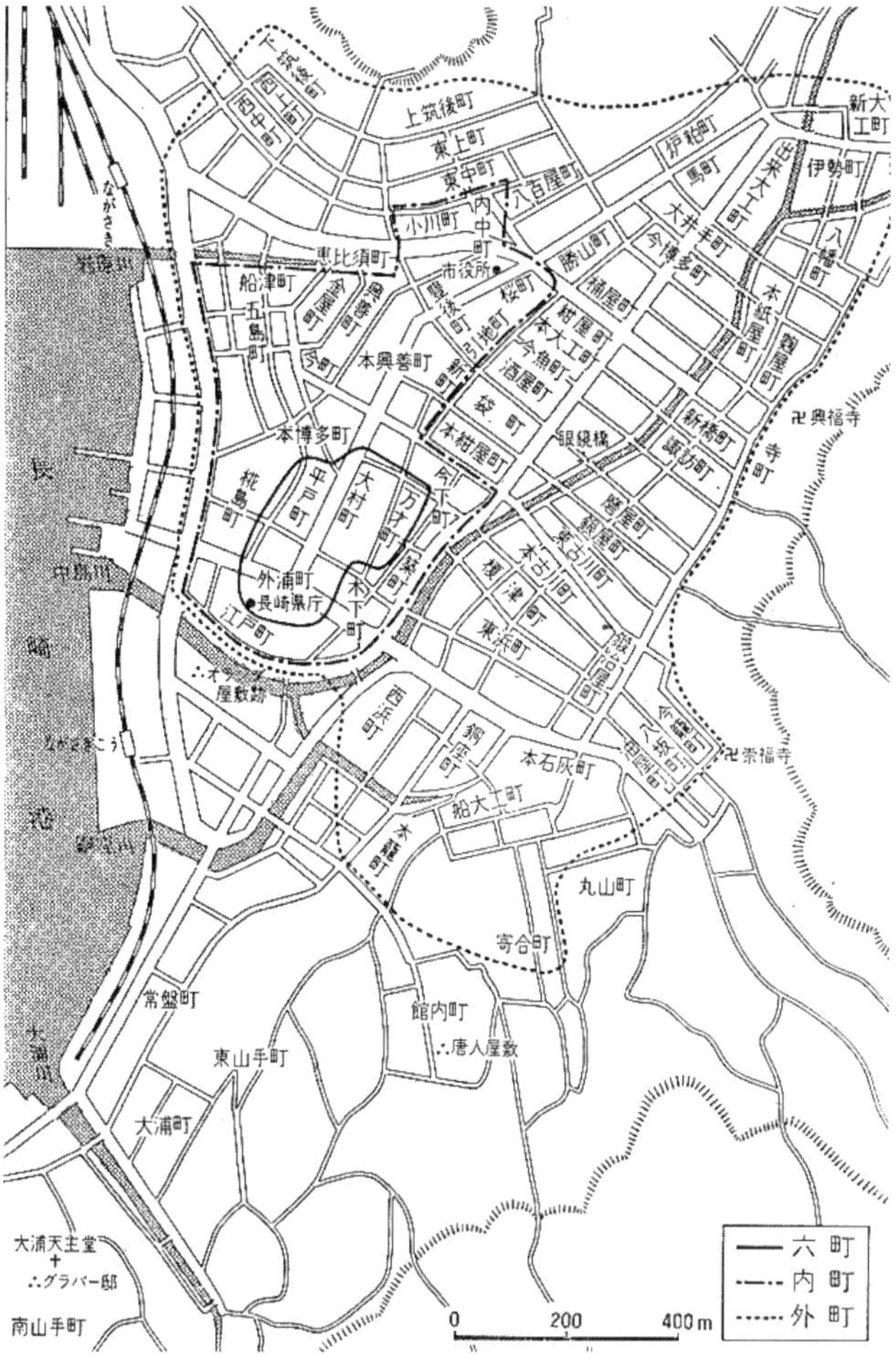

図6　長崎市街の形成過程。長崎のまちが小さな核から徐々に拡大していったことがわかる（出典：『都市図の歴史 日本編』矢守一彦，講談社，1974年，431頁）。

にならざるをえない都市の事情があったのである。

　しかしそのことが、まわりに年輪を増すように、新たなものをつけ加えていくという長崎独自の都市成長の姿を生み出してきたともいえるのだ（図6）。

　旧都心部に対する大きな介入というと、数える程度である。たとえば、駅前から市役所前、公会堂前を抜けて中島川に至る桜町通りが新規にできたくらいである（写真7）。これは戦時中の建物疎開でスペースが造られ、戦後の復興都市計画によって桜町トンネルが計画され、立体交差となったものである。桜町通りが中島川の縁で突然ぷっつりと切れるようにとまっているのも、これが建物疎開の路線だったことを考えると理解できる。また、市役所通りはやはり戦災復興の街路計画のなかで拡幅されたが、県庁舎や市庁舎が立地することから「美観道路」としたことが『戦災復興誌』のなかにのっている。

　こうした事情で、長崎は原爆の被害にあっているにもかかわらず、年輪都市とでも呼べるぐらいに、重層的な都市構造を読み取りやすいまちとなっている。一五七〇年の開港・町立てから内町、外町、外町の拡大、さらに外国人居留地、そして埋立て、斜面地の開発と四四〇年の歴史がさながら芯のあるバウムクーヘンのように詰まっている。

　ヨーロッパの多くのまちが丘の上の教会とそれを取り巻く集落から出発しているのと同様の歴史を、私たちは長崎に見ることができる。城下町や宿場町のように祖型をもった他の大都市とはまったく異なった出自をもった都市を私たちは歩いて実感できるのだ。

　さらに長崎にはこのほかに、旧町ごとに組織される「くんち」という祭りの文化がある。建物は建て変わっても、さらに困難な天災にあったとしても、うまく再生されることができれば、都市の記憶は継承されるものなのだ。

　出島の復元整備も進み、出島表門橋の復活も間近である。かつての奉行所跡地（すなわち県庁舎跡地）と出島とのつながりもより実感できるようになりつつある。こうした試みを通して、かつての都市構造が再び読み解きやすくなってきた。こうしたことこそ、都市の再生と呼びたい。

　並行して、県庁舎や市庁舎の移転など、現在の長崎は変化のただなかにもいる。こうした変化によって、長崎が元来持っていた都市構造がより明快に感じられるようになれば、これも一つの都市再生だろう。

43 熊本——もう一つの戦災復興

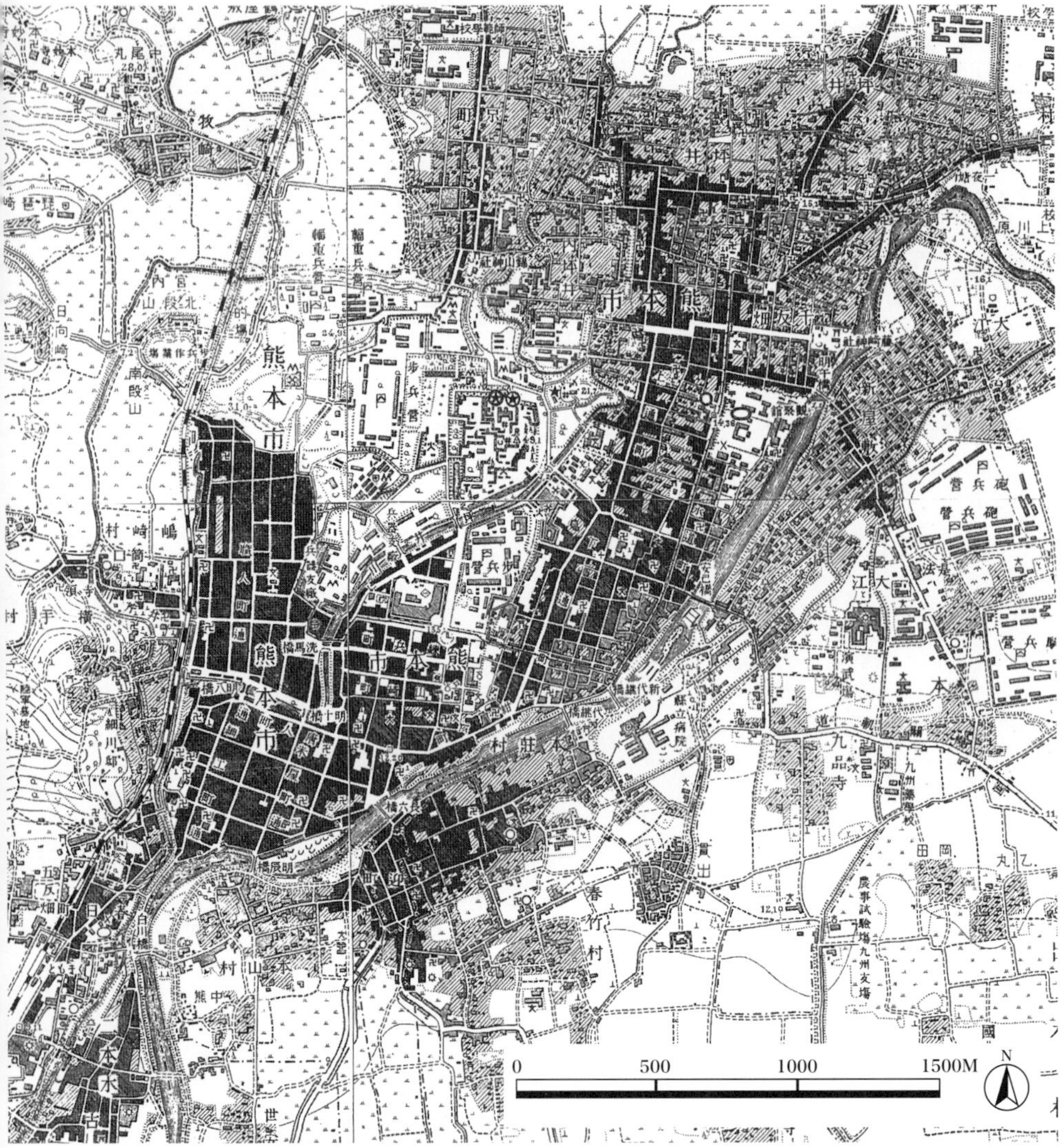

図1　二万分一正式図「熊本」（部分）；「砂取」（部分）；「金峰山」（部分）；「川尻」（部分），いずれも 1901 年測図，1903 年発行。熊本駅は図の左下，やや離れたところに設けられた。新町のすぐ西側に駅を開設する計画もあったらしいが，地元の反対で流れたようである。

駅前から市電に乗って

熊本駅前から市電に乗って都心に向かうときは「健軍町（けんぐんまち）」行きに乗ることになる。いかにもかつて軍都であったことを感じさせる駅名だが、その話題は先に譲るとしてまずは電車に乗り込む。すると、電車は途中、五回ほどジグザグのカーブを曲がって、賑やかな通町（とおりちょう）筋の停留所へ到着する。目の前の丘の上に建つ熊本城の存在感が圧倒的だ（写真1）。二〇一六年四月の地震の被害が気になるところだ

写真1　市電通町筋駅。西を見る。間近に見える熊本城が圧巻だ。この通り自体は近世城下町時代の武家地の通りを受け継いだもの。

が、お城の建物と石垣は長期戦で復旧が進められている。町家は明暗が分かれているが、新たに再生したところも少なくない。繁華街を歩いているかぎりは以前と変わりがないように感じる。

繁華街巡りをする前に、もしくはお城へ向かう前に、駅からここまでのルートについてもう一度見ておきたい。都心とはちょっとはずれたような熊本駅の奇妙なロケーションと妙に折曲りの多い電車道、ただ、まちとしては徐々に都心に向かっていくような自然な町並みの続き方――じつは、ここに熊本の都市発展のエッセンスが隠されているのである。

地図を広げると

熊本城は北から南に向かって延びている京町台地の尖端部、茶臼山に陣取った近世の城で、その四方に城下町が広がっている。しかし、地図をざっとみるだけでも、城下町全体に共通するような道路のパターンというものがないことがわかる。もう少し小さな地区の単位で街区の大きさや軸の方位などがまとまっており、それぞれの地区のかたまりの集合体として都市全体を見た方がよさそうである。

たとえば、一九世紀中頃の絵図（図2）を見ると、一番南側の古町は正方形の街区割で中央にお寺があるという町割だし、その北側の山崎地区（現・新市街、花畑地区）はやはり正方形に近い街区割だけれど、街区規模がやや小さく、真ん中にお寺はない。お城の西側の新町、北側の京町は長方形の街区にな

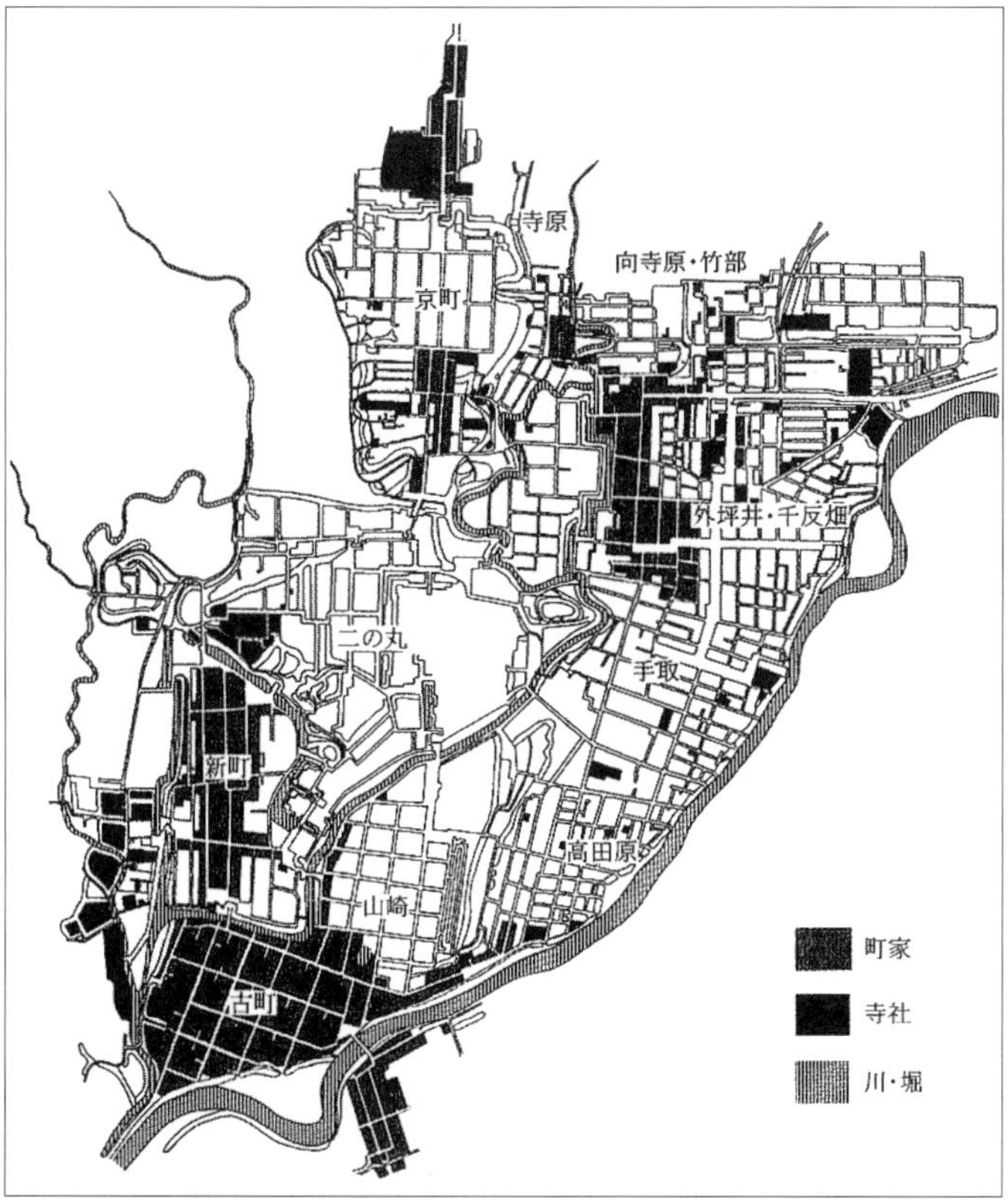

図2　熊本町惣絵図。「熊本惣絵図」（推定 1843-1862 年頃）を書き写したもの。各地区ごとに街区の方位や形状が独立し，それらブドウのひと粒ずつが集まって，ブドウの房となっているような姿をしているのがわかる（出典：『新熊本市史』通史編 第3巻 近世Ⅰ，新熊本市史編纂委員会編，381 頁）。

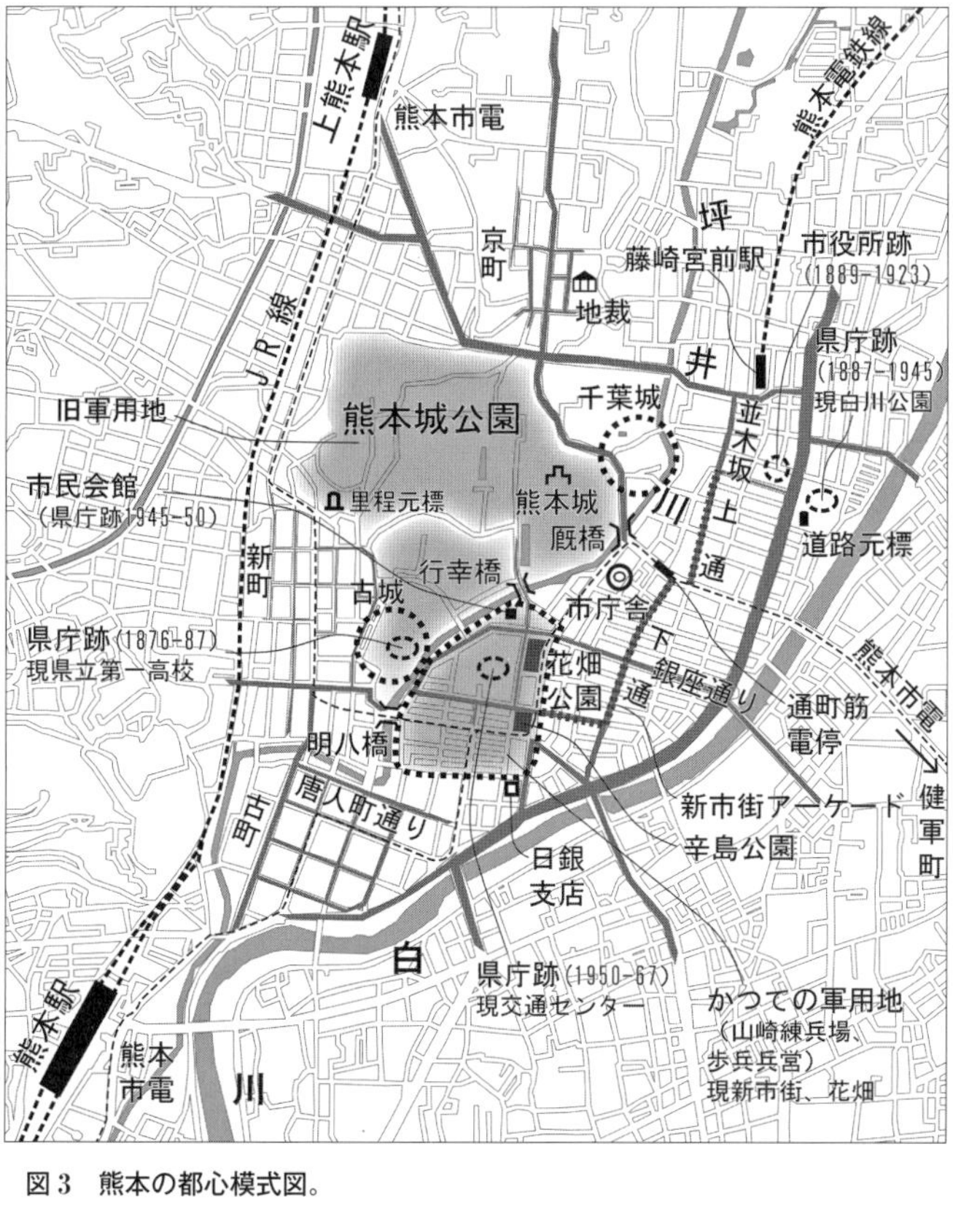

図3　熊本の都心模式図。

写真2　新町のお城の登り口にある里程元標。現在は清爽園という美しい庭園となっている。ここは江戸時代は札の辻だった。薩摩街道もここを通って北上していた。

っている。古町と新町は坪井川をはさんで隣接しているが、道路の軸線は一つの都市というには不自然なくらいに異なっている。

　お城の東側はそれ以外の地区とはまた異なった道路パターンになっているうえ、細かく見るとそれぞれもう少しきめ細かな地区ごとの特徴がありそうだ。

　このあと、近代以降にもいくつかの大きな変化があるが、もともとの城下町の素地からしてぶどうの房のように別々の粒が寄せ集まって一つの都市をつくっていることがわかる。

　これには熊本という都市の複雑な歴史がからんでいる。熊本の話となるとすぐさま加藤清正が造った一七世紀初頭の城下町だと思ってしまうが、熊本（かつては隈本といっていた）はそれ以前およそ一五〇年に及ぶ都市建設の歴史を有している。

写真3　坪井川。厩橋のたもとから南西を見る。右側が熊本城。右に石垣の続く長塀があり，熊本城が東南側に閉じている様子がわかる。坪井川自体，城の内堀として，流路を変えて造られた。

徐々にできてきた都市

　一五世紀半ばまで遡る最初の隈本城は現在の千葉城のあたりに造られたことが知られている。その後、一六世紀初めに現在の古城のあたり（現・県立第一高校の校地）に新たに城が築かれ、そのふもとに武士や町人の居住地もあったようだ。この古城の地に一五八八年に加藤清正が入り、古町に町人地を新町に武家地を造った（その後、新町は町人地となった）。つまりこの都市のもっとも古い部分は京町台地の南から西にかけてだった。

　その後、一七世紀初頭に清正は城を現在地に移し、白川と坪井川の河川改修を行い、台地の東側に宅地を確保している。お城の大手は西の新町側で、ここに札の辻があった。明治の里程元標もここである（写真2）。

　対照的に台地の南側と東側はともに崖が急になっており、北側の台地は堀によって断ち切られている。もともと熊本の城は歴史的にも地形的にも西が正面であり、台地の東南端に天守がある。城郭は東南側には閉じており、さらにその南側には坪井川、白川という二重の防衛線が張られていた（写真3）。南の薩摩に対する備えだったに違いない。こうした状況はその後、明治初年まで変わらなかった。――少なくとも一八七七年までは。

西南戦争という戦災

　最初の大きな変化は西南戦争によってもたらされた。戦火によってまちは一面の焼け野原となってしまったのである（薩摩軍が到着する寸前、謎の火でまちも天守も焼き払われてしまった。一説によると、木造の城と都市は戦には邪魔だったため自陣に火をつけたともいわれている）。

　戦争後ただちに都市は復興された。街路パターンは従来のものをほぼ踏襲しているが大きな変化が二つあった。一つは山崎（現在の辛島公園のあたり）と花畑（花畑公園周辺）の武家屋敷地がすべて軍用地として接収されたことであり、もう一つは上通（かみとおり）と下通（しもとおり）が武家地ではなくなったことである。

　現在、上通と下通の商店街は熊本を代表する商業地であるのみならず、日本でも有数の大規模アーケード街となっている（写真4、5）。店の間口や構え方といい街道の曲がり具合といい、じつに昔ながらの街道筋の商店街が発展したかのようなこの二本の通りがかつての武家地であるということはなかなか信じがたい。西南戦争後の戦災復興によっていっきょに都市居住形態の近代化がおこらなかったら、こうしたことは実現しなかったに違いない。

他方、現在は市役所や県民会館、国際交流会館、県民百貨店などになっているあたりが練兵場など軍の施設として市民の手の届かない場所になってしまったのも、その後の熊本の都市発展を大きく規定することになった。熊本は一八七一年に全国四鎮台の一つ鎮西鎮台（のち熊本鎮台、一八八八年に第六師団となる）が置かれた軍都である。広大な熊本城の城内のみならず、ふもと一帯まで軍用地となった。その結果、市街地が南から西にかけてと東とに二分されたのである。

写真 4　下通のアーケード街。第 2 次大戦後の戦災復興区画整理後に目抜き通りとして躍進した。1969 年に全蓋式のアーケードが架けられた。現在のアーケードは 2009 年完成。

賑わいの変遷

市街地が分断された結果、都市の賑わいは主として古町に集中することになった。とりわけ唐人町一帯は市内で最初にガス灯がともり、商業・金融のまちとして栄え、さらにその南側、白川沿いの下河原は劇場や興行場が集中する娯楽のまちとして繁栄していくことになる。

現在、市電が古町のまちなかをクランクしながら通っているのは、そうした経緯があるからだ。

そしてさらに次なる展開がある。

当時の辛島格（いたる）市長の尽力により、まちの中央部に位置し、市街地を二分していた山崎練兵場の東郊への移転が実現し、整地が完了した跡地（一九〇三年）は、その名もずばり「新市街」と命名され、開発されたのである。現在の新市街アーケード（アーケード自体は一九七八年）がある通り周辺に映画館や劇場、興行所が建ち並び、その他、市公会堂やオフィス、工場も建ち、若い働き手が集まる熊本一番の盛り場へと急速に成長していったのだった。

写真 5　上通のアーケード街入り口。1960 年から 76 年にかけて全蓋式のアーケードが架けられた。現在のアーケードは 1998 年完成。

新しい町ができ、一九〇八年には新町名がつけられたが、桜町や練兵町などと並んで当時市長であった辛島氏の功績をたたえ、一角が辛島町と命名された。現在も町名のほか、公園（写真6）や市電の電停に名前をとどめている。近代日本では、地名として人名がつけられることは非常にまれなことであるが、現職の市長の名前が町名になるということは異例中の異例である。こうした偉大な市長をもった熊本は幸運だった。

写真 6　辛島公園。武家地が西南戦争後，練兵場となり，1903 年から新市街として開発された。開発当初はロータリーだったところが，現在では公園となっている。

写真7　山崎練兵場跡地が開発されてできたお城を望む通り（かつては電車が通っていた）と左手側の明治に開発された街区。右手は歩兵連隊跡地に造られた花畑公園。こちらは大正末から昭和の初めの開発。

のちに新市街と隣接する花畑（これも電停名にある）に広大な敷地をかまえていた歩兵一三連隊も一九二四年に郊外へ移転し、跡地はオフィス街として造成され、花畑公園（一九二九年）もできた。

隣接地に市庁舎も立地し（一九二四年）、西南戦争からの復興の過程で軍用地となっていたお城のふもとの広大な旧武家地周辺がまとまったかたちで市民の手に戻り、熊本は新しいオフィス街と繁華街、さらにはシビックセンターを都心の一等地に造ることができた。それも計画的に短期間のうちにやりとげることができたのである（写真7）。

これは戦災復興第二幕ともいえるような都市改造だった。そして現在の市電はこのあたりの大正モダン時代に脚光を浴びた新都心もジグザグに通っていくのである。

こうして熊本というまちは、西南戦争による市街地の焼失という負の遺産を二段階にわたる復興によって近代都市として生まれ変わる契機へと変えていったのである。

さらなる変化へ

しかしながら、都市の変容はここでとどまるわけではない。次の大きな変化は第二次大戦時の戦災とそれからの復興だった。

西南戦争時の火災がまち全域に広がったのと比較すると、一九四五年の戦災はまちの南東部、下通から新市街地区にかけてであり、被害は市街地の約三割に限定されていた。このことがまた、熊本固有の新たな、同時に漸進的な変化を誘引することになる。

下通から新市街にかけての復興が進められたなかで、とりわけ大きな変化は、それまで窪地として開発から取り残されていた坪井川の旧河道に戦災の瓦礫が投入されることによってかさ上げされ、ここに戦災復興土地区画整理によって銀座通りをはじめとして大方の区画街路が一九四八年頃までに開通したことである（写真8）。これによってこのあたりの賑わいが面的に広がることになった。

さらに一九五二年には鶴屋と大洋という二つのデパートが現在の通町筋の市電の停留所近辺にオープンし、このあたりが急速に都心の目抜き通りの様相を呈してくる（鶴屋は現在も同じ場所で営業を続けている）。

上通は昭和の初めには唐人町と並ぶ繁華街に育っていたが、これと下通周辺、新市街の商店街がつながり、現在見られるような長く連続した賑わい軸が形成されることになった。その後もアーケードの改築が行われ、賑やかで明るい商店街となっている。

結果的にこれらの繁華街はすべて、かつてのおもかげをまったくとどめていない旧武家地であるという不思議な中心市街地が生まれることになった。これは二度の戦災のたまものだというと語弊があるが、少なくとも二度の戦災復興による都市改造の努力の結果であることは明らかな事実である。

対照的に古町から新町にかけての古くからの商業地区は、戦災にあわなかったことによって歴史的な商業環境や道路パターンは残ったものの、新しいビジネス環境の変化にダイナミックに適合することは

写真8　銀座通り，下通アーケードのあたりから東を見る。戦災復興土地区画整理によって生み出された街路。

写真9　並木坂，北から南を見る。上通のアーケード街の北側に続くおしゃれなショッピングストリート。背後の住宅地にもお店が滲み出し，魅力的な界隈を形づくっている。

逆にやりづらくなった。その結果、新しい商業中心との差はかえって開くことになった。

しかしその後、さらに時代は変わっていく。上通や下通界隈でも、アーケード街の先や裏側に、シャワー通りや並木坂、上乃裏通りなどのように、個性ある高感度グッズを扱うショップが増え、中心市街地をさらに奥行きのあるものにしている（写真9）。

それだけでなく、取り残された風情のあった旧都心でも、たとえば唐人町界隈のように、古い建物を活かしたオシャレなお店がある通りとして見直されるようなことも最近起きている。

二度も戦災にあって、まちは大きく痛めつけられたはずなのに、熊本の中心地の変化は比較的漸進的で、過去を必ずしも否定せずに次の時代の都市空間を連続的に築いてきたといえる。最初の戦災復興――一八七七年の西南戦争後――では、都市構造に大きな変化はなかったものの、城下町時代の武士と町人の分離状態をいっきょに混ぜ返すことを格段に推し進めることになり、そして第二の戦災復興――一九四五年の大戦後では、被災が比較的限定的だったため、過去とうまく接続した新しい中心商店街の形成ができたのであろう。熊本市役所が被災しなかったことも成功の一端を担ったのかもしれない。

そして、両戦災復興の中間の時代に辛島市長によるお城の足もとの軍施設の移転にともなう新市街の建設がある。ここでも都市の開発は連続的だった。軍施設の移転先にその後、健軍町ができ、現在は市電の終点になっている。

県庁舎も市庁舎もこうした漸進的開発にともなってその位置を戦略的に変えてきている。県庁舎は当初、市街地から南に外れた二本木に設置されたものを一八七六年に古城（現・県立第一高校校地、旧軍用地）へ、ついで八七年に市街地の東側、白川沿いの南千反畑へ（現・白川公園、現在もここに道路元標がある）、さらに戦災にあい、戦後花畑の公会堂への仮住まい（一九四五-五〇年、旧軍用地）を経て、近くの専売局煙草工場跡へ（五〇年、旧軍用地、のちの交通センター用地）、さらに六七年に白川東岸の出水町の現在地へ（これが東部地区発展の契機となった）と移っている。

市庁舎は市制施行の当初（一八八九年）当時の県庁舎の隣接地（現・白川公園周辺）に立地し、一九二三年にお城のふもとの現在地（旧軍用地）に移転している。移転にあたって旧軍用地をうまく使っていることがわかる。それだけ移転の余地があったということもいえる。

市街地の商業環境がこのように変化していくなかで、もともと都市の核であったはずの城内も、第二次大戦後に軍用地が開放され、徐々に西南戦争以前の熊本城の姿をとりもどしつつある。

こうして見てくると、熊本はかつて軍都であったことが結果的に都心の乱開発を防ぎ、新市街といい、熊本城公園といい、その後生まれた広大な旧軍用地を計画的に開発する機会を得て、これを活かしてきた都市だといえる。都市の変化をうまく漸進的成長につなげることによって多様な奥行きのある都市を造りあげてきた。

災害というピンチをチャンスに変えてきた熊本を、二〇一六年四月、再び震災が襲った。復興を通して新しい魅力を生み出すことができるという、熊本が持ったぐいまれな資質を、もう一度発揮してくれることを、期待を込めて見守りたい。

44 大分——実現した戦災復興計画の夢

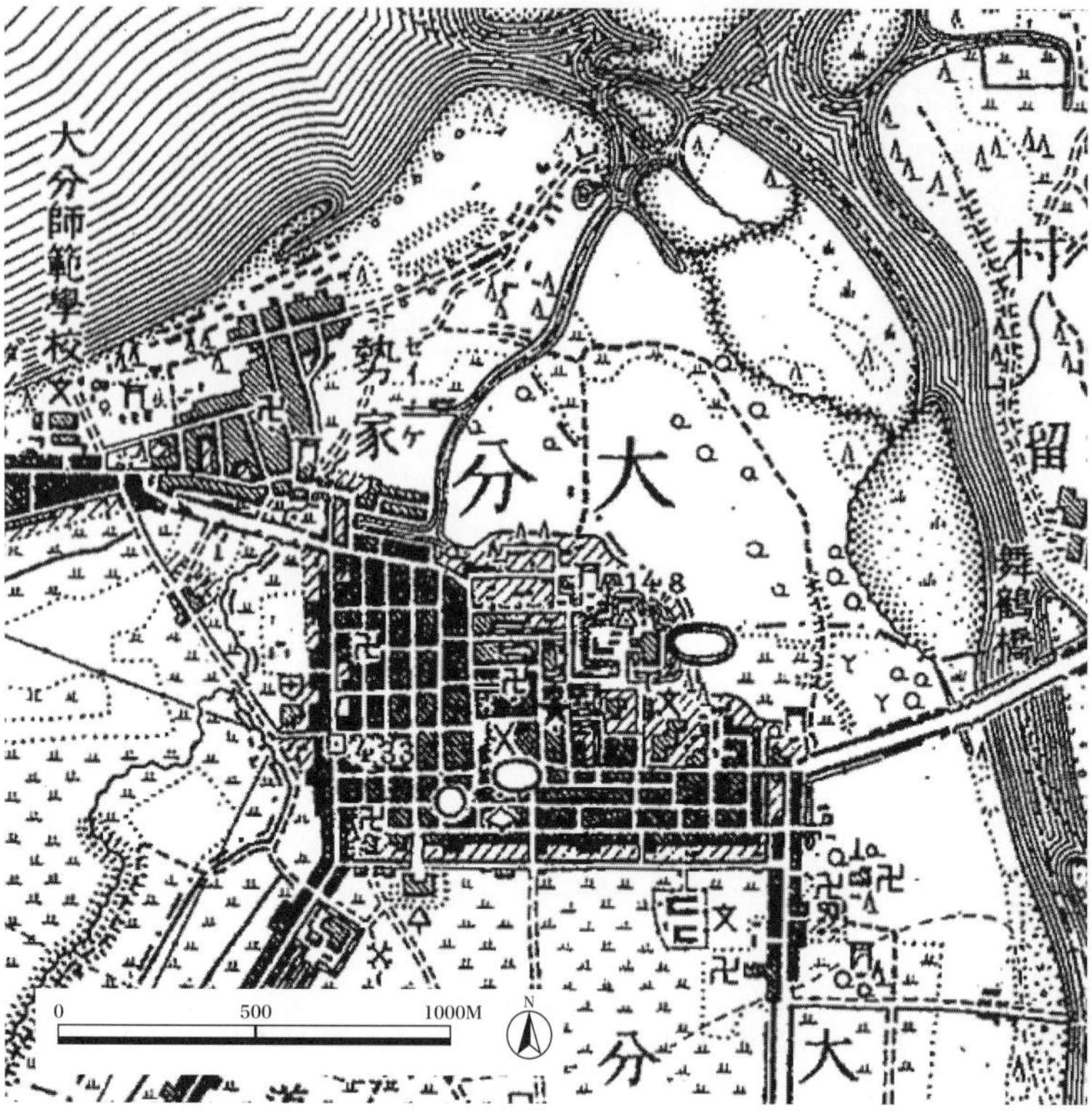

図1　五万分一地形図「大分」(部分)，1903年測図，1905年発行。

都市軸としての中央通り

大分の都心を南北に走っている中央通りがこの都市の背骨であることはだれしも異論のないところだろう。主要な商業施設や銀行はこの通りに正面を向けて建っている。二〇一五年に大分駅ビル、通称JRおおいたシティが大規模に建て替えられ、駅前広場も一新された。中央通りの方もその後、歩道を拡げる計画が進行中で、人の流れも変わってきているようである。

中央通りそのものは、繁華街の大通りとして、とくに変わったところがあるようには見えないが、地図を片手に歩き回ってみると、じつは、クエスチョンマークが続出してくる。たとえば……。

中央通りの南の突当りは大分駅なのだが、少し曲がったところに位置しており、中央通りからは駅舎が見えない（写真1）。大分駅を降りても正面に中央通りが見通せない、なぜだろう。中央通りをはさんで西側の横町はアーケード街なのに東側の横町は通りが抜けていて雰囲気が違う、なぜだろう。そもそも東側の横町と西側の横町の軸がずれていて、中央通りに突き当たるかたちになっている（写真2）、なぜだろう。そのうえ横町の通りの間隔も規則的でない、なぜだろう……。

これらの疑問はどのようにして中央通りが造られてきたのかを振り返ると答えが見えてくる。つまり、

写真1　まちのへそにある十文字の交差点の上から見た中央通り。南を見る。この先，右に少し曲がって大分駅があるが，見えない。

江戸時代の城下町府内（大分）は北側を豊前海、東側を大分川に接しており、市街地はお城の西南側に広がっていた（図2）。こうした都市の構成は江戸初期からほとんど変わっていない。

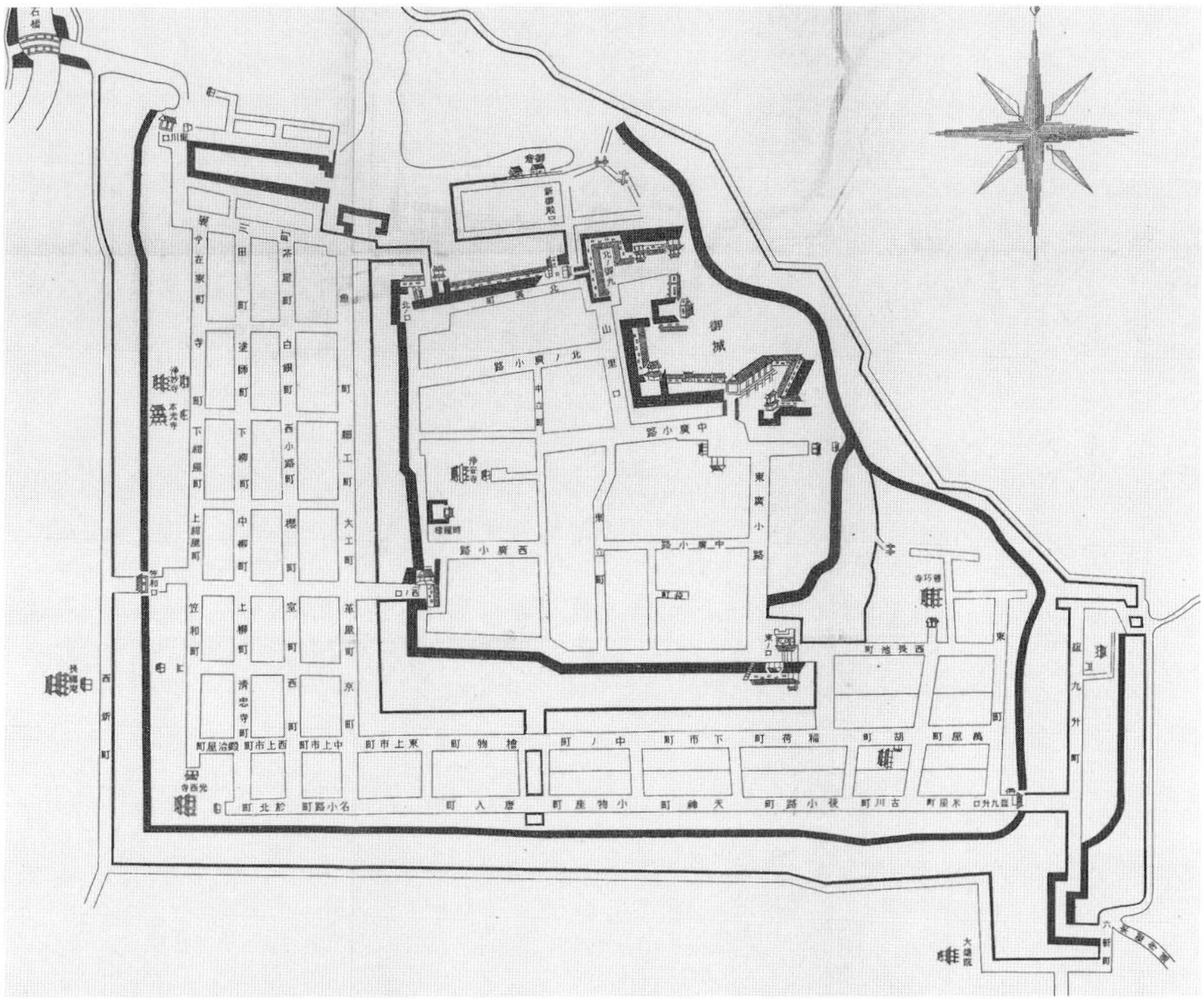

図2　府内之図（松平氏以降）（出典：『大分市史』大分市役所編，1915年），17世紀後半に固まった大分城下町の様子を表している。

お城のまわりに内堀、その外にL字型に武家地が広がり、その外に中堀。それを取り巻くように外側に同じくL字型に町人地が位置して、そのさらに外側に外堀が城下町全体を守るようにめぐらされていた。町人地のL字型の角に高札場があった。L字の都市構造は明治の五万分一の地形図（図1）でも明快に読みとれる。

この都市はもともと城下の東南部に立地していた戦国期の大友時代の城下町を一七世紀初期に計画的に破却、移転して建設したものである。城下町のなかには岐阜や岡山、熊本、鹿児島のようにかつてあった戦国城下町を近世になって展開しながら改造したものと、名古屋や甲府、広島などのように戦国城下町とは別に、新たに都市を開いたものの二つの系統があるが、後者が多数派で、大分もその一つである。

さらにいうと、戦国城下町の近傍に立地しつつも戦国城下町をまったく否定し、これを取り壊すことによって新都市への移転を図った県都という点では、大分は、北の庄城を破却して福井城を建設した福井と並んで典型をなしている。大分城下町は近世城下町の一つの到達点ともいえる。

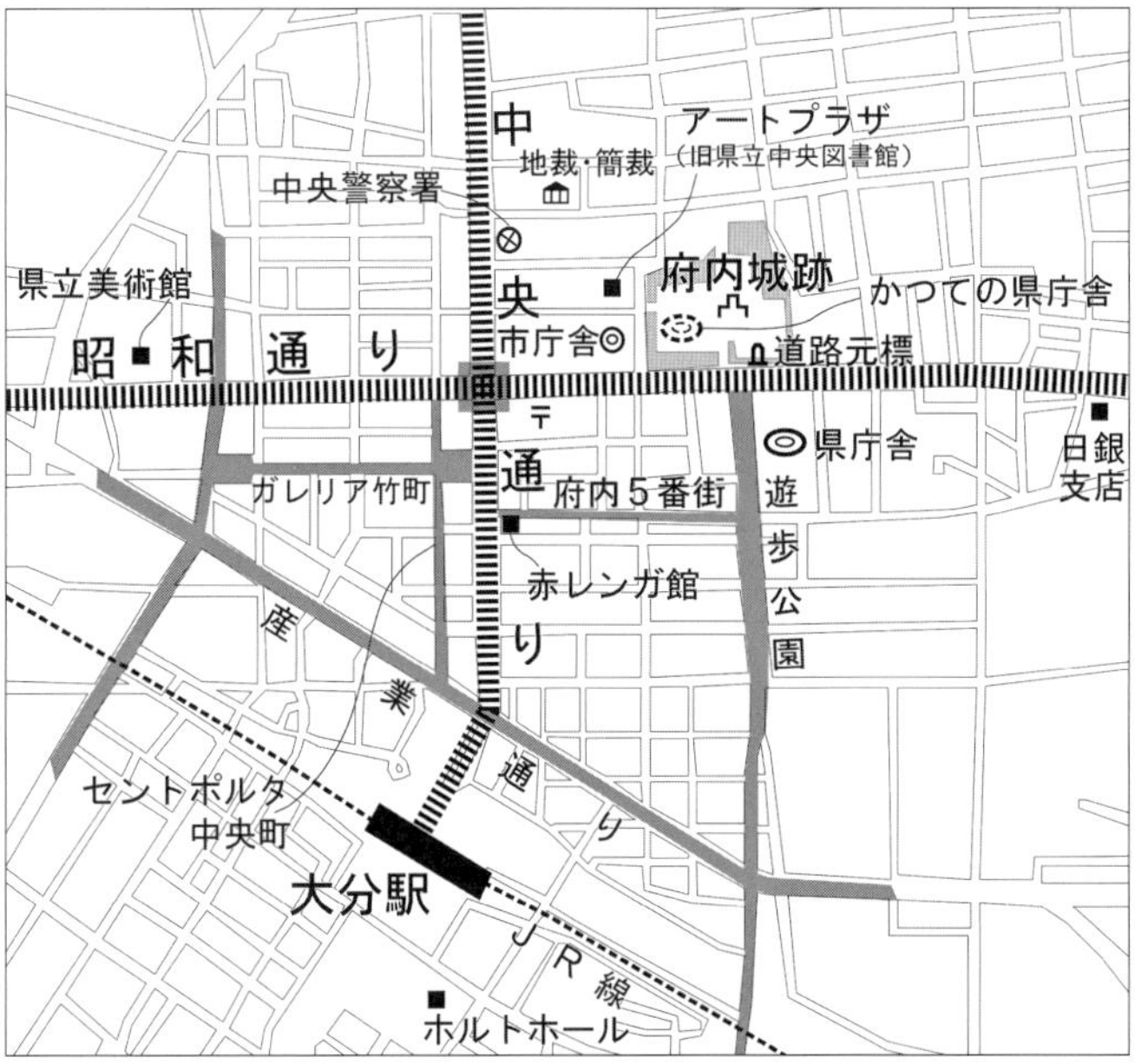

図3　大分の都心模式図。中央通りと昭和通りによって構成される十文字型が骨格となっている。

ただし、現在ではそれを実感できる場面は多くない。近代においてさらに大きな改変が加えられたからである。では、このような典型的な近世城下町を近代に向けて改造するため

写真2　中央通りに突き当たる横町。正面に大分銀行赤レンガ館（旧・第二十三国立銀行本店，1913年）が見える。T字路になっているのは，手前が町人地，奥が武家地で，間に堀があって分断されていたため。

に何がなされたのだろうか。

最初に行われたのは閉じられた都市を開くことだった。権力の象徴であった城郭が破却され、武家地と町人地の差別がなくなり、外部からまちを守っていた門が取り払われた。とくに堀の埋立ては、隣接している土居の土を堀に移すことによって容易に公共用地を捻出できるうえに、文字通り閉鎖的な都市空間を開削する広幅員の街路を生み出すことができるという一石二鳥の事業だった。

こうして中堀と外堀の埋立てが一八七三年から開始され、七六年に完了している。とりわけ中堀の埋立ては、都市の中心部に南北に貫通する幹線を生み出し、ここに九州初の路面電車（大分―別府間、一九〇〇年）が走り、電車通りと呼ばれるようになった。現在の中央通りである。

もともと中央通りは中堀であったから、元来この道路は両側を結びつけるものではなく、東の武家地（三の丸）と西の町人地を隔離するためのものだった。したがって、道路の両側で横道が見通せず、中央通りに突き当たるT字路であるのは当然だった。

このルールがあてはまらないのは百貨店南側の横町以南であるが、この東西路こそ埋め立てられた中堀南辺であり、その南側には東西に連続した町人地があったので、遠見ができるのは当然だった。

堀が埋め立てられて街区ができたところでは街区の大きさが不ぞろいとなり、道路の配置が不規則に感じられることになる。

一方でお城のまわりの旧武家地には当初からお城の内堀のなかに立地した県庁舎（のち、戦後すぐにお城の南側に移転した）は別格として、市庁舎、県公会堂や教育会館、図書館、中央郵便局（最初は細工町だった）や電信局、警察署や税務署などの公共施設が次第に集中し、官庁街を形成していった。なお、お城の北東側は大正年間から昭和初期にかけて埋め立てられ、住宅地として市街化していった。

また、別府の方から延びてきた鉄道の駅がちょうど電車通りの突当りに設けられた（一九一一年）のもごく自然のなりゆきだった。線路が北西から南東へ延びるので、駅舎が電車通りに対してやや斜めに向くことになる。

戦災復興計画の構想

こうした都市のあり方にさらに大きな変化をもたらしたのは戦災とその後の復興計画だった。大分の旧市街地は北東部を除いて都心の八割が被災し、罹災人口は一万三八〇〇人余、罹災戸数は三三〇〇戸余にのぼっている。

戦災復興土地区画整理によって戦後大分の骨格が整ったが、その考え方は、東西・南北の二幹線を十文字で交差させ、ここを都市の新しい中心として、市街地を再構成することだった。

南北軸は従来の電車通りを幅員一五メートルから三六メートルに拡幅してこれに充て（大分駅新川線、現・中央通り）、東西軸は新たに城郭内から南に移転した県庁舎の前を通り抜ける旧・一條通りを同じく三六メートルに拡幅して西まで延伸することにした（県庁前線、現・昭和通り）。両路線とも当初は幅員五〇メートルの計画だったがのちに三六メートルに縮小された。

次に広い通りは国鉄日豊本線に平行して駅前広場の前を斜めに走る道で、幅員が三〇メートルだった（菡萏（かんたん）滝尾線、現・産業通り、こちらは当初二五メートル幅員だった計画が拡大された）。これによって三角形の中心市街地ができるという他に例のない大分の都市形態がつくられることになった。

三角形は鉄道路線が強いた街路網計画であるというやむをえない面もあったが、大分の戦災復興計画はそれ以外にもユニークな街路計画をいくつか内在させていた。その一つは十文字の交差点の四隅に配された方形の広場である。それぞれ一辺が約二五メートルあり、図面上では交差点全体にわたって約八五メートル四方の巨大なスクエアが立ち現れることになる。その真ん中を路面電車が通っていたのだからおもしろい風景が生まれたといえる。

　現実を見ると、この四つの小スクエアはまちまちに低木が植栽され、つい最近まで全体にまたがるように四隅をつなぐ巨大な正方形の横断歩道橋がそそり立ち、その足下は二方向に階段がつけられていた。これによってさらに各小スクエアは使い勝手の悪いものになっていた。歩道橋の真下を無数の自動車が間断なく通りすぎていく。クルマ社会を絵に描いたような交差点になっていた（写真3）。

　ところがつい最近、幹線道路の環境整備の一環としてこの歩道橋が撤去され、戦災復興計画が夢想した都市の大スクエアを実現することが可能となった。まだ、四隅の空間は十分に生かされているとはいえないが、これからが楽しみだ。

　大分県計画課による土地区画整理の古い図面を見ると、ここは「中央広場」と名付けられている（図4）。駅前広場と並んで大分市の中央部に二つの広場を設けるという構想が、この都市の戦災復興計画の目玉だったのだ。

写真3　昭和通り，東を見る。左手に市庁舎，右手奥に県庁舎が見える。歩道橋がなくなったので，この風景は写真に撮ることはできなくなった。

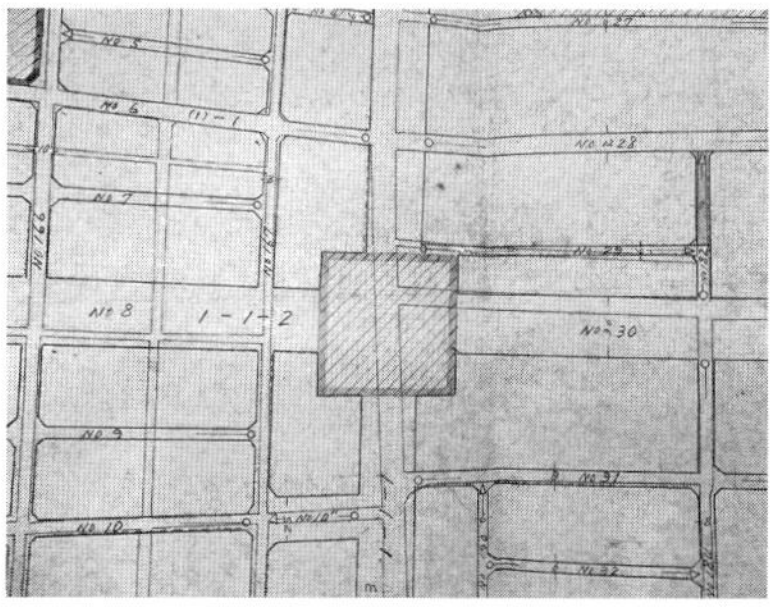
図4　中央通りと昭和通りの大きな交差点を一回り広げるように正方形に描かれた「中央広場」（出典：「区画整理大分復興篥一件」綴，大分県公文書館蔵）。

街路計画の味つけ

　もう一つ、当時一番の繁華街だった竹町通りの両側のエントランス部に各一ブロック分、そこだけふくらんだように広い街路が短くとりついていることが挙げられる。東側は現在ガレリア竹町というアーケード街の始まりのイベント広場的空間となっており（写真4）、西側は同じくアーケードが切れたところに広がる不思議な通路的広場となっている。

　じつは竹町通りは江戸時代から一貫して大分最大の繁華街だった。お城へ向かう方向のタテ町が繁華街となったのはここが中堀に架かる門（西口）と外堀に架かる入り口（笠和口）との間の交通路だったからである。この広場的空間は竹町通りの出入り口を壮麗に演出するために戦災復興計画が考案したデザインだった。ここには戦災復興にたずさわったプランナー達の夢がかたちとなって、現代に受け継がれている。

　一方、ガレリア竹町と直交するセントポルタ中央町（写真5）の方はかつての京町・大工町・細工町をつなぐやはり古くからの繁華街で、中央通りの一本西側の歩行者軸として、駅を降りた乗客がまちへ入ってくる主要な歩行者動線として機能している。たとえば大阪でいうと御堂筋に対する心斎橋筋のような通りなのである。

　さて、戦災復興計画の第三の夢として、不思議に

写真4　ガレリア竹町東端の広場的空間。かつてここにあった帆船リーフデ号の巨大モニュメントも撤去され，ずいぶんすっきりとした。

ランダムな区画整理街路の取り方がある。これはかつての城下町時代の通りを部分的に残しながら戦後の区画街路を通していったからである。その結果、たとえば府内五番街の通りとその一本南の街路の間の不自然に短い街区などの不思議なアンバランスを生むことになった。現在、府内五番街が魅力的なコミュニティ道路として整備され、人気のあるブティック街となっているのは(写真6)、こうした通りのイレギュラーなおもしろさも遠因になっているのかもしれない。

また、驚くべきことに中央通りより西側の街区は、もともと南北に長い街区になっていたものを、戦災復興計画によって東西に長い街区につくり替えているのである。つまり、戦前は南北の堀が埋め立てられた道路が南北の幹線で、これに平行して西側に南北の通りが五本ほど通っていたものを、戦災復興土地区画整理で、昔の街道筋である現・セントポルタ中央町の南北路の西側では東西路を一〇本以上通し、そのうち二本に一本はセントポルタ中央町の通りにT字路で突き当たり、一本東の中央通りまで突き抜ける道は半分になるというまったく別の街区につくり替えているのである。

そのためにかつての南北路は一つおきに二本も姿を消している。竹町にならって電車通りから賑わいを引き込む東西路が有利だと考えられたのだろうか。しかし現実はなかなかそうはなっていないように見える。幹線である中央通りに平行した南北路、セントポルタ中央町が元気にがんばっているのである。大分駅が中央通りの正面突当りより若干西寄りに立地しているのも、この大分版心斎橋筋に引き寄せられたからかもしれない。

思うにクルマの幹線から引き込んで歩行者の主要動線を取るとき、幹線からタテに次のランクの道を配するやりかたと、幹線の裏に平行してヨコに並べるやりかたとがある。東京でいうと前者は中央通りから直に次のランクの通りが奥に延びる「京橋型」で、後者は銀座の中央通りの裏に並木通りなどのファッションストリートが通る「銀座型」ということができる(図5)。

大分では中央通りの西側で、戦前は「銀座型」であった街区を戦災復興計画によって「京橋型」に変えたのである。そしてその試みはうまくいったといえるだろうか。「京橋型」のガレリア竹町よりも「銀座型」のセントポルタ中央町の方が元気がいいのである。それにアーケードのない通りも東西路が南北路を圧倒しているようにはみえない。

東京でも裏側に歩行者のための別空間を生み出し

写真5 セントポルタ中央町の風景。北を見る。一本東側の中央通りが近代のクルマによる南北軸だとすると，この通りは近世から近代まで続く，歩行者による主たる南北軸である。

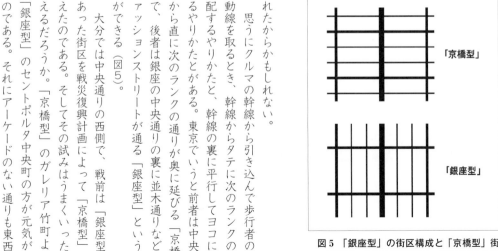

写真6 府内5番街，東を見る。人気のあるファッション街。かつての武家地。この界隈の街区はかたちが不ぞろいで，その不規則具合が，通りに個性をもたらしている。

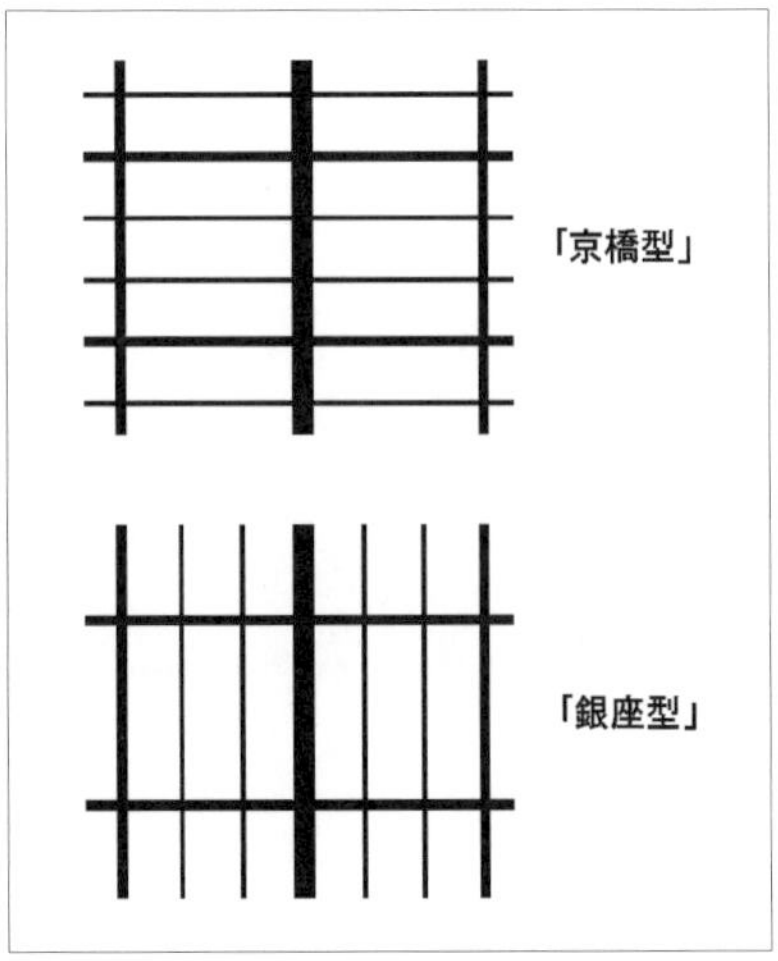

図5 「銀座型」の街区構成と「京橋型」街区構成。主要な幹線道路への裏通りのとりつき方が90度異なっている。

えたのは「銀座型」の通りであって、「京橋型」では個性ある裏通りが発生しにくいようだということを思うと、共通点があるようにも思える。

それにしてもこれほど大きな街区構成の変化を敢行したというのは、あまりほかには見られない。戦災復興のモデル都市表彰（一九五〇年）を受けた大分の力技だといえるだろう。

しかし、おもしろいことに現在では、戦災復興計画によって生まれた街区がごくあたり前のように都市生活のなかに根差しているため、この道路構成が当時斬新であったということを感じる人はまずいない。都市の変化というものは至極容易に都市生活のなかに飲み込まれてしまうものなのだ。

もう一つ、戦災復興計画街路に見られる（現代の都市生活者にはほとんど気づかれない）熱い思いとして、遊歩公園を挙げることができる。現存する本丸・二の丸とそのまわりを廻る内堀、これに架かる大手の門は南向きで、この門に向かって南から上がる道が遊歩公園の前身である近世のメインアクセスの一つ、東広小路である。北上する先には天守が見えていたに違いない。大手門の角にはのちに道路元標が建てられた（写真7）。

写真7　大手の門の前にある道路元標。大正時代のへそ。左手は府内城跡。

その後、この通りはおそらく駅開設時に南へまっすぐに延伸して、三の丸を貫通し、中堀南辺を埋め立てた南新地も抜け、南の町人地も突き抜けて、鉄道線路に至ることになる。一九一五年の地図にはこの通りは描かれており、一九三〇年の地図には大手通と記載されている。ほかの南北路と異なって、大手通はわずかに北北西に傾いている。この傾斜が近世由来の道であることを物語っている。

写真8　戦災復興計画によってできた遊歩公園。北を見る。正面は府内城（大分城）。公園のような街路というねらいのパークウェイを戦後の復興計画で実現させた例。

そして、戦災復興計画では、この大手通を活かしつつ、西側にもう一本、同様の道を南北に通し、二本の道路で、中央の分離帯を太くしたような緑地をはさみこむような不思議な街路が造られている（写真8）。延長五〇〇メートル余の細長いオープンスペースは、遊歩公園という命名が示すように、日本では珍しいパークウェイなのである。

今では人通りもまばらになってしまったが、この旧・大手通は、一七世紀初頭の東広小路、一九世紀末の大手通、そして二〇世紀半ばの遊歩公園と三回にわたって新規に造形され続けた通りである。通りが向かう先にはかつて天守台が見えていた。

大分の一見無性格に見える格子状街路には、こうした戦後復興計画の小さな夢がそこかしこに織り込まれている。しかし、これらの処々の工夫は、最近まで日常のなかにほとんど埋もれてしまっていた。

近年の駅周辺の整備やここからほど近いところに新設された県立美術館（OPAM、二〇一五年）や中央通りの再整備、JR線の高架化にともなう大分駅舎の再開発、大分駅南口の整備など、都心の再活性化に向けた大きな動きのなかで、こうした小さな夢たちにも再び光が当たり、再生の機会が与えられようとしている。

この機会に、戦災復興計画がもたらした夢を一番実感できる都市としての大分のまちを見直し、こうした細部の空間に大分の未来を考える貴重な手がかりを見出したいと思う。

45

宮崎
——徐々に生まれた近代都市

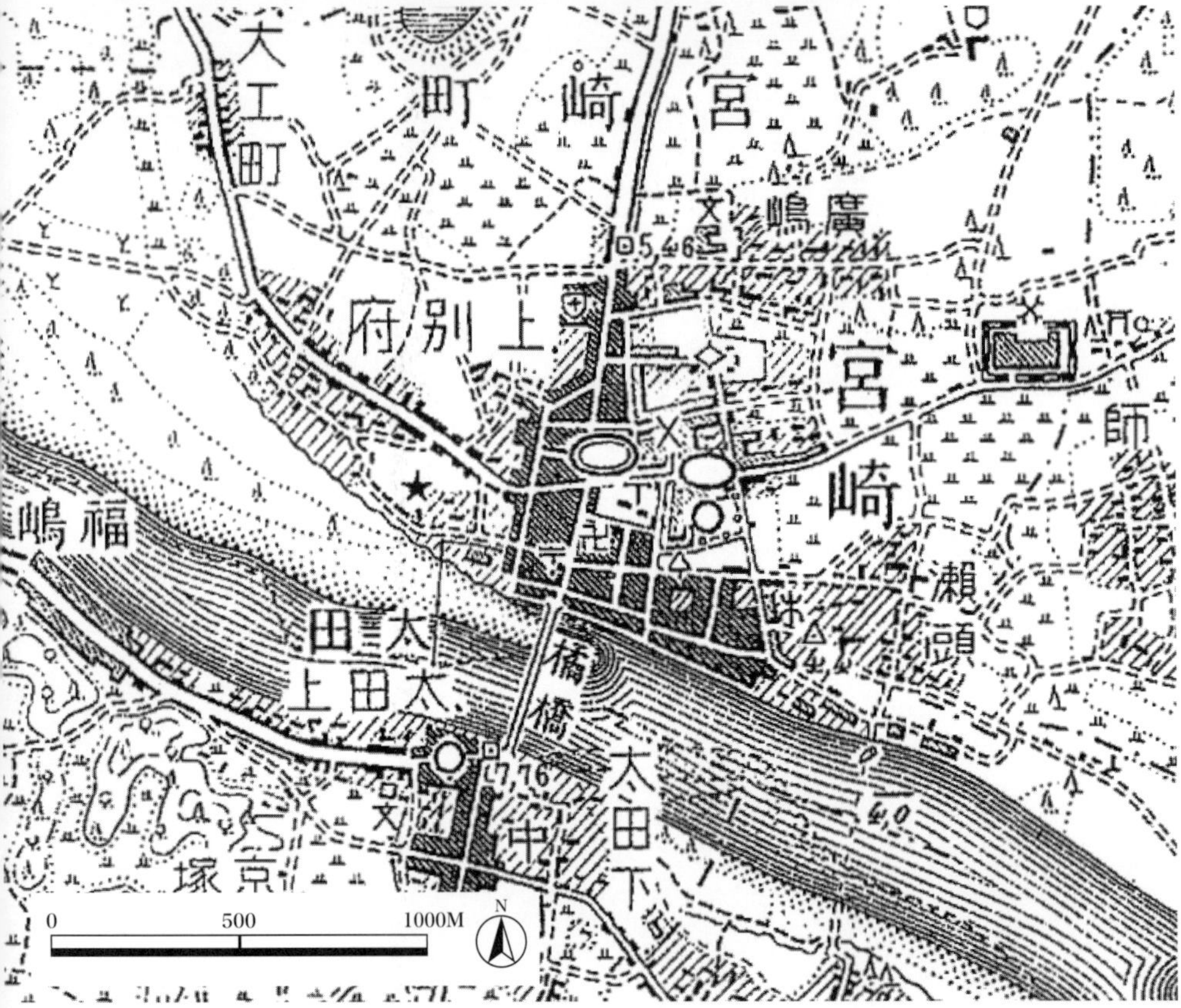

図 1　五万分一地形図「宮崎」（部分），1902 年測図，1904 年発行。

十文字のオモテと少しずれるウラ

宮崎駅に降り立ってまず実感するのはフェニックスやワシントン椰子、クスノキの並木が醸し出す南国情緒だろう。広々とした歩道をもった開放的な高千穂通り（駅前の東西路）やこれに直交する橘通りを歩くと近代都市計画によって十文字に形づくられたこのまちの骨格の確かさを実感する。

ただ、もう少しまちの内側に入り込むと、宮崎というまちの別の側面が見えてくる。たとえば、南国風の並木道は戦前にはなかったものであるし、街路も、高千穂通りより南側の都心のあたりは、機械的なグリッドでできた町ではないことがわかる。だからといってウラの通りが有機的な迷路だというわけでもない。十文字のまちの骨格とは少しずれてウラ側の街路が通っている。地と図が少しずれているような印象なのである。

じつはこのオモテとウラの微妙な違いに、徐々に形づくられていった近代都市としての宮崎の固有性が秘められているのだ。地図を見ながら宮崎の歴史を振り返ってみよう。

地名が生まれる

じつは、宮崎という都市の名称は近代に名づけられたものである。一八八九年のことである。この年に全国で町村合併が実施された際、県庁を抱える都市としてそれまでの上別府村（ここに県庁が置かれた）、上野町、川原町、瀬頭村、松山町、江平町の四町二村が合併して宮崎町として出発したのである。

宮崎という地名は『和名類聚抄』にも出てくる古代からの郡名だが、都市の名前ではなかった。一八八九年になって初めて宮崎町という固有の町名として使われることになった。

延岡や飫肥、美々津、都城というように宮崎県内には中心性をもった都市がほかにいくつもあるのに、なぜ県庁舎は名前もない場所に造られたのか。

江戸時代の日向国は、北に延岡藩・高鍋藩、南に飫肥藩・佐土原藩というように小藩に分かれており、都城を中心とする西部は薩摩藩だった。加えて各藩に飛び地が多く、幕府領も点在するという複雑な状況だった。

明治以降、県境の移動や鹿児島県への併合など種々の経緯があるが、大きく見ると、北の美々津県と南の都城県の二つに統合され（一八七一年）、この二県がさらに統合されて新たに宮崎県が生まれた（一八七三年）。その後、一時鹿児島県に併合された後、一八八三年に現在の県域をもつ宮崎県が再置され、現在に至っている。

二県統合の際に、県庁をどこに置くかということが問題となったが、美々津県と都城県の境である大淀川の川畔、上別府村に県庁が置かれたという次第だった。国内で村に県庁が置かれたというのは、宮崎と札幌、長野の三都市だけである。長野の場合は善光寺の門前町がいくつかの行政区画に分かれていたということなので、まったくの寒村に県庁がやってきたのは、最初から開拓が目的であった札幌を除けば、宮崎だけだった。

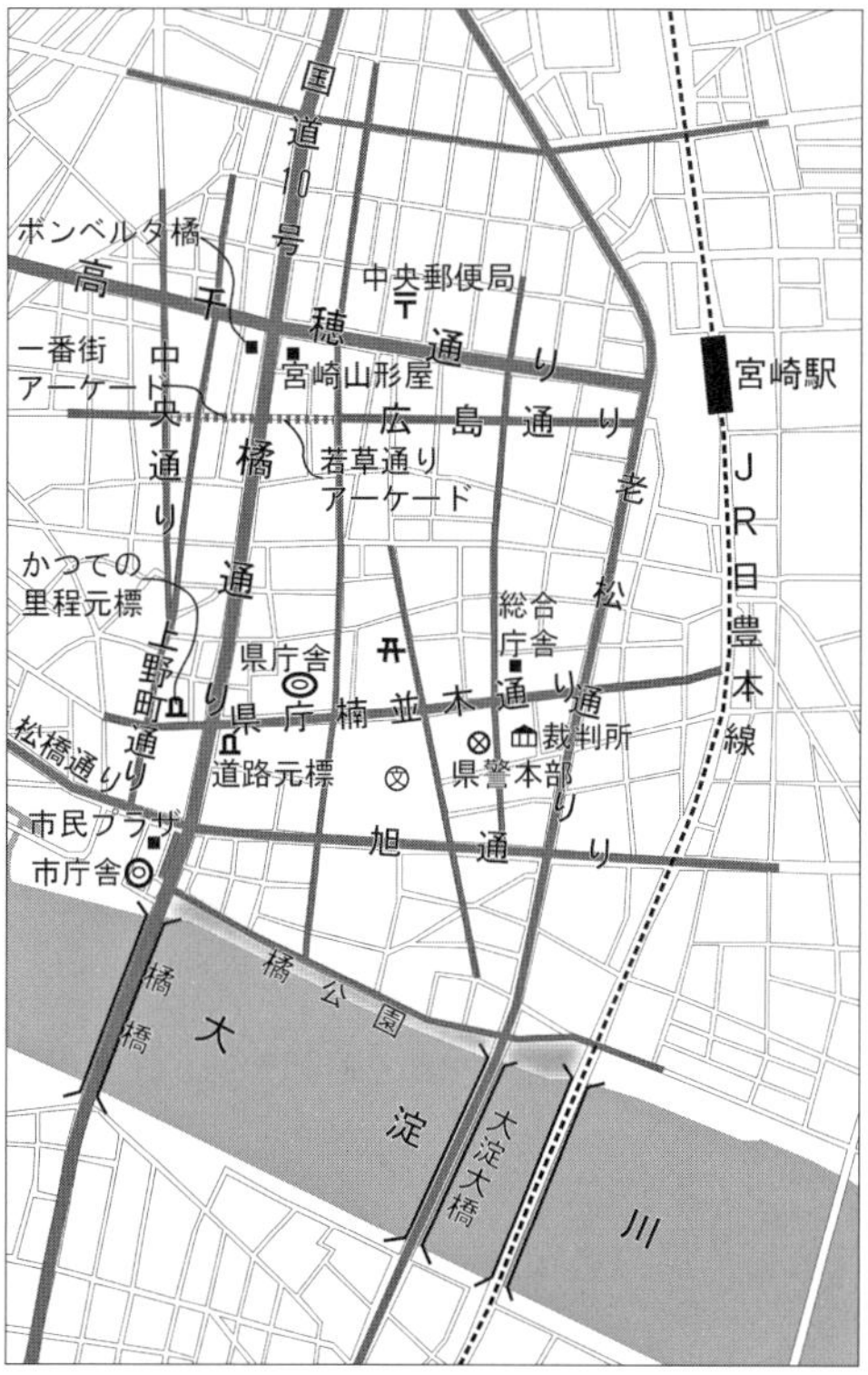

図2　宮崎の都心模式図。

県庁舎の建設

したがって、都市づくりはゼロからのスタートだった。最初に考えられたのは県庁舎をどこに建てるかということだった。

仮庁舎による移行期間を経て、一八七三年、交通の便がよい上別府村に県庁舎を建てることが決まった際、当初想定されたのは大淀川を望む河畔に県庁舎を建てるという案だった。たしかに眺望も良く、遠くからも近代の統治の姿が見えて、一等地だったといえる。

しかし、一八七三年一〇月二日の洪水で予定地が浸水したことから、川縁から約五〇〇メートルほど北の内陸側に移し、現在県庁舎が建っている位置に建設することに計画変更している。県庁舎は一八七四年五月に竣工している。

当時の県庁舎も、同じ場所に建てられた二代目の現在の県庁舎（一九三二年）も大淀川の方を向いているのは川を意識したかつての名残かもしれない。あるいは古くから「君子、南面す」といわれるように、統治のシンボルとして庁舎を南面させるという意識も加わっていたかもしれない。

県庁舎の建設と時を同じくして県庁前通（現・県庁楠並木通り、写真1）と県庁東側の南北路である県庁馬場（現・本町通り）の二本の道路が造られた。監獄や郵便役所（のちの郵便局）、学校や病院などの公的施設が周辺に造られた。このあたりには、のちに郡役所や町役場、図書館や学校、裁判所や銀行などが建てられて、次第に一つのまとまった官庁街を形成することになった。

ただ、これらの近代の公共施設も大淀川沿いには建てられず、川に平行するように県庁舎の東西に建てられていった。県庁前の立派な楠並木通り（クスノキが植えられたのはのちの時代であるが）がなぜ川に

写真1　現在の県庁楠並木通り，橘通りから東を見る。かつては県庁前通と呼ばれた。現在のクスノキは現県庁舎の竣工翌年の1933年に植えられたもの。県庁楠並木通りと橘通りとは直交はしていない。橘通りの方が15年以上もあとに造られているからである。

向かって延びず東西路になったのかも、そこに理由があるのだろう。この通りには現在も県庁のほか、裁判所や県警本部、国の総合庁舎などが建ち並び、県随一の官庁街をなしているが、こうした配置も過去の経緯をひきずっているのではないだろうか。

逆にこのまちには寺町というものは造られなかった。近代都市において、お寺を集中させるメリットはないのだろう。現在でも街中にお寺はあまり見かけない。

ところで県庁舎というといずこも新時代を象徴するような堂々たる洋風建築が建てられたかのように思いがちだが、宮崎では事情が違っていた。新しい統治の時代の到来を西洋建築によって具体的に示すことに熱心であった明治政府であるが、新築の宮崎県庁舎の建物は唐破風の玄関と大屋根の上に楼台をもつという藩庁風の和風建築だった。何より人口が少なかったためだろう。また、洋風建築に習熟した技術者も職人も少なかったからだろう。

県庁前通（現・県庁楠並木通り）がつくる近代の座標軸

県庁舎と同時に前の道路、県庁前通（現・県庁楠並木通り）が開設されたが、ではなぜ県庁前通が現在の位置に計画されたのだろうか。

現在、橘通りの西側、大淀川にほど近いところに南北に延びる上野町という通りが現存しているが、このあたりの道路が幹線の都市グリッドから大きく外れているのは、ここのところに明治初年の上野町があり、地域の中心をなしていたことの名残だからである。上野町の南北路は橘通りなどの幹線よりもはるかに古く、江戸時代からの歴史をもっていた。県庁前の通りもその上野町まで延びていたのである。今でも上野町の北部界隈は賑やかな商店街となっており（写真2）、宮崎唯一のアーケード街（若草通りと一番街）も駅から上野町に向かって延びている。

写真2　県庁が来る以前からの既成市街地であった上野町は今でも飲食店が集中する賑わいの場となっている。写真は上野町通りの北側に続く現在の中央通り。南を見る。

県庁前通は上野町通から東へ向かうようにして建設されたことはまちがいない。その証拠に、現在でも橘通りを貫通して、県庁楠並木通りはやや斜めの直線で上野町通りまで達している。上野町通から分岐するように県庁前通は造られた。ここは宮崎初の近代のT字路があったといえる。

そしてこのT字路に県で初めての里程元標が設置されたことが記録にある。残念ながらこの里程元標は現在は失われているが、このT字路こそ、宮崎の座標軸の原点、X軸（県庁前通、すなわち近代の軸）とY軸（上野町通、すなわち近世の軸）とが交わる点だったのである。今はまわりにマンションが建ち並ぶ、何の変哲もない交差点となっているが、ここに宮崎の近代の一つの出発点があるのだ。

県庁舎が建てられた当初は、都市より先に行政機構がまずやってきて、「野原の中に淋しく建って居った」（『宮崎市史』）という風景だったものが、徐々に官庁街に育っていったのである。同じような平野の中心に造成された札幌と比べると、宮崎には大地に大きなグリッドを引くといった国家事業としての壮大な構想はなかった。身の丈に合わせて、少しずつまちを拡げていくといった地に足がついた開発姿勢が主だったのである。

そして県庁舎から上野町へかけて、さらには大淀川に向かってひとまわり大きな地域で道路が次第に整備され、県都として体裁を整えることが始まった。

それにしても、県庁舎が同じ位置に建ち続けていることによって、宮崎の都市形成に確固たる核を与えた意義は大きいと思う。宮崎の人にはあまり実感がないかもしれないが、この都市は県庁舎という不動の核を中心に徐々に周辺に形成されていった、日本では珍しい県都なのである。

徐々に広がる道路網

現在の宮崎のことを最初に考えてしまうと、南国風の駅前に高千穂通りがまっすぐ西に延び、その先に橘通りと交差するという東西軸と南北軸による十文字の都市を自然に想定してしまうが、近代都市宮崎はそのようなかたちで生まれたのではなかった。

　まずは旧集落としての上野町があり、ここと県庁舎とを結ぶ東西路の県庁前通、この通りと直交して大淀川へ至る南北路の県庁馬場ができ（一八七三年頃）、旭通りができ（一八八五年）、官庁街が生まれ、その北側に徐々に市街地が広がっていったのである。一九〇五年前後から宮崎のまちは北へ拡大し始め、明治末には市街地の北の端は現在の広島通り（アーケード街のある東西路、高千穂通りの一本南の東西路）に至っている。

　宮崎のまちに電灯がともるのが皇太子の来訪があった一九〇七年というから、おそい近代がこのころ到来したのだろう。

写真 3　橘通り。橘通 3 丁目交差点，南を見る。現在の目抜き通り。

　しかし、このあたりから宮崎の都市の骨格は大きく変貌し始める。

　のちに橘通りとなる南北の幹線、国道三六号（のち国道一〇号）の建設着工は一八八七年だった。上野町を拡幅することも考えられたようだが、既成市街地の改変は抵抗が大きく、結局市街地の東側にバイパスするように設けられている。これが一九〇七年に橘通りと改称された現在の目抜き通りである（写真3）。

　同様のことは東西路でもいえる。

　宮崎駅が一九一二年に開業した際、駅は当時の宮崎の既成市街地の北東端に造られたが、駅前通りを構想するにあたって、広島通りを拡幅する案も検討されたようである。しかし、これも合意が得られず、広島通りのバイパスともいえる位置に現在の高千穂通り（写真4）が建設された。一九一三年は宮崎県再置三〇周年にあたる。これを記念して駅と幅員一一間にも及ぶ駅前通りが造られたのだ。

写真 4　高千穂通り，宮崎駅近くから西を見る。1913 年の宮崎県再置 30 周年記念の駅前通り。広島通りの拡幅も計画されたが，合意が得られず，北側に新規に造られた。

　つまり、宮崎の都市軸をなす橘通りと高千穂通りはいずれも既成の街路を造り替えるのではなく、すぐとなりに新たな幹線を新設するかたちで建設されたのである。

　現在の目からすると、橘通りと高千穂通りとを基準にして宮崎のまちが造られていったように見えるが、それは逆で、この二本の幹線は既成の街路に平行するように敷設された、あとづけの幹線だった。そもそも高千穂通りの建設当初は宮崎駅から橘通りまでで止まっており、西へは延びていなかったので、もともとからの十文字というわけでもなかったといえる。

　戦災を受けた多くの都市が戦後の復興土地区画整理のなかで駅前からまっすぐに延びる駅前通りを通し、これと直交するもう一つの幹線道路によって十文字に都市を開き、近代化を推し進めるという選択肢を選んできた。ところが、宮崎の場合は、同じような十文字の道路パターンをとることになってはいるが、それよりも三〇年以上も前に、結果的に同じような道路を通すことをやってのけているのである。

　ここにも、対処がやっかいな既成市街地が少なく、明治の初めから純粋に近代都市をめざすことができた都市の個性が光っている。徐々にではあれ、過去にとらわれない近代都市が形づくられていったのである。

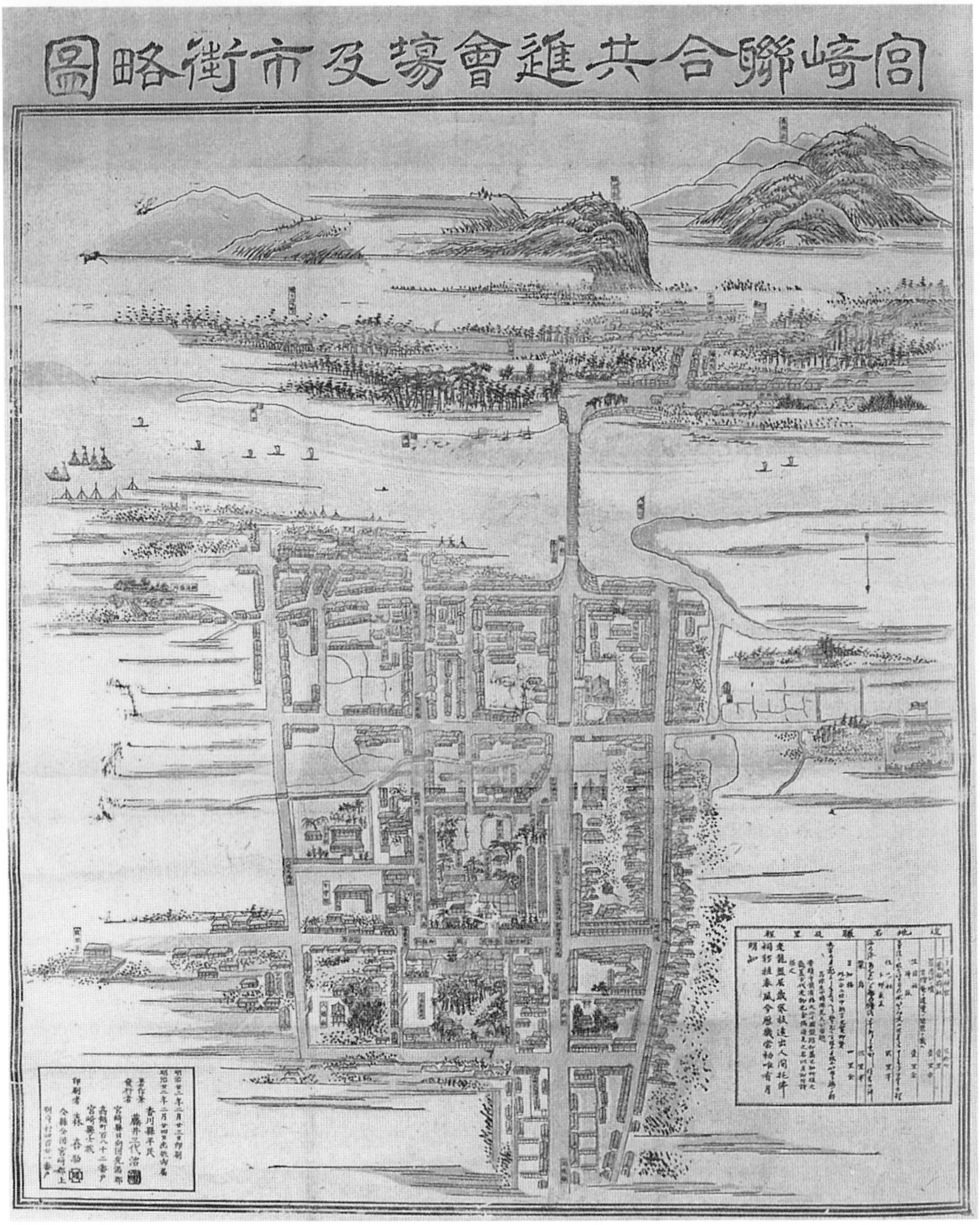

図3　宮崎連合共進会場及市街略図，1889年（出典：『宮崎県史』資料編 近・現代3，宮崎県編，1995年，口絵）。

それにしても二本の広幅員道路が従来の街路とわずかにずれて（軸線も、東西、南北ともに少しずれている）造られたことによって、宮崎のまちはクルマのための道路とヒトのための街路の二つをセットにした交通ネットワークを東西にも南北にももつこととなった。これは宮崎にとって今後のまちづくりの重要な手がかりとなりえる貴重な財産でもある。

さらに、橘通りと高千穂通りの交差点にはデパートなどの核店舗が複数立地し、現代都市のへそとしても賑わっている。

また、高千穂通りの北側を歩くと、そこは通りの南側とは異なって格子状の道路が広がっている。ここは一九二五年より市街化を前提とした耕地整理が行われたところである。高千穂通りは宮崎駅の駅前通りとして、市街地の北辺に造られた。駅開設当時は高千穂通り以北はまったくの田んぼだったようだ。

一九二三年に日豊本線が全通し、宮崎駅の重要性も格段に上がった。

大淀川——分かつものからつなぐものへ

宮崎という都市はまた、現在の見方からすると、まちの真ん中を大淀川が流れていると思われがちであるが、この見方も都市づくりのはじめとは異なっている。当初は川は分断要素でしかなかったのである。

大淀川はかつての国境なので、橋は架けられず、長らく渡しだけがあった。初めて大淀川の下流に木橋が架けられたのは一八八〇年のことだった。当初の橋は北岸の上野町通と南岸の中村町通を結ぶよう

写真5　1910年代の橘橋，4代目の木橋。現在のRC橋（1932年）の先々代の橋（出典：『宮崎県史』通史編 近・現代1，宮崎県編，2000年）。

写真6　橘公園。橘橋より大淀川下流（東）を見る。戦災復興計画によって生み出されたリバーサイドパーク。このあたりは当初，県庁舎が計画された。

に架けられた。つまり現在の市庁舎の西側に橋が架かっていたのである。ここが当時の中心街だったので当然といえば当然であるが、今ではなかなか想像ができない風景ではある。

大水のたびに木橋は流されてしまうので、同じ場所で二度架け替えられている。その後、一八八九年に新しい国道三六号線が現在の橘通りの位置に建設された際に、下流に移し替えられた（写真5）。この橋も一九二七年に流失し、五代目の木橋が架けられた。現在の大規模なRC橋は六代目で、三二年に完成している。これと軌を一にして橘通りの拡幅、現在の県庁舎への建替えが行われた。

この間、北岸の宮崎町と南岸の大淀町との合併が一九二四年に成立し、宮崎市が生まれている。両町の合併には当初から慎重論が根強く、大淀川は両町をつなぐものだとは必ずしも考えられていなかった。宮崎には江北、江南という地域の呼び方があるが、二つの地域が一本の道路と一つの橋によっ

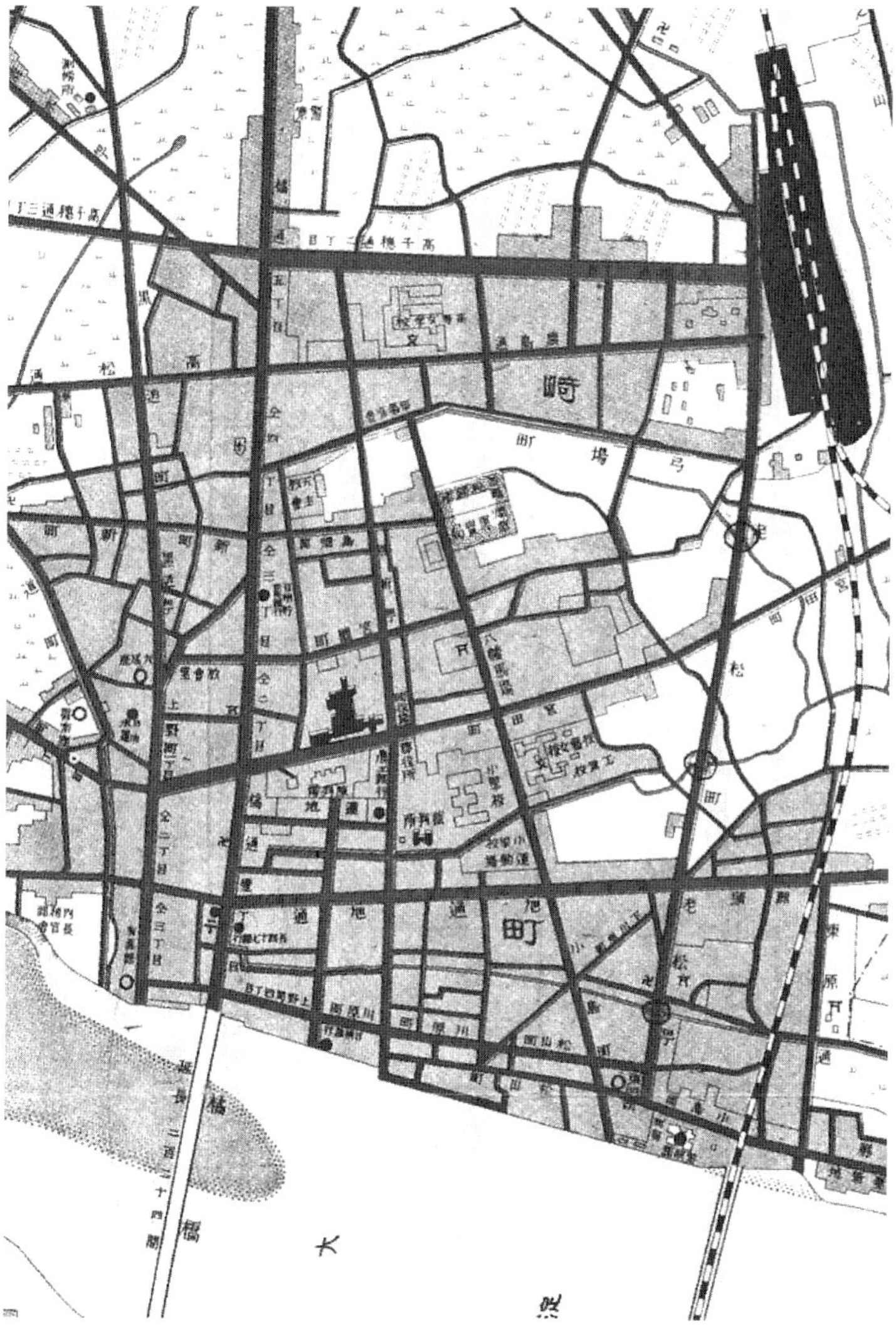

図4　「新宮崎市街地図」（部分），1922年頃（出典：小野和道『浮上する風景』鉱脈社，1996年，147頁）。

てつながったのである。今では大淀川と川沿いの橘公園は都市の緑の軸として市民の間に定着している（写真6）。

橘通りの風景

今日、橘通りを歩くと、中央分離帯に見事なワシントン椰子の列植が延々と続き、南国情緒をいやがおうにもかき立てられるが、もちろんこれは戦後につくられた宮崎のイメージである。

宮崎最大の空襲は終戦直前の一九四五年八月一〇日から一二日にかけてであり、これによってほぼ高千穂通り以南、上野町通り・中央通り以東が壊滅的な被害を受けた（被災地の中心部に位置する県庁舎が無傷だったのは奇跡に近い）。橘通りが現在の三六メートル幅員になったのは、戦災復興の土地区画整理によってである。

このとき、同時に高千穂通りが幅員二五メートルから四〇メートルに拡幅され、現在の都市の骨格が成立した。ちなみにこの土地区画整理によって、橘通りと高千穂通りの交差点、橘通りと旭通り・松橋通りの交差点の二カ所には見事なロータリーが設けられた（写真7、現在はない）。

その後、宮崎交通の生みの親である岩切章太郎の提唱によって、一九三〇年代より戦後まで、フェニックスなどの南国風の並木が風景を観賞する「動く額縁」（岩切章太郎）として市内の通りに植えられていった。その一環として橘通り周辺も中央分離帯に一九六〇年代にワシントン椰子の並木が延々と植えられた。これが南国宮崎のイメージを決定づけることになった（写真8）。

写真7　戦災復興土地区画整理で生まれた広い橘通りと二つのロータリー。奥のロータリーが橘通りと高千穂通りの交差点，手前は大淀川と橘橋（出典：『宮崎市史』五編，宮崎市史編纂委員会編，1959年，口絵）

写真8　橘通りのワシントン椰子。1960年代に植えられた。

つまり、こんにち見ることのできる橘通りの風景は道路建設から拡幅や修景に至るまで、一八八〇年代から一三〇年ほどの間、ずっと手を加え続けてきた歴史の蓄積によって成り立っているのである。

ひとくちに日本の近代というと明治維新や文明開化に見られるように急激な近代化が推進されていった印象が強いが、開港都市などの例外はあるものの、都市づくりはそれほどのスピードで実行することはまず不可能である。とりわけ宮崎のような都から遠くに位置する都市は、殖民に関する国家の強い意志でもない限り、徐々に市街地形成が進むこととなる。

時代時代の意図をもって、新たな要素をつけ加えながら、近代都市を徐々に形成していく——物言わぬ宮崎の街路風景はその神髄をさりげなく示している。これも都市の奥深い物語の一つなのである。

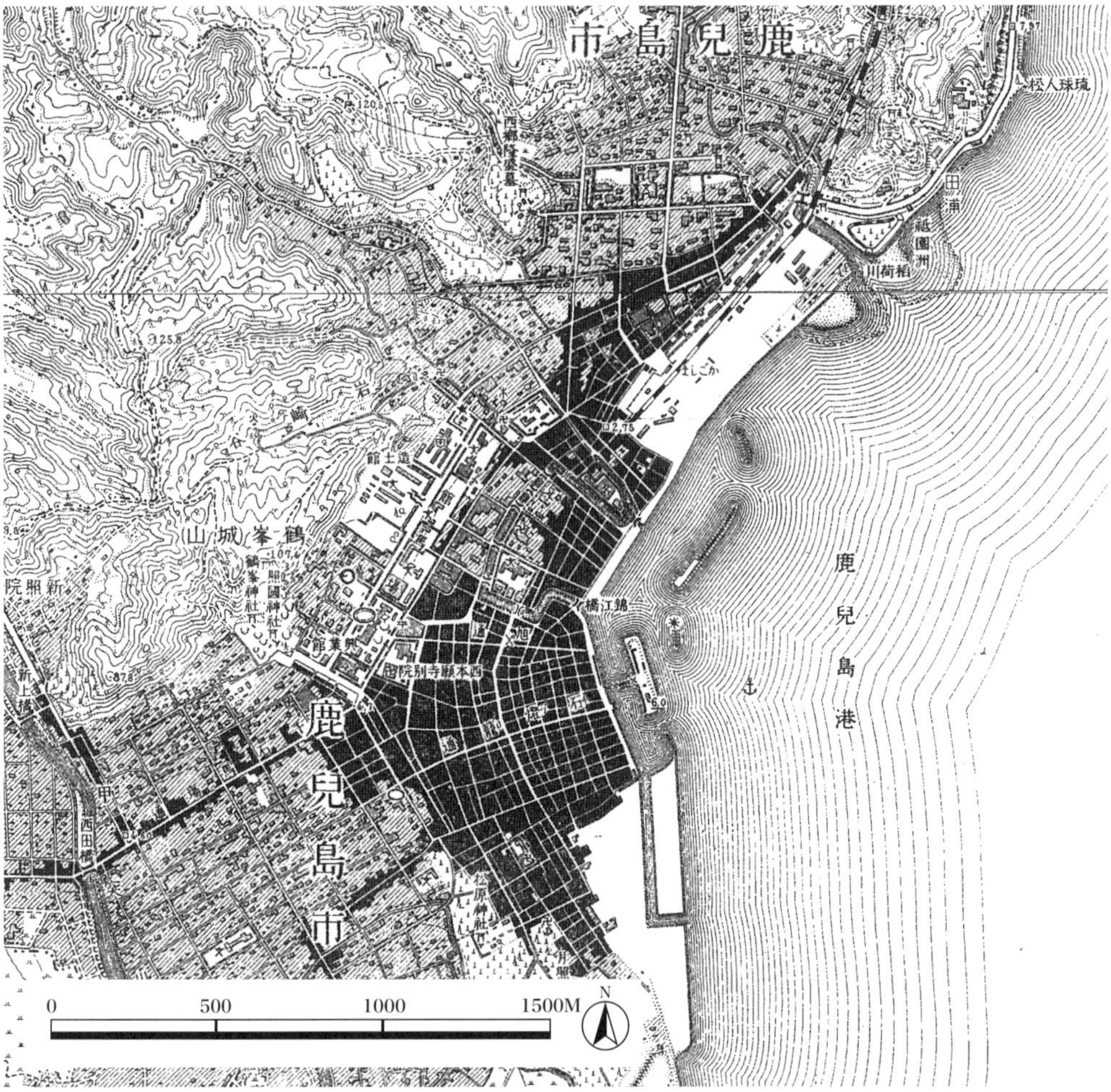

図1　二万分一正式図「鹿児嶋」（部分）；「伊敷村」（部分），いずれも1910年測図，1912年発行。

46 鹿児島

——南進する多軸都市

方向感覚を狂わせるまち

九州新幹線が二〇一一年三月に全線開業し、鹿児島がぜん近くなった。それにともなって、これまで飛行機が中心だった鹿児島へのアクセスに鹿児島中央駅が玄関口として一躍脚光を浴びるようになってきた。まちあるきを楽しむ身としては、まちの入り口の顔はとても重要なのだが、空港からのアプローチはいつもどこかメカニカルで、まちに迫るという張りつめた感覚にいささか欠けている。それに比べて中心となる鉄道駅に降り立つと、まちのオモテ向きの顔が緊張感をともなって見えてくる。

鹿児島中央駅に降り立つと、正面に大きなタクシープールがあり、その先は輻輳する交通結節点になっている。五本の幹線道路が集中する駅前は戦災復興土地区画整理事業の一大成果なのだが、交通があまりに集中して、混雑の中心という印象をもってしまうのが残念だ（写真1）。

中心街へは市電の線路に沿って、左手に曲がっていくことになる。この道が天文館を通って港の目玉施設、ドルフィンポートに続く都市軸の一つの電車通り、その先がいづろ通である（写真2）。いづろとは石灯籠のこと、港へ向かう道の両側に配置された石灯籠がまちの中心的な施設であること自体、ここが港のまちでもあることを示している（写真3）。

鹿児島というのは、歩いていて方向感覚を保ちにくい都市である。おそらく幹線がそれぞれ少しずつ違った方向に走っているうえに、それが少しずつカーブしていたりするからさらにややこしい。たしかにこの先にも照国通りや朝日通り、みなと大通りなど、見事な幹線があるのだが、どれもそれぞれ少しずつ異なった方向を向いて走っている。桜島がどこからも見えていれば問題ないのだが、そういうわけでもない。路地のような細街路であれば、自然発生的に有機的な道路パターンとなるのはわかるが、これらは都市の幹線である。都市の幹線が何本も、それもそれぞれ別の方向を向くような都市がなぜ生まれてきたのか。地形的な制約が軸線を規定しているわけでもなさそうだ。

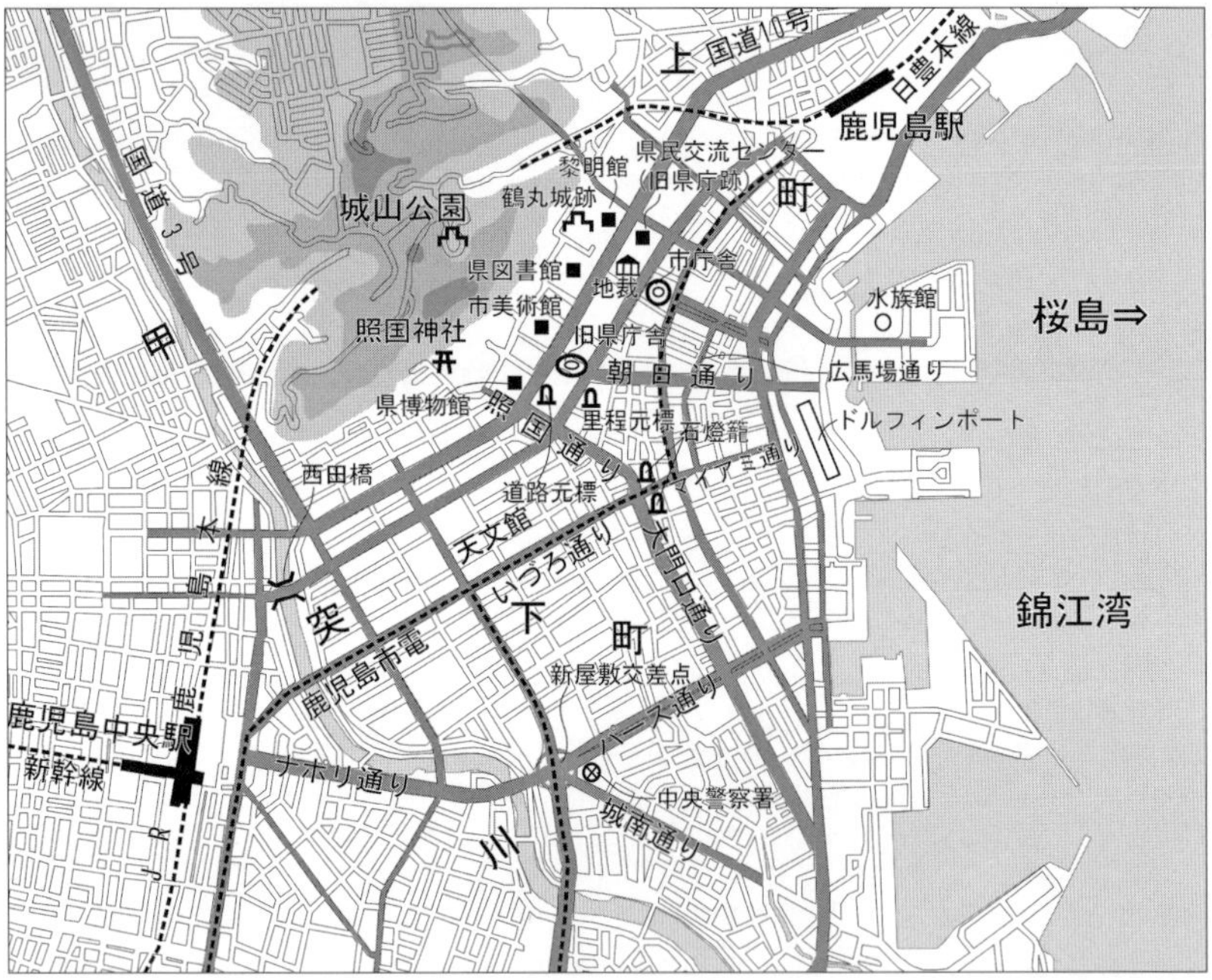

図2　鹿児島の都心模式図。異なった軸線をもった多軸都市の基本は港とその先の桜島だったのだろう。

写真1　鹿児島中央駅前の風景。駅ビルのアミュプラザ屋上にはなぜか観覧車がある。

南進を跡づける複数の都市軸

この疑問を解く鍵はこのまちの地形と都市形成の歴史にある。

鹿児島の地が中世島津氏の拠点となったのは一三四三年のことであるが、このとき攻略してそれ以降自らの居城とした東福寺城に始まり、清水城（一三八七年）、内城（一五五〇年）、鶴丸城（一六〇二年）と次第に南下しつつ、山城から平城へと場所を変えながら徐々に都市を拡大させていった。

なぜ島津氏がこの地にこだわったかというと、北から西にかけてシラス台地に囲まれ、南には甲突川、東には錦江湾という防御にすぐれた地形のほか、おそらくは、薩摩を地盤として大隅、日向へ領地支配を展開していく際の拠点として鹿児島の地が地理的にも中心にあり、もっともふさわしかったという広域的な立地によるのだろう。

さらに、ここはまた、稲荷川（のちには旧・甲突川）の河口の港町でもあった。中国船や琉球船、さらにはポルトガル船も寄港するこの九州南部最大の

写真2　いづろ通，鹿児島中央駅方面を見る。市電の軌道敷には延々と見事な芝生が植えられている。

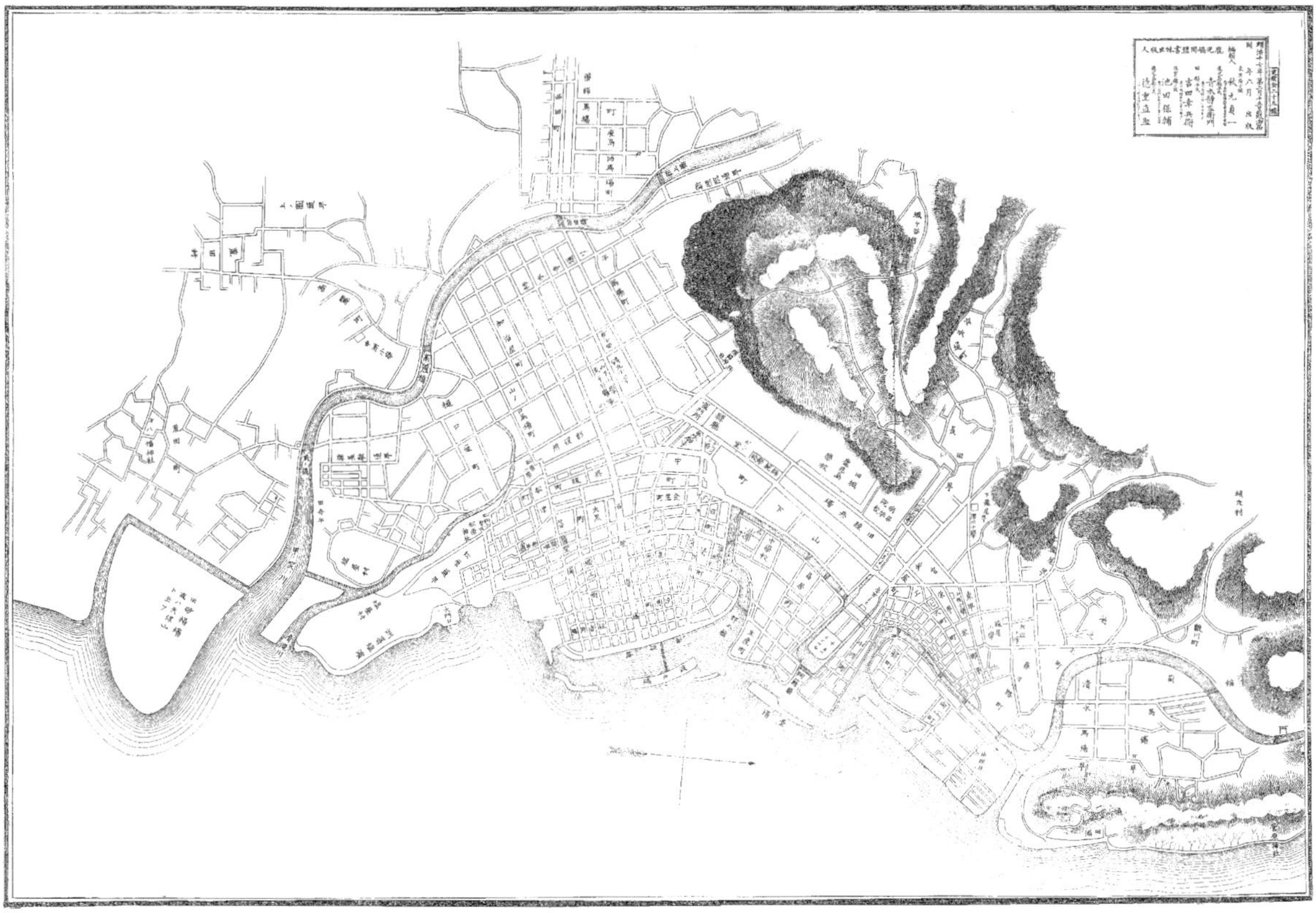

図 3　明治 17 年鹿児島市街略図，1884 年，右が北（出典：『鹿児島市史』鹿児島市史編さん委員会編，第 3 巻，1971 年，附録）。

港町における交易が都市繁栄の一つの源でもあったのである。

現在の鹿児島の都市としての骨格の基盤をなしているのは鶴丸城と城下町であるが、甲突川の河川改修によって、流路を南へ移し、現在の川筋とすることによって市街地のスペースを広くとることができたことが島津氏を永年この地にとどめることになったといえる。

大きな城下町の大半が戦国末から江戸時代初期のうちにいっせいに新規の計画都市として建設されたのと比べて、鹿児島はそれ以前にすでに二五〇年以上の歴史を、港という傾斜地に、少しずつ場所をずらしながら積み重ねてきた。

織豊期の城下町は天下統一に向けて規格化が進み、天下の秩序に合致しているということで、ほかと同じような構成の城下町であることが重視された時代だった。鹿児島のまちはそうした天下国家の情勢とは無関係に、過去の遺制をひきずりながら、個性あふれる中世的な特徴を保ち続けていた。

たとえば、鹿児島では寺町が集中しているということはないし（そもそも鹿児島は廃仏毀釈の嵐が激しく、現在、市内にほとんど寺院が残されていない）、城山のふもとに主要施設を配置するような城郭の造り方は織豊期の標準的な城下町とは異なっている。

そのうえ、これに明治以降の変化、さらには戦後

写真 3　いづろ通交差点のところにある石灯籠。この道を右手（北東）に進むと，江戸時代以来の鹿児島港である。その通りは現在，マイアミ通りと呼ばれている。

写真 4　みなと大通り，正面は市庁舎。通りそのものは戦後の土地区画整理によって生まれたが，軸線が鶴丸城と港とを結ぶものだったことは変わりない。

の計画が加わり、これらが相まって都市の多核性を生み出し、複数の異なった道路軸となってこんにちの複雑な道路パターンを生んでいる。

しかし、城下町の部分をよくよく観察してみると、道路の軸線はまったくランダムというわけではない。主として鹿児島駅の北側に広がる内城時代までの市街地はいかにも中世的な迷路性を漂わせている。その南の鶴丸城時代の道路は、お城から港へ向かう軸線（現代にあてはめると、たとえば市庁舎前のみなと大通りの軸線にあたる）とその南側の町人地を中心とした港町から港へ向かう軸線（現代にあてはめると、たとえばいづろ通の軸線にあたる）とから成っていることがわかる。これに港へ向かうすり鉢状の地形が重なり、軸線が決められることになる。

みなと大通りに代表されるお城から港へ向かう方位が城下町の軸線とすると（写真4）、石灯籠通りとその延長の現在の天文館通り（かつての中福良（なかふくら）通り）に代表される町人地から港へ向かう方位は港町の軸線ということになる（ただし、みなと大通りそのものは後述するように戦災復興の土地区画整理のたまものなので、軸線はかつてと同じだとしても、通りそのものは新しい）。

たしかにみなと大通りあたりを境としてかつて城下町は北の上町（かんまち）と南の下町（しもまち）に分かれていたし、武家地も北の上方限（かみほうぎり）、南の下方限（しもほうぎり）に分かれていた。一方、石灯籠通りは江戸時代を通じて、後背の武家地から水際の町人地を抜けて港へ至る背骨の道であった。

もう一つ城下町に特徴的なのは、昔から「町は三分武家は七分」といわれたように武家地の面積がやたらと広いこと、そして港町の町人地が固まって計画されており、その町人地が街道に沿って線状に延びていないことである。これは鹿児島特有の専売制度のため、そもそも御用商人以外の町人が少なかったことによるようだ。このまちは城―武家地―町人地―港といった構成が時代とともに南へ増殖することによって成り立っているようにみえる。街道による他都市との連携といった側面がほとんどないような印象を受ける。

写真５　朝日通り，東を見る。正面に桜島が見える位置に，西南戦争直後に建設された。反対の正面には城山，そしてそのふもとにはかつて県庁舎があった。

そして南への増殖は異なった軸線の市街地を生み出してきた。

たとえば近代最初期の通りとして新たに建設されたのが現在の朝日通りである。この軸線はこれまでのどの通りの方向とも異なっている。この道は、鶴丸城内に置かれた旧県庁舎（一八七九年、現在の中央公園）からまっすぐ桜島に向かって引かれた近代の軸線である。今でも朝日通りに立つと、桜島が真っ正面に見えるのがわかる（写真5）。数ある港へ向かう道路のなかで、これほど明確に桜島を正面に据えた道はほかにはない。

これは西南戦争で市街地の多くを焼失した鹿児島の復興を象徴する通りとして建設されたのだろう。この突当りに新たに木造二階建ての新県庁舎が造られた。時の県令は札幌の開拓使判官を経験してきた岩村通俊（いわむらみちとし）（一八七七－八〇年）だった。あるいは、鹿児島県庁舎が通りの突当りに建っている姿は岩村県令が実現させた札幌の開拓使本府（庁）をモデルとして岩村自身が描いたものなのだろうか。

これが近代鹿児島を象徴する重要な軸線であったことは、旧県庁舎と旧市庁舎の間の辻に明治初年の里程元標が建てられたことにも現れている。今のこの里程元標は西本願寺鹿児島別院の角に立っている。なお、その後、道路元標は照国通りと磯街道の交差点に移された。ここが熊本経由で九州の西側を南下してきた国道三号と大分―宮崎経由で九州の東側を南下してきた一〇号がふたたび邂逅する終着点となっている。

このようにして複数の軸線がそれぞれ自律的に地区を構成するという鹿児島の中世以来の歴史を象徴するような街路パターンが形成された。おもしろいことにこれを結果的に見ると、港をかなめとして扇状に主要軸線が広がるという都市が生まれることになった。

これに駅開発と戦後の開発が南に加わり、話はさらにややこしくなる。

鹿児島駅は一九〇一年に上町地区に開設された（写真6）。これはここが古くからの都心であったこととともに、当時の鹿児島本線（のちの肥薩線）が外国船からの艦砲射撃を避けるために山側に路線をとって、国分・人吉から八代へ出て北上するルートをとったためだった。一方で、西から南の方面の拠点として川内線武駅（のちの西鹿児島駅、現在の鹿児島中央駅）が一九一三年に設けられ、のちに武駅と鹿児島駅間も城山の下にトンネルを掘って結ばれた。

武駅の位置はおそらく天文館通りを西に延長していった突当り、ということで決められたのだろう。一九二七年に八代―鹿児島間の海岸路線が全通し、こちらが鹿児島本線となり、武駅も西鹿児島駅と改称された。現在の鹿児島中央駅の名称は二〇〇四年、九州新幹線の部分開通時からである。

写真6　JR 鹿児島駅。1901 年開業。かつての賑わいの中心地であったことは，広大なヤード用地跡に見ることができる。この駅は今でも鹿児島本線および日豊本線の終点である。

戦災復興計画とその後

鹿児島は南に開いた軍事拠点であったために、第二次大戦時には南方から迫りくる連合軍によって八回もの空襲を受け、市街地のじつに九三パーセント、一〇七九ヘクタールを焼失した。戦後の復興計画は主として甲突川南岸（かつて川外と呼ばれたところ、これに対して旧市街側は川内と呼ばれた）の面的整備が中心であった。

ここでも鹿児島市街地の南進の歴史は受け継がれているといえるが、旧市街地と比較してもさらに広々とした川外に西鹿児島駅（現在の鹿児島中央駅）を中心とした新しい都市中心を造ろうという意気軒昂な区画整理計画であった。駅前から五つの幹線が放射状に広がる構成は新都市の顔として十分である。

事実、この計画はその後見事に現実のものとなり、鹿児島本線、日豊本線ともに終点は鹿児島駅なのだが、現在、すべての特急列車の終点は鹿児島中央駅となっている。県庁舎も一九九六年に甲突川南側の現在地に移転している。

街路網に目を向けると、駅正面の大通り（西駅本通線、現・ナポリ通り）から甲突川を渡って鹿児島港のかつての中央市場に至る見事な広幅員道路（松原通線、現・パース通り）を通し、この通りを軸にそれまで開発の遅れていた甲突川沿岸地区の整備を進めるといった構想で、この通りの中間、電車通りと城南通りとの交差点である新屋敷に巨大なロータリーを設けて新しい都市の核とするという遠大な構想を現実化させている。

そして注目すべきことに、この戦災復興計画は甲突川の南側では革新的な土地区画整理を行っているのに対して、旧来の市街地側では、土地区画整理は行われたものの、これまでの都市構造を尊重し、新しい道路で旧市街地をむやみに切り裂くことをせず、主軸としての幹線を拡幅することによって都市の記憶を大切にしようとしている。

たとえば、戦後すぐに決定された都市計画街路のうちもっとも幅員が広い五〇メートルの街路は照国神社通線（広路一号、現・照国通り、写真7）、市庁通線（広路二号、現・みなと大通り）、松原通線（広路三号、現・パース通り）の三本であり、一号路線と二号路線を見ると、突当りにあるのは照国神社と鹿児島市庁舎であり、鹿児島のまちが何を大切にしようとして計画していたかがよくわかる。

一方で、三号路線の起点は新屋敷広場と名付けられた新屋敷の巨大ロータリーであり、ここを新生鹿児島の新しい都心にしようという意図が込められていたが、こちらのほうは巨大すぎて成功したとはいえない。

現在、鹿児島のまちを歩くと、市電軌道敷が芝生でおおわれ、みどりの新しい都市軸が生まれているのが目につく。これは、目に心地よいだけでなく、騒音を軽減し、夏のヒートアイランドも和らげてくれている。二〇〇六年度に始められた近年のわが国の都市政策の大ヒット策で、延長約九キロメートルにわたって軌道敷を芝生で緑化したものである。こうしたことが実施できたのも、戦災復興計画に代表

写真 7　照国通り。北西を見る。正面は島津斉彬を祀る照国神社。1863 年創建。参道ともなる広幅員のこの通りは江戸時代の名残であるが，ここから東南に延びる照国通りの部分は戦災復興計画で生まれた。

されるような地道なインフラ整備が進められてきたおかげである。

インフラがしっかりとした都市というものは新しい試みを受け容れる余地が大きいのだ。道路幅が広いため、市電軌道敷に無理に自動車を走らせなくても大丈夫なので、軌道敷の緑化が可能だったのである。市民に大好評のこの施策は、戦災復興の努力のたまものでもあるのだ。

さらにいうと、市電が加治木通りからいづろ通を通って、JR鹿児島駅とJR鹿児島中央駅という新旧二つの拠点駅を結ぶように走っていることにも好感がもてる。いかに都市開発が南向きに進んでいったとしても、古くからの都心の命脈を保ち、一点集中ではなく、都市を軸として発展させる意図をもち続けることにこの市電は大きく寄与しているといえる。

写真 8　城山から見た桜島。1614 年より禁足地となる。西南戦争の激戦地。1906 年に城山公園となる。現在では，鹿児島の共通した都市イメージの源となっている。

ところでこの市電の通る道にも一つの物語がある。原案では路面電車は加治木通りの一本東側、かつての目抜き通りであった広馬場通り（鹿児島銀行本店が正面を向けているのがこの通りである）を通る予定だった。ところが広馬場通りの大店がこれに反対し、また当時の山形屋呉服店が裏通りである加治木通り沿いの土地を提供し、この通りが拡幅されることに変更されたのである（一九一三年）。山形屋もこの通りを正面にして洋風の百貨店建築を建設し、一九一六年にオープンさせている。その威容は現在の電車通り（旧・加治木通り）沿いに見ることができる。目抜き通りの交替劇――これも一つのまちの物語だろう。

共有できるイメージをもつまち

鹿児島のもう一つの特色は東側に桜島を拝み、西側に城山をはじめとする山腹の緑を望むという明快な方位性をもっているということ、そして城山から一望できる市街地とその向こうの錦江湾にそそり立つ桜島という都市を眺望する風景をだれもが知っているということである（写真8）。

都市のイメージを市民が共有するということは案外この国ではむずかしい。襞の多い地形は小宇宙を造ることには向いているが、都市全体を見渡せるようなスケールの大きな眺望を得ることには向いていないからである。とりわけ県庁所在地のように規模の大きな都市では困難がある。

鹿児島には桜島という唯一無二の財産があるが、それだけではない。城山という市民と来訪者が共通してまちのイメージをもつことができる都市眺望のシンボル地点をもっている。西南戦争の聖地がそのまま景観資源となるという巡り合わせがあるといえる。

鹿児島は、幕末の極端な廃仏毀釈で市街地が破壊され、さらに薩英戦争（一八六三年）、西南戦争（一八七七年）、そして第二次世界大戦時の空襲（一九四五年）と繰り返し戦火を経験し、そのたびに実直に復興してきた。市内の各所に走る広々とした幹線を横切ると、都市の復興がこれまでにない新しい都市空間をつくりえるのだという心意気を感じる。

多軸都市鹿児島のそれぞれの軸が各時代の〈想い〉の結晶なのである。芝生におおわれた現在の市電軌道敷を見ていると、その〈想い〉が現代まで受け継がれているのを実感する。

47 那覇
——変転を繰り返すメタモルフォーシス都市

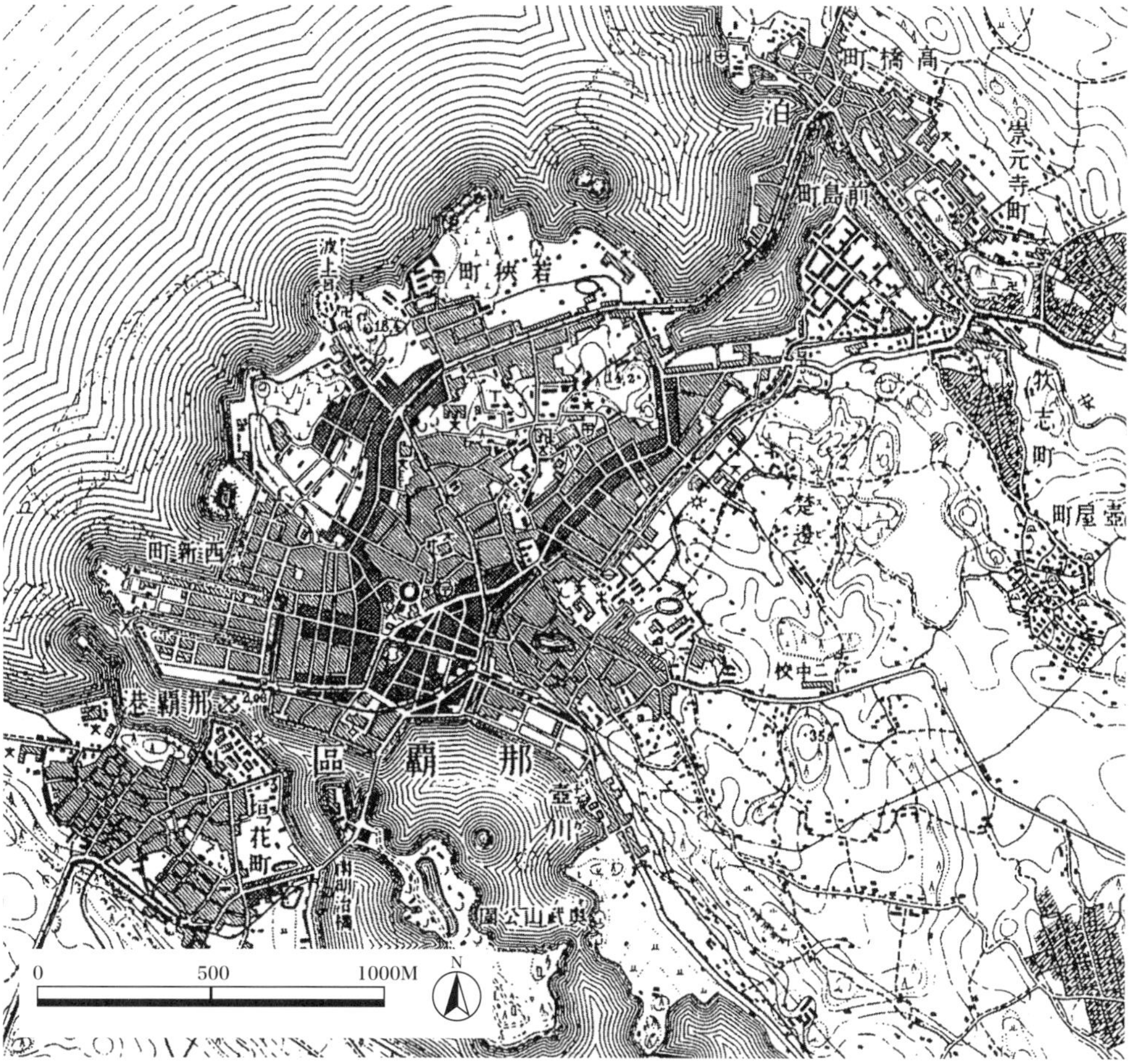

図1　琉球列島地形図二万五千分一，沖縄列島 11 号，那覇 7 号，那覇ノ 2，陸軍陸地測量部，参謀本部，1919 年測図，1921 年発行。

写真1　国際通り，オリオン橋との交差点あたりから東，蔡温（さいおん）橋の方を見る。周辺で唯一の直線街路である。国際通りは 1934 年に県庁と首里を結ぶ道路として建設された。

不可思議な国際通り

最近は海外からの観光客にすっかり占拠されてしまった観がある国際通りであるが、依然として那覇のまちの顔であることに変わりはない（写真1）。那覇のガイドマップを見ても、国際通りが中央にドカンと据えられ、そのまわりに都市が広がっているように描かれている。

また実際に歩いてみても、ほぼ全線にわたり片道一車線のそれほど広くない通りの両側に土産物屋が原色を多用した看板を掲げてびっしりと並んでいる。

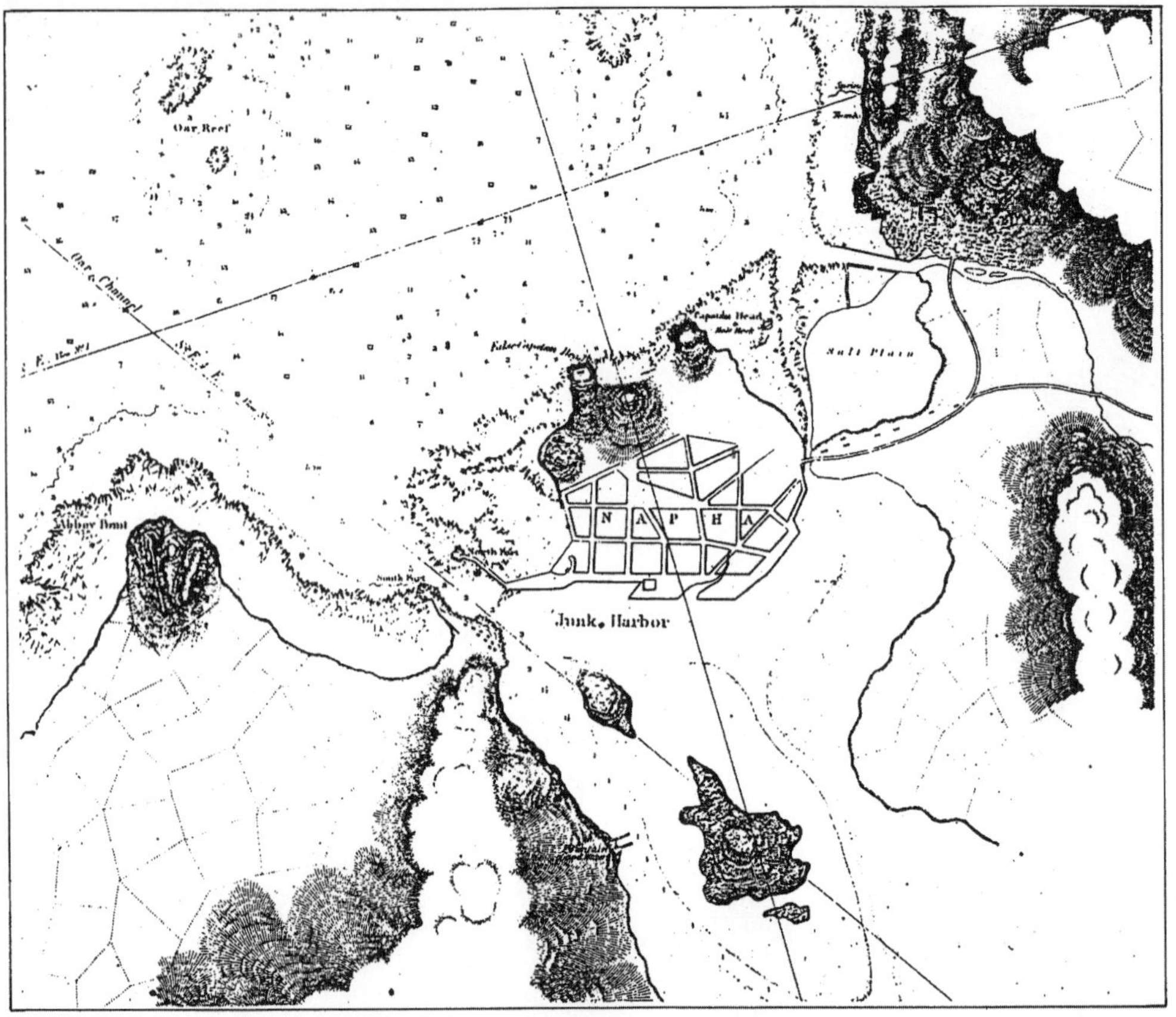

図2　ペリー艦隊の作成した那覇港図，1853年（出典：『那覇市史』通史編第1巻〔前近代史〕，那覇市企画部文化振興課編，1985年，26頁）。

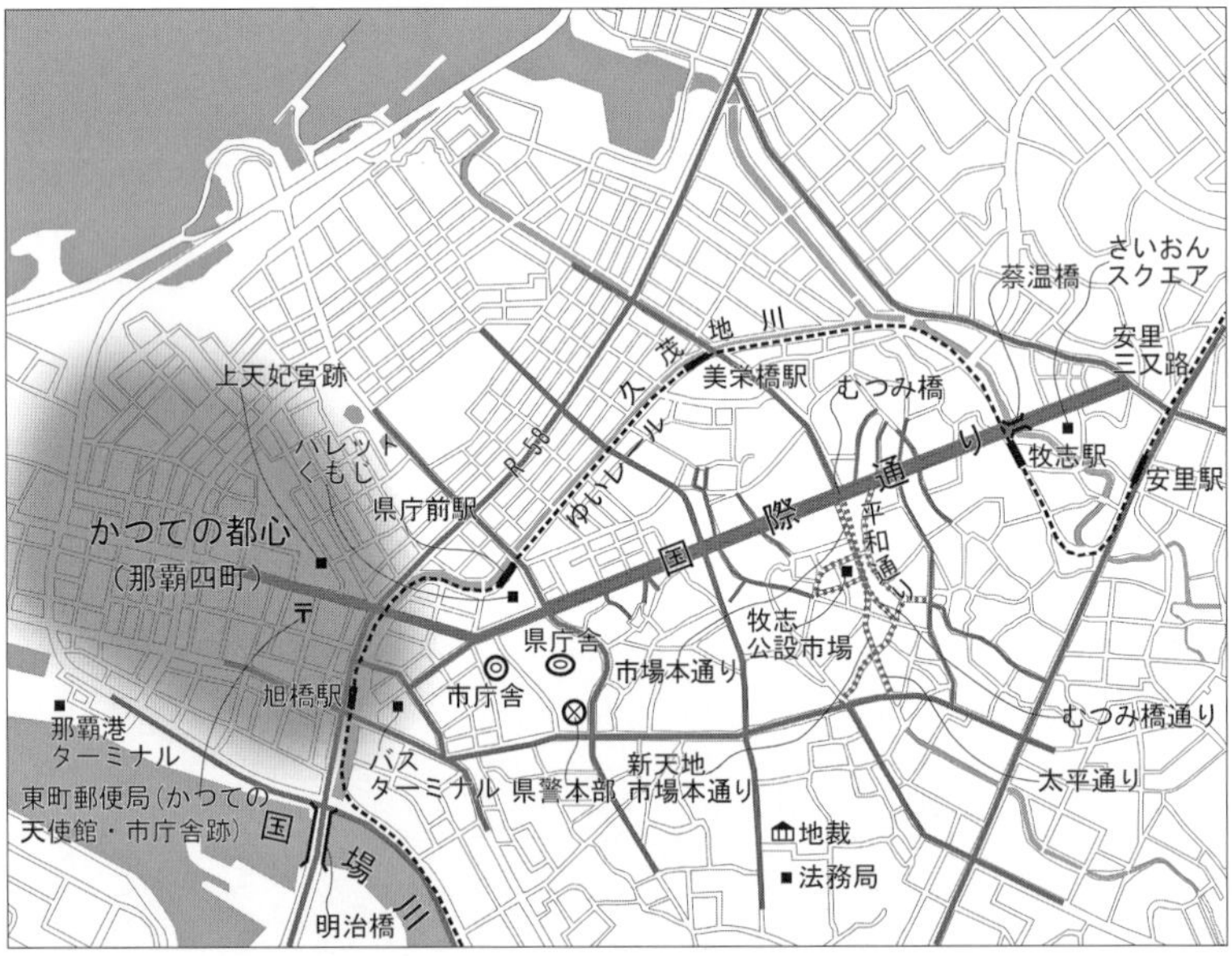

図3　那覇の都心模式図。この図の外，北東側に首里城がある。

街路にはヤシの列植がずっと続き、いかにも都市の顔、亜熱帯の目抜き通りそのものといった風情である。

しかし、実際に歩いてみると、国際通りには不思議なことも多い。

たとえば、この立派な直線街路はどことどこを結ぶためのものか、わかりにくい。たしかに西は県庁北口交差点から東は安里三叉路まで、と起点も終点もはっきりしているが、突当りに何か特別の建物が建っているわけでもない。通りそのものは一直線で、これほど景観的にはっきりとした特徴を有していながら、都市機能のうえではなんとなく始まり、なんとなく終わる通りなのである。

そして、これだけ見事な街路が一マイル（一・六キロメートル）も続いているのに、一度横道に入るとそこはもう至るところ迷路なのだ。とくに国際通りの南側がとてもわかりにくい。なぜ、国際通りだけが定規のようにまっすぐ引かれて、それ以外はほとんど秩序が感じられないほどの迷路なのか。――

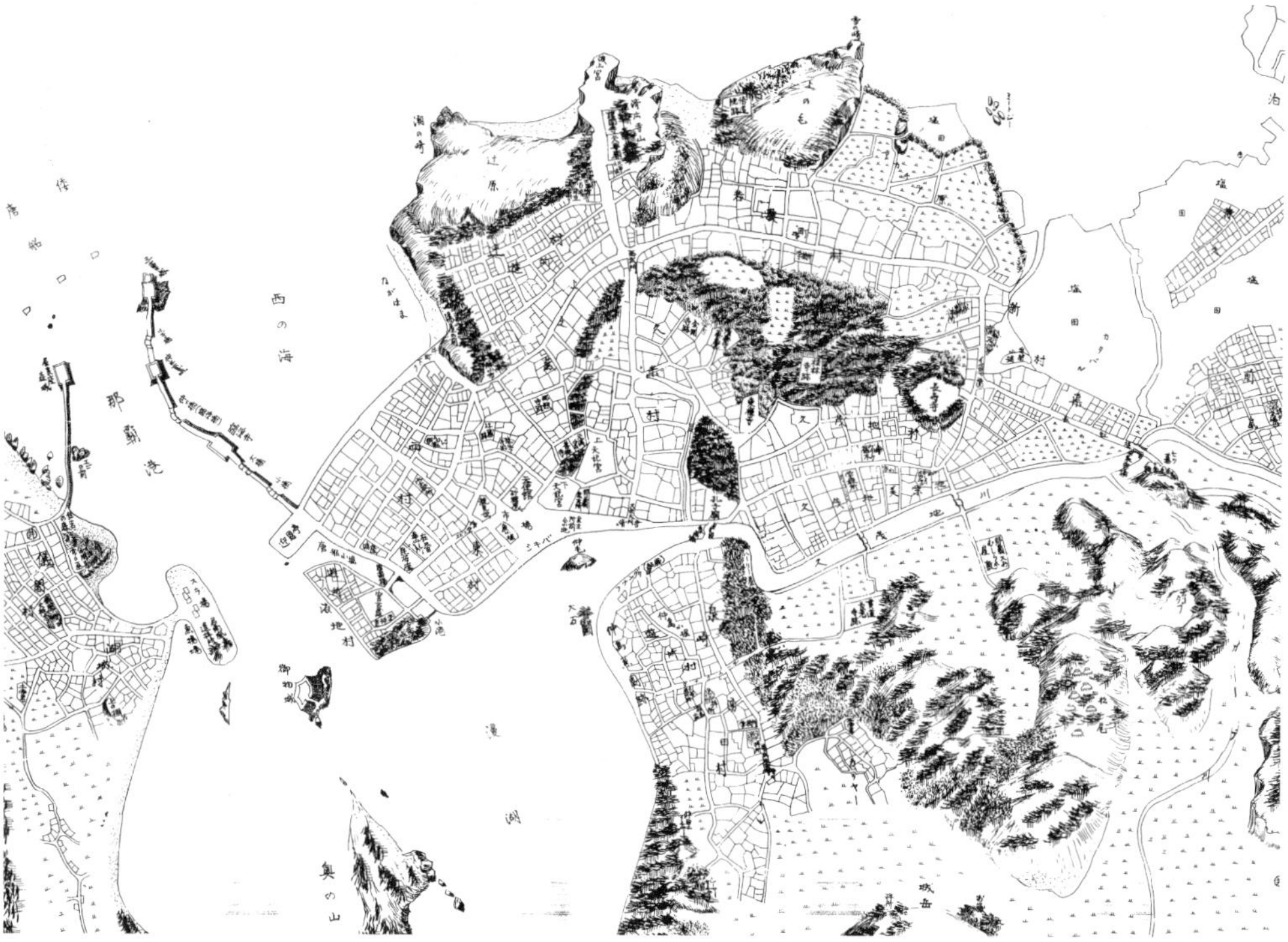

図 4 「那覇読史地図 明治初年の那覇：郷土史資料」(部分，出典：嘉手納宗徳，沖縄風土記刊行会，1900 年)。

これも不思議である。

さらに、那覇はもともと港町のはずなのに、国際通りは港とはまったく無関係である。むしろ港に近い南西側から北東へ向かって低い丘を登っていくようなロケーションである。

なぜこれほどに国際通りには不思議が詰まっているのか。それにはきっと理由があるはずだ。

港町から始まった

図2を見てほしい。これはペリー艦隊が一八五三年に作製した那覇港の図である。海図作製が目的だったので、港町は不正確にしか描かれていないが、漫湖（まんこ）が今よりも大きく広がり、まちは現在の久茂地（くもじ）川の北側に小さく固まってあったということがわかる。国際通りのあたりにはまったく人家はない。

さらにその前に遡ると、こうした市街地もなくなり、国場川（こくばがわ）の河口周辺は浮島と呼ばれる浜辺で、小島が点在しているという風景だったらしい。そこが徐々に埋め立てられ、図2に見られるような港町が形成された。

あまり知られていないが、ペリーは那覇に五度も立ち寄っている。一八五三年に浦賀へ現れる前後と、翌年の同じく行帰り、そして途中、小笠原に寄ってからまた那覇に戻ってきているのでこれを加えて合計五回である。

ペリーは沖縄を重視していた。『ペリー提督日本遠征記』でも全二五章のうち沖縄に六章を充てている。東シナ海から南シナ海にかけての港湾拠点はほとんどイギリスに押さえられていたため、沖縄に拠点を持つことはアメリカにとって戦略的に重要だと考えていたからである[1]。そして一八五四年七月の最後の訪問の際に琉米修好条約が調印され、ペリーの希望通り那覇は開港された。

ペリーは那覇港に初めて停泊した一八五三年五月二六日の印象を次のように記録している。

「海上から眺めると、この島の海岸は緑が美しく、鮮やかな緑の森や耕地があって彩り豊かである。雨のためにその風景の色彩はなおいっそう輝きを増し、豊かなイギリスの風景を思い起こさせた[2]」

港町として始まった那覇ではあるが、それは通常の漁業のまちや交易のまちとしての港ではなかった。那覇は王府である首里の前線基地としての港だった。貿易のほかに、中国からの冊封使たちを迎える天使館や親見世などの施設が中心部にあり、ここから政治文化の中心である首里へ向かって旅を続けたのである。

図4は、図2からおよそ二〇年後の明治初年の那覇の様子を聞書きから再現した地図である。久茂地川の北側、東村と西村を中心に次第にまちが拡大しているさまがわかる。いわゆる那覇四町と呼ばれる西町・東町・若狭町・泉崎（いずみざき）町のあたりである。川辺には都市の中心となる広場があり、それに面して上

写真2　戦前の目抜き通りだった大門前通りの絵はがき。正面の塔のある建物が市庁舎，左手手前は山形屋沖縄支店。戦後，立入禁止区域となった。1950年代半ばまでに返還されたが，当時の面影はない（出典：『「那覇のまつりと10.10空襲」展』図録，那覇市歴史博物館，2014年，4頁）。

図5　廃藩当時の那覇，友寄筑登之喜恒画。この頃の中心地は久茂地川以北だった。手前に見える浮島の部分は現在，埋め立てられている（出典：『那覇市史』通史編第2巻〔近代史〕，那覇市史編集室編，1972年，口絵）。

天妃宮（石門が現存）や迎賓館である天使館が見える。このころの港を描いた絵画が図5である。港の賑わいと久茂地川対岸、のちの国際通りのあたりの田園風景との対照が際立っている。

冒頭の図1は、一九一九年の那覇の様子である。図4からさらに五〇年が経過し、港周辺の埋立ても進み、都市規模も格段に大きくなっていることがわかる。かつて天使館があったところに市役所が建ち、ここから泉崎橋にかけてが一番の繁華街、大門前（ウフジョーメー）通りだった（写真2）。しかし、泉崎以外の久茂地川以東はほとんど未開発である。測図が行われた翌年の一九二〇年に県庁舎が港の近くから久茂地川東岸の現在地に移転しているが、まわりには何もないところだったことがわかる。

移転を繰り返す都市

ところでなぜ県庁舎はこのとき、あたりに何もないへんぴな現在地に移転してきたのだろうか。そもそもそれ以前の県庁舎は一八八一年の新庁舎建設以来、那覇の埠頭からほど近いところにあったが、そのこと自体、なぜそれまでの政治の中心地であった首里ではなく、那覇だったか不思議である。

首里の旧王府の士族層は必ずしも明治新政府へ恭順の意を示していなかったうえ、首里には尚（しょう）家一族が居住していた。したがって、首里城周辺を避け、もう一つのハブである那覇に、県庁舎に始まり裁判所や郵便局といった一連の公共施設を配していったのだと一般に推測されている。また、坂の多い首里よりも、平坦な港町である那覇の方が、建設資材の運搬においても、埋立てによる新たな土地の造成などの点でも便利だったに違いない。

これは結果的に、首里が主で那覇が従であるという従来の両都市間の秩序を逆転させる決断となった。

そして次が、久茂地川の西岸から東岸への県庁舎の移転である。道路元標も県庁前と定められた（一九二〇年）。

これは開発余地のある広い土地にひかれての移転だったのだろう。この決断がさらなる都市の変化を生み出すことになる。――県庁舎と首里とを結ぶ道が必要となったのである。

一九三二年から工事が開始され、のちに国際通りと呼ばれることになる幅員約二間の新県道が二年後の三四年に開通した。この直線道路は牧志(まきし)大通、牧志街道とも呼ばれた。当初は周辺に湿地が広がる田舎の県道にすぎなかった。

つまり、国際通りは点と点を結ぶための「道路」として造られたのであり、両側の町並みを生み出す「街路」として計画されたのではなかった。それほどの市街化の圧力も当時はなかっただろう。その後も、国際通り周辺には面としての街路ネットワークが広がることはなかった。その遠因は道路造成の経緯にあるといえる。

かたよった戦後復興

そしてこのまちにとってさらに大きな転機が戦後にやってきた。

那覇は一九四四年一〇月一〇日の空襲で市域の九〇パーセントを焼失するという壊滅的な被害を受けるが、それだけではすまなかった。那覇市街地を含む沖縄本島全域が戦場となり、戦後、島の住人の多くは収容キャンプに入れられることになる。那覇の港は占領軍の軍港となり、その近傍である那覇市内は立入禁止区域となり、かつての住人たちは閉め出されてしまったのである。戦争の被害があっただけでなく、そもそも地区再建の糸口さえ閉ざされてしまったのだった。

その後、港から遠い壺屋地区から徐々に接収が解除されていくことになる。その過程で、かつての都心であった久茂地川北岸と国際通り以西がいまだ立入禁止区域だった一九四〇年代後半の時期から、国際通り以南地区に人々が戻りはじめ、公設市場周辺から次第に復興の賑わいが目立つようになる。

現在、県庁舎が建つ位置には戦後、米軍によって建設された行政府（一九五三年）、立法院（一九五四年）などの琉球政府の庁舎と米国民政府の庁舎（一九五三年）などが建てられた。そしてこの頃から国際通りという名称が使われるようになり、幅員も当時五間になっていたものが、さらに一〇間に拡幅され、それまでゆるやかに湾曲していた通りが直線路となった（写真3）。

国際通りといういかにも無国籍な通りの呼称は、この道に面して一九四八年に最初に造られた劇場、アーニー・パイル・シアター（日本語名、国際劇場）に由来する。つまり、劇場の幕開けがこの通りの戦後復興を象徴しているのだ。このことはこの通りのこんにちに至るまでの性格をよく表している。

写真3　国際通り，むつみ橋（この頃までガーブ橋と呼ばれていた）のあたり。1955年撮影。幅員10間への拡幅は1954年に竣工している（出典：『あの頃の国際通り 国際通り物語Ⅱ』図録，那覇市市民文化部文化財課，2014年）。

国際通りの戦後復興が、「奇跡の一マイル」とも呼ばれるように、あまりにも急で大規模だったため、通りの後背地は自然発生的な細街路のまま市街化が進んでいった。

一方では不規則な細街路(スージグワー)と市場(マチグワー)、他方ではまっすぐな国際通りという不思議な取合せが那覇の個性となっていく。この地区はそのまま高密度で市街化してしまったため、再開発や土地区画整理などのインフラ整備はほとんど手つかずである。それがまた徘徊を誘うような地区の魅力となっている。

一方、旧市街地だった久茂地川より北側から西側にかけてのエリアは、のち一九五〇年に都市開発の方針が米軍に認められ、その後一九五〇年代半ばまでに返還されたが、この旧市街地に住民が戻ってくる前に、都心にふさわしい基盤を整えるために土地区画整理が実施され、ふたたび中心商業地域となることが計画されていた。

しかし、皮肉なことに都市基盤を整えた東町周辺地区はふたたび都心となることはなく、現在見られるように、国際通り周辺に都心は移ったまま、こんにちを迎えることになった。

こうした事態は土地区画整理を計画し、実施した行政側にとっても想定外だっただろう。人智のデザインは都市大衆の生活のエネルギーにはかなわなかった。こんにち、かつて天使館があり、その後市庁舎となったあたり（現在の東町の郵便局周辺）を歩いても、かつての面影は感じられない。昔日、都心の

写真4　平和通りの二股に分かれる珍しいアーケード街。整然とした国際通りとは対照的な混沌とした風景。戦後の急速な都市化がもたらした商店街の姿。

賑わいの核であったとはとても想像できない。

区画整理で生まれた現在の町並みは均質で、中心性に欠け、残念ながら歩く愉しみがあまりない。いかにも教科書的な土地区画整理事業の結末である。さらに劇場や映画館を立地させるような興行的な戦略を行政がはじめからもちうるはずもなかった。

都市計画の専門家としては寂しいけれど、計画都市の負けといわざるをえない。かつての都心である東町周辺には、現在も旧跡を示す案内表示は数多いが、いかんせん実感がともなわない。

対する国際通り周辺は、つい戦前までは郊外地であったため、古くからの歴史の痕跡は薄い。皮肉なものである。また、国際通り周辺を見ても、区画整理された通りの北側とされなかった通りの南側とでは雰囲気がまるで違う。アジア満載のアーケード街は国際通り以南にしかない。

写真5　平和通りのアーケード街。戦後，ガーブ川沿いの低湿地に自然発生的にできた商店街。1951年に平和通りと名付けられた。

ここまで振り返って思うことは、いかに戦災をくぐり抜けた都市が多いとはいっても、これほどまでに激しい変転を繰り返した県都はほかにはないということである。ほとんど都市のメタモルフォーシス（変態）とでもいえるような変化なのである。幼虫が蛹になり、羽化して成虫となるように那覇のまちは断絶を超えて新たな姿に変身してきた。そして近年、国際通りはインバウンドの急伸によってさらなるメタモルフォーシスの途上にあるようだ。

他方、首里の方は古都としての環境とイメージをその後も保持している。安定した首里と変転を繰り返す那覇という極端な対比も、沖縄の固有性のなせるわざである。

写真6　むつみ橋通りのアーケード街。ガーブ川に蓋をかけて生まれた裏道の通りだった。戦前の中心街が立入禁止区域となったために戦後に急速に生まれた商店街。

アーケード街を歩く

国際通りのもう一つのおもしろさはオモテとウラのコントラストがあまりに大きいということである。なかでも国際通りに面して開いているアーケード街の入り口から一歩、なかへ踏み込むと周囲の様子は一変する。狭い通りに、くねくねと蛇行しているうえに上り下りがあり、さらには枝分かれ（写真4）や交差点まである。こんなアーケード街は日本広しといえども他の都市ではまず見かけない。

典型例は市場本通りと平和通り商店街（写真5）、さらにその中間の細いむつみ橋通り（写真6）だろう。この都合三本のアーケード街はそれぞれまったく別物であり、歴史も構造も異なっているが、物理的にはひとつづきの屋根でおおわれている。

むつみ橋通りはかつてのガーブ川に蓋をかけて造

られた裏道で、その雰囲気は今でも色濃い。むつみ橋の名前は一九五四年に公募でつけられた。平和通りもガーブ川沿いの低湿地に戦後、自然発生的にできた商店街だった。平和通りの名も公募による命名（一九五一年）である。

那覇中央市場（現・第一牧志公設市場）は一九五〇年にかつて水田だった現在地に開設された。そのまわりに賑わいが広がり、現在の市場本通りになっている。

また、この通りは、国際通りから離れると、新天地市場本通り、さらに太平通り商店街（写真7）と名前を変え、くねくねと五〇〇メートル余り続いている。国際通り近くは観光客向けのお土産物を売る店が多いが次第に地元の買回り品を扱う商店が増えてゆき、アーケード街も狭くなり、生活感が色濃く感じられるようになる。ただ、いずこも通りに商品がせり出し、商店のアジア的な生命力を感じさせるところは共通している。

写真 7　太平通りのアーケード街。国際通りから離れるにしたがって観光客の姿が減っていく。このあたりは地元客相手の最寄り品を扱う商店が主流。

那覇では戦後におそろしい勢いで自然発生的に生まれた闇市まがいの商店街にアーケードがほどこされ、現在のアーケード街になっている。その裏には飲み屋街などの繁華街が広がっている。他の都市ではかつての街道筋や計画的街路がアーケード街になっているのがほとんどであるのに対して、ここでは経歴がまったく異なっている。そのことが那覇のアーケード街固有のアジア的雑踏を生み出している。これがこの界隈を歩くおもしろさの源泉にもなっている。

写真 8　モノレール県庁前駅から久茂地川沿いに北を見る。右手が国際通りのある久茂地地区。2003 年にゆいレールが完成して，那覇を高架線から見通す新しい視点が生まれた。

モノレールに乗って

二〇〇三年に那覇空港－首里間に沖縄都市モノレール、通称「ゆいレール」ができて、那覇のまちは格段に公共交通事情がよくなった。都心部ではこのモノレールは久茂地川沿いに架けられており、上空からまち全体を俯瞰できるようになった（写真8）。ゆいレールの東側が国際通りのある界隈で、現在の賑わいの中心である。ゆいレール旭橋駅の西側あたりがかつての港町、戦前までの都心だったところである。

白っぽいコンクリートのフラットルーフばかりが目につく、何の変哲もないように見える大都市の風景ではあるが、これがドラマチックな変転を繰り返してきた那覇のこんにちという断面の姿だと思うと、感慨深いものがある。

注

（1）『ペリーは、なぜ日本に来たか』曽村保信、新潮選書、一九八七、一六三頁。

（2）『ペリー提督日本遠征記』上、M・C・ペリー、F・L・ホークス編、宮崎壽子監訳、角川ソフィア文庫、二〇一四年、三五四～三五五頁

あとがき

序論の冒頭に「あらゆる都市には物語がある」と述べた。ここまで四七の愛すべき都市をめぐって、その思いはさらに強い。つまり、あらゆる都市は奥深い書物のようなものだという思いである。

しかし、都市は通常の書物とは当然ながら異なるところも多い。まず、書物としてもその著者があまりに多数にわたること、つまり都市の住み手はある意味でその都市の物語にかかわっている一員なのだから、何らかのかたちで著者のひとりとなりうる。ただし、当然のことながら、こうした著者たちには、自分が都市という物語に参加しているという自覚が必ずしもない――これは通常の書物では到底考えられないことである。

著者が無自覚であるとすると、それは客観的に書物とはいえないのではないか、といわれそうである。しかし、だからといって都市が自然発生的に生まれたり、変化してきたわけではないことはこれまでの本編の著述で明らかだと思う。誰かが意図をもって空間に介入しない限り、都市に大きな変化は生まれないからである。

もちろん、自然災害や大火、戦災などという不幸な災難が都市変化の契機となることは少なくない。しかしそのような場合であっても、都市の復興を願い、具体的に都市再生へ向けて、努力していった人々は少なくない。

先日、二〇一五年四月の地震によって大きな被害を受けたカトマンズ谷のコカナという歴史集落を何度目かの訪問をした。私たちの研究室で継続的に調査を行っている集落である。震災から約二年半が経過して、個々の町家の再建も進み、まちは忙しそうで、不思議な活気にあふれていた。震災直後の茫然自失の時を経て、ひとはふたたび立ち上がっていた。その奇妙に明るい光景に接して、ここにも都市の共同主観ともいうべき意図が働いていると強く感じた。それは時代の雰囲気とでもいうべきものかもしれないが、現場にいない外部者には窺い知れない前向きの雰囲気だった。

災難が望ましくないものであることに変わりはないが、昨日より少しだけでも前進した今日があり、明日はまた少し良くなるとすると、そこに前向きの気持ちが生まれないわけはない。自分たちの世界を新たに創りだしている人々の創造者としてのささやかな充実感に満ちあふれていたのである。

これこそ、都市という書物を書き足していく著者たちの営みの姿ではないだろうか。おそらく、日本の戦後復興期にまちに充満していた気分も、明治日本の建国期の時代の雰囲気もそのようなものだったにちがいない。こうしてひとびとの生活が描かれていき、その総体としての都市の絵姿が描かれていった。その意味で都市は作品でもあった。

都市が一編の書物であるとすると、それをどう読み解くかに関して、手引書とでもいうべきものがあってもいいと思う。文芸書に、クリティーク（文芸批評・文芸評論）があるように、都市にもクリティーク（都市批評・都市評論）というものがあってもいいはずだ。しかし、「批評」や「評論」という表現では、同じ都市生活者としてあまりに上から目線で好感が持てない。むしろ、都市のストーリーテリングと呼びたい。さらにいうと、都市の、都市によるストーリーテリングか。

都市のストーリーテラーとして、都市を読み解くことの面白さと奥深さを読者の皆さんとも共有したいと思い、本書の執筆を進めた。かつて『まちの見方・調べ方』（野澤康氏との共編、朝倉書店、二〇一〇年）を上梓したことがあるが、この本はその実践編、それも私自身であるいて確かめた実践編として、書き進めた。まちあるきに際しては、各地のレンタサイクルにお世話になった。また、皮肉なことに、全国で姿を消しつつある横断歩道橋が道路を俯瞰するのに意外と便利だったことも付言しておきたい。

県都をとりあげるという本書の性格上、小都市の記述ができなかった点や、結果的に城下町に偏った点は課題として残っている。たとえば、自然発生的な在郷町などが扱えなかった点や、周囲の農村との関係に触れることができなかった点など、反省点は多い。今後の課題としたい。

また、都市の物理的な特質に着目して論を展開しているため、祭りや特定の儀式など、ハレの時にだけ立ち現れる都市の特別な表情にはなかなか手が届かなかった。こうした無形の側面からも都市の物語をかたることは十分可能なので、機会があれば、チャレンジしてみたい。

ここまで都市書物論を述べてきてひとつ思うのは、一冊の書物のテクストは書き終えられているので、今後とも変化はしないが、都市におけるテクストというべき空間は今後も改変されていくのであるから、都市を語るということはたんなるストーリーテリングやクリティークであるにとどまらず、都市に関与するという能動的な行為も含んでいるという点である。

私たちは都市という書物の読者のひとりであると同時に、これから書き継がれていく章の著者のひとりでもある。あるいは登場人物のひとりでもありえる。

こうしたことは、通常の書物ではありえない。都市は書物をも超えた共同主観を生起させるものであるということだろうか。都市は書物そのものであると同時に、その主人公として存分に活躍しているとも見ることができる。

私自身、長年東京大学都市工学科で都市デザイン研究室という看板で教育研究活動をしてきたが、現場の都市空間に飛び込むことのなかに都市デザインの答えがあると思ってここまでやってきた。そして、本書を書き続けるなかで、都市デザインとは、都市という書物の多様な著者の営みを繋ぎ合わせ、ひとつの物語として今日の都市を語り、そしてそのストーリーを次の著者たちに引き継いでいく、そうした試みの総体をいうのではないかと考えるようになってきた。

これまでも、なかには大規模なスケールで、都市空間を力いっぱい大きな声で表現する物語の著者もいただろうし、それを都市デザインだと定義することもあっただろうが、都市はそうした部分だけでできているわけではない。それらはジグソーパズルの大きなピースかもしれないが、それだけではなく、繊細なピースもあれば、パズルの微妙な絵柄を描き出す書き手もいる。それら総体が都市の物語を形づくっている。つまり、都市の空間デザインの総体を形成しているのではないだろうか。

書き手に連なることのできる書物としての都市たち、この愛すべき対象にこれからも正面から取り組んでいきたい。

なお、本書の性格上、多くの参考文献に依拠しているものの、その典拠をいちいち明示することはしなかった。巻末の参考文献に多くを依っていることを明記し、感謝したいと思う。

加えて本書のような都市のストーリーテリングというのはあまり類例のない試みゆえ、想像力の羽を広げすぎて思わぬ事実誤認を犯していることも少なくないのではないかと懼れる。識者の斧正を待ちたい。

また、本書ではどの章から読み進めていただいてもいいように、記述に重複している部分があることも、あらかじめおことわりしておく。

本書のもととなった発想は、有斐閣の月刊誌『書斎の窓』に二〇一〇年四月から一年間にわたって連載した「都心力 散歩一〇ルート」というシリーズに端を発している。連載は一〇都市で、分量も短いものであったが、ここから出発して四七の県庁所在都市すべてにまで広げて論じることができたのも、有斐閣の大井文夫氏、柴田守氏、四竈佑介氏をはじめとする編集スタッフの理解と支援があったからである。記して謝したい。また、静岡と青森の項に関しては、エッセンスを自治体学会の機関誌『自治体学』に発表させていただいた（第二七巻第一号、第三〇巻第二号）。いずれも本書では大幅に加筆している。

資料収集や図面作成に関して、傅舒蘭氏、金銀眞氏、森朋子氏、楊恵亘氏、五十嵐佳子氏、鈴木麻記子氏の助力を得た。篤くお礼申し上げる。

二〇一八年二月

西村幸夫

参考文献

■全　般

『生きている近世1城と城下町』藤岡謙二郎監修，藤本利治・矢守一彦編，淡交社，1978
『小和田哲男著作集第7巻戦国城下町の研究』小和田哲男，清文堂出版，2002
『九州の鉄道100年記念誌鉄輪の轟き』九州旅客鉄道株式会社，1989
『近畿日本鉄道80年のあゆみ』近畿日本鉄道株式会社，1990
『近畿日本鉄道100年のあゆみ1910〜2010』近畿日本鉄道株式会社，2010
『近世都市の地域構造――その歴史地理学的研究』藤本利治，古今書院，1976
『近代都市のグランドデザイン日本の美術no.471』亀井伸雄，至文堂，2005
『講座日本の封建都市』（全3巻）豊田武・原田伴彦・矢守一彦編，文一総合出版，1981-1983
『五街道分間延絵図』（全3巻）東京美術，1985-1986
『史跡で読む日本の歴史7戦国の時代』小島道裕編，吉川弘文館，2009
『史跡で読む日本の歴史9江戸の都市と文化』岩淵令治編，吉川弘文館，2010
『守護所と戦国城下町』内堀信雄・鈴木正貴・仁木宏・三宅唯美編，高志書院，2006
『城下町とその変貌』藤岡健二郎編，柳原書店，1983
『城下町のかたち』矢守一彦，筑摩書房，1988
『城下町の近代都市づくり』佐藤滋，鹿島出版会，1995
『城下町の歴史地理学的研究』松本豊寿，吉川弘文館，1967
『城と城下町日本の美術no.402』亀井伸雄，至文堂，1999
『図集日本都市史』高橋康夫・吉田伸之・宮本雅明・伊藤毅編，東京大学出版会，1993
『図説城下町都市』佐藤滋＋城下町都市研究体，鹿島出版会，2002，2015（新版）
『戦災復興誌』（全10巻）建設省編，都市計画協会，1957-1963
『測量・地図百年史』測量・地図百年史編集委員会編，日本測量協会，1970
『タイムスリップマップ四国四都――高知松山高松徳島』今尾恵介，日本地図センター，2004
『太平洋戦争による我国の被害総合報告書』経済安定本部総裁官房企画部調査課編，1949
『地図で読む百年』（全10巻）平岡昭利他編，古今書院，1999-2006
『中近世都市の歴史地理――町・筋・辻子をめぐって』足利健亮，地人書房，1984
『都市空間の近世史研究』宮本雅明，中央公論美術出版，2005
『都市の空間史』伊藤毅，吉川弘文館，2003
『都市の戦後――雑踏の中の都市計画と建築』初田香成，東京大学出版会，2011
『都市不燃化運動史』都市不燃化同盟，1957
『日本国有鉄道百年史』（全17巻）日本国有鉄道編，交通協力会，1969-74
『日本国有鉄道百年写真史』日本国有鉄道編，日本国有鉄道，1972
『日本城下町繪圖集』（全6巻）児玉幸多監修，昭和礼文社，1980-1985
『日本地誌』（全21巻）日本地誌研究所編，二宮書店，1967-1980
『日本都市史入門Ⅰ空間』高橋康夫・吉田伸之編，東京大学出版会，1989
『日本都市成立史――都市建設資料集成』玉置豊次郎，理工学社，1974
『日本の市街古図』東日本編・西日本編，原田伴彦・西川幸治編，鹿島出版会，1972-1973
『日本の地誌』（全10巻）朝倉書店，2005-2012
『日本の都市再開発史』全国市街地再開発協会，1991
『日本の封建都市』豊田武，岩波書店，1952
『年報都市史研究1城下町の原景』都市史研究会編，山川出版社，1993
『信長の城下町』仁木宏・松尾信裕編，高志書院，2008
『評伝三島通庸――明治新政府で辣腕をふるった内務官僚』幕内満雄，暁印書館，2010
『まちの見方・調べ方――地域づくりのための調査法入門』西村幸夫・野澤康編，朝倉書店，2010
『港町のかたち――その形成と変容』岡本哲志，法政大学出版局，2010
『郵政百年史』郵政省編，吉川弘文堂，1971
『TARGET TOKYO日本大空襲』佐久田繁編，月刊沖縄社，1979

■札　幌

『札幌区史』札幌区役所，1911
『札幌市史』（全2巻）札幌市史編集委員会編，札幌市，1953-1958
『札幌の建築探訪』角幸博監修，北海道近代建築研究会編，北海道新聞社，1998
『さっぽろ文庫別冊札幌歴史地図〈明治編〉』札幌市教育委員会編，北海道新聞社，1978
『さっぽろ文庫別冊札幌歴史地図〈大正編〉』札幌市教育委員会編，北海道新聞社，1980
『札幌ものがたり――札幌のあゆみを知る』さっぽろ時計台の会編，時計台まつり実行委員会・中西出版，2013
『新札幌市史』（通史全8巻）札幌市教育委員会編，札幌市，1986-2008
『新撰北海道史』（全7巻）北海道庁，1936-1937
『新北海道史』通説（全6巻）北海道編，北海道保健環境部自然保護課，1970-1981
『地図の中の札幌――街の歴史を読み解く』堀淳一，亜璢西社，2012
『北海道開拓の空間計画』柳田良造，北海道大学出版会，2015
『北海道鉄道百年史』（全3巻）日本国有鉄道北海道総局編，日本国有鉄道北海道総局，1976-1981
『北海道道路史』（全3巻）北海道道路史調査会，1990
「明治中期における札幌の地域構造――『札幌實業家便覧』を主な資料として」山田誠，『地図と歴史空間――足利健亮先生追悼論文集』足利健亮先生追悼論文集編纂委員会編，大明堂，2000所収

■青　森

『青森県の文化シリーズ24津軽の洋風建築』草野和夫，北方新社，1986
『青森県の文化シリーズ27津軽の文明開化』吉村和夫，北方新社，1988
『青森市沿革史』（全3巻）青森市役所市史編纂係編，1909
『青森市史』（全14巻）青森市史編纂室編，青森市，1954-74
『青森市の歴史』青森市史編さん委員会編，青森市，1989
『愛しの昭和青森市写文集S30年〜64年の記憶』小内山豊彦・小山隆秀・中園裕・山内正行，泰斗舎，2015
『写真アルバム青森・東津軽の昭和』中園裕監修，いき出版，2015
『写真集青森大空襲の記録』青森空襲を記録する会1995，2002（改訂版）

『戦災復興誌――青森都市計画戦災復興土地区画整理事業（西部工区）』青森市建設部区画整理事務所区画整理課，1979
『保存版青森・東津軽今昔写真帖』中園裕監修，郷土出版社，2010
『目で見る青森の歴史』青森市史編纂室編，青森市役所，1969

■盛　岡

『写真アルバム盛岡・滝沢・岩手・紫波の昭和』森ノブ監修，いき出版，2015
『写真でつづるあの日あのとき岩手20世紀』岩手日報社編，岩手日報社，2000
『昭和のアルバム盛岡・岩手・紫波』咲山福榮監修，昭和のアルバム編集室編，電波社，2015
『図説盛岡・岩手・紫波の歴史』森ノブ監修，郷土出版社，2004
『図説盛岡四百年』（全3巻）吉田義昭・及川和哉編，郷土文化研究会，1983-1992
『都市景観形成ガイドラインの手引――盛岡らしい都市景観をめざして』盛岡市都市開発部建築指導課，1985
『なつかしのアルバム盛岡寫眞帳』盛岡市立図書館監修，東山堂書店，1984
『保存版盛岡・紫波今昔写真帖』森ノブ監修，郷土出版社，2007
『脈脈盛岡の街づくり』佐藤優，在研究所，1984
『目で見る岩手一世紀 岩手日報創刊110周年記念』岩手日報社編，岩手日報社，1986
『目で見る盛岡 今と昔』吉田義昭編，盛岡市公民館，1972
『目で見る盛岡・岩手・紫波の100年』森ノブ監修，郷土出版社，2001
『盛岡市史』（全22巻）盛岡市史編纂委員会，盛岡市，1950-1969
『盛岡市政100周年記念誌 古都盛岡21世紀への躍進』アイビー出版編，盛岡市，1989

■仙　台

『絵葉書で綴る大正・昭和初期の仙臺』渡邊慎也監修，イーピー風の時編集部，2006
『市民の戦後史市制施行80周年記念出版』仙台市史続編編纂委員会編，仙台市，1969
『写真帖仙台の記憶100万都市の原風景』仙台都市生活誌研究会，無明舎出版，2003
『写真帖40年前の仙台路面電車が走っていたころ』小野幹ほか，無明舎出版，2010
『「新」目で見る仙台の歴史――仙台市制100周年記念出版』「新」目で見る仙台の歴史編修委員会編，宮城県教科書供給所，1989
『戦災復興余話』仙台市開発局編，仙台市開発局，1980
『仙臺市史』（本篇全2巻，別編全5巻）仙臺市史編纂委員会編，仙臺市役所，1951-1955
『仙台市史』（全10巻）仙台市史編纂委員会，仙台市，1950-1956
『仙台市戦災復興誌』仙台市開発局，1981
『仙台市百年のあゆみ』仙台市総務局市制百年記念事務局仙台の100年展企画検討委員会，仙台市，1989
『仙台城下絵図の研究』阿刀田令造，東洋書院，1976（もとは齋藤報恩会博物館図書部研究報告第4として1936に第1版が出版されたもの）
『せんだい百景いま昔――写真がつなぐ半世紀』河北新報出版センター，2014
『ちょっと前の仙台写真集：昭和の仙台 いつか見た街』仙台なつかしクラブ編，仙台なつかしクラブ，2002
『都市デザインガイドブックせんだいセントラルパーク2006』都市デザインワークス，2006
『保存版ふるさと仙台――仙台市制施行120周年記念写真集』吉岡一男監修，郷土出版社，2009
『宮城縣史』（全30巻）宮城縣史編纂委員会編，宮城縣史刊行会，1954-1987
『宮城県の昭和史――近代百年の記録』（全2巻）毎日新聞社，1983
『宮城県の百年』宮城県企画部編，宝文堂出版，1972
『宮城の研究』（全8巻）渡辺信夫編，清文堂出版，1983-1987
『目で見る仙台の100年』渡辺信夫監修，郷土出版社，2001
『目で見る仙台の歴史』仙台市史図録編纂委員会編，仙台市，1959
『忘れかけの街・仙台――昭和40年頃，そして今』河北新報出版センター，2005

■秋　田

『秋田県史』（通史編全6巻）秋田県，1960-1965
『秋田市史』（全3巻）秋田市編，歴史図書社，1975
『秋田市史昭和編』（全2巻）秋田市，1967-1979
『秋田市史通史編』（全5巻）秋田市，1999-2005
『秋田市の歴史――市制70周年記念』秋田市，1960
『秋田市歴史地図』渡部景一編著，無明舎出版，1984
『あきたの町並みと町家――歴史空間の継承に』五十嵐典彦，秋田文化出版，2013
『秋田の歴史』新野直吉，秋田魁新報社，1982
『思い出のアルバム秋田市』無名舎出版，1984
『写真帖秋田市いまむかし』無名舎出版，1990
『図説秋田市の歴史』秋田市，2005
『図説久保田城下町の歴史』渡部景一，無明舎出版，1983
『父と子写真劇場秋田市・街角いまむかし』越前谷国治・越前谷潔撮影，無明舎出版，2003
『ふるさとの想い出明治大正昭和 秋田』今村義孝編，図書刊行会，1980
『保存版ふるさと秋田市――秋田市制施行120周年記念写真集』脇野博監修，郷土出版社，2009
『目で見る秋田・男鹿・南秋の100年』齊藤壽胤監修，郷土出版社，2002
『40年前の秋田市』無明舎出版編，越前谷国治撮影，無明舎出版，2003

■山　形

『写真アルバム山形市の昭和』伊藤清郎監修，いき出版，2015
『写真アルバム山形市の120年』大久保義彦監修，いき出版，2009
『写真集やまがた100年』山形新聞社「写真集・やまがた100年」刊行委員会編，山形新聞社，1988
『図説山形県史』（別編1）山形県，1988
『図説山形の歴史と文化』山形市教育委員会，2004
『三島通庸と洋風（ハイカラ）学舎――近代やまがたの学校：「山形県立博物館教育資料館」開館30周年記念展』山形県立博物館編，山形県立博物館友の会，2010
『明治の記憶――山形大学附属博物館50周年記念三島県令道路改修記念画帖』オフィス・イディオム編集，山形大学付属博物館，2004
『目で見る山形・上山の100年』横山昭男監修，郷土出版社，1995
『山形県史』（通史編全5巻）山形県，1982-1987
『山形市誌』奥羽聯合共進會山形市協賛會，1916
『山形市史通史編』（全5巻）山形市史編さん委員会，山形市史編集委員会編，山形市，1971-1981
『山形市の町』山形市役所，1954
『やまがたの歴史』山形市史編さん委員会，山形市史編集委員会編，山形市，1980

■福　島

『写真アルバム福島市の昭和』村川友彦監修，いき出版，2013
『写真集ふくしま100年』写真集ふくしま100年刊行本部編，福島民報社，1987
『図説福島県史』福島県編，福島県図書教材，1972

『図説福島市史』（別巻 1）福島市史編纂委員会，1978
『図説福島市の歴史』山田舜監修，郷土出版社，1999
『福島県史』（通史編全 5 巻）福島県，1969-1971
『福島市史』（通史編全 5 巻）福島市史編纂委員会編，福島市教育委員会，1970-1975
『ふるさとの想い出 41 写真集明治大正昭和福島』大村三良編，国書刊行会，1979
『保存版福島市今昔写真帖』郷土出版社，2003
『目で見る福島・伊達の 100 年』大村三良監修，郷土出版社，1996
『歴春ブックレット信夫 1 街で見かけたアレッを歴史的に考える』守谷早苗，歴史春秋社，2014

■水　戸

『茨城県史』（市町村編 1）茨城県史編さん総合部会編，茨城県，1972
『茨城県史』（通史編全 4 巻）茨城県史編集委員会編，茨城県，1984-1986
『茨城県の昭和史——近代百年の記録』（全 2 巻）毎日シリーズ出版編集編，毎日新聞社，1984
『概説水戸市史』水戸市史編さん委員会概説水戸市史編さん部会編，水戸市役所，1999
『市制 80 年写真集水戸』水戸市，1969
『図説水戸・笠間の歴史』佐久間好雄監修，郷土出版社，2004
『田町越から下市へ』佐久間好雄，下市郷土史を発刊する会，1998
『ふるさとの想い出 290 写真集明治大正昭和水戸』武藤正，国書刊行会，1984
『保存版水戸・笠間・小美玉の今昔』小室昭監修，郷土出版社，2010
『みと——現時点でとらえた水戸の過去と将来』杢子朱明，水戸ぷろむなあど社，1970
『水戸市史』（全 9 巻）水戸市史編さん委員会編，水戸市，1963-1998
『水戸戦災復興誌』茨城県水戸土地区画整理事務所編，茨城県，1977
『水戸のいまむかし』武藤正編，国書刊行会，1991
『水戸の今昔泉町物語』望月安雄，泉町商店会，1995
『水戸の昭和史・図説編』武藤正，私家版，1883
『水戸百年』写真集「水戸百年」編集委員会編，茨城新聞社，1989
『目で見る水戸・笠間の 100 年』佐藤次男監修，郷土出版社，1997

■宇都宮

『宇都宮市史』（全 8 巻）宇都宮市史編さん委員会編，宇都宮市，1979-1982
『宇都宮の歴史』徳田浩淳，下野史料保存会，1969
『写真アルバム宇都宮の昭和』柏村祐司監修，いき出版，2016
『写真でつづる宇都宮百年』記念出版編修委員会，宇都宮市制 100 周年記念事業実行委員会，1996
『昔日の宇都宮——石井敏夫コレクションより』塙静夫・石川健解説，随想舎編，随想舎，1997
『栃木県史』（通史編全 8 巻）栃木県史編さん委員会編，栃木県，1980-1984
『保存版宇都宮今昔写真帖』阿部宏美他編，郷土出版社，2010
『明治の宇都宮案内 1 宇都宮市案内』荒川清次郎編，宇都宮商業会議所，1909，国書刊行会，1982（復刻版）
『目で見る宇都宮の 100 年』大町雅美編，郷土出版社，2000

■前　橋

『群馬県史』（通史編全 10 巻）群馬県史編さん委員会編，群馬県，1977-1992
『群馬県の歴史シリーズ 1 図説・前橋の歴史』近藤義雄，あかぎ出版，1986
『群馬県の歴史シリーズ 15 図説群馬県の歴史』（全 2 巻）萩原進監修，あかぎ出版，1989
『群馬県百年史』（全 2 巻）群馬県，1971
『市制施行 100 周年記念写真集前橋』前橋市役所企画部広報課編，前橋市，1992
『写真アルバム前橋市の昭和』手島仁監修，いき出版，2012
『写真集前橋——市制施行 100 周年記念』前橋市役所企画部広報課編，前橋市，1992
『戦災と復興』前橋市戦災復興誌編集委員会編，前橋市，1964
『ふるさとの想い出 87 写真集明治大正昭和前橋』丸山知良・島田幸一編，国書刊行会，1979
『前橋市史』（通史全 5 巻）編さん委員会編，前橋市，1971-1984
『前橋市小史』前橋市役所秘書課編，前橋市役所，1954
『前橋事典』萩原進監修，前橋事典編集委員会編，国書刊行会，1984
『目で見る群馬県の大正時代中毛篇東毛篇』関俊治・松本夜詩夫編，国書刊行会，1986
『目で見る群馬の 100 年』群馬県立歴史博物館編，煥乎堂，1982
『目で見る前橋の 100 年』南雲榮治・柳井久雄編，郷土出版社，2006
『両毛を結んで——前橋駅 100 年の歩み』前橋駅 100 年の歩み編さん委員会編，上毛新聞社，1989

■浦　和

『浦和市史』（通史編全 4 巻）浦和市総務部市史編さん室編，浦和市，1987-2001
『浦和のあゆみ』浦和市総務部市史編さん室編，浦和市 1974
『浦和の今昔物語』小島熙，草土社，1967
『記憶の中の風景——写された 20 世紀の浦和』浦和市立郷土博物館編，浦和市立郷土博物館，2000
『古地図を楽しむ』埼玉県立文書館編，埼玉新聞社，2008
『埼玉近代百年史』（全 2 巻）埼玉近代史研究会，須原屋，1974
『写真アルバムさいたま市の昭和』いき出版編，いき出版，2013
『新編埼玉県史』（通史編全 7 巻）埼玉県，1987-1991
『新編埼玉県史図録』埼玉県，1993
『図説浦和のあゆみ』浦和市総務部行政資料室編，浦和市，1993
『鉄道の街さいたま——鉄道博物館がやってきた！　第 31 回特別展』さいたま市立博物館，2007
『ふるさとガイドさいたま 1 ウォーク・イン・中山道浦和宿』さいたま市立浦和博物館編，さいたま市立博物館・さいたま市立浦和博物館，2004
『ふるさとの想い出 277 写真集明治大正昭和浦和』青木義脩編，国書刊行会，1983
『明治・大正・昭和埼玉県写真集』（全 2 巻）若狭蔵之助編，国書刊行会，1978
『目で見る浦和の 100 年』小野文雄監修，郷土出版社，2000

■千　葉

『絵にみる図でよむ千葉市図誌』（全2巻）千葉市史編纂委員会編，千葉市，1993
『京成電鉄五十五年史』京成電鉄社史編纂委員会編，京成電鉄，1967
『京成電鉄 85 年の歩み』京成電鉄株式会社総務部編，京成電鉄，1996
『社寺よりみた千葉の歴史』和田茂右衛門原著，千葉市史編纂委員会編，千葉市教育委員会，1984
『写真アルバム千葉市の昭和——千葉市制施行 90 周年記念』荒井英夫ほか，いき出版，2011
『千葉県史』（全 2 巻）千葉県，1962-1967
『千葉県の歴史』（通史編全8巻）千葉県史料研究財団編，千葉県，2001-2009
『千葉市史』（通史編全 3 巻）千葉市史編纂委員会編，千葉市，1974

『千葉市歴史散歩』千葉市教育委員会生涯学習部文化課，1994
『目で見る千葉市の100年』方波見光彦監修，郷土出版社，2003

■東　京

『江戸・東京の都市史――近代移行期の都市・建築・社会』松山恵，東京大学出版会，2014
『江戸東京の路地――身体感覚で探る場の魅力』岡本哲志，学芸出版社，2006
『江戸東京まちづくり物語』田村明，時事通信社，1992
『江戸・東京を造った人々――都市のプランナーたち』『東京人』編集室編，都市出版，1993
『江戸と江戸城』内藤昌，鹿島研究所出版会，1966
『江戸と江戸城――家康入城まで』鈴木理生，新人物往来社，1975
『江戸と城下町――天正から明暦まで』鈴木理生，新人物往来社，1976
『江戸の都市計画――都市のジャーナリズム』鈴木理生，三省堂，1988
『江戸の都市計画』堂門冬二，文春新書，1999
『江戸の都市計画――建築家集団と宗教デザイン』宮元健次，講談社選書メチエ，1996
『江戸はこうして造られた』鈴木理生，ちくま学芸文庫，2000（原著『幻の江戸百年』筑摩書房，1991を改題）
『御茶ノ水兩國間高架線建設概要』鐵道省，1932
『高架鉄道と東京駅』（全2巻）小野田滋，交通新聞社新書，2012
『汐留・品川・桜木町駅史』東京南鉄道管理局・汐留駅・品川駅，1973
『新編千代田区史』（通史編）東京都千代田区編，千代田区総務部総務課，1998
『図説駅の歴史――東京のターミナル』交通博物館編，河出書房新社，2006
『中央線誕生――東京を一直線に貫く鉄道の謎』中村建治，交通新聞社新書，2016
『千代田区史』（全3巻）千代田区役所，1960
『千代田区立日比谷図書文化館常設展示図録』千代田区立日比谷図書文化館文化財事務室編，千代田区教育委員会，2012
『帝都復興事業概観』復興局編，東京市政調査会，1928
『帝都復興事業大観』日本統計普及会，1930
『東京駅々史』東京南鉄道管理局編，東洋館印刷所出版部，1973
『東京駅誕生――お雇い外国人バルツァーの論文発見』島秀雄編，鹿島出版会，1990，2012（復刻）
『東京駅と辰野金吾――駅舎の成り立ちと東京駅のできるまで』棒澤広己監修，東日本旅客鉄道株式会社，1990
『東京駅はこうして誕生した』林章，ウェッジ，2007
『東京都市計画物語』越沢明，日本経済評論社，1991
『東京都戦災誌』東京都，1953
『東京の空間人類学』陣内秀信，筑摩書房，1985
『東京の「地霊」』鈴木博之，文藝春秋，1990
『東京の鉄道遺産――百四十年をあるく』（全2巻）山田俊明，けやき出版，2010
『東京百年史』（全7巻）東京百年史編集委員会編，東京都，1972-1979
『東京府史』（行政篇全6巻），東京府，1935-1937
『都史紀要33 東京馬車鉄道』東京都公文書館編，東京都，1989
『都市の明治――路上からの建築史』初田亨，筑摩書房，1981
『日本近代都市論――東京：1868-1923』石塚裕道，東京大学出版会，1991
『繁華街にみる都市の近代――東京』初田亨，中央公論美術出版，2001
『繁華街の近代――都市・東京の消費空間』初田亨，東京大学出版会，2004
『「丸の内」の歴史――丸の内スタイルの誕生とその変遷』岡本哲志，ランダムハウス講談社，2009
『丸の内百年のあゆみ――三菱地所社史』（全3巻）三菱地所株式会社社史編纂室編，三菱地所，1993
『明治の東京計画』藤森照信，岩波書店，1982
『目で見る千代田区の歴史』千代田区立四番町歴史民俗資料館編，東京都千代田区教育委員会，1993

■横　浜

『開港場横浜ものがたり1859-1899』横浜開港資料館・横浜市歴史博物館，1999
『開港150周年記念横浜――歴史と文化』高村直助監修・横浜市ふるさと歴史財団編，有隣堂，2009
『神奈川県史通史編3近世2』神奈川県県民部県史編集室編，神奈川県，1983
『神奈川県史通史編4近代・現代1』神奈川県県民部県史編集室編，神奈川県，1980
『神奈川の写真史――明治前期』金井圓・石井光太郎編，有隣堂，1970
『神奈川の写真史――明治中期』金井圓・石来光太郎編，有隣堂，1971
『港都横浜の都市形成日本の美術no.473』梅津章子，至文堂，2005
『写真アルバム横浜市の昭和』生出恵哉監修，いき出版，2012
『写真集明治の横濱・東京――遺されていたガラス乾板から』横田洋一監修，写真集『明治の横濱・東京』を刊行する会，1989
『戦災復興と都市計画』横浜市総務局市史編集室編，横浜市，2000
『図説神奈川県の歴史』（全2巻）貫達人監修，有隣堂，1986
『図説横浜外国人居留地』横浜開港資料館編，有隣堂，1998
『図説横浜の歴史――市政100周年開港130周年』「図説・横浜の歴史」編集委員会編，横浜市市民局市民情報室広報センター，1989
『幕末・明治横浜 西洋文化事始め』斎藤多喜夫，明石書店，2017
『100年前の横浜・神奈川――絵葉書でみる風景』横浜開港資料館編，有隣堂，1999
『ペリー来航～横浜元町一四〇年史』元町の歴史編纂委員会編，元町自治運営会，2002
『港町・横浜の都市形成史』横浜市企画調整局，1981
『港をめぐる二都物語――江戸東京と横浜』横浜都市発展記念館・横浜開港資料館編，横浜ふるさと歴史財団，2014
『目でみる「都市横浜」のあゆみ』横浜都市発展記念館，2003
『目で見る横浜の100年』（全2巻）横浜郷土研究会編集協力，郷土出版社，2002
『横濱繪葉書――ペドラー・コレクション』ニール・ペドラー編，大津侃也訳，有隣堂，1980
『横濱開港五十年史』（全2巻）横浜商業会議所編，名著出版，1973
『横濱・開港の舞臺関内街並復元繪圖――横浜・中区制70周年記念』関内街並復元絵図刊行会，1997
『横浜居留地と異文化交流――19世紀後半の国際都市を読む』横濱開港資料館・横浜居留地研究会編，山川出版社，1996
『横浜港史』横浜港振興協会・横浜港史刊行委員会編，横浜市港湾局企画課，1989
『横浜港物語みなとびとの記』横浜開港150周年記念図書刊行委員会，2009
『横浜市史』（本編全5巻），横浜市編，横浜市，1958-1976
『横浜・中区史――人びとが語る激動の歴史』中区制五〇周年記念事業実行委員会，1985
『横浜の近代――都市の形成と展開』横浜近代史研究会・横浜開港資料館編，日本経済評論社，1997
『横浜はじめて物語――ヨコハマを読む，日本が見える。』阿佐美茂樹，三交社，1988
『横浜150年の歴史と現在――開港場物語』横浜開港資料館・読売新聞東京本社横浜支局編，明石書店，2010

『横浜復興誌』(全４巻) 横浜市，1932
『横浜もののはじめ考第３版』横浜開港資料館，2010

■新　潟

『絵図が語るみなと新潟――開館５周年事業・新潟開港 140 周年記念特別展』新潟市歴史博物館，2008
『古写真の中の新にいがた――明治・大正・昭和の風景・平成19 年度政令市移行記念展』新潟市歴史博物館，2007
『写真アルバム新潟市の昭和』岡崎邦彦他，いき出版，2014
『写真アルバム新潟市の 120 年』瀬古龍雄編，いき出版，2009
『写真集ふるさとの百年・新潟』新潟日報事業社出版部編，新潟日報事業社，1980
『写真で語る新潟県の百年』新潟県史研究会編，野島出版，1973
『図解にいがた歴史散歩・新潟』新潟日報事業社出版部編，新潟日報事業社，1984
『図説新潟市史』新潟市総務部市史編さん室編，新潟市，1989
『新潟開港百年史』新潟市，1969
『新潟県史』(通史編全９巻) 新潟県，1986-1988
『新潟県百年史』(全２巻) 新潟県史研究会，野島出版，1968-1969
『新潟港史』(全２巻) 風間正太郎編，桜井市作，1912
『新潟市史』(全２巻) 新潟市役所編，名著出版，1973
『新潟市史』(通史編全５巻) 新潟市史編さん原始古代中世史部会・近世史部会・現代史部会編，新潟市，1995-1997
『新潟のまち――明治・大正・昭和』新潟日報事業社編，新潟放送，1972
『にいがた街の記憶』新潟市歴史博物館，2004
『新潟湊の繁栄――湊とともに生きた町・人』新潟市，新潟日報事業社，2011
『目で見る新潟・西蒲原の 100 年』飯田素州他編，郷土出版社。1993

■富　山

『写真アルバム富山市の昭和』須山盛彰監修，いき出版，2016
『写真集富山県 100 年』北日本新聞社「写真集富山県 100 年」編修委員会編，北日本新聞社，1989
『住まいと街なみ百年のあゆみ――富山県置県百年記念』富山県土木部建築住宅課編，富山県，1983
『総曲輪物語――繁華街の記憶』堀江節子，桂書房，2006
『特別展 街道を歩く――近世富山町と北陸道』富山市郷土博物館，2011
『特別展 富山の商店街――近代化のあゆみ』富山市郷土博物館編，富山市教育委員会，2001
『都市富山の礎を築く――河川・橋梁・都市計画にかけた土木技術者の足跡』白井芳樹，技法堂出版，2009
『富山から拡がる交通革命――ライトレールから北陸新幹線開業にむけて』森口将之，交通新聞社新書，2011
『富山県史』(通史編全７巻) 富山県編，富山県，1970-1987
『富山県の昭和史』高井進監修，北日本新聞社，1991
『富山県の歴史と文化』富山県史編纂委員会編，青林書院，1958
『富山市郷土博物館常設展示図録富山城ものがたり』富山市郷土博物館編，2005
『富山市史』富山市役所編，富山市，1909
『富山市史』(全３巻) 富山市史編修委員会編，富山市役所，1960
『富山市史』(通史全２巻) 富山市史編さん委員会編，富山市，1987
『富山城の縄張と城下町の構造』古川知明，桂書房，2014
『富山戦災復興誌』富山市土木部都市計画課編，富山市，1972
『富山探検ガイドマップ』富山インターネット市民塾推進協議会編，桂書房，2014
『保存版富山市今昔写真帖』須山盛彰監修，郷土出版社，2003
『保存版ふるさと富山市』須山盛彰監修，郷土出版社，2009
『目で見る富山市の 100 年』高井進監修，郷土出版社，1993

■金　沢

『石川県史』(全５巻) 石川県，1927-1933，石川県図書館協会（復刻版）1974
『石川百年史』石林文吉，石川県公民館連合会，1972
『金沢市史』(通史編全３巻) 金沢市史編さん委員会編，金沢市，2004-2006
『金沢――市制百周年を記念して』金沢市企画調整部企画課，金沢市，1989
『金沢城下町――社寺信仰と都市のにぎわい』藤島秀隆・根岸茂夫監修，國學院大學院友会石川支部編，北國新聞社，2004
『金沢市歴史遺産保存活用マスタープラン』金沢市，2009
『金沢市歴史的風致維持向上計画』金沢市，2008
『金沢の気骨――文化でまちづくり』山出保，北國新聞社，2013
『金沢の文化的景観城下町の伝統と文化保存調査報告書』金沢市，2009
『金沢の町家』島村昇，鹿島出版会，1983
『金沢百年物語』高室信一，北陸中日新聞，1990
『金沢・町物語――町名の由来と人と事件の四百年』高室信一，能登印刷出版部，1982
『金沢らしさとは何か――まちの個性を磨くためのトークセッション』山出保＋金沢まち・ひと会議，北國新聞社出版局，2015
『金沢を歩く』山出保，岩波新書，2014
『近代日本の地方都市金沢／城下町から近代都市へ』橋本哲哉編，日本経済評論社，2006
『写真アルバム金沢の昭和』本康宏史監修，いき出版，2010
『写真集石川百年』北陸中日新聞，1989
『写真図説金沢の五〇〇年』田中喜男編，国書刊行会，1982
『写真と地図でみる金沢のいまむかし』田中喜男監修，国書刊行会，1991
『城下町金沢――封建制下の都市計画と町人社会』(改訂版) 田中喜男，弘詢社，1983
『城下町金沢の文化遺産群と文化的景観』「石川県に世界遺産を」推進会議，2009
『城下町金沢論集』(全２巻) 石川県教育委員会事務局文化財課世界遺産推進室・金沢市都市政策局歴史文化部文化財保護課編，石川県・金沢市，2015
『城下町・再考』石川県教育文化会議，1984
『図説金沢の歴史』東四柳史明ほか編，金沢市，2013
『20 世紀の照像――石川写真百年・追想の図譜』(改編版) 本康宏史監修，能登印刷出版部，2003
『保存版ふるさと金沢――北陸新幹線金沢開業記念決定版写真集』小林忠雄・本康宏史監修，郷土出版社，2015
『目で見る金沢の 100 年』吉元至監修，郷土出版社，2001
『よみがえる金沢城１四五〇年の歴史を歩む』石川県教育委員会事務局文化財課金沢城調査室編，石川県教育委員会，2006
『よみがえる金沢城２今に残る魅力をさぐる』石川県金沢城調査研究所編，石川県教育委員会，2009

■福　井

『あゆみ――福井商工会議所八十年史』福井商工会議所八十年史編纂委員会編，1964
『歩み続けて――回想の熊谷太三郎』「熊谷太三郎追悼集」編纂委員会編，熊谷組，1992
『株式会社熊谷組四十年史』熊谷組，1978
『稿本福井市史』(全２巻) 福井市役所編纂，1941
『写真アルバム福井市の昭和』奥山秀範監修，いき出版，2012
『新修福井市史』(全３巻) 福井市史編さん委員会，1970-1976
『新修福井市史――市制 80 年福井市政史』(全２巻) 新修福井市史編さん委員会編，福井市，1970-1976
『図説福井県史』福井県，1998
『大正昭和福井県史』(全２巻) 福井県，1956-1957
『福井県史』通史篇（全６巻）福井県，1993-1996

『福井県土木史』（全２巻）福井県建設技術協会，1983，2001
『福井市史』通史編（全３巻）資料編別巻（絵図・地図），福井市，1989-2008
『福井城下町名ガイドブック』歴史のみえるまちづくり協会，2001
『福井城と城下町のすがた――平成 22 年秋季特別展』福井市立京都歴史博物館，2010（改訂版）
『福井まちづくりの歴史』本多義明・川上洋司編著，地域環境研究所，2009
『保存版福井・坂井・あわらの今昔』松原信之監修，郷土出版社，2005
『目で見る福井・坂井の 100 年』三上一夫・船澤茂樹監修，郷土出版社，1993
『わが町の歴史福井』印牧邦雄，文一総合出版，1980
『私の春秋――熊谷太三郎自伝』熊谷太三郎，日刊福井，1980

■甲　府

『甲府市史』（通史編全４巻）甲府市史刊行委員会編，甲府市役所，1990-1993
『甲府市史―市制施行以後』甲府市史刊行委員会編，甲府市役所，1964
『甲府市史別編Ⅲ甲府の歴史』甲府市市史編さん委員会，1993
『甲府市制六十年誌』甲府市役所，1949
『甲府の歴史』坂本徳一，東洋書院，1982
『甲府略志』甲府市役所，1918
『写真アルバム甲府市の昭和』齋藤康彦・萩原三雄監修，樹林舎，2016
『写真集甲府物語――市制 100 周年記念』甲府市，1990
『図説甲府の歴史』萩原三雄監修，郷土出版社，2000
『保存版甲府市今昔写真帖』萩原三雄・齋藤康彦監修，郷土出版社，2004
『保存版昭和写真大全甲府』石川博監修，郷土出版社，2010
『明治・大正・昭和写真集甲府の 90 年』窪田樫良翁ほか，甲府市役所，1981
『目で見る甲府の 100 年』萩原三雄・齋藤康彦監修，郷土出版社，1990
『山梨県史』（通史編全６巻）山梨県，2004-2007
『山梨の歴史景観』山梨郷土研究会編，山梨日日新聞社，1999
『よみがえる甲斐府中城――県指定史跡甲府城跡鉄門復元整備事業概報』山梨県埋蔵文化財センター編，山梨県教育委員会，2012

■長　野

『写真アルバム長野市の昭和』相沢篤信他，いき出版，2015
『写真集思い出のアルバム８長野――篠ノ井・松代・上水内』郷土出版社，1981
『信州の昭和史――長野県近代百年の記録』（全２巻）奥村芳太郎編，毎日新聞社，1982
『図説北信濃の歴史』（全２巻）小林計一郎監修，郷土出版社，1995
『善光寺――心とかたち』伊藤延男ほか編，第一法規出版，1991
『善光寺かいわい――門前町参詣客を迎える心』長野放送編，銀河書房，1991
『善光寺史研究』小林計一郎，信濃毎日新聞社，2000
『善光寺とその門前町――善光寺周辺伝統的建造物群保存予定地区調査報告書』信州大学土本研究室編，長野市教育委員会，2009
『戦前期の地方都市における近代都市計画の動向と展開』浅野純一郎，中央公論美術出版，2008
『長野県史』（全９巻）長野県編，長野県史刊行会，1986-1990
『長野市権堂町史』権堂町史編集委員会編，権堂町公民館，1993
『長野市史』長野市役所，1925
『長野市誌』（歴史編全６巻（第２巻～７巻）長野市誌編さん委員会編，長野市，1997-2005
『長野市史考――近世善光寺町の研究』小林計一郎，吉川好文館，1969
『二十年間の長野市』長野市役所，1917
『保存版長野・上水内の今昔』駒込幸典監修，郷土出版社，2003
『保存版長野市の 110 年』長野郷土史研究会編，一草舎出版，2007
『目で見る北信濃の 100 年』小林計一郎監修，郷土出版社，1991
『目でみる長野県の大正時代』（全２巻）山本茂実監修，国書刊行会，1986
『わが町の歴史長野』小林計一郎，文一総合出版，1979

■岐　阜

『奥平信昌と加納城――家康が美濃と長女を託した武将と城』岐阜市歴史博物館編，岐阜新聞社，2004
『岐阜空襲誌――岐阜・大垣・各務原熱き日の記録』岐阜空襲を記録する会，1978（第２版）
『岐阜県郷土史』（全４巻）鈴木善作編，歴史図書社，1980
『岐阜県史』通史篇（全６巻）岐阜県，1967-1973
『岐阜市史』通史編（全５巻）岐阜市，1977-1981
『岐阜町金華の誇り――ふるさと岐阜・魅力発見大作戦』わいわいハウス金華編，岐阜市歴史博物館，2009
『ぎふ歴史物語・伝統の技と美――岐阜市歴史博物館総合展示案内』岐阜市歴史博物館，2006
『市政 120 周年記念岐阜市民のあゆみ――人・もの・写真でつづる岐阜の歴史』岐阜市歴史博物館編，市民のあゆみ実行委員会，2009
『写真集岐阜百年』中日新聞本社，1986
『写真集目で見る岐阜市民の 100 年』吉岡勲監修，郷土出版社，1984
『図説岐阜の歴史――目で見る岐阜市・各務原市・本巣郡・山県郡の歴史』吉岡勲，郷土出版社，1986
『ふるさと岐阜の 20 世紀』道下淳，岐阜新聞社，2000
『ふるさとの想い出 262 写真集明治大正昭和岐阜』丸山幸太郎・道下淳編，国書刊行会，1983
『保存版岐阜市今昔写真集』丸山幸太郎・道下淳監修，樹林舎，2011
『目で見る岐阜市の 100 年』道下淳監修，郷土出版社，1990
『柳ヶ瀬百年誌』岐阜市柳ヶ瀬商店街振興組合連合会，1988

■静　岡

『大御所徳川家康の城と町――駿府城関連史料調査報告書』静岡市教育委員会，1999
『静岡――静岡市制 90 周年記念写真集』静岡市総務部広報課編，静岡市，1979
『静岡県史』（通史編全６巻）静岡県，1994-1997
『静岡県の昭和史――近代百年の記録』（全２巻）海野福寿・奥村芳太郎編，毎日新聞社，1983
『静岡県の百年』静岡県の百年編集委員会編，静岡県，1968
『静岡県の歴史――中世編』小和田哲男・本多隆成，静岡新聞社，1978
『静岡県の歴史――近世編』若林淳之，静岡新聞社，1983
『静岡県の歴史――近代・現代編』原口清・海野福寿，静岡新聞社，1979
『静岡市火災誌』静岡県，1942
『静岡市史』（通史編全３巻）静岡市役所，1969-1981
『静岡市の百年』（全３巻）山内政三，静岡市百周年記念出版会，1986-1989
『静岡市の 100 年写真集』静岡新聞社，1988
『静岡戦災復興誌』静岡市建設部編，静岡市，1960（建設省編『戦災復興誌』の静岡の項と同一）
『静岡中心街誌』安本博編，静岡中心街誌編集委員会，1974
『七間町物語――七間町百年の記憶』七間町物語編修委員会編，七間町町内会，2006

『写真集静岡県の昭和史』若林淳之編，静岡新聞社出版局，1989
『写真集静岡今昔 100 景』海野幸正監修，羽衣出版，2001
『写真集静岡市いまむかし』山内政三監修，静岡郷土出版社，1988
『昭和のアルバム静岡・清水』昭和のアルバム編集室編，電波実験社，2015
『東海道駿府城下町』（全２巻）中部建設協会静岡支部編，建設省静岡国道工事事務，1996-1997
『ふるさとの想い出 13 写真集明治大正昭和静岡』小川龍彦編，国書刊行会，1978
『ふるさとの百年――目で見る静岡県の昔と今』静岡新聞社，1974
『保存版ふるさと静岡市――新静岡市発足記念決定版写真集』中村羊一郎監修，郷土出版社，2009
『目で見る静岡市の 100 年』中村羊一郎監修，郷土出版社，2003

■名古屋

『或る土木技師の半自叙伝』田淵壽郎，中部経済連合会，1962
『江戸期なごやアトラス』溝口常俊編著，名古屋市総務局，1998
『江戸期なごやアトラス――絵図・分布図からの発想』（新修名古屋市史報告書４）新修名古屋市史第三専門部会編，名古屋市総務局，1989
『近世名古屋享元絵巻の世界』林董一編，精文堂，2007
『区画整理の街なごや――民間施行土地区画整理事業資料集』名古屋市都市計画局区画整理課編，名古屋市土地区画整理連合会，1983
『古地図で楽しむなごや今昔』溝口常俊編著，風媒社，2014
『コレクション・モダン都市文化 89 名古屋の都市空間』根岸泰子編，ゆまに書房，2013
『写真アルバム名古屋の昭和』林董一監修，樹林舎，2015
『写真集愛知百年』中日新聞本社，1986
『新修名古屋市史』（本文編全 10 巻）大石慎三郎監修，名古屋市，1997-2001
『戦災復興誌』戦災復興誌編集委員会編，名古屋市計画局，1984
『土木技師・田淵寿郎の生涯』重綱伯明，あるむ，2010
『土木行政のあゆみ』土木行政のあゆみ編集委員会編，名古屋市土木局，1983
『名古屋絵はがき物語――二十世紀のニューメディアは何を伝えたか』井上善博，風媒社，2009
『名古屋今昔写真集』（全３巻）林董一監修，樹林社，2007-2008
『名古屋城下お調べ帳』名古屋市博物館，2013
『名古屋鉄道百年史』名古屋鉄道広報宣伝部編，名古屋鉄道，1994
『名古屋都市計画史（大正８年―昭和 44 年）』（全３巻）名古屋市都市計画局・名古屋都市センター編，名古屋都市センター，1999
『名古屋都市計画史上巻』名古屋市建設局，1957
『名古屋の街――戦災復興の記録』伊藤徳男，中日新聞本社開発局，1988
『なごや 100 年――市制一〇〇周年記念誌』名古屋市制 100 周年記念誌編集委員会編，名古屋市，1989
『名古屋 400 年のあゆみ――Nagoya 1610-2010 開府 400 年記念特別展』名古屋市博物館，「名古屋 400 年のあゆみ」実行委員会，2010
『秘蔵写真館名古屋いまむかしシリーズ１北区・西区編――美濃路・木曽路に沿って』臼井薫ほか，郷土出版社，1993
『秘蔵写真館名古屋いまむかしシリーズ２昭和区・瑞穂区・天白区編――飯田街道・塩付街道に沿って』浅井金松ほか，郷土出版社，1993
『堀川――歴史と文化の探索』伊藤正博・沢井鈴一，あるむ，2014
『堀川沿革史』末吉順治，愛知県郷土資料刊行会，2000
『明治・名古屋の顔』服部鉦太郎，六法出版社，1973
『目で見る名古屋の 100 年』（全２巻）久住典夫監修，郷土出版社，1999

■津

『伊勢路見取絵図』（全３巻）児玉幸多監修，杉本嘉八解説，東京美術，1985-1986
『古今写真集三重県絵はがき集成』西川洋監修，樹林舎，2006
『写真アルバム津市の昭和』吉村利男監修，樹林舎，2013
『写真集三重百年』中日新聞本社，1986
『写真で見る津の昭和の 50 年』「写真で見る津の昭和の 50 年」編修委員会編，津市教育委員会，1978
『図説津・久居の歴史』（全２巻）桶田清砂監修，郷土出版社。1994
『津市――地方都市の建設史』岩田俊二，農林統計出版，2010
『津市史』（全５巻）梅原三千・西田重嗣，津市，1959-1969
『津市の思出』堀川美哉，堀川美哉先生「津市の思出」刊行会，1960
『保存版津の今昔』小玉道明監修，郷土出版社，2008
『三重県史』三重県，1964
『目で見る津市の 100 年』茅原弘監修，名古屋郷土出版社，1990
『目で見る三重の百年――県政百年記念画報』三重県，1976

■大　津

『大津市史』（全３巻）大津市，1942
『家族の一世紀――大津市制 100 周年記念特別展』大津市歴史博物館，1998
『滋賀縣史』（全６巻）滋賀県史編纂会編，滋賀県，1927-1928，名著出版，1971（復刻版）
『滋賀県史』（昭和編全６巻）滋賀県史編さん委員会編，滋賀県，1974-1986
『滋賀県庁舎本館――庁舎の佐藤功一×装飾の國枝博』石田潤一郎・池野保，サンライズ出版，2014
『新大津市史』（全３巻），奈良本辰也編，大津市，1962-1963
『新修大津市史』（全 10 巻）大津市編，大津市，1978-1987
『図説大津の歴史』（全２巻）大津市歴史博物館市史編さん室編，大津市，1999
『保存版大津・志賀の今昔』木村至宏監修，郷土出版社，2005
『保存版ふるさと大津』樋爪修監修，郷土出版社，2013
『目で見る大津の 100 年――大津市・滋賀郡志賀町』木村至宏監修，郷土出版社，1992

■京　都

『海の「京都」――日本琉球都市史研究』高橋康夫，京都大学学術出版会，2015
『絵はがきで見る京都――明治・大正・昭和初期』森安正編，光村推古書院，2012
『京都――古都の近代と景観保存日本の美術 no. 474』苅谷勇雅，至文堂，2005
『京都古地図めぐり』伊東宗裕，京都創文社，2011
『京都市三大事業誌』道路拡築編（全５集）京都市役所編，京都市役所，1914，龍渓書舎，1999（復刻）
『京都市史 地図編』京都市役所編，京都市役所，1947
『京都写真館――なつかしの昭和 20 年～40 年代』白幡洋三郎監修，淡交社，2010
『京都〈千年の都〉の歴史』高橋昌明，岩波新書，2014
『京都と近代――せめぎ合う都市空間の歴史』中川理，鹿島出版会，2015
『京都の近代と天皇――御所をめぐる伝統と革新の都市空間 1868～1952』伊藤之雄，千倉書房，2010
『京都の歴史』（全 10 巻）京都市編，學藝書林，1968-1980
『京都の歴史』（全４巻）佛教大学編，京都新聞社，1993-1995
『京都の歴史を歩く』小林丈広・高木博志・三枝暁子，岩波新書，

2016
『京都府百年のあゆみ』京都府企画管理部，1968
『京都歴史アトラス』足利健亮編，中央公論社，1994
『京の町家――生活と空間の原理』島村昇・鈴鹿幸雄他，鹿島研究所出版会，1971
『京・まちづくり史』高橋康夫・中川理編，昭和堂，2003
『近代京都研究』丸山宏・伊從勉・高木博志編，思文閣出版，2008
『近代京都における小学校建築 1869～1941』川島智生，ミネルヴァ書房，2015
『近代京都の改造――都市経営の起源一八五〇～一九一八年』伊藤之御編著，ミネルヴァ書房，2006
『建設行政のあゆみ――京都市建設局小史』建設局小史編さん委員会編，京都市建設局，1983
『古地図で歩く古都・京都』天野太郎監修，三栄書房，2016
『古地図で見る京都――『延喜式』から近代地図まで』金田章裕，平凡社，2016
『写真集京都府民の暮らし百年』京都府立総合資料館編，京都府，1973
『写真集成京都百年パノラマ館』吉田光邦監修，淡交社，1992
『写真で見る京都 100 年』京都新聞社，1984
『史料京都の歴史 1 概説』京都市，平凡社，1991
『水系都市京都――水インフラと都市拡張』小野芳朗編，思文閣出版，2015
『図説・平安京――建都四〇〇年の再現』村井康彦編，淡交社，1994
『建物疎開と都市防空――「非戦災都市」京都の戦中・戦後』川口朋子，京都大学学術出版会，2014
『都市美の京都――保存・再生の論理』大西國太郎，鹿島出版会，1992
『日本の古都はなぜ空襲を免れたか』吉田守男，朝日文庫，2002（原題『京都に原爆を投下せよ――ウォーナー伝説の真実』角川書店，1995）
『幕末・維新彩色の京都』白幡洋三郎，京都新聞出版センター，2004
『平安京―京都――都市図と都市構造』金田章裕編，京都大学学術出版会，2007
『保存版京都市今昔写真集』白幡洋三郎監修，樹林舎，2008
『みやこの近代』丸山宏・伊從勉・高木博志編，思文閣出版，2008
『明治維新と京都――公家社会の解体』小林丈広，臨川書店，1998
『目で見る京都市の 100 年』白木正俊監修，郷土出版社，2001
『物語京都の歴史――花の都の二千年』脇田修・脇田晴子，中公新書，2008
『洛中洛外――環境文化の中世史』高橋康夫，平凡社，1988
Atlas historique de Kyoto: Analyse spatiale des systèmes de mémoire d'une ville, de son architecture et de son paysage urbain. Nicolas Fiévé 監修，UNESCO，2008

■大　阪

『朝日カルチャーブックス 11 大阪城 400 年』岡本良一ほか，大阪書籍，1982
『絵はがきで読む大大阪』橋爪紳也，創元社，2010
『大阪建設史夜話附図――大阪古地図集成』玉置豊次郎，大阪都市協会，1980
『大阪古地図パラダイス』本渡章，140B，2013
『大阪古地図むかし案内――読み解き大坂大絵図』本渡章，創元社，2010
『大阪古地図物語』原田伴彦・矢守一彦・矢内昭，毎日新聞社，1980
『大阪市交通局百年史』（本編）大阪市交通，2005
『大阪市今昔写真集』（全 3 巻）石浜紅子監修，樹林舎，2009-2010
『大阪市戦災復興誌』大阪市役所，1958
『大阪市の歴史』大阪市史編纂所編，創元社，1999
『大阪都市形成の歴史』横山好三，文理閣，2011
『大阪における都市の発展と構造』塚田孝編，山川出版社，2004
『大阪発展史』宮本又次，大阪府史編纂資料室，1961
『大阪百年史』大阪府，1968
『大阪府史』（通史編全 8 巻）大阪府史編集専門委員会編，大阪府，1978-1991
『大阪力事典――まちの愉しみ・まちの文化』橋爪紳也監修，大阪ミュージアム文化都市研究会編，創元社，2004
『近世大坂成立史論』伊藤毅，生活史研究所，1987
『近代大阪の五十年』大阪都市協会，同左，1976
『写真集おおさか 100 年』サンケイ新聞社，1987
『写真集昭和の大阪――郷愁のあの街この街』アーカイブス出版編集部編，アーカイブス出版，2007
『写真集なにわ今昔』毎日シリーズ出版編，毎日新聞社，1983
『写真で見る大阪市 100 年――大阪市制 100 周年』大阪市企画，大坂都市協会，1989
『住宅問題と都市計画』関一，弘文堂，1923
『主体としての都市：関一と近代大阪の再構築』ヘインズ・ジェフリー・E.，宮本憲一監訳，勁草書房，2007
『商都のコスモロジー――大阪の空間文化』鳴海邦碩・橋爪伸也編，TBS ブリタニカ，1990
『昭和の大阪――昭和 20～50 年』産経新聞社，光村推古書院，2012
『昭和の大阪Ⅱ――昭和 50～平成元年』産経新聞社，光村推古書院，2014
『新修大阪市史』（本編全 10 巻），新修大阪市史編纂委員会編，大阪市，1988-1996
『「水都」大阪物語――再生への歴史文化的考察』橋爪紳也，藤原書店，2011
『関一――都市思想のパイオニア――』芝村篤樹，松籟社，1989
『続大阪古地図むかし案内――明治～昭和初期編』本渡章，創元社，2011
『続々大阪古地図むかし案内――戦中～昭和中期編』本渡章，創元社，2013
『「大大阪」時代を築いた男評伝・関一』大山勝男，公人の友社，2016
『天神祭――火と水の祭典』大阪観光協会，1988
『天神祭――火と水の都市祭礼』大阪天満宮文化研究所編，思文閣出版，2001
『都市の近代・大阪の 20 世紀』芝村篤樹，思文閣出版，1999
『まちに住まう――大阪都市住宅史』大阪市都市住宅史編集委員会編，平凡社，1989
『明治時代の大阪――大阪市史明治時代未定稿』（全 3 巻），幸田成友編，大阪市史編纂所編集，大阪市史料調査会，1982-1983
『明治大正大阪市史』（全 8 巻）大阪市役所編，日本評論社，1933-1935
『目で見る大阪市の 100 年』（全 2 巻）『大阪市の 100 年』刊行会編，郷土出版社，1998
『歴史のなかの大坂――都市に生きた人たち』塚田孝，岩波書店，2002

■神　戸

『開港と近代化する神戸』神戸外国人居留地研究会編，神戸新聞総合出版センター，2017
『外国人居留地と神戸――神戸開港 150 年によせて』田井玲子，神戸新聞総合出版センター，2013
『神戸あのまち，あの時代――神戸市制 120 周年記念』神戸都市問題研究所編，神戸市，2009
『神戸開港五十年誌』山崎宇多磨編，神戸青年会，1921
『神戸開港 120 年記念特別展神戸はじめ物語展――近代都市・神戸のはじまりと開化風俗』神戸市立博物館編，神戸市スポーツ教育公社，1987

『神戸開港百年』大阪読売新聞社神戸支局編，中外書房，1966
『神戸開港百年史』（建設編，港勢編）神戸開港百年史編集委員会編，神戸市，1970-1972
『神戸開港100年の歩み』神戸市港湾局編，神戸市，1967
『神戸居留地史話――神戸開港140周年記念』土居晴夫，リーブル出版，2007
『神戸居留地の3/4世紀――ハイカラな街のルーツ』神木哲男・崎山昌廣編，神戸新聞総合出版センター，1993
『神戸・近代都市の形成』高寄昇三，公人の友社，2017
『神戸港1500年史――ここに見る日本の港の源流』鳥居幸雄，海文堂，1982
『神戸港と神戸外国人居留地』山下尚志，近代文芸社，1998
『神戸今昔の姿』岡久穀三郎・福原潜次郎編，歴史図書社，1977
『神戸市会史』（全6巻）神戸市会事務局編，神戸市会事務局，1968-1998
『神戸新開地物語』のじぎく文庫，1973
『神戸と居留地――多文化共生都市の原像』神戸外国人居留地研究会編，神戸新聞総合出版センター，2005
『神戸のあゆみ――市制70周年記念』神戸市編，神戸市，1959
『神戸の花街・盛り場考――モダン都市のにぎわい』加藤政洋，神戸新聞総合出版センター，2009
『神戸の歴史――古代から近代まで』落合重信，後藤書店，1975
『神戸街角今昔』兼先勉，神戸新聞総合出版センター，2013
『神戸物語――神戸市史概説』岡久穀三郎，歴史図書社，1978
『神戸・横浜“開化物語”――居留地返還100周年記念特別展』神戸市立博物館，1999
『古地図で見る神戸――昔の風景と地名散歩』大国正美，神戸新聞総合出版センター，2013
『写真集神戸100年』神戸市，1989
『昭和の神戸昭和10～50年代』飯塚富郎・ハナヤ勘兵衛，光村推古書院，2014
『新修神戸市史行政編3――都市の整備』，新修神戸市史編集委員会編，神戸市，2005
『兵庫県史』（通史編全6巻）兵庫県史編集専門委員会編，兵庫県，1974-1982
『兵庫県百年史』兵庫県史編集委員会編，兵庫県，1967
『復興誌』兵庫県土木部計画課，1950
『ふるさとの想い出20写真集明治大正昭和神戸』荒尾親成編，国書刊行会，1979
『保存版神戸市今昔写真集』田辺眞人監修，樹林舎，2010
『湊川新開地ガイドブック』井上明彦編，新開地アートストリート実行委員会，2003
『むかしの神戸――絵はがきに見る明治・大正・昭和初期』和田克巳編，神戸新聞総合出版センター，1997
『明治・大正神戸のおもかげ集――写真，版画に見る明治・大正の神戸』荒尾親成編，中外書房，1969
『明治・大正神戸のおもかげ集――写真，版画に見る明治・大正の神戸第2集』荒尾親成編，中央印刷出版部，1971
『目で見る神戸の100年』田辺眞人監修，郷土出版社，2001
『目で見るひょうご100年』神戸新聞写真部編，神戸新聞総合出版センター，1999
『歴史海道のターミナル――兵庫の津の物語』神木哲男・崎山昌廣編，神戸新聞総合出版センター，1996
『歴史が語る湊川――新湊川流域変遷史』兵庫県神戸県民局監修，新湊川流域変遷史編修委員会編，神戸新聞総合出版センター，2002

■奈　良

『祭礼で読み解く歴史と社会――奈良若宮おん祭の900年』幡鎌一弘・安田次郎，山川出版社，2016
『写真アルバム奈良市の昭和』説田晃大監修，樹林舎，2015
『奈良』永島福太郎，日本歴史学会編，吉川弘文館，1963
『奈良県史』（第1巻地理――地域史・景観）奈良県史編集委員会・藤田佳久編，名著出版，1985
『奈良公園史』奈良公園史編集委員会編，奈良県，1982
『奈良市今昔写真集』安彦勘吾監修，樹林舎，2008
『奈良市史』（通史編全4巻）奈良市史編集審議会編，吉川弘文館，1988-1995
『奈良百年』毎日新聞社，1968
『奈良盆地の景観と変遷』千田正美，柳原書房，1978
『平城宮』亀井勝一郎編，筑摩書房，1963
『平城京遷都――女帝・皇帝と「ヤマト」の時代』千田稔，中公新書，2008
『目で見る奈良市の100年――奈良市・添上郡月ケ瀬村』安彦勘吾監修，郷土出版社，1993
『大和百年の歩み』（全3巻）大和タイムス社，1970-1972

■和歌山

『近世都市和歌山の研究』三尾功，思文閣出版，1994
『城下町の風景――カラーでよむ「紀伊国名所図会」』額田雅裕解説・編，ニュース和歌山，2009
『城下町の風景――カラーでよむ「紀伊国名所図会」2』額田雅裕解説・編，ニュース和歌山，2016
『城下町和歌山百話』三尾功，和歌山市史編纂室編，和歌山史，1985
『城下町和歌山夜ばなし』三尾功，宇治書店，2011
『保存版ふるさと和歌山市――和歌山市120年のあゆみ・和歌山市制施行120周年記念写真集』神坂次郎監修，郷土出版社，2009
『目で見る和歌山市の100年』安藤精一監修，郷土出版社，1994
『和歌山縣誌』（全2巻）渡辺幾治郎・樋口功編，和歌山縣，1914，同（全3巻）名著出版，1970（復刻版）
『和歌山県史』（通史編全5巻）和歌山県史編さん委員会編，和歌山県，1989-1994
『和歌山市史』（全10巻）和歌山市史編纂委員会編，和歌山市，1975-1992
『和歌山市戦災復興誌』大阪市都市整備協会編，和歌山市，1992
『和歌山史要』和歌山市，1939（補訂3版）

■鳥　取

『因幡地方の歴史と文化――資料が語る鳥取の地域像』鳥取市歴史博物館編，鳥取市文化財団，2012
『絵葉書の世界――鳥取市歴史博物館絵葉書集1』鳥取市歴史博物館やまびこ館編，鳥取市歴史博物館，2011
『久松山』山根幸恵・清末忠人，中央印刷，1984
『写真アルバム鳥取・因幡の昭和』田村達也監修，樹林舎，2012
『写真集「戦後50年」――目でみる鳥取県の戦後史』写真集「戦後50年」編集委員会編，鳥取県，1995
『城下町鳥取誕生四百年』徳永職男監修，鳥取市教育委員会，1974
『城下町とっとりまちづくりのあゆみ――都市をめぐる冒険の書』鳥取市歴史博物館，2004
『新修鳥取市史』（全5巻）鳥取市，1983-2014
『鳥府志図録』鳥取県立公文書館編，鳥府志図録刊行会，1994
『千代川史』建設省中国地方建設局鳥取工事事務所編，中国建設弘済会，1978
『定本久松山』山根幸恵，渓水社，1983
『鳥取県史』（原始・古代～近世通史全5巻）鳥取県，1971-1979
『鳥取県史』（近代通史全4巻）鳥取県，1969
『鳥取県の自然と歴史6 久松山鳥取城――その歴史と遺構』鳥取県立博物館，1984
『鳥取県立博物館蔵鳥取城絵図集』鳥取県立博物館編，鳥取県立博物館資料刊行会，2001（第二版）
『鳥取市史』八村信三編，鳥取市役所，1943
『鳥取市誌』（全5巻）鳥取市，1972-2013

『鳥取市七十年』鳥取市役所，1962
『鳥取市大火災誌復興篇』鳥取市大火災誌編纂委員会，鳥取県・鳥取市，1955
『鳥取城とその周辺：遺構でつなぐ歴史と未来』（新訂増補）鳥取市文化財団・鳥取市歴史博物館，2013
『鳥取大災害史――水害・震災・大火からの復興』（新訂増補）横山展宏編，鳥取市文化財団・鳥取市歴史博物館，2012
『鳥取明治大正史』松尾茂，国書刊行会，1979
『ふるさとの想い出 101 写真集明治大正昭和鳥取』松尾茂編著，国書刊行会，1980
『まるごと歴史遺産ここはご城下でござる――因州鳥取の城下町再発見』（改訂版），伊藤康晴編，鳥取市歴史博物館，2010
『明治 40 年の文明開化――近代化をもとめて』横山展宏・鳥取市歴史博物館編，鳥取市歴史博物館，2007
『目で見る鳥取・因幡の 100 年』松尾茂監修，郷土出版社，2000

■松　江

『雲州松江の歴史をひもとく――松江歴史館展示案内』松江歴史館，2011
『写真アルバム松江・安来の昭和』安部登監修，いき出版，2014
『島根の百年』NHK 松江放送局，1968
『新修松江市誌』松江市誌編さん委員会編，松江市，1962
『図説松江・安来の歴史』本間恵美子監修，郷土出版社，2012
『なつかしの松江――明治・大正・昭和初期絵葉書コレクション』今岡弘延編著，ワン・ライン，2012
『ふるさとの想い出 80 写真集明治・大正・昭和松江』島田成矩編，国書刊行会，1979
『松江・安来今昔写真帖』安部登監修，郷土出版社，2004
『松江市史』（通史編 1，2）松江市誌編修委員会編，松江市，2015-2016
『松江市誌――市制施行 100 周年記念』松江市誌編纂委員会編，松江市，1989
『松江市ふるさと文庫 5 城下町松江の誕生と町のしくみ――近世大名堀尾氏の描いた都市デザイン』松尾寿，松江市教育委員会，2008
『松江市ふるさと文庫 10 松江の歴史像を探る――松江市史への序章』赤澤秀則ほか，松江市教育委員会，2010
『松江城物語』島田成矩，山陰中央新報社，1985
『目で見る松江・安来の 100 年』井川朗監修，郷土出版社，1999

■岡　山

『あいらぶ城下町――岡山城築城 400 年』山陽新聞社編集局編，山陽新聞社，1996
『絵図で歩く岡山城下町』岡山大学附属図書館編，吉備人出版，2009
『岡山県史』（第 1 巻～14 巻）岡山県史編纂委員会，岡山県，1983-1990
『岡山市今昔写真帖』太田健一監修，樹林舎，2012
『岡山市史』岡山市役所，1920
『岡山市史』（全 6 巻）岡山市史編纂委員会編，岡山市役所，1958
『岡山市史産業経済編』岡山市史編集委員会編，岡山市，1966
『岡山市史政治編』岡山市史編集委員会編，岡山市，1964
『岡山市史戦災復興編』岡山市史編集委員会編，岡山市，1960
『岡山市百年史』（全 2 巻）岡山市百年史編さん委員会編，岡山市，1989-1991
『岡山城史――岡山開府四百年記念』岡山城史編纂委員会編，岡山市，1983
『岡山のすがた――昔と今』蓬郷巌編，日本文教出版，1973
『岡山の戦災』野村増一編，日本文教出版，1985
『岡山復興区画整理誌』岡山市建設局区画整理部，1984
『写真集岡山県民の昭和』山陽新聞社編，山陽新聞社出版局，1986
『写真集岡山県民の明治大正』山陽新聞社編，山陽新聞社出版局，1987
『写真集戦前の岡山――失われた時をたずねて』渡辺泰多，丸善岡山支店出版サービスセンター，1997
『新あいらぶ城下町――岡山城築城 400 年』山陽新聞社編集局編，山陽新聞社，1997
『都市水辺空間の再生』大野慶子，ミネルヴァ書房，2004
『ふるさとの想い出 15 写真集明治大正昭和岡山』蓬郷巌編，国書刊行会，1978
『目で見る岡山・玉野の 100 年』太田健一・上原兼善監修，郷土出版社，2001

■広　島

『概説廣島市史』広島市史編修委員会，広島市，1955
『写真アルバム広島市の昭和』久村敬夫監修，樹林舎，2015
『新修広島市史』（全 7 巻）広島市，1958-1962
『図説広島市史』広島市公文書館編，広島市，1989
『図説広島市の歴史』土井作治監修，郷土出版社，2001
『大正時代の広島広島市表土資料館調査報告書第 19 集』広島市文化財団・広島市郷土資料館編，広島市市民局文化スポーツ部文化振興課，2007
『都市の復興――広島被爆 40 年史』広島都市生活研究会編，広島市企画調整局文化担当，1985
『被爆 50 周年図説戦後広島市史街と暮らしの 50 年』高橋衛監修，広島市総務局公文書館，1996
『広島県史』（総説・通史編全 8 巻）広島県，1980-1984
『広島県戦災史』広島県，第一法規出版，1988
『廣島市史』（全 6 巻）広島市，1922-1925
『広島城下町絵図集成』広島市立中央図書館，1990
『広島新史』（全 13 巻）広島市，1981-1986
『広電が走る街今昔――LRT に脱皮する電車と街並み定点対比』長船友則，JTB パブリッシング，2005
『風景の創造へ――広島・都市美づくりこの 10 年』広島都市生活研究会編，広島市企画調整局文化課，1989
『街と暮らしの 50 年――被爆 50 周年図説戦後広島市史』被爆 50 周年記念史編修研究会編，広島市総務局公文書館，1996
『目で見る広島市の 100 年』「広島市の 100 年」刊行委員会編，郷土出版社，1997

■山　口

『写真アルバム山口・防府の昭和』樹下明紀監修，樹林舎，2014
『中世都市の空間構造』山村亜希，吉川弘文館，2009
『ふるさと山口』山口市教育委員会文化課，山口市教育委員会，1995（再版）
『保存版山口・防府今昔写真帖』樹下明紀監修，郷土出版社，2009
『目で見る山口・防府の 100 年』樹下明紀監修，郷土出版社，1998
『山口県史』（全 4 巻，ただし近世未刊）山口県編，山口県，2008-2016
『山口市史』（全 3 巻）山口市史編纂委員会編，山口市，1955-1971
『山口市史』山口市，1982
『山口市幕末維新史跡ガイドブック』山口市総合政策部文化政策課編，山口市，2015
『やまぐち本――「やまぐち歴史・文化・自然検定」公式テキスト』第 3 版福田礼輔監修，山口商工会議所やまぐち歴史・文化・自然検定実行委員会，2011
『やまぐち歴史読本』山口郷土読本編集委員会編，山口市教育委員会，1988

■徳　島

『写真集徳島 100 年』（全 2 巻）徳島新聞社第 2 事業部編，徳島新聞社，1980
『写真で見る徳島市百年』徳島市市史編さん室編，徳島市，

1969
『図録徳島城下町絵図』徳島市立徳島城博物館，2000
『徳島県史』（全６巻）徳島県史編さん委員会編，徳島県，1964-1967
『徳島市誌』徳島市教育研究所，1958
『徳島市史』（全５巻，別巻）徳島市史編さん室編，徳島教育委員会，1973-2003
『徳島・城と町まちの歴史』河野幸夫，聚海書林，1982
『特別展描かれた城下町――水都発見』徳島市立徳島城博物館，2009
『特別展水の都徳島再発見秀吉の町家康の町――川と人の織りなす歴史と文化』吉野川文化探訪フェスティバル（吉野川下流域）企画委員会・徳島城博物館編，徳島市立徳島城博物館，2007
『保存版徳島市・名東・名西今昔写真帖』三好昭一郎監修，郷土出版社，2009
『保存版ふるさと徳島市』立石恵嗣監修，郷土出版社，2015
『目で見る徳島の100年』三好昭一郎監修，郷土出版社，1999

■高　松

『香川県史』（通史編全７巻）香川県，1987-1989
『香川県史』（別編３ふるさと香川の歴史）香川県，1992
『古地図で歩く香川の歴史――さぬきで息ぬき：高松城下に遊び，二十四の瞳の世界をさまよう』井上正夫，同成社，2008
『新修高松市史』（全３巻）高松市史編修室編，高松市役所，1964-1969
『高松空襲戦災誌』高松空襲戦災誌編集室編，高松市，1983
『高松市史』高松市役所，1933
『高松市戦災復興誌』都市開発部区画整理課，高松市役所，1972（本文は建設省編『戦災復興誌』と同じ，巻頭巻末の写真等が付加されている）
『高松百年史』（全３巻）高松百年史編集室編，高松市，1988-1990
『ふるさとの想い出251写真集明治大正昭和高松』宮田忠彦編，国書刊行会，1982
『保存版高松今昔写真帖』徳山久夫監修，郷土出版社，2008
『目で見る高松・東讃の100年』和田仁監修，郷土出版社，2000

■松　山

『愛媛県史』（通史編全８巻）愛媛県史編さん委員会編，愛媛県，1982-1989
『愛媛県史概説』（全２巻）愛媛県史編さん委員会編，愛媛県，1959-1960
『愛媛の百年』愛媛県秘書広報課編，愛媛県，1973
『愛媛の歴史地理研究』武智利博編，関奉仕財団，2004
『写真アルバム松山市の昭和』「松山市の昭和」編集部編，樹林舎，2015
『城下町松山と近郊の変貌』窪田重治，青葉図書，1992
『新愛媛風土記』（全３巻）新愛媛風土記刊行会編，創土社，1982
『戦後・松山城下――町と人』山内一郎・上田雅一編，ウエダ映像社，1977
『ひとの顔まちの顔――松山・戦中戦後写真集』上田雅一編，不二印刷，1983
『ふるさとの想い出203写真集明治大正昭和松山』景浦勉・山内一郎編，国書刊行会，1981
『米軍資料から読み解く愛媛の空襲』今治明徳高等学校矢田分校平和学習実行委員会編，創風社出版，2005
『保存版ふるさと松山――松山市制施行120周年記念写真集』内田九州男監修，郷土出版社，2010
『松山市誌』松山市誌編集委員会編，松山市，1962
『松山市史』（全５巻）松山市史編集委員会編，松山市，1992-95
『松山市戦災復興誌』松山市，1969
『松山の歴史』松山市史編集委員会編，松山市，1989
『目で見る松山・北条・温泉郡の100年』池田洋三ほか，郷土出版社，2004
『わすれかけの街――まつやま戦前』池田洋三，愛媛新聞社，1975，2002（新版）

■高　知

『描かれた高知市』高知市史編さん委員会絵図地図部会編，高知市，2012
『絵葉書のなかの土佐――移ろいゆく時代の記憶』高知県立歴史民俗資料館，2008
『高知県史』（通史編全４巻）高知県，1968-1971
『高知縣土木史』高知県土木史編纂委員会編，高知県建設業協会，1998
『高知市史』高知市役所編，高知市，1926
『高知市史』（上巻，中巻）高知市史編纂委員会編，高知市，1958
『高知市戦災復興史』高知市戦災復興史編纂委員会編，高知市，1969
『高知城下町読本』土佐史談会・高知市教育委員会生涯学習課編，高知市，2004（改訂版）
『高知新聞報道写真全集ふるさとの残像』高知新聞社編集局編，高知新聞社，1984
『写真アルバム高知の昭和』宅間一之監修，樹林舎，2014
『写真集高知市・まちと人の100年――Time 100 Kochi』高知・まちと人の100年101人委員会，1989
『図説土佐の歴史』平尾道雄，講談社，1982
『図録高知市史考古～幕末・維新編』高知市文化振興事業団編，高知市，1989
『土佐の高知いまむかし』高知新聞社編集局編，高知新聞社，1984
『目で見る高知・南国の100年』宅間一之・坂本正夫監修，郷土出版社，2007

■福　岡

『古写真で読み解く福岡城』後藤仁公，海鳥社，2015
『古地図の中の福岡・博多』宮崎克則・福岡アーカイブ研究会編，海鳥社，2005
『コレクション・モダン都市文化90博多の都市空間』和田博文監修，波潟剛編，ゆまに書房，2013
『写真集福岡市市制100周年記念ふるさと100年』福岡市，1989
『昭和のアルバム福岡』益田啓一郎・吉富実監修，電波社，2015
『図説福岡・宗像・糸島の歴史』石瀧豊美監修，郷土出版社，2008
『新修「福岡市史」特別編福岡城――築城から現代まで』福岡市史編集委員会編，福岡市，2013
『博多――旧町名歴史散歩』日高三朗・保坂晃孝，西日本新聞社，2014
『博多港史開港百周年記念』福岡市港湾局，2000
『福岡近代絵巻――福岡市制施行120周年記念』福岡近代絵巻展実行委員会編，福岡市博物館，2009
『福岡県史通史編――福岡藩』（全２巻）西日本文化協会編，福岡県，2000-2002
『福岡市史』（通史全13巻）福岡市，1959-1996
『福岡の歴史――市制九十周年記念』福岡市総務局編，福岡市，1979
『ふるさとの想い出21写真集明治大正昭和博多』波多江五兵衛・石橋源一郎，国書刊行会，1979
『保存版福岡市の今昔』（全２巻）北島寛監修，郷土出版社，2011
『目で見る福岡市の100年』石瀧豊美監修，郷土出版社，2001
『FUKUOKA アジアに生きた都市と人びと――福岡市博物館常設展示公式ガイドブック』福岡市博物館学芸課，福岡市博物館，2013

■佐　賀

『御城下絵図に見る佐賀のまち』久我秀樹・富田紘次写真，鍋島報效会，2009
『御城下繪圖を読み解く』鍋島報效会，2010
『嘉瀬川農業水利史』嘉瀬川農業水利史編集委員会編，九州農政局嘉瀬川農業水利事務所，1973
『佐賀県史』（全３巻）佐賀県史編さん委員会編，佐賀県史料刊行会，1967-1968
『佐賀市史』（全２巻）佐賀市，1945-1952
『佐賀市史』（全５巻）佐賀市史編さん委員会，佐賀市，1977-1981
『佐賀読本』金子信二，出門堂，2007
『佐賀平野における農業水利事業の沿革』九州農政局編，九州農政局，1967
『佐賀平野の水と土――成富兵庫の水利事業』宮地米蔵監修，江口辰五郎，新評社，1977
『城下町佐賀の環境遺産佐賀市歴史的建造物等保存対策調査報告』（全２巻），佐賀市教育委員会，1991
『図説佐賀・小城・多久の歴史』福岡博監修，郷土出版社，2009
『ふるさとの想い出95写真集明治大正昭和佐賀』福岡博編，国書刊行会，1979
『目で見る佐賀・多久・小城の100年』福岡博監修，郷土出版社，2002
『目で見る佐賀百年史――明治・大正・昭和秘蔵写真集』佐賀新聞社出版部編，佐賀新聞社，1984
『保存版佐賀・小城・多久の今昔』福岡博監修，郷土出版社，2012

■長　崎

『アルバム長崎百年』永島正一監修，長崎文献社，1965
『アルバム長崎百年――戦中・戦後編』嘉村國男監修，長崎文献社，1986
『アルバム長崎百年ながさき浪漫――写真でしのぶ明治・大正・昭和』ながさき浪漫会編，長崎文献社，1999
『アルバム長崎百年華の長崎――秘蔵絵葉書コレクション』B・バークガフニ編，長崎文献社，2005
『カラー版長崎――南蛮文化のまちを歩こう』原田博二，岩波ジュニア新書，2006
『新長崎市史』（全４巻）長崎市史編さん委員会編，長崎市，2012-2014
『新・ながさき風土記――地図と数字でみる長崎いまむかし』永田信孝，長崎出島文庫，1999
『図説長崎歴史散歩――大航海時代にひらかれた国際都市』原田博二，河出書房新社，1999
『続・アルバム長崎百年』永島正一監修，長崎文献社，1983
『出島図――その景観と変遷』長崎市出島史跡整備審議会編，長崎市，1987
『長崎居留地日本の美術no.472』下間久美子，至文堂，2005
『長崎県史』（古代・中世編，藩政編，近代編）長崎県史編修委員会編，吉川弘文館，1973-1980
『長崎市制六十五年史』（全３巻）長崎市総務部調査統計課編，長崎市，1956-59
『長崎の歴史増補』松浦直治，長崎新聞社，1974
『長崎歴史の旅』外山幹夫，朝日新聞社，1990
『幕府時代の長崎』（全２巻）長崎市役所，1903
『復元！　江戸時代の長崎――博物館にのこる絵図のかずかずを現代地図上に集大成』布袋厚，長崎文献社，2009
『保存版ふるさと長崎市――長崎市制施行120周年記念写真集』越中哲也・下川達彌監修，郷土出版社，2008
『目で見る長崎市の100年』越中哲也・岡林隆敏・堺屋修一監修，郷土出版社，2002
『NAGASAKI 100――'89長崎市制施行100周年』長崎市総務部広報課編，長崎市，1989

■熊　本

『熊本県史』（全６巻）熊本県，1961-1965
『熊本市史』熊本市役所，1932
『熊本都市形成史図集』吉丸良治監修，熊本市都市政策研究所編，熊本市都市政策研究所，2014
『新熊本市史』（通史編全９巻，別編第１～２巻）新熊本市史編纂委員会編，熊本市，1993-2003
『新市街100年』窪寺雄敏，現代舎，2003
『新聞に見る世相くまもと――明治・大正編』熊本日日新聞情報文化センター編，熊本日日新聞社，1992
『新聞に見る世相くまもと――昭和編』熊本日日新聞情報文化センター編，熊本日日新聞社，1993
『図説熊本・わが街――熊本市制100周年記念』熊本日日新聞社，1988
『目で見る熊本市の100年』鈴木喬監修，郷土出版社，2000

■大　分

『大分県史』（通史編全19巻）大分県総務部総務課編，大分県，1981-1991
『大分県史地誌編』大分県総務部総務課編，大分県，1989
『大分今昔』渡辺克已，大分合同新聞社，1964
『大分市史』大分縣大分市役所編，大分市，1915
『大分市史』（全２巻）大分市史編纂委員会編，大分市，1955-1956
『大分市史』（全３巻）大分市史編さん委員会編，大分市，1987-1988
『おおいた戦後50年』大分合同新聞社，1995
『大分の歴史』（全10巻），渡辺澄夫総監修，大分合同新聞社，1976-1979
『記録写真集二豊今昔』志多摩一夫編，別府郷土文化研究会，1981
『図説大分・由布の歴史』飯沼健司監修，郷土出版社，2007
『秘蔵写真集目で見る大分百年』大分合同新聞文化センター編，大分合同新聞社，1986
『保存版大分市今昔写真帖』梅木秀徳監修，郷土出版社，2011
『目で見る大分今昔史』志多摩一夫，東九州新聞社，1971
『目で見る大分市の100年』加藤知弘監修，郷土出版社，2000

■宮　崎

『写真集宮崎100年』宮崎日日新聞社事業局開発部編，宮崎日日新聞社，1982
『昭和絵巻――橘通から江平町』黒木朝子著・いちいち会編，鉱脈社，2008
『図説宮崎・南那珂・東諸の歴史』甲斐亮典監修，郷土出版社，2007
『地図からみた宮崎市街成立史』田代学，江跡庵，1996
『浮上する風景――宮崎市街の成立と展開』小野和道，鉱脈社，1986（『みやざき21世紀文庫８浮上する風景』鉱脈社，1996として復刻）
『保存版ふるさと宮崎市――市制90周年記念決定版写真集』甲斐亮典監修，郷土出版社，2014
『保存版宮崎・日南・串間今昔写真帖』甲斐亮典監修，郷土出版社，2010
『宮崎県史』通史編（全７巻）宮崎県，1997-2000
『宮崎県庁本館――近代の歴史文化遺産・その見どころと歴史』永井哲雄，鉱脈社，2008
『宮崎市街字町名誌――地名にみる原風景』田代学，江南書房，1998
『宮崎市史』宮崎市史編纂委員会，宮崎市，1959
『宮崎市史続編』（全２巻）宮崎市史編纂委員会，宮崎市，1959-1978
『宮崎町史』宮崎町役場，1914
『目で見る宮崎・日南・串間の100年――宮崎市・日南市・串間市・宮崎郡・東諸県郡・南那珂郡』甲斐亮典・杉尾良也監修，郷土出版社，2001

■鹿児島

『鹿児島県史』（全７巻）鹿児島県，1939-2006
『鹿児島市史』（全４巻）鹿児島市史編さん委員会編，鹿児島市，1969-1990
『鹿児島城下絵図散歩――新たな発見に出会う』塩満郁夫・友野春久編，高城書房，2004
『鹿児島市戦災復興誌』鹿児島市戦災復興誌編集委員会，鹿児島市，1982
『鹿児島百年』（全３巻）南日本新聞社編，謙光社，1967-1968
『かごしま文庫30古地図に見るかごしまの町』豊増哲雄，春苑堂出版，1996
『戦災復興誌』鹿児島市建設部，1967
『目で見る鹿児島市の100年』芳即正監修，郷土出版社，2005

■那　覇

『沖縄県史』（通史全１巻）沖縄県教育委員会，1976
『沖縄・国際通り物語――「奇跡」と呼ばれた１マイル』大濱聡，ゆい出版，1998
『沖縄・戦後50年の歩み――激動の写真集』「沖縄・戦後50年の歩み」編集委員会，那覇出版社，1995
『沖縄戦後史』中野好夫・新崎盛輝，岩波新書，1976
『沖縄戦後写真史――アメリカ世の10年』写真提供米国防総省，月間沖縄社，1979
『沖縄の都市と農村』山本英治・高橋明善・蓮見音彦編，東京大学出版会，1995
『沖縄の歴史』（全３巻）沖縄の歴史研究会編，沖縄教育出版，1983-1985
『写真記録沖縄戦後史1945-1998』沖縄タイムス，1998（改訂増補版）
『写真集沖縄――失われた文化財と風俗』那覇出版社編集部編，那覇出版社，1984
『写真集沖縄戦後史』大田昌秀監修，那覇新聞社，1986
『写真集よみがえる戦前の沖縄』沖縄テレビ放送編，沖縄出版，1995
『写真でつづる那覇戦後50年――1945-1995』那覇市文化局歴史資料室，那覇市，1996
『新琉球史』（全４巻）琉球新報社，1989-1992
『図録県道開通80周年記念あの頃の国際通り――国際通り物語Ⅱ』那覇市市民文化部文化財課，2014
『戦後をたどる――「アメリカ世」から「ヤマト世」へ』那覇市歴史博物館編，琉球新報社，2007（『那覇市史』（通史編第３巻現代史）』の改題）
『那覇――戦後の都市復興と歓楽街』加藤政洋，フォレスト，2011
『那覇市史』（通史編全２巻）那覇市企画部市史編集室，1974，1985
『那覇市歴史地図――文化遺産悉皆調査報告書』那覇市教育委員会文化課編，那覇市教育委員会，1986
『那覇の空間構成――沖縄らしさを求めて』吉川博也，沖縄タイムス社，1989
『那覇百年のあゆみ――激動の記録・琉球処分から交通方法変更まで』那覇市企画部市史編集室，1980
『「那覇まつりと10.10空襲」展――10・10空襲70周年記念』那覇市歴史博物館，2014
『目で見る那覇・浦添の100年』船越義彰監修，郷土出版社，2003
『琉球の都市と村落――関西大学東西学術研究所研究叢刊23』高橋誠一，関西大学出版部，2003

●著者紹介
西村幸夫（にしむら ゆきお）

1952年，福岡市生まれ。神戸芸術工科大学教授。工学博士。東京大学名誉教授。

東京大学工学部都市工学科卒，同大学院工学系研究科修了。明治大学助手，東京大学助教授，東京大学大学院教授を経て2018年より現職。この間，2011年より2013年まで東京大学副学長，2013年より2016年まで東京大学先端科学技術研究センター所長。アジア工科大学助教授（バンコク），MIT客員研究員，コロンビア大学客員研究員，フランス国立社会科学高等研究院客員教授などを歴任。専攻は都市計画，都市保全計画，都市景観計画など。

おもな著書に，『都市から学んだ10のこと』（2019年，学芸出版社），『西村幸夫 文化・観光論ノート』（2018年，鹿島出版会），『まちを想う』（2018年，鹿島出版会），『西村幸夫 風景論ノート』（2008年，鹿島出版会），『都市保全計画』（2004年，東京大学出版会），『西村幸夫 都市論ノート』（2000年，鹿島出版会），『環境保全と景観創造』（1997年，鹿島出版会），『町並みまちづくり物語』（1997年，古今書院），『歴史を生かしたまちづくり』（1993年，古今書院）など。

おもな編著書に『世界文化遺産の思想』（2017年，東京大学出版会）『都市経営時代のアーバンデザイン』（2017年，学芸出版社），『図説都市空間の構想力』（2015年，学芸出版社），『まちづくりを学ぶ』（2010年，有斐閣），『まちの見方・調べ方』（2010年，朝倉書店），『観光まちづくり』（2009年，学芸出版社），『まちづくり学』（2007年，朝倉書店）など。

横浜市都市美対策審議会会長，和歌山県景観審議会会長，千代田区景観まちづくり審議会会長，金沢市景観・文化総合アドバイザー，犬山市まちづくりアドバイザー，倉敷市都市景観審議会会長，日本ユネスコ協会連盟未来遺産委員会委員長などをつとめる。

県都物語——47都心空間の近代をあるく
A Story of Prefectual Capitals: Modernization of 47Cities in Japan

2018年3月15日　初版第1刷発行
2020年3月15日　初版第3刷発行

著　者　西　村　幸　夫
発行者　江　草　貞　治

発行所　株式会社　有　斐　閣
郵便番号101-0051
東京都千代田区神田神保町2-17
電話(03) 3264-1315〔編集〕
(03) 3265-6811〔営業〕
http://www.yuhikaku.co.jp/

印刷　大日本法令印刷株式会社　　製本　大口製本印刷株式会社

★定価はカバーに表示してあります。

ISBN 978-4-641-16516-8